개 정 판

신호와 제어

최 연 욱 저

홍릉과학출판사

머리말

일반적으로 어떤 시스템(즉 제어대상)을 '제어'한다고 하는 것은 시스템의 출력을 우리가 원하는 상태로 변환시키기 위한 적절한 입력을 결정하는 과정으로 볼 수 있을 것이다. 이때 '입력'이나 '출력'은 시간함수 또는 주파수함수로 주어지는 신호일 것이다. 이러한 관점에서 생각하면 '신호'와 '제어'라는 것은 불가분의 관계에 있음을 알 수 있다. 즉 제어를 위해서는 시스템이 가지는 신호적인 특성(주파수 또는 시간)을 이해하여야 하며, 반대로 그 신호적인 특성을 이해하는 과정 자체가 바로 제어기의 설계과정으로 간주할 수 있을 것이다.

'신호와 제어'를 2006년 3월 출판하여 지금까지 세 학기에 걸쳐 교재로 사용하면서 느낀 몇 가지 문제점을 보완하여 이번에 개정판을 내게 되었다. 책의 내용과 관련되는 몇 가지 문제점이란,

(1) 제어기 설계에 차지하는 신호의 중요성에 비하여 다루는 내용의 범위가 좁다.
(2) 시스템의 응답해석 등에 있어서 중복되는 부분이 존재한다.
(3) 실 시스템의 설계에 대한 예제가 없다.

등이다. 이외에도 책의 체재와 관련하여

(4) 수식표현 등이 적절하지 못하여 읽기 힘들다.
(5) MATLAB 프로그램에 대한 설명이 부족하다.
(6) 책의 전반적인 체재가 확실하지 않아 학생들이 읽기에 불편하다 등을 들 수 있을 것이다.

이번에 위에서 언급한 모든 부분을 만족시키는 것을 목표로 개정작업을 수행하였으나, 여러 사정상 100%를 채우지 못한 것 같아 아쉬움이 남는다. 그러나 위 내용 중, (3)번을 제외하고는 대부분 수정·보완한 것으로 생각되며, 특히 책의 체재를 완전히 다른 모양으

로 개편한 점은 책을 읽는 독자들에게(구판에 비해) 상당한 도움이 될 것으로 보여 다행스럽게 생각한다. 이번 작업에서 제외된 (3)번 항은 현재 준비 중이므로 이번 학기의 강의시간 중에 학생들에게 과제로서 제공할 수 있을 것으로 보인다. 특히 공학인증과목의 교재로서 본서를 사용하는 경우 'Capstone Design'을 위한 설계과제의 개발이 중요하다. 이를 위해 MATLAB을 이용한 제어기 설계과제 몇 종류를 개발하여 사용하였으나, 이번 개정판에 싣지는 않았다. 앞으로 1~2년 더 수행하여 과제를 학생들의 수준에 맞추어 몇 단계로 나눌 필요가 있을 것으로 보인다.

이번 개정판에도 틀림없이 많은 오자, 탈자 및 문제점 등이 있을 것으로 보인다. 앞으로도 지속적으로 수정작업을 계속하여 나갈 생각이므로 많은 지적이 있기를 바란다.

2009년 2월
최연욱

차례

부록

제 1 장 신호와 제어 시스템

여기서는 신호와 제어 시스템에 관한 기본적인 사항을 서술한다. 전반부에서는 앞으로의 이론 전개에 있어 가장 기본이 되는 연속시간 신호를 중심으로 신호의 표현 방법 및 특성 등에 관하여 비교적 자세히 설명한다. 후반부에서는 '제어한다'는 것이 시스템에 있어서 신호의 어떤 작용을 의미하는 것인가에 중점을 두고 용어를 중심으로 상세하게 언급한다.

1.1 신호의 이해

1.1.1 신호란 무엇인가

[그림 1.1]은 '천고마비'라고 발성하였을 경우의 음성을 녹음하고, 이것을 시간함수의 그림으로 표시한 것이다. 여기서 x 축은 시간이며, y 축은 음성의 레벨(level, 즉 진폭)을 나타내고 있다. 여기서 시간을 t로 두면 음성 레벨은 함수 표시의 관습에 따라 $f(t)$ 로 표현할 수 있다. [그림 1.1]의 음성레벨과 같이 물리 시스템의 상태에 관한 정보를 어떠한 방법으로 전달하는 양을 '신호(signal)'라고 한다.

[그림 1.1]에서 시간축(x 축)의 연속적인 값에 대해서 크기(y 축) 값이 존재한다면 '연속시간(continuous-time) 신호'라고 하며, 시간축이 이산적인 값에 대해서만 크기가 존재하면 '이산시간(discrete-time) 신호'라 한다.

'연속시간' 신호와 '아날로그(analog)' 신호 및 '이산시간' 신호와 '디지털(digital)' 신호의 개념을 종종 혼돈하는 경우가 있다. 아날로그 신호란 시간적으로 연속인 범위 내에서 신호의 크기를 어떤 값이든지 취할 수 있는 신호를 의미한다. 즉, 아날로그 신호의 크기는 무한대 값까지도 취할 수 있다는 것을 의미한다. 반면에 디지털신호는 신호의 크기로는 한정된 (미리 정해진)값 외에는 취할 수 없다. 예를 들어 디지털 컴퓨터와 관련된 신호는 두 개의 값(즉 0과 1)만을 가지는 디지털 신호이다. 이러한 이유로서 연속시간과 이산시간의 용어는 시간축(x 축)과 관련된 신호의 특성을, 아날로그와 디지털의 용어는 신호의 크기(y 축)와 관련된 신호의 특징을 각각 나타내는 것으로 볼 수 있다. [그림 1.2]에 여러 종류의 신호 형태에 대한 예를 표시하였다. 이로부터 아날로그 신호가 반드시 연속시간으로 되어야 할 필요는 없으며, 동시에 디지털 신호 역시 반드시 이산시간으로 되어야 할 필요는 없다는 것을 알 수 있다.

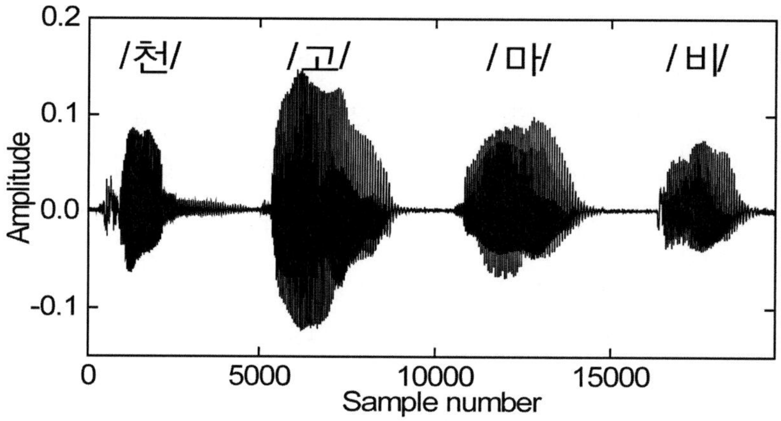

▲ 그림 1.1 **신호의 예**

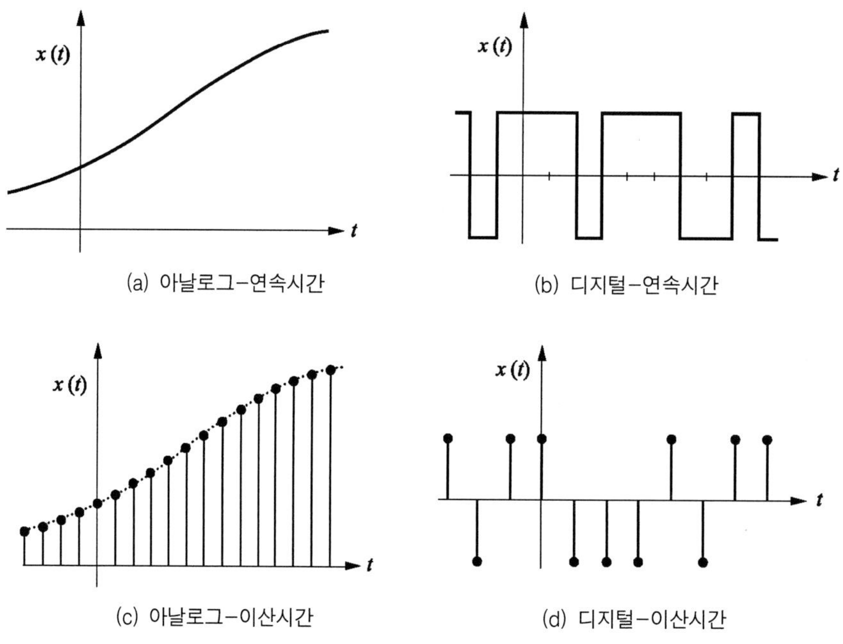

▲ 그림 1.2 **신호의 예**

연속시간 신호의 종류

연속시간 신호는 연속적이며 독립적인 변수인 시간 t의 함수로 주어지며, 일반적으로 $x(t)$로서 연속시간의 신호를 나타낸다. 연속시간 신호는 그것의 지속시간(즉 길이)으로써 분류하는 경우가 보통이며, 여기서도 영의 값을 가지지 않는 가장 짧은 구간을 신호의 길이로 정의하여 사용하기로 한다. 이러한 의미에서 다음과 같이 세 종류로 연속시간 신호를 분류한다.

(1) 양방향 무한길이의 신호(two-sided infinite-length signal)

다음과 같은 정현파 신호(sinusoidal signal)가 주어졌다고 하자.

$$x(t) = A\cos(\omega_0 t + \phi) \tag{1.1}$$

이 신호는 말할 것도 없이 시간영역 $-\infty < t < \infty$에서 값을 가지므로([그림 1.3(a)] 참조) 무한길이를 가지는 연속시간 신호이다. 또한 무한길이를 가지는 신호의 또 다른 표현으로서 주기 T_0를 가지는 주기신호, 즉 $x(t) = x(t+T_0)$ 역시 무한길이를 가지는 신호이다. 하나의 예로써 [그림 1.3(b)]와 같은 구형파를 들 수 있을 것이다.

마지막으로 주기신호는 아니지만 무한길이를 가지는 신호로서 $x(t) = 5e^{-|t|}$를 들 수 있

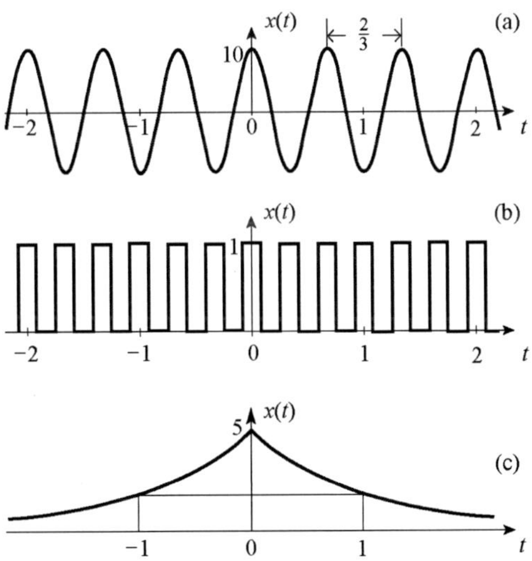

(a) 1.5 [Hz]의 sine 신호, $A = 10$, (b) 3 [Hz]의 기본주기를 가지는 구형파 신호
(c) 감소하는 양방향 지수신호

▲ 그림 1.3 연속시간 신호

다. 이 신호 역시 구간 $-\infty < t < \infty$ 에서 영이 아닌 값을 가진다([그림 1.3(c)] 참조). 이러한 신호들은 양과 음의 시간 양쪽 영역에서 영이 아닌 값을 가지므로 종종 '양방향 신호'라고 부르기도 한다.

(2) 단방향 신호(one-sided signal)

단방향 신호란 준무한대(semi-infinite)의 구간에서 $x(t)=0$ 의 값을 가지는 신호이다. 예를 들어 신호가 $t < t_0$ 에서 영의 값을 가진다면 이 신호는 오른쪽 신호(right-sided signal)이라고 한다. 여기서 다루는 대부분의 신호는 어떤 특정한 시작시각(예를 들어, $t=0$)을 가지기 때문에 단방향 신호이다. 예를 들어 전기회로에 입력을 인가하기 전까지는 입력신호는 영으로 간주된다. [그림 1.4]에 나타낸 바와 같이 $t=0$ 를 중심으로 한쪽 방향으로만 영이 아닌 값을 가지는 신호이다. 각 신호의 표현방법은 다음 절을 참조한다.

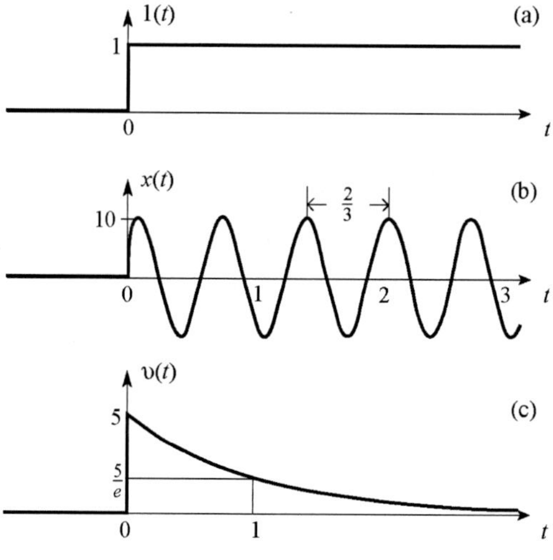

(a) 단위계단 함수, (b) $t=0$ 에서 시작하는 정현파 신호
(c) $t<0$ 에서 영의 값을 가지는 지수감소 신호

▲ 그림 1.4 단방향 신호

(3) 유한길이 신호

어떤 특정한 시간영역에서만 영이 아닌 값을 가지는 신호를 말하며 [그림 1.5]에 몇 가지 예를 나타내었다. 이러한 신호의 표현방법은 다음 절을 참조한다.

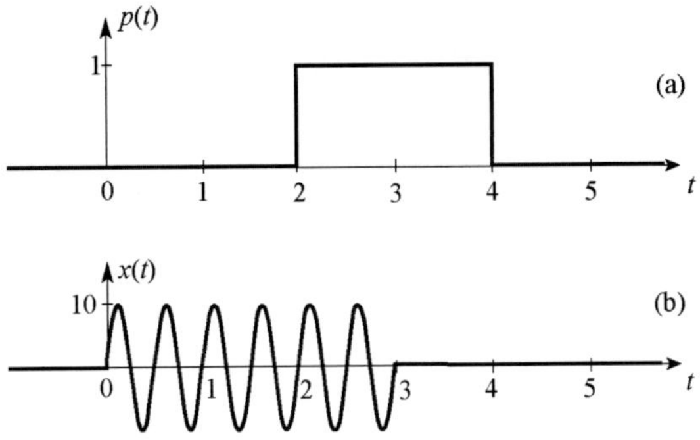

(a) 2초 동안에만 값을 가지는 펄스 신호
(b) 3초 동안에만 값을 가지는 sine 신호

▲ 그림 1.5 유한길이를 가지는 연속시간 신호

1.1.2 기본적인 연속시간 신호

(1) 정현파 신호

식(1.2)로 주어진 시간 t의 함수로 주어지는 신호에 대하여 생각한다.

$$x(t) = A\cos(\omega_0 t + \phi) \tag{1.2}$$

여기서 A, $\omega_0\,[\mathrm{rad/s}]$ 및 $\phi\,[\mathrm{rad}]$는 각각 정현파의 (최대)진폭(magnitude), 각주파수(angular frequency)[1] 그리고 위상(phase)을 나타낸다.

본서에서는 $\cos(\omega_0 t + \phi)$, $\sin(\omega_0 t + \phi)$를 정현파 신호로 총칭하기로 한다. 또한 각주파수 ω_0와 주파수 $f_0\,[\mathrm{Hz}]$ 사이에는 다음과 같은 관계식이 성립한다.

$$\omega_0 = 2\pi f_0 \tag{1.3}$$

[예제 1.1] 정현파 신호

$$x(t) = A\cos\left(314t + \frac{\pi}{4}\right) \quad ①$$

을 그림으로 그려 보자.

(해) $x(t)$를 [그림 1.6]에 나타내었다. 이를 위한 MATLAB 프로그램은 다음과 같다.

[1] ω_0를 단순히 주파수라고 부르기도 한다.

%[예제 1.1] 정현파 신호의 생성

```
t=linspace(-0.02,0.02);      % -0.02에서 0.02초까지를 100 등분하여 시간축으로 설정
x=cos(314*t+pi/4);           % 주어진 구간에서 정현파 신호의 생성
plot(t,x)                    % [그림 1.6]의 작성
%
```

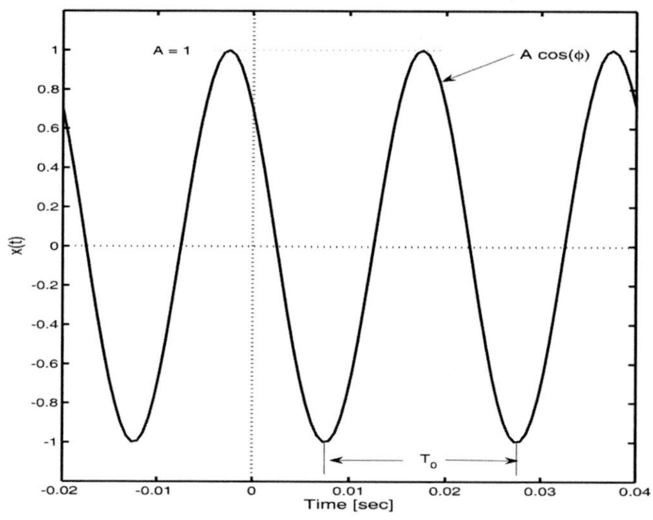

▲ 그림 1.6 **정현파 신호**

정현파 신호의 최대의 특징은 다음의 정의로 주어지는 주기성이다.

[요점 1.1] 주기신호

모든 t 에 대하여

$$x(t)= x(t+T) \tag{1.4}$$

가 성립되는 정수 T가 존재할 때, 신호 $x(t)$는 주기 T를 가지는 주기신호(periodic signal)이다. 또한 식(1.4)를 만족하는 T는 무수히 있지만 이중에서 가장 작은 정수 T_0를 기본주기(fundamental period)라고 한다.

이 정의로부터 식(1.2)의 정현파 신호는 기본주기

$$T_0 = \frac{2\pi}{\omega_0} = \frac{1}{f_0} \tag{1.5}$$

를 가지는 주기신호이다. 여기서 T_0의 단위는 초[sec]이다. 또한 ω_0는 기본 각주파수(fundamental angular frequency)라고도 부른다.

(2) 복소 지수신호

정현파 신호를 일반화한 것이 다음 식으로 주어지는 복소 지수신호(complex exponential signal)이다.

$$x(t) = Ce^{at} \tag{1.6}$$

일반적으로 C와 a는 복소수이지만, 이들이 허수인가 실수인가에 따라 신호 $x(t)$는 완전히 다른 파형으로 된다.

● C와 a가 모두 실수인 경우

이 경우, $x(t)$는 실지수신호라고 불린다. 더욱이 a의 부호에 따라 [그림 1.7]에 표시한 것과 같이 증가 실지수신호와 감소 실지수신호의 두 종류로 분류된다.

● a가 순허수인 경우

이 경우

$$x(t) = e^{j\omega_0 t} \tag{1.7}$$

를 생각하여 보자. 단, $C=1$로 두었다. 복소수 값을 가지는 신호를 머릿속에서 상상하는

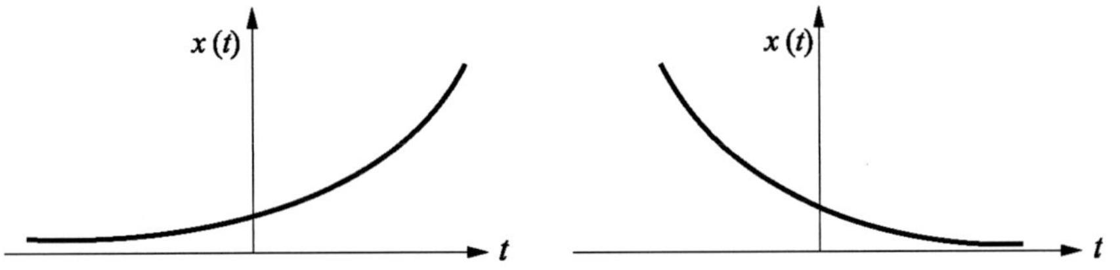

(a) 증가 실지수신호($a>0$)　(b) 감소 실지수신호($a<0$)

▲ 그림 1.7 실지수신호

것은 어려운 일이지만, 이러한 신호를 정의하여 두면 여러 가지 이점이 있다. 먼저, $x(t)$는 시간 t의 복소함수로 되어 다음과 같이 정의되는 크기와 위상을 가지게 된다. 즉

크기(절대값): $|x(t)| = 1, \ (\forall \ t)$ (1.8a)

위상(편각): $\angle x(t) = \omega_0 t$ (1.8b)

따라서 시간 t를 변수로 하는 신호 $x(t)$를 복소평면에 도시하면 [그림 1.8]과 같이 된다.

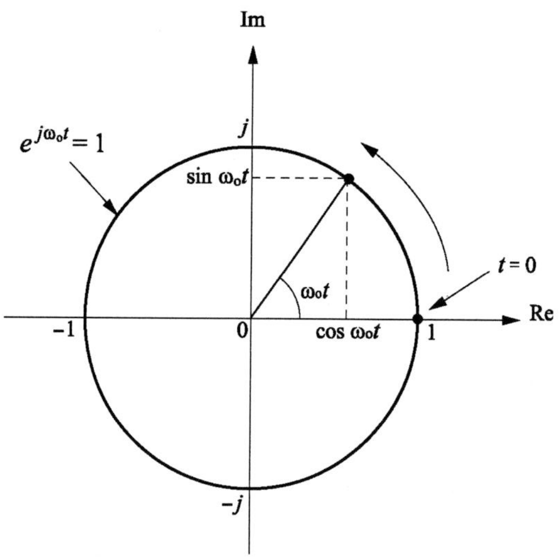

▲ 그림 1.8 복소평면에 있어서 $e^{j\omega_0 t}$의 궤적

그림으로부터 분명히 알 수 있는 바와 같이, $x(t)$의 궤적은 반지름이 1인 원이며, 보통 이러한 원을 단위원(unit circle)이라고 부른다. 그림에서 $t = 0$일 때 $x(t)$는 단위원 상의 점 1에 위치하고 있다가, t가 증가함에 따라서 시계 반대방향으로 단위원을 따라 원주를 한 바퀴 돌고 난 뒤(즉 2π 만큼 회전) 원래의 점 1에 되돌아온다.[2] 따라서 $x(t)$는 주기신호라는 것을 확인할 수 있다.

다음에 $x(t)$의 주기를 구하여 보자. 식(1.7)을 식(1.4)에 대입하면

$$e^{j\omega_0 t} = e^{j\omega_0 (t+T)} \tag{1.9}$$

로 되기 때문에 $e^{j\omega_0 T} = 1$을 만족하는 최소의 정수가 기본주기 T_0이다. 따라서

2 이것은 $\omega_0 > 0$인 경우에 해당하며, $\omega_0 < 0$이면 시계 방향으로 회전한다.

$$T_0 = \frac{2\pi}{\omega_0} \tag{1.10}$$

로 된다. 또한 식(1.10)으로부터 $e^{j\omega_0 t}$ 는 $e^{-j\omega_0 t}$ 와 동일한 기본주기를 가지며, 동시에 식(1.7)의 신호 $x(t)$ 의 기본주기는 식(1.2)의 정현파 신호의 기본주기와 동일하다는 것을 알 수 있다.

더욱이 [그림 1.7]의 단위원 상의 임의의 점에서 x 축에 수직으로 선을 내려서 만나는 곳의 좌표는 $\cos\omega_0 t$ 로 되고, y 축에 수직으로 선을 그어서 만나는 점의 좌표는 $\sin\omega_0 t$ 이다. 이러한 사실로부터 유명한 오일러(Euler)의 관계식을 얻는다.

[요점 1.2] 오일러의 공식

$$e^{j\omega_0 t} = \cos\omega_0 t + j\sin\omega_0 t \tag{1.11}$$

이와 같이 복소지수 신호는 동일한 기본 주기를 가지는 정현파를 이용하여 기술할 수 있다는 것을 알 수 있다. 오일러의 공식으로부터 여러 가지의 공식을 유도할 수 있지만, 여기서는 그 일부만을 언급한다.

[요점 1.3] 복소함수의 정리

$$e^{j\omega_0 t} = \cos\omega_0 t + j\sin\omega_0 t \tag{1.12a}$$

$$e^{-j\omega_0 t} = \cos\omega_0 t - j\sin\omega_0 t \tag{1.12b}$$

라고 하는 연립방정식이 얻어진다. 이것을 풀면 다음의 관계식을 얻을 수 있다.

$$\cos\omega_0 t = \frac{1}{2}\left(e^{j\omega_0 t} + e^{-j\omega_0 t}\right) \tag{1.13a}$$

$$\sin\omega_0 t = \frac{1}{2j}\left(e^{j\omega_0 t} - e^{-j\omega_0 t}\right) \tag{1.13b}$$

식(1.13a)를 이용하면 정현파 신호를 다음과 같이 복소 지수신호로서 기술할 수 있다.

$$A\cos(\omega_0 t + \phi) = \frac{A}{2}e^{j\phi}e^{j\omega_0 t} + \frac{A}{2}e^{-j\phi}e^{-j\omega_0 t} \tag{1.14a}$$

또는

$$A\cos(\omega_0 t + \phi) = A \cdot \mathrm{Re}\left\{e^{j(\omega_0 t + \phi)}\right\} \tag{1.14b}$$

이다. 단 Re는 복소수의 실수부를 나타낸다.[3] 이와 같이 복소지수 신호는 정현파 신호와 밀접하게 관계하고 있으며, 둘 다 본서에서 중요한 역할을 하고 있다.

● C 와 a 가 모두 복소수인 경우

이 경우는 실지수신호와 주기적 복소 지수신호를 이용하여 설명할 수 있다. 지금

$$C = |C|e^{j\theta},\ a = \sigma + j\omega_0 \tag{1.15}$$

로 두면, 식(1.6)은 다음과 같이 된다.

$$\begin{aligned} x(t) &= |C|e^{\sigma t}e^{j(\omega_0 t+\theta)} \\ &= |C|e^{\sigma t}\cos(\omega_0 t+\theta) + j|C|e^{\sigma t}\sin(\omega_0 t+\theta) \\ &= |C|e^{\sigma t}\cos(\omega_0 t+\theta) + j|C|e^{\sigma t}\cos\left(\omega_0 t+\theta-\frac{\pi}{2}\right) \end{aligned} \tag{1.16}$$

이로부터 σ 의 부호에 의해 다음과 같은 세 가지 경우로 나눌 수 있다.

(a) $\sigma < 0$ 일 때: 식(1.16)의 실수부와 허수부 함께 정현파에 감소 지수함수를 곱한 것으로 된다.

(b) $\sigma = 0$ 일 때: 식(1.16)의 실수부와 허수부는 함께 정현파로 된다.

(c) $\sigma > 0$ 일 때: 식(1.16)의 실수부와 허수부 함께 정현파에 증가 지수함수를 곱한 것으로 된다.

[예제 1.2] 복소 지수신호

$$x(t) = e^{\sigma t}\cos\left(314t + \frac{\pi}{4}\right) \quad ①$$

의 실수부가 $\sigma = -10, 0, 10$ 의 세 가지 경우로 주어졌을 경우, 신호를 그림으로 그려보자.

(해) $\sigma = -10, 0, 10$ 에 대한 $x(t)$ 를 각각 [그림 1.9](a)~(c)에 나타내었다. (b), (c)에서 점선으로 표시한 포락선은 $e^{\sigma t}$ 로 주어진다는 점에 유의한다. 이 경우 MATLAB의 프로그램은 다음과 같다.

[3] 한편 허수부는 Im 으로 표시한다.

%[예제 1.2]

```
sigma=10;omega=314; theta=pi/4;               % 각 파라미터의 설정
t=linspace(-0.1,0.1);                         % 시간축을 -0.1~0.1까지 100등분한다
xa=cos(omega*t+theta);                        % cos(314t+pi/4)의 생성
xb=exp(-sigma*t).*cos(omega*t+theta);         % sigma = 10인 경우
xc=exp(sigma*t).*cos(omega*t+theta);          % sigma = -10인 경우
yb=exp(-sigma*t); yc=exp(sigma*t);            % 포락선(envelop)의 표현을 위한 식
subplot(311),plot(t, xa)                      % [그림 1.9]
subplot(312),plot(t, xb, t, yb,'--',t, -yb,'--')
subplot(313),plot(t, xc, t, yc,'--',t, -yc,'--')
%
```

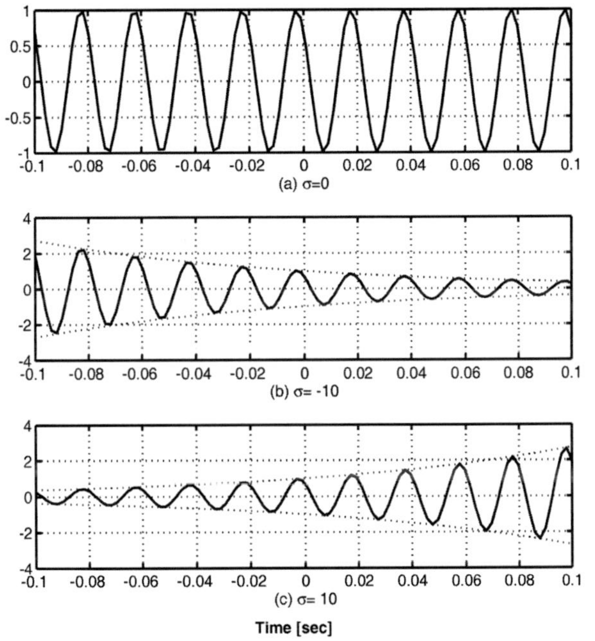

▲ 그림 1.9 복소 지수신호

[예제 1.3]

[그림 1.10]로 주어진 전기회로를 이용하여 복소 지수신호가 가지는 물리적인 의미를 이해하여 보자. 단, 그림에서 캐퍼시터 C는 초기값으로 V_0 를 가지는 것으로 한다.

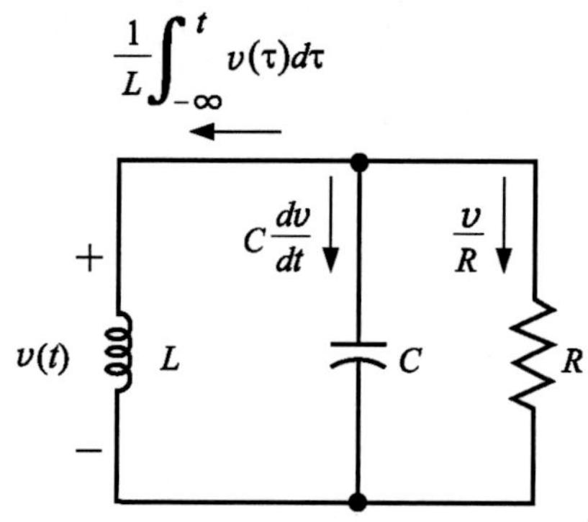

▲ 그림 1.10 병렬로 연결된 RLC 회로

(해) 그림의 노드를 중심으로 흘러나가는 전류의 합계는 영이 된다는 키르히호프의 전류법칙(KCL)을 적용하면 ①을 얻을 수 있다(그림 참조).

$$C\frac{dv(t)}{dt}+\frac{1}{R}v(t)+\frac{1}{L}\int_{-\infty}^{\infty}v(\tau)d\tau=0 \qquad ①$$

단 $v(t)$ 는 $t \geq 0$ 에서 인덕터의 양단에 걸리는 전압을 나타낸다. ①을 뒤에서 다루는 라플라스 변환(제3장) 등을 이용하여 해를 구하면 다음과 같이 주어진다.

$$v(t)=V_0 e^{-t/(2CR)}\cos(\omega_0 t),\ (t \geq 0) \qquad ②$$

단,

$$\omega_0=\sqrt{\frac{1}{LC}-\frac{1}{4C^2R^2}} \qquad ③$$

이다. 이때 ③이 실수값을 가지기 위해서는 $R > \sqrt{L/(4C)}$ 의 조건이 필요하다. ②를 [예제 1.2]의 ①과 비교하여 $v(t)$ 의 파형을 그려 보면 [그림 1.9(b)]와 유사한 그림을 얻을 수 있을 것이다. 이 결과로부터 외부에서의 전원공급이 없는 상태에서 인덕터의 양단 전압은 지수적으로 진동하면서 감소하여 결국은 영(제로) 상태로 된다는 것을 알 수 있다.

(3) 단위 임펄스신호

여기서는 연속시간을 표현하는 데에 있어 중요한 역할을 하는 단위 임펄스신호에 대하여 설명한다.

우선 이산시간의 영역에서는 다음과 같은 단위 임펄스의 열(sequence)의 정의가 가능하다.

$$\delta[n] = \begin{cases} 1, & n = 0 \\ 0, & n \neq 0 \end{cases}$$

그러나 연속시간인 경우에 대하여 위 식과 동일한 형식의 정의식

$$\delta(t) = \begin{cases} 1, & t = 0 \\ 0, & t \neq 0 \end{cases} \tag{1.17}$$

은 변수인 시간 t 가 연속이기 때문에 식(1.17)과 같은 정의는 불가능하다. 따라서 연속시간 영역에서는 시각 $t=0$ 이외의 시각에서는 $\delta(t)$ 가 영의 값의 가지며, 동시에 적분

$$\int_{-\infty}^{\infty} \delta(t)dt = 1 \tag{1.18}$$

을 만족하는 것으로 한다. 일반적으로 단 하나의 점(즉 시각)에서만 영이 아닌 값을 가지는 연속시간의 신호를 정의하기는 어렵기 때문에, 다음으로 정의되는 신호를 이용하여 간접적으로 이를 나타내기로 한다. 즉

$$\delta_{\triangle}(t) = \begin{cases} \dfrac{1}{2\triangle}, & (-\triangle < t < \triangle) \\ 0, & (\text{상기 외}) \end{cases} \tag{1.19}$$

는 폭 $2\triangle$, 높이 $1/(2\triangle)$을 가지는 펄스이다. [그림 1.11]에서 알 수 있는 바와 같이 $\triangle$ 의 값을 감소시킴에 따라 높이가 커지기 때문에 $\triangle$ 의 값에 관계없이

$$\int_{-\infty}^{\infty} \delta_{\triangle}(\tau)d\tau = 1 \tag{1.20}$$

가 항상 만족됨을 알 수 있다. 따라서 $\triangle \to 0$로 됨에 따라 함수 $\delta_{\triangle}(t)$ 는 $t=0$ 이외의 시

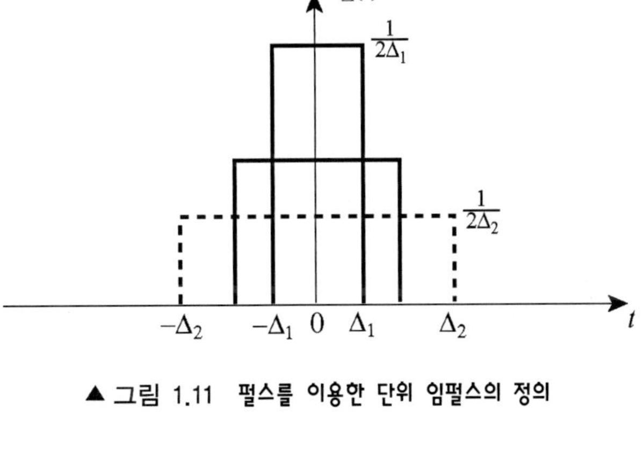

▲ 그림 1.11 펄스를 이용한 단위 임펄스의 정의

각에서는 영의 값을 가지게 된다. 이러한 관계를 이산시간의 단위 임펄스 열과 비교하면, 직관적으로 다음과 같은 연속시간의 단위 임펄스신호를 정의할 수 있게 된다.

$$\delta(t) = \lim_{\Delta \to 0} \delta_{\Delta}(t) \tag{1.21}$$

이상의 관계를 정리하면 다음 요점을 얻는다.

[요점 1.4] 임펄스신호의 특성

연속시간에서의 단위 임펄스신호는 다음 특성을 가진다.

$$\delta(t) = 0\,,\ \ (t \neq 0) \tag{1.22a}$$

$$\int_{-\infty}^{\infty} \delta(t)dt = 1 \tag{1.22b}$$

연속시간에서 단위 임펄스신호는 [그림 1.12]와 같이 수직의 화살표를 이용하여 표현한다. 즉 밑변은 거의 영이며, 높이는 거의 무한대임을 의미하는 것으로 볼 수 있다. 또한 크기 A을 가지는 임펄스 $A\,\delta(t)$의 경우는

$$\int_{-\infty}^{\infty} A\,\delta(t)dt = A\int_{-\infty}^{\infty} \delta(t)dt = A$$

로 된다.

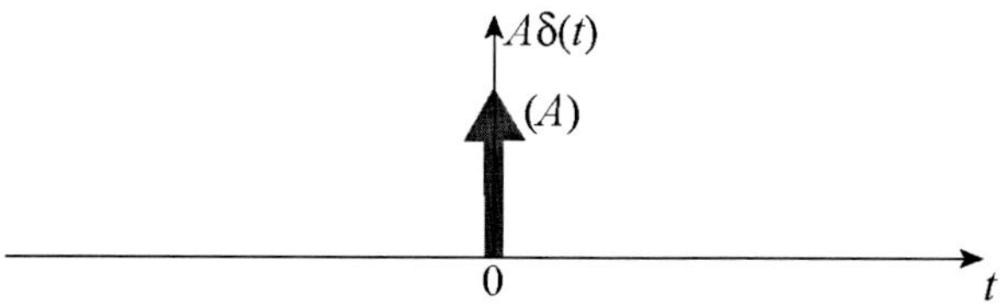

▲ 그림 1.12 단위 임펄스의 시간영역에서의 표현

샘플링 특성

시각 $t=0$에 모든 에너지를 가지고 있는 임펄스신호를 다른 연속인 신호와의 곱, 즉

$$f(t)\delta_{\Delta}(t) = \begin{cases} f(t)/2\Delta, & (-\Delta < t < \Delta) \\ 0, & (\text{상기 외}) \end{cases}$$

을 생각하여 보자. [그림 1.13]을 이용하면 다음 과정을 이해할 수 있을 것이다.

$$f(t)\delta(t) = f(t)\lim_{\Delta \to 0} \delta_{\Delta}(t) \tag{1.23}$$

$$= \lim_{\Delta \to 0} f(t)\delta_{\Delta}(t)$$

$$= \lim_{\Delta \to 0} f(0)\delta_{\Delta}(t) = f(0)\delta(t) = f(0)$$

다시 말하면, 연속시간의 신호에 임펄스를 곱하면, 연속시간 신호의 $t=0$ 에서의 값만이 추출(즉, 샘플링)된다는 것을 의미한다. 이것은 식(1.22b)을 이용하여 얻을 수도 있다. 즉

$$\int_{-\infty}^{\infty} f(t)\,\delta(t)dt = \int_{-\infty}^{\infty} f(0)\delta(t)dt \tag{1.24}$$

$$= f(0)\int_{-\infty}^{\infty} \delta(t)dt = f(0)$$

이다.

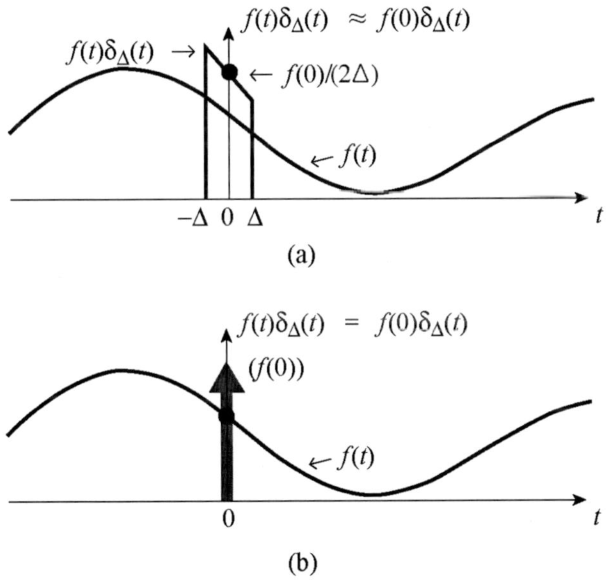

▲ 그림 1.13 $f(t)\delta(t)$에 대한 설명

뒤에서 언급하는 신호의 이동(shifting)을 이용하면 샘플링에 관한 좀 더 일반적인 형식을 유도할 수 있다.

[요점 1.5] 임펄스의 샘플링 성질

임펄스 $\delta(t-t_0)$ 을 시각 $t=t_0$ 에서의 임펄스라고 한다면

$$f(t)\,\delta(t-t_0)=f(t_0)\,\delta(t-t_0) \tag{1.25a}$$

$$\int_{-\infty}^{\infty} f(t)\,\delta(t-t_0)dt=f(t_0) \tag{1.25b}$$

이 성립한다.

[그림 1.14]에 시각 $t=t_1$ 과 t_2 로 이동한 임펄스신호와의 곱을 나타내었다.

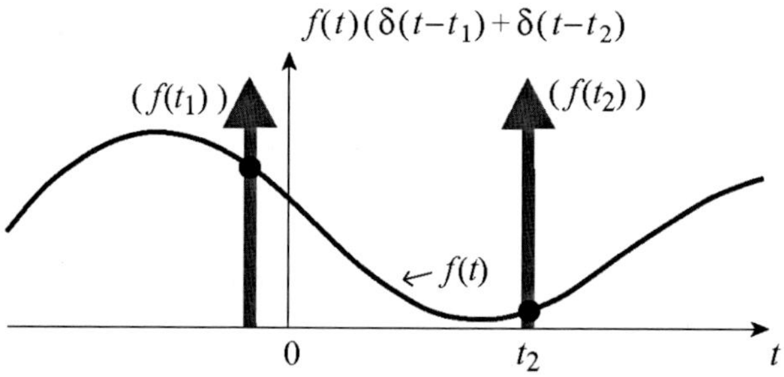

▲ 그림 1.14 $f(t)\left(\delta(t-t_1)+\delta(t-t_2)\right)$의 계산

[예제 1.4]

신호 $\sin(20\pi t)\delta(t-1/80)$ 을 좀 더 간단한 형식으로 나타내어 보자.

(해) 식(1.25a)을 적용하면

$$\begin{aligned}\sin(20\pi t)\delta\left(t-\frac{1}{80}\right)&=\sin\left[20\pi\left(\frac{1}{80}\right)\right]\delta\left(t-\frac{1}{80}\right)\\&=\sin(0.25\pi)\delta\left(t-\frac{1}{80}\right)\\&=0.707\delta\left(t-\frac{1}{80}\right)\end{aligned}$$

이것은 식(1.25b)을 직접 계산하여도 얻어진다.

$$\int_{-\infty}^{\infty}\sin(20\pi t)\,\delta\left(t-\frac{1}{80}\right)dt=0.707$$

(4) 단위 계단신호

단위 계단신호(unit-step signal)는 다음과 같이 정의된다.[4]

$$1(t)=\begin{cases}1, & (t \geq 0)\\ 0, & (t < 0)\end{cases} \tag{1.26}$$

[그림 1.15(b)]에 단위 계단신호를 나타내었다. 이 신호는 $t=0$ 에서 불연속이기 때문에 이 신호를 수식으로 정의하기 위해서는 초함수의 개념이 필요하지만, 여기서는 편의상 $1(t)$ 을 연속함수의 극한으로 생각하기로 한다. 즉, [그림 1.15(a)]에 나타낸 신호 $1_\Delta(t)$ 의 극한을 취하여

$$1(t)=\lim_{\Delta\to 0} 1_\Delta(t) \tag{1.27}$$

로서 단위 계단신호를 정의한다.

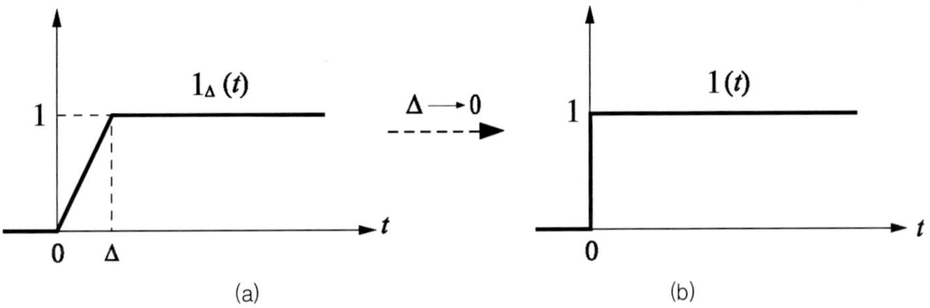

▲ 그림 1.15 단위 계단신호

[예제 1.5]

[그림 1.16]의 RC 전기회로를 생각하여 보자. 캐퍼시터 C는 초기전압을 가지지 않는 것으로 한다. 시각 $t \geq 0$ 에서 회로의 스위치를 닫는다고 하였을 경우 캐퍼시터의 양단에 걸리는 전압을 계산하여 보자.

(해) $t=0^+$ 에서 스위치를 닫음으로써 회로에 전압 V_0 가 인가되는 과정은 [그림 1.16(b)]와 같이 계단신호 $V_0 \cdot 1(t)$ 로 나타낼 수 있다. 캐퍼시터의 초기전압을

[4] 단위 계단신호는 보통 단위계단 함수로 불리고 있지만, 여기서는 '신호'라고 하는 의미를 강조하기 위하여 '단위 계단신호'라고 부르기로 한다.

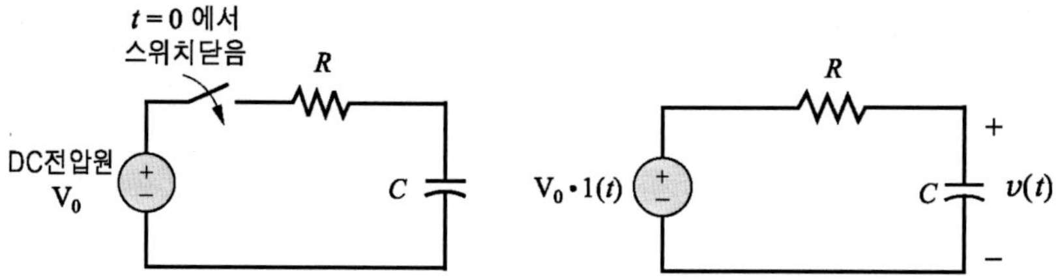

(a) 직렬로 연결된 RC 전기회로(스위치 개방)　(b) 스위치의 작용을 계단함수로 변환

▲ 그림 1.16

영으로 가정하였으므로 $v(0^-)=0$ 이지만, $t\to\infty$ 에서 캐퍼시터는 완전히 충전되어 $v(\infty)=V_0$ 로 될 것이다.

이 과정을 식으로 나타내면 다음과 같다. 즉,

$$V_0 = RC\frac{dv(t)}{dt} + v(t) \qquad ①$$

이다. 위 식을 적절한 방법을 이용하여 해를 구하면

$$v(t) = V_0\left(1 - e^{-t/(RC)}\right) \cdot 1(t) \qquad ②$$

로 된다. ②에서 $t\to\infty$ 로 두면 $v(\infty)=V_0$ 로 됨을 알 수 있다. 이와 같이 단위 계단신호는 물리적으로 스위치와 유사한 작용을 하는 것으로 볼 수 있다.

단위 계단신호의 미분

식(1.26)의 정의에서 알 수 있는 바와 같이 단위 계단신호는 불연속이므로 미분이 불가능하다. 그러나 임펄스신호의 정의를 이용하면 이와 같이 불연속을 가지는 신호의 미분이 가능하다. 이를 이용하여 임펄스 $\delta(t)$ 와 계단신호 $1(t)$ 와의 관계를 알아보자.

먼저 임펄스신호의 면적을 나타내는 식(1.22b)은 다음과 같이 고쳐 쓸 수 있다.

$$\int_a^b \delta(t)dt = \begin{cases} 1, & (a<0 \text{ 및 } b\ge 0) \\ 0, & (a\ge 0 \text{ 또는 } b<0) \end{cases} \qquad (1.28)$$

단 $b>a$ 로 가정하였다. 다음, 단위 임펄스와 단위 계단신호 사이의 관계식을 구하기 위하여 적분

$$\int_{-\infty}^{t} \delta(\tau) d\tau \tag{1.29}$$

에 대하여 생각하여 보자. 이 경우 식(1.28)로부터

$$\int_{-\infty}^{t} \delta(\tau) d\tau = \begin{cases} 1, & (t \geq 0) \\ 0, & (t < 0) \end{cases} \tag{1.30}$$

이므로, 식(1.29)의 적분은 구간 $t \geq 0$ 에서 단위 계단으로 됨을 알 수 있다. 즉

$$1(t) = \int_{-\infty}^{t} \delta(\tau) d\tau \tag{1.31}$$

이다. 또한 기본적인 대수학으로부터

$$g(t) = \int_{a}^{t} f(\tau) d\tau \;\Rightarrow\; f(t) = \frac{d}{dt} g(t)$$

가 성립하므로 이로부터 다음의 관계를 얻는다.

[요점 1.6] 단위 계단신호의 미분

단위 계단신호와 임펄스신호 사이에는 다음의 관계가 성립한다.

$$\delta(t) = \frac{d}{dt} 1(t) \tag{1.32}$$

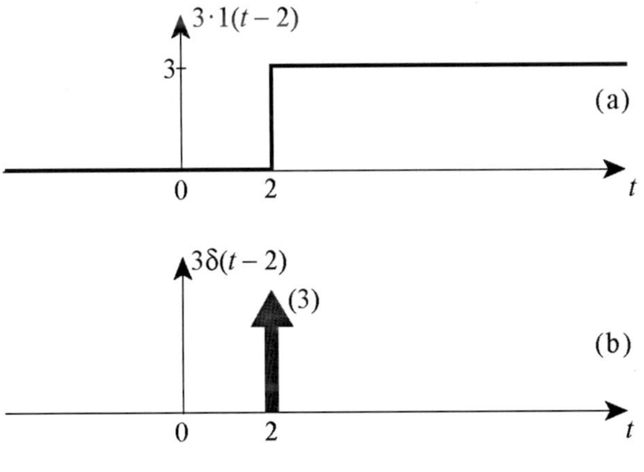

▲ 그림 1.17 (a) 단위 계단신호, (b) 단위 계단신호의 미분

신호의 이동에 대해서도 식(1.32)과 동일한 관계가 성립한다. 즉

$$\delta(t-t_0)=\frac{d}{dt}1(t-t_0) \tag{1.33a}$$

$$1(t-t_0)=\int_{-\infty}^{t}\delta(\tau-t_0)d\tau \tag{1.33b}$$

이다. [그림 1.17]에 식(1.33a)의 관계를 그림으로 나타내었다.

이러한 관계를 이용하여 신호 $x(t)=f(t)\cdot 1(t)$ 의 미분을 계산하여 보자. 이 경우 $x(t)$ 는 시각 $t=0$ 직전 직후에서 0 에서 $f(0^+)$ 로 점프한다는 사실을 염두에 두고 이를 미분하여 보자. 이 경우 [요점 1.6]을 적용하면

$$\begin{aligned} x^{(1)}(t)=\frac{dx(t)}{dt} &= f(t)\frac{d1(t)}{dt}+1(t)\frac{df(t)}{dt} \\ &= f(t)\delta(t)+\frac{df(t)}{dt}1(t) \\ &= f(0)\delta(t)+\frac{df(t)}{dt}1(t) \end{aligned}$$

가 얻어진다. 이로부터 불연속 신호의 미분은 불연속인 점에서 발생하는 점프와 동일한 크기의 임펄스를 항상 포함한다는 사실을 확인할 수 있다.

[예제 1.6]

$t=1$ 에서 점프를 가지는 신호 $x(t)=e^{-2(t-1)}1(t-1)$ 의 미분을 계산하여 보자.

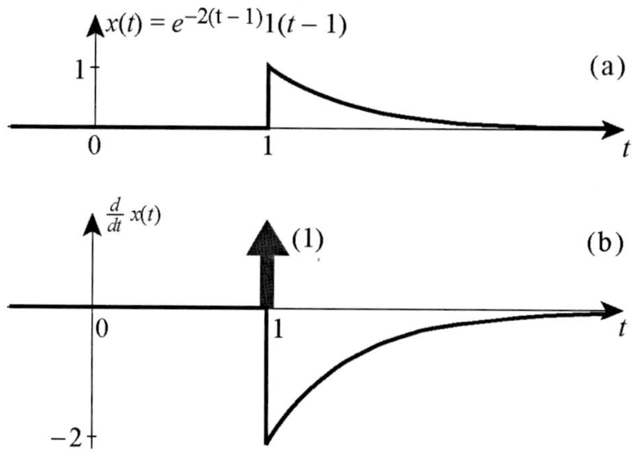

▲ 그림 1.18 불연속 신호의 미분

(해) 미분은

$$\begin{aligned}\frac{dx(t)}{dt} &= e^{-2(t-1)}\frac{d1(t-1)}{dt} + 1(t-1)\frac{de^{-2(t-1)}}{dt} \\ &= e^{-2(t-1)}\delta(t-1) - 2e^{-2(t-1)}1(t-1) \\ &= e^{0}\delta(t-1) - 2e^{-2(t-1)}1(t-1)\end{aligned}$$

로 된다. 이를 그림으로 표현한 것이 [그림 1.18]이다. 이러한 그림은 여러 종류의 불연속점을 포함하는 신호를 미분하는 경우 등에 편리하게 사용된다.

[예제 1.7]

[그림 1.19]의 전기회로에 대하여 생각하여 보자. 단, 캐퍼시터는 초기전압을 가지고 있지 않으며, 스위치는 시각 $t=0^+$ 에서 작동하는 것으로 한다. 이때 캐퍼시터에 흐르는 전류를 계산하여 보자.

(해) 스위치의 작용은 [예제 1.5]와 마찬가지로 계단함수 $V_0 \cdot 1(t)$ 로 대체할 수 있다 (그림 1.19(b)). 이 경우 캐퍼시터의 전압은 인가전압과 같아진다. 즉

$$v(t) = V_0 \cdot 1(t) \qquad ①$$

로 된다. 따라서 캐퍼시터에 흐르는 전류는 정의에 의해

$$i(t) = C\frac{dv(t)}{dt} \qquad ②$$

이므로 ①을 ②에 대입하고 식(1.32)을 이용하면 다음과 같이 표현할 수 있다.

$$i(t) = CV_0\frac{d1(t)}{dt} = CV_o\delta(t) \qquad ③$$

따라서 캐퍼시터를 흐르는 전류는 $t=0$ 에서 크기 CV_0 을 가지는 임펄스로 된다는 것을 알 수 있다.

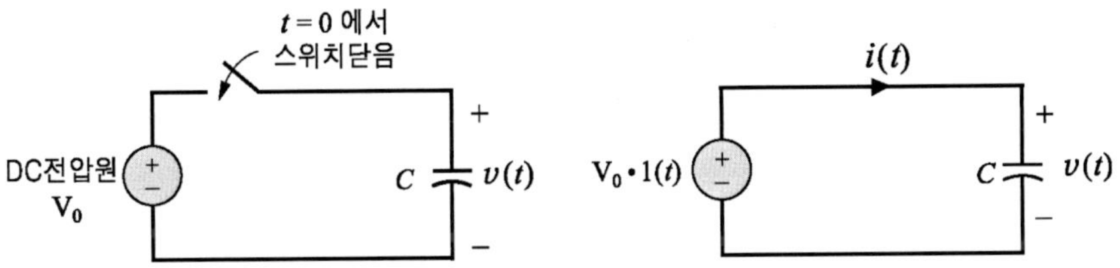

(a) 캐퍼시터와 스위치로 이루어진 회로　　(b) 스위치를 계단함수로 변환

▲ 그림 1.19

(5) 램프신호

위에서 언급한 바와 같이 단위 계단신호 $1(t)$을 미분하면 임펄스신호 $\delta(t)$을 얻는다. 반대로 단위 계단신호를 적분하면 기울기가 1인 램프신호를 얻을 수 있다. 램프신호는 다음과 같이 정의된다.

$$r(t) = \begin{cases} t, & (t \geq 0) \\ 0, & (t < 0) \end{cases} \tag{1.34}$$

또는 단위 계단신호를 이용하여 다음과 같이 표현할 수 있다.

$$r(t) = t \cdot 1(t) \tag{1.35}$$

식(1.34)을 그림으로 표시한 것이 [그림 1.20]이다.

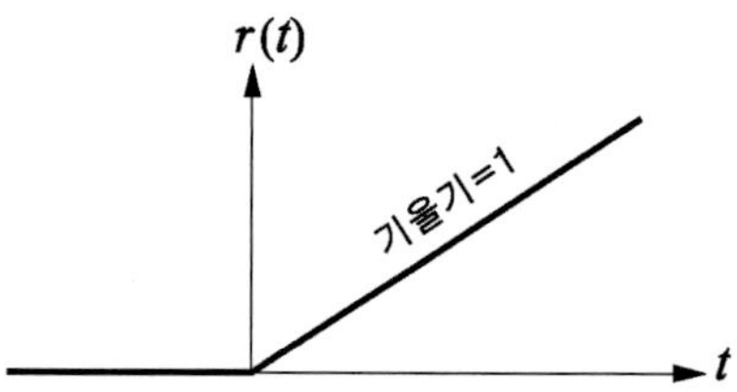

▲ 그림 1.20 기울기 1를 가지는 램프신호

램프신호의 물리적인 의미는 다음과 같이 생각하여 볼 수 있을 것이다. 즉, 모터의 축의 변화각을 $\theta(t)$라 하고 일정한 전압을 인가하여 일정한 속도로 모터를 회전시켰을 경우, 모터 축은 일정한 회전 각속도 $\omega(t)$로 회전한다(즉, 계단신호이다). 이때 $\omega(t)$와 $\theta(t)$ 사이에는 $\omega(t) = d\theta(t)/dt$의 관계가 성립한다는 사실로부터 모터의 축의 변화각 $\theta(t)$은 램프신호를 나타내고 있는 것으로 볼 수 있다.

[예제 1.8]

[그림 1.21]의 회로에 대하여 생각하여 보자. 이때 캐퍼시터 C는 초기 전압을 가지지 않는 것으로 하고, $t = 0^+$에서 스위치를 열었을 경우에 캐퍼시터의 양단에 걸리는 전압을 계산하여 보자.

(해) $t = 0^+$에서 스위치가 일단 열리게 되면 캐퍼시터에 흐르는 전류는 제로에서 I_0로 점프하게 되므로 이러한 동작은 계단신호를 이용하여 다음과 같이 표현할 수 있다.

$$i(t) = I_0 \cdot 1(t)$$

이를 이용하면 [그림 1.21(a)]를 (b)과 같이 나타낼 수 있다. 이때 캐퍼시터 양단에

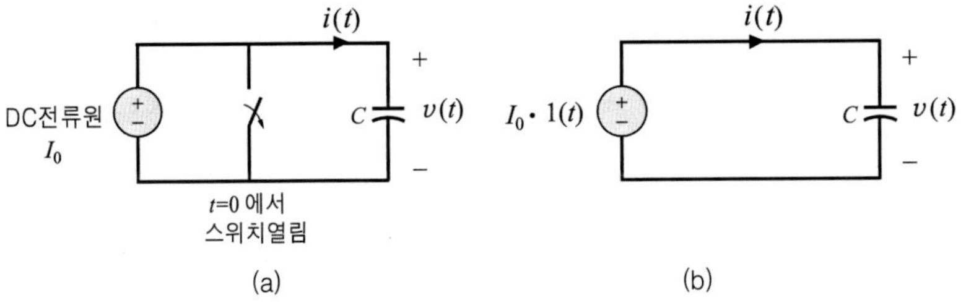

▲ 그림 1.21 [예제 1.8]의 전기회로

걸리는 전압은 공식에 의해

$$v(t)=\frac{1}{C}\int_{-\infty}^{t} i(\tau)d\tau$$

로 되며 여기에 $i(t)=I_0 \cdot 1(t)$ 을 대입하면 다음의 관계를 얻을 수 있다.

$$\begin{aligned} v(t) &= \frac{1}{C}\int_{-\infty}^{t} i(\tau)d\tau \\ &= \begin{cases} 0 \quad , & (t<0) \\ \frac{I_0}{C}t \ , & (t \geq 0) \end{cases} \\ &= \frac{I_0}{C}t \cdot 1(t)=\frac{I_0}{C}r(t) \end{aligned}$$

따라서 캐패시터 양단에 걸리는 전압은 기울기 I_0/C을 가지는 램프신호이다.

(6) 구형신호

다음 식을 만족하는 신호를 구형신호(rectangular signal)라고 하며, 이때의 구형을 [그림 1.22]에 표시하였다.

$$\mathrm{rect}(t)=\begin{cases} 0\ , & (|t|>0.5) \\ 1\ , & (|t|<0.5) \end{cases} \tag{1.36}$$

(7) 부호신호

다음의 식을 만족하는 신호를 부호신호라고 하며, 이 경우의 신호를 [그림 1.23]에 표시하였다.

$$\mathrm{sgn}(t)=\begin{cases} 1\ , & (t>0) \\ -1\ , & (t<0) \end{cases} \tag{1.37}$$

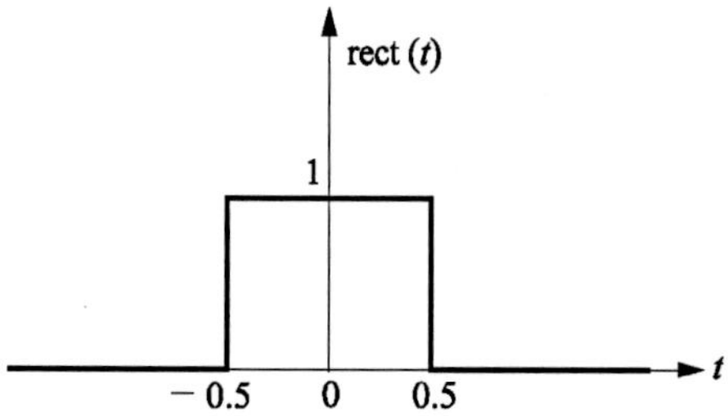

▲ 그림 1.22 구형신호

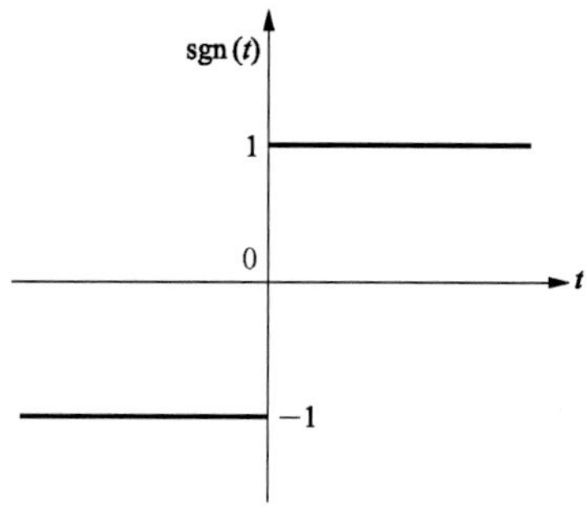

▲ 그림 1.23 부호신호

1.1.3 신호의 분해

신호 $x(t)$ 가 관계식

$$x(-t) = x(t) \tag{1.38}$$

을 만족할 때 우신호(even signal)라고 하며

$$x(-t) = -x(t) \tag{1.39}$$

의 관계식을 만족하는 경우에는 기신호(odd signal)라고 한다.[5] 이때 신호의 분해와 관련하여 다음과 같은 특성이 있다.

[요점 1.7] 신호의 분해

임의의 신호 $x(t)$ 는 우신호 부분($\mathrm{Ev}\{x(t)\}$ 로 표기)과 기신호 부분($\mathrm{Od}\{x(t)\}$ 로 표기)의 합으로 분해할 수 있다. 다시 말하면

$$x(t) = \mathrm{Ev}\{x(t)\} + \mathrm{Od}\{x(t)\} \tag{1.40}$$

단

$$\mathrm{Ev}\{x(t)\} = \frac{1}{2}\{x(t) + x(-t)\} \tag{1.41a}$$

$$\mathrm{Od}\{x(t)\} = \frac{1}{2}\{x(t) - x(-t)\} \tag{1.41b}$$

[5] 우신호, 기신호는 물론 우함수, 기함수와 동일한 의미이다.

[예제 1.9]

단위 계단신호 $1(t)$ 을 우신호 성분과 기신호 성분으로 분해하여 보자.

(해) $1(t)$ 와 $1(-t)$ 를 [그림 1.24]에 표시하였다. 먼저 우신호 성분은

$$\mathrm{Ev}\{1(t)\} = 0.5 \cdot \{1(t) + 1(-t)\} = 0.5$$

이며, 이것을 [그림 1.24(c)]에 표시하였다. 또한 기신호 성분은

$$\mathrm{Od}\{1(t)\} = 0.5 \cdot \{1(t) - 1(-t)\} = 1(t) - 0.5 = 0.5 \cdot \mathrm{sgn}(t)$$

이며, 이것을 [그림 1.24(d)]에 나타내었다.

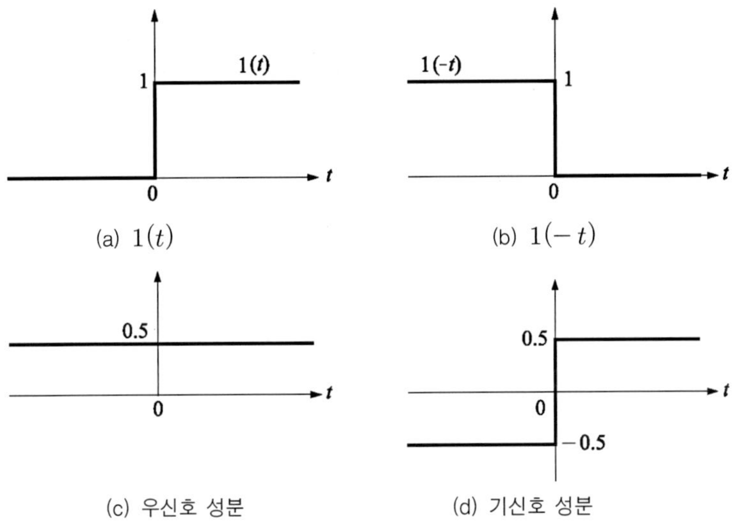

▲ 그림 1.24 [예제 1.9]

1.1.4 신호의 조작

신호에 대하여 여러 가지의 조작을 수행할 수 있지만, 여기서는 이 중 몇 가지만을 소개한다.

(1) 신호의 반전

신호 $x(t)$ 에 대하여 $x(-t)$ 인 신호를 구성하면, 이것은 시각 $t=0$ 에 관하여 원래의 파형을 반전시킨 것으로 된다. 이와 같은 조작을 신호의 반전이라고 한다. [그림 1.25]에 이것을 예시하였다.

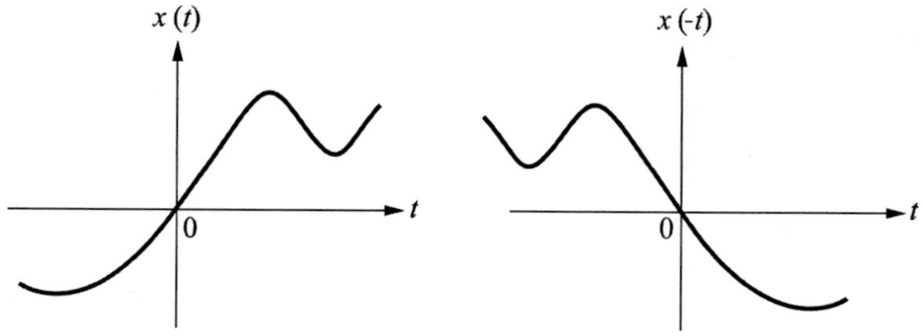

▲ 그림 1.25 신호의 반전

(2) 시간축의 변화(scaling)

신호 $x(t)$ 에 대한 신호 $x(2t)$ 와 $x(t/2)$ 를 [그림 1.26]에 표시하였다. 그림으로부터 시간축이 두 배(또는 반)로 변화되어 있는 것을 알 수 있다.

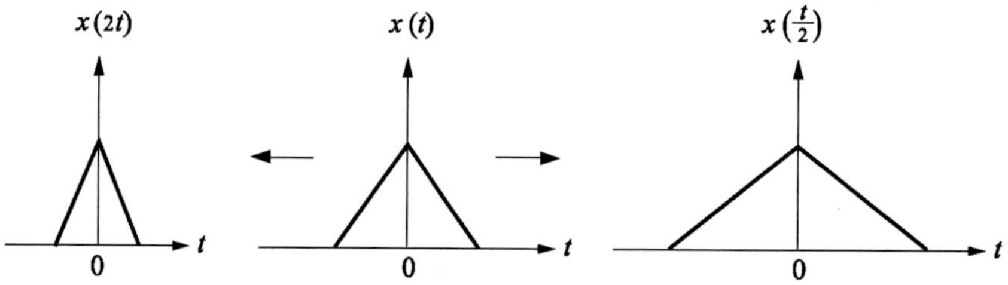

▲ 그림 1.26 시간축의 변화(scaling)

(3) 시간축 이동(shift)

신호 $x(t-k), (k>0)$ 을 [그림 1.27]에 나타내었다. 그림으로부터 $k>0$ 이면 신호는 늦어지고, 반대로 $k<0$ 이면 신호가 앞서게 된다는 것을 알 수 있다.

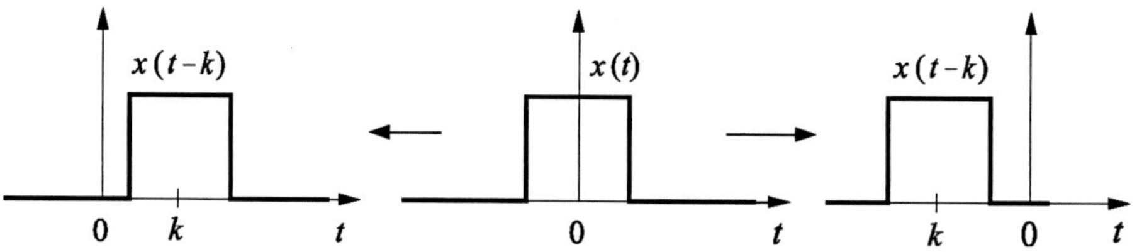

▲ 그림 1.27 시간축의 이동(shift)

[예제 1.10]

다음의 신호를 그려 보자.

$$\text{rect}\left(\frac{t}{2}\right)$$

(해) [그림 1.28]과 같이 된다.

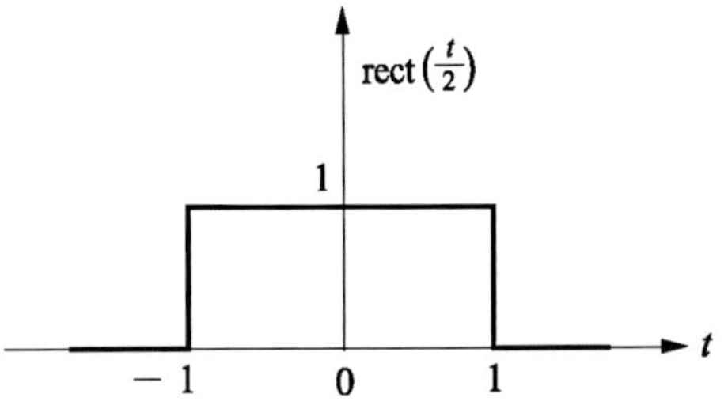

▲ 그림 1.28 [예제 1.10]

[예제 1.11]

신호 $x(t) = \sin t$와 $y(t) = \sin(t - \pi)$를 각각 그려 보자.

(해) 아래 [그림 1.29]에 나타내었다.

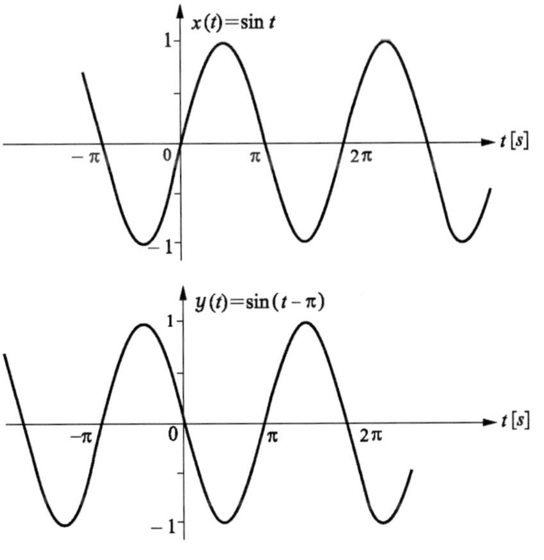

▲ 그림 1.29 [예제 1.11]

1.1.5 신호의 크기

어떤 물질의 부피(size)는 그 물질의 크기(largeness)나 힘(strength)을 표시하는 숫자(number)를 사용하여 나타낸다. 그러나 신호의 크기는 일반적으로 시간에 따라 변동하기 때문에, 그 신호의 크기(largeness)나 신호의 힘(strength)을 나타내는 숫자를 어떤 식으로 측정할 것인가로 문제로 된다. 이러한 측정에는 신호의 크기 뿐만 아니라 신호의 지속시간도 고려하여야 할 것이다. 예를 들어 어떤 사람(human being)의 크기(size)를 하나의 숫자 V로 나타내는 방법을 고안하였다고 할 경우, 이 숫자 속에는 그 사람의 크기(height) 뿐만 아니라 그 사람의 넓이(width)도 고려해야만 그 사람의 크기에 대한 정확한 평가가 될 수 있을 것이다. 사람의 모양을 변수 r(이 변수는 그 사람의 키에 따라 변한다)을 가지는 원통이라고 단순히 생각한다면, 키가 H인 사람의 크기에 대한 가능한 측정값의 하나로써 다음과 같이 주어지는 사람의 부피 V를 생각할 수 있을 것이다.

$$V = \pi \int_0^H r^2(h)dh \tag{1.42}$$

(1) 신호의 에너지

임의 신호 $x(t)$의 크기 측정에 대한 하나의 방법으로써 그 신호가 차지하는 면적을 생각할 수 있을 것이다. 왜냐하면 면적은 신호의 크기뿐만 아니라 신호의 지속시간도 고려하고 있기 때문이다. 그러나 이 경우 발생하는 하나의 문제는 시간축을 중심으로 위아래에 배치되는 신호의 크기는 적분에 의해 (+)의 값과 (−)의 값을 번갈아 가지기 때문에, 아무리 큰 신호라 할지라도 적분에 의해 면적을 구하면 아주 작은 값으로 될 수 있다는 점이다. 이러한 점을 해결할 수 있는 방법으로 신호의 제곱, 즉 $x^2(t)$을 취하는 방법이 있다. 이 경우 면적은 항상 (+)의 값을 가지게 되므로 문제를 해결할 수 있다. 이와 같은 크기측정을 신호의 에너지(energy) E_x라고 하며 다음과 같이 정의된다.

$$E_x = \int_{-\infty}^{\infty} x^2(t)dt \tag{1.43a}$$

신호에 복소성분이 포함되어 있는 경우에는 위 식을 다음과 같은 일반식으로 표현한다.

$$E_x = \int_{-\infty}^{\infty} |x(t)|^2 dt \tag{1.43b}$$

위 식 외에도 여러 종류의 크기에 대한 측정법이 존재한다. 그러나 상기의 에너지에 관한 정의는 그 계산을 간단히 수행할 수 있을 뿐만 아니라, 물리적으로도 신호에서 추출할 수 있는 에너지를 나타낸다는 점에서도 상당한 의미를 지니고 있다.

(2) 신호의 파워(Power)

위에서 언급한 바와 같이 신호의 에너지는 신호의 크기에 대하여 상당한 의미를 가지는 측정법이지만, 이를 위해서는 식(1.43)의 적분이 반드시 수렴되어야 한다는 조건이 필요하다. 다시 말하면 신호의 크기가 $|t| \to \infty$ 에서 영으로 수렴되어야 한다는 것이다(그림 1.30(a)). 따라서 신호 $x(t)$ 의 크기가 $|t| \to \infty$ 에서 영으로 수렴되지 않는 경우(그림 1.30(b))에는 신호의 에너지는 무한대로 된다. 이러한 경우에는 에너지의 시간적인 평균을 취하여 신호의 크기로써 사용하고 있다. 이러한 측정 크기를 신호의 파워(power) P_x 라고 하며, 다음과 같이 정의된다.

$$P_x = \lim_{T \to \infty} \frac{1}{T} \int_{-T/2}^{T/2} x^2(t)dt \tag{1.44a}$$

복소성분을 가지는 신호 $x(t)$ 에 대한 일반식은 다음과 같다.

$$P_x = \lim_{T \to \infty} \frac{1}{T} \int_{-T/2}^{T/2} |x(t)|^2 dt \tag{1.44b}$$

신호의 파워 P_x 는 신호의 제곱에 대한 시간적 평균을 취하고 있으므로, 이것을 신호의 제곱의 평균(mean-squared)값으로 부르기도 한다. P_x 의 제곱근(root)을 취하면 신호 $x(t)$ 의 rms(root-mean-squared)값으로 된다.

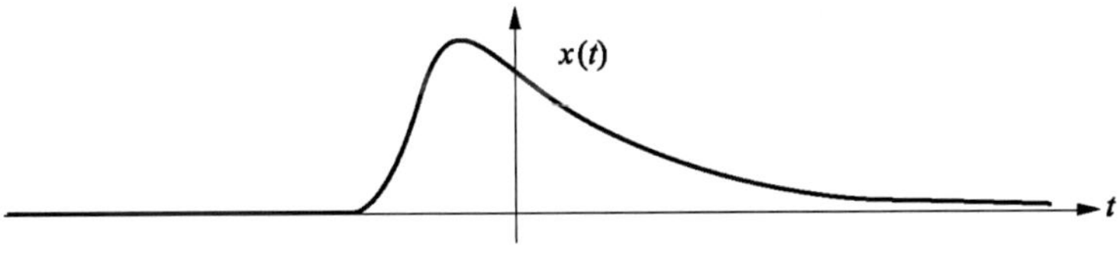

(a) 한정된 에너지를 가지는 신호

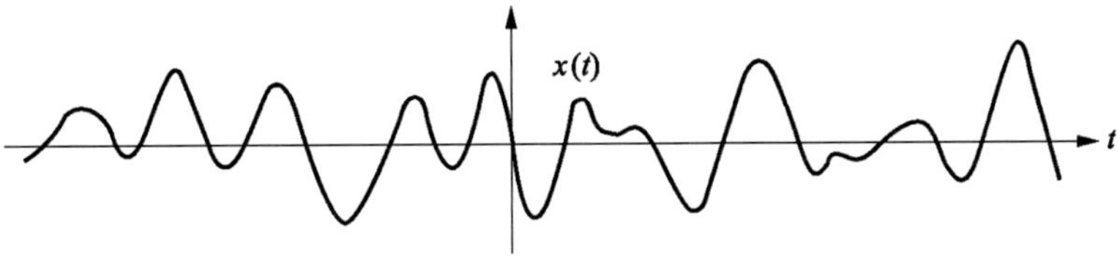

(b) 한정된 파워를 가지는 신호

▲ 그림 1.30 **신호의 예**

일반적으로 임의의 물질이 주기적이거나 혹은 통계적인 주기성을 가지는 경우에는 무한대에 가까운 시간간격에 대한 물질의 평균값이 존재하지만, 이러한 조건이 만족되지 않는 경우에는 평균값이 존재하지 않는다. 예를 들어 램프신호 $x(t)=t$ 인 경우 $|t| \to \infty$ 에서 무한대로 증가하기 때문에 이 신호에 대해서는 에너지도 파워도 존재하지 않는다. 그러나 역시 주기신호도 아니며 통계적인 주기성도 가지지 않는 단위 계단신호의 경우에는 일정한 크기의 파워를 가진다.[6]

신호 $x(t)$ 가 주기신호이면 $|x(t)|^2$ 도 역시 주기신호로 된다. 따라서 $x(t)$ 의 파워는 식(1.44b)에서 T 를 신호의 한 주기로 취하여 계산할 수 있다.

식(1.43)으로 정의된 신호의 에너지는 임의의 신호가 가지는 실제의 에너지를 의미하는 것은 아니다. 왜냐하면 신호의 에너지는 신호 그 자체뿐만 아니라 신호에 걸려있는(신호가 지나가는) 부하에도 의존하기 때문이다. 그러나 예를 들어, 전압 $x(t)$ (즉 신호)가 크기 $1[\Omega]$ 인 저항에 인가되었다면(또는 전류 $x(t)$ 가 $1[\Omega]$ 의 저항에 흐르고 있다면), 정규화된(normalized) 부하(load)인 $1[\Omega]$ 저항에서 방출되는 에너지로써 식(1.43)을 해석할 수 있을 것이다. 따라서 에너지의 '측정'이라는 것은 신호가 가지는 에너지 가능성(능력)을 알아내는 것이지, (신호가 가지고 있는)실제의 에너지는 아닌 것이다. 이와 같은 이유로서 에너지의 '보존'은 이와 같이 정의된 신호의 에너지에는 적용되어서는 안 된다. 식(1.44)로 정의된 신호의 파워에 대해서도 상기와 동일한 내용이 적용된다. 그러나 위와 같이 정의된 신호의 크기에 대한 정의는 신호의 크기(size)를 나타내는 편리한 지표이며, 이는 실제 많은 응용분야에서 유용한 것으로 알려져 있다. 예를 들어 신호 $x(t)$를 어떤 다른 신호 $g(t)$로서 근사적으로 표현하였다고 할 때, 근사화 오차는 $e(t)=x(t)-g(t)$로 주어진다. 이때 오차신호 $e(t)$의 에너지(또는 파워)는 근사의 좋고 나쁨을 보여주는 편리한 지표로서 사용될 수 있다.

다시 말하면, 이것은 근사신호의(원래 신호로의) 근접성을 결정할 수 있는 양적인 측정지표를 제공하는 것으로 볼 수 있을 것이다. 통신시스템에서 정보(신호)를 채널을 통하여 전달하는 과정에서, 정보는 원하지 않는 신호(즉 잡음)에 의하여 오염되는 것이 일반적이다. 따라서 수신된 신호의 질은 정보를 싣고 있는 신호와 원하지 않는 신호 사이의 상대적인 비의 크기에 의하여 결정된다. 이러한 경우, 정보와 잡음신호 사이의 비(신호 대 잡음의 비: SN비)는 수신된 신호의 질을 나타내는 훌륭한 지표가 된다.

[6] 단위 계단신호의 경우 $t \to \infty$ 에서 일정한 값을 가지기 때문에 시간 간격을 크게 하면 그 평균값이 존재한다.

[예제 1.12]

[그림 1.31]로 주어진 신호에 대하여 적절한 방법을 사용하여 크기를 계산하여 보자.

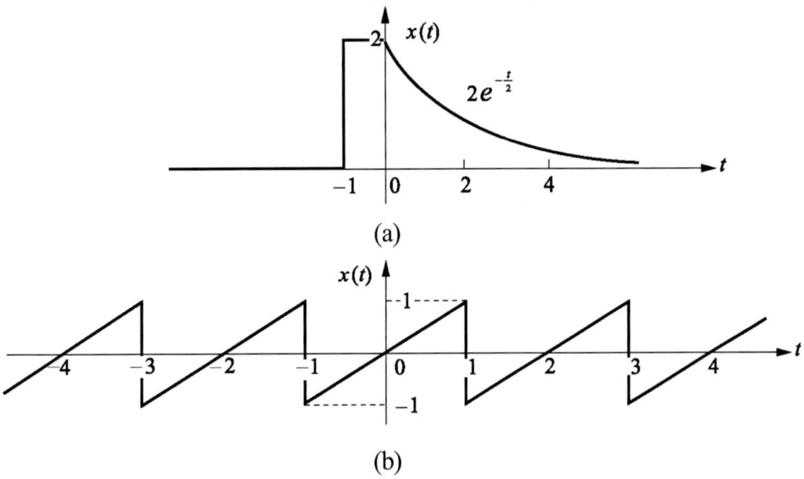

▲ 그림 1.31 [예제 1.12]

(해) [그림 1.31(a)]의 경우 신호의 크기가 $|t| \to \infty$에서 영으로 수렴하기 때문에 이 신호에 대한 적절한 크기측정은 에너지 E_x 이다. 즉

$$E_x = \int_{-\infty}^{\infty} x^2(t)dt = \int_{-1}^{2} (2)^2 dt + \int_{0}^{\infty} t^2\, dt = 4 + 4 = 8$$

또 [그림 1.31(b)]는 신호의 크기가 $|t| \to \infty$에서 영으로 수렴되지 않지만, 주기신호이다. 따라서 에너지는 정의할 수 없지만 파워는 존재한다. 식(1.44a)를 이용하여 파워를 계산하기로 한다. 이 경우 $x^2(t)$을 무한대에 가까운 큰 간격에서 평균을 취하는 것은 결국 신호의 한 주기에 대하여 평균을 취한 것과 같으므로

$$P_x = \frac{1}{2}\int_{-1}^{1} x^2(t)dt = \frac{1}{2}\int_{-1}^{1} t^2 dt = \frac{1}{3}$$

신호의 파워는 그 신호의 rms 값의 제곱이므로, 위 신호의 rms 값은 $1/\sqrt{3}$ 로 됨을 알 수 있다.

1.2 신호의 스펙트럼 표현

여기서는 정현파의 합으로 이루어진 신호의 주파수 성분을 나타내는 방법인 스펙트럼(spectrum)에 대하여 간단히 설명한다. 식(1.2)로 주어진 정현파 신호에 오일러의 공식을 적용하면 식(1.14b)를 얻을 수 있는데, 이를 다음과 같이 표현할 수 있다.

$$x(t) = A\cos(\omega_0 t + \phi) = \mathrm{Re}\left\{X e^{j\omega_0 t}\right\} \tag{1.45}$$

단 $X = Ae^{j\phi}$는 복소수 값을 가지기 때문에 복소크기(complex amplitude)라고 한다.[7] 따라서 신호 $x(t)$는 주파수 ω_0와 복소크기 X에 의해 표현될 수 있음을 알 수 있다. 이러한 관계를 이용하여 여러 종류의 주파수로써 이루어진 신호의 표현방법에 대하여 알아본다.

1.2.1 신호의 합의 스펙트럼

신호를 생성하는 가장 일반적인 방법은 여러 종류의 주파수를 가지는 정현파를 선형적으로 결합하는 것이다. 수학적으로 이것은 다음과 같이 나타낼 수 있을 것이다.

$$x(t) = A_0 + \sum_{k=1}^{N} A_k \cos(\omega_k t + \phi_k) \tag{1.46}$$

위 식에 식(1.45)의 관계를 적용하면

$$x(t) = X_0 + \sum_{k=1}^{N} \mathrm{Re}\left\{X_k e^{j\omega_k t}\right\} \tag{1.47}$$

로 된다. 여기서 $X_0 = A_0$는 실수인 직류성분의 크기이며,

$$X_k = A_k e^{j\omega_k t} \tag{1.48}$$

는 복소량으로서 주파수 ω_k에서의 크기와 위상을 나타낸다. 또한 식(1.46)에 식(1.13)의 관계를 적용하면 다음과 같은 형식의 표현을 얻을 수 있다.

$$x(t) = X_0 + \sum_{k=1}^{N} \left\{ \frac{X_k}{2} e^{j\omega_k t} + \frac{X_k^*}{2} e^{-j\omega_k t} \right\} \tag{1.49}$$

---

7 복소크기를 페이저(phasor)라고 부르기도 한다. 또한 이는 크기와 위상을 가지는 벡터의 형식으로 주어지기 때문에 평면상에서 크기 등을 나타낼 때 편리하다.

위 식은 신호 $A_k \cos(\omega_k t + \phi_k)$를 양의 주파수 ω_k에서의 크기와 음의 주파수 $-\omega_k$에서의 크기로 분해할 수 있다는 것을 보여주고 있다. 따라서 식(1.49)를 이용하면 임의의 신호는 $(2N+1)$개의 주파수에 대하여 $(2N+1)$개의 복소크기를 가지는 성분의 합으로 나타낼 수 있다. 이 집합은 다음과 같이 표현되며, 이를 신호의 양방향 스펙트럼(two-sided spectrum) 표현식이라고 한다.

$$\left\{(0, X_0), \left(\omega_1, \frac{1}{2}X_1\right), \left(-\omega_1, \frac{1}{2}X_1^*\right), \cdots, \left(\omega_k, \frac{1}{2}X_k\right), \left(-\omega_k, \frac{1}{2}X_1^*\right), \cdots\right\} \tag{1.50}$$

위 식에서 (•) 내의 두 값 $(\omega_k, X_k/2)$는, 주파수 ω_k가 신호 $x(t)$에 기여하는 크기와 위상을 각각 나타낸다. 어떤 신호를 시간영역에서의 표현식으로 나타내기보다는 식(1.50)과 같이 주파수영역에서의 표현식으로 나타내는 것이 신호해석의 관점에서는 편리한 경우가 많다.

[예제 1.13]

다음 신호에 대한 양방향 표현식을 구하여 보자.

$$x(t) = 10 + 14\cos\left(200\pi t - \frac{\pi}{3}\right) + 8\cos\left(500\pi t + \frac{\pi}{2}\right)$$

(해) 식(1.13)의 역오일러 공식을 적용하면

$$\begin{aligned} x(t) = &\ 10 + 7e^{-j\pi/3}e^{j2\pi(100t)} + 7e^{j\pi/3}e^{-j2\pi(100t)} \\ &+ 4e^{j\pi/2}e^{j2\pi(250t)} + 4e^{-j\pi/2}e^{-j2\pi(250t)} \end{aligned}$$

가 얻어진다. 이를 식(1.50)의 형식으로 변환하면 다음과 같이 됨을 쉽게 알 수 있다.

$$\{(0, 10), (200\pi, 7e^{-j\pi/3}), (-200\pi, 7e^{j\pi/3}), (500\pi, 4e^{j\pi/2}), (-500\pi, 4e^{-j\pi/2})\}$$

식(1.50)으로부터 알 수 있는 바와 같이 각 주파수에 대한 복소크기에는 직류성분을 제외하고는 모두 (1/2)이 곱해져 있다. 따라서 스펙트럼 표현에서의 이러한 불편을 해소하기 위해서 새로운 변수를 도입한다. 즉

$$a_k = \begin{cases} A_0, & (k=0) \\ \frac{1}{2}A_k e^{j\phi_k}, & (k \neq 0) \end{cases} \tag{1.51}$$

을 도입하여 신호의 스펙트럼을 (ω_k, a_k) 의 쌍을 이용하여 표현하기로 한다. 이와 같은 표현 방법의 변환을 도입하는 가장 큰 이유는 다음 장에서 취급하는 푸리에 급수에서 계수의 계산공식을 간단히 표현하기 위한 것이다(2.2절 참조). 예를 들어, 식(1.51)을 이용하면 푸리에 급수와 유사한 형식을 가지는 식(1.49)를 다음과 같은 간단한 형식으로 나타낼 수 있다.

$$x(t)=\sum_{k=-N}^{N} a_k e^{j\omega_k t} \tag{1.52}$$

단 $\omega_0 = 0$ 이다.

임의 신호의 스펙트럼을 식(1.50)과 같이 (ω_k, a_k) 로서 나타내기 보다는 그림으로 표현한다면 그 신호에 포함되어 있는 주파수 성분의 내용을 더욱 쉽게 이해할 수 있을 것이다. 즉 각 주파수 ω_k 에서의 크기를 $|a_k|$에 비례하여 [그림 1.32]와 같이 나타내는 것이다.

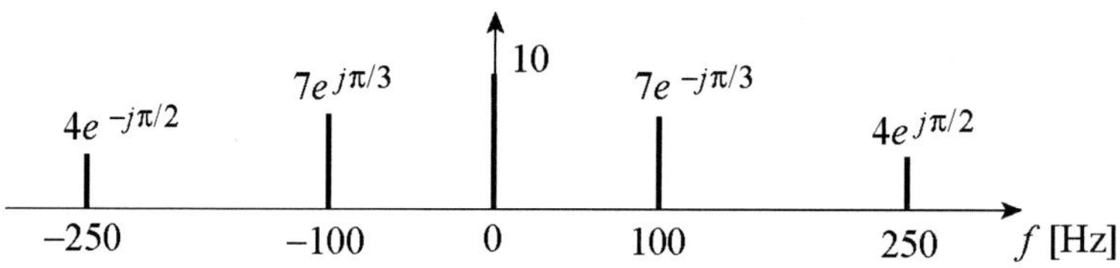

▲ 그림 1.32 [예제 1.13]의 결과에 대한 스펙트럼

그림으로부터 신호가 가지는 각 주파수에 대한 상대적인 크기를 쉽게 파악할 수 있기 때문에, 주파수영역에서 신호의 조작(즉 필터링 등)을 통한 결과 등을 확인하고자 하는 경우에 유용하게 사용된다.

[그림 1.32]에서 알 수 있는 바와 같이, 음의 주파수에 대한 복소크기는 대응하는 양의 주파수에 있어서 복소크기의 복소공역을 취한 값으로 되어 있다. 이것은 $x(t)$가 실제의 신호라면 그의 스펙트럼은 항상 이와 같은 성질을 가지는 것으로 알려져 있다.

일반적으로 임의로 주어진 신호의 스펙트럼을 그림으로 나타내기 위해서는 제2장에서 다루는 푸리에 급수에 의한 해석이 필요하다. 그러나 [예제 1.13]과 같이 신호가 몇 개의 sine 및 cosine 신호의 합으로 이루어져 있다는 것이 알려져 있다면, 역오일러 공식을 적용하여 비교적 간단하게 스펙트럼 값을 얻을 수 있다.

1.2.2 신호의 곱의 스펙트럼

서로 다른 주파수를 가지는 두 개의 신호를 곱하면, 일반적으로 맥놀이(beat note)로 알려진

흥미 있는 음향 현상이 얻어지는 것을 관측할 수 있다. 이러한 현상은 매우 낮은 주파수(예를 들어 10 [Hz])와 1 [kHz] 근처의 주파수를 가지는 두 신호에 의해 가장 잘 들어난다.

신호의 곱

두 개의 신호를 곱하여 만들어지는 신호라 할지라도 스펙트럼 표현을 위해서는 신호의 복소 지수표현식을 이용하여 선형적인 합으로 나타내어야 한다. 이를 다음 예제를 이용하여 확인하여 보자.

[예제 1.14]

5 [Hz]와 1/2 [Hz]의 주파수를 가지는 두 정현파 신호의 곱을 이용하여 맥놀이신호를 구성하여 보자.

(해) 두 신호의 곱은 다음 식을 전개하는 것으로 된다. 즉

$$x(t)=\cos(\pi t)\sin(10\pi t) \qquad ①$$

식(1.12), (1.13)의 오일러의 정리를 위 식에 적용하면

$$\begin{aligned} x(t) &= \left(\frac{e^{j\pi t}+e^{-j\pi t}}{2}\right)\left(\frac{e^{j10\pi t}-e^{-j10\pi t}}{2j}\right) \qquad ② \\ &= \frac{1}{4}e^{-j\pi/2}e^{j11\pi t}+\frac{1}{4}e^{-j\pi/2}e^{j9\pi t}-\frac{1}{4}e^{-j\pi/2}e^{-j9\pi t}-\frac{1}{4}e^{-j\pi/2}e^{-j11\pi t} \\ &= \frac{1}{2}\cos\left(11\pi t-\frac{\pi}{2}\right)+\frac{1}{2}\cos\left(9\pi t-\frac{\pi}{2}\right) \end{aligned}$$

가 얻어진다. 이로부터 주파수 $\pm 11\pi$ [r/s]와 $\pm 9\pi$ [r/s]에서 각각 스펙트럼 성분을 가진다는 것을 알 수 있다. 따라서 신호 $x(t)$의 스펙트럼은 원래 신호의 주파수인 $\omega_1=\pi$와 $\omega_2=10\pi$에서는 나타나지 않고 두 주파수의 합과 차로 주어지는 주파수에서 스펙트럼이 형성된다는 점에 유의할 필요가 있다.

맥놀이(beat note) 현상

맥놀이 현상은 거의 동일한 주파수를 가지는 두 개의 신호를 더함으로써 얻어진다. [예제 1.14]에서 두 신호의 곱은 서로 근접한 주파수를 가지는 두 개의 신호의 합으로 표현됨을

알 수 있었다. 이러한 사실로부터 만약 두 개의 근접한 주파수를 가지는 신호의 선형적인 합으로 이루어진 신호, 예를 들어

$$x(t)=\cos(2\pi f_1 t)+\cos(2\pi f_2 t) \tag{1.52}$$ [8]

가 두 정현파 신호의 곱의 결과로 얻어진 것이라 하고, 이로부터 맥놀이신호와 스펙트럼과의 관계를 유도하여 보자.

식(1.52)의 경우 두 주파수는 $f_1=f_c-f_\triangle$와 $f_2=f_c+f_\triangle$로 표현할 수 있으며, 이때 f_c는 중심 주파수(center frequency), $f_\triangle$는 편차 주파수(deviation frequency)로 불리며 다음과 같이 계산된다.

$$f_c=\frac{f_1+f_2}{2},\ f_\triangle=\frac{f_2-f_1}{2} \tag{1.53}$$

이 경우 맥놀이신호의 스펙트럼을 [그림 1.33]에 나타내었다.

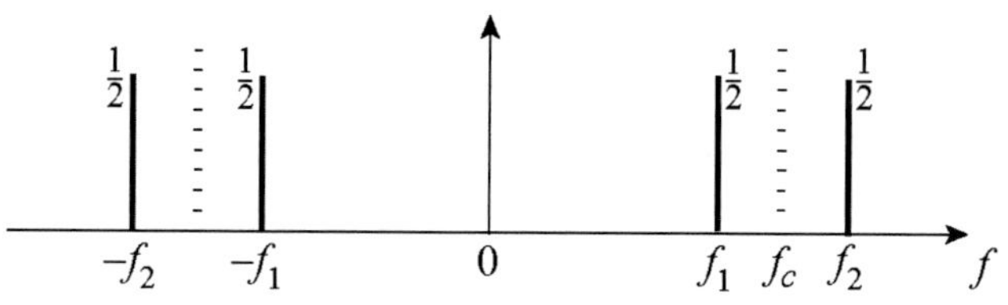

▲ 그림 1.33 식(1.52)의 스펙트럼

cosine 신호에 대한 복소 지수표현 식(1.13a)을 사용하여 식(1.52)을 다시 쓰면 두 신호의 곱으로 나타낼 수 있다. 즉

$$\begin{aligned} x(t) &= \cos(2\pi f_1 t)+\cos(2\pi f_2 t)=\mathrm{Re}\left\{e^{j2\pi f_1 t}\right\}+\mathrm{Re}\left\{e^{j2\pi f_2 t}\right\} \\ &= \mathrm{Re}\left\{e^{j2\pi(f_c-f_\triangle)t}+e^{j2\pi(f_c+f_\triangle)t}\right\}=\mathrm{Re}\left\{e^{j2\pi f_c t}\left(e^{-j2\pi f_\triangle t}+e^{j2\pi f_\triangle t}\right)\right\} \\ &= \mathrm{Re}\left\{e^{j2\pi f_c t}\left(2\cos(2\pi f_\triangle t)\right)\right\}=2\cos(2\pi f_\triangle t)\cos(2\pi f_c t) \end{aligned} \tag{1.54}$$

로 된다.

[8] 여기서는 이해를 돕기 위하여 주파수의 단위를 [Hz]로 쓰기로 한다. [Hz]와 [rad/s]은 식(1.3)의 관계가 있으므로 쉽게 변환 가능하다.

[예제 1.15]

간단한 예로서 $f_c = 200$ 및 $f_\triangle = 20\,[\text{Hz}]$로 두면

$$x(t) = 2\cos(2\pi(20)t)\cos(2\pi(200)t) \quad ①$$

로 되며 이를 시간영역에서의 그림으로 나타낸 것이 [그림 1.34]이다.

%[예제 1.5]

```
t=linspace(0,100);                          % 시간축의 설정
fd=20; fc=200;                              % 중심주파수와 편차주파수를 설정
x1=cos(2*pi*fd*t);x2=2*cos(2*pi*fc*t);      두 정현파의 계산
x3=x1.*x2;                                  % 정현파의 합에 의한 맥놀이신호의 생성
x31=2*cos(2*pi*f1*t).*cos(2*pi*f2*t);       % 식(1.54)에 의한 맥놀이신호의 계산
subplot(211),plot(t,x1,t,x2,':')            % [그림 1.34]
subplot(212),plot(t,x3,t,x2,':',t,-x2,':')
```

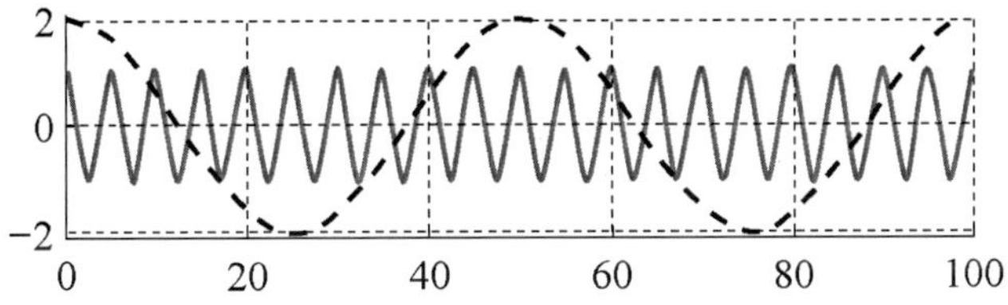

(a) 신호의 성분

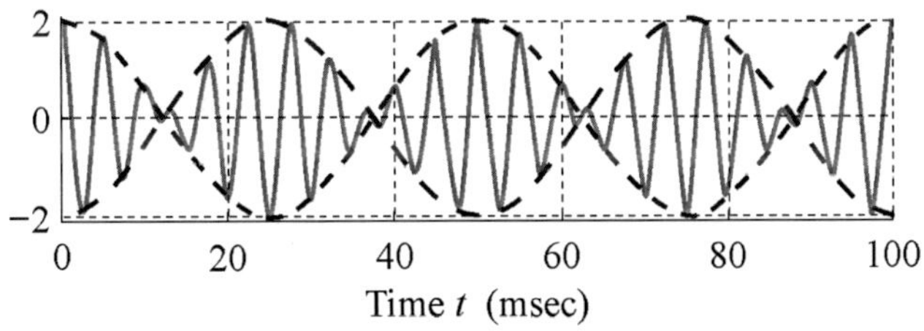

(b) 맥놀이의 파형

▲ 그림 1.34 $f_c = 200$와 $f_\triangle = 20\,[\text{Hz}]$의 주파수의 곱으로 이루어진 맥놀이신호

[그림 1.34(a)]는 [예제 1.15]의 ①을 이루고 있는 두 개의 기본신호 성분인 $\cos(2\pi(20)t)$와 $\cos(2\pi(200)t)$를 각각 나타낸 것이다. 또한 [그림 1.34(b)]에서 연속하는 두 영점(null point) 사이의 간격은 $\frac{1}{2}(1/f_\triangle)$로 된다. 이로부터 근접한 주파수를 가지는 두 신호의 합으로 주어

지는 신호는 두 신호의 중심 주파수인 f_c를 가지는 신호로 되지만, 이 신호의 전체적인 모양은 편차 주파수 f_Δ로 변동하는 형태를 취한다. 이러한 신호를 소리로 듣는다면, 높은 주파수의 음이 낮은 주파수로 커졌다 작아졌다는 한다는 것을 확인할 수 있을 것이다.

[예제 1.15]에서 만약 f_Δ를 9[Hz]로 감소시킨다면 [그림 1.34]는 [그림 1.35]로 된다. 즉 200[Hz]의 주파수에 대한 포락선은 더욱 느리게 변동, 즉 영점 사이의 간격이 더 길어진다는 것을 의미한다. 이러한 사실은 두 신호의 주파수가 근접하면 할수록 포락선의 변동은 느려진다는 사실을 나타내는 것으로, 음악가들이 악기를 '튜닝(tuning)'하는 경우에 사용되고 있다.

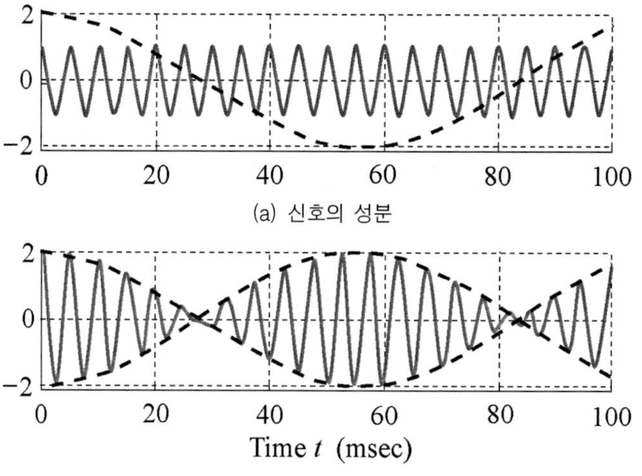

▲ 그림 1.35 $f_c = 200$ 와 $f_\Delta = 9$ [Hz]의 주파수의 곱으로 이루어진 맥놀이신호

1.2.3 진폭 변조

정현파 신호의 곱은 통신시스템에서 주로 이용되는 변조(modulation)에도 유용하다. 특히 AM 방송에 사용되는 기술인 진폭 변조(amplitude modulation)는 낮은 주파수의 신호에 높은 주파수의 정현파를 곱하는 과정이다. 일반적으로 AM 신호는 다음과 같은 두 신호의 곱으로 주어진다.

$$x(t) = v(t)\cos(2\pi f_c t) \tag{1.55}$$

위 식에서 cosine 신호의 주파수 f_c[Hz]는 신호 $v(t)$의 스펙트럼의 어떤 주파수 성분보다도 훨씬 높아야 한다. 이때 $v(t)$는 일반적으로 전송하고자 하는 신호, 즉 음악 또는 음성 등을 의미한다. 식(1.55)의 신호 $\cos(2\pi f_c t)$는 캐리어 신호(carrier signal)라고 하며, 이때의 주파수 f_c를 캐리어 주파수라고 한다.

[예제 1.16]

$v(t) = 5 + 4\cos(40\pi t)$와 $f_c = 200\ [\mathrm{Hz}]$에 대하여 식(1.55), 즉

$$x(t) = [5 + 4\cos(40\pi t)]\cos(400\pi t) \quad ①$$

를 계산하면 전 절의 맥놀이신호와 유사한 모양의 [그림 1.36]이 얻어진다. 이 경우 낮은 주파수의 신호(20 [Hz])가 곱해진 높은 주파수(200 [Hz])의 신호의 포락선은 낮은 주파수로 변조(또는 변화)되어 나타난다는 것을 확인할 수 있다.

%[예제 1.16]

```
t=linspace(0,100);                          % 시간축의 설정
fd=20; fc=200;                              % 중심주파수와 편차주파수를 설정
x1=cos(2*pi*fd*t);                          % 신호 cos(400πt)의 계산
x2=2*cos(2*pi*fc*t);x2=5.+x2;               % 신호 5+4cos(40πt)의 계산
x3=x1.*x2;                                  % AM 신호의 생성
subplot(211),plot(t,x1,t,x2,':')            % [그림 1.36]
subplot(212),plot(t,x3,t,x2,':',t,-x2,':')
```

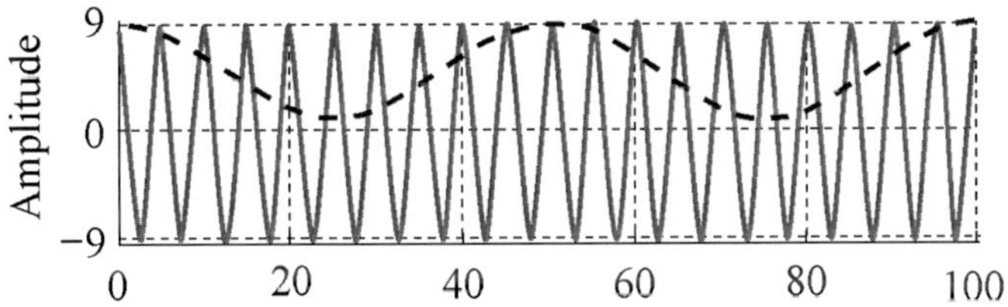

(a) 신호의 성분

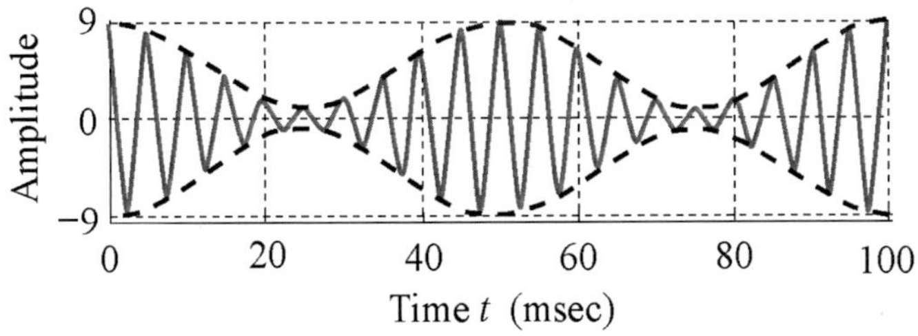

(b) 변조된 파형

▲ 그림 1.36 [예제 1.16]의 결과

AM 신호가 맥놀이신호와 기본적으로 다른점은 포락선이 영점을 지나지 않는다는 것이다. 이것은 $v(t)$ 의 DC 성분(즉 '5')가 20 [Hz] 의 주파수 성분의 진폭('4')보다 크기 때문이다. 만약 캐리어 주파수가 $v(t)$ 의 주파수 성분보다 훨씬 높다면, [그림 1.36]는 [그림 1.37]로 되어 AM 신호의 포락선을 별도로 나타내지 않더라도 쉽게 전체 파형의 모양을 확인할 수 있게 된다. 이러한 특성을 이용하여 AM 방송의 수신부에서 검출회로를 구성하고 있다.

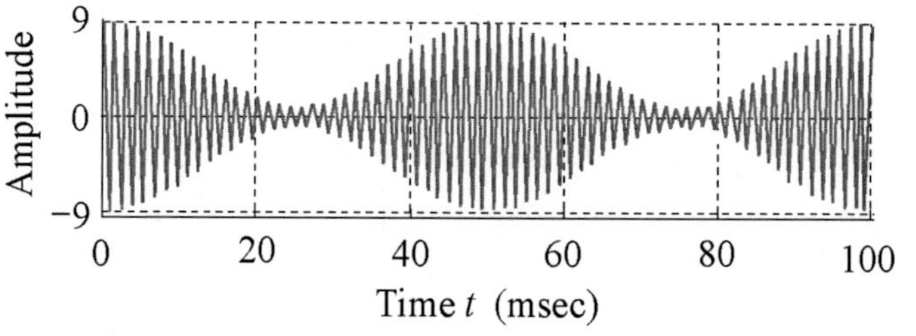

▲ 그림 1.37 $f_c = 700$ 와 $f_\Delta = 20$ [Hz] 로 된 AM 신호

주파수영역에서 AM 신호의 스펙트럼은 맥놀이신호와 거의 동일한 모양을 가지지만, 단 하나의 차이점은 주파수 $f = f_c$ 에서 상대적으로 큰 스펙트럼을 가진다는 점이다. 예를 들어 [예제 1.16]의 ①의 스펙트럼은

$$x(t) = 5\cos(400\pi t) + 4\cos(40\pi t)\cos(400\pi t)$$

와 같이 두 부분으로 나누어서 계산하면 다음을 얻는다.

$$x(t) = \frac{5}{2}e^{j400\pi t} + e^{j440\pi t} + e^{j360\pi t} + \frac{5}{2}e^{-j400\pi t} + e^{-j440\pi t} + e^{-j360\pi t}$$

이로부터 신호 $x(t)$ 에는 주파수 ± 220 [Hz] 와 ± 180 [Hz] 에서 네 개의 성분, 캐리어 주파수인 ± 200 [Hz] 에서 두 개의 스펙트럼 성분이 각각 존재하며, 캐리어주파수인 $f = f_c$ 와 $f = -f_c$ 에 $x(t)$ 의 큰 스펙트럼 성분이 존재한다는 것을 확인할 수 있다(그림 1.38).

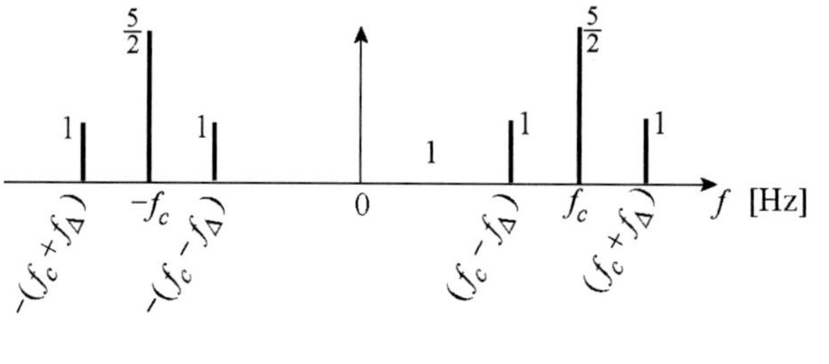

▲ 그림 1.38 $f_c = 700$ 와 $f_\Delta = 20$ [Hz] 로 된 AM 신호의 스펙트럼

1.3 시스템의 이해

1.3.1 시스템

시스템이란, 시스템에 입력된 신호로부터 정보를 추출하거나 수정하는 작업을 수행하여 출력으로 내보내는 하나의 장치라고 할 수 있다. 따라서 시스템은 이러한 작업을 수행하기 위한 물리적인 요소(즉, 하드웨어)와 입력 신호를 이용하여 출력 신호를 계산하기 위한 추상적인 요소(즉, 소프트웨어)로 구성되어 있다.

개략적으로 이야기 하면, 시스템은 내부에 상호 연결되어 독자적인 입출력 특성을 가지는 여러 요소의 결합으로 이루어져 있다. 예를 들어 전기회로의 경우, 내부의 저항, 캐퍼시터 및 인덕터, 트랜지스터 등이 상호 연결의 법칙(즉, 키르히호프의 법칙 등)에 맞게 적절하게 결합되어서 입력과 출력을 연결시키고 있는 시스템으로 볼 수 있다. 내부 각 요소의 관련성을 상호 연결의 법칙에 적용하여 최종적으로 시스템의 입력과 출력을 연결시킨 것이 시스템의 수학적인 모델이 된다.

시스템은 [그림 1.39]와 같이 접근 가능한 j 개의 입력과 k 개의 출력으로 이루어진 블랙박스(black box)로 표현할 수 있다. 따라서 이 시스템에 대한 어떤 작업(예를 들어, '제어')을 수행하고자 한다면 다음과 같은 세 종류의 과정이 필요할 것이다.

i) 수학적인 모델링 작업 : 시스템의 수식모델(전달함수 등)을 얻음

ii) 모델의 해석 : 얻어진 모델이 정확한지, 어떠한 특성을 가지는 지 등에 관한 해석

iii) 설계 : 제어시스템 등의 설계를 수행

본서에는 입출력 신호를 이용한 시스템의 해석, 즉 주어진 입력과 시스템의 수학적 모델에 의하여 시스템의 출력이 어떻게 결정되는지에 대하여 중점을 두고 전개한다(제2~5장). 이 결과를 바탕으로 주어진 입력에 대하여 바람직한 출력을 생성할 수 있는 시스템을 설계하는 문제에 대해서도 구체적으로 언급한다(제6, 7장).

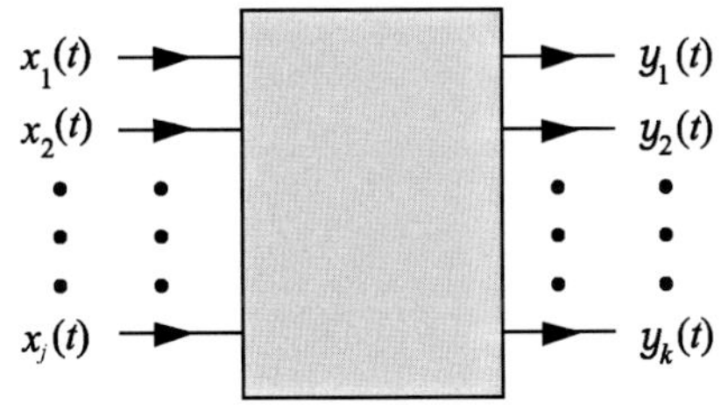

▲ 그림 1.39 시스템의 표현(블랙박스)

여기서는 [그림 1.40]과 같은 간단한 RC 회로를 가지고, 시스템의 응답을 계산하기 위해서 어떤 데이터가 필요한지에 대하여 언급하기로 한다.

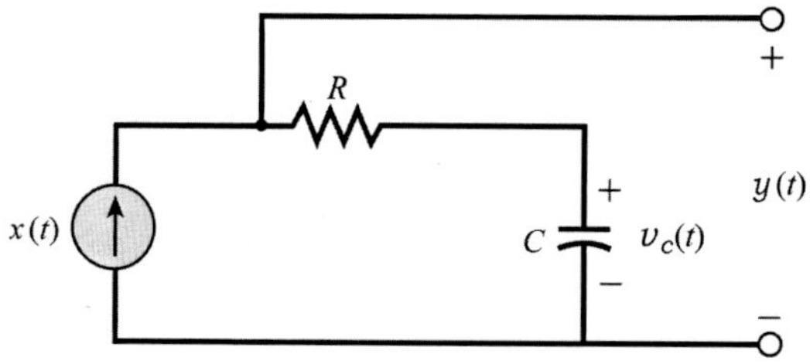

▲ 그림 1.40 간단한 전기회로의 예

[그림 1.40]에서 전류원 $x(t)$ 을 입력, 출력 $y(t)$로서 저항과 캐퍼시터 양단에 걸리는 전압으로 하였을 경우 키르히호프의 법칙에 의해 다음 식이 만족된다.

$$y(t)= Rx(t)+ \frac{1}{C}\int_{-\infty}^{t} x(\tau)d\tau \tag{1.56a}$$

위 식 오른쪽의 적분 항은 캐퍼시터에 흐르는 전류 $x(t)$ 로 인한 전하의 충전을 나타내고 있기 때문에, 캐퍼시터가 가지고 있을지도 모르는 초기값을 고려하기 위해 적분의 하한을 $-\infty$ 로 설정하였다. 따라서 캐퍼시터의 초기값을 식(1.56a)의 적분 항에서 배제하기 위해서 식(1.56a)를 다음과 같이 변경할 수 있다.

$$y(t)= Rx(t)+ \frac{1}{C}\int_{-\infty}^{0} x(\tau)d\tau + \frac{1}{C}\int_{0}^{t} x(\tau)d\tau \tag{1.56b}$$

따라서 식(1.56b)의 오른쪽 중간 항을 초기값 $v_c(0)$ 로 두면 위 식은

$$y(t)= Rx(t)+ v_c(0)+ \frac{1}{C}\int_{0}^{t} x(\tau)d\tau \tag{1.56c}$$

로 되며, 이것을 임의의 시작 시각 $t = t_0$ 로 일반화하면, 다음과 같은 최종적인 표현식을 얻을 수 있다.

$$y(t)= Rx(t)+ v_c(t_0)+ \frac{1}{C}\int_{t_0}^{t} x(\tau)d\tau\,,\ (t \ge t_0) \tag{1.57}$$

만약 $-\infty$ 에서 현재에 이르기까지 캐퍼시터를 지나간 전류에 대한 완전한 정보를 알고 있다면, 식(1.56a)를 이용하여 임의의 시각 t 에서의 출력을 계산할 수 있을 것이다. 혹은

임의의 시각 t_0 에서부터 현재까지의 입력전류 $x(t)$ 를 알고 있고, 동시에 캐퍼시터의 초기 전압 $v_c(t_0)$ 에 대한 정보를 알고 있다면 식(1.57)을 이용하여 $t \geq t_0$ 에서의 출력 $y(t)$ 를 계산할 수 있을 것이다. 다시 말하면, $v_c(t_0)$ 는 $t \geq t_0$ 에서의 출력 $y(t)$ 를 계산하기 위한 의미 있는 모든 정보를 다 가지고 있기 때문에, $t \geq t_0$ 에서 시스템의 응답은 시각 t_0 에서 t 까지의 입력과 어떤 내부요소에 대한 시각 $t = t_0$ 에서의 초기값으로부터 결정된다는 것을 알 수 있다.

앞의 예제에서는 하나의 초기값만을 필요로 했지만, 시스템이 복잡해지면 더 많은 개수의 초기값이 필요할 수도 있다.

1.3.2 연속시간 시스템

여기서는 1.1절에서 취급한 연속시간인 신호를 주 대상으로 하는 연속시간 시스템에 대하여 간단히 언급한다.

연속시간의 시스템이란 이름대로 시간상으로 연속인 신호를 입력으로 받아들여서 역시 연속인 신호를 발생시키는 시스템을 의미한다. 수학적으로는 연속시간의 신호 $x(t)$ 에 작용하여 연속인 신호 $y(t)$ 를 출력하는 작용소(operator)를 말하며, 이를

$$y(t) = \mathcal{T}[x(t)] \tag{1.58}$$

와 같이 표현한다. 여기서 $\mathcal{T}[\,\cdot\,]$ 는 입력을 받아서 동작하는 시스템 고유의 작용을 의미한다([그림 1.41] 참조). 이는 다음과 같이 표현하기도 한다.

$$x(t) \mapsto y(t)$$

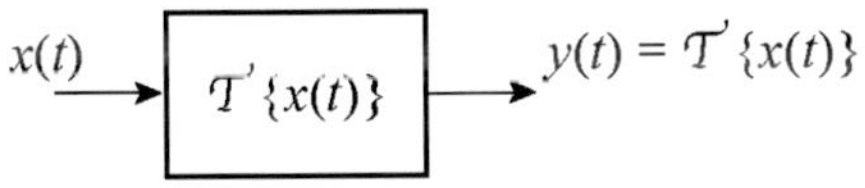

▲ 그림 1.41 연속시간 시스템의 블록선도

연속시간 시스템의 간단한 예로서 입력을 단순히 제곱하여 출력하는 시스템을 생각하여 보자. 즉

$$y(t) = [x(t)]^2 \tag{1.59a}$$

이것은 임의의 시각 t 에서 인가된 입력을 순간적으로 제곱하여 동일한 시각에서의 출력으로 내보는 시스템을 나타내고 있다. 또한 출력은 입력을 단순히 일정시간 t_d 만큼 지연

시켜 내보내는 시스템은

$$y(t)=x(t-t_d) \tag{1.59b}$$

로 정의되며, 이상적인 미분기를 나타내는 시스템은 다음과 같이 나타낼 수 있다.

$$y(t)=\frac{dx(t)}{dt} \tag{1.59c}$$

마지막으로 이상적인 적분기를 나타내는 시스템, 즉 현재시각 t 에서의 출력은 $t=-\infty$ 에서 현재시각까지 입력을 적분하는 작용을 하는 시스템은

$$y(t)=\int_{-\infty}^{t} x(\tau)d\tau \tag{1.59d}$$

로 표현된다.

시스템의 고유한 작용이 알려져 있다면 쉽게 출력의 표현식을 구할 수 있다. 예를 들어 입력이 $x(t)=-3 \cdot 1(t-2)$ 인 경우, 식(1.59a)의 시스템에 대해서 출력은

$$\begin{aligned} y(t) &= [-3 \cdot 1(t-2)]^2 \\ &= 9[1(t-2)]^2 = 9 \cdot 1(t-2) \end{aligned} \tag{1.60}$$ [9]

으로 될 것이다. 이와 같은 시스템의 출력을 응답(response)이라고 한다. 시스템에 있어 특히 중요한 응답은 임펄스응답(impulse response)이다. 이는 입력으로 [요점 1.4]로 정의된 임펄스를 입력으로 인가한 경우의 응답을 의미한다. 예를 들어 식(1.59d)의 이상적인 적분기의 임펄스응답은 $x(t)=\delta(t)$ 로 두면 식(1.59d)는

$$y(t)=\int_{-\infty}^{t} \delta(\tau)d\tau$$

로 되어, 이는 식(1.30)에 의해 단위 계단신호라는 것을 알 수 있다. 따라서 적분기의 임펄스응답은 단위 계단신호이며, 이를 $g(t)=1(t)$ 로 표현한다.

1.3.3 시스템의 분류

연속시간인 시스템은 특성에 따라 [표 1.2]와 같이 분류할 수 있다. [표 1.2]의 각 항목에 대하여 간단히 설명한다.

[9] 단위계단 신호는 크기가 1이므로 제곱하여도 1이다.

[표 1.2] 시스템의 분류

(1)	선형 시스템	비선형 시스템
(2)	동적인 시스템	정적인 시스템
(3)	시불변 시스템	시변 시스템
(4)	확정 시스템	확률 시스템
(5)	인과 시스템	비인과 시스템
(6)	안정 시스템	불안정 시스템
(7)	집중정수 시스템	분포정수 시스템
(8)	1입출력 시스템	다입출력 시스템

(1) 선형 시스템과 비선형 시스템

시스템의 선형성을 규정하는 데 있어 중요한 법칙의 하나인 '중첩의 원리(principle of superposition)'를 아래에 나타낸다.

중첩의 원리를 만족하는 시스템을 선형 시스템(linear system)이라고 하며(그림 1.42), 그렇지 못한 시스템을 비선형 시스템(non-linear system)이라고 한다.

[요점 1.8] 중첩의 원리

입력 $x_1(t)$ 에 대한 시스템의 출력을 $y_1(t)$, 입력 $x_2(t)$ 에 대한 출력을 $y_2(t)$ 로 둔다. 이때 중첩의 원리는 다음의 두 조건이 만족되는 경우를 말한다.

(P1) 입력 $\{x_1(t)+x_2(t)\}$ 에 대한 출력은 $\{y_1(t)+y_2(t)\}$ 이다.

(P2) a 를 임의의 복소정수로 하였을 경우, 입력 $ax_1(t)$ 에 대한 출력은 $ay_1(t)$ 이다.

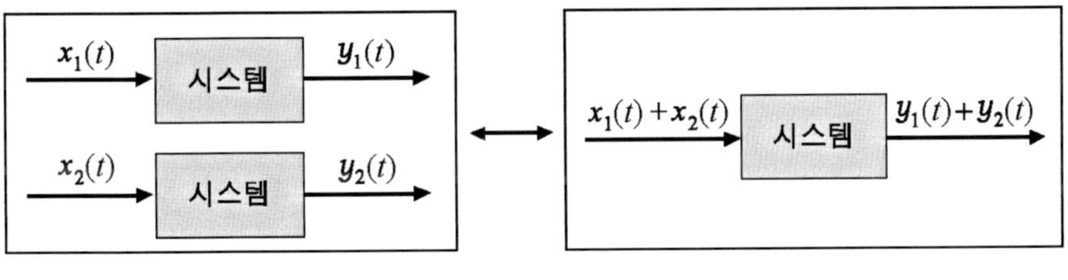

▲ 그림 1.42 선형 시스템

예를 들어, $y(t)=2x(t)$ 라는 시스템이 주어졌다고 하고, 입력 $x_1(t)$ 에 대한 시스템의 출력을 $y_1(t)$, 입력 $x_2(t)$ 에 대한 출력을 $y_2(t)$ 로 하자. 이때 입력 $\{x_1(t)+x_2(t)\}$ 에 대한 출력은

$$y(t)=2\{x_1(t)+x_2(t)\}=y_1(t)+y_2(t) \tag{1.61}$$

로 되어 중첩의 원리 조건 (P1)을 만족한다. 조건 (P2)를 만족한다는 사실도 쉽게 확인할 수 있으므로 이것은 선형 시스템이다. 한편 $y(t)=x^2(t)$ 라고 하는 시스템을 생각하여 보자. 이때 입력 $\{x_1(t)+x_2(t)\}$ 에 대한 출력은

$$\begin{aligned} y(t) &= \{x_1(t)+x_2(t)\}^2 = x_1^2(t)+x_2^2(t)+2x_1(t)x_2(t) \\ &\neq y_1(t)+y_2(t) \end{aligned} \tag{1.62}$$

로 되어 중첩의 원리 조건 (P1)을 만족시키지 못한다. 따라서 이것은 비선형 시스템이다. 이상의 사실로부터 명백한 것처럼, 선형이란 입력과 출력이 1차 함수의 관계로 연결되어 있는 것이다. 2차 함수, 3차 함수,⋯ 혹은 $\sin, \cos$ 등은 전부 비선형 시스템이다. 따라서 선형이라고 하는 조건은 수많은 시스템 중에서 극히 일부분만으로 한정시킨 것이라는 사실에 주의하여야 할 것이다.

그렇지만, 예를 들어 $\sin x$ 를 생각할 경우, 이것은

$$\sin x = x-\frac{x^3}{3!}+\frac{x^5}{5!}-\cdots \tag{1.63}$$

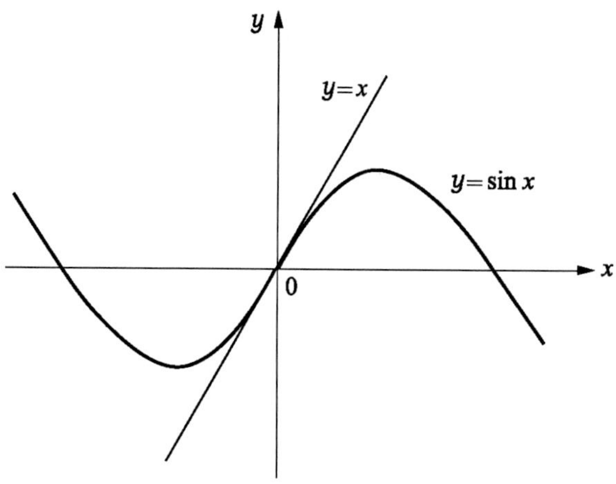

▲ 그림 1.43 선형화

와 같이 테일러급수 전개(Taylor series expansion)를 이용하여 표시할 수 있다. 따라서 만약 $x \approx 0$인 원점근방에서는 $\sin x \approx x$라고 하는 선형함수로 근사할 수 있다(그림 1.43). 이러한 조작을 선형화라고 하며, 비선형 시스템이라도 동작범위를 한정하여 선형근사를 수행한다면 선형 시스템으로서 취급할 수 있다.

(2) 동적 시스템과 정적 시스템

어떤 시각에서의 출력이 그 시각에 인가된 입력에만 의존하는 시스템을 정적 시스템(static system), 또는 무기억 시스템(memoryless system)이라고 한다. 예를 들어 저항 R에 전류 $x(t)$를 흘렸을 경우에 저항에 발생되는 전압을 출력 $y(t)$라고 하면, 옴의 법칙에 의해

$$y(t) = Rx(t)$$

이 얻어진다. 즉, 저항에 걸리는 전압은 그 시각에 흐르는 전류 값에만 의존하며, 그 시각 이전에 저항에 흘렀던 전류의 크기와는 무관하다는 의미에서 정적 시스템이라고 한다. 이와 같이 정적 시스템은 대수방정식으로 기술된다.

한편 어떤 시각에서의 출력이, 그 시각 이전(또는 그 시각 이후)에 인가된 입력에 의해 결정되는 시스템을 동적 시스템(dynamic system), 혹은 기억 시스템(memory system)이라고 한다. 예를 들어, [그림 1.40]의 RC회로는 방정식

$$Rx(t) + \frac{1}{C}\int x(\tau)d\tau = y(t)$$

로 기술되지만, 이 방정식에는 적분조작이 포함되어 있기 때문에 당연히 과거의 입력에 의존한다. 따라서 이것은 동적 시스템이다. 이와 같이 동적 시스템은 미분 방정식 또는 적분 방정식으로 기술된다. 앞서 언급한 역학 시스템, 전기회로는 전부 동적 시스템의 예이다. 제어 공학에서는 주로 동적 시스템을 제어의 대상으로 하기 때문에 본서에서는 동적 시스템을 중심으로 설명한다.

(3) 시불변 시스템과 시변 시스템

시스템의 특성이 시간에 의존하지 않는 경우를 시불변 시스템(time-invariant system)이라고 한다. 다시 말해 입력 $x(t)$에 대한 출력을 $y(t)$로 했을 경우, $x(t-t_0)$를 동일한 시스템에 입력했을 때, 출력이 $y(t-t_0)$로 된다면, 이 시스템은 시불변 시스템이다. 예를 들어 $y(t) = 10x(t)$로 기술되어 있는 시스템은 시불변이지만, $y(t) = tx(t)$로 기술되는 시스템은 시변 시스템(time-varying system)이다.

(4) 확정 시스템과 확률 시스템

시스템의 입출력 신호에 불규칙적인 잡음과 같이 확률 변수로 기술되는 것이 포함된 시스템, 또는 시스템의 변수가 불규칙적으로 변동하는 시스템을 확률 시스템(stochastic system)이라고 한다. 이에 반해 입력신호와 초기상태가 주어진다면 출력을 유일하게 결정할 수 있는 시스템을 확정 시스템(deterministic system)이라고 한다.

현재 존재하는 대부분의 시스템은 정도의 차이는 있지만 대부분 확률변수의 영향을 받고 있다고 생각되기 때문에, 확률 시스템이라고 간주하는 것이 타당할 것이다. 그렇지만, 확률 변수의 영향이 적은 경우에는 확정 시스템으로서 취급하여도 큰 지장은 없다. 또한 확률 시스템은 취급하기 위해서는 확률·통계의 지식이 필요하기 때문에 본서에서는 확정 시스템만을 고려의 대상으로 한다.

(5) 인과 시스템과 비인과 시스템

현재 시각의 출력신호가 그 현재 시각 이전의 입출력 신호에만 의존하는 시스템을 인과 시스템(causal system)이라고 한다. 다시 말해, 원인으로 되는 신호가 인가되고 나서야 비로소 결과인 출력이 발생하게 되는 시스템이며, 보통 우리가 일상생활에서 상식적으로 보는 현상이다. 이에 반해서 현 시각의 출력 신호가 입출력 신호의 미래 값에 의존하는 시스템을 비인과 시스템(non-causal system)이라고 한다. 예를 들어, 신호의 미분이라는 조작은 신호의 미래 값을 필요로 하기 때문에 비인과 시스템의 하나의 예이다.

(6) 안정 시스템과 불안정 시스템

임의의 유계인 입력신호(시간의 경과와 함께 그 값이 무한대로 발산하지 않는 유한한 값을 가지는 신호를 의미; bounded-input)를 인가하였을 때, 출력신호도 유계로 된다면 이 시스템을 안정 시스

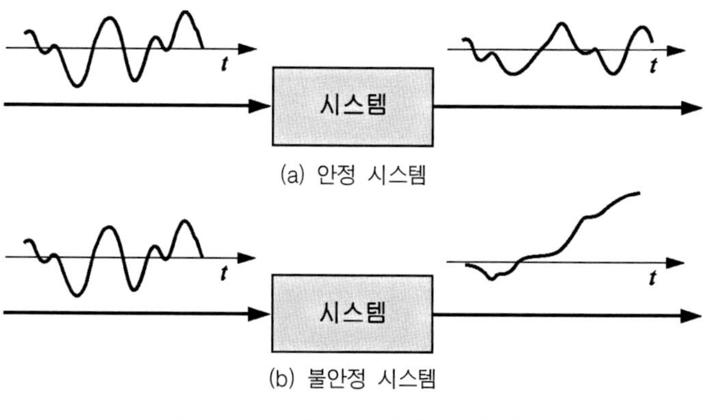

▲ 그림 1.44 **안정 시스템과 불안정 시스템**

템(stable system)이라고 한다. 이에 반해서 출력신호가 발산해 버리는 경우는 불안정 시스템(unstable system)이라고 부른다(그림 1.44).

(7) 집중정수 시스템과 분포정수 시스템

시스템이 상미분 방정식으로 기술되어 있을 때는 집중정수 시스템(lumped-parameter system)으로 불리며, 시스템이 편미분 방정식으로 기술되어 있다면 분포정수 시스템(distributed-parameter system)이라고 한다.

앞서 다룬 역학 시스템, 전기회로 등은 모두 상미분 방정식으로 기술되어 있기 때문에 이들은 모두 집중정수 시스템이다. 한편, 예를 들어 방 안의 온도를 에어컨으로 조절하고자 하는 경우, 방 내부의 위치에 따라 에어컨의 효과(즉, 온도 변화의 과정)가 달라질 것이다. 이와 같은 열전도 시스템에서 온도는 시간만의 함수가 아니라 공간(위치)의 함수이기도 하기 때문에, 편미분 방정식으로 기술된다. 따라서 이는 분포정수 시스템의 예이다. 전기회로에도 송전선과 같이 분포정수 선로는 분포정수 시스템의 예이다. 또 역학 시스템에서 유연한 빔(beam)의 운동은 분포정수 시스템의 전형적인 예의 하나이다. 말할 필요도 없이 분포정수 시스템은 취급하기가 상당히 어렵기 때문에, 집중정수 시스템으로 근사하여 취급하는 경우가 많다. 본서에서는 집중정수 시스템에 대해서만 생각하기로 한다.

(8) 1입출력 시스템과 다입출력 시스템

시스템의 입출력이 각각 1개인 경우 1입출력 시스템(single-input single-output), 혹은 영어의 첫 글자를 취하여 SISO 시스템이라고도 부르고 있다. 한편 시스템의 입출력 신호가 하나 이상 존재하는 경우를 다입출력 시스템(multiple-input multiple-output), 혹은 MIMO 시스템이라고도 부른다. [그림 1.45]에 SISO 시스템과 MIMO 시스템의 예를 나타내었다.

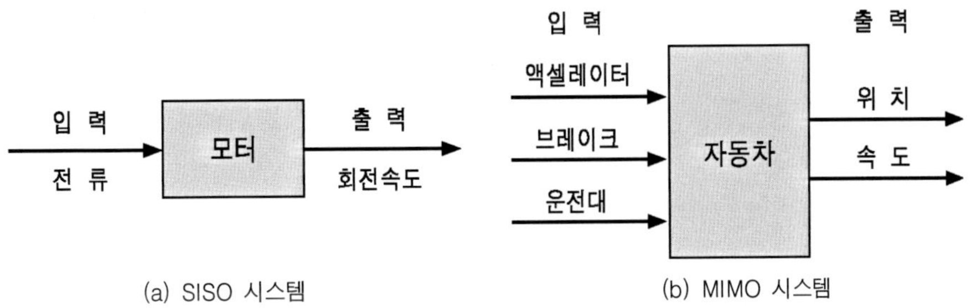

▲ 그림 1.45 SISO 시스템과 MIMO 시스템

1.4 시스템 모델 : 입출력 표현식

시스템의 입력단과 출력단에서의 측정값으로 시스템을 나타내는 것을 '입출력 표현(input-output description)'이라고 한다. 앞서 이야기한 바와 같이 시스템이란, 전기, 기계, 유압, 음향, 전기기계 및 화학 시스템 등 뿐만 아니라, 사회, 정치, 경제 시스템까지도 포함하는 다양한 형태로써 존재한다. 따라서 임의의 시스템을 해석하기 위한 첫 번째 단계는, 그 시스템의 거동(움직임)을 근사적으로 나타내는 내부의 규칙 또는 수학적 표현식을 알아내는 것이다. 이러한 과정을 시스템의 모델링이라고 하며, 여기서는 몇 개의 대표적인 시스템에 대한 간단한 예를 이용하여 수학적인 표현식을 구하는 과정을 살펴보기로 한다.

1.4.1 전기 시스템

시스템의 모델을 구축하기 위해서는 우선, 시스템 내부에 존재하는 변수 사이의 관련성을 알아야 한다. 예를 들어 전기회로의 경우, 옴의 법칙 등을 이용한 요소 각각에 대한 전압-전류 관계식과 키르히호프의 전압법칙이나 전류법칙 등에 의한 요소 사이의 상호 연결에 대한 만족할 만한 모델을 결정하여야 할 것이다. 다음의 예제는 간단한 전기회로에 대한 입출력 관계식을 유도하는 과정을 보여 주고 있다.

[예제 1.17]

[그림 1.46]으로 주어진 RLC 전기회로에 대하여 입력전압 $x(t)$와 출력전류 $y(t)$ 사이의 입출력 방정식을 세워 보자.

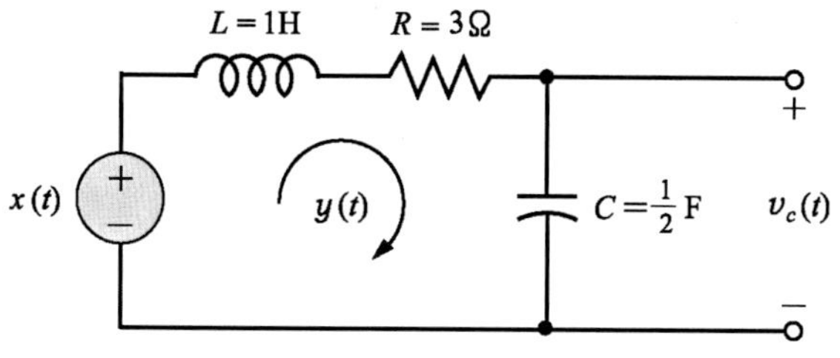

▲ 그림 1.46 [예제 1.17]의 전기회로

(해) 루프에 키르히호프의 전압 법칙을 적용함으로써 다음의 식을 얻는다.

$$v_L(t)+v_R(t)+v_C(t)=x(t) \qquad ①$$

여기서 각 요소 사이에 작용하는 전압-전류에 관한 법칙을 적용하면 ①은

$$\frac{dy(t)}{dt}+3y(t)+2\int_{-\infty}^{t} y(\tau)d\tau = x(t) \qquad ②$$

로 된다. 위 식의 양변을 미분하여 적분을 소거하면

$$\frac{d^2y(t)}{dt^2}+3\frac{dy(t)}{dt}+2y(t)=\frac{dx(t)}{dt} \qquad ③$$

과 같은 미분 방정식이 얻어진다. 미분 방정식 ③은 [그림 1.46]의 전기회로에서 입력 $x(t)$와 출력 $y(t)$ 사이의 관련성을 나타내고 있다.

1.4.2 기계 시스템

여기서는 기계의 운동은 1차원에서만 이루어지는 것으로 간주하고, 기계 시스템에 있어서의 관련성을 조사하여 보자.

(1) 병진 시스템(translational system)

병진운동을 모델링하기 위하여 사용되는 요소로는 질량, 스프링 및 마찰을 의미하는 대시포트(dashpot)가 있다. 각 요소에 적용되는 물리법칙은 다음과 같다.

질량 M (그림 1.47(a))에 가해인 힘 $x(t)$로 인해 질량이 $y(t)$만큼 이동하였다면 뉴턴의 법칙에 의해 다음 식이 성립한다.

$$x(t)=M\frac{d^2y(t)}{dt^2} \qquad (1.64a)$$

힘 $x(t)$에 의해 스프링이 $y(t)$ 만큼 늘어났다면(그림 1.47(b)) 가해진 힘과 늘어난 거리 사이에는 다음의 관계가 성립한다.

$$x(t)=K\,y(t) \qquad (1.64b)$$

여기서 K는 스프링의 강도(stiffness)를 나타내는 상수이다.

또 마찰의 크기는 일반적으로 움직이는 물체의 속도에 비례하므로, 대시포트의 경우에는 인가된 힘 $x(t)$에 의해 대시포트의 변위가 $y(t)$라면 속도는 $dy(t)/dt$이므로

$$x(t) = D\frac{dy(t)}{dt} \tag{1.64c}$$

의 관계가 성립한다. 단 D는 마찰의 정도를 나타내는 마찰상수이다.

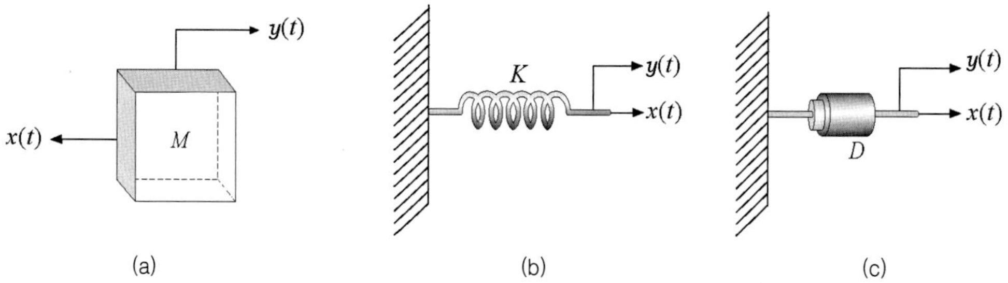

▲ 그림 1.47 병진 시스템에서의 각 요소

[예제 1.18]

[그림 1.48]에 나타난 병진 시스템에 있어서 입력과 출력 사이의 관계를 유도하여 보자. 단 입력 $x(t)$는 인가된 힘이며 출력 $y(t)$는 질량의 위치의 변화량을 나타낸다.

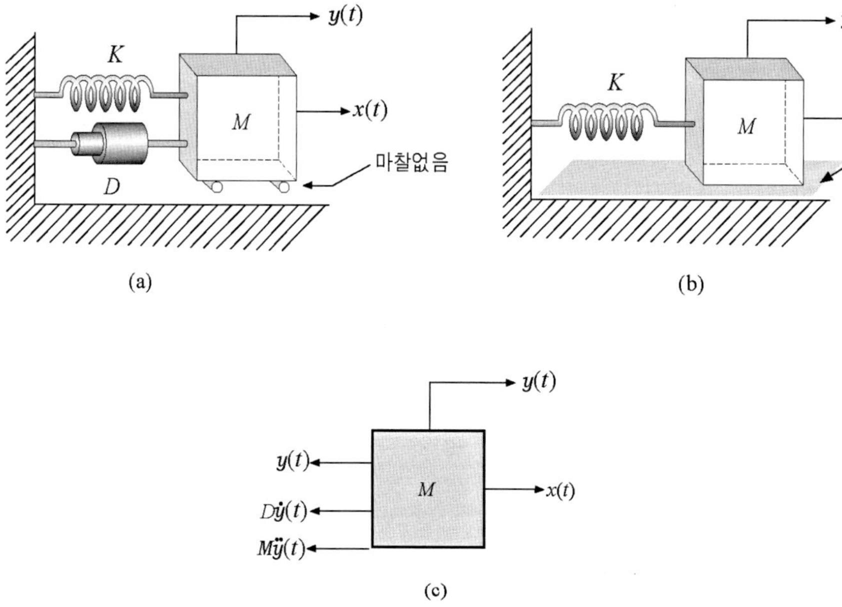

▲ 그림 1.48 [예제 1.18]의 병진 시스템

(해) 기계 시스템의 경우는 [그림 1.48(c)]와 같이 자유 물체선도(free-body diagram)를 그리면 힘의 균형관계를 이해하는 데 많은 도움이 된다. [그림 1.48(a)]에서 질량 M에 달려 있는 스프링과 마찰을 나타내는 대시포트의 변위는 질량의 위치 변화량과 동일하다. 따라서 가해준 힘에 의해 질량 M이 이동하고, 또 질량의 이동으로 인해 스프링이 늘어나며 동시에 마찰이 발생한다. 다시 말하면, 인가된 힘은 에너지 보존의 법칙에 의해 질량의 움직임으로 인한 운동 에너지, 스프링의 늘어남으로 인한 위치 에너지[10] 및 마찰로 인한 열에너지 등의 합과 같게 될 것이다. 이것을 식으로 나타내면 다음과 같다.

$$x(t)= M\frac{d^2y(t)}{dt^2}+D\frac{dy(t)}{dt}+Ky(t) \tag{1.65}$$

(2) 회전 시스템

회전 시스템에서 물체의 움직임은 축을 중심으로 정의되며, 회전력을 나타내기 위하여 사용되는 변수는 토크(torque), 각도, 각속도 및 각가속도 등이다. 회전 시스템의 각 요소는 회전하는 물체의 관성 모멘트(moment of inertia), 축(또는 스프링)의 변형(torsion) 및 마찰 등이 있다. 뉴턴의 법칙을 이용하여 회전 시스템에 대한 관계식을 유도하는 과정은 앞에서 언급한 병진 시스템의 경우와 유사하다. 어떤 축을 중심으로 회전물체의 관성 모멘트를 J 및 축의 회전각 θ라고 하였을 경우에 인가된 토크 T와의 사이에 다음과 같은 관계식이 성립한다.

$$T= J\frac{d^2\theta}{dt^2} \tag{1.66a}$$

또한 스프링의 비틀림 강도를 K로 두고, 토크에 의해 스프링이 각 θ 만큼 비틀렸다고 했을 경우에는

$$T= K\theta \tag{1.66b}$$

가 성립하며, 마찰을 나타내는 대시포트의 계수를 D라 두었을 때, 토크에 의해 대시포트가 각 θ 만큼 회전하였다면 다음 식이 성립한다.

$$T= D\frac{d\theta}{dt} \tag{1.66c}$$

10 스프링은 늘어난 상태에서 다시 원상태로 되돌아가기 위한 힘을 받고 있으므로 이것을 위치 에너지로 간주하였다.

[예제 1.19]

[그림 1.49]와 같은 회전하는 기계 시스템의 외부에서 토크 $T(t)$가 인가되었다고 한다. 또 그림에서 비틀림 작용을 하는 스프링의 강도는 K이며, 축에 달려 있는 실린더의 관성 모멘트를 J라 한다. 이때 출력을 축의 회전각 θ라고 하였을 때 인가된 토크와 출력 사이의 관계식을 유도하여 보자.

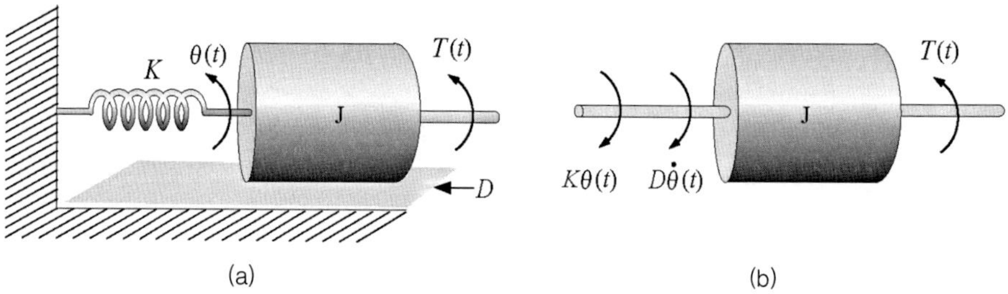

▲ 그림 1.49 [예제 1.19]

(해) [그림 1.49(b)]와 같은 자유 물체선도를 그려 보면 뉴턴의 법칙에 의한 힘의 균형 관계를 확실히 알 수 있다. 즉 인가된 토크는 실린더의 회전으로 인한 운동 에너지, 스프링의 비틀림으로 인한 위치 에너지 및 마찰에 의한 열로 소비되는 것으로 볼 수 있다. 이것은 다음과 같은 미분 방정식으로 나타낼 수 있다.

$$J\frac{d^2\theta(t)}{dt^2} + D\frac{d\theta(t)}{dt} + K\theta(t) = T(t) \tag{1.67}$$

1.4.3 전기기계 시스템(Electromechanical system)

전기기계 시스템은 전기 신호를 기계적인 작용으로 바꾸는 작업(또는 그 반대의 작업)을 하는 것을 말한다. 여기서는 [그림 1.50]과 같이 전류원 $x(t)$에 의해 구동되는 아마추어 제어(armature controlled) DC 모터를 가지고 생각하여 보기로 한다. 모터에 의해 만들어지는 토크 $T(t)$는 아마추어 전류 $x(t)$에 비례하므로

$$T(t) = K_T x(t) \tag{1.68}$$

로 된다. 여기서 K_T는 모터상수를 나타내는 일정한 값이다. 모터에서 발생한 토크가 모터

에 달려 있는 기계적인 부하(load)를 회전시키며, 동시에 회전으로 인한 마찰로 일으키게 된다. [그림 1.50(b)]의 자유 물체선도를 바탕으로 식을 세우면 다음과 같이 됨을 쉽게 확인할 수 있을 것이다.

$$J\frac{d^2\theta(t)}{dt^2}+D\frac{d\theta(t)}{dt}=T(t) \tag{1.69}$$

따라서 식(1.68)과 (1.69)는 [그림 1.50]의 전기기계 시스템의 입력 $x(t)$와 출력 $\theta(t)$ 사이의 관련을 나타내는 미분 방정식이다.

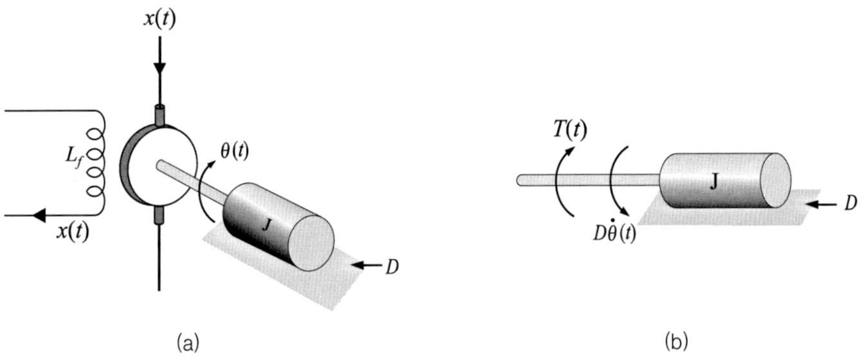

▲ 그림 1.50 아마추어 제어 DC모터

1.5 제어의 이해

1.5.1 제어 시스템의 개요

(1) 제어대상 및 입출력의 정의

지구상에서 무엇인가의 제어를 수행하고 있는 시스템은 여러 가지가 있다. 예를 들어 비행기나 로켓 같이 거대한 물체가 있는 반면에, 에어컨이나 냉장고와 같이 우리들 주변에 있는 것도 있다. 이러한 시스템이 적절하게 동작되는 방법도 여러 가지이지만 그와 관련된 제어 방법의 복잡성 역시 천차만별이다. 그렇지만 이들을 제어하기 위한 시스템, 즉 제어 시스템(또는 제어기: controller)의 구성은 기본적으로 어떤 경우에도 동일하다.

제어 시스템을 구성할 때, 먼저 확실하게 해두지 않으면 안 되는 것은 제어를 하고자 하는 대상이 무엇이냐 하는 것이다. 에어컨으로 실내 온도를 제어하고자 하는 경우에는 방(혹은 건물) 그 자체가 제어대상이다. 이와 같이 제어의 대상으로 되는 것을 통틀어 제어대상[11] 이라고 한다.

제어를 수행하기 위해서는 먼저 '제어대상의 어느 부분을 제어할 것인가, 그리고 무엇에 의해 이것을 변화시킬 것인가.'라고 하는 두 가지를 확실하게 해두지 않으면 안 된다. 상기 에어컨의 경우, 제어하고자 하는 양은 물론 실내 온도이다. 제어대상에 있어서 제어되어야 할 요소를 통틀어 제어량(controlled variable)이라고 한다.

그러면 제어량을 어떻게 제어해야 하는가. 실내 온도를 제어하는 경우를 예를 들어 생각해 보자. 제어량인 온도를 변화시키는 원인은 상당히 많다. 실제로 에어컨에서 나오는 찬 바람, 창문이나 천정 혹은 벽을 통한 바깥과의 공기 흐름, 실내에 있는 여러 물체로부터의 발열, 문을 열었을 경우 복도에서 들어오는 찬 공기 등 모든 것이 실내 온도를 변화시키는 원인으로 될 수 있다. 그렇지만 이와 같이 존재하는 수많은 원인을 하나하나 조사해 보면, 그중에는 제어의 목적으로 우리가 이용할 수 있는 것과 우리들의 의지로는 어떻게 할 수 없는 것이 혼재하고 있음을 알 수 있을 것이다.

즉, 에어컨으로부터의 찬바람은 전원의 조작이나 목표온도 조절 등에 의해 우리들의 의지로 변화시킬 수 있지만, 그것 이외의 원인은 우리들이 어떻게 해볼 수 없는 요소이다. 이와 같이 제어량에 영향을 미치는 것 중에서 제어의 목적을 달성하기 위해 우리들이 이용하는 것을 조작량(control variable)이라고 부르며, 그것 이외 우리들이 어떻게 해볼 수는 없지만 제어량을 변화시키는 원인을 외란(disturbance)이라고 한다.

지금까지 말로써 설명한 사실을, 제어 이론의 분야에서는 [그림 1.51]과 같이 블록선도를 이용하여 간결하게 표현하고 있다.

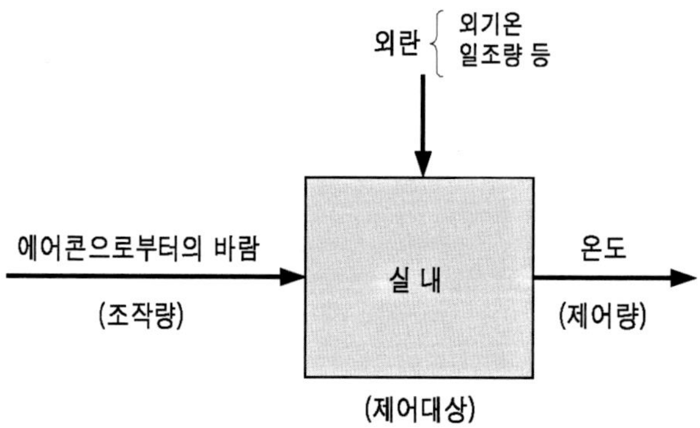

▲ 그림 1.51 블록선도로 표현한 제어대상

[11] 영어로는 plant라고 하며, 문헌에 따라서는 제어대상을 플랜트로 표현하는 경우도 있다.

[그림 1.51]에서 에어컨에서 나오는 찬바람이 조작량으로 제어대상에 인가되면(더운 바람으로 실내의 온도를 높이고자 하는 경우에는 마이너스(-)의 찬바람으로 생각하면 된다.), 제어량인 실내온도가 변화하는 것을 의미하고 있다. 마찬가지로 외란인 실외 기온이 변화한다든지, 혹은 일조량이 변화한다든지 하여 바깥으로부터 유입되는 열의 양이 변화하면, 이로 인해 제어량도 영향을 받고 있다는 것을 화살표로 나타내고 있다.

[요점 1.9] 입력, 출력 및 외란의 정의

- 입력 : 외부에서 시스템에 인가되어 그 내부의 상태를 변화시키는 것으로서, 외부에서 조절이 가능한 양(조작량)
- 출력 : 시스템 외부로부터의 영향으로 인해 변화되는 것으로 제어의 목적으로 되는 양(제어량)
- 외란 : 외부에서 시스템으로 인가되어 출력에 영향을 미치지만, 외부에서 조절이 불가능한 양

본서에서는 특별한 경우를 제외하고는 시스템에 들어오고 나가는 신호를 입력, 외란 및 출력 등으로 표현하기로 한다.

(2) MIMO 시스템

[그림 1.51]의 실내 온도 제어 시스템은 전 절의 시스템 분류에 따르면 다음과 같다. 즉 선형, 동적, 시불변, 확정, 인과, 안정, 집중정수 및 SISO 시스템이다. 본서에서는 앞서 언급한 바와 같이, 비선형, 정적, 시변, 확률, 비인과, 분포정수 시스템은 취급하지 않는다. 또 본서에서는 대부분 SISO 시스템을 대상으로 이론을 전개하지만, 이것은 비교적 어렵지 않게 MIMO 시스템으로 확장 가능하다. 여기서는 MIMO 시스템이 SISO 시스템과 다르게 가지는 시스템상의 특징을 간단하게 소개한다.

자동차를 운전하여 목적지까지 가는 과정을 예로 들어 MIMO 시스템의 입력, 출력 및 외란의 관계가 어떻게 연결되는지 살펴보자.

제어대상인 자동차에 있어서 출력은 자동차의 속도와 진행방향 두 가지이다. 이것을 제어하기 위한 입력은 속도에 대해서는 엔진 혹은 브레이크로부터 인가되는 힘이며, 진행방향을 제어하기 위한 입력은 진행방향에 대한 앞바퀴의 각도이다.

한편 자동차의 진행에 있어 외란으로 생각할 수 있는 것은 다음과 같다. 속도에 대해서는 노면의 굴곡이나 기울기 등으로 인한 저항, 주행함으로써 발생하는 공기 저항, 바람에

의한 힘 등을 들 수 있다. 또 진행방향에 대해서는 자동차의 좌우에서 불어오는 바람에 의한 힘을 들 수 있다. 이들의 관계를 블록선도로 나타내면 [그림 1.52]와 같이 된다. 이것을 [그림 1.51]과 비교하여 보면 입력과 출력이 각각 두 개씩 존재한다는 것을 알 수 있다. 따라서 두 개의 출력이 원하는 값을 가질 수 있도록 두 개의 입력을 적절하게 제어하여야 할 것이므로, 하나의 출력에 하나의 입력만을 가지는 경우(즉, SISO 시스템)에 비하여 제어기의 설계 과정이 복잡해질 것으로 예상된다.

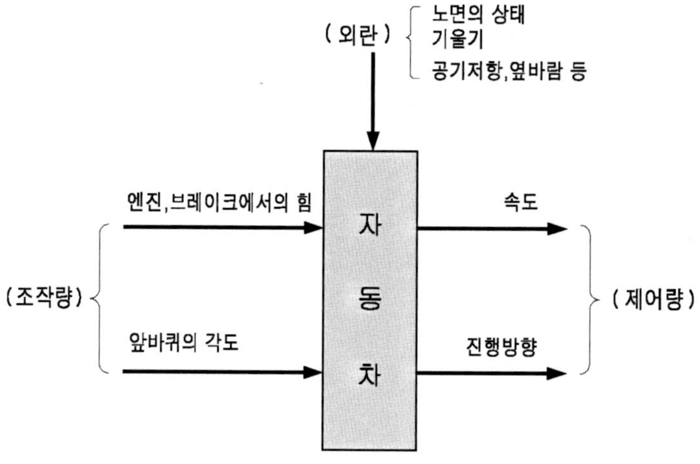

▲ 그림 1.52 자동차의 제어

[그림 1.52]의 블록선도에서 입력의 하나인 엔진으로부터의 힘을 변화시켜도 출력의 하나인 진행 방향은 바뀌지는 않는다. 물론 브레이크를 밟았을 경우에도 이로 인해 타이어가 미끄러지는 현상이 생기지 않는다면 역시 진행방향에는 영향을 미치지 않는다. 또한 진행방향을 바꾸려고 앞바퀴의 각도를 변화시켜도 속도는 변화되지 않을 것이다. 다시 말하면 출력에는 각각 전용의 입력이 있어서 그것 이외의 입력으로부터는 영향을 받지 않는다. 따라서 이 경우의 시스템은 MIMO이지만, 입력과 출력의 관점에서 보면 SISO 시스템으로 볼 수 있다.

또 다른 예로서 자전거를 타고 앞으로 나아가는 경우를 생각하여 보자. 이 경우도 두 개의 입력과 두 개의 출력을 가지는 MIMO 시스템이지만, 자동차의 경우와는 달리 두 개의 입력과 출력 사이에는 상호간섭이 존재한다. 즉, 자전거를 타고 가면서 진행방향을 바꾸려고 하면 원심력에 의해 자전거 전체가 옆으로 기울어지게 된다. 또한 자전거를 타고 있는 사람이 자세를 바꾸려고 상체를 기울이면, 앞바퀴의 각도도 동시에 바뀌게 된다. 결과적으로 자전거의 경우는 입력과 출력의 대응관계가 1대1 전용으로 되어 있지 않고, 두 개의 입력 사이에 상호간섭이 존재하여, 하나의 출력은 하나의 입력에 의해서만 결정되는 것이 아니라 다른 하나의 입력에 의해서도 영향을 받게 된다.

다변수 시스템은 일반적으로 이와 같은 상호간섭이 존재하기 때문에 제어하기가 어렵다. 자전거의 예를 생각해 보면 쉽게 짐작할 수 있을 것이다. 예를 들어 자전거를 타고 왼쪽 혹은 오른쪽으로 회전하고자 하는 경우에는, 핸들을 왼쪽, 오른쪽으로 돌려야 할 뿐만 아니라 원심력에 의한 자세의 변화에 대응하기 위해서는 상체를 회전하는 쪽으로 기울이지 않으면 안 된다. 또한 상체를 기울여서 자세를 변화시키고자 하면 앞바퀴도 상체가 기울어진 쪽으로 돌아가기 때문에, 핸들을 그 반대 방향으로 돌려서는 안 된다는 사실은 자전거를 타 본 경험이 있는 사람은 누구나 알고 있을 것이다. 따라서 자전거를 능숙하게 타기 위해서는 이러한 제어 동작을 반사적으로 해야 할 것이다.

상호간섭이 존재하는 시스템의 다른 예로서 물탱크의 물을 보일러로 데워 온수를 공급하는 경우를 생각해 보자. 이 경우의 출력은 물탱크에 저장되어 있는 온수의 양과 그 온도이다. 그리고 이들에 대한 입력은 온수에 대해서는 수도로서 공급되는 찬물의 유량, 온도에 대해서는 기름 혹은 전기에 의하여 가동되는 보일러의 열량이다. 지금, 온수의 양을 제어하기 위하여 수도의 밸브를 열어 찬물을 물탱크에 공급한다고 하면, 당연히 현재 저장되어 있는 온수의 온도는 떨어질 것이다. 또 온도가 변화되면 물의 팽창(혹은 수축)에 의해 온수의 체적, 즉 양이 변하게 된다. 이와 같이 두 입력 사이에는 상호간섭이 존재하게 된다.

1.5.2 제어 시스템의 구성

(1) 액추에이터(actuator)

출력을 제어하기 위해서 인위적으로 제어대상에 인가하는 것이 입력이지만, 이를 위해서는 제어목적이 달성될 수 있도록 입력을 (물리적으로) 변화시킬 수 있는 장치가 필요하다. 이것이 액추에이터이다. 예를 들어 수조에 물을 채우는 경우에 있어서의 액추에이터는 수도의 밸브이다. 에어컨에 의한 실내온도의 제어에서는 에어컨 자체가 액추에이터이다. 자동차의 경우에서 속도제어를 위한 액추에이터는 엔진과 브레이크이며, 진행 방향의 제어를 위한 액추에이터는 핸들로 볼 수 있다. 자전거의 경우에는 페달을 밟는 (타고 있는 사람의)다리와 브레이크의 레버를 잡고 있는 손이 속도를 제어하는 액추에이터이다. 또 핸들을 돌리는 팔이 진행 방향을 제어하기 위한 액추에이터이며, 더욱이 허리를 중심으로 하여 좌우로 흔들리는 상체가 자세를 제어하는 액추에이터가 될 것이다.

액추에이터가 제어의 목적대로 입력을 변화시킬 수 있도록 하기 위해서는 액추에이터에 적절한 신호를 인가하지 않으면 안 된다. 이것을 제어신호라고 한다. 즉, 액추에이터는 제어신호를 받아서 입력을 가감하게 되는 것이다.

예를 들면, 밸브는 유량을 가감하기 위한 액추에이터이지만, 밸브로부터의 유량은 밸브의 꼭지를 어느 정도 돌리는가에 따라 결정된다. 이 밸브의 각도를 어느 정도까지 하라는 지시가 바로 제어신호이다.

(2) 제어기(controller)

이 제어신호를 만들어 내는 곳이 제어기이다. 다시 말하면 제어기는 '제어량에 대한 요구가 주어졌을 때 이것을 달성하기 위해서는 어떠한 입력을 가해야만 하는가, 더욱이 그러한 입력을 발생시키기 위해서는 어떠한 제어신호를 액추에이터에 인가하지 않으면 안 되는가.' 하는 것을 생각하여 필요한 제어신호를 만들어 내는 곳이다. 제어시스템에 있어서 두뇌의 역할을 담당하고 있다고 말할 수 있을 것이다(그림 1.53).

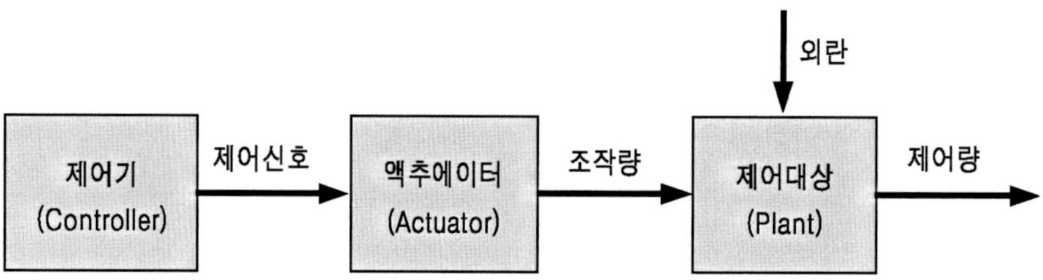

▲ 그림 1.53 제어기 · 액추에이터 · 제어대상

다시 수조의 예를 들어 상기의 [그림 1.53]을 좀 더 구체적으로 설명해 보자. 지금 빈 수조에 가능한 한 빠르게 미리 정해진 높이까지 물을 채우라는 요구를 실행하기 위한 제어시스템을 생각한다. 이를 위해서는 어떻게 입력을 변화시키면 좋을 것인가는 대략 짐작이 갈 것이다.

즉, 밸브를 완전히 열어서 최대의 유량으로 수조에 물을 채우고, 물의 양이 정해진 높이에 가까워지면 물이 넘치지 않도록 서서히 밸브를 닫으면서 유량을 작게 하다가 마지막으로 적절한 높이 도달한 순간 밸브를 완전히 잠그면 될 것이다. 이와 같이 밸브의 꼭지를 적절하게 조절한다면 제어량인 물의 높이를 요구한 대로 변화시킬 수 있을 것이다(그림 1.54). 이와 같은 (밸브)조작의 단계를 결정해서 액추에이터에 이것을 위한 신호를 만들어 보내는 것이 제어기의 역할이다.

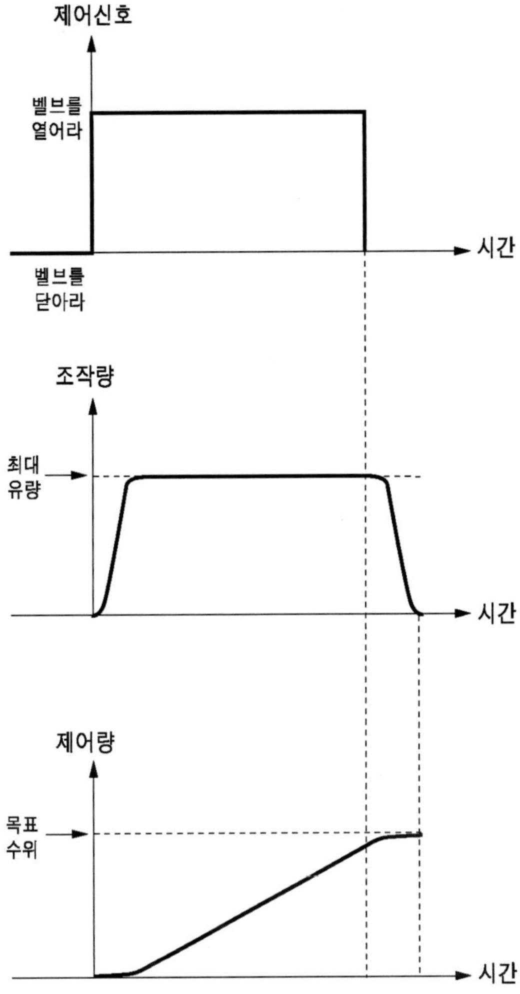

▲ 그림 1.54 **최단 시간에 수조에 물을 채우는 방법**

(3) 제어 시스템의 설계 과정

제어의 목적을 달성하기 위하여 필요한 제어신호를 제어기에서 발생시키기 위해서는(즉, 제어 시스템을 설계하기 위해서는) 제어대상에 관하여 어느 정도의 지식이 필요한지에 대하여 알아보자.

다시 수조의 예를 들어 생각해 보자. 먼저 제어대상인 수조의 크기를 미리 알고 있지 못하다면, 입력밸브를 열어 수조에 물을 채우는 경우에 어느 정도의 빠르기로 수조의 수위가 변화하는지를 알 수 없을 것이다. 따라서 물이 넘치지 않고 적절한 수위까지 물을 채우는 제어는 불가능할 것이다. 당연히 반지름이 큰 수조일수록 수위의 변화가 느릴 것이라는 사실은 쉽게 짐작할 수 있을 것이다(그림 1.55).

다음으로 밸브의 특성을 파악해 두지 않으면 안 될 것이다. 다시 말하면 밸브의 손잡이를 몇 도 정도 돌리면 이때 유량이 어느 정도 된다고 하는 관계로부터 수조의 수위제어를 위한 밸브 손잡이의 조작 방법이 결정될 것이다(그림 1.56).

더욱이 어느 정도 물을 채울 것인가에 대한 결정이 당연히 주어져야 한다는 것은 말할 필요도 없을 것이다. 이것을 출력의 목표값이라고 한다. 또한 시시각각 변하는 물의 양을 알고 있을 필요가 있다. 이것에 의해 현재 원하는 수위와 어느 정도의 차이가 있는지를 알게 되며, 이 값은 제어신호를 결정하는 중요한 정보가 되기 때문이다.

[요점 1.10] 제어기의 역할

제어기는 제어대상과 액추에이터에 관한 지식을 기초로 하여, 미리 정해진 방법으로 제어량을 주어진 목표값에 일치시키기 위한 제어신호를 결정해서 액추에이터에 전달하는 작용을 한다.

목표값에 출력을 일치시킨다고 하는 것은 다시 말하면 목표값과 출력과의 차, 즉 오차를 영으로 한다는 것을 의미한다.

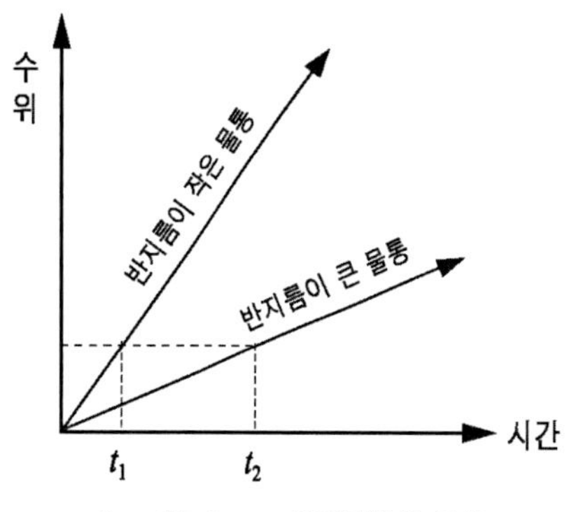

▲ 그림 1.55 **제어대상의 특성**

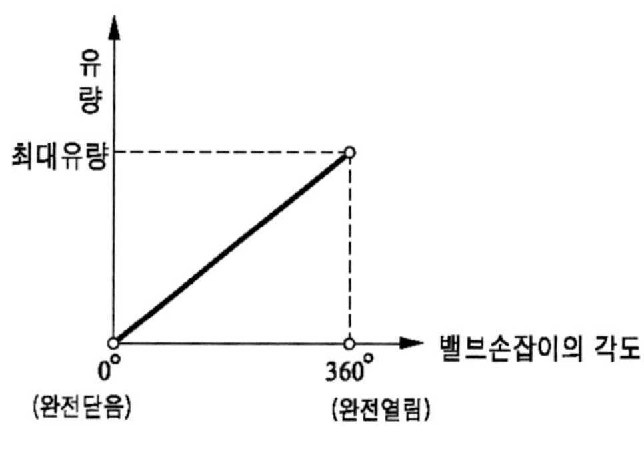

▲ 그림 1.56 **액추에이터의 특성**

1.5.3 피드백(feedback)제어와 피드포워드(feedforward)제어

오차를 영으로 할 수 있도록 제어기가 작동하기 위해서는 현재 시각의 오차 크기를 측정하지 않으면 안 된다. 그렇지만 오차는 목표값과 출력과의 차이이기 때문에 오차의 크기를 알기 위해서는 현재 시각의 출력을 측정해야 한다. 수조의 경우라면 수조 내부에 막대기를 세워 두면 간단히 현재의 수위를 알 수 있다. 이와 같이 출력을 측정하는 장치를 센서(sensor)라고 한다. 온도 제어의 경우 센서는 온도계, 속도 제어인 경우 센서는 스피드 미터(speed meter)이다.

이상의 사항을 정리하여 블록선도로 나타내면 [그림 1.57]과 같이 된다. 이 시스템의 특징은 제어기는 항상 자신이 만들어 낸 제어신호의 효과를 측정하면서 다음 제어신호를 결정하고 있다는 것이다. 즉,

목표값 → 오차 → 제어신호 → 조작량 → 제어량
↑ ↓
← ← ← ← ← ← ← ← ← ← ← ← ←

와 같은 정보의 루프(loop)가 만들어졌다는 것이다. 이 점에 주목해서 [그림 1.57]과 같은 구성을 가지는 제어 시스템을 '폐루프제어 시스템'이라고 한다.

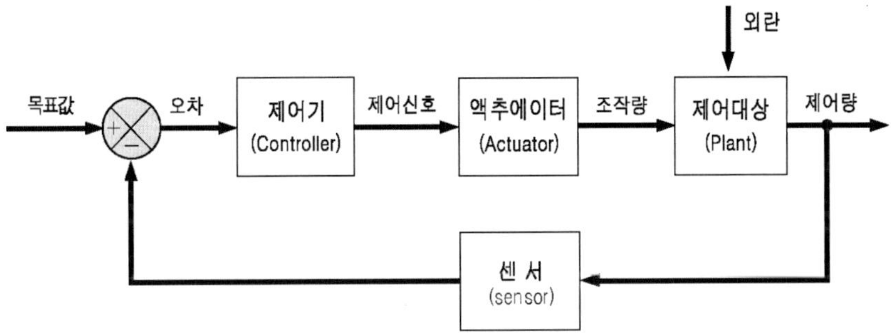

▲ 그림 1.57 **피드백제어 시스템의 구성**

또한 출력을 측정해서 다시 제어신호의 결정에 이용한다는 점에 착안해서 피드백제어 시스템이라고도 한다.

그런데 수조의 경우에는 이와 같은 피드백제어를 하지 않고서도 목적을 달성할 수 있는 방법이 있다. 앞에서도 생각한 바 있지만, 수조에 물을 담는 과정은 외란이 없다고 볼 수 있기 때문에, 예를 들어 최단 시간에 목표의 수위까지 정확하게 물을 채울 수 있도록 밸브 조작의 방법을 미리 계산해 두고, 이것과 동일하게 제어기가 제어신호를 만들어 낸다면 수조의 수위는 계산된 대로 변화하게 될 것이다.

다시 말하면, 이를 위한 제어신호, 입력 및 출력의 관계는 [그림 1.58]과 같이 될 것이다. 따라서 센서로 출력을 측정하면서 제어신호를 만들어 내지 않더라도 제어를 수행할 수

있게 된다. 이런 형태의 시스템은 [그림 1.58]에서 블록선도로 나타나 있는 것처럼, 앞의 피드백제어 시스템에 비교하면 정보가

목표값 → 제어신호 → 조작량 → 제어량

과 같이 한쪽 방향으로 정보가 전달되어 피드백제어의 경우와는 다르게 루프는 형성되지 않는다는 사실을 알 수 있을 것이다. 이와 같은 제어 시스템을 개루프제어 시스템 혹은 피드포워드제어 시스템이라고 한다.

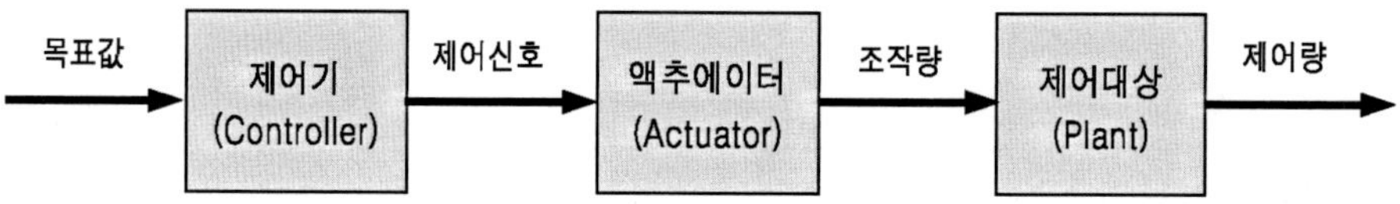

▲ 그림 1.58 **피드포워드제어 시스템의 구성**

피드백제어와 피드포워드제어는 가장 기본적이면서 대조적인 제어의 방식이다. 각각에 대한 자세한 고찰은 앞으로 하게 될 것이며, 여기서는 양자의 대조적인 특징을 하나씩만 지적해 둔다.

그것은 외란에 대한 저항력이다. 금방 알 수 있는 바와 같이, 피드포워드제어에서는 출력을 요구 조건에 맞게 변화시키기 위한 입력을 미리 계산해 두었기 때문에, 제어의 도중에 계산에서 생각하지 않았던 외란이 가해진다면 출력은 당연히 예정했던 대로 변화하지 않게 될 것이다. 따라서 피드포워드제어는 외란이 존재하는 경우에는 사용할 수 없다.

이것에 비하여 피드백제어에서는 제어신호를 미리 계산해 두는 것이 아니라 항상 오차를 감시하면서 이것을 없애기 위하여 제어신호를 만들어 가기 때문에, 만약 외란으로 인해 출력이 흐트러지는 경우에도 결국은 오차를 영으로 할 수 있게 된다.

1.5.4 제어 시스템의 몇 가지 예

(1) 속도 제어 시스템

18세기 후반 James Watt가 발명한 속도 조절기(혹은 조속기: governor)의 기본적인 모형을 [그림 1.59]에 나타내었다. 엔진 속으로 들어가는 연료의 양은 엔진의 실제 속도와 요구 속도 사이의 차이에 따라 조정된다. 위 시스템의 동작은 대략 다음과 같이 설명할 수 있다. 목표 입력(설정값)을 요구하는 속도에 맞춘다. 외란 등으로 인해 실제 속도가 요구 속도보다 작으면 조속기의 원심력이 감소되어 제어 밸브를 아래쪽으로 밀어 내므로(밸브 열림) 더 많

은 연료가 엔진에 들어가게 되어 엔진의 속도는 설정 값에 이를 때까지 증가한다. 반대로 실제 속도가 요구 속도보다 크면 조속기의 원심력이 증가하여 제어밸브를 위쪽으로 끌어올리게 되어(밸브 닫힘) 연료의 공급은 감소하게 된다. 따라서 엔진의 속도는 감소되어 요구 속도에 도달하게 된다.

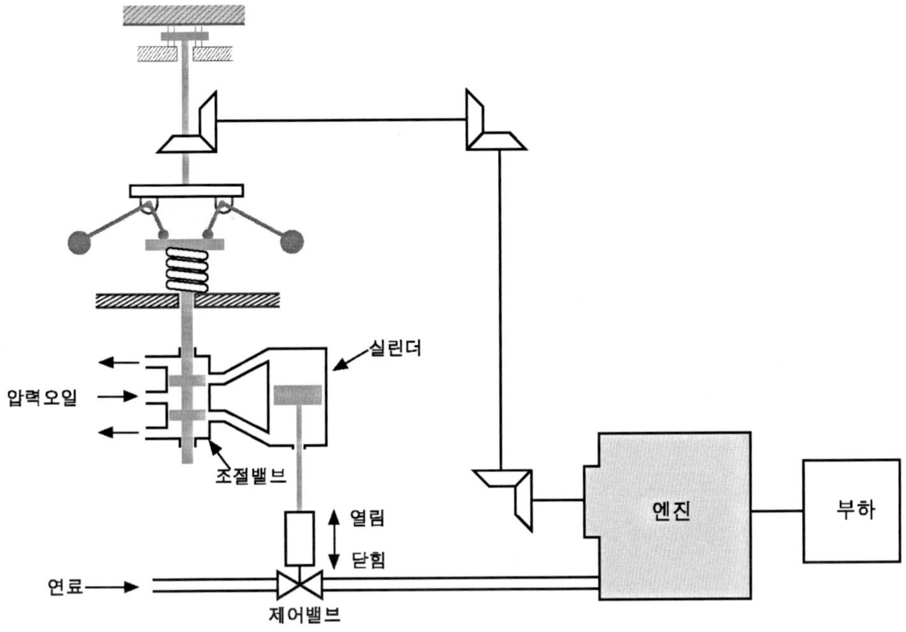

▲ 그림 1.59 **속도 제어 시스템**

이러한 속도 제어 시스템에서, 제어대상은 엔진이며 출력은 엔진의 속도이다. 요구속도와 실제속도 사이의 차가 오차 신호이며, 엔진에 가해지는 연료의 양은 입력으로 간주할 수 있다.

(2) 로봇 제어 시스템

산업현장에서는 생산성을 높이기 위하여 현재 많은 로봇이 사용되고 있다. 로봇은 복잡하고 정교한 작업, 지루한 반복 작업, 또는 사람이 하기에는 어려운 작업들을 아무런 불평 없이, 게다가 오차 없이 정확하게 수행할 수 있다는 점에서 현대사회의 꽃이다.

산업 로봇은 특별한 형태와 무게를 가지고 있는 기계 부품을 다루어야 하기 때문에, 적어도 하나의 팔, 관절과 손을 가지고 있어야 하며, 주어진 일을 수행하기 위한 최소한 힘(power)과 이동성을 확보하고 있어야 할 것이다. 사실상, 오늘날 많은 로봇은 공장 내의 한정된 장소에서 자유롭게 이동하면서 작업을 수행하고 있다.

로봇이 주어진 작업을 마무리하기 위해서는 바깥세상과의 통신 수단이 필요하다. 이것이 센서이다. 초보적인(low-level) 로봇의 경우에는 센서로써 마이크로 스위치가 부착되어 있다. 로봇이 물체와 접촉하면서 이것의 존재를 마이크로 스위치 즉, 센서를 통하여 확인하고, 이것을 움켜지기 위한 다음 단계의 작업을 수행하는 것이다.

고정도의 로봇에서는 보통 광학적인 방법을 이용하여 물체의 존재를 인식하는데 주로 광학센서를 이용하여 물체의 방향과 크기 등을 파악하게 된다. 즉, 광학 센서에 의하여 입력된 신호를 컴퓨터로 분석(pattern-recognition)하여 물체에 관한 여러 가지 정보를 얻게 된다. 이 정보를 바탕으로 로봇은 팔을 뻗어 그 물체를 집고 적당한 위치에 가져가게 된다. 이것을 블록선도 표현한 것이 [그림 1.60]이다. 여기서 제어기로는 이미 적절한 프로그램으로 가동되고 있는 디지털 컴퓨터가 주로 사용되고 있다.

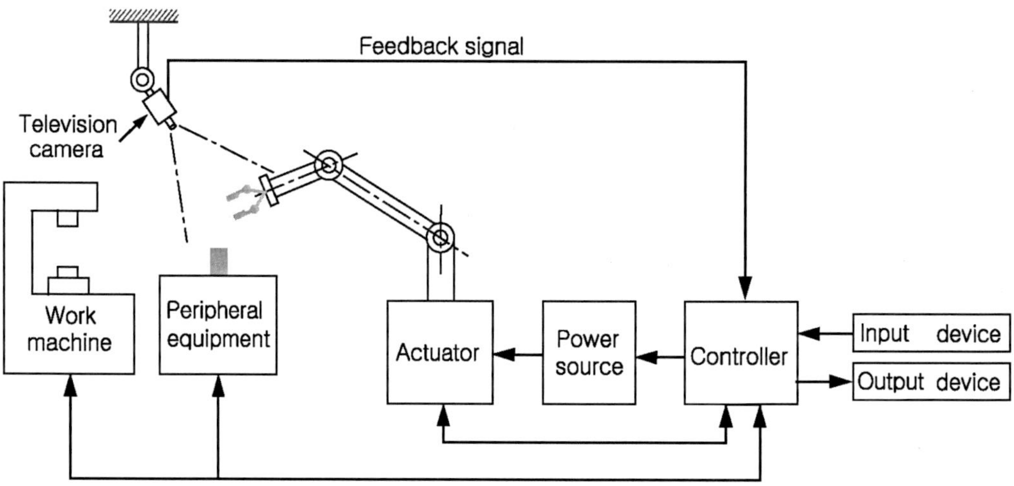

▲ 그림 1.60 **패턴 인식을 이용한 로봇 팔**

(3) 온도 제어 시스템

[그림 1.61]은 전기 용광로의 온도 제어를 위한 도식적인 블록선도를 보여 주고 있다. 용광로의 온도는 보통 아날로그 소자인 서모미터(thermometer)에 의하여 이루어진다. 아날로그 값인 측정값은 A/D 컨버트(analog-digital converter)에 의해 디지털 값으로 변환되어 제어기인 컴퓨터에 들어간다. 여기서 디지털 측정 온도는 이미 프로그램 상으로 정해져 있는 설정 온도와 비교된다. 만약 차이가 존재한다면 제어기는, 용광로의 온도를 설정 값으로 맞

추기 위해 인터페이스, 증폭기, 릴레이 등을 거쳐 전기 히터를 가동시키는 신호를 만들어 내게 될 것이다.

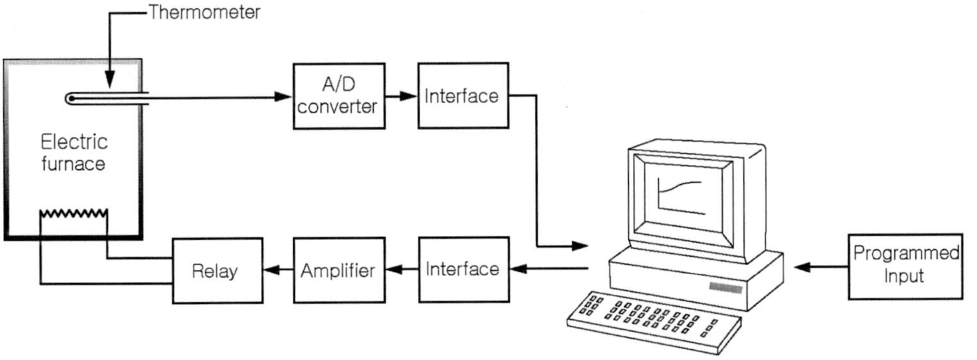

▲ 그림 1.61 온도 제어 시스템

연습문제

1 다음 식으로 주어지는 연속시간의 신호(a)~(d)를 그림으로 그려 보고, 이것을 MATLAB를 사용하여 그린 것과 비교하여 보라.

(a) $x(t)=1(t+1)-2\cdot 1(t-1)+1(t-3)$

(b) $x(t)=(t+1)\cdot 1(t-1)-t\cdot 1(t)-1(t-2)$

(c) $x(t)=e^{-t}\cdot 1(t)+e^{-t}\left[e^{(2t-4)}-1\right]\cdot 1(t-2)-e^{t-1}\cdot 1(t-4)$

(d) $x(t)=\cos\left(t\left[1\left(t+\frac{\pi}{2}\right)-2\cdot 1(t-\pi)\right]\right)+(\cos t)\cdot 1\left(t-\frac{3\pi}{2}\right)$

2 다음의 신호가 주기신호인지의 여부를 확인하고, 만약 주기신호라면 각 신호의 기본주기 T_0 (또는 기본 주파수 ω_0)를 구하라. 만약 주기신호가 아니라면 이것을 증명하라.

(a) $x(t)=3\cos(15t+30^o)+\sin(20t)$

(b) $x(t)=\cos(5t)+\sin(\pi t)$

(c) $x(t)=\cos 5t+3e^{-10t}$

3 임의의 신호의 평균은 다음과 같이 주어진다.

$$A_x=\lim_{T\to\infty}\frac{1}{2T}\int_{-T}^{T}x(t)dt$$

이때 신호를 $x(t)=x_e(t)+x_o(t)$ 와 같이 우신호 $x_e(t)$ 와 기신호 $x_o(t)$ 로 분해하였을 때, 다음을 증명하라.

(a) $\lim_{T\to\infty}\frac{1}{2T}\int_{-T}^{T}x_e(t)dt=0$

(b) $\lim_{T\to\infty}\frac{1}{2T}\int_{-T}^{T}x_o(t)dt=A_x$

(참고 : 위 문제 (a)로부터, 두 신호의 합의 파워는 각 신호의 파워의 합과 같은 것을 알 수 있다. 이로부터 $x_1(t)+x_2(t)$ 의 파워는 $P_{x_1}+P_{x_2}$이 항상 성립하는 것처럼 보인다. 그러나 유감스럽게도, 이 결론은 일반적으로 성립하지 않는다. 다시 말하면 이 조건은 어떤 조건(즉 신호의 직교성)이 만족되는 경우에 한해서 성립한다.)

(c) $x_o(0)=0$ 및 $x_e(0)=x(0)$

4 (a) [그림 P1.4(a)]의 신호 $x(t)$ 와 신호 $y(t)$ 의 에너지를 계산하라. 또, 두 신호 $x(t)+y(t)$ 와 $x(t)-y(t)$ 를 그림으로 표시한 뒤, 두 신호의 에너지를 구하여 보라.

이 결과로부터, 두 신호의 합과 차의 에너지에 관한 어떤 관련성을 설명하여 보라.

(b) [그림 P1.4(b)]의 한 쌍의 신호에 대하여 위 문제 (a)를 되풀이하라. 이때 문제 (a)에서 유도한 결론이 적용 가능한지의 여부를 확인하여 보라.

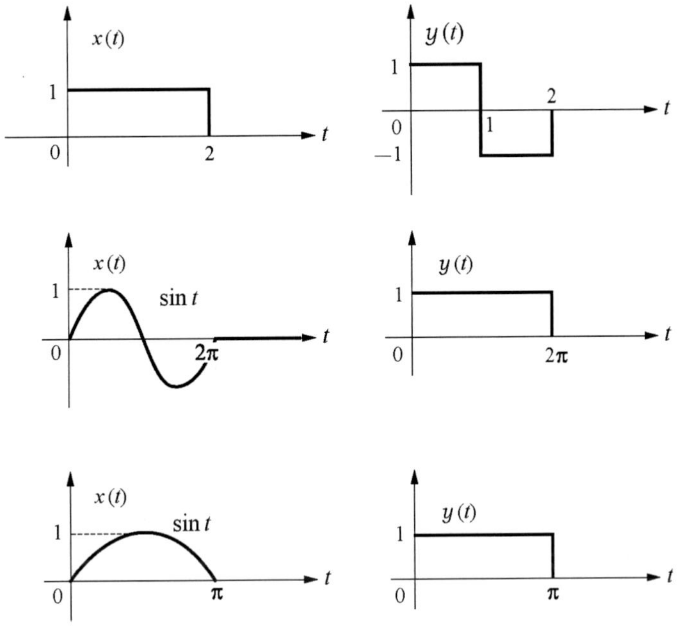

▲ 그림 P1.4

5 [그림 P1.5]에 나타나 있는 신호 $-(1/2)x(-3t+2)$ 에 대하여 아래의 각 물음에 답하라.

(a) 원래 신호 $x(t)$ 를 결정하고 이것을 그림으로 그려 보라.

(b) 원래 신호 $x(t)$ 의 우신호를 결정하고 이것을 그림으로 나타내어라.

(c) 원래 신호 $x(t)$ 의 기신호를 결정하고 이것을 그림으로 나타내어라.

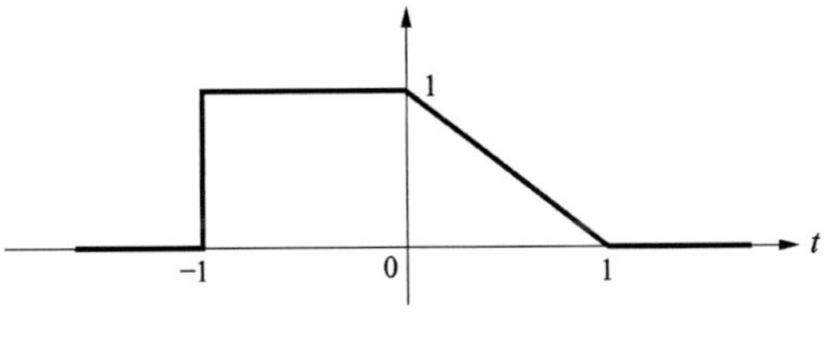

▲ 그림 P1.5

6 선형 시불변(LTI) 시스템이 주어져 있다. 여기에 다음과 같은 입력 $x_1(t)$

$$x_1(t)= 1(t)-1(t-1)$$

을 인가하였을 때의 출력을 $y_1(t)$ 으로 둔다. 이때 다음 [그림 P1.6]과 같은 입력이 인가되었을 때의 출력을 $y_1(t)$ 로 나타내어라.

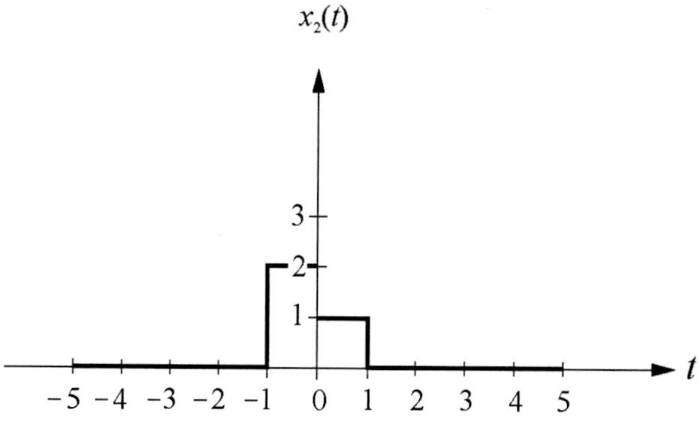

▲ 그림 P1.6

7 (a) 전기회로가 [그림 P1.7(a)]로 주어져 있다. 이때 키르히호프의 법칙을 이용하여 이 회로를 나타내는 두 개의 미분 방정식을 구하라.

(b) [그림 P1.7(b)]와 같이 두 개의 질량이 역시 두 개의 스프링을 이용하여 벽에 걸려있다. 이때 외부의 힘 $F(t)=a\sin\omega_0 t$가 그림의 위치에서 이 시스템의 입력으로 인가되었을 경우, 이 시스템을 나타내는 미분 방정식을 유도하라. 단, 파라미터 M_2와 k_{12}는 질량 M_1이 정상상태에서 진동을 발생시키지 않도록 적절하게 선정되어 있는 것으로 한다.

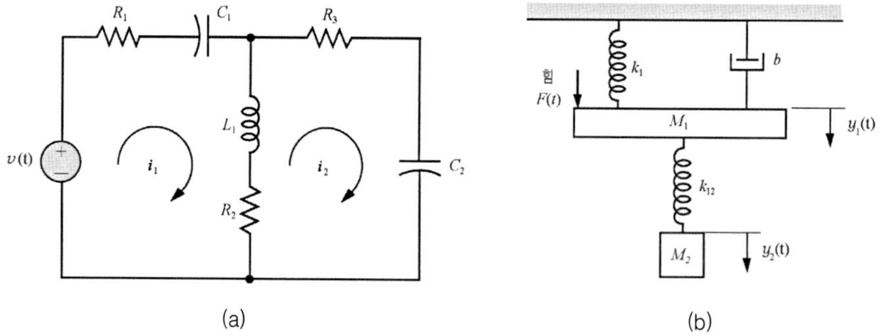

(a) (b)

▲ 그림 P1.7

8 [그림 P1.8]과 같이 다이오드를 가진 간단한 전기회로가 있다. 이때 인가전압을 입력, 저항 R에 걸리는 전압을 출력으로 하였을 경우, 이 전기회로는 a) 인과적인가 비인과적인가, b) 선형인가 비선형인가, c) 시불변인가 시변인가를 각각 판단하여 보라.

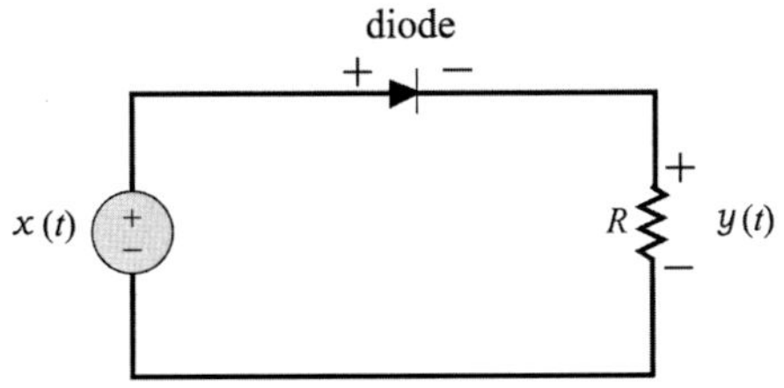

▲ 그림 P1.8

9 필드제어 DC모터의 개략적인 모양이 [그림 P1.9]에 주어져 있다. 그림에서 아마추어(armature) 전류 i_a는 일정한 것으로 한다. 이때 이 모터에서 발생하는 토크는 필드 전류 i_f에 비례한다(즉, $T=K_f i_f$ 이다). 이 시스템에서 입력 전압 $x(t)$와 출력 위상각 $\theta(t)$를 연결하는 미분 방정식을 유도하여라. 단, 부하의 관성 모멘트는 J로 한다.

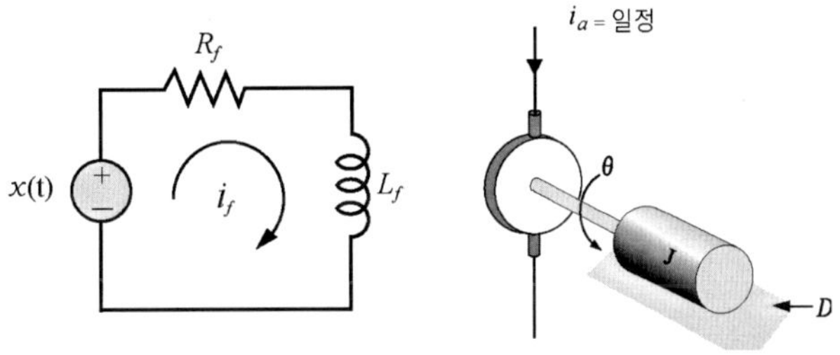

▲ 그림 P1.9

10 문제 9의 시스템에 대하여 생각하여 보자.

(a) 이 시스템은 동적 시스템인가 정적 시스템인가? 그 이유를 설명하라.

(b) 이 시스템의 출력, 즉 부하의 위상각을 컴퓨터로 제어하기 위하여 [그림 1.61]와 같이 구성하였다고 한다. 이때 각 부분에서 연속적인 신호와 이산적인 신호로 되는 부분을 구별하고, 그 이유를 생각하여 보라.

11 피드백제어 시스템의 예를 몇 가지 들어 보고, 각각에 대하여 제어량, 조작량 및 외란을 구별하여 보자.

제 2 장 푸리에 변환

여기서는 신호와 시스템과의 수학적인 연결고리라고 할 수 있는 푸리에 변환에 대하여 비교적 자세히 설명한다. 이를 위해 먼저 주기신호에 대하여 정의되는 푸리에 급수 전개를 위한 수학적인 사항, 즉 신호의 직교성 등에 대하여 언급하고, 이것의 비주기신호에 대한 확장으로 얻어지는 푸리에 변환의 공식과 이것이 가지는 의미 등을 차례로 설명한다.

2.1 주기신호

[요점 1.1]에서 언급한 바와 같이 주기신호는 임의의 t 에 대하여 $x(t)=x(t+T_0)$ 를 만족하는 신호이다. 이때 T_0 를 $x(t)$ 의 주기(period), 또한 주기 중에서 가장 작은 값을 기본주기라고 부른다. 예를 들어 신호 $x(t)=\cos^2(4\pi t)$ 는 $\frac{1}{2}$[s]를 주기로서 가지지만, 기본주기는 $\frac{1}{4}$[s]이다. 여기서 주기신호는 조화적으로(harmonically) 연결되는 주파수[1]를 가지는 두 개 혹은 그 이상의 cosine 신호를 합성하여 얻을 수 있다는 것을 보이고, 이후 주기신호는 이러한 조화신호(즉 고조파)의 합으로 구성되어 있는 것으로 한다. 다시 말하면, 신호는 $(N+1)$ 개의 cosine 파형의 합, 즉

$$x(t)=A_0+\sum_{k=1}^{N}A_k\cos\left(2\pi f_k t+\phi_k\right) \tag{2.1}$$

로 주어진다. 이때 f_k 는 k 번째 cosine 성분의 주파수를 나타내며 이는

$$f_k=kf_0 \tag{2.2}$$

의 관계가 있으며, f_0 는 기본주파수(fundamental frequency)이다.

[1] 조화적으로 연결되어 있다는 것은, 모든 주파수가 기본주파수 f_0 의 정수배로서 표현된다는 것을 의미하며 이때의 주파수를 조화주파수(harmonic frequency)라고 한다.

[예제 2.1] f_0의 계산

기본주파수는 $f_k = kf_0$의 관계를 만족하는 가장 큰 값의 f_0이다. 이를 수학적으로는 최대 공통인자(greatest common divisor)라고 하며

$$f_0 = \gcd\{f_k\}$$

로 표기한다. 예를 들어, 주파수 1.2, 2 및 6 [Hz]로 이루어진 신호의 기본주기는 $f_0 = 0.4$ [Hz]이다. 즉 1.2 [Hz]는 3번째 고조파, 2 [Hz]는 5번째 고조파, 및 6 [Hz]는 15번째 고조파 성분임을 알 수 있다.

식(2.1)의 각 cosine 성분의 주기는 $1/f_0$이므로 $x(t)$ 역시 $1/f_0$를 주기로 가진다. 따라서 $1/f_0$는 $x(t)$의 기본주기로 된다. 복소지수 함수의 표현식(1.13a)를 이용하면 식(2.1)은 다음과 같이 표현된다.

$$x(t) = \sum_{k=-N}^{N} a_k e^{j2\pi k f_0 t} = a_0 + 2\,\mathrm{Re}\left\{\sum_{k=1}^{N} a_k e^{j2\pi k f_0 t}\right\} \tag{2.3}$$

여기서 a_k는 식(1.51)로 주어진다.

2.1.1 비주기신호와의 비교

식(2.3)은 조화적으로 연결된 복소 지수신호를 더하면, 그 결과로서 주기신호로 된다는 것을 보여주고 있다. 이때 만약 각 고조파신호의 주파수가 식(2.2)와 같은 관계가 성립되지 않는다면(즉 비주기신호) 어떤 현상이 일어나는지에 대해 간단히 살펴보자.

비주기신호의 경우에도 cosine 성분으로 이루어진 신호의 합은 식(2.1), (2.3)로부터

$$x(t) = A_0 + \sum_{k=1}^{N} A_k \cos(2\pi f_k t + \phi_k) \tag{2.4}$$

$$= A_0 + \sum_{k=1}^{N}\left(\frac{1}{2}A_k e^{j\phi_k} e^{j2\pi f_k t} + \frac{1}{2}A_k e^{-j\phi_k} e^{-j2\pi f_k t}\right)$$

가 성립하지만, 여기서는 각 조화주파수 f_k에는 식(2.2)와 같은 관계식은 성립하지 않을 것이다.

간단한 예를 이용하여 각 조화주파수 사이의 관련성과 $x(t)$의 주기성과의 관계를 확인하

여 보자. 다음과 같이 기본주파수 $f_0 = 10\,[\text{Hz}]$를 가지는 세 개의 cosine 성분으로 이루어진 신호 $x_h(t)$에 대하여 알아보자.

$$x_h(t) = 2\cos(20\pi t) - \frac{2}{3}\cos(20\pi(3)t) + \frac{2}{5}\cos(20\pi(5)t) \tag{2.5}$$ [2]

위 식을 [그림 2.1]에 나타내었다. 이로부터 식(2.5)는 분명히 기본주기 1/10 [s]을 가지는 주기신호임을 알 수 있다.

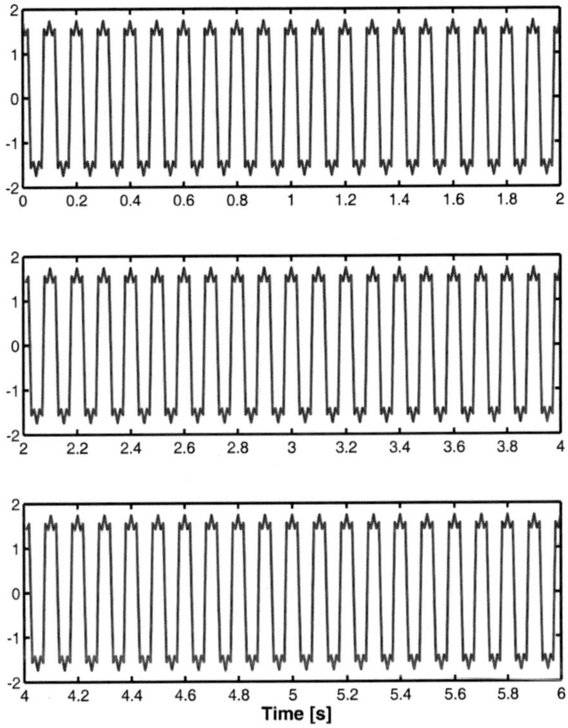

▲ 그림 2.1 신호 $x_h(t)$

다음 $x_h(t)$로부터 $x_2(t)$를 다음과 같이 작성한다. 즉

$$x_2(t) = 2\cos(20\pi t) - \frac{2}{3}\cos(20\pi\sqrt{8}\,t) + \frac{2}{5}\cos(20\pi\sqrt{27}\,t) \tag{2.6}$$

---

[2] 이 신호는 구형파를 푸리에 급수 전개하여 얻어진 신호의 첫 번째, 세 번째 및 다섯 번째 고조파성분이다 (2.3절 참조).

이다. 이 경우 각 신호의 진폭은 동일하지만 주파수는 약간 변경되었다. 식(2.6)을 나타낸 [그림 2.2]로부터 $x_2(t)$는 비주기임을 쉽게 확인할 수 있다.

[그림 2.3]에 표시된 신호 $x_h(t)$와 $x_2(t)$의 스펙트럼을 보면 두 신호의 차이점이 이해될 것이다. 즉 [그림 2.3(a)]의 각 스펙트럼은 기본주파수 f_0의 정수배에 위치하고 있기 때문에, [그림 2.1]의 신호 $x_h(t)$는 주기 $T_0 = 1/f_0$를 가지는 주기신호이다. 이에 반해 [그림 2.3(b)]에서 각 고조파의 스펙트럼이 위치하고 있는 주파수에 대해서 식(2.2)의 관계를 만족하는 기본주파수가 존재하지 않기 때문에 $x_2(t)$는 비주기신호이다. 앞에서도 언급하였지만, 스펙트럼 선도는 각 cosine(즉 고조파) 성분이 전체 신호에 얼마나 많은 기여를 하고 있는가를 나타내는 것이다. 따라서 식(2.5)와 (2.6)으로부터 두 신호가 가지는 cosine 성분의 진폭은 동일하기 때문에 두 신호의 스펙트럼의 모양은 상당히 유사하지만(그림 2.3), 두 신호의 시간영역에서의 표현, 즉 [그림 2.1]과 [그림 2.2]는 완전히 다른 모양을 가지고 있다는 사실을 알 수 있다.

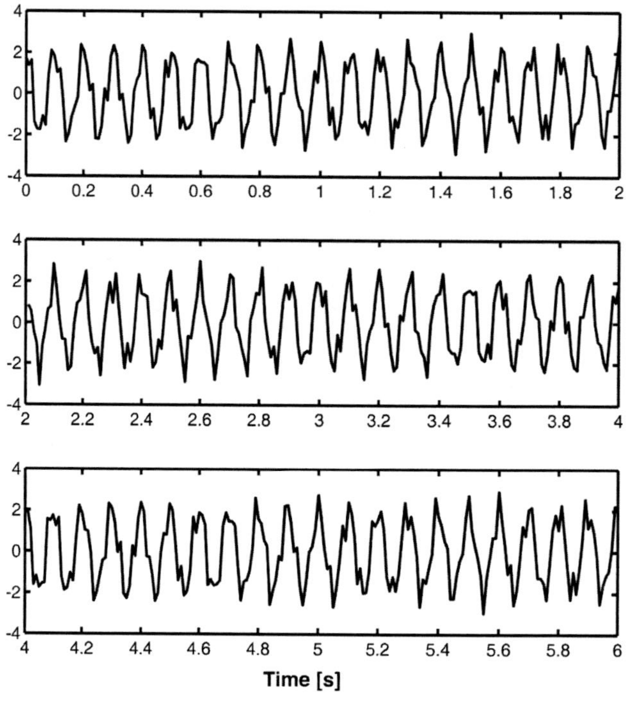

▲ 그림 2.2 신호 $x_2(t)$

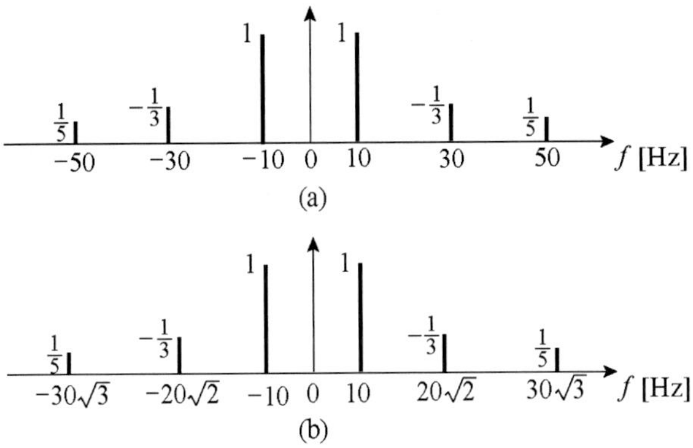

▲ 그림 2.3 (a) $x_h(t)$의 스펙트럼, (b) $x_2(t)$의 스펙트럼

%[그림 2.2]

```
t=0:0.01:6;                                    % x축(시간축)의 설정
xh1=2.*cos(20*pi*t);                           % 식(2.6)의 첫 번째 고조파성분
xh3=(2/3).*cos(20*pi*sqrt(8)*t); n             % 식(2.6)의 세 번째 고조파성분
xh5=(2/5).*cos(20*pi*sqrt(27)*t);              % 식(2.6)의 다섯 번째 고조파성분
xh=xh1-xh3+xh5;                                % 식(2.6)
subplot(311),plot(t(1:201),xh(1:201))
subplot(312),plot(t(202:401),xh(202:401))
subplot(313),plot(t(402:601),xh(402:601))
xlabel(' Time [s]')                            % [그림 2.2]
%
```

2.2 내적과 직교성

2.2.1 벡터의 내적과 직교성

[그림 2.4]에 표시한 바와 같이 xy 평면에 존재하는 두 벡터 $\vec{a}, \vec{b}$에 대하여 생각한다. 이때 두 벡터 $\vec{a}$ 와 $\vec{b}$ 의 내적(inner product)은

$$\vec{a} \cdot \vec{b} = |\vec{a}| \cdot |\vec{b}| \cos\theta \tag{2.7}$$

로 주어진다. 여기서 θ는 두 벡터가 이루는 각도이다. 또한 $|\cdot|$는 벡터의 크기이며, 다음

식과 같이 내적을 이용하여 표현할 수도 있다.

$$|\vec{a}| = (\vec{a} \cdot \vec{a})^{1/2} \tag{2.8}$$

벡터의 크기는 벡터의 놈(norm)으로 불리며 $\| \vec{a} \|$ 로 표기한다. 만약 $\theta = 90^o$ 라면 $\cos\theta = 0$ 으로 되어

$$\vec{a} \cdot \vec{b} = 0 \tag{2.9}$$

으로 된다. 이 경우 두 벡터 $(\vec{a}, \vec{b})$는 서로 직교(orthogonal)한다고 한다.

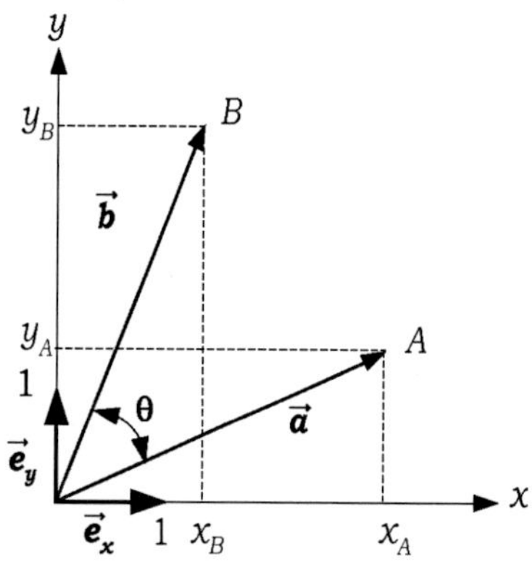

▲ 그림 2.4 벡터의 내적

그런데 [그림 2.4]에 나타낸 바와 같이 x 축의 단위벡터 $\vec{e}_x$, y 축의 단위벡터 $\vec{e}_y$를 각각

$$\vec{e}_x = [1, 0]^T, \ \vec{e}_y = [0, 1]^T \tag{2.9}$$

와 같이 정의하면, xy 평면의 임의의 점은

$$\alpha \vec{e}_x + \beta \vec{e}_y, \ (\alpha, \beta \text{는 실수}) \tag{2.10}$$

와 같이 두 단위 벡터의 선형결합(linear combination)으로 표현할 수 있다. 이때 $\vec{e}_x, \vec{e}_y$ 를 기저(basis)라고 부른다. 한편

$$\vec{e}_x \cdot \vec{e}_y = 0$$

이며, 동시에 $|\vec{e}_x| = |\vec{e}_y| = 1$로 되기 때문에 $\vec{e}_x$와 $\vec{e}_y$는 특별히 정규 직교기저(orthonormal basis)라고 불리고 있다. 이상으로부터 다음의 요점을 얻는다.

[요점 2.1] 평면의 구성

[그림 2.4]의 xy 평면은 정규 직교기저 $\vec{e}_x, \vec{e}_y$ 의 선형결합으로 표현할 수 있다. 즉 xy 평면에 존재하는 임의의 벡터 $\vec{a}$ 는

$$\vec{a} = \alpha \vec{e}_x + \beta \vec{e}_y \ , \ (\alpha, \beta \text{는 실수}) \tag{2.11}$$

로 표현된다. 이 경우, xy 평면의 모든 벡터는 $\vec{e}_x, \vec{e}_y$에 의해 구성될 수 있다고 한다.

예를 들어 α, β 를 다음과 같이 선정한다면 [그림 2.4]의 점 A가 결정된다.

$$\alpha = \vec{a} \cdot \vec{e}_x = x_A \times 1 + y_A \times 0 = x_A \tag{2.12a}$$

$$\beta = \vec{a} \cdot \vec{e}_y = x_A \times 0 + y_A \times 1 = y_A \tag{2.12b}$$

이와 같이 α 는 $\vec{a}$ 와 $\vec{e}_x$, β 는 $\vec{a}$ 와 $\vec{e}_y$ 의 내적으로 계산할 수 있다.
여기서, $\vec{a} = k\vec{b}$ (단, k 는 실수)로 되지만 않는다면, 다시 말하면 두 벡터 $\vec{a}, \vec{b}$ 가 선형종속이 아니라면 [그림 2.4]의 $\vec{a}$ 와 $\vec{b}$ 를 이용하여 xy 평면 내의 임의의 벡터를 식(2.11)과 같이 표현할 수 있다. 이와 같이 기저의 선정방법은 하나만 있는 것이 아니고 무수히 존재한다.

[요점 2.2] 선형결합의 복습

벡터 $\{\vec{a}_1, \vec{a}_2, \cdots, \vec{a}_n\}$과 스칼라 $\{c_1, c_2, \cdots, c_n\}$에 대하여

$$\vec{b} = c_1 \vec{a}_1 + c_2 \vec{a}_2 + \cdots + c_n \vec{a}_n$$

의 형식으로 나타내어지는 벡터 $\vec{b}$ 를 $\{\vec{a}_1, \vec{a}_2, \cdots, \vec{a}_n\}$의 선형결합, 혹은 1차 결합이라고 한다. 이때

$c_1 = c_2 = \cdots = c_n = 0$ 로 되었을 경우에 한해서

$$c_1 \vec{a}_1 + c_2 \vec{a}_2 + \cdots + c_n \vec{a}_n = \vec{0}$$

가 성립한다면, 벡터 $\{\vec{a}_1, \vec{a}_2, \cdots, \vec{a}_n\}$는 선형독립(linearly independent) 또는 1차 독립이다. 한편, 전부는 0 이 아닌 c_i, $(i = 1, 2, \cdots, n)$에 대해서

$$c_1 \vec{a}_1 + c_2 \vec{a}_2 + \cdots + c_n \vec{a}_n = \vec{0}$$

가 성립한다면, 벡터 $\{\vec{a}_1, \vec{a}_2, \cdots, \vec{a}_n\}$는 선형종속(linearly dependent), 혹은 1차종속이다.

지금까지는 수식표현의 간결함을 위하여 평면상에 존재하는 벡터(즉, 2차원 벡터)에 대하여 설명했지만, 이러한 원칙을 3차원 공간 혹은 n차원 공간으로 확장하는 것은 언제나 가능하다. 더욱이 다음 절에서 설명하는 것처럼 신호공간의 개념을 도입하여 신호 $f(t)$에 대하여서도 내적을 정의하고, 이를 이용하여 직교성을 나타낼 수 있다.

2.2.2 신호의 내적과 직교성

먼저 두 개의 신호에 대한 내적과 크기를 정의해 보자.

[요점 2.3] 두 신호의 내적

주기 T인 주기신호 $f(t)$와 $g(t)$의 내적은 다음 식으로 정의된다.

$$\langle f,g \rangle = \frac{2}{T}\int_{-T/2}^{T/2} f(t)g(t)dt \tag{2.13}$$

[요점 2.4] (신호 $f(t)$의 크기)

주기 T인 주기신호 $f(t)$의 크기는 다음 식으로 정의된다.

$$\| f \| = \sqrt{\langle f,f \rangle} = \sqrt{\frac{2}{T}\int_{-T/2}^{T/2} f^2(t)dt} \tag{2.14}$$

또한 신호의 크기는 신호의 놈(norm)으로 불리며, 이것에 관해서는 뒤에서 자세히 설명한다. 신호의 내적을 정의함으로써, 두 개의 신호가 직교한다고 하는 개념을 도입할 수 있게 되었다. 즉

$$\langle f,g \rangle = 0 \tag{2.15}$$

이 성립하는 경우, 두 개의 신호 $f(t)$와 $g(t)$는 서로 직교하고 있다고 한다. 예를 들어, $f(t)=\sin(\omega_0 t)$, $g(t)=\sin(2\omega_0 t)$에 대하여 식(2.13)을 계산하면

$$\begin{aligned}\langle f,g \rangle &= \frac{2}{T}\int_{-T/2}^{T/2} \sin(\omega_0 t)\sin(2\omega_0 t)dt \\ &= \frac{1}{T}\left[\int_{-T/2}^{T/2}\cos(\omega_0 t)dt - \int_{-T/2}^{T/2}\cos(3\omega_0 t)dt\right] = 0\end{aligned} \tag{2.15}$$

가 얻어진다. 단 $T=2\pi/\omega_0$ 로 두고 다음과 같은 삼각함수의 공식을 이용하였다.

$$\begin{aligned}&\int_{-T/2}^{T/2}\sin(nx)\sin(mx)dx \\ &=\frac{1}{2}\int_{-T/2}^{T/2}\cos\{(n-m)x\}dx-\frac{1}{2}\int_{-T/2}^{T/2}\cos\{(n+m)x\}dx \\ &=\begin{cases}\dfrac{T}{2}, & (n=m)\\ 0, & (n\neq m)\end{cases}\end{aligned} \tag{2.16}$$

식(2.15)로부터, 두 개의 신호 $f(t)$ 와 $g(t)$ 는 서로 직교하고 있으며, 동시에

$$\| f \| = \| g \| = 1 \tag{2.17}$$

이기 때문에, 신호 $\sin(\omega_0 t)$ 와 $\sin(2\omega_0 t)$ 는 정규 직교신호(orthonormal signals)라고 한다.

그런데

$$f_n(t)=\sin(\omega_0 t), \sin(2\omega_0 t), \cdots, \sin(n\omega_0 t), \cdots \tag{2.18}$$

로 주어지는 신호의 열에 대하여

$$\langle f_n, f_m \rangle = \begin{cases}1, & (n=m)\\ 0, & (n\neq m)\end{cases} \tag{2.19}$$

이 성립하기 때문에 신호 열 f_n 은 정규 직교신호이다. 또한 신호 열

$$g_n(t)=1, \cos(\omega_0 t), \cos(2\omega_0 t), \cdots, \cos(n\omega_0 t), \cdots \tag{2.20}$$

에 대해서도 마찬가지로 식(2.19)의 관계가 성립하기 때문에, $\{\sin(n\omega_0 t), n=1,2,\cdots\}$과 $\{\cos(n\omega_0 t), n=1,2,\cdots\}$는 모두 정규 직교신호의 관계에 있다는 사실을 확인할 수 있다.

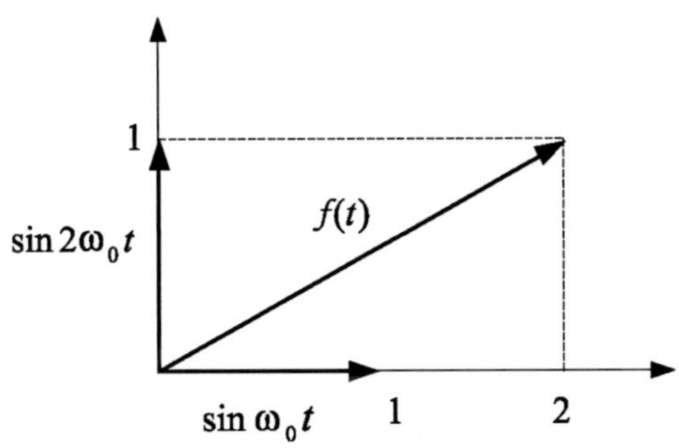

▲ 그림 2.5 정규 직교신호에 의한 임의 신호의 표현

이상의 사실을 벡터의 내적에 대한 결과와 비교하면, 예를 들어 $\sin(\omega_0 t)$와 $\sin(2\omega_0 t)$는 각각 xy 평면을 규정하는 x 축과 y 축의 단위벡터 $(\vec{e}_x, \vec{e}_y)$와 동일한 역할을 하고 있는 것으로 볼 수 있다. 이 사실을 [그림 2.5]에 나타내었다. 이때 그림의 신호 $f(t)$는

$$f(t) = 2\sin(\omega_0 t) + \sin(2\omega_0 t)$$

로 표현할 수 있다. 이와 같이 $\sin(\omega_0 t)$와 $\sin(2\omega_0 t)$에 의해 구성되는 공간을 신호공간(signal space)이라고 부른다. 그러면 신호공간에 존재하는 모든 신호 $f(t)$는 $\{\sin(\omega_0 t), \sin(2\omega_0 t)\}$의 선형결합, 즉

$$f(t) = \alpha_1 \sin(\omega_0 t) + \alpha_2 \sin(2\omega_0 t) \tag{2.21}$$

에 의해 표현할 수 있을 것으로 예상된다. 이때 α_1과 α_2는 식(2.12)와 마찬가지로, 신호의 내적을 이용하여 다음과 같이 계산할 수 있다.

$$\alpha_1 = \langle f, \sin(\omega_0 t) \rangle,\ \alpha_2 = \langle f, \sin(2\omega_0 t) \rangle$$

위 식은 푸리에 급수를 전개하는 데 있어서 기본방침으로 된다.

이상에서는 실수값을 가지는 신호를 대상으로 하였지만, 복소수 값을 가지는 신호에 대해서는 내적의 정의를 다음과 같이 약간 변경하면 가능하다.

$$\langle f, g \rangle = \frac{2}{T_0} \int_{-T_0/2}^{T_0/2} f(t) g^*(t) dt \tag{2.22}$$

여기서 '*'는 복소수공역을 의미한다. 이로부터 복소 지수신호 $e^{j\omega_0 t}$에 대해서도 내적, 직교를 정의할 수 있게 되었다. 예를 들면 복소 지수계열의 신호

$$\Psi_n(t) = e^{jn\omega_0 t},\ (n = 0, \pm 1, \pm 2, \cdots) \tag{2.23}$$

는

$$\langle \Psi_n(t), \Psi_m(t) \rangle = \begin{cases} 1, & (n = m,\ n = m = 0) \\ 0, & (n \neq m) \end{cases} \tag{2.24}$$

가 성립하기 때문에 정규직교 신호이다.

2.3 푸리에 해석과 합성

2.1.1절의 결과로부터, 주기신호는 그의 조화신호(즉 고조파)의 합으로 나타낼 수 있음을 알 수 있다. 여기서는 이 방법을 임의의 주기신호에 대하여 확장하여 본다. 이것이 다음 식으로 주어지는 푸리에 급수의 수학적인 표현법이다. 즉

$$x(t)=\sum_{k=-\infty}^{\infty} a_k e^{jk\omega_0 t} \tag{2.25}$$

이다. 여기서 $\omega_0 = 2\pi/T_0\,[\mathrm{r/s}]$ 로 주어지며, $T_0\,[\mathrm{s}]$는 신호 $x(t)$의 기본주기이다.

푸리에 급수에 대한 이론은 두 가지의 면, 즉 신호의 해석(analysis)과 합성(synthesis)을 가지고 있다. 즉 신호 $x(t)$로부터 시작하여 식(2.25)의 계수 a_k를 계산하는 과정은 푸리에 해석이며, 이것과 반대의 과정, 즉 $\{a_k\}$에서 시작하여 $x(t)$를 재구성하는 과정을 푸리에 합성이라고 한다.

식(2.25)는 이러한 과정을 위한 일반적인 공식이지만, 복소크기 a_k는 $a_{-k}=a_k^*$을 만족하기 때문에, 푸리에 합성을 나타내는 식은 다음과 같이 cosine 신호의 합으로서 나타낼 수 있다. 즉

$$x(t)=A_0+\sum_{k=1}^{\infty} A_k\cos\left(k\omega_0 t+\phi_k\right) \tag{2.26}$$

이다. 여기서 $A_0=a_0$ 이며, A_k와 a_k는

$$a_k=\frac{1}{2}A_k e^{j\phi_k} \tag{2.27}$$

의 관계가 성립한다(식(1.51) 참조). 다시 말하면, 조건 $a_{-k}=a_k^*$는 시간의 함수로 주어지는 실제의 신호를 표현하는데 있어서 충분하다는 것이다.

식(2.25)의 복소계수 a_k를 적절하게 선정함으로서 다양한 종류의 주기신호, 예를 들어 구형파, 삼각파 등을 푸리에 급수로 표현할 수 있다. 특히 불연속인 구형파를 (연속인) cosine 신호의 (무한개의) 합으로 나타낼 수 있다는 사실은 푸리에 급수의 뛰어난 특성의 하나이다.

2.3.1 푸리에 급수(Fourier series)

신호 $x(t)$를 식(2.25)와 같이 무한급수의 합으로 표현하는 경우 계수 a_k이 계산방법에 대하여 알아보자.

푸리에 급수의 복소지수 표현

[요점 2.5] (푸리에 급수): 해석

주기신호 $x(t)$를 식(2.25)로서 표현하는 경우의 계수 a_k는 다음으로 주어지는 푸리에 적분에 의하여 얻어진다.

$$a_k = \frac{1}{T_0}\int_0^{T_0} x(t)e^{-j\omega_0 kt}\,dt \tag{2.28a}$$

단 T_0는 $x(t)$의 기본주기이다. 식(2.28a)의 특별한 경우로서 $k=0$, 즉 신호의 직류성분은

$$a_0 = \frac{1}{T_0}\int_0^{T_0} x(t)dt \tag{2.28b}$$

로 주어진다. 즉 a_0는 신호의 한 주기 동안의 평균을 의미하는 것으로 볼 수 있다.

여기서 식(2.28)을 복소 지수신호의 특성, 즉

$$\int_0^{T_0} e^{j\omega_0 kt}dt = 0 \tag{2.29}$$

을 이용하여 유도하여 보자([그림 1.8] 참조). 위 식의 적분을 실제로 수행하면

$$\int_0^{T_0} e^{j\omega_0 kt}dt = \left.\frac{e^{j\omega_0 kt}}{j\omega_0 k}\right|_0^{T_0} = \frac{e^{j\omega_0 kT_0}-1}{j\omega_0 k} = 0$$

로 된다.[3] 위 식은 식(1.12)의 공식을 적용하여도 계산가능하다. 즉

$$\int_0^{T_0} e^{j\omega_0 kt}dt = \int_0^{T_0}\cos(\omega_0 kt)dt + j\int_0^{T_0}\sin(\omega_0 kt)dt = 0$$

이다.

식(2.25)은 복소 지수 $e^{j\omega_0 t}$가 신호 $x(t)$의 주기 T_0간격으로 되풀이 되고 있는 것으로 볼 수 있다. 따라서 k번째의 고조파 $\omega_k = k\omega_0$의 복소지수를

$$v_k(t) = e^{jk\omega_0 t} \tag{2.30}$$

으로 정의한다. 이 경우 $v_k(t)$ 역시 주기 T_0에 대하여

3 위 식의 분자에 $\omega_0 = 2\pi/T_0$를 대입하고, 모든 k값에 대하여 $e^{j2\pi k}=1$로 되는 사실을 이용하였다.

$$v_k(t+T_0) = e^{jk\omega_0(t+T_0)} = e^{jk\omega_0 t}e^{jk\omega_0 T_0}$$
$$= e^{jk\omega_0 t}e^{j2\pi k} = e^{jk\omega_0 t} = v_k(t)$$

가 성립하며, 동시에 식(2.30)은 식(2.23), (2.24)에 의해

$$\langle v_k(t), v_l(t)\rangle = \int_0^{T_0} v_k(t)v_l^*(t)dt = \begin{cases} 0, & (k \neq l) \\ T_0, & (k = l) \end{cases} \tag{2.31}$$

이 만족되어 $v_k(t)$는 직교신호임을 알 수 있다. 이러한 직교성의 조건을 이용하여, 식(2.25)의 양변에 복소지수 $v_l^*(t)$를 곱하고 시간 0에서 T_0까지 적분하여 보자. 즉

$$\int_0^{T_0} x(t)e^{-j\omega_0 lt}dt = \int_0^{T_0}\left(\sum_{k=-\infty}^{\infty} a_k e^{j\omega_0 kt}\right)e^{-j\omega_0 lt}dt$$
$$= \sum_{k=-\infty}^{\infty} a_k \left(\int_0^{T_0} e^{j\omega_0(k-l)t}dt\right) = a_l T_0$$

로 되어 식(2.28)을 확인할 수 있다.[4]

푸리에 급수의 삼각함수 표현

[요점 1.3]의 정리를 식(2.25), (2.28)에 적용하여 전개하면 일반적으로 좀 더 익숙한 형태의 푸리에 급수의 삼각함수 표현식을 얻을 수 있다.

[요점 2.6] 푸리에 급수의 삼각함수 표현 I

기본주기가 T_0인 주기신호 $x(t)$는 다음 식과 같이 표현할 수 있다.

$$x(t) = b_0 + \sum_{k=1}^{\infty}\{b_k\cos(k\omega_0 t) + c_k\sin(k\omega_0 t)\} \tag{2.32}$$

여기서 b_0는 식(2.28b)의 a_0와 동일한 크기를 가지며, b_k과 c_k은 푸리에 계수(Fourier coefficient)라고 불리며, 식(2.12)와 같이 내적을 이용하여 계산할 수 있다.

$$b_k = \langle x(t), \cos(k\omega_0 t)\rangle = \frac{2}{T_0}\int_{-T_0/2}^{T_0/2} x(t)\cos(k\omega_0 t)dt \tag{2.33a}$$

$$c_k = \langle x(t), \sin(k\omega_0 t)\rangle = \frac{2}{T_0}\int_{-T_0/2}^{T_0/2} x(t)\sin(k\omega_0 t)dt \tag{2.33b}$$

4 식(2.28a)와 식(2.31)의 관계를 적용하면 얻어진다.

더욱이 관계식

$$a\cos\theta + b\sin\theta = \begin{cases} \sqrt{a^2+b^2}\cos\left\{\theta + \tan^{-1}\left(-\dfrac{b}{a}\right)\right\} \\ \sqrt{a^2+b^2}\sin\left\{\theta + \tan^{-1}\left(\dfrac{b}{a}\right)\right\} \end{cases} \tag{2.34}$$

을 이용하면 식(2.32)은 다음과 같은 간략한 표현식을 얻는다.

[요점 2.7] 푸리에 급수의 삼각함수 표현 II

기본 각주파수가 $\omega_0 (= 2\pi / T_0)$ 인 주기신호 $x(t)$ 는 다음과 같이 표현할 수 있다.

$$x(t) = \sum_{k=0}^{\infty} M_k \cos(k\omega_0 t - \theta_k) \tag{2.35}$$

단, 계수 M_k 과 θ_k 은 다음 식으로부터 계산된다.

$$M_k = \begin{cases} b_0, & (k=0) \\ \sqrt{b_k^2 + c_k^2}, & (k = 1, 2, \cdots) \end{cases} \tag{2.36a}$$

$$\theta_k = \begin{cases} 0, & (k=0) \\ \tan^{-1}\left(\dfrac{c_k}{b_k}\right), & (k = 1, 2, \cdots) \end{cases} \tag{2.36b}$$

주기신호 $x(t)$ 를 식(2.25), 또는 [요점 2.6](혹은 [요점 2.7])과 같이 기본파와 그의 고조파로 분해하는 것을 조화해석(harmonic analysis)이라고 한다.

자주 사용되는 특수한 경우에 대한 푸리에 급수를 다음에 정리해 둔다.

[요점 2.8] $T_0 = 2\pi$ 인 경우의 푸리에 급수

주기 $T_0 = 2\pi$ (즉, 기본주파수가 1[r/s])인 주기신호 $x(t)$는 다음과 같이 표현할 수 있다.

$$x(t) = b_0 + \sum_{k=1}^{\infty} \{b_k \cos(kt) + c_k \sin(kt)\} \tag{2.37a}$$

$$b_k = \frac{1}{\pi}\int_{-\pi}^{\pi} x(t)\cos(kt)\,dt, \quad c_k = \frac{1}{\pi}\int_{-\pi}^{\pi} x(t)\sin(kt)\,dt \tag{2.37b}$$

[요점 2.9] $x(t)$가 우신호 또는 기신호의 경우

T_0를 주기로 가지는 신호 $x(t)$가 우신호인 경우에는 다음과 같이 표현 가능하다.

$$x(t) = b_0 + \sum_{k=1}^{\infty} \{b_k \cos(k\omega_0 t)\} \tag{2.38a}$$

$$b_k = \frac{4}{T_0}\int_0^{T_0/2} x(t)\cos(k\omega_0 t)dt \tag{2.38b}$$

또한 $x(t)$가 기신호인 경우에는 다음과 같이 된다.

$$x(t) = \sum_{k=1}^{\infty} \{c_k \sin(k\omega_0 t)\} \tag{2.39a}$$

$$c_k = \frac{4}{T_0}\int_0^{T_0/2} x(t)\sin(k\omega_0 t)dt \tag{2.39b}$$

[요점 2.10] a_k, b_k 및 c_k 사이의 관계

식(2.28)로 주어진 a_k과 식(2.33)으로 정의된 b_k, c_k 사이에는 다음의 관계가 성립한다.

$$c_k = \frac{1}{2}(b_k - jc_k),\ c_{-k} = \frac{1}{2}(b_k + jc_k),\ (k = 0, 1, 2, \cdots) \tag{2.40}$$

혹은 아래와 같이 표현할 수도 있다.

$$b_k = a_k + a_{-k},\ c_k = j(a_k - a_{-k}),\ (k = 0, 1, 2, \cdots) \tag{2.41}$$

그런데 임의의 신호에 대한 급수전개 표현으로 잘 알려진 것의 하나로 테일러 급수(Taylor series)가 있으며, 이는 다음과 같이 주어진다.

$$x(t) = x(a) + \frac{x'(a)}{1!}(t-a) + \frac{x''(a)}{2!}(t-a)^2 + \cdots \tag{2.42}$$

식(2.42)와 식(2.32)의 푸리에 급수를 비교하면, 테일러 급수의 계수는 미분에 의해 표현되어 있는 데 반해, 푸리에 계수는 적분을 이용하여 표현되어 있음을 알 수 있다. 따라서 $x(t)$의 미분 가능성(또는 연속성)을 필요로 하지 않는 푸리에 급수가 테일러 급수보다 더 넓은 분야의 신호에 대해서 적용가능하다는 것을 알 수 있다.

[예제 2.2]

기본주기가 $T_0 = 1\,[\mathrm{s}]$ 인 주기신호

$$x(t) = \sum_{k=-2}^{2} a_k e^{jk\omega_0 t} \qquad ①$$

을 생각해 보자. 단, $a_0 = 1, a_1 = a_{-1} = 0.25$, $= 0.25, a_2 = a_{-2} = 0.5$로 한다. 이때 신호 $x(t)$ 의 파형을 그림으로 나타내어 보자.

(해) ①은 다음과 같이 변형할 수 있다.

$$x(t) = 1 + 0.25\left(e^{j\omega_0 t} + e^{-j\omega_0 t}\right) + 0.5\left(e^{j2\omega_0 t} + e^{-j2\omega_0 t}\right) \qquad ②$$

$$= 1 + 0.5\cos(\omega_0 t) + \cos(2\omega_0 t)$$

$$\equiv x_0(t) + x_1(t) + x_2(t)$$

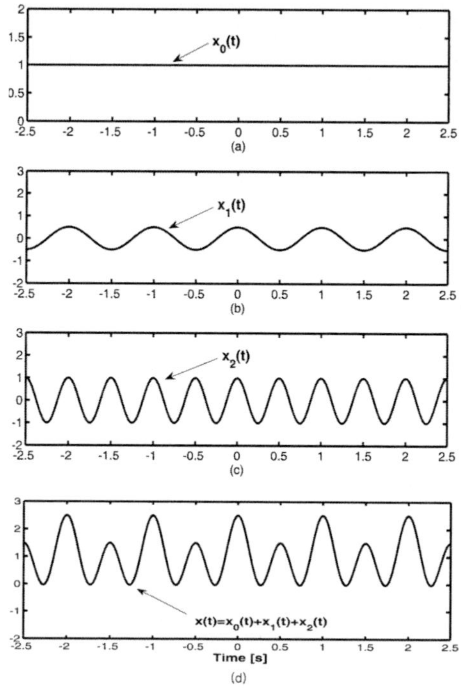

▲ 그림 2.6 [예제 2.2] [(a)+(b)+(c)=(d)]

여기서 $x_0(t) = 1$ 이 직류 성분,
$x_1(t) = 0.5\cos(2\pi t)$ 가 기본파 성분,
$x_2(t) = \cos(4\pi t)$가 2차 고조파 성분

이다. 신호 $x(t)$ 가 $x_0(t), x_1(t)$, 및 $x_2(t)$ 의 선형결합으로 표현된다는 것을 [그림 2.6]에 나타내었다.

%[예제 2.2]

```
t=[-2.5:0.01:2.5];                                  % 시간축의 설정
x0=ones(1,length(t));                               % DC 성분의 설정
x1=0.5*cos(2*pi*t);                                 % x1(t) 의 계산
x2=cos(4*pi*t);                                     % x2(t) 의 계산
x=x0+x1+x2;                                         % x(t)=x0(t)+x1(t)+x2(t)
subplot(311), plot(t,x0),xlabel('(a)')              % [그림 2.6]
subplot(312), plot(t,x1),xlabel('(b)')
axis([-2.5 2.5 -2 3])                               % x축 및 y 축의 크기 조정
subplot(313), plot(t,x2),xlabel('(c)')
axis([-2.5 2.5 -2 3]),subplot
subplot(211),plot(t,x),xlabel(' Time [s]')
```

위 예제와 같이 신호 $x(t)$ 가 실수값을 가지는 경우에는 $x^*(t)=x(t)$ 로 되기 때문에 식 (2.25)로부터

$$x^*(t)=\sum_{k=-\infty}^{\infty} a_k^* e^{-jk\omega_0 t}=\sum_{k=-\infty}^{\infty} a_k e^{jk\omega_0 t}=x(t) \tag{2.43}$$

가 성립한다. 이로부터 다음 관계식을 얻을 수 있다.

$$a_k^*=a_k \tag{2.44}$$

2.3.2 푸리에 급수의 스펙트럼

신호가 복소지수의 합으로 표현되어 있을 경우 신호의 스펙트럼을 그림으로 나타내는 방법에 대하여 이미 1.2절에서 언급하였다. 이로부터 푸리에 합성(Fourier Synthesis equation)으로 불리는 식(2.25)의 계수 a_k 는 사실상 신호 $x(t)$ 의 스펙트럼을 정의하는 것으로 볼 수 있다. 따라서 푸리에 급수와 스펙트럼 사이의 일반적인 관련성을 알아보기 위하여 신호 $x(t)=\sin^3(3\pi t)$ 의 푸리에 계수 a_k 를 유도하고 이를 그림으로 나타내어 보자.

[예제 2.3]

다음 신호의 푸리에 계수를 계산하여 보자.

$$x(t)=\sin^3(3\pi t) \qquad ①$$

(해) 이를 위해서는 두 가지 방법이 존재한다. 즉 ①을 식(2.28a)에 대입하거나, 혹은 오일러의 공식을 직접 ①에 적용하는 것이다. 이 경우는 식(2.28a)의 적분을 수행하는 것보다는 두 번째의 방법이 훨씬 간단하다. 즉 sin(•)에 대한 오일러 공식 (1.13b)를 ①에 대입한다. 즉

$$\begin{aligned} x(t) &= \left(\frac{e^{j3\pi t}-e^{-j3\pi t}}{j2}\right)^3 \qquad ② \\ &= \frac{1}{-j8}\left(e^{j9\pi t}-3e^{j6\pi t}e^{-j3\pi t}+3e^{j3\pi t}e^{-j6\pi t}-e^{-j9\pi t}\right) \\ &= \frac{j}{8}e^{j9\pi t}+\frac{-j3}{8}e^{j3\pi t}+\frac{j3}{8}e^{-j3\pi t}+\frac{-j}{8}e^{-j9\pi t} \end{aligned}$$

②는 네 개의 주파수 $\omega=\pm 3\pi, \pm 9\pi$를 포함하고 있으며, $\gcd(3\pi, 9\pi)=3\pi$ 이므로 기본 각주파수는 $\omega_0=3\pi$ 이다.

이때 계수 a_k 를 다음과 같이 정리할 수 있다.

$$a_k = \begin{cases} 0, & (k=0) \\ \mp j\frac{3}{8}, & (k=\pm 1) \\ 0, & (k=\pm 2) \\ \pm j\frac{1}{8}, & (k=\pm 3) \\ 0, & (k=\pm 4, \pm 5, \cdots) \end{cases} \quad ③$$

이로부터 a_k 의 계산을 위해서 식(2.28a)의 적분을 항상 수행할 필요는 없다는 것을 알 수 있다.

%[예제 2.3]

```
syms t k T0                          % t, k, T0를 symbolic 변수로 설정
x=sin(3*pi*t)^3;                     % x(t) 를 설정
xe=x*exp(-i*2*pi/T0*k*t);            % 식(2.28a)의 계산을 위한 피적분함수의 설정
ak=int(xe,t,0,T0)/T0;                % 식(2.28a)의 계산
subs(ak,{T0,k},{0.666,1})            % k=1 인 경우의 계수, 즉 a_1 의 계산
```

■ 위 프로그램은 MATLAB의 Symbolic Toolbox를 이용하여 식(2.28a)의 적분을 실제로 계산하는 과정을 나타내고 있다. 이 경우 얻어진 결과는 변수 'ak'에 들어 있는데, 여기에 명령어 'subs'를 사용하여 k 의 값으로 $\pm 1, \pm 2, \cdots$ 등을 차례로 대입하면 [예제 2.3]의 ③의 값을 얻을 수 있다. 이때 예제의 주기는 2/3 이므로 0.66 혹은 0.6666 등을 대입하면 된다. '6'의 개수가 많을수록 ③에 가까운 정확한 값이 나타나는 것을 확인할 수 있다.

위 결과를 이용하면 네 개의 주파수, 즉 $\omega = \{-9\pi, -3\pi, 3\pi, 9\pi\}$ 에 위치하는 신호

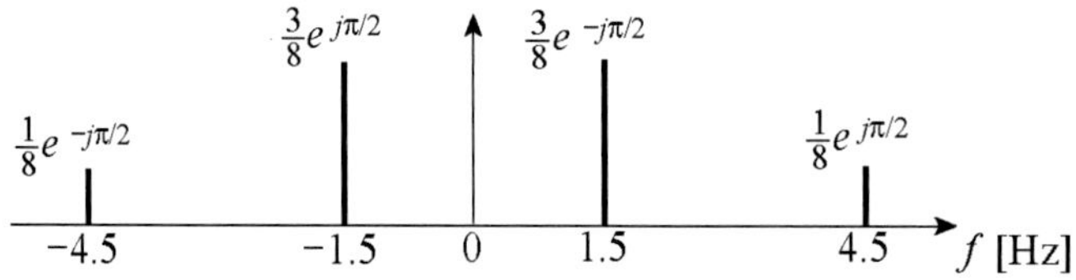

▲ 그림 2.7 $x(t)=\sin^3(3\pi t)$ 의 스펙트럼선도

$x(t)$ 의 스펙트럼을 그릴 수 있다(그림 2.7). 일반적으로 신호의 스펙트럼 선도의 x 축의 단위로서 [r/s] 보다는 [Hz], 즉 $f=\{-4.5,-1.5,1.5,4.5\}$ 를 선호한다.

2.3.3 주기신호의 푸리에 해석

신호 $x(t)$ 가 가지는 각 고조파 성분을 알고 있다면 식(2.25)을 이용하여 주기신호를 합성할 수 있다. 이러한 사실은 임의의 주기신호는 항상 정현파 신호의 합으로 나타낼 수 있다는 것을 의미한다. 여기서는 구형파나 삼각파와 같이 정현파의 모양을 전혀 하지 않는 신호가 어떻게 식(2.25)와 연결되는 지에 대하여 자세히 알아보기로 한다.

신호 $x(t)$ 를 식(2.25)와 (2.28)을 이용하여 푸리에 해석과 합성을 수행하는 과정을 [그림 2.8]에 나타내었다. 이때 식(2.25)에 의한 합성은 무한급수로 이루어지지만, 일반적으로 이것은 불가능하기 때문에 보통 다음과 같이 N 개의 성분만을 취급한다. 즉

$$x_N(t)=\sum_{k=-N}^{N}a_k e^{jk\omega_0 t} \tag{2.45}$$

이다. 이 과정을 몇 개의 예제를 이용하여 설명한다.

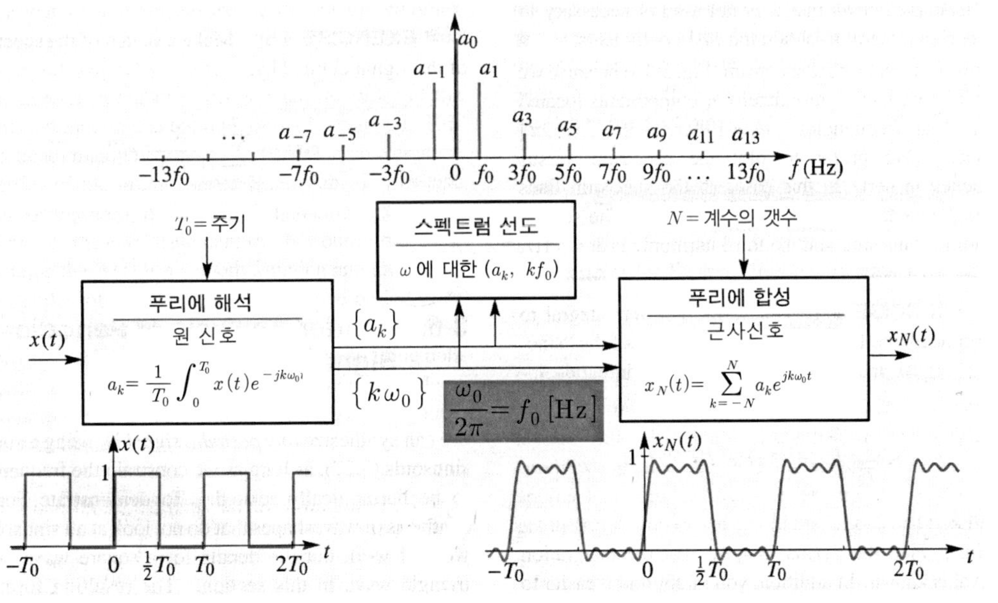

▲ 그림 2.8 신호 $x(t)$ 의 푸리에 해석과 합성 과정

[예제 2.4]

[그림 2.9]로 주어진 구형파에 대한 푸리에 급수를 계산하여 보자.

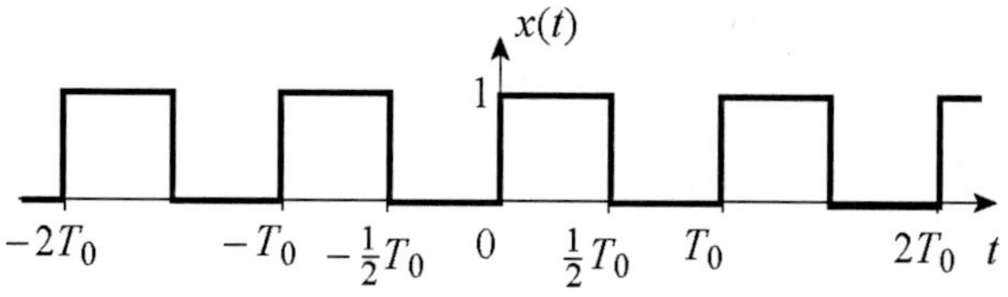

▲ **그림 2.9 주기 T_0를 가지는 구형파**

(해) [그림 2.9]의 구형파의 한 주기만을 수식으로 나타내면

$$x(t)=\begin{cases}1, & (0 \le t < \frac{1}{2}T_0) \\ 0, & (\frac{1}{2}T_0 \le t < T_0)\end{cases} \qquad ①$$

로 된다. 먼저 ①을 식(2.28a)에 대입하면

$$\begin{aligned} a_k &= \frac{1}{T_0}\int_0^{T_0/2}(1)e^{-j\omega_0 kt}dt \qquad ② \\ &= \left(\frac{1}{T_0}\right)\frac{e^{-j\omega_0 kt}}{-j\omega_0 k}\Bigg|_0^{T_0/2} \\ &= \left(\frac{1}{T_0}\right)\frac{e^{-j\omega_0 k(T_0/2)} - e^{-j\omega_0 k(0)}}{-j\omega_0 k} = \frac{e^{-j\pi k}-1}{-j2\pi k} \end{aligned}$$

로 된다. 여기서 $\omega_0 = 2\pi / T_0$와 $e^{-j\pi} = -1$를 이용하였다. 따라서 ②로부터 구형파의 푸리에 급수에 대한 계수의 일반식은

$$a_k = \frac{1-(-1)^k}{j2\pi k}, \ (k \neq 0) \qquad ③$$

로 된다. 이때 ③은 $k=0$에 대한 경우를 포함하고 있지 않기 때문에 이는 식(2.28b)를 사용하여 계산한다. 즉

$$a_0 = \frac{1}{T_0}\int_0^{T_0/2}(1)e^{-j0t}dt = \frac{1}{2} \qquad ④$$

이다.

③을 정리하면

$$a_k = \begin{cases} \dfrac{1}{j\pi k}, & (k = \pm 1, \pm 3, \pm 5, \cdots) \\ 0, & (k = \pm 2, \pm 4, \pm 6, \cdots) \\ \dfrac{1}{2}, & (k = 0) \end{cases} \quad ⑤$$

로 된다. 이를 이용하여 구형파의 스펙트럼을 [그림 2.10]에 나타내었다. 그림으로 알 수 있는 바와 같이 구형파의 기본주파수는 25 [Hz] 이며 이것의 홀수배의 주파수에서 영이 아닌 스펙트럼을 가지며, 이것의 크기는 $1/(k\pi)$로서 k의 증가에 따라 감소하는 것을 볼 수 있다.

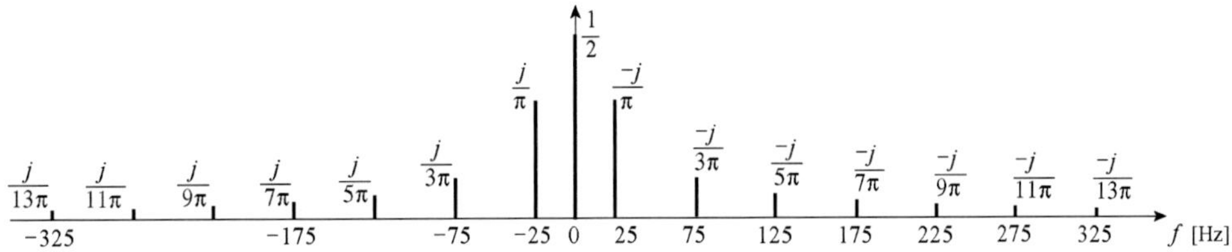

▲ 그림 2.10 [예제 2.4]의 구형파의 스펙트럼

%[예제 2.4]

```
syms t k T0                          % Symbolic 변수의 지정
xe=exp(-i*2*pi/T0*k*t);              % ②의 피적분함수를 설정
ak=int(xe,t,0,T0/2)/T0;              % ②의 적분을 계산
pretty(simple(ak))                   % ③의 형식으로 표현
xe0=subs(xe,k,0);                    % k=0 인 경우의 피적분함수
a0=int(xe0,t,0,T0/2)/T0;             % ④의 계산
subs(ak,k,1)                         % ③에서 k=1 인 경우, 즉 a1 의 계산
```

■ 위 프로그램에서 명령어 'pretty(simple(ak))'를 실행하면

```
 1/2 I (exp(-I pi k) -1)
---------------------
         pi k
```

가 화면에 표시되는데, 여기서 pi는 π를, 'I'는 복소수인 'j'를 각각 의미한다. 이것은 예제의 ③과 동일한 표현이라는 것은 쉽게 이해할 수 있을 것이다. 또한 명령어 'subs(ak,k,1)'을 역시 $k = \pm 1, \pm 2, \cdots$ 등에 대하여 실행하면 예제의 ⑤를 확인할 수 있다.

[예제 2.5] 삼각파형의 푸리에 급수

또 하나의 흥미 있는 예로서 [그림 2.11]과 같은 삼각파형식의 신호에 대한 푸리에 급수를 계산하여 보자.

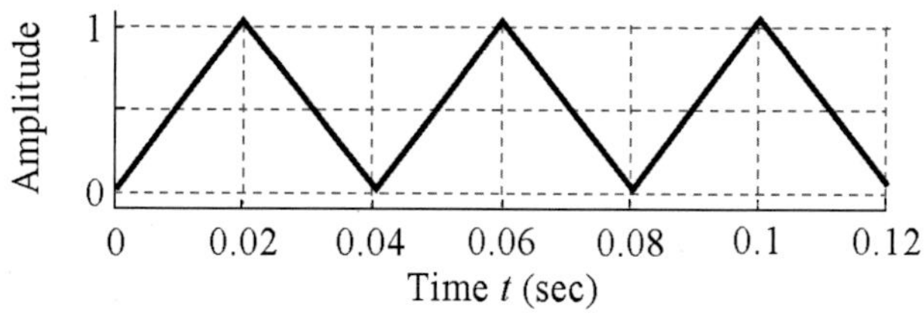

▲ 그림 2.11 주기적인 삼각파 신호

(해) 먼저 한 주기 동안의 삼각파 형식의 신호를 수식으로 나타내면 다음과 같다.

$$x(t)=\begin{cases} \dfrac{2}{T_0}t, & (0 \le t < \dfrac{1}{2}T_0) \\ \dfrac{2(T_0-t)}{T_0}, & (\dfrac{1}{2}T_0 \le t < T_0) \end{cases} \qquad ①$$

여기서 $T_0 = 0.04\,[\mathrm{s}]$이다. [예제 2.4]의 구형파와 달리 삼각파는 연속시간의 신호이다.

먼저 DC성분, 즉 $k=0$인 경우의 계수는 식(2.28b)에 의해

$$a_0 = \frac{1}{T_0}\int_0^{T_0} x(t)dt$$

로 주어지므로 이는 한 주기 동안의 면적에 대한 평균을 의미하므로, 쉽게

$$a_0 = \frac{1}{T_0}(\text{면 적}) = \frac{1}{T_0}(T_0)(1/2) = \frac{1}{2} \qquad ②$$

를 얻는다. 다음 $k \ne 0$인 경우 식(2.28a)를 다음과 두 부분으로 분해하여 적분을 수행한다.

$$a_k = \frac{1}{T_0}\int_0^{T_0/2}(2t/T_0)e^{-j\omega_0 kt}dt + \frac{1}{T_0}\int_{T_0/2}^{T_0}(2(T_0-t)/T_0)e^{-j\omega_0 kt}dt \qquad ③$$

이를 부분적분의 공식을 이용하면 계수는

$$a_k = \frac{e^{-jk\pi} - 1}{\pi^2 k^2} \qquad ④$$

로 된다. 여기서 $e^{-jk\pi} = (-1)^k$ 이기 때문에 ④의 분자는 0 또는 -2 로 된다. 이로부터 계수 a_k 는 다음과 같이 정리된다.

$$a_k = \begin{cases} \dfrac{-2}{\pi^2 k^2}, & (k = \pm 1, \pm 3, \pm 5, \cdots) \\ 0, & (k = \pm 2, \pm 4, \pm 6, \cdots) \\ \dfrac{1}{2}, & (k = 0) \end{cases} \qquad ⑤$$

이 결과로부터 푸리에 계수 a_k 는 신호 $x(t)$ 의 주기 T_0 와는 무관하다는 것을 알 수 있다.

%[예제 2.5]

```
syms t k T0                                              % Symbolic 변수의 설정
xe=exp(-i*2*pi/T0*k*t);                                  % ③의 e^{-j(2π/T0)kt} 를 지정
ak1=int(2*t/T0*xe,t,0,T0/2)/T0;                          % ③의 오른쪽의 첫 번째 항 계산
ak2=int(2*(T0-t)/T0*xe,t,T0/2,T0)/T0;                    % ③의 오른쪽의 두 번째 항 계산
ak=ak1+ak2;pretty(simple(ak))                            % ④의 표현식 확인
ao=(int(2*t/T0,0,T0/2)+int(2*(T0-t)/T0,T0/2,T0))/T0;     % k=0 인 경우의 ②확인
subs(ak,k,1)                                             % ⑤의 확인(k=1 인 경우)
```

2.3.4 신호의 합성

구형파의 합성

식(2.45)를 이용하여 고조파 성분으로부터 원래의 신호를 합성(synthesis)하는 것에 대하여 알아보자. 먼저 [예제 2.4]의 구형파의 경우 기본주기를 $T_0 = 0.04, (=1/25)$ [s] 으로 두면 기본주파수는 $f_0 = 25$ [Hz] 이다. 이때 $N = 3, 7, 17$ 의 경우에 대하여 식(2.45)를 계산한 결과를 [그림 2.12]에 표시하였다.

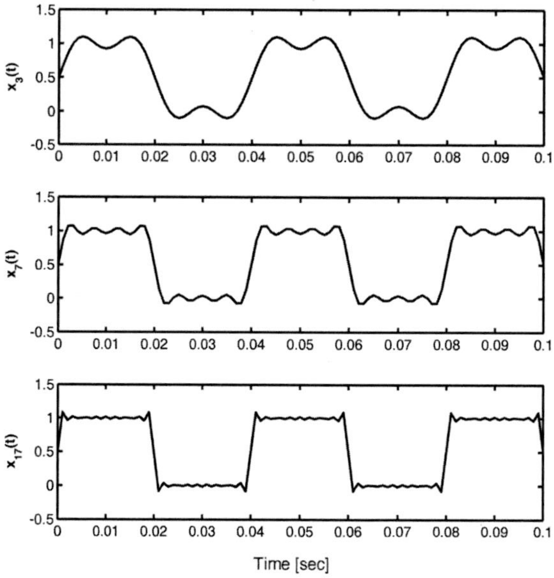

▲ 그림 2.12 $N=3,7,17$ 인 경우에 대한 식(2.45)의 결과

%[그림 2.12] – % [예제 2.4]의 결과에서 계속

```
a0=1/2;T0=0.04;                          % a_0 와 기본주기의 설정
expk=exp(i*2*pi/T0*k*t);                 % 식(2.45)의 e^{jω_0kt} 를 symbolic으로 지정
N=17;                                    % N=17 인 경우에 대한 식(2.45)의 계산
aak=zeros((N-1)*2,1);
for kk=1:2:N
  aak(kk)=subs(ak,k,-kk);                % 계수 a_{-k} 를 배열 aak의 홀수 행에 배치
  aak(kk+1)=subs(ak,k,kk);               % 계수 a_k 를 배열 aak의 짝수 행에 배치
end
%
xNt=0;                                   % x_N(t) 의 초기값을 영으로 설정
for kk=1:2:N
  xNt=xNt+aak(kk)*vpa(subs(expk,k,-kk))... % 식(2.46)을 이용하여 x_N(t)
  +aak(kk+1)*vpa(subs(expk,k,kk));       % 의 계산
end
xNt=xNt+a0;                              % k=0, 즉 DC성분을 추가
time=0:0.001:0.1;                        % [그림 2.12]의 시간축을 설정
xNt=subs(xNt,'t',time);                  % symbolic으로 정의된 변수 't'를 배열 'time'으로 대치
subplot(313),plot(time,double(xNt))      % N=17 인 경우의 [그림 2.12]
```

■ 위 프로그램에서 변수 N을 3,7,17로 변경하면 [그림 2.12]를 얻을 수 있다.

$N=3$ 인 경우에 대하여 식(2.45)를 계산하여 보자.

$$x_3(t) = a_{-3}e^{-j3\omega_0 t} + a_{-1}e^{-j\omega_0 t} + a_0 + a_1 e^{j\omega_0 t} + a_3 e^{j3\omega_0 t} \tag{2.46}$$

$$= \frac{1}{-j3\pi}e^{-j3\omega_0 t} + \frac{1}{-j\pi}e^{-j\omega_0 t} + a_0 + \frac{1}{j\pi}e^{j\omega_0 t} + \frac{1}{3j\pi}e^{j3\omega_0 t}$$

$$= a_0 + \frac{1}{\pi}\left(e^{-j\pi/2}e^{j\omega_0 t} + e^{j\pi/2}e^{-j\omega_0 t}\right) + \frac{1}{3\pi}\left(e^{-j\pi/2}e^{j3\omega_0 t} + e^{j\pi/2}e^{-j3\omega_0 t}\right)$$

$$= \frac{1}{2} + \frac{2}{\pi}\cos(\omega_0 t - \pi/2) + \frac{2}{3\pi}\cos(3\omega_0 t - \pi/2)$$

로 된다. 당연히 N이 증가하면 더 많은 cosine항의 고조파 성분이 추가되어 원래의 신호에 더 근접한 파형이 얻어질 것으로 생각된다. 이와 관련되어 다음의 현상이 알려져 있다.

[요점 2.11] 깁스(Gibbs) 현상

[그림 2.12]로부터 N의 증가에 따라 $x_N(t)$는 원래의 신호 $x(t)$에 접근하고 있음을 알 수 있다. 그러나 구형파의 불연속점인 코너 부근에서는 N의 증가에도 불구하고 여전히 오차가 발생하고 있다. 이와 같이 불연속인 점에서 발생하는 오버슈터의 크기는 대략 전체의 9% 정도로 알려져 있다. 다시 말하면 $N \to \infty$ 로 하여도 여전히 9%의 오버슈터가 존재한다는 것이다. 이러한 사실은 Josiah Gibbs에 의해 발견되어 이를 '깁스 현상(Gibbs Phenomenon)'이라고 부른다.

이상을 정리하면 다음과 같다. $x(t)$를 주기신호라고 하자. 위 깁스 현상의 결과로써, $x(t)$의 불연속점인 점에서 $x(t)$의 푸리에 급수는 원래의 $x(t)$와는 일치하지 않는다. 다시 말하면, $x(t)$가 $t=t_1$에서 불연속이라면, 시각 t_1^-과 t_1^+ 사이에서 푸리에 급수 값은 원래 값과 비교하였을 때 대략 9% 정도 차이가 난다는 것을 뜻한다.

삼각파의 합성

구형파와 달리 불연속점을 가지지 않는 삼각파의 경우는 N이 작은 값을 가지는 경우에도 식(2.45)의 $x_N(t)$은 원래의 신호 $x(t)$와 거의 일치한다. 이를 $N=3$과 11 인 경우에 대하여 나타낸 것이 [그림 2.13]이다. 이 그림으로부터 N을 11 이상으로 증가시킨다고 하더라도 더 이상의 향상은 기대하기 어렵다는 것을 확인할 수 있다.

특히 [그림 2.13(a)]의 경우는 $N=3$ 이므로 $x_N(t)$ 에는 직류성분과 단지 두 개의 cosine 성분만이 포함되었을 뿐이지만, 원래의 신호에 상당히 근접하고 있다는 것을 볼 수 있다. 이것은 [예제 2.5]의 ⑤로 주어진 푸리에 급수의 계수 a_k 는 k 의 증가에 따라 구형파의 계수([예제 2.4]의 ⑤)에 비해 훨씬 빠른 속도(제곱에 반비례)로 감소하고 있다는 사실로부터 짐작할 수 있을 것이다.

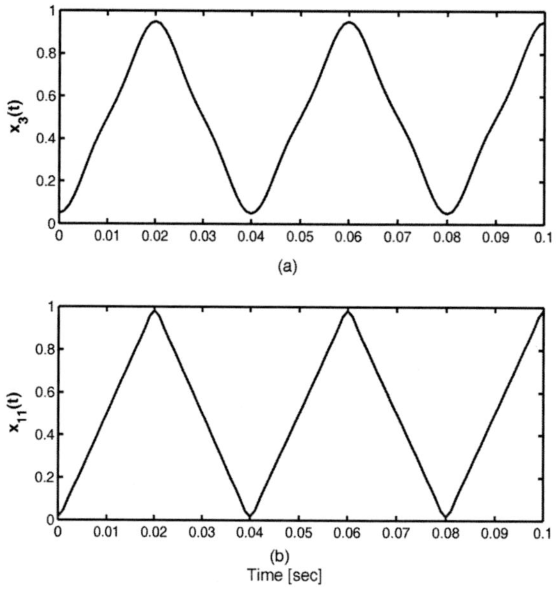

▲ 그림 2.13 삼각파의 푸리에 급수 ((a): $N=3$, (b) $N=11$)

▣ [그림 2.13]은 [그림 2.12]의 프로그램을 약간 수정하면 쉽게 얻을 수 있다.

2.3.5 푸리에 합성의 수렴

식(2.45)로서 원래의 신호를 합성하는 경우에 대하여 생각하여 보자. 이 경우

$$x(t) \approx x_N(t) = \sum_{k=-N}^{N} a_k e^{jk\omega_0 t} \tag{2.47}$$

에서 원 신호와의 오차, 즉 $e_N(t) = x(t) - x_N(t)$ 가 $N \to \infty$ 에서의 수렴여부를 확인하여 본다. 이 경우 최악인 경우의 오차를

$$E_{\text{worst}} = \max |x(t) - x_N(t)|, \; (t \in [0, T_0]) \tag{2.48}$$

로 정의하고 N의 증가에 따른 식(2.48)를 비교하여 보자. [그림 2.13]의 경우 N이 3과 11인 경우 E는 각각 0.0497과 0.0168로 되었다. 이는 [그림 2.11]의 삼각파는 연속이기 때문에 $N \to \infty$에서 최대오차는 영으로 된다(즉 깁스현상이 발생하지 않는다). 그러나 구형파의 경우, $e_N(t)$는 불연속인 시각에서 N이 크기에 관계없이 항상 구형파 진폭의 $\frac{1}{2}$의 크기를 가지는 점프현상이 발생한다(그림 2.14). 이는 [요점 2.11]에서 언급한 바와 같이 구형파의 불연속인 점에서 전체 크기의 약 9%에 해당하는 오버슈터가 발생하기 때문이다. [그림 2.14]에 $N=7$과 17인 경우에 대한 오차를 각각 나타내었다.

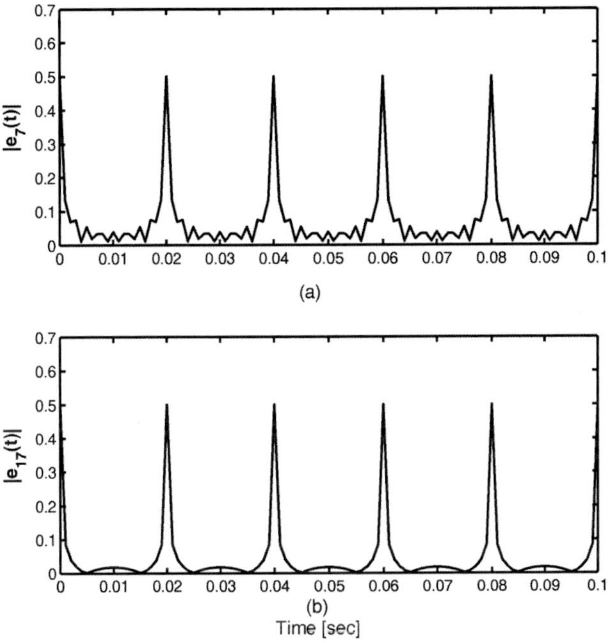

▲ 그림 2.14 [예제 2.4]의 구형파에 대한 $N=7$과 17인 경우의 $|e_N(t)|$

%[그림 2.14] – % [예제 2.4]의 결과에서 계속

```
time=0:0.001:0.1;                      % 구형파 신호의 작성을 위한 시간축의 설정
xt=square(2*pi*25*time,50);            % 크기가 2(−1에서 +1)인 구형파의 발생
xt=(xt+1)./2;                          % [그림 2.9]의 구형파로 변경
e7=abs(xt-double(xNt));                % [예제 2.4]에서 작성한 x_N(t)와의 차를 계산(절대값)
subplot(211),plot(time,e7)             % [그림 2.14]
ylabel('|e_7(t)|'),xlabel('Time [s]')
```

파스벌의 정리(Parseval's Theorem)

여기서 푸리에 급수와 관련하여 또 하나의 중요한 정리를 소개한다.

$x(t)$ 는 주기 T_0 를 가지는 주기신호로 한다. 이때 이 신호의 평균적인 힘(average power)은 다음과 같이 정의된다.

$$P = \frac{1}{T_0}\int_{-T_0/2}^{T_0/2} x^2(t)dt \tag{2.49}$$

만약 $x(t)$ 가 1 옴(ohm)의 저항의 양단에 걸리는 전압(또는 1 옴의 저항에 흐르는 전류)이라고 한다면, 이때의 평균적인 힘, 즉 저항에서 소비되는 에너지는 식(2.49)로 주어진다. 따라서 식(2.49)는 신호의 평균적인 힘의 일반화된 정의로 볼 수 있다.

여기서 신호 $x(t)$ 의 푸리에 급수는 식(2.25)로 주어진다. 이 경우 파스벌의 정리에 의하면, 신호 $x(t)$ 의 평균적인 힘 P 는 다음과 같다.

$$P = \sum_{k=-\infty}^{\infty} |a_k|^2 \tag{2.50}$$

식(2.49)와 식(2.50)을 비교하여 보면, 식(2.49)은 평균적인 힘을 시간함수의 적분을 통하여 구하는 반면에, 식(2.50)은 푸리에 급수의 계수, 즉 주파수 신호를 이용하여 계산하고 있다. 이와 같이 파스벌의 정리는 시간으로 표현된 신호와 주파수로 표현된 신호를 연결시키는 중요한 정리이다. 이 정리와 관련해서는 뒤에서 다시 언급한다.

이상에서 나타낸 바와 같이, 푸리에 계수는 유한 구간에서 정의된 주기신호에 대하여 정의된다. 따라서 푸리에 계수를 주기성을 가지지 않는 신호에 대해서도 적용할 수 있도록 그 조건을 확장하기 위하여 고안된 것이 바로 다음 절에서 설명하는 푸리에 변환이다.

2.4 푸리에 변환

2.3절에서 설명한 푸리에 급수는 연속시간의 주기신호에 대하여 정의되었다. 여기서는 주기가 무한대, 즉 비주기신호에 대한 푸리에 급수, 즉 푸리에 변환(Fourier Transform)을 유도하기로 한다. 여기서 말하는 비주기신호란 $t \to \pm\infty$ 일 때 신호의 값이 0 으로 수렴하는 것을 의미하며, 제어의 관점에서 이와 같은 신호는 시스템의 출력 등이 과도상태(transition state)에서 주로 존재하며, 이에 반해 주기신호는 정상상태(steady state)에서 존재하는 신호를 의미한다(제4장 참조).

2.4.1 푸리에 변환의 정의

여기서는 먼저 [그림 2.15(a)]과 같은 비주기신호 $x(t)$ 에 대한 주파수 특성은, 주기신호인 [그림 2.8(b)]의 구형파 신호의 열을 고려함으로써 얻어진다는 것을 보이겠다.[5]

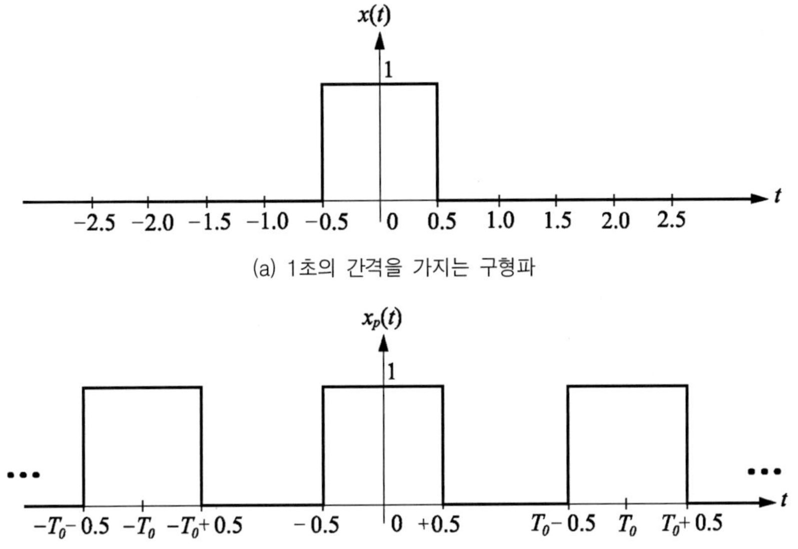

(a) 1초의 간격을 가지는 구형파

(b) 구형파의 열

▲ 그림 2.15

어떤 고정된 값 $T_0 > 1$ 가 주어졌다고 한다. 이때 [그림 2.15(b)]와 같이 주기 T_0 를 가지는 구형파의 열을 $x_p(t)$ 로 표시한다. 이 경우 [그림 2.15(a)]는 [그림 2.15(b)]에서 $T_0 \to \infty$ 로 두면 얻어진다. 즉

$$x(t) = \lim_{T_0 \to \infty} x_p(t) \tag{2.51}$$

$x_p(t)$ 는 T_0 를 주기로 가지는 주기신호이기 때문에, 이것의 푸리에 급수는 식(2.25), (2.28)로부터

5 [그림 2.15]의 구형파는 [예제 2.4]에 취급한 [그림 2.9]의 구형파를 왼쪽으로 이동하여 구형파의 중심이 $t = 0$ 와 일치하도록 하였다. 이것은 식(2.53)의 전개에 있어서 지수항 $e^{-jk\omega_0/2}$ 이 계수 a_k 의 전개식에 나타나지 않도록 하기 위함이다(푸리에 변환의 [성질 6] 참조).

$$x_p(t)=\sum_{k=-\infty}^{\infty} a_k e^{jk\omega_0 t}, \ (-\infty < t < \infty) \tag{2.52a}$$

$$a_k = \frac{1}{T_0}\int_{-T_0/2}^{T_0/2} x_p(t)e^{-jk\omega_0 t}dt, \ (k=0, \pm 1, \pm 2, \cdots) \tag{2.52b}$$

로 주어진다. 여기서의 목표는 [그림 2.15(b)]로 주어진 파형에서 $T_0 \to \infty$ 로 된다면 식(2.52)에 어떤 현상이 생기는가를 조사하는 것이다. 이를 위해서 먼저 식(2.52b)로 주어진 푸리에 급수의 계수 a_k 을 실제로 계산하여 보자.

먼저 $k=0$ 인 경우는 식(2.28b)로부터

$$a_0 = \frac{1}{T_0}\int_{-T_0/2}^{T_0/2} x(t)dt = \frac{1}{T_0}\int_{-0.5}^{0.5}(1)dt = \frac{1}{T_0}$$

가 얻어지며, $k \neq 0$ 인 경우에 대해서는 [예제 2.4]의 ②를 이용하면

$$a_k = \frac{1}{T_0}\int_{-T_0/2}^{T_0/2}(1)e^{-jk\omega_0 t}dt = \left(\frac{1}{T_0}\right)\frac{e^{-jk\omega_0 t}}{-jk\omega_0}\Bigg|_{-0.5}^{0.5} \tag{2.53}$$

$$= \left(-\frac{1}{jk\omega_0 T_0}\right)\left[e^{-jk\omega_0/2} - e^{jk\omega_0/2}\right]$$

$$= -\frac{1}{jk\omega_0 T_0}\left[-j2\sin\left(\frac{k\omega_0}{2}\right)\right]$$

$$= \frac{2}{k\omega_0 T_0}\sin\left(\frac{k\omega_0}{2}\right), \ (k=\pm 1, \pm 2, \cdots)$$

여기서 $\omega_0 = 2\pi/T_0$ 이므로, 식(2.53)은 다음과 같이 변형가능하다.

$$a_k = \frac{1}{k\pi}\sin\left(\frac{k\omega_0}{2}\right), \ (k=\pm 1, \pm 2, \cdots) \tag{2.54}$$

신호 $x_p(t)$ 의 진폭 스펙트럼[6] $|a_k|$을 주파수 $\omega = k\omega_0$ 에 대하여 그림으로 나타내어 보자. 이 경우에는 진폭에 주기 T_0를 곱한 것의 크기로 표기하는 것이 편리하다. 즉 y축을 $T_0 \cdot |a_k|$, x축을 $\omega = k\omega_0$ 으로 두고 $T_0 = 2, 5$ 및 10 의 경우에 대한 크기를 나타낸 것이 [그림 2.16]이다.

6 복소수의 값을 가지는 a_k 의 절대값을 취하여 이를 진폭 스펙트럼, 각도를 취하여, 즉 $\angle a_k$ 를 위상 스펙트럼으로 구분하기도 한다.

%[예제 2.16]

```
T0=10;wo=2*pi/T0;                    % T_0=10 및 ω_0 의 설정
N=30/wo;                             % 30[r/s]까지의 주파수에 대하여 a_k 의 계산
a0=1/T0;                             % DC 성분(즉 a_0)의 지정
k=1:N                                % k 를 1에서 N까지 변화시켜 배열로 지정
ak=[sin(k*pi/T0)/pi./k];             % 식(2.54)에 의한 a_k 의 계산
w=[wo*k 0 -wo*k];                    % [그림 2.16]의 x축의 설정
Tak=T0*abs([ak a0 ak]);              % T_0 • |a_k|를 계산한다
subplot(313), stem(w,Tak)            % [그림 2.16]
axis([-30 30 0 1.25])
ylabel('T|ak|'), xlabel('k\omega_0 [r/s]')
```

▣ 위 프로그램에서 'T0'를 2,5, 및 10 으로 변화시키면 [그림 2.16]이 차례로 얻어진다.

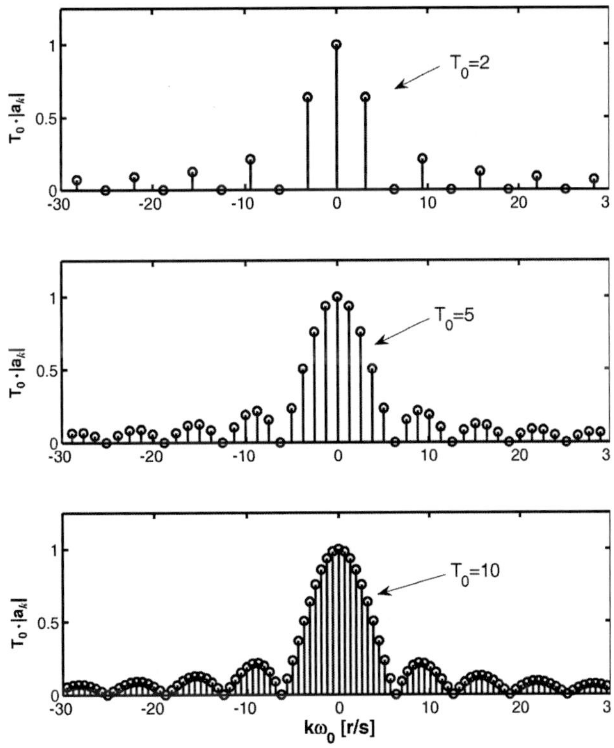

▲ 그림 2.16 신호 $x_p(t)$ 의 진폭 스펙트럼의 변화

위 그림으로부터 주기 T_0가 커지면 진폭 스펙트럼의 주파수 성분의 밀도가 높아진다. 따라서 $T_0 \to \infty$의 극한에서 $T_0 \cdot |a_k|$는 이산적인 진폭 스펙트럼의 포락선을 따라가는 주파수에 연속적인 성분으로 수렴하게 된다. 이러한 과정을 참고로 푸리에 변환식을 유도하여 보자.

식(2.52b)에서, 구간 $t < -\frac{T_0}{2}$ 와 $t > \frac{T_0}{2}$ 에서는 $x(t) = 0$ 이므로 식(2.52b)는

$$a_k = \frac{1}{T_0}\int_{-\infty}^{\infty} x(t)e^{-jk\omega_0 t}dt, \ (k = 0, \pm 1, \pm 2, \cdots) \tag{2.55}$$

로 다시 쓸 수 있다. 이로부터

$$T_0 a_k = \int_{-\infty}^{\infty} x(t)e^{-jk\omega_0 t}dt, \ (k = 0, \pm 1, \pm 2, \cdots) \tag{2.56}$$

이 얻어진다. 그런데 $T_0 \to \infty$이면 기본 각주파수는 $\omega_0 \to \Delta\omega$로 되어 미소한 값을 가지게 된다. 이러한 관계를 식(2.56)에 적용하면

$$\begin{aligned} \lim_{T_0 \to \infty} T_0 a_k &= \lim_{T_0 \to \infty} \int_{-\infty}^{\infty} x(t)e^{-jk\omega_0 t}dt \\ &= \int_{-\infty}^{\infty} x(t)e^{-j(k\Delta\omega)t}dt, \ (k = 0, \pm 1, \pm 2, \cdots) \end{aligned} \tag{2.57}$$

로 된다. 위 식에서 $T_0 \to \infty$의 극한에서 $k(\Delta\omega)$는 k가 $0, \pm 1, \pm 2, \cdots$ 로 변화함에 따라 연속인 ω로 된다는 것을 의미하고 있다. 이로부터 다음과 같은 푸리에 변환식이 얻어진다.

$$X(\omega) = \lim_{T_0 \to \infty} T_0 a_k = \int_{-\infty}^{\infty} x(t)e^{-j\omega t}dt, \ (-\infty < \omega < \infty) \tag{2.58}$$

이상을 정리하면 푸리에 변환에 대한 다음과 같은 정리를 얻을 수 있다.

[요점 2.12] 푸리에 변환

$x(t)$가 절대적분 가능하다는 조건

$$\int_{-\infty}^{\infty} x(t)dt < \infty \tag{2.59}$$

을 만족한다면, 임의의 ω에 대하여

$$X(\omega)=\int_{-\infty}^{\infty} x(t)e^{-j\omega t}dt \tag{2.60}$$

이 존재하며, 여기서 $X(\omega)$를 $x(t)$의 푸리에 변환(Fourier Transform)이라 한다. 이때 $e^{-j\omega t}$를 푸리에 변환의 핵(kernel)이라고 한다.

식(2.59)의 조건은 앞서 이야기한 바와 같이 다음과 같이 쓸 수도 있다.

$$\lim_{t\to\infty} x(t)=0 \tag{2.61}$$

다음 [요점 2.12]에 대응하는 푸리에 역변환을 정의하여 보자. [그림 2.15]로부터 알 수 있는 바와 같이, 구간 $(-T_0/2,\ T_0/2)$에서 $x_p(t)$를 적분하는 것과 구간 $(-\infty,\ \infty)$에서 $x(t)$를 적분하는 것은 동일한 결과를 가져오므로 식(2.52b)는 다음과 같이 변형가능하다.

$$a_k=\frac{1}{T_0}\int_{-\infty}^{\infty} x(t)e^{-jk\omega_0 t}dt \tag{2.62}$$

여기서 식(2.60)을 식(2.62)에 대입하면

$$a_k=\frac{1}{T_0}X(k\omega_0) \tag{2.63}$$

로 된다. 이로부터 주기신호 $x_p(t)$의 푸리에 급수는 식(2.52a)에 의해

$$x_p(t)=\sum_{k=-\infty}^{\infty}\frac{X(k\omega_0)}{T_0}e^{jk\omega_0 t} \tag{2.64}$$

로 된다. 여기서 $x_p(t)$를 비주기인 $x(t)$로 변형하기 위하여 $T_0\to\infty$로 하면 ω_0는 미소한 값(즉 $\omega_0\to 0$)으로 되며, 이를 $\Delta\omega$로 표기한다. 이때

$$T_0=\frac{2\pi}{\Delta\omega} \tag{2.65}$$

의 관계를 식(2.64)에 대입하면

$$x_p(t)=\sum_{k=-\infty}^{\infty}\left[\frac{X(k\omega_0)\Delta\omega}{2\pi}\right]e^{j(k\Delta\omega)t} \tag{2.66}$$

가 얻어진다. 다시 식(2.66)을 식(2.51)에 대입하면

$$x(t)=\lim_{T_0\to\infty} x_p(t)=\lim_{T_0\to\infty}\left[\frac{1}{2\pi}\sum_{k=-\infty}^{\infty} X(k\Delta\omega)e^{(jk\Delta\omega)t}\Delta\omega\right] \tag{2.67}$$

$$=\frac{1}{2\pi}\int_{-\infty}^{\infty} X(\omega)e^{j\omega t}d\omega$$

로 되며, 이것을 푸리에 역변환이라고 한다. 이상을 정리하면 다음 요점이 얻어진다.

[요점 2.13] 푸리에 역변환

푸리에 역변환(inverse Fourier transform)은 다음 식으로 정의된다.

$$x(t)=\frac{1}{2\pi}\int_{-\infty}^{\infty} X(\omega)e^{j\omega t}d\omega \tag{2.68}$$

$x(t)$ 와 $X(\omega)$를 푸리에 변환의 쌍(Fourier pair)이라고 하며, 앞으로 다음과 같은 간단한 표기법을 사용하기로 한다.

$$X(\omega)=\mathcal{F}[x(t)],\ x(t)=\mathcal{F}^{-1}[X(\omega)] \tag{2.69}$$

$T_0\to\infty$ 의 극한을 취함으로써 푸리에 변환이 유도되었다는 사실에서부터도 알 수 있는 바와 같이, 푸리에 변환은 주기가 무한대인 신호에 대해서 적용 가능하다. 시간영역의 신호 $x(t)$ 에 대해 푸리에 변환을 실행함으로써 주파수 영역에서의 신호 $X(\omega)$ 를 얻을 수 있다는 것은 식(2.60)으로부터 명백하다.[7]

그런데 식(2.60)으로 계산된 $X(\omega)$ 는 일반적으로 각주파수 ω 의 복소함수로 되기 때문에, 다음과 같이 극좌표 형식으로도 표현할 수 있다.

$$X(\omega)=|X(\omega)|e^{j\angle X(\omega)} \tag{2.70}$$

단, 푸리에 급수의 경우와 마찬가지로 $|X(\omega)|$는 진폭스펙트럼이며 $\angle X(\omega)$ 는

$$\angle X(\omega)=\tan^{-1}\left(\frac{\mathrm{Im}\,X(\omega)}{\mathrm{Re}\,X(\omega)}\right) \tag{2.71}$$

로 정의되는 위상스펙트럼이다. 또한 $|X(\omega)|^2$ 은 $x(t)$ 의 에너지스펙트럼 밀도(energy spectral density)로 불려진다.

7 이 책에서는 시간영역에서의 신호는 원칙적으로 영어의 소문자, 주파수영역에서의 신호는 대문자로 표기하기로 한다.

[예제 2.6]

[그림 2.17]에 나타낸 한쪽 방향의 지수함수 신호

$$x(t) = \begin{cases} 0, & (t < 0) \\ e^{-\lambda t}, & (t \geq 0) \end{cases} \quad ①$$

를 푸리에 변환하고, 이 신호의 진폭스펙트럼과 위상스펙트럼을 그림으로 표시하여 보자.

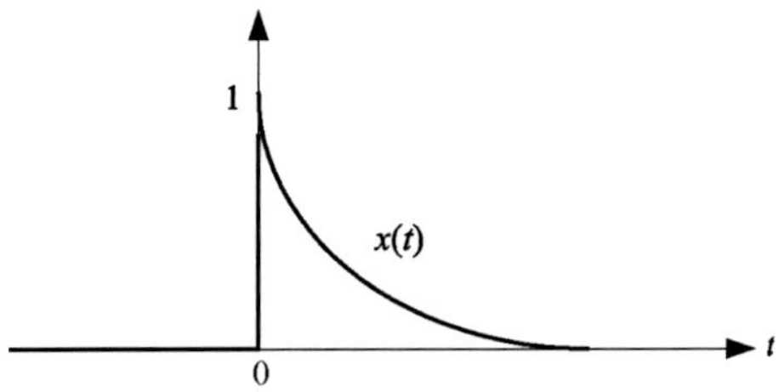

▲ 그림 2.17 **한쪽 방향의 지수함수**

(해) 식(2.60)으로부터

$$X(\omega) = \int_{-\infty}^{\infty} e^{-\lambda t} e^{-j\omega t} dt = \frac{1}{j\omega + \lambda}, \ (\lambda > 0) \quad ②$$

이때

$$|X(\omega)| = \frac{1}{\sqrt{\lambda^2 + \omega^2}}, \ \phi(\omega) = -\tan^{-1}\left(\frac{\omega}{\lambda}\right) \quad ③$$

로 두고 $\lambda = 0.7$ 인 경우의 크기를 [그림 2.18]에 나타내었다.

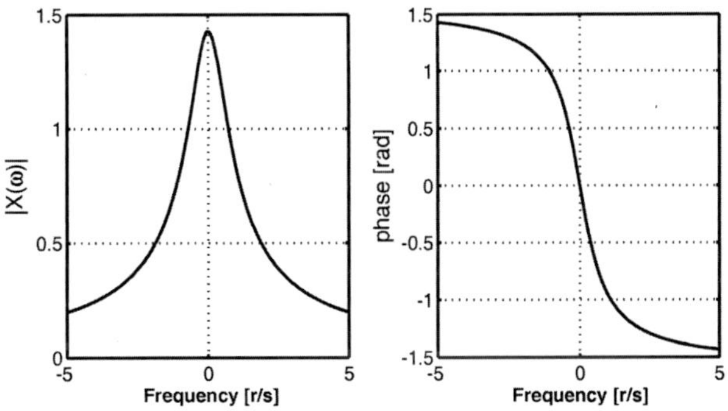

▲ 그림 2.18 [예제 2.6]의 결과

```
%[예제 2.6]
lam=0.7;                                    % λ = 0.7 로 설정
omega=linspace(-5,5);                       % 주파수의 범위를 (-5,5)로 하고 이를 100등분
lam=lam*ones(1,length(omega));              % 'lam'을 'omega'와 동일한 크기의 배열로 지정
Xw=1./sqrt(lam.^2+omega.^2);                % ③의 계산
phiw=-atan(omega./lam);
subplot(221),plot(omega,Xw),grid            % [그림 2.18(a)]
xlabel(' Frequency [r/s]'),ylabel('|X(\omega)|')
Subplot(222), plot(omega,phiw),grid         % [그림 2.18(b)]
xlabel('Frequency [r/s]'),ylabel('phase [rad]')
```

[예제 2.6]의 결과로부터 푸리에 변환에 대한 다음의 쌍(pair)을 얻는다.

$$e^{-at} \xleftrightarrow{\mathcal{F}} \frac{1}{a+j\omega}, \ (a>0) \tag{2.72}$$

[예제 2.7]

[그림 2.19]로 주어진 구형파 $x(t)$의 푸리에 변환을 계산하여 보자.

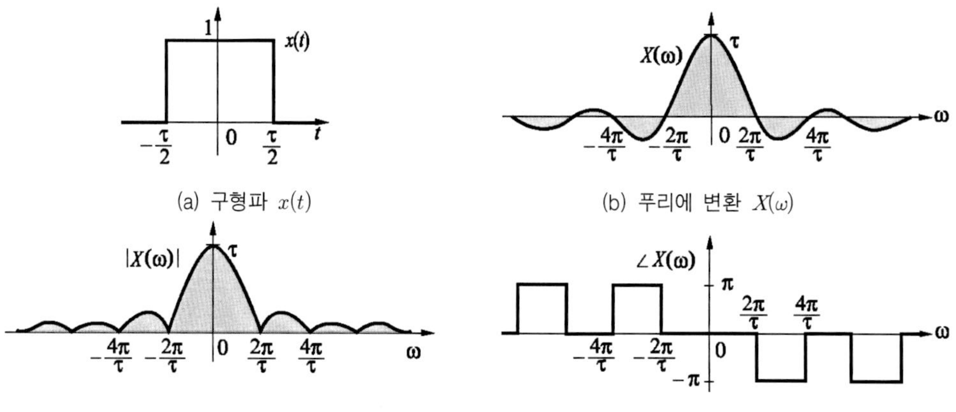

(a) 구형파 $x(t)$ (b) 푸리에 변환 $X(\omega)$ (c) 진폭스펙트럼 $|X(\omega)|$ (d) 위상스펙트럼 $\angle X(\omega)$

▲ 그림 2.19 [예제 2.7]

(해) [그림 2.19(a)]로부터

$$x(t)=\begin{cases}1, & (|t|<\tau/2)\\ 0, & (|t|>\tau/2)\end{cases} \qquad ①$$

이므로 푸리에 변환은 다음과 같다.

$$\begin{aligned}X(\omega) &= \int_{-\infty}^{\infty} e^{-j\omega t}\,dt \qquad ②\\ &= -\frac{1}{j\omega}\left(e^{-j\omega\tau/2}-e^{j\omega\tau/2}\right)=\frac{2\sin(\omega\tau/2)}{\omega}\\ &= \tau\frac{\sin(\omega\tau/2)}{(\omega\tau/2)}=\tau\,\mathrm{sinc}\left(\frac{\omega\tau}{2}\right)\end{aligned}$$

여기서 $n=\pm k\pi$일 때 $\mathrm{sinc}(n)=0$로 된다는 사실로부터 $\omega\tau/2=\pm k\pi$, 즉 $\omega=\pm 2k\pi/\tau$일 때 $\mathrm{sinc}(\omega\tau/2)=0$로 되어 [그림 2.19(b)]가 얻어짐을 알 수 있다. [그림 2.19(b)]에 의하면 푸리에 변환 $X(\omega)$는 양의 값과 음의 값을 가지는데, 음의 값은 실제 양의 크기를 가지지만 $X(\omega)$의 위상이 $-\pi$ 또는 π에 대응하고 있음을 [그림 2.19(c), (d)]로부터 확인할 수 있다.

%[예제 2.7]

```
w=linspace(-2*pi,2*pi);tau=4;              % 주파수의 범위를 배열로 지정
Xw=2*sin(w*tau./2)./w;                     % 배열의 주파수에서 ②에 의한 X(ω)의 계산
subplot(211),plot(w, Xw),grid              % [그림 2.19(b)]
ylabel('X(\omega)')
subplot(211),plot(w,abs(Xw))               % [그림 2.19(c)]
xlabel('Frequency [r/s]'), ylabel('|X(\omega)|')
%
subplot(212),plot(w,angle(Xw)),grid        % [그림 2.12(d)]
ylabel('angle of X(\omega)')
```

■ 위 프로그램의 실행결과 얻어진 $X(\omega)$의 위상각은 [그림 2.19(d)]와는 다르게 표현된다. 이는 MATLAB가 위상 $-\pi$와 π를 동일한 위치에 표시하기 때문이다. 실제로 ω가 0에서 양으로 방향으로 증가하는 경우에는 [그림 2.19(d)]에 나타낸 바와 같이 위상은 0 혹은 $-\pi$로 된다.

[예제 2.7]의 결과는 [그림 2.19(a)]의 구형파를 푸리에 변환하면 [그림 2.19(b)]의 sinc 신호가 얻어진다는 것으로 이를 수식으로 표현하면 다음과 같다.

$$\left[1\left(t+\frac{1}{2}T\right)-1\left(t-\frac{1}{2}T\right)\right] \overset{\mathcal{F}}{\longleftrightarrow} \frac{\sin(\omega T/2)}{\omega/2} \tag{2.73}$$

여기서 사용한 sinc 신호는 푸리에 해석이나 선형시스템의 해석 등에 자주 이용되는 유용한 함수이다. 보통

$$\mathrm{sinc}(\theta)=\frac{\sin(\pi\theta)}{\pi\theta} \tag{2.74}$$

의 형식으로 주어지며 이것이 가지는 몇 가지 중요한 성질을 [예제 2.7]의 ②를 이용하여 언급한다.

(1) [그림 2.19(c)]에 의하면 $\omega=0$ 에서의 값은 τ, 즉 $X(0)=\tau$ 이다. [예제 2.7]의 ②에 직접 $\omega=0$ 를 대입하면 $\left(\frac{0}{0}\right)$ 으로 되어 계산이 불가능하다. 이 경우는 로피탈(L'Hopital)의 정리 등을 적용하면

$$X(\omega)=\lim_{\omega\to 0}\left(\frac{\sin(\omega\tau/2)}{\omega/2}\right)=\lim_{\omega\to 0}\left(\frac{\tau/2\cos(\omega\tau/2)}{1/2}\right)=\tau$$

로 됨을 쉽게 확인할 수 있다.

(2) sinc 신호의 영점은 주파수 $\omega=2\pi/\tau$ 의 정수배로 주어진다. 단 τ는 구형파의 지속시간을 나타낸다. 예를 들어 [예제 2.7]의 ②의 경우 sinc 신호의 영점은 분자를 영으로 하는 점, 즉 $\sin(\omega\tau/2)=0$ 으로 되는 주파수이다. $\sin(n\pi)=0$, (n 은 정수)가 성립하므로 $\omega=(2\pi/\tau)n$ 에서 sinc 신호는 영의 값을 가진다.

(3) sinc 신호는 x 축의 증가에 따라 영으로 수렴한다. 이는 ②에서 $X(\omega)$의 분모에 존재하는 ω 로 인해 $X(\omega)$ 는 $\omega\to\infty$ 에서 영으로 수렴한다는 사실로부터 알 수 있다.

(4) sinc 신호는 우신호이다. 즉 $X(\omega)=X(-\omega)$ 이다. 이는

$$X(-\omega)=\frac{\sin(-\omega\tau/2)}{-\omega/2}=\frac{-\sin(\omega\tau/2)}{-\omega/2}=X(\omega)$$

로부터 쉽게 확인된다.

[예제 2.7]과 같이 구형파의 형태로 주어진 (시간 영역의) 신호를 푸리에 변환하면 [그림 2.19(b)]와 같이 (주파수 영역에서) sinc 신호로 됨을 알 수 있다. 여기서는 시간 영역에서

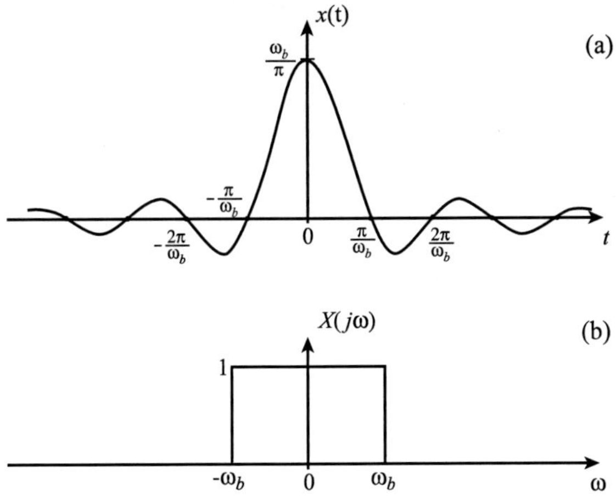

[그림 2.20] sinc 신호의 푸리에 변환

[그림 2.20(a)]와 같이 sinc 모양의 신호를 푸리에 변환하면 [그림 2.20(b)]와 같이 그의 대역폭이 제한된 신호로 된다는 사실을 확인하여 보자. 이 경우 sinc 신호를 푸리에 변환하는 과정은 복잡하기 때문에 [그림 2.20(b)]의 구형파 신호

$$X(\omega)=\begin{cases}1, & (-\omega_b \le \omega \le \omega_b)\\ 0, & \text{그외 영역}\end{cases} \tag{2.75}$$

를 푸리에 역변환함으로써 [그림 2.20(a)]의 sinc로 된다는 것을 확인한다. 즉 식(2.75)를 식(2.68)에 대입하면

$$\begin{aligned} x(t) &= \frac{1}{2\pi}\int_{-\omega_b}^{\omega_b} e^{j\omega t}\,d\omega \\ &= \frac{1}{2\pi}\frac{1}{jt}e^{j\omega t}\Big|_{-\omega_b}^{\omega_b} = \frac{e^{j\omega_b t}-e^{j\omega_b t}}{j2\pi t} = \frac{\sin(\omega_b t)}{\pi t} \end{aligned} \tag{2.76}$$

을 얻는다. 이로부터 신호 $x(t)$는 sinc 신호로 됨을 알 수 있다. 이때 $x(t)$는 $t=0$에서 최대값 ω_b/π를 가지며, 또한 $t=k\pi/\omega_b$, $(k=1, 2, \cdots)$에서 영의 값으로 된다는 것을 그림으로부터 확인할 수 있다. 위 사실을 식 (2.73)에 대응하여 나타내면 다음과 같다.

$$\frac{\sin(\omega_b t)}{\pi t} \overset{\mathcal{F}}{\longleftrightarrow} [1(\omega+\omega_b)-1(\omega-\omega_b)] \tag{2.77}$$

여기서 만약 ω_b의 값을 증가시키면, 다시 말하면 $X_{(\omega)}$의 대역폭을 크게 하면, $x(t)$의 폭이 줄어든다는 점에 주의한다. 이와 관련된 푸리에 변환의 성질은 뒤에서 다시 언급한다.

[예제 2.8]

크기 A 인 임펄스신호의 푸리에 변환을 계산하여 보자.

(해) $x(t)= A\delta(t)$ 이므로 이를 식(2.60)에 대입하면

$$X(\omega)=\int_{-\infty}^{\infty} A\,\delta(t)e^{-j\omega t}\,dt$$

$$=A\int_{-\infty}^{\infty}\delta(t)dt= A$$

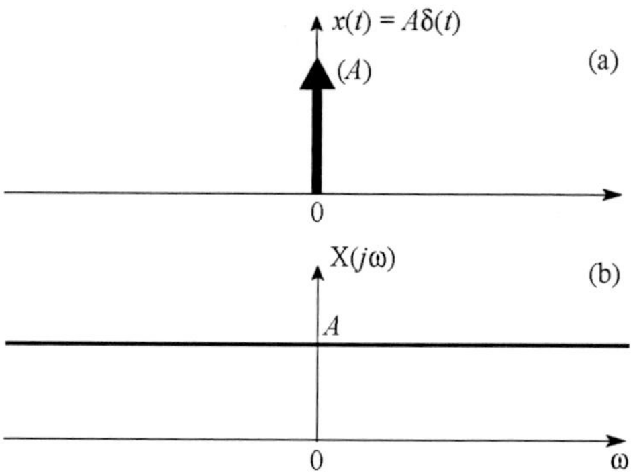

▲ 그림 2.21 임펄스신호의 푸리에 변환

가 얻어진다. 이는 임펄스신호의 푸리에 변환은 전주파수에서 크기 A 를 가진다는 것을 의미한다(그림 2.21). 임펄스 신호가 가지는 이러한 특성으로 인해, 시스템의 입력으로 임펄스를 사용할 수 있다면 시스템이 가지는 주파수 특성을 명확히 알 수 있을 것이다.

$$A\,\delta(t) \overset{\mathcal{F}}{\longleftrightarrow} A \tag{2.78}$$

2.4.2 주기신호의 푸리에 변환

그런데 정현파 신호 $x(t)= \sin(\omega t)$는

$$\int_{-\infty}^{\infty}|\sin(\omega\tau)|d\tau=\infty$$

로 되어 절대 적분가능 조건을 만족시키지 못하기 때문에, 이 신호의 푸리에 변환은 존재하지 않는다. 이 결과 푸리에 급수의 해석에서 중심적인 역할을 하는 정현파를 대표로 하는 주기신호의 푸리에 변환은 존재하지 않는 것으로 된다. 여기서는 이를 극복하기 위하여 임펄스의 개념을 이용한다.

예를 들어 어떤 신호 $x(t)$ 의 푸리에 변환 $X(\omega)$ 가 주파수 $\omega=\omega_0$ 에서 크기 2π 를 가지는 경우, 즉

$$X(\omega)= 2\pi\,\delta(\omega-\omega_0) \tag{2.79a}$$

이라고 가정한다. 이를 식(2.68)에 의해 푸리에 역변환하면

$$x(t)= \frac{1}{2\pi}\int_{-\infty}^{\infty} 2\pi\,\delta(\omega-\omega_0)e^{j\omega t}\,d\omega = e^{j\omega_0 t} \tag{2.79b}$$

로 된다. 이를 정리하면 다음의 변환관계를 얻을 수 있다.

$$e^{j\omega_0 t} \overset{\mathcal{F}}{\longleftrightarrow} 2\pi\delta(\omega-\omega_0) \tag{2.80}$$

식(2.80)의 관계를 일반화하면, 다음으로 주어지는 임펄스 열

$$X(\omega)= \sum_{k=-\infty}^{\infty} 2\pi a_k\,\delta(\omega-k\omega_0) \tag{2.81a}$$

의 푸리에 역변환은

$$x(t)= \sum_{k=-\infty}^{\infty} a_k e^{jk\omega_0 t} \tag{2.81b}$$

로 될 것이다. 위 식은 주기신호의 푸리에 급수 표현인 식(2.25)와 동일한 표현식임을 확인할 수 있다. 따라서 푸리에 계수 $\{a_k\}$을 가지는 주기신호 (2.81b)의 푸리에 변환은 식(2.81a)과 같이 $\{2\pi a_k\}$을 계수로 하는 임펄스의 열로 된다는 것을 알 수 있다.

$$\sum_{k=-\infty}^{\infty} a_k e^{jk\omega_0 t} \overset{\mathcal{F}}{\longleftrightarrow} \sum_{k=-\infty}^{\infty} 2\pi a_k\,\delta(\omega-k\omega_0) \tag{2.82}$$

[예제 2.9]

[그림 2.22]로 주어진 주기 $T_0=2T$를 가지는 구형파에 대한 푸리에 변환을 계산하여 보자.

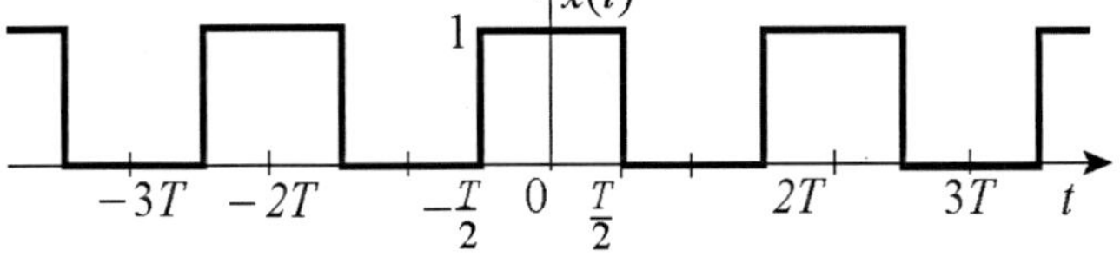

▲ 그림 2.22 주기 $T_0=2T$를 가지는 구형파

(해) 식(2.52b)에 $x(t)$를 대입하면

$$a_k = \frac{1}{T_0}\int_{-T/2}^{T/2} e^{-jk\omega_0 t}\,dt \qquad ①$$

$$= \frac{1}{T_0}\frac{e^{-jk\omega_0 t}}{(-jk\omega_0)}\Bigg|_{-T/2}^{T/2} = \frac{\sin(k\omega_0 T/2)}{k\omega_0 T_0/2}$$

로 된다. 또한 직류성분은 직접 적분을 수행하여 구한다. 즉

$$a_0 = \frac{1}{T_0}\int_{-T/2}^{T/2} dt = \frac{T}{T_0} = \frac{1}{2} \qquad ②$$

이다. 따라서 $(\omega_0 T) = (2\pi/T_0)(T_0/2) = \pi$의 관계를 ①에 적용하면 계수는

$$a_k = \begin{cases} \dfrac{\sin(\pi k/2)}{\pi k}, & (k \neq 0) \\ \dfrac{1}{2}, & (k = 0) \end{cases} \qquad ③$$

로 되며, 이를 식(2.81a)에 대입하면 구형파의 푸리에 변환식은

$$X(\omega) = \pi\delta(\omega) + \sum_{\substack{k=-\infty \\ k\neq 0}}^{\infty} \left(\frac{2\sin(\pi k/2)}{k}\right)\delta(\omega - k\omega_0) \qquad ④$$

로 됨을 확인할 수 있다. [그림 2.23]에 $T_0 = 2T$인 경우의 스펙트럼을 나타내었다. 푸리에 계수는 ω_0의 짝수 배에서는 영이므로, 이 주파수에서는 임펄스가 존재하지 않는다.

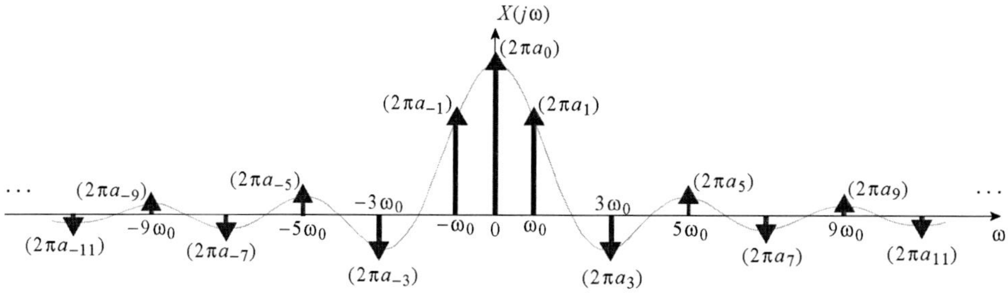

▲ 그림 2.23 [그림 2.22]의 푸리에 변환($\omega_0 = 2\pi/T_0 = \pi/T$이다)

%[예제 2.9] – [그림 2.23]

```
syms T0 k T wo t                              % 필요한 symbolic 변수의 지정
expn=exp(-i*k*wo*t);                          % ①의 계산의 피적분함수 지정
ak=int(expn,t,-T/2,T/2)/T0;                   % ①의 적분 실행
pretty(simple(ak))                            % ③의 확인
%
akk=subs(ak,{T0,T,wo},[5,2.5,2*pi/5]);        % T0=5, T=2.5, w0=2π/5 로 설정
pretty(simple(akk))
a0=1/2;wo=pi/2.5;N=15/wo;                     % x축의 주파수 범위 설정(-15 ~ 15)
kn=1:N;                                       % 주파수범위에 해당하는 k값의 설정
w=[wo*kn 0 -wo*kn];                           % x축을 배열로 지정
akkp=subs(akk,'k',kn);                        % a_k를 k가 양의 값일 경우의 계산
akkn=subs(akk,'k',-kn);                       % a_k를 k가 음의 값일 경우의 계산
Xw=2*pi*([akkn a0 akkp]);                     % 2πa_k로 y축의 크기 결정
subplot(211), stem(w,vpa(Xw))                 % [그림 2.23]
xlabel('\omega [r/s]'), ylabel('X(\omega)')
```

[예제 2.10]

다음 주기신호의 푸리에 변환을 구하고 그림으로 표시하여 보자.

(a) $f(t)=\sin(\omega_0 t)$, (b) $g(t)=\cos(\omega_0 t)$

(해) 먼저 $f(t)$ 의 푸리에 급수 표현은

$$f(t)=\sin(\omega_0 t)=\frac{1}{j2}\left(e^{j\omega_0 t}-e^{-j\omega_0 t}\right)$$

로부터 푸리에 계수는 다음과 같이 된다.

$$a_1=\frac{1}{j2}, a_{-1}=\frac{1}{j2}, a_k=0, (k\neq \pm 1)$$

따라서

$$F(\omega)=\mathcal{F}[f(t)]=\frac{\pi}{j}\{\delta(\omega-\omega_0)-\delta(\omega+\omega_0)\} \quad ①$$

$F(\omega)$를 [그림 2.24(a)]에 나타냈다. 신호 $g(t)$ 에 대해서도 동일한 과정을 적용하면

$$g(t)=\cos(\omega_0 t)=\frac{1}{2}\left(e^{j\omega_0 t}+e^{-j\omega_0 t}\right)$$

이므로, 이를 푸리에 변환하면 다음과 같다.

$$G(\omega)=\mathcal{F}\,[g(t)]=\pi\{\delta(\omega-\omega_0)+\delta(\omega+\omega_0)\} \qquad ②$$

$G(\omega)$를 [그림 2.24(b)]에 표시하였다.

▣ sine 혹은 cosine 신호의 푸리에 변환을 MATLAB의 Symbolic Math Toolbox를 이용하면 다음과 같다.

```
>> syms t
>> Fourier(cos(t))
```

를 실행하면

ans = pi*(dirac(w−1)+dirac(w+1))

가 얻어지는데, 여기서 'dirac'은 디락(Dirac)의 델타함수인 $\delta(t)$를 의미한다. 위 예제의 ②와 동일한 결과로 됨을 확인할 수 있다.

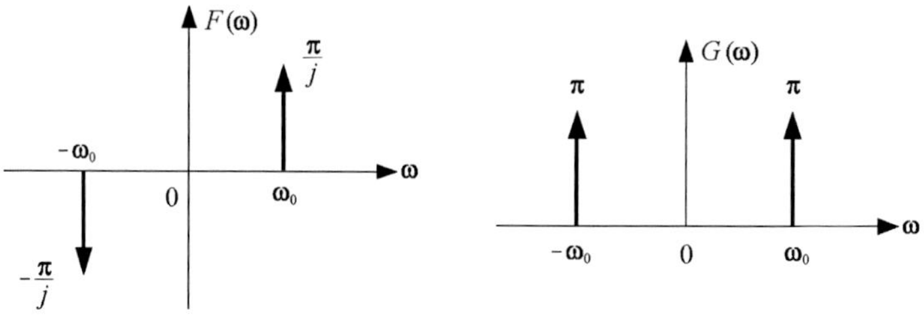

(a) $\mathcal{F}\,[\sin(\omega_0 t)]$ (b) $\mathcal{F}\,[\cos(\omega_0 t)]$

▲ 그림 2.24 [예제 2.10]

[예제 2.10]의 결과를 일반화하면 다음과 같은 푸리에 변환에 대한 쌍이 얻어진다.

$$A\cos(\omega_0 t+\phi) \xleftrightarrow{\mathcal{F}} \pi A e^{j\phi}\delta(\omega-\omega_0)+\pi A e^{-j\phi}\delta(\omega+\omega_0) \qquad (2.83)$$

이 예제로부터 다음 두 가지 중요한 사항이 유도된다. 먼저 [그림 2.24]로부터 정현파를 푸리에 변환하여 얻어지는 스펙트럼은 직선으로 되어 있다는 점이다. 이와 같은 스펙트럼의 형태를 선 스펙트럼(line spectrum)이라고 한다. 주기신호는 연속적인 스펙트럼을 가지지 못하며 이산적인 주기 값에 있어서만 스펙트럼을 가진다는 점에 유의한다. 예를 들면 [예제 2.4]의 주기적인 구형파의 스펙트럼은 [그림 2.10]에 표시한 바와 같이 이산적이지만, [예제 2.7]의 구형파의 스펙트럼은 [그림 2.19(b)]에 표시한 바와 같이 연속적이다. 이 사실을 정리하면 다음과 같다.

[요점 2.14] 푸리에 급수와 푸리에 변환

푸리에 급수(주기신호에 대응)와 푸리에 변환은 이산 스펙트럼과 연속 스펙트럼의 대응 관계에 있다.

앞의 [예제 2.10]에서 알 수 있는 바와 같이, $f(t)=\sin(\omega_0 t)$ (기신호)의 스펙트럼은 허수이며, $g(t)=\cos(\omega_0 t)$ (우신호)의 스펙트럼은 실수이다. 이와 같은 사실은 일반적인 기신호, 우신호에 대해서도 성립한다.

[예제 2.11]

식(2.78)의 결과를 이용하여 [그림 2.25]에 표시한 임펄스의 열

$$x(t)=\sum_{k=-\infty}^{\infty}\delta(t-kT_0) \tag{2.84}$$

의 푸리에 변환을 구하여 보자.

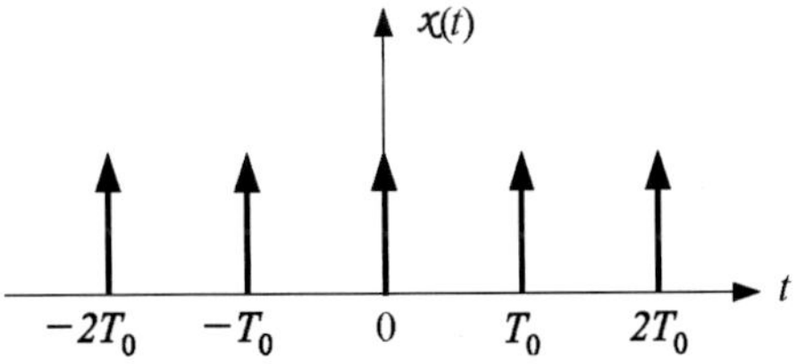

▲ 그림 2.25 **주기적인 임펄스 열**

(해) 신호 $x(t)$의 푸리에 계수는

$$a_k=\frac{1}{T_0}\int_{-T_0/2}^{T_0/2}\delta(t)e^{-jk\omega_0 t}\,dt=\frac{1}{T_0}$$

로 된다. 단, $\omega_0=2\pi/T_0$ 이다. 이로부터 $x(t)$ 의 푸리에 변환은

$$X(\omega) = \omega_0 \sum_{k=-\infty}^{\infty} \delta(\omega - k\omega_0) \tag{2.85}$$

로 되며, 이것을 [그림 2.26]에 표시하였다.

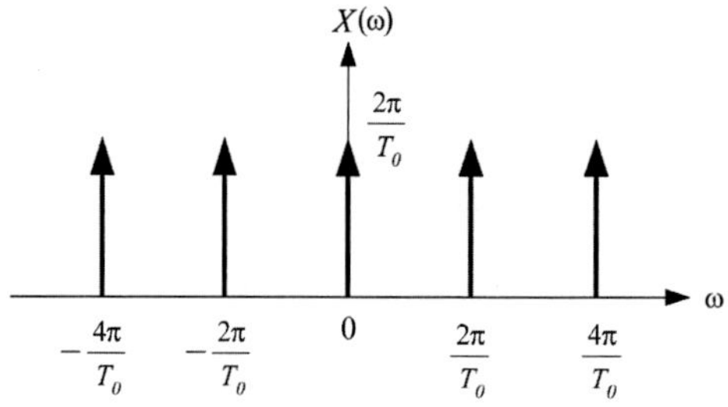

▲ 그림 2.26 **주기적인 임펄스 열의 스펙트럼**

이로부터, 시간영역의 신호인 임펄스의 열을 푸리에 변환하여 주파수영역의 신호로 변경하여도 여전히 임펄스의 열로 된다는 것을 알 수 있다. 이러한 사실은 연속시간 신호를 이산시간 신호로 변환하는 경우에 이용되는 샘플링(sampling)이라고 하는 조작에 중요한 역할을 한다.

$$\sum_{k=-\infty}^{\infty} \delta(t - kT_0) \overset{\mathcal{F}}{\longleftrightarrow} \omega_0 \sum_{k=-\infty}^{\infty} \delta(\omega - k\omega_0) \tag{2.86}$$

[예제 2.12]

단위 계단신호 $1(t)$ 의 푸리에 변환을 구하여 보자.

(해) 푸리에 변환의 공식에 의한 직접 변환을 시도한다.

$$\mathcal{F}[1(t)] = \int_{-\infty}^{\infty} 1(t) e^{-j\omega t} dt = \int_{0}^{\infty} e^{-j\omega t} dt = \frac{1}{-j\omega} e^{-j\omega t} \Big|_{0}^{\infty}$$

이 경우 $t \to \infty$ 에서 $e^{-j\omega t}$ 의 상한 값은 불확정이므로 푸리에 변환의 공식에 의한 단위 계단신호의 푸리에 변환은 불가능하다. 따라서 지수함수적으로 감소하는 신호 $e^{-at} \cdot 1(t)$ 에서 $a \to 0$ 의 극한을 취함으로써 단위 계단신호를 얻는 방법을 취하기로 한다. 다시 말하면

$$1(t) = \lim_{a \to 0} e^{-at} \cdot 1(t) \qquad ①$$

을 사용하여 푸리에 단위 계단신호의 푸리에 변환을 계산하기로 한다. 이는

$$\mathcal{F}[1(t)] = \lim_{a \to 0} \mathcal{F}[e^{-at} \cdot 1(t)] = \lim_{a \to 0} \frac{1}{a + j\omega} \qquad ②$$

로 된다. 위 식의 오른쪽을 실수 부분과 허수 부분으로 나누어서 전개하면

$$\mathcal{F}[1(t)] = \lim_{a \to 0} \left[\frac{a}{a^2 + \omega^2} - j \frac{\omega}{a^2 + \omega^2} \right] \qquad ③$$

$$= \lim_{a \to 0} \left[\frac{a}{a^2 + \omega^2} \right] + \frac{1}{j\omega}$$

이다. 여기서 함수 $a/(a^2 + \omega^2)$는 몇 가지 재미있는 특징을 가진다. 먼저 이 함수에서 ω를 변수로 하여 적분하면 a의 값에 관계없이 그 크기는 항상 π로 된다(그림 2.27(b)). 이를 수식으로 표현하면 다음과 같다.

$$\int_{-\infty}^{\infty} \frac{a}{a^2 + \omega^2} d\omega = \tan^{-1}\left(\frac{\omega}{a}\right)\Big|_{-\infty}^{\infty} = \pi \qquad ④$$

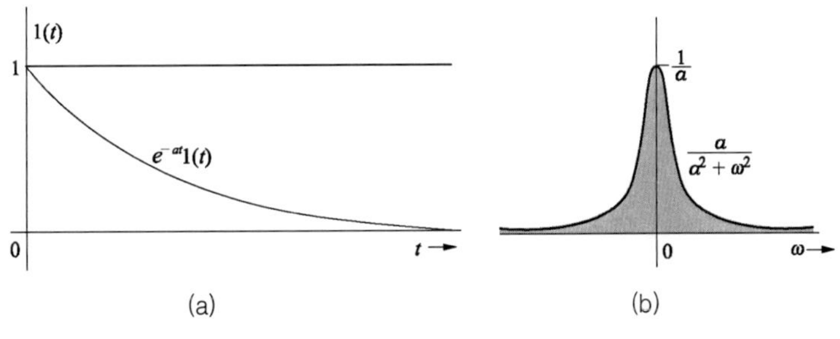

▲ 그림 2.27 단위계단 신호의 푸리에 변환의 유도

다음에 $a \to 0$이면 이 함수는 모든 $\omega \neq 0$ 값에 대하여 영으로 수렴하며, 위 적분의 면적 π는 하나의 점인 $\omega = 0$에 집중하게 된다. 다시 말하면 $a \to 0$이면 함수 $a/(a^2 + \omega^2)$는 크기가 π인 임펄스신호로 된다는 것을 의미하고 있다. 따라서 ③으로부터

$$\mathcal{F}[1(t)] = \pi\delta(\omega) + \frac{1}{j\omega} \qquad (2.87)$$

로 된다.

2.4.3 푸리에 변환의 성질

선형성

푸리에 변환의 정의식(2.60)은 선형작용소이다. 즉 다음의 성질을 가진다.

성질 1 선형성

a, b를 실수라고 한다면 푸리에 변환에 대해

$$\mathcal{F}[x(t)] = \mathcal{F}[ax_1(t) + bx_2(t)] = a\mathcal{F}[x_1(t)] + b\mathcal{F}[x_2(t)] \tag{2.88}$$

이다.

이것은 다음과 같이 간단히 확인가능하다. 즉 먼저 신호 $x(t)$가 다음과 같은 두 개의 신호 $x_1(t)$와 $x_2(t)$의 합으로 이루어져 있다고 가정한다. 즉 $x(t) = ax_1(t) + bx_2(t)$ 이면,

$$\begin{aligned}\mathcal{F}[x(t)] = \mathcal{F}[ax_1(t) + bx_2(t)] &= \int_{-\infty}^{\infty} \{ax_1(t) + bx_2(t)\}e^{-j\omega t}dt \\ &= a\int_{-\infty}^{\infty} x_1(t)e^{-j\omega t}dt + b\int_{-\infty}^{\infty} x_2(t)e^{-j\omega t}dt \\ &= a\mathcal{F}[x_1(t)] + b\mathcal{F}[x_2(t)]\end{aligned}$$

이므로 푸리에 변환의 정의식(2.60)에 대해서 중첩의 원리가 성립하므로 푸리에 변환은 선형변환이다.

[예제 2.13]

아래 [그림 2.28]로 주어진 신호의 푸리에 변환을 구하여 보자.

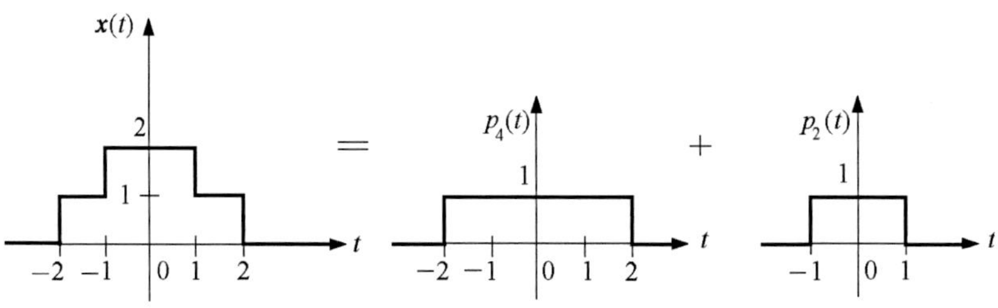

▲ 그림 2.28 [예제 2.13]의 신호

(해) 그림에서 알 수 있는 바와 같이 주어진 구형파는 두 개 구형파의 합으로 나타낼 수 있다. 즉,

$$x(t) = p_4(t) + p_2(t)$$

따라서 [예제 2.7]의 ②와 선형성을 이용하면 다음 식이 얻어진다.

$$X(\omega) = 4\,\mathrm{sinc}(2\omega) + 2\,\mathrm{sinc}(\omega)$$

시간축의 스케일링

여기서는 [요점 2.12]와 [요점 2.13]으로 정의된 푸리에 변환의 쌍(pair)의 성질에 대하여 알아본다. 이미 2.3.2절에서 구형파, sinc 신호 및 임펄스신호 등의 푸리에 변환에 대하여 알아보았다. 예를 들어 구형파를 푸리에 변환하는 경우 구형파의 지속시간에 따라 다른 형태의 주파수 신호가 얻어진다는 것을 알 수 있다([그림 2.19]의 (a)와 (b)참조).

이를 수식으로 확인하여 보자. 신호 $y(t) = x(at)$, (a 는 실수이다)에서, $a > 1$ 인 경우의 $y(t)$ 는 $x(t)$보다 (시간적으로) 짧은 신호로 될 것이다(그림 2.29). 예를 들어 [그림 2.29]에서 $x(at)$ 의 푸리에 변환은

$$\mathcal{F}[x(at)] = \int_{-\infty}^{\infty} x(at)e^{-j\omega t}\,dt \qquad (2.89)^{[8]}$$

$$= \frac{1}{a}\int_{-\infty}^{\infty} x(\lambda)c^{-j(\omega/a)\lambda}\,d\lambda$$

로 된다(단 $a > 0$ 으로 두었다[9]).

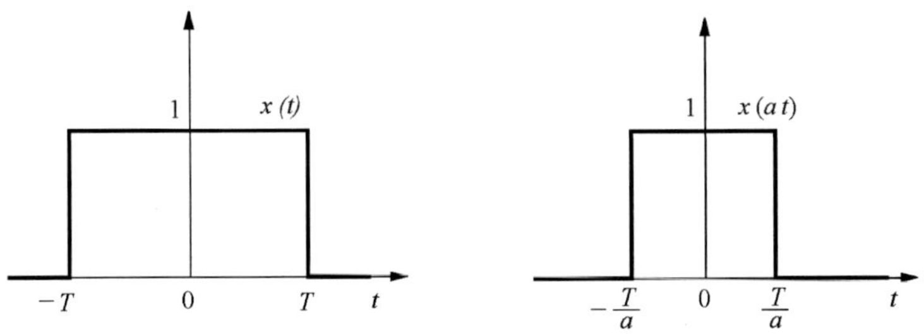

▲ 그림 2.29 시간축의 스케일링

8 $\lambda = at$ 로 두고 변수변환을 수행하였다.

9 $a < 0$ 인 경우도 유사하게 확인할 수 있을 것이다.

이로부터 시간축의 스케일링과 관련하여 다음 성질을 얻는다.

성질 2 시간축의 스케일링

$$\mathcal{F}[x(at)] = \frac{1}{|a|}X\left(\frac{\omega}{a}\right) \tag{2.90}$$

단, a는 영이 아닌 실수이다.

위 [성질 2]는 [그림 2.29]에서 알 수 있는 바와 같이, "(시간적으로)지속시간이 짧은 신호일수록 (주파수적으로) 더 넓은 대역폭을 가지는 푸리에 변환식을 가진다"는 것을 의미하고 있다. 이것을 [그림 2.29(a)]의 구형파 $x(t)$로서 확인하여보자.

먼저 [그림 2.29(b)]의 $x(at)$의 푸리에 변환은 식(2.90)에 의해

$$X_a(\omega) = \frac{1}{a}\frac{2\sin(\omega T/a)}{\omega/a} = \frac{2\sin(\omega T/a)}{\omega} \tag{2.91}$$

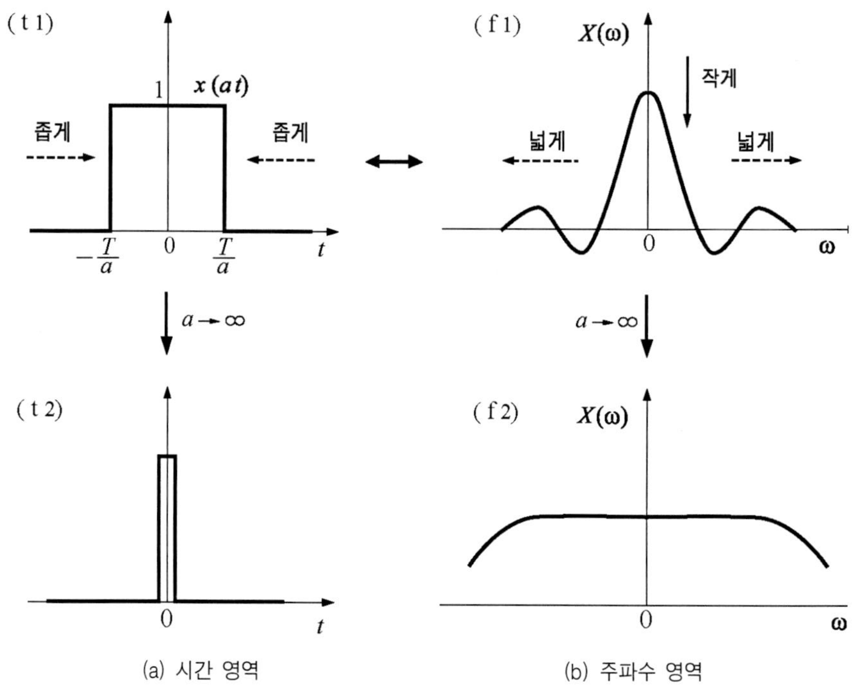

▲ 그림 2.30 시간축 스케일링과 주파수축과의 관계

로 되며, $a>1$ 인 경우의 $X_a(\omega)$ 를 [그림 2.30]에 나타내었다. [그림 2.30]의 (t1)에 표시한 것처럼, 시간축을 a 배하면 $x(at)$ 의 폭은 줄어든다. 한편 이것의 푸리에 변환은 [그림 2.30]의 (f1)에서 알 수 있는 바와 같이 x 축(주파수 축) 방향으로 a 배 되며, y 축(진폭) 방향으로 $1/a$ 배 된다. 다시 말하면, 주파수 대역이 넓게 되어 버린다는 것을 의미한다. 더욱이 a 를 점점 크게 하면, [그림 2.30]의 (t2)에 나타낸 바와 같이 신호는 임펄스에 가까운 형태를 가지게 되며, 주파수 영역에서는 [그림 2.30]의 (f2)와 같이 평탄한 진폭 스펙트럼의 형상을 가지게 된다.

이 결과를 이용하면, (시간적으로)거의 영인 지속시간을 가지는 임펄스 신호의 푸리에 변환은 거의 무한대의 대역폭을 가진다는 사실이 이해될 것이다.

[예제 2.14]

식(2.90)을 이용하여 신호 $x(t)$를 반전시킨 신호, 즉 $y(t)=x(-t)$ 의 푸리에 변환을 구하여 보자.

(해) 식(2.90)에서 $a=-1$ 이므로

$$Y(\omega)=\frac{1}{|-1|}X(\omega/(-1))=X(-\omega)$$

로 된다.

이로부터 다음의 푸리에 변환의 쌍을 얻을 수 있다.

$$x(-t) \xleftrightarrow{\mathcal{F}} X(-\omega) \tag{2.92}$$

[성질 2]에 대응하는 것으로 주파축의 스케일링이 있다. 즉 주파수축을 a 배 하는 것은 시간축에서는 다음 식으로 주어진다.

성질 3 주파수축의 스케일링

$$\mathcal{F}\left[\frac{1}{|a|}x\left(\frac{t}{a}\right)\right]=X(a\omega) \tag{2.93}$$

단, a 는 영이 아닌 실수이다.

위 성질은 푸리에 역변환의 정의를 이용하면 쉽게 확인할 수 있을 것이다.

푸리에 변환의 대칭성

푸리에 변환의 쌍이 가지는 대칭성을 이용하면 식의 전개를 간단히 할 수 있다. 예를 들어 푸리에 변환이 우신호의 특성, 즉 $X(\omega)=X(-\omega)$을 가진다면 음의 주파수 ω에 대한 사실은 $\omega \geq 0$에 대한 $X(\omega)$와 동일하므로 계산의 양을 반으로 줄일 수 있다.

먼저 신호 $x(t)$의 복소공역(complex conjugate) $x^*(t)$의 푸리에 변환은

$$\mathcal{F}[x^*(t)]=\int_{-\infty}^{\infty} x^*(t)e^{-j\omega t}dt=\left(\int_{-\infty}^{\infty} x(t)e^{-(-j\omega)t}dt\right)^*=X^*(-\omega) \quad (2.94)$$

로 된다. 따라서 $X^*(-\omega)$는 $x^*(t)$의 푸리에 변환임을 알 수 있다. 또한 만약 신호 $x(t)$가 실수값을 가진다면 식(2.91)에서 $x^*(t)=x(t)$로 되어 다음의 성질을 얻는다.

성질 4 공역대칭성

$x(t)$가 (복소수를 포함하여) 임의의 값을 가지는 신호인 경우

$$\mathcal{F}[x^*(t)]=X^*(-\omega) \quad (2.95)$$

이다. 만약 $x(t)$가 실수값을 가지는 신호, 즉 $x(t)=x^*(t)$의 관계가 성립하고, $\mathcal{F}[x(t)]=X(\omega)$이면 다음 식이 성립한다.

$$X(-\omega)=X^*(\omega) \quad (2.96)$$

[표 2.1]에 푸리에 변환과 관련된 대칭성에 대하여 정리하여 두었다. 예를 들어 $x(t)$가 실수값을 가지는 신호이며 동시에 우신호, 즉 $x(t)=-x(-t)$라면 이것의 푸리에 변환은 허수이며 기함수, 즉 $X(\omega)=-X(-\omega)=-X^*(\omega)$로 된다는 것을 나타내고 있다.

[표 2.1] 푸리에 변환의 대칭성

$x(t)$	$X(\omega)$
실수이며 우신호	실수이며 우함수
실수이며 기신호	허수이며 기함수
허수이며 우신호	허수이며 우함수
허수이며 기신호	실수이며 기함수

컨볼류션(convolution)

LTI 시스템의 입력 $x(t)$ 와 출력 $y(t)$ 은 다음과 같이 컨볼류션 적분, 즉

$$y(t)= x(t) * h(t)= \int_{-\infty}^{\infty} x(\tau)h(t-\tau)d\tau \tag{2.97}$$

의 관계가 성립한다. 단, $h(t)$ 는 LTI 시스템의 임펄스 응답이다. 이때 출력의 푸리에 변환은 입력과 임펄스 응답의 푸리에 변환의 곱으로 주어진다.

성질 5 컨볼류션 적분

> 두 개의 신호 $x(t)$ 와 $h(t)$ 의 컨볼류션 적분 식(2.97)의 푸리에 변환은 각 신호의 푸리에 변환의 곱과 같다. 즉
>
> $$\mathcal{F}[x(t) * h(t)] = \left[\int_{-\infty}^{\infty} x(\tau)h(t-\tau)d\tau\right] = \mathcal{F}[x(t)] \cdot \mathcal{F}[h(t)] \tag{2.98}$$
>
> 이다.

식(2.98)을 확인하기 위해서 우선 식(2.97)의 푸리에 변환을 계산한다. 즉

$$\mathcal{F}[x(t) * h(t)] = \int_{-\infty}^{\infty}\left(\int_{-\infty}^{\infty} x(\tau)h(t-\tau)d\tau\right)e^{-j\omega t}dt \tag{2.99a}$$

에서 적분의 순서를 바꾸면

$$\int_{-\infty}^{\infty} x(\tau)\left(\int_{-\infty}^{\infty} h(t-\tau)e^{-j\omega t}dt\right)d\tau \tag{2.99b}$$

로 된다. 위 식의 괄호 (•)의 적분은 $\sigma = t-\tau$ 의 변수변환을 수행하면

$$\begin{aligned}\left(\int_{-\infty}^{\infty} h(t-\tau)e^{-j\omega t}dt\right) &= \left(\int_{-\infty}^{\infty} h(\sigma)e^{-j\omega\sigma}d\sigma\right)e^{-j\omega\tau} \\ &= H(\omega)e^{-j\omega\tau}\end{aligned} \tag{2.99c}$$

을 얻는다. 이것을 다시 식(2.99b)에 대입하면 최종적으로 식(2.98)의 관계를 확인할 수 있다. 즉

$$\begin{aligned}\int_{-\infty}^{\infty} x(\tau)(H(\omega)e^{-j\omega\tau})d\tau &= H(\omega)\int_{-\infty}^{\infty} x(\tau)e^{-j\omega\tau}d\tau \\ &= H(\omega)X(\omega) = \mathcal{F}[h(t)] \cdot \mathcal{F}[x(t)]\end{aligned}$$

이다.

[예제 2.15]

어떤 시스템의 임펄스 응답 $h(t)$와 그의 입력 $x(t)$로서 다음과 같은 신호가 주어졌다고 한다. 이때 출력을 계산하여 보자.

$$h(t)=\frac{5\sin(10\pi t)}{\pi t},\quad x(t)=\frac{2\sin(20\pi t)}{\pi t} \qquad ①$$

(해) 출력은 컨볼류션 적분에 의해

$$y(t)=x(t)*h(t)=\int_{-\infty}^{\infty}\left(\frac{2\sin(20\pi t)}{\pi t}\right)\left(\frac{5\sin[10\pi(t-\tau)]}{\pi(t-\tau)}\right)d\tau$$

로 주어지지만, 이것의 해를 구하는 것은 불가능하다. 따라서 여기서는 [성질 5]를 적용하기로 한다. 먼저 식(2.73)의 관계를 이용하여 $x(t)$와 $h(t)$의 푸리에 변환을 계산하면 구형파로 되며 [그림 2.31(a)]에 나타내었다. 따라서 두 구형파의 곱은 다시 구형파로 되기 때문에(그림 2.31(b)), 출력 $y(t)$는 입력과 같은 모양의 sinc 신호로 될 것이다. 이를 확인하여 보자. 즉

$$\begin{aligned} Y(\omega) &= H(\omega)X(\omega) \qquad ② \\ &= 5[1(\omega+10\pi)-1(\omega-10\pi)]\cdot 2[1(\omega+20\pi)-1(\omega-20\pi)] \\ &= 10[1(\omega+10\pi)-1(\omega-10\pi)] \end{aligned}$$

로 되어 구형파로 되었음을 알 수 있다. 따라서 이를 역변환하면 출력은

$$y(t)=h(t)*x(t)=\frac{10\sin(10\pi t)}{\pi t} \qquad ③$$

으로 되어 sinc 신호로 됨을 확인할 수 있다. 이 경우 [그림 2.31]에서 보는 것처럼 시스템은 입력신호를 적절한 주파수[10]에서 차단시키는 "필터"의 역할을 하고 있다는 것을 알 수 있다.

%[예제 2.15]

```
syms t                                      % Symbolic 변수의 지정
ht=5*sin(10*pi*t)/pi/t;                     % h(t) 의 설정
xt=2*sin(20*pi*t)/pi/t;                     % x(t) 의 설정
Hw=fourier(ht);Xw=fourier(xt);              % 푸리에 역변환의 계산
Yw=Hw*Xw;
yt=ifourier(Yw);pretty(simple(yt))          % y(t)=F^-1[Y(ω)] 의 계산
```

10 이를 차단주파수(cutoff frequency)라고 한다.

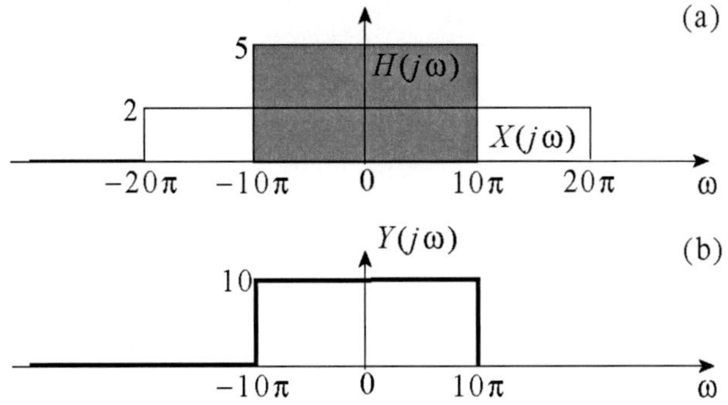

▲ 그림 2.31 (a) 임펄스 응답과 입력의 푸리에 변환, (b) 출력의 푸리에 변환

[예제 2.14]와는 반대로 컨볼류션 적분의 계산이 푸리에 역변환에 의한 계산보다 더 간단한 경우에 대하여 알아보자.

[예제 2.16]

시스템의 임펄스 응답과 입력이 모두 동일한 모양의 구형파

$$h(t) = x(t) = 1(t + 0.5T) - 1(t - 0.5T) \quad ①$$

로 주어졌을 경우의 출력을 계산하여 보자.

(해) 이 경우 $h(t)$와 $x(t)$의 푸리에 변환은 [예제 2.7]의 결과로부터

$$H(\omega) = X(\omega) = T\frac{\sin(\omega T/2)}{(\omega T/2)} \quad ②$$

로 된다. 따라서 식(2.98)에 의해

$$Y(\omega) = H(\omega)X(\omega) = T^2\left\{\frac{\sin(\omega T/2)}{(\omega T/2)}\right\}^2 \quad ③$$

로 되며, [그림 2.32(b)]에 표시하였다. 그러나 $y(t)$를 얻기 위해서는 ③의 푸리에 역변환, 즉

$$y(t) = h(t) * x(t) = \frac{1}{2\pi}\int_{-\infty}^{\infty}\left\{\frac{\sin(\omega T/2)}{(\omega T/2)}\right\}^2 e^{j\omega t}\,d\omega \quad ④$$

를 수행하여야 하지만, 이것의 계산은 불가능하다. 그러나 이 경우 구형파로 주어

진 두 개 신호의 컨볼류션 적분에 의한 $y(t)$의 계산은 간단하며 [그림 2.32(a)]에 표시하였다.

%[예제 2.16]

```
time=-2:0.01:2;                        % [그림 2.31(a)]의 시간축 설정
xt=zeros(size(time));ht=xt;            % x(t), h(t) 를 위한 배열지정
for i=1:length(time)                   % ①의 신호를 설정
    if time(i)>=-0.5 & time(i) <= 0.5
        xt(i)=1;ht(i)=1;
    end
end
yt=conv(xt,ht);                        % x(t) * h(t) 의 계산
yt=yt(201:601);plot(time,yt)           % yt의 구간을 재설정하고 [그림 2.31(a)]의 확인
%
syms w
Hw=sin(w/2)/(w/2);Xw=Hw;               % H(ω), X(ω) 의 지정(단 T=1 인 경우)
Yw=Hw*Xw;
ytt=ifourier(Yw);                      % y(t)= F^{-1}[Y(ω)] 의 계산
omega=linspace(-6*pi,6*pi,200);        % [그림 2.31(b)]의 주파수 축의 설정
Ywp=subs(Yw,'w',omega);                % symbolic 변수 w 대신 omega를 대입
plot(omega,double(Ywp))                % [그림 2.31(b)]의 확인
```

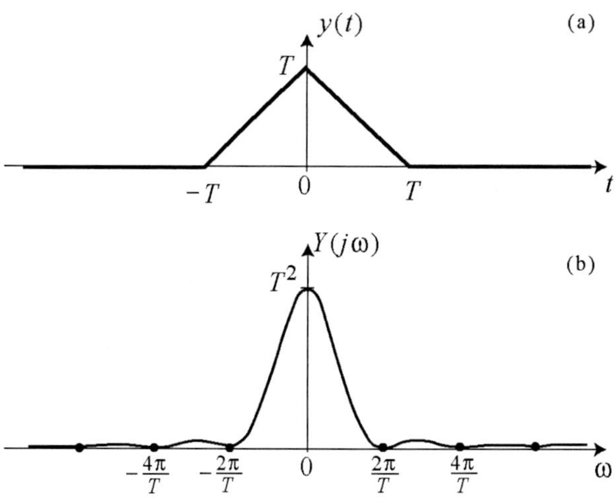

▲ 그림 2.32 [예제 2.16]의 출력 $y(t)$과 푸리에 변환 $Y(\omega)$

2.5 기본적인 LTI 시스템에서의 푸리에 변환

1.3절에서 선형 시불변(LTI) 시스템에 대하여 이미 언급하였다. 여기서는 2.3절에서 취급한 푸리에 변환을 LTI 시스템에 적용하여 몇 가지의 기본적인 사항을 유도한다. 이 결과는 제 4장 이후에서 사용된다.

시간지연(time delay)

시스템에 입력으로 인가된 신호 $x(t)$ 가 τ 시간만큼 지연되어 $y(t)=x(t-\tau)$ 가 출력으로 얻어졌다면, 이 시스템의 임펄스 응답은 $h(t)=\delta(t-\tau)$로 될 것이다.[11] 따라서 이 신호의 푸리에 변환은

$$H(\omega)=\int_{-\infty}^{\infty}\delta(t-\tau)e^{-j\omega t}\,dt$$

$$=e^{-j\omega\tau}\int_{-\infty}^{\infty}\delta(t-\tau)\,dt=e^{-j\omega\tau}$$

로 된다. 여기서 $x(t)*\delta(t-\tau)=x(t-\tau)$ 이므로 시간지연에 관한 다음의 성질을 얻는다.

성질 6 시간축 이동

$\mathcal{F}[x(t)]=X(\omega)$ 라면 다음 관계식이 성립한다.

$$\mathcal{F}[x(t-\tau)]\equiv X_\tau(\omega)=e^{-j\omega\tau}X(\omega) \tag{2.100}$$

지금 $X_\tau(\omega)$ 과 $X(\omega)$을 앞서 언급한 극좌표 표현을 이용하면

$$X_\tau(\omega)=|X_\tau(\omega)|e^{\angle X_\tau(\omega)},\quad X(\omega)=|X(\omega)|e^{\angle X(\omega)}$$

로 표시된다. 이때 두 신호 사이에는 다음 식이 성립한다.

$$|X_\tau(\omega)|=|X(\omega)| \tag{2.101a}$$

$$\angle X_\tau(\omega)=\angle X(\omega)-\omega\tau \tag{2.101b}$$

여기서 τ는 시간지연 요소라고 불려진다. 식(2.101)로부터 시간지연에 의해 시간축의 이

11 $y(t)=h(t)*x(t)=\delta(t-\tau)$ 로 되어야 하므로 식(2.97)에 의해 $h(t)=\delta(t-\tau)$로 된다.

동(time shift)이 발생한 경우, 진폭 스펙트럼은 변화가 없지만, 위상 스펙트럼은 주파수 ω 에 대해 직선적으로 늦어지게 된다. 이를 직선 위상특성(linear phase characteristic)으로 부르고 있다.

[예제 2.17]

[그림 2.33]으로 주어지는 신호의 푸리에 변환을 구하여 보자.

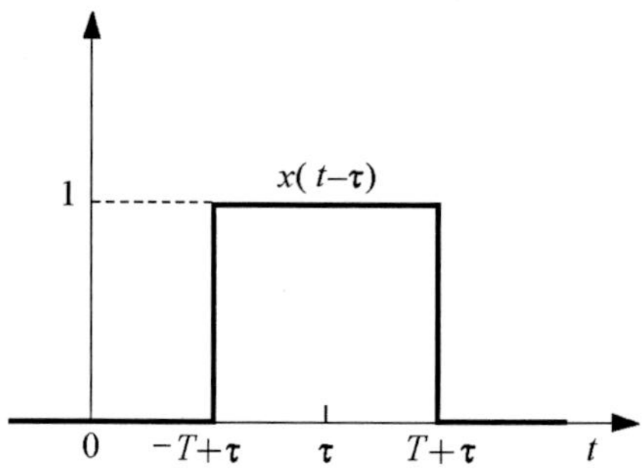

▲ 그림 2.33 [예제 2.17]

(해) [예제 2.7]의 결과와 [성질 6]으로부터 다음 식을 얻는다.

$$X_\tau(\omega)= \mathcal{F}\left[x(t-\tau)\right] = e^{-j\omega\tau}\frac{2\sin(\omega T)}{\omega}$$

한편 [성질 6]의 결과를 이용하지 않고 직접 푸리에 변환을 이용하여 계산하여도 동일한 결과가 얻어지는 것을 확인할 수 있다. 즉,

$$X_\tau(\omega) = \int_{-\infty}^{\infty} x(t-\tau)e^{-j\omega t}dt = \int_{-T+\tau}^{T+\tau} e^{-j\omega t}dt$$

$$= \frac{1}{-j\omega}\left[e^{-j\omega t}\right]\Big|_{-T+\tau}^{T+\tau} = \frac{1}{-j\omega}e^{-j\omega\tau}\left[e^{-j\omega T} - e^{j\omega T}\right]$$

$$= e^{-j\omega\tau}\frac{2\sin(\omega T)}{\omega}$$

이다.

미분

입력신호를 k 번 미분한 값을 출력으로 가지는 이상적인 미분기는

$$y(t)=\frac{d^k x(t)}{dt^k} \tag{2.102}$$

로 정의된다. 여기서 $k=1$ 인 경우의 시스템을 미분기(differentiator)라고 하며, 이것의 임펄스 응답은 정의에 의해

$$h(t)=\frac{d\delta(t)}{dt}=\delta^{(1)}(t) \tag{2.103}$$

으로 주어진다. 이 시스템의 주파수 응답은 입력으로 $x(t)=e^{j\omega t}$ 를 인가했다고 하면 출력은

$$y(t)=\frac{d}{dt}(e^{j\omega t})=(j\omega)e^{j\omega t} \tag{2.104}$$

로 되어 식(2.103), 즉 미분기의 푸리에 변환은 $H(\omega)=j\omega$ 로 됨을 알 수 있다. 이것과 [성질 5]의 컨볼류션의 정리를 이용하면 다음 성질이 얻어진다.

성질 7　시간 미분

$x(t)$ 가 미분 가능하다면

$$\mathcal{F}\left[\frac{dx(t)}{dt}\right]=j\omega X(\omega) \tag{2.105a}$$

이 성립한다. 한편 고계의 미분에 대해서는 다음의 식이 성립한다.

$$\mathcal{F}\left[\frac{d^k x(t)}{dt^k}\right]=(j\omega)^k X(\omega) \tag{2.105b}$$

[예제 2.18]

신호 $x(t)=e^{-2t}\cdot 1(t-3)$ 의 미분에 대한 푸리에 변환을 구하여 보자.

$$y(t)=\frac{dx(t)}{dt}=\frac{d}{dt}\left(e^{-2t}\cdot 1(t-3)\right) \quad ①$$

(해) 먼저 $x(t)$를 일반적인 시간지연의 형식으로 변환한다. 즉 식(2.100)을 적용하기 위해서는

$$x(t)=e^{-6}e^{-2(t-3)}\cdot 1(t-3) \quad ②$$

으로 변형하고 이를 식(2.105a)에 적용한다. 즉

$$X(\omega)=\frac{e^{-6}e^{-j3\omega}}{2+j\omega} \qquad ③$$

이므로 $\mathcal{F}[y(t)]$ 는 $Y(\omega)=j\omega X(\omega)$ 로 될 것이다. 이것을 다시 ②를 직접 미분한 뒤, 이것을 푸리에 변환하여 계산한 결과와 비교하여 보자. 즉 ②의 미분은 간단한 계산에 의해

$$y(t)=e^{-6}\cdot\delta(t-3)-2e^{-6}e^{-2(t-3)}\cdot 1(t-3) \qquad ④$$

으로 된다. ③의 각 항을 푸리에 변환하면

$$Y(\omega)=e^{-6}e^{-j3\omega}-\frac{2e^{-6}e^{-j3\omega}}{2+j\omega} \qquad ⑤$$

$$=(j\omega)\frac{e^{-6}e^{-j3\omega}}{2+j\omega}=j\omega X(\omega)$$

로 되어 동일한 결과가 얻어짐을 확인할 수 있다.

신호의 곱

두 신호의 곱, 예를 들어 $y(t)=p(t)x(t)$ 의 푸리에 변환을 계산하는 것을 생각하여 보자. 이를 푸리에 변환의 정의식(2.60)에 적용하면

$$Y(\omega)=\int_{-\infty}^{\infty}p(t)x(t)e^{-j\omega t}dt \qquad (2.106)$$

로 된다. 여기서 $x(t)$ 의 푸리에 역변환

$$x(t)=\frac{1}{2\pi}\int_{-\infty}^{\infty}X(j\lambda)e^{j\lambda t}d\lambda \qquad (2.107)$$

를 식(2.106)에 대입하면 다음이 얻어진다.

$$Y(\omega)=\int_{-\infty}^{\infty}p(t)\left(\frac{1}{2\pi}\int_{-\infty}^{\infty}X(j\lambda)e^{j\lambda t}d\lambda\right)e^{-j\omega t}dt$$

위 식에서 적분의 순서를 교환하여 정리하면

$$Y(\omega) = \frac{1}{2\pi}\int_{-\infty}^{\infty} X(\lambda)\left(\int_{-\infty}^{\infty} p(t)e^{-j(\omega-\lambda)t}\,dt\right)d\lambda$$

$$= \frac{1}{2\pi}\int_{-\infty}^{\infty} X(\lambda)P(\omega-\lambda)\,d\lambda$$

$$= \frac{1}{2\pi}X(\omega) * P(\omega)$$

로 된다. 이로부터 다음 성질을 얻는다.

성질 8　신호의 곱

두 신호 $p(t)$와 $x(t)$의 푸리에 변환을 각각 $P(\omega)$와 $X(\omega)$로 두었을 때 두 신호의 곱 $y(t)=p(t)x(t)$의 푸리에 변환은 다음으로 주어진다.

$$\mathcal{F}[p(t)x(t)] = \frac{1}{2\pi}P(\omega) * X(\omega) \tag{2.108}$$

주파수 영역에서 신호의 이동

[성질 8]의 결과에서 만약 $p(t)$가 주기신호인 경우를 생각하여 보자. 예를 들어 $p(t)=e^{j\omega_0 t}$이면, $P(\omega)=2\pi\delta(\omega-\omega_0)$이다. 따라서 $y(t)=x(t)e^{j\omega_0 t}$의 푸리에 변환은

$$Y(\omega) = \frac{1}{2\pi}X(\omega) * 2\pi\delta(\omega-\omega_0) \tag{2.109}$$

$$= X(\omega-\omega_0)$$

로 된다. 이로부터 다음의 성질이 유도된다.

성질 9　주파수 영역에서의 이동

복소지수 신호 $e^{j\omega_0 t}$와 신호 $x(t)$와의 곱의 푸리에 변환은 $x(t)$의 푸리에 변환을 ω_0만큼 오른쪽으로 이동시킨 것으로 된다. 즉

$$\mathcal{F}\left[e^{j\omega_0 t}x(t)\right] = X(\omega-\omega_0) \tag{2.110}$$

이다. 특히 $p(t)=\cos(\omega_0 t)$인 경우에 대한 식(2.108)의 결과는 다음 식으로 주어진다.

$$\mathcal{F}[x(t)\cos(\omega_0 t)] = \frac{1}{2}X(\omega-\omega_0) + \frac{1}{2}X(\omega+\omega_0) \tag{2.111}$$

[예제 2.19]

주파수 영역에서의 이동과 관련하여 다음 두 신호의 곱을 계산하고, 이것에 대한 푸리에 변환식을 구하여 식(2.110)을 확인하여 보자.

$$x_1(t)=2\cos(200\pi t),\ x_2(t)=5\cos(1000\pi t) \qquad ①$$

(해) 두 신호의 곱을 수학적으로 계산하기 위하여 신호 $x_2(t)$ 를 식(1.13a)의 오일러 정리에 의해 분해한다. 즉

$$\begin{aligned} x_3(t) &= x_1(t)\cdot x_2(t)=2\cos(200\pi t)\cdot 5\cos(1000\pi t) \\ &= 10\cos(200\pi t)\frac{e^{j1000\pi t}+e^{-j1000\pi t}}{2} \\ &= 5\cos(200\pi t)e^{j1000\pi t}+5\cos(200\pi t)e^{-j1000\pi t} \end{aligned}$$

이다. 신호 $x_3(t)$ 를 식(2.110)의 성질을 적용하여 푸리에 변환을 수행하면 다음과 같다.

$$X_3(\omega)=5\pi[\delta(\omega-1200\pi)+\delta(\omega-800\pi)+\delta(\omega+800\pi)+\delta(\omega+1200\pi)]$$

신호 $x_1(t), x_2(t)$ 및 $x_3(t)$ 의 주파수 스펙트럼을 [그림 2.34]에 나타내었다. 여기서 $X_3(\omega)$ 를 푸리에 역변환하여 신호 $x_3(t)$ 를 확인하여 보자. 즉,

$$\begin{aligned} x_3(t) &= \mathcal{F}^{-1}\{5\pi[\delta(\omega-1200\pi)+\delta(\omega+1200\pi)]\} \\ &\quad +\mathcal{F}^{-1}\{5\pi[\delta(\omega-800\pi)+\delta(\omega+800\pi)]\} \\ &= 5\cos(1200\pi t)+5\cos(800\pi t) \end{aligned}$$

이다. 이로부터 식(2.110)에 의해 기존의 신호의 주파수 축이 이동되었음을 알 수 있다. 위 결과로부터 두 정현파 신호의 곱은 주파수가 변동된, 역시 두 정현파의 합으로 나타난다는 사실을 알 수 있다. 위의 경우, 하나의 정현파는 두 주파수의 합(1200π)이며, 다른 하나는 두 주파수의 차(800π)로 된다. 이러한 사실은 통신 이론 등에서 중요한 역할을 담당하고 있다.

%[예제 2.19]

```
syms t                                       % symblic 변수의 설정
x1=2*cos(200*pi*t);x2=5*cos(1000*pi*t);      % x1(t), x2(t) 의 설정
x3=x1*x2;X3=fourier(x3)                      % x3(t) 의 푸리에 변환
```

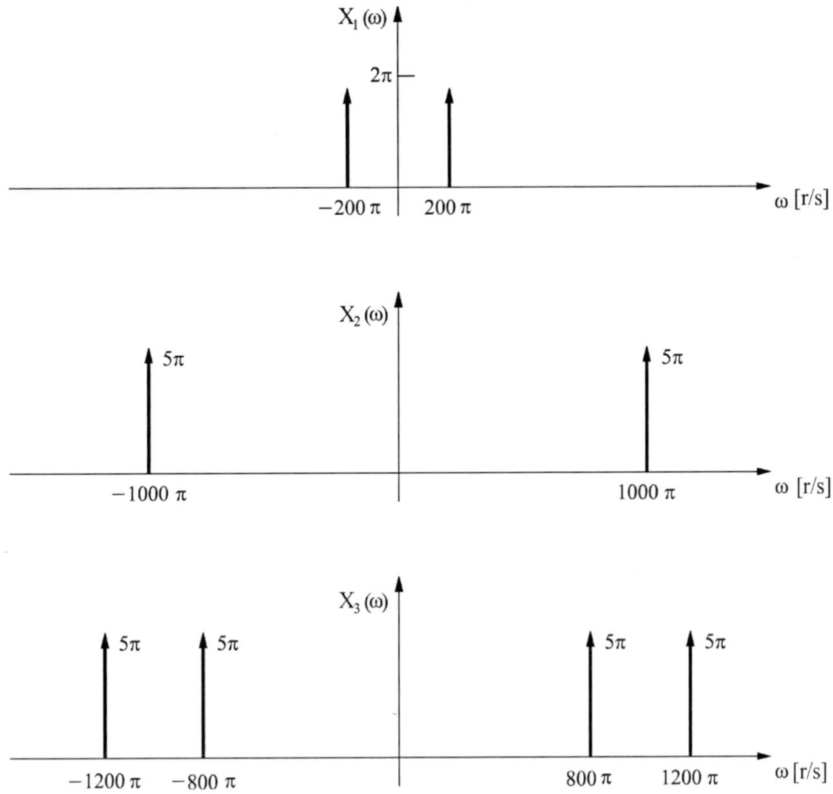

▲ 그림 2.34 신호 $x_1(t), x_2(t)$ 및 $x_3(t)$ 의 주파수 스펙트럼

[예제 2.20]

식(2.111)의 예로서 $x(t)$ 가 구형파, 즉 $x(t)= [1(t+T/2)-1(t-T/2)]$ 로 주어졌다고 한다. 이 신호의 푸리에 변환은 식(2.73)에 의하여

$$X(\omega)=\frac{\sin(\omega T/2)}{(\omega/2)}$$

이다. 이때 $y(t)=x(t)\cos(\omega_0 t)$ 로 정의하면 이 신호의 푸리에 변환은 식(2.111)에 의해

$$Y(\omega)=\frac{1}{2}X(\omega-\omega_0)+\frac{1}{2}X(\omega+\omega_0)$$

$$=\frac{\sin\{(\omega-\omega_0)T/2\}}{(\omega-\omega_0)}+\frac{\sin\{(\omega+\omega_0)T/2\}}{(\omega+\omega_0)}$$

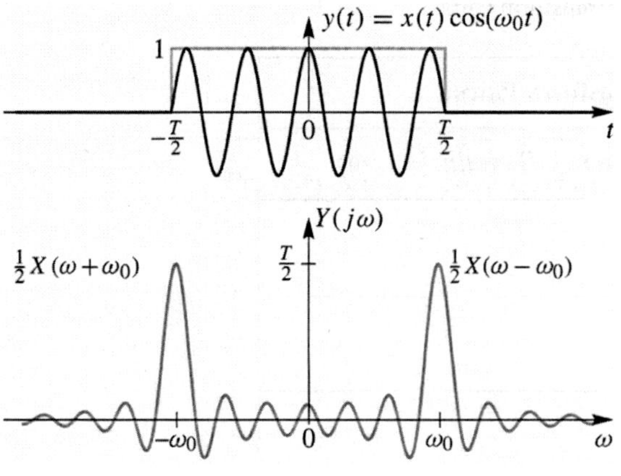

▲ 그림 2.35 [예제 2.20]의 결과

로 된다. [그림 2.35]에 $y(t)$와 $Y(\omega)$를 표시하였다. $X(\omega)$는 대략적으로 낮은 주파수에 그의 대역폭이 제한되어 있기 때문에, 이것의 푸리에 변환(즉 주파수 응답)은 주파수 $\pm\omega_0$ 부근에 집중되어 있음을 [그림 2.35]로부터 확인할 수 있다.

쌍대성

지금까지의 여러 성질에서부터, 시간 영역과 주파수 영역의 성질은 서로 관련하고 있다는 것을 알 수 있을 것이다. 이것을 쌍대성(duality)라고 하며, 다음과 같이 정리할 수 있다.

성질 10 쌍대성

시간 영역과 주파수 영역 사이에 존재하는 쌍대성은 다음과 같이 정의된다.

$$\mathcal{F}[X(t)] = 2\pi x(-\omega) \tag{2.112}$$

단, $X(\omega) = \mathcal{F}[x(t)]$이다.

이 성질은 아래와 같이 확인할 수 있다.

$$\mathcal{F}[X(t)] = \int_{-\infty}^{\infty} X(t)e^{-j\omega t}dt$$

$$= 2\pi \cdot \frac{1}{2\pi}\int_{-\infty}^{\infty} X(t)e^{j(-\omega)t}dt = 2\pi x(-\omega)$$

적분

신호의 적분에 대한 푸리에 변환에 대하여 다음의 성질이 알려져 있다.

성질 11 **시간 적분**

$$\mathcal{F}\left[\int_{-\infty}^{t} x(\tau)d\tau\right] = \frac{1}{j\omega}X(\omega) + \pi X(0)\delta(\omega) \tag{2.113}$$

신호의 미분에 관한 성질을 이용하여 단위 계단신호 $1(t)$의 푸리에 변환을 계산하여 보자. 제1장의 [예제 1.9]로부터 $1(t)$는 우신호 성분 $1_e(t)$와 기신호 성분 $1_o(t)$로 분해할 수 있다. 즉,

$$1(t) = 1_e(t) + 1_o(t) = 0.5 + [1(t) - 0.5]$$

먼저 기신호 성분 $1_o(t)$에 대해서 다음 식이 성립한다.

$$\frac{d1_o(t)}{dt} = \frac{d1(t)}{dt} = \delta(t)$$

따라서 미분의 정리에 의해

$$\mathcal{F}[\delta(t)] = \mathcal{F}\left[\frac{d1_o(t)}{dt}\right] = j\omega U_o(\omega)$$

을 얻는다. 단, $\mathcal{F}[1_o(t)] = U_o(\omega)$로 두었다. 여기서 $\mathcal{F}[\delta(t)] = 1$이기 때문에 위 식으로부터

$$U_o(\omega) = \frac{1}{j\omega} \tag{2.114}$$

의 관계를 얻을 수 있다. 이 경우, $1_o(t)$는 기신호(odd signal)이기 때문에 $U_o(\omega)$는 순허수로 되어 있는 점에 유의한다. 다음에 $1(t)$의 우신호 성분 $1_e(t) = 0.5$에 대하여 생각하여 보자. $1_e(t)$는 직류 성분만으로 이루어져 있기 때문에 주파수 0을 가지는 주기신호로 볼 수 있다. 따라서 $1_e(t)$의 푸리에 변환은 $\omega = 0$에서의 임펄스로 되기 때문에 식(2.81a)에서 $a_0 = 0.5, a_k = 0, (k \neq 0)$로 둠으로써 다음 식이 얻어진다.

$$U_e(\omega) = \mathcal{F}[1_e(t)] = \mathcal{F}[0.5] = \pi\delta(\omega) \tag{2.115}$$

여기서 $1_e(t)$는 우신호이기 때문에 [표 2.1]에 의해 $U_e(\omega)$는 실수로 되었다. 식(2.114), (2.115)로부터

$$\mathcal{F}[1(t)] = \mathcal{F}[1_o(t)] + \mathcal{F}[1_e(t)] = \frac{1}{j\omega} + \pi\delta(\omega) \tag{2.116}$$

이 유도된다. 이것이 식(2.87)로 주어진 단위 계단신호의 푸리에 변환식이다.

그런데 식(2.113)의 시간적분의 성질에 있어서, $x(t) = \delta(t)$로 두고 식(2.116)을 확인하여 보자. 먼저 식(1.22b)를 이용하면 식(2.113)의 왼쪽 항은 다음과 같이 된다.

$$\mathcal{F}\left[\int_{-\infty}^{\infty} \delta(\tau)d\tau\right] = \mathcal{F}[1(t)]$$

한편 식(2.113)의 오른쪽 항은 식(2.116)에 의해 다음과 같이 되어 식(2.113)이 확인되었다.

$$\frac{1}{j\omega}X(\omega) = \frac{1}{j\omega} + \pi\delta(\omega)$$

파스벌의 등식

식(2.49)(시간 영역)과 식(2.50)(주파수 영역)으로 정의되어, 시간 영역과 주파수 영역 사이에서 다리 역할을 하는 '파스벌의 정리'에 푸리에 변환을 적용하면 다음과 같은 성질이 얻어진다.

성질 12 파스벌의 등식

두 개의 실수값을 가지는 신호 $x(t), y(t)$의 푸리에 변환을 각각 $X(\omega)$, $Y(\omega)$로 하면

$$\frac{1}{2\pi}\int_{-\infty}^{\infty} X(\omega)Y^*(\omega)d\omega = \int_{-\infty}^{\infty} x(t)y(t)dt \tag{2.117}$$

이 성립한다. 특히 $x(t) = y(t)$인 경우에는 다음 식이 성립한다.

$$\frac{1}{2\pi}\int_{-\infty}^{\infty} |X(\omega)|^2 d\omega = \int_{-\infty}^{\infty} x^2(t)dt \tag{2.118}$$

이 성질은 다음 식으로부터 확인 가능하다.

$$\frac{1}{2\pi}\int_{-\infty}^{\infty} X(\omega)\,Y^*(\omega)d\omega = \frac{1}{2\pi}\int_{-\infty}^{\infty} X(\omega)\left(\int_{-\infty}^{\infty} y(t)e^{j\omega t}dt\right)d\omega$$

$$= \int_{-\infty}^{\infty}\left[\frac{1}{2\pi}\int_{-\infty}^{\infty} X(\omega)e^{j\omega t}d\omega\right]y(t)dt$$

$$= \int_{-\infty}^{\infty} x(t)y(t)dt$$

이상에서 설명한 푸리에 변환의 성질을 각각 [표 2.2]와 [표 2.3]에 정리하였다.

[표 2.2] 푸리에 변환 표

$x(t)$	$X(\omega)$
$\delta(t)$	1
$\delta(t-\tau)$	$e^{-j\omega\tau}$
$e^{-\lambda t}\cdot 1(t),\ (\lambda>0)$	$\dfrac{1}{\lambda+j\omega}$
$x(t)=\begin{cases}1, & (\lvert t\rvert< T)\\ 0, & (\lvert t\rvert> T)\end{cases}$	$\dfrac{2\sin(\omega T)}{\omega}$
$\dfrac{\sin(\omega_0 t)}{\pi t}$	$X(\omega)=\begin{cases}1, & (\lvert\omega\rvert< \omega_0)\\ 0, & (\lvert\omega\rvert> \omega_0)\end{cases}$
$1(t+T/2)-1(t-T/2)$	$\dfrac{\sin(\omega T/2)}{\omega/2}$
$1(t)$	$\dfrac{1}{j\omega}+\pi\delta(\omega)$
$e^{j\omega_0 t}$	$2\pi\delta(\omega-\omega_0)$
$\sin(\omega_0 t)$	$\dfrac{\pi}{j}\{\delta(\omega-\omega_0)-\delta(\omega+\omega_0)\}$
$\cos(\omega_0 t)$	$\pi\{\delta(\omega-\omega_0)+\delta(\omega+\omega_0)\}$
$A\cos(\omega_0 t+\phi)$	$\pi Ae^{j\phi}\delta(\omega-\omega_0)+\pi Ae^{-j\phi}\delta(\omega+\omega_0)$
$\sum_{k=-\infty}^{\infty}\delta(t-kT)$	$\dfrac{2\pi}{T}\sum_{k=-\infty}^{\infty}\delta\left(\omega-\dfrac{2\pi}{T}k\right)$

[표 2.3] 푸리에 변환의 성질

성질	푸리에 변환
선형성	$\mathcal{F}[ax(t)+by(t)]=a\mathcal{F}[x(t)]+b\mathcal{F}[y(t)]$
공역 대칭성	$X(-\omega)=X^*(\omega)$
시간 축 이동	$\mathcal{F}[x(t-\tau)]=e^{-j\omega\tau}\mathcal{F}[x(t)]$
주파수 축 이동	$\mathcal{F}\left[e^{j\omega_0 t}x(t)\right]=X(\omega-\omega_0)$
시간 축 스케일링	$\mathcal{F}[x(at)]=\frac{1}{\lvert a\rvert}X\left(\frac{\omega}{a}\right)$
주파수 축 스케일링	$\mathcal{F}\left[\frac{1}{\lvert a\rvert}x\left(\frac{t}{a}\right)\right]=X(a\omega)$
쌍대성	$\mathcal{F}[X(t)]=2\pi x(-\omega)$
시간 미분(1)	$\mathcal{F}\left[\frac{dx(t)}{dt}\right]=j\omega X(\omega)$
시간 미분(2)	$\mathcal{F}\left[\frac{d^n x(t)}{dt^n}\right]=(j\omega)^n X(\omega)$
시간 적분	$\mathcal{F}\left[\int_{-\infty}^{t}x(\tau)d\tau\right]=\frac{1}{j\omega}X(\omega)$
주파수 미분	$\mathcal{F}[tx(t)]=j\frac{dX(\omega)}{d\omega}$
컨볼류션 적분	$\mathcal{F}\left[\int_{-\infty}^{\infty}x(\tau)y(t-\tau)d\tau\right]=\mathcal{F}[x(t)]\cdot\mathcal{F}[y(t)]$
파스벌의 등식	$\frac{1}{2\pi}\int_{-\infty}^{\infty}X(\omega)Y^*(\omega)d\omega=\int_{-\infty}^{\infty}x(t)y(t)dt$

2.6 신호의 에너지

앞서 언급한 바와 같이 $x(t)$의 신호 에너지 E_x는 다음과 같이 정의되었다.

$$E_x = \int_{-\infty}^{\infty} |x(t)|^2 dt \tag{2.119}$$

신호의 에너지는 식(2.68)을 식(2.119)에 대입함으로써 신호의 스펙트럼과 연결시킬 수 있다. 즉,

$$E_x = \int_{-\infty}^{\infty} x(t)x^*(t)dt = \int_{-\infty}^{\infty} x(t)\left[\frac{1}{2\pi}\int_{-\infty}^{\infty} X^*(\omega)e^{-j\omega t}d\omega\right]dt$$

이다. 여기서 위 식의 적분의 순서를 서로 교환함으로써 다음 식을 얻을 수 있다.

$$\begin{aligned} E_x &= \frac{1}{2\pi}\int_{-\infty}^{\infty} X^*(\omega)\left[\int_{-\infty}^{\infty} x(t)e^{-j\omega t}dt\right]d\omega \\ &= \frac{1}{2\pi}\int_{-\infty}^{\infty} X(\omega)X^*(\omega)d\omega \\ &= \frac{1}{2\pi}\int_{-\infty}^{\infty} |X(\omega)|^2 d\omega \end{aligned} \tag{2.120}$$

식(2.119)와 (2.120)을 정리하면

$$E_x = \int_{-\infty}^{\infty} |x(t)|^2 dt = \frac{1}{2\pi}\int_{-\infty}^{\infty} |X(\omega)|^2 d\omega \tag{2.121}$$

식(2.121)은 앞서 [성질 12]에서 언급한 파스벌의 등식 그것이다. 이 결과로부터 신호의 에너지는 신호의 시간 영역 표현식인 $x(t)$나 혹은 이것의 주파수 영역 표현인 $X(\omega)$를 이용하여서도 계산 가능하다는 것을 알 수 있다.

또 식(2.121)로부터 신호 $x(t)$의 에너지는 그 신호의 모든 주파수 성분이 가지는 에너지로부터 얻어진다는 것을 의미하는 것으로 볼 수 있다. 따라서 모든 에너지는 함수 $|F(\omega)|^2$의 아랫부분에 있는 모든 면적을 더하여 2π로 나눈 것으로 된다. 여기서 [그림 2.36]과 같이 주파수 축의 작은 부분 $\Delta\omega$, $(\Delta\omega \to 0)$을 생각하여 에너지 ΔE_x를 계산하여 보자. 그림에서처럼 에너지는

$$\Delta E_x \approx \frac{1}{2\pi}|X(\omega)|^2 \Delta\omega = |X(\omega)|^2 \Delta f, \ \left(\Delta f = \frac{\Delta\omega}{2\pi}\right) \tag{2.122}$$

로 된다. 따라서 주파수 대역 Δf [Hz] 부분에 의한 에너지의 기여부분은 $|X(\omega)|^2 \Delta f$ 이며, 전체 에너지는 전 주파수 대역에서 $|X(\omega)|^2$를 적분한 값, 즉 식(2.120)으로 주어진다.[12]

실수값을 가지는 신호의 경우 $X(\omega)$와 $X(-\omega)$는 서로 공역이며, 동시에 $|X(\omega)|^2$는 주파수 ω의 우함수이므로, 즉

$$|X(\omega)|^2 = X(\omega)X^*(\omega) = X(\omega)X(-\omega)$$

가 성립하기 때문에 식(2.121)은 다음과 같이 간략하게 표현된다.

$$E_x = \frac{1}{\pi}\int_0^{\infty} |X(\omega)|^2 d\omega \tag{2.123}$$

위 결과로부터 임의의 주파수 ω_1 과 ω_2 사이에 존재하는 스펙트럼에 의한 에너지는

$$\Delta E_x = \frac{1}{\pi}\int_{\omega_1}^{\omega_2} |X(\omega)|^2 d\omega$$

으로 됨을 쉽게 이해할 수 있을 것이다.

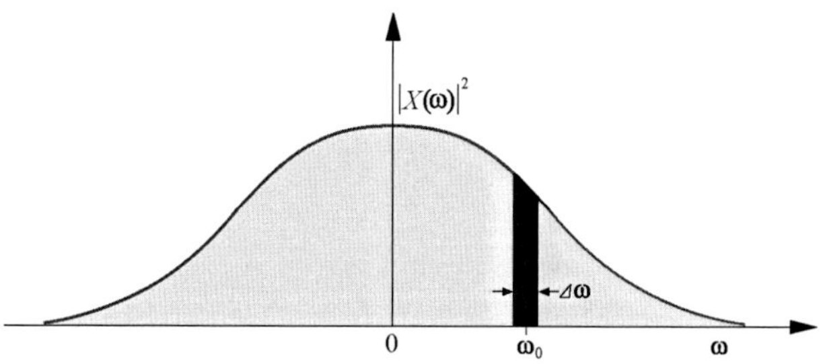

▲ 그림 2.36 신호의 에너지 스펙트럼 밀도의 해석

[예제 2.21]

신호 $x(t) = e^{-at}, (t \geq 0)$의 에너지 E_x를 계산하고, 전체 에너지 E_x의 95%를 포함하는 주파수 값 W [rad/sec]의 값을 결정하여 보자.

(해) 먼저 에너지는 식(2.120)으로부터

$$E_x = \int_{-\infty}^{\infty} x^2(t)dt = \int_{-\infty}^{\infty} e^{-2at}dt = \frac{1}{2a}$$

12 이러한 의미에서 $|X(\omega)|^2$를 '에너지 스펙트럼 밀도(energy spectral density)'라고 하였다.

로 된다. 위 사실을 파스벌의 정리를 이용하여 확인하여 보자. 신호 $x(t)$의 푸리에 변환 값

$$X(\omega) = \frac{1}{a + j\omega}$$

을 이용하면

$$E_x = \frac{1}{\pi}\int_0^{\infty} |X(\omega)|^2 d\omega = \frac{1}{\pi}\int_0^{\infty} \frac{1}{\omega^2 + a^2} d\omega = \frac{1}{\pi a}\tan^{-1}\left(\frac{\omega}{a}\right)\Big|_0^{\infty} = \frac{1}{2a}$$

이다. 주파수대역 $0 < \omega < W$에서 전체 에너지의 95%를 가져야 하므로, 이는 0.95 /(2a)를 의미한다. 따라서

$$\frac{0.95}{2a} = \frac{1}{\pi}\int_0^{W} \frac{1}{\omega^2 + a^2} d\omega = \frac{1}{\pi a}\tan^{-1}\left(\frac{\omega}{a}\right)\Big|_0^{W} = \frac{1}{\pi a}\tan^{-1}\left(\frac{W}{a}\right)$$

이며, 이로부터

$$\frac{0.95\pi}{2} = \tan^{-1}\left(\frac{W}{a}\right) \rightarrow W = 12.706\ [\mathrm{rad/sec}]\ (a = 1\text{의 경우})$$

가 얻어진다. 이 결과로부터 주파수 0 에서 12.7 [r/s] 사이에 신호 $x(t)$의 에너지가 거의 대부분 존재한다는 것을 알 수 있다.

일반적인 신호의 스펙트럼은 무한대의 주파수까지 존재한다. 그러나 신호의 에너지는 한정되어 있기 때문에, 주파수가 증가함에 따라(즉, $\omega \rightarrow \infty$) 영으로 수렴하여야 한다. 따라서 신호의 에너지 역시 어떤 임의의 주파수 B [Hz] 이내에 거의 대부분 존재한다. 이로 인해 주파수 B를 넘어가는 신호의 스펙트럼은 전체 에너지의 형성에 미치는 영향이 미미하다. 이러한 의미에서 B를 신호의 '기본 대역폭(essential bandwidth)'이라고 하며 신호의 해석 등에 주요한 역할을 한다. 대역폭 B를 선정하는 기준은 다양하지만 대략 전체 에너지의 95% 정도를 포함하는 영역으로 취하는 것이 보통이다.

기본 대역폭을 넘어서는 주파수에서의 신호의 스펙트럼을 억제하여 얻은 주파수 함수 $\hat{X}(\omega)$를 푸리에 역변환 등을 이용하여 얻은 신호 $\hat{x}(t)$는 원래의 신호 $x(t)$와 거의 유사한 모양을 나타낸다. 예를 들어 95%의 에너지를 포함하는 주파수를 대역폭으로 하였을 경우에 원래 신호와의 오차 신호 $x(t) - \hat{x}(t)$의 에너지는 원래 신호의 에너지 E_x의 5% 이내로 된다.

연 습 문 제

1 $\omega_0 = \pi, a_0 = 2, a_1 = a_{-1} = 1, a_3 = (1/2)e^{j\pi/4}$, 및 $a_{-3} = (1/2)e^{-j\pi/4}$가 주어져 있다. 이러한 푸리에 계수를 가지는 신호 $x(t)$를 구하여라.

2 [그림 P2.2]로 주어진 신호들의 푸리에 계수를 식(2.55)를 이용하여 계산하라. 또 각 신호의 a_0 값을 확인하고, 이 값은 [그림 P2.2]로부터 직접 계산할 수 있음을 보여라.

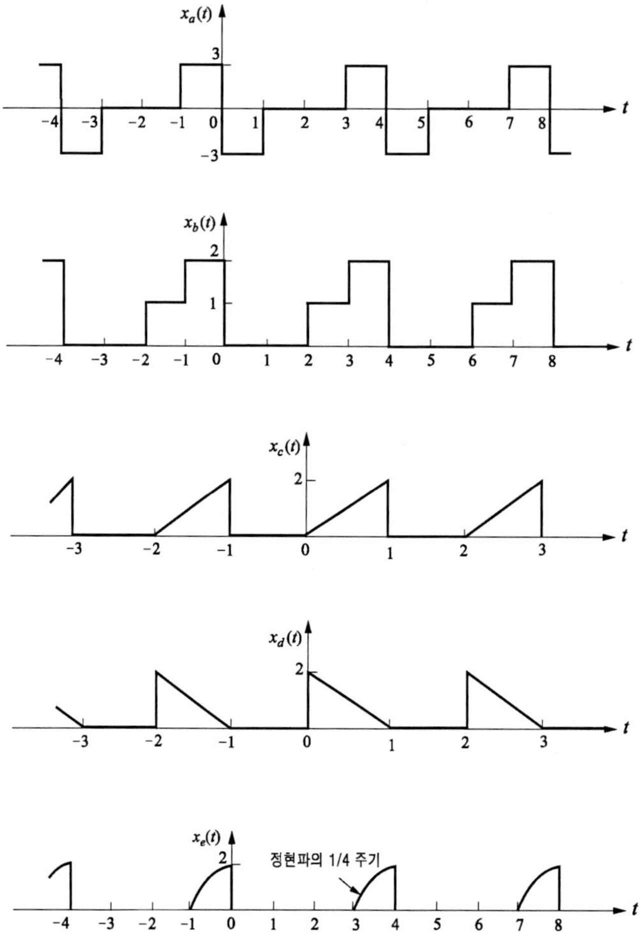

▲ 그림 P2.2

3 주기신호 $x(t)$ 가 다음과 같은 푸리에 급수로 주어져 있다.

$$x(t) = 3\cos t + \sin\left(5t - \frac{\pi}{6}\right) - 2\cos\left(8t - \frac{\pi}{3}\right)$$

(a) 위 신호에 대한 크기와 위상스펙트럼을 그림으로 그려 보라.

(b) 문제(a)로 얻어진 그림을 참고로 위 신호의 복소 푸리에 급수의 스펙트럼을 그려 보라.

(c) 위 문제(b)의 그림을 참고로 신호 $x(t)$ 의 복소 푸리에 급수의 표현식을 구하라.

(d) 문제(c)에서 구한 결과는 원래의 신호 $x(t)$ 와 동일하다는 것을 보여라.

4 주기신호 $x(t)$ 과 y 축을 중심으로 대칭인 신호 $y(t) = x(-t)$ 가 [그림 P2.4](a), (b)로 주어져 있다.

(a) 신호 $x(t)$ 를 푸리에 급수 전개하고 이것의 크기와 위상 스펙트럼을 그림으로 나타내어라.

(b) 신호 $y(t)$ 에 대해서도 문제(a)를 되풀이하라.

(c) 푸리에 변환의 [성질 5]를 적용하여 위 문제(a), (b)의 결과를 확인하여라.

(d) 위 결과를 바탕으로, 반전시킨 신호(즉, $y(t) = x(-t)$)의 크기와 위상 스펙트럼은 원래 신호의 그것과 부호가 바뀐 점을 제외하고는 동일하다는 것을 설명하여 보라.

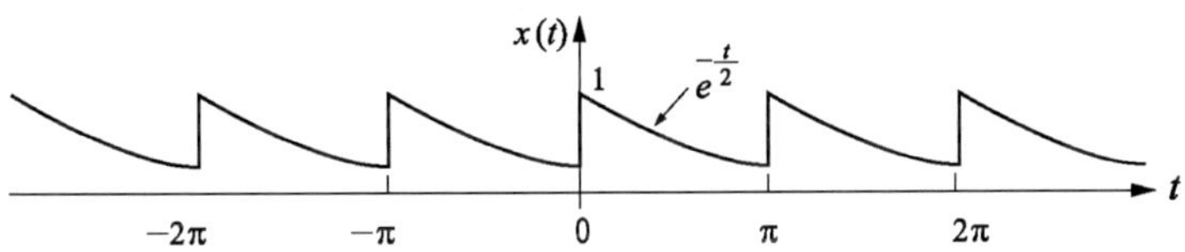

(a)

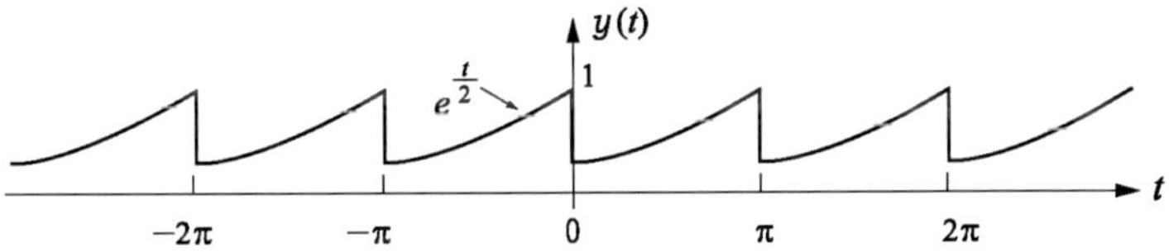

(b)

▲ 그림 P2.4

5 삼각 모양의 주기신호 $x(t)$ 가 [그림 P2.5]과 같이 주어져 있다.

(a) 푸리에 급수를 계산하고, 이것의 크기와 위상의 스펙트럼을 그려 보아라.

(b) 시간의 범위를 $0 \le t \le 1$ 로 한정한 삼각신호(하나의 펄스)의 푸리에 변환식을 계산하라.

(c) (b)의 결과를 참고로 $1 \le t \le 2$ 의 범위에 있는 삼각함수의 푸리에 변환을 계산하여 보라.

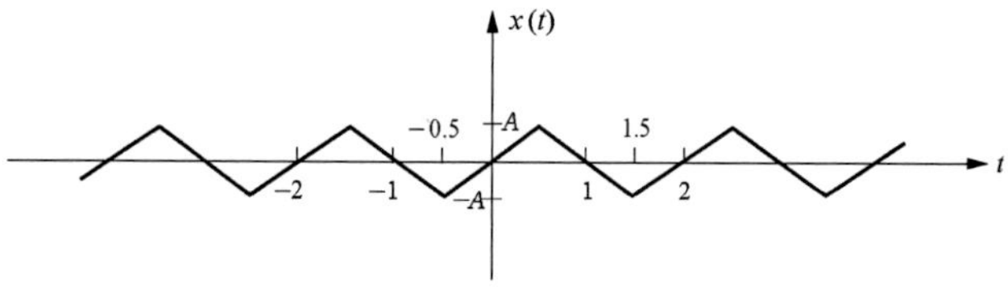

▲ 그림 P2.5

6 아래 각 신호의 푸리에 변환식을 계산하라.

(a) $x(t)=\left(1-e^{-bt}\right)\cdot 1(t)$ (b) $x(t)=\cos(4\pi t)\cdot[1(t+2)-1(t-2)]$

(c) $x(t)=e^{at}\cdot 1(-t),\ (a>0)$ (d) $x(t)=C\cdot\delta(t+t_0)$

7 [표 2.2]과 [표 2.3]을 이용하여 다음 각 신호의 푸리에 변환식을 구하라.

(a) $x(t)=2\cdot[1(t)-1(t-4)]$ (b) $x(t)=e^{-3t}\cdot[1(t)-1(t-4)]$

(c) $x(t)=2t\cdot[1(t)-1(t-4)]$ (d) $x(t)=\cos(4\pi t)\cdot[1(t+2)-1(t-2)]$

8 다음 각 항을 증명하라. 단 $\mathcal{F}[x(t)]=X(\omega)$ 이다.

(a) $X(0)=\int_{-\infty}^{\infty}x(t)dt$ 와 $x(0)=\dfrac{1}{2\pi}\int_{-\infty}^{\infty}X(\omega)d\omega$

(b) $\int_{-\infty}^{\infty}\mathrm{sinc}(x)dx=\int_{-\infty}^{\infty}\mathrm{sinc}^2(x)dx=\pi$

9 다음과 같은 관계가 주어져 있다. 이것을 이용하여 아래 각 신호의 푸리에 변환을 계산하라.

$$\mathcal{F}[e^{-t}]=\frac{2}{\omega^2+1},\ (t>0)$$

(a) $\dfrac{d}{dt}e^{-t}$ (b) $\dfrac{1}{2\pi(t^2+1)}$ (c) $\dfrac{4\cos(2t)}{t^2+1}$

10 신호 $g(t)$ 의 푸리에 변환이 다음과 같이 주어져 있다. 이때 아래 각 신호의 푸리에 변환을 계산하라.

$$G(\omega)=\frac{j\omega}{-\omega^2+j7\omega+6}$$

(a) $g(4t)$ (b) $g(6t-12)$ (c) $\dfrac{d}{dt}g(t)$

(d) $g(-t)$ (e) $e^{-j200t}g(t)$ (f) $\int_{-\infty}^{t}g(\tau)d\tau$

11 [그림 P2.11]로 주어진 신호의 푸리에 변환을 계산하고, 이것의 크기와 위상 스펙트럼을 그림으로 나타내어라.

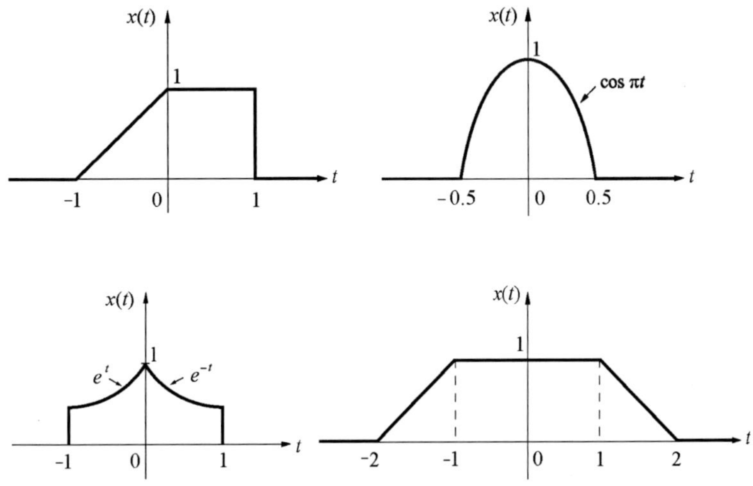

▲ 그림 P2.11

12 [그림 P2.12]로 주어진 주파수 함수 $X(\omega)$로부터 푸리에 역변환을 이용하여 신호 $x(t)$를 계산하라.

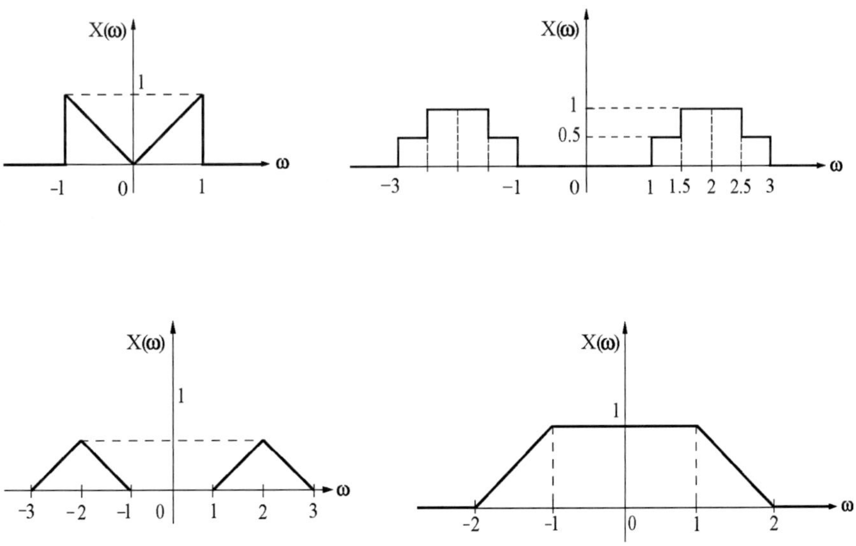

▲ 그림 P2.12

제 3 장 라플라스 변환

라플라스 변환은 제어공학에 있어서 가장 중요한 수학적 도구의 하나이며, 앞으로의 이론 전개에 있어 중심적인 역할을 담당한다. 여기서는 2장에서 다룬 푸리에 변환의 결과를 확장하는 개념으로서 라플라스 변환에 대해 상세하게 설명한다.

3.1 신호의 라플라스 변환

연속시간으로 주어진 신호 $x(t)$ 의 푸리에 변환 $X(\omega)$ 식(2.60)에 의해 다음과 같이 정의된다.

$$X(\omega)=\int_{-\infty}^{\infty} x(t)e^{-j\omega t}dt \tag{3.1}$$

$X(\omega)$는 신호 $x(t)$가 가지고 있는 주파수 성분을 나타내고 있으며, 식(3.1)의 적분이 존재하지 않는 일반적인 신호에 대해서는 푸리에 변환이 존재하지 않는다는 것은 이미 제2장에서 상세히 언급하였다. 예를 들어 단위 계단신호 $1(t)$의 푸리에 변환은 식(3.1)로부터

$$X(\omega)=\int_{0}^{\infty} e^{-j\omega t}dt \tag{3.2}$$

로 되나, 식(3.2)의 적분은 존재하지 않는다.[1] 그러나 제어공학에서 가장 많이 사용되는 신호의 하나인 단위 계단신호를 비롯한 램프신호, 정현파 신호 등과 같은 일반적인 신호의 푸리에 변환을 가능하도록 하기 위해서는 식(3.2)의 적분이 수렴되도록 할 필요가 있다. 이를 위해 수렴을 위한 지수함수 $e^{-\sigma t}$를 적분에 추가한다. 여기서 σ는 실수이다. 이 경우 식(3.2)는

[1] 제2장에서 단위 계단신호의 푸리에 변환은 존재하며 식(2.80)으로 주어진다는 것을 설명하였다. 그러나 식(2.80)의 유도과정에서도 언급하였지만, 푸리에 변환을 위한 적분이 불가능하다는 관점에서는 푸리에 변환은 존재하지 않는 것으로 볼 수 있다.

$$X(\omega)=\int_0^{\infty} e^{-\sigma t}e^{-j\omega t}\,dt$$

로 되고, 이것은 다시 다음과 같이 나타낼 수 있다.

$$X(\omega)=\int_0^{\infty} e^{-(\sigma+j\omega)t}\,dt \tag{3.3}$$

식(3.3)에서 신호 $X(\omega)$는 ω의 함수라기보다는 복소수인 $\sigma+j\omega$의 함수로 되었으므로 $X(\omega)$를 $X(\sigma+j\omega)$와 같이 표현하는 것이 타당할 것이다. 즉

$$X(\sigma+j\omega)=\int_0^{\infty} e^{-(\sigma+j\omega)t}\,dt \tag{3.4}$$

식(3.4)의 우변을 실제로 계산하여 보자. 이 경우

$$X(\sigma+j\omega)=-\frac{1}{\sigma+j\omega}\left[e^{-(\sigma+j\omega)t}\right]\Big|_{t=0}^{t=\infty} \tag{3.5}$$

에서 $\lim\limits_{t\to\infty}e^{-(\sigma+j\omega)t}$의 수렴 여부가 식(3.3)의 결과를 좌우할 것이다. 여기서 만약 $\sigma>0$이라면

$$\lim_{t\to\infty}e^{-(\sigma+j\omega)t}=0$$

로 되어 식(3.5)은 다음과 같이 된다.

$$\begin{aligned} X(\sigma+j\omega) &= -\frac{1}{\sigma+j\omega}\left[0-e^{-(\sigma+j\omega)0}\right] \\ &= \frac{1}{\sigma+j\omega} \end{aligned} \tag{3.6}$$

마지막으로 $s=\sigma+j\omega$로 두면 식(3.6)은

$$X(s)=\frac{1}{s} \tag{3.7}$$

로 된다. 여기서 식(3.7)로 주어진 함수 $X(s)$는 단위 계단신호 $1(t)$의 라플라스 변환 값이며, 이때 $s=\sigma+j\omega$이므로[2] $X(s)$는 복소함수로 된다. 복소함수란, 어떤 특정한 복소수 s

[2] $s=\sigma+j\omega$에 의해 정의되는 복소평면을 $s-$ 평면($s-$ plane)이라고 한다. 즉 x축은 s의 실수부인 σ, y축은 s의 허수부인 $j\omega$로 이루어져 있다. 4장 이후 시스템의 해석에 중요한 역할을 한다.

값을 $X(s)$ 에 대입하면 $X(s)$ 도 일반적으로 복소수가 되는 함수를 의미한다. 예를 들어 $s=1+j$ 를 식(3.7)에 대입하면

$$X(1+j)=\frac{1}{1+j}=\frac{1-j}{(1+j)(1-j)}=\frac{1}{2}-j\frac{1}{2}=\frac{1}{\sqrt{2}}e^{-j(\pi/4)}$$

로 되어 $X(s)$ 는 $s=1+j$ 에서 크기가 $1/\sqrt{2}$ 이고 위상이 $-\pi/4$ 인 복소수로 된다.

여기서 한 가지 중요한 사실은, $X(s)$ 는 s 의 실수부 값(즉 σ)이 양의 실수인 경우에 한해서만 식(3.7)로서 정의된다는 것이다. 위의 단위 계단신호의 경우로 보아 σ 가 영이거나 $\sigma<0$ 인 경우 식(3.7)은 정의될 수 없다는 것이다. 이러한 사실로부터 다음의 요점을 얻는다.

[요점 3.1] 라플라스 변환의 수렴영역

복소수 $s=\sigma+j\omega$ 의 집합에서

$$\mathrm{Re}\{s\}=\sigma>0$$

인 영역을 단위 계단신호의 라플라스 변환이 존재하기 위한 수렴영역(region of convergence)이라고 한다.

단위 계단신호에 대한 라플라스 변환을 얻는 과정을 일반적인 신호 $x(t)$ 에 적용하면 다음과 같다. 즉 주어진 신호 $x(t)$ 에 지수 요소 $e^{-\sigma t}$ 를 곱하여서 푸리에 변환식 (3.1)에 대입하면 된다. 즉

$$X(\sigma+j\omega)=\int_{-\infty}^{\infty}x(t)e^{-(\sigma+j\omega)t}\,dt \tag{3.8}$$

이다. 위에서와 마찬가지로 $s=\sigma+j\omega$ 로 두면 식(3.8)은

$$X(s)=\int_{-\infty}^{\infty}x(t)e^{-st}dt \tag{3.9}$$

로 된다. 식(3.9)로 주어진 함수 $X(s)$ 는 신호 $x(t)$ 의 '양방향 라플라스 변환(two-sided Laplace transform)'이라고 한다. 또 식(3.4)와 같이 적분의 하한이 0 인 경우, 즉

$$X(s)=\int_{0}^{\infty}x(t)e^{-st}\,dt \tag{3.10}$$

을 '한쪽 방향 라플라스 변환(one-sided Laplace transform)'이라고 한다. 식(3.10)으로부터,

한쪽 방향 라플라스 변환은 신호 $x(t)$가 $t \geq 0$인 영역에서만 값을 가지는 경우에 적용된다. 시스템(또는 신호)의 해석에 있어 $t < 0$에서 값은 그 시스템(혹은 신호)의 초기값으로 반영되어 시스템(혹은 신호)에 나타나므로, 본서에서는 이후 한쪽 방향 라플라스 변환만을 취급하기로 한다. 또 앞으로 모든 신호의 변환(푸리에 및 라플라스)된 값은 영어의 대문자를 사용하고, 변환 전의 값은 소문자를 사용하기로 약속한다.

임의의 신호 $x(t)$에 대해 라플라스 변환식 $X(s)$가 존재하기 위해서는 식(3.10)의 적분이 가능하도록 적분 변수 s에 대한 수렴 영역이 정의되어야 할 것이다. 따라서 수렴 영역은 신호 $x(t)$에 따라 다르게 주어질 것이다. 이것을 다음의 예로서 확인하여 보자.

[예제 3.1]

지수 신호 $x(t)= e^{-bt}$의 라플라스 변환을 구하여 보자.

(해) 공식에 의해 라플라스 변환은 다음과 같다.

$$X(s) = \int_0^{\infty} e^{-bt} e^{-st}\, dt = \int_0^{\infty} e^{-(s+b)t}\, dt \qquad ①$$

$$= -\frac{1}{s+b}\left[e^{-(s+b)t}\right]\Bigg|_{t=0}^{t=\infty}$$

①의 오른쪽 항을 계산하기 위해서는 다음 식의 확인이 필요하다.

$$\lim_{t\to\infty} e^{-(s+b)t} \qquad ②$$

여기서 $s = \sigma + j\omega$로 두면

$$\lim_{t\to\infty} e^{-(\sigma + j\omega + b)t} \qquad ③$$

이고, 여기서 ③의 $t \to \infty$에서의 한계값은 $(\sigma + b) > 0$인 경우에만 존재하며, 이때 ③은 영으로 된다. 따라서 $x(t)= e^{-bt}$의 라플라스 변환은

$$X(s)= \frac{1}{s+b} \qquad ④$$

로 되며, ④의 결과가 존재하기 위한 수렴 영역은 $\mathrm{Re}\{s\}= \sigma > -b$이다. 만약 $b=0$이면 $x(t)$는 단위 계단신호로 되며, ④로부터 라플라스 변환은 $F(s)= 1/s$로 되어 식(3.7)의 결과와 일치한다.

푸리에 변환과 라플라스 변환과의 관련성

위에서 언급한 것처럼, 양방향 라플라스 변환은 신호 $x(t)$ 에 대한 푸리에 변환의 일반화라고 할 수 있을 것이다. 즉 양방향 라플라스 변환은 지수함수를 곱한 신호(즉 $x(t)e^{-\sigma t}$)의 푸리에 변환이다. $t<0$ 에서 $x(t)=0$ 의 값을 가지는 임의의 신호 $x(t)$ 가 있다고 하자. 이 경우 $x(t)$ 의 푸리에 변환식 $X(\omega)$ 은 라플라스 변환식 $X(s)$ 에서 $s=j\omega$ 로 둠으로써 얻을 수 있을 것으로 보인다. 그러나 이런 관계는 대부분 성립되지 않는다. 예를 들어 신호 $x(t)$ 가 $t<0$ 에서 영이며, 또 이 신호는 식(3.10)으로 정의되는 라플라스 변환을 가진다고 가정한다. 이때 $x(t)$ 의 푸리에 변환은

$$X(\omega)=\int_{0}^{\infty} x(t)e^{-j\omega t}\,dt \tag{3.11}$$

이다. 이때 식(3.10)과 (3.11)을 비교하면 푸리에 변환식 $X(\omega)$ 는 이 신호의 라플라스 변환 $X(s)$ 에서 $s=j\omega$ 의 치환에 의해 결정되는 것으로 보인다. 즉, 수학적으로 나타내면 다음과 같다.

$$X(\omega)=X(s)\Big|_{s=j\omega} \tag{3.12}$$

그러나 식(3.12)가 성립되는 경우는 $X(s)$ 의 수렴영역이 $\sigma=0$ 을 포함하는 경우에 한정된다. 예를 들어, $x(t)$ 가 단위 계단신호 $1(t)$ 라면 식(3.12)는 성립되지 않는다. 왜냐하면 이 경우의 수렴 영역은 $\mathrm{Re}\{s\}>0$ 으로서 $\sigma=0$ 를 포함하지 않기 때문이다.[3] 이것은 앞서 단위 계단신호는 라플라스 변환이 존재하지만 푸리에 변환은 존재하지 않는다고 한 것과 동일한 내용으로 받아들일 수 있을 것이다.

[예제 3.2]

$x(t)=e^{-bt}\cdot 1(t)$ 로 둔다. 여기서 b 는 임의의 실수이다. 라플라스 변환으로부터 푸리에 변환을 유도하여 보자.

(해) [예제 3.1]의 결과로부터 $x(t)$ 의 라플라스 변환 $X(s)$ 는 $1/(s+b)$ 이며, 수렴영역은 $\mathrm{Re}\{s\}>-b$ 이다. 따라서 만약 $b>0$ 이면, 수렴 영역은 $\sigma=0$ 를 포함하기 때문에 $x(t)$ 의 푸리에 변환은

---

3 단위 계단신호의 푸리에 변환인 식(2.84)는 식(3.12)의 관계를 이용하여 얻을 수 없다는 점은 이러한 관계로부터 설명할 수 있을 것이다. 또한 제2장에서 단위 계단신호를 주파수가 영인 주기신호로 간주하여 식(2.84)를 유도하였으나, 식(3.12)에 의한 단위 계단신호의 변환인 $1/(j\omega)$으로는 주파수가 영인 경우의 특성을 설명할 수 없다.

$$X(\omega) = X(s)|_{s=j\omega} = \frac{1}{j\omega + b} \qquad ①$$

로 된다.[4] 또 $b \leq 0$ 이면 $x(t)$ 는 푸리에 변환을 가지지 않지만, $X(s) = 1/(s+b)$ 로 되는 라플라스 변환은 존재한다.

%[예제 3.2]

```
syms x t b                          % Symbolic 변수의 설정
x=exp(b*t)                          % x(t)=e^-bt 의 지정
laplace(x)                          % 라플라스 변환의 실행
```

앞으로 신호 $x(t)$ 의 라플라스 변환을

$$X(s) = \mathcal{L}[x(t)]$$

로 나타내기로 한다. 이상의 내용을 정리하면 다음의 요점이 얻어진다.

[요점 3.2] 라플라스 변환

$t < 0$ 에서 $x(t) = 0$ 의 값을 가지는 임의의 신호 $x(t)$ 에 대한 라플라스 변환은 다음과 같이 주어진다.

$$X(s) = \mathcal{L}[x(t)] = \int_0^{\infty} x(t)e^{-st}\,dt \qquad (3.13)$$

단, s 는 $s = \sigma + j\omega$ 로 주어지는 복소수이다.

3.2 라플라스 변환의 성질

여기서는 라플라스 변환이 가지는 여러 가지의 성질에 대하여 알아보기로 한다. 이러한 성질은 이후의 라플라스 변환의 응용 부분에서 중요한 역할을 한다. 여기서 언급할 라플라스 변환의 성질은 제2장에서 설명한 푸리에 변환의 성질과 대응하는 부분이 많다. 따라서 이

4 [예제 2.6]을 참조

들의 증명은 푸리에 변환 부분에 보인 각 성질의 증명에서 단지 $j\omega$ 를 s 로 대치함으로써 쉽게 얻어질 수 있기 때문에 더 이상 여기서는 취급하지 않는다.

그러나 앞서 언급한 푸리에 변환의 성질 중, [성질 4]의 공역 대칭성과 [성질 12]의 파스벌의 등식은 라플라스 변환에는 존재하지 않는 성질이다.

선형성(Linearity)

라플라스 변환은 푸리에 변환과 마찬가지로 선형 작용을 하는 변환이다. 따라서 다음의 성질이 성립한다.

성질 1

선형성 : a, b 를 실수로 했을 때 다음이 성립한다.

$$\mathcal{L}\,[a\,x(t) + b\,x(t)] = a\,\mathcal{L}\,[x(t)] + b\,\mathcal{L}\,[x(t)] \tag{3.14}$$

[예제 3.3]

신호 $1(t) + e^{-t} \cdot 1(t)$ 의 라플라스 변환을 구하여 보자.

(해) [예제 3.1]의 ④의 결과와 선형성의 정리 식(3.14)에 의해 다음 식을 얻을 수 있다.

$$\mathcal{L}\left[1(t) + e^{-t} \cdot 1(t)\right] = \frac{1}{s} + \frac{1}{s+1} = \frac{2s+1}{s(s+1)}$$

시간 이동(Right-shift in Time)

시간 영역에서 신호의 오른쪽 방향으로의 이동과 관련하여 다음의 성질이 주어진다.

성질 2 시간 이동

신호 $x(t)$ 를 오른쪽으로 시간 τ 만큼 수평 이동한 경우의 라플라스 변환과 관련하여 다음 식이 성립한다.

$$\mathcal{L}\,[x(t-\tau) \cdot 1(t-\tau)] = e^{-\tau s} X(s) \tag{3.15}$$

단, $\mathcal{L}\,[x(t)] = X(s)$ 이다.

식(3.15)로부터 시간영역에서 신호 $x(t)$를 시간 τ 만큼 수평 이동하였을 경우의 라플라스 변환은 원래 신호의 라플라스 변환식 $X(s)$ 에 $e^{-\tau s}$ 를 곱하면 된다는 것을 알 수 있다.

[예제 3.4]

다음과 같이 주어진 신호 $x(t)$ 의 라플라스 변환식을 구하여 보자.

$$x(t)=\begin{cases}1, & (0 \leq t < \tau) \\ 0, & (\text{나머지 구간})\end{cases}$$

(해) 신호 $x(t)$ 를 단위 계단신호를 이용하여 나타내면 다음과 같다. 즉

$$x(t)=1(t)-1(t-\tau) \qquad ①$$

[성질 1]의 선형성에 의해 $x(t)$의 라플라스 변환 $X(s)$는, 두 개의 시간 신호 $1(t)$와 $1(t-\tau)$의 라플라스 변환의 선형적인 결합으로 주어진다. 따라서 식(3.15)에 의해

$$\mathcal{L}\left[1(t)-1(t-\tau)\right]=\frac{1}{s}-\frac{e^{-\tau s}}{s}=\frac{1-e^{-\tau s}}{s} \qquad ②$$

여기서 한 가지 주의할 점은, 신호의 왼쪽이동과 관련해서는 적절한 성질이 주어지지 않는다는 사실이다. 위 식에서 τ를 양의 실수로 하고, 신호 $x(t+\tau)$의 라플라스 변환을 생각하여 보자. $\tau > 0$ 이기 때문에 $x(t+\tau)$는 신호 $x(t)$를 왼쪽으로 τ만큼 이동한 것으로 된다. 이때의 라플라스 변환은

$$\int_0^{\infty} x(t+\tau)e^{-st}\,dt \qquad (3.16)$$

의 계산으로 된다. 그러나 식(3.16)을 $x(t)$ 의 라플라스 변환인 $X(s)$ 을 이용하여 나타낼 수는 없다. 특히 식(3.16)이 $e^{\tau s}X(s)$ 과 일치하지 않는다는 것은 쉽게 알 수 있다.

시간축의 변경(Time-Scaling)

신호 $x(t)$ 의 시간축을 $x(at)$ 로 변경했을 경우와 관련하여 다음의 성질이 알려져 있다.

성질 3 시간축 변경

신호 $x(t)$ 의 시간축을 at 로 변경하였을 경우의 라플라스 변환은 다음과 같다.

$$\mathcal{L}\left[x(at)\right]=\frac{1}{a}X\left(\frac{s}{a}\right) \qquad (3.17)$$

단, $\mathcal{L}\left[x(t)\right]=X(s)$ 이다.

[예제 3.5]

단위 계단신호 $1(at)$ 의 라플라스 변환을 구하여 보자. 여기서 a 는 임의의 양의 실수이다.

(해) 식(3.7)로부터

$$\mathcal{L}\,[1(at)] = \frac{1}{a}\left(\frac{1}{s/a}\right) = \frac{1}{s}$$

로 됨을 쉽게 알 수 있다. 단위 계단신호의 경우, 임의의 a 에 대하여 $1(at) = 1(t)$ 로 되므로 위 결과는 예상되었던 것이다.

시간 t 의 멱급수와의 곱(Multiplication by a Power of t)

신호 $x(t)$ 에 시간의 멱급수를 곱하였을 경우의 라플라스 변환과 관련되어 다음의 결과가 알려져 있다.

성질 4　시간 t 의 멱급수의 곱

신호 $x(t)$ 에 시간 t 의 멱급수를 곱한 신호의 라플라스 변환에 대해 다음 식이 성립한다.

$$\mathcal{L}\,[t^N x(t)] = (-1)^N \frac{d^N}{dt^N} X(s) \tag{3.18}$$

단, $\mathcal{L}\,[x(t)] = X(s)$ 이며 N 은 양의 정수이다.

[예제 3.6]

단위램프 신호 $r(t) = t \cdot 1(t)$ 의 라플라스 변환을 계산하여 보자.

(해) 식(3.18)에서 $N=1$ 인 경우에 해당하므로

$$\mathcal{L}\,[r(t)] = -\frac{d}{dt}\frac{1}{s} = \frac{1}{s^2}$$

이다. 위 문제를 일반화시켜서 $t^N \cdot 1(t)$, $(N=1,2,\cdots)$ 인 신호의 라플라스 변환은 다음과 같이 될 것이다.

$$\mathcal{L}\,[t^N \cdot 1(t)] = \frac{N!}{s^{N+1}} \tag{3.19}$$

[예제 3.7]

$v(t) = te^{-bt} \cdot 1(t)$ 인 신호의 라플라스 변환을 구하여 보자. b 는 임의의 실수이다.

(해) [예제 3.1]의 ④와 식(3.19) 의해

$$\mathcal{L}[v(t)] = -\frac{d}{ds}\frac{1}{s+b} = \frac{1}{(s+b)^2}$$

을 얻는다.

이 문제를 일반화하여 $t^N e^{-bt} \cdot 1(t)$ 인 신호의 라플라스 변환은 다음과 같이 된다.

$$\mathcal{L}\left[t^N e^{-bt} \cdot 1(t)\right] = \frac{N!}{(s+b)^{N+1}} \tag{3.20}$$

지수 신호와의 곱(multiplication by an exponential)

신호 $x(t)$ 와 지수 신호와의 곱에 관하여 다음의 성질이 알려져 있다.

성질 5 지수 신호와의 곱

신호 $x(t)$ 에 지수 신호 e^{at} 를 곱한 신호의 라플라스 변환에 대해 다음 식이 성립한다.

$$\mathcal{L}\left[e^{at}x(t)\right] = X(s-a) \tag{3.21}$$

단, $\mathcal{L}[x(t)] = X(s)$ 이며, a 은 임의의 실수 또는 복소수이다.

[예제 3.8]

$v(t) = [1(t) - 1(t-b)]e^{at}$ 의 라플라스 변환식을 구하여 보자. 여기서 a, b 는 임의의 양의 실수이다.

(해) [그림 3.1]로 표시된 신호 $v(t)$ 는 구형파 신호 $1(t) - 1(t-b)$ 와 지수 신호 $e^{at}, (a<0)$)와의 곱으로 구성되어 있다. 위 [예제 3.4]로부터

$$\mathcal{L}[1(t) - 1(t-\tau)] = \frac{1-e^{-\tau s}}{s}$$

이므로 식(3.21)에 의하여

$$\mathcal{L}\,[v(t)] = \frac{1-e^{-b(s-a)}}{(s-a)}$$

가 얻어진다.

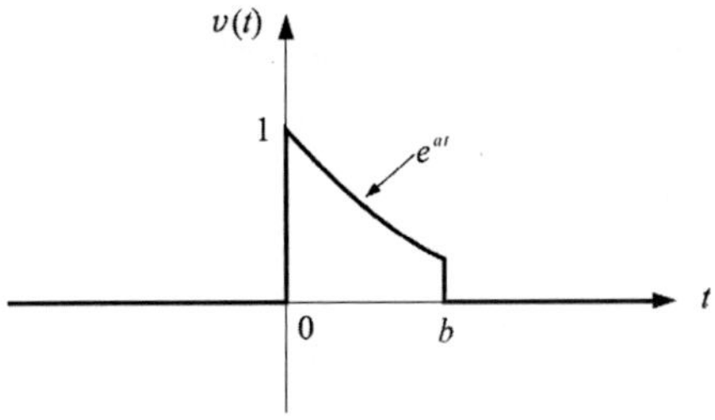

▲ 그림 3.1 [예제 3.8]의 신호 $v(t)$

시간 영역에서의 미분(differentiation in the time-domain)

신호 $x(t)$ 의 시간 영역에 있어서의 미분에 대하여 생각한다.

성질 6 미분

$\mathcal{L}\,[x(t)] = X(s)$ 인 경우 다음 식이 성립한다.

$$\mathcal{L}\left[\frac{dx(t)}{dt}\right] = sX(s) - x(0) \tag{3.22}$$

단, $x(0)$ 는 신호 $x(t)$ 의 초기값이다.

식(3.22)는 $dx(t)/dt$ 를 라플라스 변환 공식에 직접 대입하여 확인할 수 있다. 즉, 식(3.13)에 의해

$$\mathcal{L}\left[\frac{dx(t)}{dt}\right] = \int_0^\infty (dx(t)/dt)e^{-st}\,dt$$

로 되며, 여기서 적분은 부분적분에 관한 공식

$$\int_0^\infty x'y\,dt = xy\Big|_0^\infty - \int_0^\infty xy'\,dt \tag{3.23}$$

을 이용하여 수행하면

$$\begin{aligned}\int_0^\infty (dx(t)/dt)e^{-st}\,dt &= e^{-st}x(t)\Big|_0^\infty - \int_0^\infty x(t)(-s)e^{-st}\,dt \\ &= \lim_{t\to\infty}[e^{-st}x(t)] - x(0) + sX(s)\end{aligned} \tag{3.24}$$

로 된다. 여기서 신호 $x(t)$가 임의의 M과 a에 대하여 $|x(t)| < Me^{at}$, $(t > 0)$의 조건이 성립된다면,[5] $\mathrm{Re}\{s\} > a$을 만족하는 임의의 s에 대하여

$$\lim_{t \to \infty} [e^{-st}x(t)] = 0$$

로 될 것이다. 따라서 식(3.24)는

$$\int_0^{\infty} (dx(t)/dt)e^{-st}dt = sX(s) - x(0)$$

로 되어 식(3.22)가 확인되었다.

[예제 3.9]

$x(t) = 1(t)$라고 두면, $dx(t)/dt = \delta(t)$이다. 이때 식(3.22)를 이용하여 임펄스의 라플라스 변환을 구하여 보자.

(해) 식(3.22)의 공식에 의하면 신호 $x(t)$의 초기값 $x(0)$가 필요하나, 단위 계단신호의 경우 초기값은 $1(0^-) = 0$, $1(0^+) = 1$로 주어진다. 일반적으로 어떤 신호가 시각 $t = 0$에 불연속이거나 임펄스 값을 가지는 경우에는 초기값으로 시각 $t = 0^-$를 택하고 있다. 따라서 식(3.22)에 의해 단위 계단신호의 미분의 라플라스 변환은

$$\mathcal{L}\left[\frac{d1(t)}{dt}\right] = s\frac{1}{s} - 1(0^-) = 1 - 0 = 1$$

로 된다. 즉, 임펄스신호 $\delta(t)$의 라플라스 변환은 상수인 1로 된다는 것을 알 수 있다. 이러한 사실은 라플라스 변환의 정의식(3.10)으로부터도 확인할 수 있다.

두 번 미분한 신호의 라플라스 변환은 식(3.22)의 결과를 이용하면 쉽게 얻어진다.

$$\mathcal{L}\left[\frac{d^2x(t)}{dt^2}\right] = s^2X(s) - sx(0) - \dot{x}(0) \tag{3.25}$$

위 식에서 $\dot{x}(0)$는 신호 $x(t)$를 미분하여 $t = 0$으로 둔 것을 의미한다. 식(3.25)를 확장하여 N번 미분한 신호의 라플라스 변환식은 다음과 같이 주어진다.

5 $|x(t)| < Me^{at}$, $(t > 0)$의 조건이 임의의 M과 a에 대하여 만족된다는 것은, 신호 $x(t)$가 시간의 증가와 함께 발산하지 않는 안정한 신호라는 것을 의미한다.

$$\mathcal{L}\left[x^{(N)}(t)\right]= s^N X(s)- s^{N-1}x(0)- s^{N-2}\dot{x}(0) - \cdots - sx^{(N-2)}(0)- x^{(N-1)}(0) \quad (3.26)$$ [6]

적분(Integration)

신호의 적분과 관련한 라플라스 변환의 성질로서 다음이 주어진다.

성질 7 적분

$\mathcal{L}\left[x(t)\right]= X(s)$ 인 경우 다음 식이 성립한다.

$$\mathcal{L}\left[\int_0^t x(\lambda)d\lambda\right]= \frac{1}{s}X(s) \quad (3.27)$$

위 성질은 미분에 관한 [성질 6]을 이용하면 쉽게 증명할 수 있다. 즉, 신호 $v(t)$를 다음과 같이 정의한다.

$$v(t)=\begin{cases}\displaystyle\int_0^\infty x(\lambda)d\lambda, & (t \geq 0)\\ 0, & (t < 0)\end{cases}$$

그러면 $x(t)= \dot{v}(t), (t \geq 0)$ 이므로 식(3.22)에 의해 $X(s)= s\,V(s)$ 가 얻어진다.[7] 따라서 $V(s)= (1/s)X(s)$ 로 되어 식(3.27)이 확인되었다.

[예제 3.10]

$x(t)= 1(t)$ 로 두면, $x(t)$ 의 적분은 램프신호인 $r(t)= t \cdot 1(t)$ 로 된다. 이것의 라플라스 변환을 식(3.27)을 이용하여 구하여 보자.

(해) 간단한 계산에 의해

$$\mathcal{L}\left[r(t)\right]= \frac{1}{s}\frac{1}{s}= \frac{1}{s^2}$$

로 된다. 이 결과는 [성질 4]를 이용하여서도 증명할 수 있다.

6 일반적으로 $(dx(t)/dt)$ 를 간단히 $\dot{x}(t)$ 와 같이 표현하며, 고계의 미분, 즉 $\{d^N x(t)/dt^N\}$ 은 $x^{(N)}(t)$ 를 이용하여 표현한다.

7 $v(t)$ 가 $t=0$ 에서 불연속을 가지므로 $v(t)$ 의 초기값은 $v(0^-)=0$ 으로 된다.

컨볼류션(Convolution)

2장의 식(2.98)에서 이미 언급한 바와 같이, $t<0$ 에서 영의 값을 가지는 두 신호 $x(t)$, $y(t)$ 가 주어졌을 경우, 컨볼류션 적분은 다음으로 주어진다.

$$x(t)*y(t)=\int_0^t x(\tau)y(t-\tau)d\tau \tag{3.28}$$

컨볼류션 적분의 라플라스 변환과 관련하여 다음과 같은 성질이 주어진다.

성질 8 컨볼류션 적분

$\mathcal{L}[x(t)]=X(s)$, $\mathcal{L}[y(t)]=Y(s)$ 라고 한다. 이때 식(3.28)로 주어지는 컨볼류션 적분의 라플라스 변환은 다음과 같다.

$$\mathcal{L}[x(t)*y(t)]=X(s)Y(s) \tag{3.29}$$

식(3.29)로부터 시간영역에서의 컨볼류션 적분이 s 영역에서 두 신호의 라플라스 변환의 곱으로 바뀐다는 것을 알 수 있다. 이 성질은 4장 이후에서 시스템의 입출력 관계를 나타내는 정의식에서 사용되는 중요한 성질이다.

[예제 3.11]

$x(t)=1(t)-1(t-1)$ 로 주어지는 구형파 신호에 대하여 생각한다. 이때 $x(t)*x(t)$ 를 식(3.29)를 이용하여 계산하여 보자.

(해) [예제 3.4]로부터 신호 $x(t)$ 의 라플라스 변환은 $X(s)=(1-e^{-s})/s$ 이다. 따라서 식(3.29)에 의해 $x(t)*x(t)$ 는 $X^2(s)$, 즉

$$X^2(s)=\left(\frac{1-e^{-s}}{s}\right)^2=\frac{1-2e^{-s}+e^{-2s}}{s^2}$$

이다. 따라서 $x(t)*x(t)$ 는 위 식의 오른쪽 항을 라플라스 역변환[8] 함으로써 구할 수 있다. 역변환은 지금까지의 라플라스 변환의 성질 중, [성질 1]의 선형성, [성질 2]의 시간 이동 및 $\mathcal{L}[1(t)]=1/s$ 와 $\mathcal{L}[t\cdot 1(t)]=1/s^2$ 의 관계를 적용하면

[8] 다음 절 참조

어렵지 않게 구할 수 있다. 따라서

$$x(t)*x(t)=t\cdot 1(t)-2(t-1)\cdot 1(t-1)+(t-2)\cdot 1(t-2)$$

이다. 이 결과를 [그림 3.2]에 나타내었다. 이 그림은 구형파의 컨볼류션은 삼각신호로 된다는 것을 보여주고 있다.

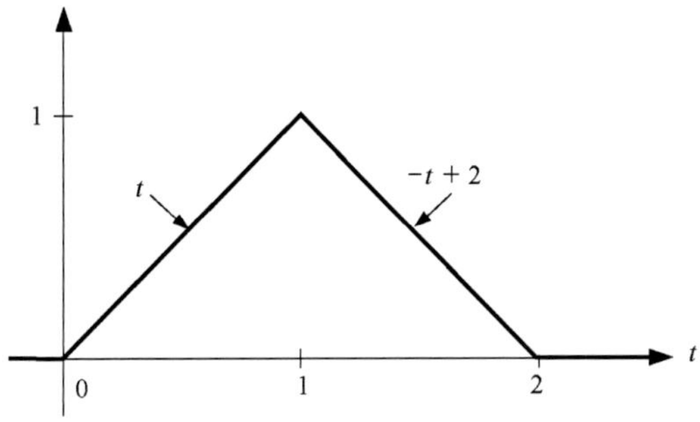

▲ 그림 3.2 $x(t)*x(t)$ 의 그림

초기값 정리(Initial-Value Theorem)

신호 $x(t)$ 의 초기값 $x(0)$ 를 다음과 같이 신호의 라플라스 변환식 $X(s)$ 로부터 구할 수 있다.

성질 9 초기값 정리

$\mathcal{L}[x(t)]=X(s)$ 라고 한다. 이때 다음의 관계식이 성립된다.

$$x(0)=\lim_{s\to\infty} sX(s) \tag{3.30}$$

위 성질은 초기값 정리로 알려져 있으며 제4장 이후 시스템 해석 등에서 많이 사용된다. 위 식의 증명은 다음과 같다. 먼저 신호 $x(t)$ 는 시각 $t=0$ 에서 테일러급수 전개가 존재한다고 가정한다. 즉

$$x(t)=\sum_{k=0}^{\infty} x^{(k)}(0)\frac{t^k}{k!} \tag{3.31}$$

여기서 $x^{(k)}(0)$ 는 신호 $x(t)$ 를 k 번 미분한 뒤 $t=0$ 를 대입하여 얻은 값을 의미한다.

그런데

$$sX(s)=\int_{0}^{\infty} sx(t)e^{-st}\,dt \tag{3.32}$$

이므로 식(3.32)에 식(3.31)을 대입하면

$$sX(s)=\int_{0}^{\infty}\sum_{k=0}^{\infty} sx^{(k)}(0)\frac{t^k}{k!}e^{-st}\,dt \tag{3.33}$$

으로 되고, 여기서 적분과 합의 기호를 교환하고 식(3.19)를 적용하면

$$sX(s)=\sum_{k=0}^{\infty} x^{(k)}(0)\frac{s}{s^{k+1}}=\sum_{k=0}^{\infty} x^{(k)}(0)\frac{1}{s^k}$$

로 되며, 여기서 위 식의 양변에 $s\to\infty$ 의 극한을 취하면

$$\lim_{s\to\infty} sX(s)=x(0)$$

로 되어 식(3.30)이 만족되는 것을 확인할 수 있다.

초기값 정리를 이용하면, 신호의 초기값을 신호의 라플라스 변환으로부터 직접 얻을 수 있기 때문에 굉장히 편리하다. 다시 말하면, $X(s)$ 는 알고 있지만 $x(t)$ 가 알려져 있지 않는 경우에도 라플라스 역변환을 수행할 필요없이 초기값의 계산을 할 수 있다는 것이다.

[예제 3.12]

신호 $x(t)$ 의 라플라스 변환식이 다음과 같이 주어져 있을 때 초기값 $x(0)$ 를 계산하여 보자.

$$X(s)=\frac{-3s^2+2}{s^3+s^2+3s+2}$$

(해) 초기값의 정리에 의해

$$\lim_{s\to\infty} sX(s)=\lim_{s\to\infty}\frac{-3s^3+2s}{s^3+s^2+3s+2}=\frac{-3}{1}$$

이다. 따라서 $x(0)=-3$을 얻는다.

최종값 정리(Final-Value Theorem)

신호 $x(t)$의 라플라스 변환을 $X(s)$라고 하고, 신호 $x(t)$가 $t \to \infty$에서 한계값을 가지는 것으로 한다. 즉,

$$x(\infty) = \lim_{t \to \infty} x(t)$$

가 존재한다. 최종값과 관련하여 다음의 성질이 알려져 있다.

성질 10　최종값 정리

> $x(\infty)$가 존재한다면 다음의 관계식이 성립한다.
>
> $$x(\infty) = \lim_{s \to 0} sX(s) \tag{3.34}$$
>
> 여기서 $\mathcal{L}[x(t)] = X(s)$이다.

위 성질을 증명하여 보자. 먼저, 미분의 성질인 식(3.22)로부터

$$\int_0^\infty \dot{x}(t)e^{-st}\,dt = sX(s) - x(0) \tag{3.35}$$

가 얻어진다. 위 식의 양변에 $s \to 0$의 한계를 취하면 식(3.35)는 다음과 같이 된다.

$$\lim_{s \to 0}\int_0^\infty \dot{x}(t)e^{-st}\,dt = \int_0^\infty \dot{x}(t)\,dt = \lim_{s \to 0}[sX(s) - x(0)] \tag{3.36}$$

여기서 만약 신호 $x(t)$가 $t \to \infty$에서 한계값을 가진다면, 부분 적분의 정리에 의해

$$\int_0^\infty \dot{x}(t)\,dt = x(\infty) - x(0) \tag{3.37}$$

를 얻을 수 있다. 따라서 식(3.36)과 (3.37)을 비교하면 식(3.34)를 확인할 수 있다.

신호 $x(t)$의 $t \to \infty$에서 값을 이것의 라플라스 변환식 $X(s)$로부터 직접 계산할 수 있기 때문에 최종값의 정리는 매우 유용한 성질이다. 그러나 이 경우 약간의 주의가 필요하다. 즉, $t \to \infty$에서 신호 $x(t)$가 값을 가지지 않는 경우에도 $s \to 0$에서 $sX(s)$ 값이 존재하는 경우가 있다. 예를 들어

$$X(s) = \frac{1}{s^2 + 1}$$

인 경우에는 식(3.34)에 의해

$$\lim_{s\to 0} sX(s) = \lim_{s\to 0}\frac{s}{s^2+1} = 0$$

로 되어, 최종값이 영으로 됨을 알 수 있다. 그러나 $X(s)$를 라플라스 역변환 하면 $x(t)=\sin(t)$로 되어 이 신호는 $t\to\infty$에서 최종값을 가지지 않는다.

지금까지 언급한 라플라스 변환의 성질을 [표 3.1]에 정리하였다. [표 3.2]에는 제어공학에서 가장 빈번하게 사용되는 신호의 라플라스 변환식을 정리하여 두었다. 전부 암기할 필요는 없겠지만, 전반부의 기본적인 신호 몇 가지는 외워두면 편리할 것이다.

[표 3.1] 라플라스 변환의 성질

성질의 종류	변환 관계식
선형성	$\mathcal{L}[ax(t)+bx(t)]=a\mathcal{L}[x(t)]+b\mathcal{L}[x(t)]$
시간 이동	$\mathcal{L}[x(t-\tau)\cdot 1(t-\tau)]=e^{-\tau s}X(s),\ (\tau>0)$
시간 축 변경	$\mathcal{L}[x(at)]=\frac{1}{a}X\left(\frac{s}{a}\right),\ (a>0)$
t의 멱급수와의 곱	$\mathcal{L}[t^N x(t)]=(-1)^N\frac{d^N}{ds^N}X(s)$
지수 신호와의 곱	$\mathcal{L}[e^{at}x(t)]=X(s-a)$
시간 영역에서의 미분	$\mathcal{L}[x^{(N)}(t)]=s^NX(s)-s^{N-1}x(0)-s^{N-2}\dot{x}(0)-\cdots-sx^{(N-2)}(0)-x^{(N-1)}(0)$
시간 영역에서의 적분	$\mathcal{L}\left[\int_0^t x(\lambda)d\lambda\right]=\frac{1}{s}X(s)$
컨볼류션	$\mathcal{L}[x(t)*y(t)]=X(s)Y(s)$
초기값 정리	$x(0)=\lim_{s\to\infty}sX(s)$
최종값 정리	$x(\infty)=\lim_{s\to 0}sX(s)$

[표 3.2] 일반적인 신호의 라플라스 변환

각종 신호	라플라스 변환식
단위계단	$\mathcal{L}[1(t)]=\frac{1}{s}$
구형파	$\mathcal{L}[1(t)-1(t-a)]=\frac{1-e^{-as}}{s}$, $(a>0)$
멱급수	$\mathcal{L}[t^N \cdot 1(t)]=\frac{N!}{s^{N+1}}$, $(N=1,2,\cdots)$
임펄스	$\mathcal{L}[\delta(t)]=1$
시간 이동 임펄스	$\mathcal{L}[\delta(t-a)]=e^{-as}$, $(a>0)$
지수	$\mathcal{L}[e^{-bt} \cdot 1(t)]=\frac{1}{s+b}$, ($b$는 실수 또는 복소수)
감소 멱급수	$\mathcal{L}[t^N e^{-bt} \cdot 1(t)]=\frac{N!}{(s+b)^{N+1}}$, $(N=1,2,\cdots)$
cosine	$\mathcal{L}[\cos(\omega t) \cdot 1(t)]=\frac{s}{s^2+\omega^2}$
sine	$\mathcal{L}[\sin(\omega t) \cdot 1(t)]=\frac{\omega}{s^2+\omega^2}$
시간과 cosine의 곱	$\mathcal{L}[t(\cos(\omega t)) \cdot 1(t)]=\frac{s^2-\omega^2}{(s^2+\omega^2)^2}$
시간과 sine의 곱	$\mathcal{L}[t(\sin(\omega t)) \cdot 1(t)]=\frac{2\omega s}{(s^2+\omega^2)^2}$
감소 cosine	$\mathcal{L}[e^{-at}\cos(\omega t) \cdot 1(t)]=\frac{s+a}{(s+a)^2+\omega^2}$
감소 sine	$\mathcal{L}[e^{-bt}\sin(\omega t) \cdot 1(t)]=\frac{\omega}{(s+b)^2+\omega^2}$

3.3 라플라스 역변환의 계산

신호 $x(t)$ 의 라플라스 변환식 $X(s)$ 가 주어졌을 경우, 라플라스 변환식으로부터 원래의 신호 $x(t)$ 를 계산하는 문제를 생각하여 보자. 이것을 라플라스 역변환이라고 하며, 다음과 같이 정의된다.

[요점 3.3] 라플라스 역변환

$\mathcal{L}[x(t)] = X(s)$ 가 주어졌을 경우, 신호 $x(t)$ 는 다음 식으로부터 구할 수 있다.

$$x(t) = \frac{1}{2\pi j}\int_{c-j\infty}^{c+j\infty} X(s)e^{st}ds \tag{3.38}$$

식(3.38)의 적분은 복소평면에서 이루어지는 것으로, 이것을 실제로 수행하는 것은 일반적으로 상당한 어려움이 있다. 여기서는 $X(s)$ 가 변수 s 의 유리다항식으로 표현되어 있는 경우에 한하여 역변환을 대수적으로 수행하는 방법에 대하여 설명한다. 먼저 유리수의 라플라스 변환에 대한 정의가 필요하다.

3.3.1 유리수 라플라스 변환

신호 $x(t)$ 의 라플라스 변환식이 다음과 같이 주어졌다고 한다. 즉,

$$X(s) = \frac{B(s)}{A(s)} \tag{3.39}$$

여기서 $B(s)$ 와 $A(s)$ 는 복소수 s 의 다항식으로

$$B(s) = b_M s^M + b_{M-1}s^{M-1} + \cdots + b_1 s + b_0 \tag{3.40a}$$

$$A(s) = a_N s^N + a_{N-1}s^{N-1} + \cdots + a_1 s + a_0 \tag{3.40b}$$

와 같이 정의된다. 식(3.40)에서 M, N 은 양의 정수이며, $b_M, b_{M-1}, \cdots, b_0$ 와 $a_N, a_{N-1}, \cdots, a_0$ 는 실수이다. 이때 $b_M \neq 0$ 및 $a_N \neq 0$ 이라면, 다항식 $B(s)$ 의 차수는 M 이며 $A(s)$ 의 차수는 N 이 된다. 또 $B(s)$ 와 $A(s)$ 는 서로 공통의 인자를 가지지 않는 것으로 가정한다.

식(3.39)는 변수 s 의 다항식의 비(ratio)이기 때문에 $X(s) = B(s)/A(s)$ 를 s 의 유리함수라고 한다. 분모다항식 $A(s)$ 의 차수 N 을 유리함수 $X(s)$ 의 차원이라고 한다.[9] [표 3.2]

[9] 영어 참고서 등에는 다항식의 차수를 'degree', 유리함수의 차원은 'order'를 사용하고 있다.

에 나와 있는 대부분의 신호 $x(t)$는 유리함수인 라플라스 변환식을 가진다. 하나의 예외로, 구형파 신호 $1(t)-1(t-a)$의 라플라스 변환식은

$$\frac{1-e^{-as}}{s}$$

이나, 분자의 e^{-as}의 존재로 인해 위 식을 s의 다항식의 비로서 나타낼 수 없다. 따라서 위 식은 유리함수가 아니다.

식(3.39)의 유리함수에서, $p_1, p_2, \cdots, p_N$를 분모 $A(s)$의 근, 즉 $A(s)=0$을 만족하는 점이라고 하면 $A(s)$는 다음과 같이 인수분해 된다.

$$A(s)=a_N(s-p_1)(s-p_2)\cdots(s-p_N) \tag{3.41}$$

근 $p_1, p_2, \cdots, p_N$ 중에서, 예를 들어 p_i가 복소수라면 이것의 공역인 근 p_i^*도 반드시 존재한다. 다시 말하면 복소수인 근은 반드시 공역인 근과 함께 쌍(pair)으로 존재한다는 것이다.

MATLAB의 명령어 'roots'를 사용하면 간단히 다항식 $A(s)$의 근을 구할 수 있다. 예를 들어

$$A(s)=s^3+4s^2+6s+4$$

를 영으로 하는 근을 구하여 보자. 이것은

% A(s)=0를 만족하는 근

```
den=[1 4 6 4];                          % A(s)의 계수를 저장
p=roots(den);                           % 근의 계산
```

을 수행하면 근으로 $\{-2, -1\pm j\}$을 얻을 수 있다.

다항식의 분모 $A(s)$가 식(3.41)과 같이 인수 분해되어 있다고 하면 식(3.39)를 다음과 같이 나타낼 수 있다.

$$X(s)=\frac{B(s)}{a_M(s-p_1)(s-p_2)\cdots(s-p_N)} \tag{3.42}$$

위 식에 $s=p_i, (i=1,\cdots,N)$을 대입하면 $X(s)$가 ∞로 되기 때문에, $s=p_i, (i=1,\cdots,N)$를 함수 $X(s)$의 극(pole)이라고 한다.

[요점 3.4] 유리함수의 극

유리함수 $X(s)$ 의 극은 분모 다항식을 영으로 만드는 복소평면의 점을 말한다. 즉, $X(s)=B(s)/A(s)$ 에서 $A(s)=0$ 을 만족하는 $s=p_i$, $(i=1,\cdots,N)$ 을 극(pole)이라고 한다.

함수 $X(s)$ 의 라플라스 역변환은 분모 다항식을 인수분해 하여 이루어진 식(3.42)를 바탕으로 이루어진다. 이 과정을 다음 절에서 자세히 설명한다. 이때 $M<N$ 이 만족되고 있는 것으로 가정한다. 즉, 분모 다항식의 차수가 분자 다항식의 차수보다 하나 이상 큰 유리함수를 대상으로 한다.

3.3.2 극이 서로 다를 경우

$X(s)$ 의 극 $s=p_i$, $(i=1,\cdots,N)$는 서로 같은 값을 가지지 않는 것으로 한다. 즉, $p_i \neq p_j$, $(i \neq j)$ 이다. 이 경우 $X(s)$ 는 다음과 같이 부분분수 전개가 가능하다.

$$X(s)=\frac{c_1}{(s-p_1)}+\frac{c_2}{(s-p_2)}+\cdots+\frac{c_N}{(s-p_N)} \tag{3.43}$$

이때 c_i, $(i=1,\cdots,N)$ 는

$$c_i=\left[(s-p_i)X(s)\right]_{s=p_i},\ (i=1,\cdots,N) \tag{3.44}$$

로 주어진다. 식(3.44)는 다음과 같이 확인할 수 있다. 즉, 먼저 식(3.43)의 양변에 $(s-p_i)$를 곱하면

$$(s-p_i)X(s)=c_i+\sum_{r=1,r\neq i}^{N} c_r \frac{s-p_i}{s-p_r} \tag{3.45}$$

가 얻어지므로, 여기에 $s=p_i$ 를 대입하면 오른쪽 항의 $\sum$부분은 전부 영으로 되어 식(3.44)로 됨을 확인할 수 있다.

식(3.44)의 정수 c_i 는 유수(residue)라고 불리며, 제4장 이후의 시스템 해석 등에서 많이 사용된다. 극 p_i 가 실수이면 이에 상응하는 유수 c_i 도 실수값을 가지며, 극 p_i 가 복소수이면 유수 c_i 도 복소수로 된다. 복소수는 항상 쌍으로 존재하기 때문에 p_i 의 공역인 극 p_i^* 가 반드시 존재하며 따라서 p_i^* 에 상응하는 유수 역시 c_i 의 공역인 c_i^* 로 된다.

식(3.43)과 같이, 부분분수의 전개에 있어 $X(s)$ 의 분자 다항식 $B(s)$ 는 아무런 역할을 하지 않는다. 따라서 물론 인수분해 하여야 할 필요성도 없다. 식(3.43)의 오른쪽의 각 항에 대해 라플라스 역변환을 수행하고, 여기에 라플라스 변환의 선형성에 대한 성질을 적용하면 다음 식을 얻는다.

$$x(t) = c_1 e^{p_1 t} + c_2 e^{p_2 t} + \cdots + c_N e^{p_N t} \tag{3.46}$$

위 식으로부터 신호 $x(t)$ 는, 함수 $X(s)$ 의 극을 지수로 가지는 지수신호의 합으로 이루어져 있음을 알 수 있다. 따라서 신호 $x(t)$ 의 시간적인 변화는 함수 $X(s)$ 의 극의 값에 따라 결정된다. 더 자세한 내용은 6장에서 취급한다.

유리함수 $X(s) = B(s)/A(s)$ 가 식(3.39), (3.40)과 같이 주어졌을 때, 이것을 식(3.43)과 같이 부분분수 전개를 하기 위해서는 다음과 같은 MATLAB의 명령어가 유용하다.

% X(s)의 부분분수 전개

```
den=[b_M,b_(M-1),··· ,b_1,b_0];          % B(s)의 계수를 저장
num=[a_N,a_(N-1),··· ,a_1,a_0];          % A(s)의 계수를 저장
[r,p]=residue(num,den);                  % 유수의 계산
```

이것을 실행하면 N 개의 유수 값은 배열(즉, 벡터) r 속에, 역시 N 개의 극은 배열 p 속에 각각 들어 있게 된다.

[예제 3.13]

다음 유리함수를 라플라스 역변환하여 보자.

$$X(s) = \frac{s+2}{s^3 + 4s^2 + 3s}$$

(해) 분모를 인수분해하면

$$A(s) = s(s+1)(s+3)$$

으로 되어 극은 $p_1 = 0, p_1 = -1$, 및 $p_3 = -3$ 으로 됨을 알 수 있다. 식(3.44)를 이용하여 유수를 계산하면 다음과 같다.

$$c_1 = [s\,X(s)]_{s=0} = \left.\frac{s+2}{(s+1)(s+3)}\right|_{s=0} = \frac{2}{3}$$

$$c_2 = [(s+1)X(s)]_{s=-1} = \left.\frac{s+2}{s(s+3)}\right|_{s=-1} = -\frac{1}{2}$$

$$c_3 = [(s+2)X(s)]_{s=-3} = \left.\frac{s+2}{s(s+1)}\right|_{s=-3} = -\frac{1}{6}$$

따라서 라플라스 역변환은

$$x(t) = \frac{2}{3} - \frac{1}{2}e^{-t} - \frac{1}{6}e^{-3t},\ (t \geq 0)$$

가 얻어진다. 이것을 MATLAB 명령어를 이용하여 확인하여 보자. 즉,

% X(s)의 부분분수 전개

```
den=[1 2];                      % B(s)의 계수를 저장
num=[1 4 3 0];                  % A(s)의 계수를 저장
[r,p]=residue(num,den);         % 유수의 계산
```

을 수행하면 $r = [-0.1667, -0.500, 0.667]$ 및 $p = [-3,\ -1,\ 0]$을 확인할 수 있다. MATLAB의 Symbolic Math Toolbox를 이용하여도 동일한 결과를 얻을 수 있다.

3.3.3 극이 서로 다르며 두 개 이상의 복소수를 가지는 경우

$X(s)$의 극은 서로 다르지만, 극 중에 복소수가 존재하는 경우를 생각하여 보자. 앞서 언급한 바와 같이 복소수 극에 대한 유수는 역시 복소수로 되기 때문에, 이것을 역변환하였을 경우 식(3.46)과 같은 표현은 적절하지 않다.

편의상 극 $p_1 = \sigma + j\omega,\ (\omega \neq 0)$과 이것의 유수를 c_1으로 두면, 이것과 공역인 $p_1 = \sigma - j\omega$과 c_1^*가 존재하여 식(3.43)은

$$X(s) = \frac{c_1}{(s-p_1)} + \frac{c_1^*}{(s-p_2)} + \cdots + \frac{c_N}{(s-p_N)}$$

로 된다. 위 식 오른쪽의 첫 번째와 두 번째 항만을 라플라스 역변환하여 오일러의 공식을 이용하여 전개하면 다음 식이 얻어진다.

$$c_1e^{p_1t}+c_1^*e^{p_1^*t}=2|c_1|e^{\sigma t}\cos(\omega t+\angle c_1) \tag{3.47}$$

여기서 $|c_1|$ 은 복소수 c_1 의 크기이며, $\angle c_1$ 은 c_1 의 위상을 나타낸다. 식(3.47)의 관계를 적용하여 부분분수 표현된 $X(s)$ 를 라플라스 역변환하면

$$x(t)=2|c_1|e^{\sigma t}\cos(\omega t+\angle c_1)+c_3e^{p_3t}+\cdots+c_Ne^{p_Nt} \tag{3.48}$$

이다. 이 결과로부터 만약 유리함수 $X(s)$ 가 복소극 $p_{1,2}=\sigma\pm j\omega$ 을 가진다면, 이것의 역변환 신호 $x(t)$ 에는 반드시

$$ce^{\sigma t}\cos(\omega t+\theta) \tag{3.49}$$

의 항을 가지게 된다. 식(3.49)의 지수항 $e^{\sigma t}$ 의 지수 σ 는 복소극 p_1 의 실수부 값이며, 정현파의 주파수는 극의 허수값 ω 에 의해 결정된다.

[예제 3.14]

복소수를 극으로 가지는 다음 함수를 라플라스 역변환하여 보자.

$$X(s)=\frac{s^2-2s+1}{s^3+3s^2+4s+2}$$

(해) 분모를 인수분해 하면 $A(s)=(s+1-j)(s+1+j)(s+1)$ 로 되어 세 개의 극 $p_{1,2}=-1\pm j$, 및 $p_3=-1$ 을 가진다. 이를 이용하여 $X(s)$ 를 부분분수 전개하면

$$X(s)=\frac{c_1}{s+1-j}+\frac{c_1^*}{s+1+j}+\frac{c_3}{s+1}$$

로 된다. 여기서 각 계수는 식(3.44)를 이용하면 다음과 같다.

$$c_1=[(s+1-j)X(s)]_{s=-1+j}=\left.\frac{s^2-2s+1}{(s+1+j)(s+1)}\right|_{s=-1+j}=-\frac{3}{2}+j2$$

$$c_3=[(s+1)X(s)]_{s=-1}=\left.\frac{s^2-2s+1}{(s^2+2s+2)}\right|_{s=-1}=4$$

여기서

$$|c_1|=\sqrt{\frac{9}{4}+4}=\frac{5}{2}$$

이며, c_1 이 제2사분면에 위치하고 있으므로 위상은

$$\angle c_1 = 180^o + \tan^{-1}\left(-\frac{4}{3}\right) = 126.87^o$$

이다. 식(3.47)과 (3.48)을 이용하면

$$x(t) = 5e^{-t}\cos\left(t + 126.87^o\right) + 4e^{-t},\ (t \geq 0)$$

가 얻어진다. MATLAB을 이용하면 $X(s)$ 의 분모의 인수분해와 유수의 계산 결과 등을 쉽게 확인할 수 있다.

이와 같이 유리함수가 복소수의 극을 가지는 경우에는 상기 예제와 같이 유수 등의 계산이 상당히 복잡하게 된다. 그런데 3.2절의 [표 3.2]에서 $e^{-bt}\sin(\omega t)$, $e^{-bt}\cos(\omega t)$의 라플라스 변환에 주의하면 위와 같은 복잡한 과정은 어느 정도 회피할 수 있다. 다음의 예를 보자.

[예제 3.15]

다음 함수의 역변환을 구하여 보자.

$$X(s) = \frac{3s+2}{s^2+2s+10}$$

(해) 위 식의 분모는 복소근을 가지므로 이것을 인수분해 하는 대신에

$$A(s) = (s+1)^2 + 9$$

로 나타낼 수 있다. 여기서 $9 > 0$ 이므로 위 식을 [표 3.2]를 이용하기 위하여 다음과 같이 변형한다.

$$X(s) = \frac{3(s+1)-1}{(s+1)^2+3^2} = \frac{3(s+1)}{(s+1)^2+3^2} - \frac{1}{3}\frac{3}{(s+1)^2+3^2}$$

여기에 [표 3.2]를 적용하면 다음의 결과를 얻을 수 있다.

$$x(t) = 3e^{-t}\cos(3t) - \frac{1}{3}e^{-t}\sin(3t),\ (t \geq 0)$$

마지막으로 위 식에 삼각함수의 공식

$$\alpha\cos(\omega t)-\beta\sin(\omega t)=\sqrt{\alpha^2+\beta^2}\cos(\omega t+\theta),\ \theta=\tan^{-1}\left(\frac{\beta}{\alpha}\right) \quad (3.50)$$ [10]

을 적용하면

$$x(t)=ce^{-t}\cos(3t+\theta),\ (t\geq 0)$$

의 형식으로 변형할 수 있다. 단,

$$c=\sqrt{3^2+(1/3)^2}=3.018,\ \theta=\tan^{-1}\left(\frac{1/3}{3}\right)=83.7$$

이다.

위 예제의 결과로 알 수 있는 바와 같이, 복소극을 가지는 경우에 대한 라플라스 역변환에는 항상 정현파 신호가 포함된다. 이러한 사실로부터 부분분수 전개 시에 복소극 부분은 전개하지 않고 2차의 다항식 형태로 두는 것이 바람직하다. 상기 [예제 3.14]의 경우에는 부분분수 전개를 다음과 같이 하면 역변환을 간단하게 수행할 수 있다.

$$X(s)=\frac{s^2-2s+1}{s^3+3s^2+4s+2}=\frac{s^2-2s+1}{(s^2+2s+2)(s+1)} \quad (3.51)$$

$$=\frac{b_1s+b_0}{(s^2+2s+2)}+\frac{b_3}{(s+1)}$$

여기서 분자의 계수 b_1, b_2는 식(3.51)로부터 연립방정식을 풀어서 해결할 수 있으며, b_3는 식(3.44)에 의해 구할 수 있다. 이 결과 $b_1=-3, b_0=-7$이 얻어지므로 식(3.51)은

$$X(s)=\frac{-3(s+1)}{(s+1)^2+1}-4\frac{1}{(s+1)^2+1}+\frac{4}{(s+1)}$$

로 되므로, 이것을 라플라스 역변환하면

$$x(t)=-3e^{-t}\cos(t)-4e^{-t}\sin(t)+4e^{-t},\ (t\geq 0)$$

로 된다. 여기에 식(3.50)의 삼각함수 공식을 적용하여 변형하면

$$x(t)=5e^{-t}\cos(t+126.87^o)+4e^{-t},\ (t\geq 0)$$

이다. 이것은 [예제 3.14]의 동일한 결과임을 확인할 수 있다.

10 식(2.34) 참고

3.3.4 중복되는 극을 가지는 경우

지금까지 유리함수 $X(s)=B(s)/A(s)$의 극이 서로 다른 경우에 대한 라플라스 역변환 과정을 설명하였다. 여기서는 좀 더 일반적인 경우, 즉 $X(s)$의 극에 중복하는 것이 존재하는 경우에 대한 역변환 과정을 살펴보기로 한다. p_1가 $X(s)$의 r중 극이며, 나머지 $(N-r)$개는 서로 상이하다고 가정한다. 이 경우 $X(s)$는 다음 식과 같이 부분분수 전개가 가능하다.

$$X(s)=\frac{c_1}{(s-p_1)}+\frac{c_2}{(s-p_1)^2}+\cdots+\frac{c_r}{(s-p_1)^r}+\frac{c_{r+1}}{(s-p_{r+1})}+\cdots+\frac{c_N}{(s-p_N)} \quad (3.52)$$

식(3.52)에서 정수 $c_{r+1},\cdots,c_N$은 서로 상이한 극과 관련된 유수이므로 식(3.44)를 사용하여 계산할 수 있으나, $c_1,\cdots,c_r$ 은 r번 중복되는 극에 대한 유수로서, 이와 관련하여 다음의 공식이 주어져 있다.

[요점 3.5] 중복되는 극에 대한 유수의 계산

$X(s)$가 r중인 극 p_1을 가지며, 이것을 식(3.52)와 같이 부분분수 전개하였을 경우 r중인 극에 대한 r개의 유수는 다음과 같이 구할 수 있다.

$$c_{r-i}=\frac{1}{i!}\left[\frac{d^i}{ds^i}\{(s-p_i)^r X(s)\}\right]_{s=p_i}, \ (i=0,1,\cdots,r-1) \quad (3.53)$$

만약 $X(s)$의 극이 전부 실수라면, 식(3.52)의 라플라스 역변환은 [표 3.2]의 변환 공식 중

$$\mathcal{L}\left[\frac{t^{N-1}}{(N-1)!}e^{-at}\right]=\frac{1}{(s+a)^N}, \ (N=1,2,\cdots) \quad (3.54)$$

을 이용하여 수행하면 된다. 아래의 예제를 이용하여 식(3.53)이 얻어지는 과정을 간단하게 설명한다.

[예제 3.16]

2중의 실수근을 가지는 유리함수의 라플라스 역변환을 구하여 보자.

$$X(s)=\frac{(s+3)}{(s+1)(s+2)^2}$$

(해) $s=-2$ 에 이중근을 가지므로 다음과 같이 부분분수 전개가 가능하다.

$$X(s)=\frac{c_1}{(s+2)}+\frac{c_2}{(s+2)^2}+\frac{c_3}{(s+1)} \quad ①$$

①의 계수 c_3 는 식(3.44)에 의해

$$c_3=(s+1)X(s)\Big|_{s=-1}=\frac{s+3}{(s+2)^2}\Big|_{s=-1}=2 \quad ②$$

로 된다. 다음에 ①의 계수 c_1 과 c_2 의 결정방법에 대하여 생각해 보자. ①의 양변에 $(s+2)^2$ 를 곱하면

$$(s+2)^2X(s)=(s+2)c_1+c_2+\frac{(s+2)^2}{(s+1)}c_3 \quad ③$$

로 되며, 이 식에서 $s=-2$ 로 둠으로써 c_2 은 다음과 같이 결정된다.

$$c_2=(s+2)^2X(s)\Big|_{s=-2}=\frac{s+3}{(s+1)}\Big|_{s=-2}=-1 \quad ④$$

다음에 ③을 s 로 미분하면

$$\frac{d}{ds}(s+2)^2X(s)=\frac{d}{ds}\left[\frac{(s+2)^2}{(s+1)}c_3\right]+c_1 \quad ⑤$$

로 되므로 위 식에서 $s=-2$ 로 두면, c_1 는

$$c_1=\frac{d}{ds}(s+2)^2X(s)\Big|_{s=-2}=\frac{d}{ds}\left(\frac{s+3}{s+1}\right)\Big|_{s=-2}$$

$$=\frac{-2}{(s+1)^2}\Big|_{s=-2}=-2$$

로 된다. 따라서 부분분수 전개는

$$X(s)=\frac{-2}{(s+2)}+\frac{-1}{(s+2)^2}+\frac{2}{(s+1)}$$

로 되어, 이것을 라플라스 역변환 하면 다음 식이 얻어진다.

$$x(t)=\mathcal{L}\,[X(s)]=\left(2e^{-t}-te^{-2t}-2e^{-2t}\right)\cdot 1(t) \quad ⑥$$

3.3.5 극의 위치와 신호의 모양

유리함수 $X(s)= B(s)/A(s)$ 의 라플라스 역변환을 수행하는 과정은 앞서 설명한 바와 같이 부분분수 전개를 이용하면 일반적으로 식(3.46)(또는 (3.48))과 같은 모양의 신호 $x(t)$ 가 얻어진다. 식(3.46)(또는 (3.48))에서 알 수 있는 바와 같이 시간영역에서의 신호의 모양은 유리함수 $X(s)$ 가 가지는 극의 위치 및 종류(실수, 복소수)에 따라 결정된다. 예를 들어 $X(s)$ 가 중복하지 않는 극 p 를 가진다면 $x(t)$ 에는 ce^{pt} 의 항이 포함될 것이며, 혹은 극 p 가 이중근이라면 $c_1e^{pt}+c_2te^{pt}$ 의 항이 $x(t)$ 에 존재하게 될 것이다. 또 만약에 $X(s)$ 가 중복하지 않는 복소수 극 $\sigma\pm j\omega$ 을 가진다면 $x(t)$ 에는 $ce^{\sigma t}\cos(\omega t+\theta)$ 의 항이 존재하게 된다.

이러한 결과를 참고로 하면 신호 $x(t)$ 의 모양은 이것의 라플라스 변환식 $X(s)$ 의 극으로부터 직접적으로 결정될 수 있을 것이다. 다음의 예제를 보자.

[예제 3.17]

신호 $x(t)$ 의 라플라스 변환식이 다음과 같이 주어져 있는 경우, $x(t)$ 의 모양에 대하여 생각하여 보자.

$$X(s)=\frac{1}{s(s+1)(s-4)^2\{(s+2)^2+3^2\}}$$

(해) 유리함수 $X(s)$ 의 극은 $0, -1, 4, 4, -2\pm j3$ 이므로, 이것의 역변환으로 얻어지는 신호 $x(t)$ 의 일반적인 형태는 다음과 같을 것이다.

$$x(t)=c_1+c_2e^{-t}+c_3e^{4t}+c_4te^{4t}+c_5e^{-2t}\cos(3t+\theta)$$

여기서 c_i 와 θ 는 정수이다. 이 경우 $X(s)$ 의 극 0 은 $x(t)$ 의 정수항 c_1, 극 (-1) 은 c_2e^{-t}, -4 에 존재하는 중복근은 c_3e^{4t} 와 c_3te^{4t}, 및 $-2\pm j3$ 에 있는 두 개의 복소극은 $c_5e^{-2t}\cos(3t+\theta)$ 에 각각 대응하고 있음을 알 수 있다.

여기서 한 가지 중요한 사실은 유리함수 $X(s)$ 의 분자를 변경하더라도 신호 $x(t)$ 의 일반적인 모양은 변화가 없다는 것이다. 예를 들어 [예제 3.17]에서 분자인 $B(s)=1$ 을 분모다항식의 차수인 6 미만의 어떤 다른 다항식으로 변경한다고 하더라도 $x(t)$ 의 전반적인 모양은 위 예제의 결과와 변함이 없다는 것이다.

[요점 3.6] 극의 위치와 신호의 모양

$X(s)$ 의 극의 위치와 신호 $x(t)$ 의 모양 사이에 성립하는 중요한 사실의 하나는 $t\to\infty$ 으로 되었을 경우, $x(t)$ 의 모양은 극에 의해 결정된다는 것이다. 특히 $X(s)$ 의 극 $p_1, p_2, \cdots, p_N$ 의 모든 실수부가 영보다 작다면 $x(t)$ 는 $t\to\infty$ 에서 영으로 수렴한다. 즉,

$$\lim_{t\to\infty} x(t) = 0 \;\leftrightarrow\; \mathrm{Re}\,(p_i) < 0,\ (i = 1, 2, \cdots, N) \tag{3.55}$$

여기서 $\mathrm{Re}\,(p_i)$ 는 극 p_i 의 실수부를 의미한다.

식(3.55)에 대한 하나의 예외로서, 만약 함수 $X(s)$ 가 원점에 존재하는 하나의 극(예를 들어 $p_1 = 0$)을 제외하고는 식(3.55)의 우변을 만족한다고 하자. 그러면 $t\to\infty$ 에서의 $x(t)$ 는 원점에 존재하는 극의 유수 값, 즉

$$\lim_{t\to\infty} x(t) = [s\,X(s)]_{s=0}$$

로 된다. 이 결과는 3.2절의 최종값의 정리 식(3.34)과 잘 일치하고 있다는 것은 쉽게 확인할 수 있을 것이다.

[예제 3.18]

다음의 유리함수의 최종값을 구하여 보자.

$$X(s) = \frac{2s^2 - 3s + 4}{s^3 + 3s^2 + 2s}$$

(해) $X(s)$ 의 극은 $0, -1, -2$ 이다. 따라서 원점 극을 제외하고는 식(3.55)의 우변을 만족하고 있으므로 $t\to\infty$ 에서 $x(t)$ 는 값을 가진다. 즉

$$\lim_{t\to\infty} x(t) = [s\,X(s)]_{s=0} = \left[\frac{2s^2 - 3s + 4}{s^2 + 3s + 2}\right]_{s=0} = \frac{4}{2} = 2$$

3.3.6 MATLAB을 이용한 라플라스 역변환

분자의 차수가 분모의 차수보다 낮은 유리함수 $X(s)=B(s)/A(s)$가 있다. 이때 MATLAB를 사용하여 이것의 역변환 신호 $x(t)$를 구하는 과정을 살펴보자. $X(s)$가 다음의 형태로 주어져 있다고 하자.

$$X(s)=\frac{B(s)}{A(s)}=\frac{b_M s^M+b_{M-1}s^{M-1}+\cdots+b_0}{a_N s^N+a_{N-1}s^{N-1}+\cdots+a_0},\ (a_N\neq 0)$$

MATLAB의 사용에 있어서 분자와 분모의 계수는 벡터의 형태로 저장된다. 다음의 예를 보자.

[예제 3.19]

[예제 3.13]과 동일한 유리함수 $X(s)$에 대하여 알아보자.

$$X(s)=\frac{s+2}{s^3+4s^2+3s} \quad ①$$

(해) 신호 $x(t)$를 계산하기 위하여 다음의 명령어를 수행한다.

```
num=[1 2];                 % X(s) 의 분자
den=[1 4 3 0];             % X(s) 의 분모
sys=tf(num,den);           % X(s) 를 시스템으로 표현
[y,t]=impulse(sys);        % 시스템의 임펄스응답의 계산
plot(t,y)                  % [그림 3.3]
```

위 명령어를 수행하면 [그림 3.3]의 결과가 얻어진다. 물론 이 그림은 다음 식으로 주어지는 신호 $x(t)$와 일치한다.

$$x(t)=\frac{2}{3}-\frac{1}{2}e^{-t}-\frac{1}{6}e^{-3t},\ (t\geq 0) \quad ②$$

특히 신호 $x(t)$에 대한 그림이나 수식표현 어느 쪽을 보더라도 $x(t)$는 $t\to\infty$에서 $2/3$에 수렴한다는 것을 알 수 있다. $X(s)$의 극이 원점에 있는 것 하나를 제외하고는 전부 식(3.55)의 우변을 만족하고 있으므로 라플라스 최종값 정리의 적용이 가능하다. 즉

$$\lim_{t \to \infty} x(t) = [s\,X(s)]_{s=0} = \left[\frac{s+2}{s^2+4s+3}\right]_{s=0} = \frac{2}{3}$$

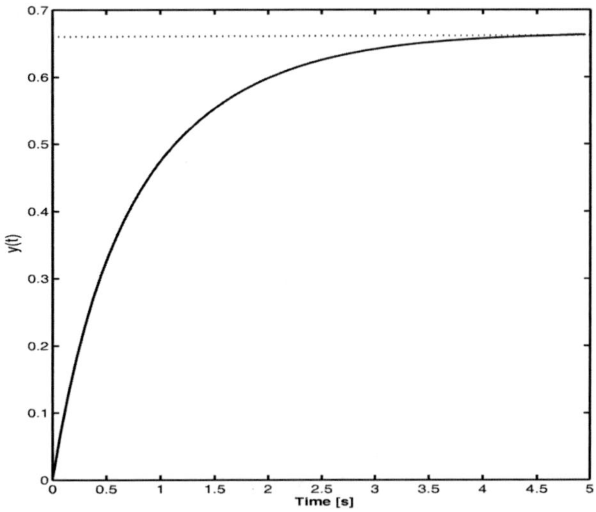

▲ 그림 3.3 **[예제 3.19]의 $x(t)$ 의 그림**

[예제 3.19]에서 MATLAB의 Symbolic Toolbox가 제공하는 명령어를 사용하면 라플라스 역변환과 그 결과에 대한 그래프를 조금 더 간단하게 얻을 수 있다.

```
syms s                              % s를 symbolic 변수로 지정
Xs=(s+2)/(s^3+4*s^2+3*s);           % ①을 symbolic으로 표현
xt=ilaplace(Xs)                     % ①을 라플라스 역변환
ezplot(xt,[0 10])                   % [그림 3.3]
```

만약 $X(s)$ 의 분자 또는 분모다항식이 몇 개의 요소의 곱으로 주어졌을 경우에는 MATLAB의 'conv' 명령어를 사용하면 전개된 형식의 다항식 계수를 얻을 수 있다. 예를 들어 $X(s)$ 의 분모다항식이

$$A(s) = (s^2+3)(s+4)$$

와 같이 주어졌을 경우에는

```
den=conv([1 0 3], [1 4]);                    % 다항식 곱의 계산
```

을 사용하면 den=[1 7 12 0]이 얻어지므로, 이는 $A(s)= s^3+7s^2+12s$ 로 됨을 의미한다.

다항식이 세 개 이상의 요소의 곱으로 되어 있는 경우에도 쉽게 적용할 수 있다. 예를 들어

$$A(s)= (s+1)(s+3)(s+4)$$

인 경우에는

```
den=conv([1,1],conv([1,3],[1,4]));          % 다항식 곱의 계산
```

를 사용하면 가능하다.

3.3.7 분자 다항식의 차수가 분모 다항식보다 같거나 큰 경우[11]

유리함수 $X(s)= B(s)/A(s)$ 의 분자다항식 $B(s)$ 의 차수 M 이 분모 $A(s)$ 의 차수 N 보다 같거나 큰 경우, 즉 $M \geq N$ 인 경우의 라플라스 역변환에 대하여 알아보자. 이 경우 분자를 분모로 나누면 다음과 같은 형태로 쓸 수 있을 것이다.

$$X(s)= Q(s)+\frac{R(s)}{A(s)} \tag{3.56}$$

여기서 $Q(s)$ 는 s 의 다항식으로 차수가 $M-N$ 이며, $R(s)$ 는 차수가 N 보다 적은 s 의 다항식이다. 이러한 계산은 MATLAB의 명령어 'deconv'를 사용하면 쉽게 수행할 수 있다. 즉

```
num=[b_M,b_{M-1},…,b_1,b_0];
den=[a_N,a_{N-1},…,a_1,a_0];
[Q,R]=deconv(num,den);
```

이다. 즉 'deconv'는 num(분자다항식)을 den(분모다항식)으로 나누었을 때의 몫과 나머지를 구하는 명령어라고 생각할 수 있다.

일단 $Q(s)$ 와 $R(s)$ 가 결정되면 $X(s)$ 의 라플라스 역변환은 $Q(s)$ 와 $R(s)/A(s)$ 의 라플라스 역변환을 별도로 수행함으로써 해결할 수 있다. 유리함수 $R(s)/A(s)$ 는 분자의 차수가 분모의 차수보다 작기 때문에 지금까지의 방법을 사용하면 역변환이 가능하나, $Q(s)$ 의

[11] 4장 이후에서 취급하는 제어 시스템의 식으로서는 거의 취급되지 않는다. 이런 경우의 라플라스 역변환에는 식(3.57)과 같이 임펄스의 미분 항이 포함되기 때문에 이것을 물리적으로 설명하기는 어렵다.

역변환은 다음과 같은 역변환의 공식을 사용하여 수행한다.

$$\mathcal{L}\left[\frac{d^N}{dt^N}\delta(t)\right]=s^N,\ (N=1,2,\cdots) \tag{3.57}$$

이러한 과정은 다음 예제에 잘 나타나 있다.

[예제 3.20]

다음과 같은 유리함수의 라플라스 역변환을 수행하여 보자.

$$X(s)=\frac{s^3+2s-4}{s^2+4s-2}$$

(해) $M=3$, $N=2$의 경우이므로 먼저 MATLAB의 명령어를 사용하여 분자 다항식을 분모 다항식으로 나눈다.

```
num=[1 0 2 -4]'
den=[1 4 -2];
[Q,R]=deconv(num,den);
```

이 결과 Q=[1 -4]와 R=[20 -12]가 얻어지므로, $Q(s)=s-4$이고 $R(s)=20s-12$를 의미한다. 이로부터

$$X(s)=s-4+\frac{20s-12}{s^2+4s-2}$$

이다. 따라서

$$x(t)=\frac{d}{dt}\delta(t)-4\delta(t)+v(t)$$

로 된다. 여기서 $v(t)$는

$$V(s)=\frac{20s-12}{s^2+4s-2}$$

의 라플라스 역변환을 나타낸다. 이를 위해서 역시 MATLAB 명령어를 사용하면

```
num=[20 12];
den=[1 4 2];
[r,p]=residue(num,den);
```

을 수행하면 유리함수 $V(s)$에 대한 극과 유수가 계산된다. 이를 이용하여 $V(s)$를 부분분수 전개하면

$$V(s)=\frac{20.6145}{s+4.4495}-\frac{0.6145}{s-0.4495}$$

로 되므로 이것을 라플라스 역변환하면 다음 식이 얻어진다.

$$v(t)=20.6145e^{-4.4495t}-0.6145e^{0.4495t},\ (t\geq 0)$$

3.4 라플라스 변환을 이용한 미분 방정식의 해

여기서는 라플라스 변환식을 선형 시불변(LTI) 시스템의 해석에 적용하는 방법에 대하여 설명한다. 앞서 1.3절에서 언급한 바와 같이, 일반적으로 선형 시불변 시스템은 시스템이 가지는 입력과 출력을 이용한 미분 방정식으로 표현된다. 이 경우 미분 방정식으로부터 직접 해를 구하기보다는 3.3절의 라플라스 변환의 성질을 이용하면 미분 방정식이 대수방정식으로 변환되므로, 훨씬 간단하게 해를 구할 수 있다([그림 3.4] 참조).

(현실의 세계)
미분 방정식:
$$\frac{d^2x(t)}{dt^2}+5\frac{dx(t)}{dt}+4x(t)=0,\ (t\geq 0)$$
초기값: $x(0)=0, x^{(1)}(0)=1$
↓
해: $\frac{1}{3}\left(e^{-t}-e^{-4t}\right)$

→ (라플라스 변환)

(가상의 세계)
대수 방정식:
$$\left(s^2+5s+4\right)X(s)=1$$
↓
해: $X(s)=\frac{1}{3}\left(\frac{1}{s+1}-\frac{1}{s+4}\right)$

← (라플라스 역변환)

▲ 그림 3.4 미분 방정식의 라플라스 이용

3.4.1 1차 시스템

시스템의 입력과 출력으로 이루어진 다음과 같은 선형인 1계 미분 방정식을 생각하여 보자.

$$\frac{dy(t)}{dt} + ay(t) = bu(t) \tag{3.58}$$

여기서 a와 b는 실수이며, $y(t)$와 $u(t)$는 시스템의 출력과 입력을 각각 의미한다. 3.2절의 성질을 이용하여 식(3.58)의 양변을 라플라스 변환하면 다음과 같다.

$$sY(s) - y(0^-) + aY(s) = bU(s) \tag{3.59}$$

$Y(s)$는 출력 $y(t)$의 라플라스 변환식이며, $U(s)$는 입력 $u(t)$의 라플라스 변환식이다. $y(0^-)$는 출력의 초기값으로서 $t = 0^-$ 에서의 값을 나타낸다.

식(3.59)를 $Y(s)$에 대한 식으로 정리하면

$$Y(s) = \frac{y(0^-)}{s+a} + \frac{b}{s+a}U(s) \tag{3.60}$$

으로 된다. 식(3.60)은 시간 영역에서 주어진 미분 방정식 (3.58)의 s 영역에서의 표현식이다. 식(3.60)의 오른쪽 첫 번째 항은 초기조건 $y(0^-)$에 의한 시스템 출력 응답의 라플라스 변환 부분이며, 두 번째 항은 $t \geq 0$에서 입력 $u(t)$에 기인하는 출력 응답의 라플라스 변환 부분을 각각 나타내고 있다.

만약 주어진 시스템이 초기값을 가지지 않는다면(즉 $y(0^-) = 0$) 출력의 라플라스 변환식은

$$Y(s) = \frac{b}{s+a}U(s) \tag{3.61}$$

로 될 것이다. 여기서

$$G(s) = \frac{b}{s+a}$$

로 둔다면 식(3.61)은 다음과 같이 표현할 수 있다.

$$Y(s) = G(s)U(s) \tag{3.62}$$

여기서 함수 $G(s)$는 s 영역에서 시스템에 인가된 입력으로부터 출력까지의 (에너지 등의) 전달을 정의하고 있기 때문에, 초기값이 영이라는 전제 아래서 이를 전달함수(transfer function)라고 부르며 식(3.61)을 시스템의 전달함수 표현이라고 한다([요점 3.7] 참조).

어떤 임의의 초기값 $y(0^-)$ 나 입력 $u(t)$ 가 주어졌을 때, 출력 $y(t)$ 는 식(3.60)에 라플라스 역변환을 적용하여 얻을 수 있다.

[예제 3.21]

제1장의 [그림 1.16]에서 취급한 RC 전기회로([그림 3.5] 참조)에 적절한 입력전압이 주어졌을 경우 캐퍼시터에 걸리는 전압을 라플라스 변환을 이용하여 계산하여 보자.

(해) 입력 $u(t)$ 로서 회로에 인가되는 전압을, 출력 $y(t)$ 으로서는 캐퍼시터 양단에 걸리는 전압을 취한다. 이때 이 회로의 입출력 미분 방정식은 다음과 같이 된다.

$$\frac{dy(t)}{dt}+\frac{1}{\mathrm{RC}}y(t)=\frac{1}{\mathrm{RC}}u(t) \qquad ①$$

위 식의 양변을 라플라스 변환하여 출력 $y(s)$ 에 대하여 정리하면

$$Y(s)=\frac{y(0^-)}{s+1/\mathrm{RC}}+\frac{1/\mathrm{RC}}{s+1/\mathrm{RC}}U(s) \qquad ②$$

으로 된다. 따라서 입력이 주어지면 출력응답 $y(t)$ 는 ②를 라플라스 역변환하여 얻을 수 있다. 예를 들어 입력으로 단위 계단신호가 주어졌다고 하자. 이 경우 $U(s)=1/s$ 이므로 ②는

$$Y(s)=\frac{y(0^-)}{s+1/\mathrm{RC}}+\frac{1/\mathrm{RC}}{(s+1/\mathrm{RC})s} \qquad ③$$

로 되고, 이것을 라플라스 역변환하기 위하여 오른쪽 항을 부분분수 전개한다. 즉

$$Y(s)=\frac{y(0^-)}{s+1/\mathrm{RC}}+\frac{1}{s}-\frac{1}{s+1/\mathrm{RC}}$$

라플라스 역변환을 수행하면 출력응답은 다음과 같이 될 것이다.

$$y(t)=y(0^-)e^{-(1/\mathrm{RC})t}+1-e^{-(1/\mathrm{RC})t},\ (t\geq 0) \qquad ④$$

만약 초기값이 영이라면 ④는

$$y(t)=1-e^{-(1/\mathrm{RC})t},\ (t\geq 0)$$

로 된다. 즉, 시간이 흐름에 따라 캐퍼시터 C에는 입력과 동일한 크기의 전압이 걸리게 된다.

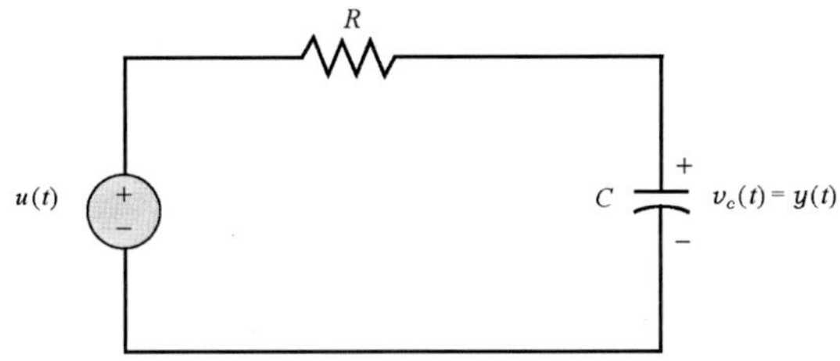

▲ 그림 3.5 [예제 3.21]의 RC 전기회로

```
syms RC y0                                   % RC와 초기값 y(0)를 symbolic으로 지정
y=dsolve('Dy+y/RC=1/RC','y(0)=y0')           % ①의 미분 방정식의 해인 ④를 계산한다
```

■ MATLAB가 제공하는 Symbolic Toolbox를 이용하면 미분 방정식의 해를 아주 간단히 구할 수 있기 때문에 대단히 편리하다.

3.4.2 2차 시스템

시스템의 입출력으로 이루어진 다음과 같은 선형 2계 미분 방정식에 대하여 생각한다.

$$\frac{d^2y(t)}{dt^2}+a_1\frac{dy(t)}{dt}+a_0y(t)=b_1\frac{du(t)}{dt}+b_0u(t) \tag{3.63}$$

여기서 a_1, a_0, b_1 및 b_0는 실수이다. $u(0^-)=0$로 가정하고 식(3.63)의 양변을 라플라스 변환한다.

$$s^2Y(s)-sy(0^-)-\dot{y}(0^-)+a_1[sY(s)-y(0^-)]+a_0Y(s) \tag{3.64}$$

$$=b_1sU(s)+b_0U(s)$$

위 식을 출력 $Y(s)$에 대하여 정리하면

$$Y(s)=\frac{y(0^-)s+\dot{y}(0^-)+a_1y(0^-)}{s^2+a_1s+a_0}+\frac{b_1s+b_0}{s^2+a_1s+a_0}U(s) \tag{3.65}$$

로 된다. 식(3.65)는 미분 방정식 (3.63)의 s 영역에서의 표현식으로 오른쪽 첫 번째 항은 시스템이 가지는 초기값에 대한 출력응답의 라플라스 변환이며, 두 번째 항은 $t \ge 0$에서의 임의의 입력 $u(t)$에 대한 출력응답의 라플라스 변환식을 각각 나타내고 있다. 따라서 시스템이 초기값을 가지고 있지 않은 경우, 즉 $y(0^-)=0$ 및 $\dot{y}(0^-)=0$인 경우 식(3.65)는 시스템의 전달함수 표현으로 쓸 수 있다.

$$Y(s)=\frac{b_1 s+b_0}{s^2+a_1 s+a_0}U(s) \tag{3.66}$$

위 식으로부터 전달함수 $G(s)$는 다음과 같은 s의 2차 유리함수로 주어진다.

$$G(s)=\frac{b_1 s+b_0}{s^2+a_1 s+a_0} \tag{3.67}$$

[예제 3.22]

다음 식과 같이 주어진 2계 미분 방정식이 있다. 입력으로 단위 계단신호가 주어졌을 경우의 출력응답을 구하여 보자.

$$\frac{d^2y(t)}{dt^2}+6\frac{dy(t)}{dt}+8y(t)=2\cdot 1(t)$$

(해) 식(3.63)과 비교하여 보면 $a_1=6, a_0=8, b_1=0$, 및 $b_0=2$이다. 따라서 전달함수는 식(3.67)로부터

$$G(s)=\frac{2}{s^2+6s+8}$$

이다. 이때 입력으로 단위 계단신호이므로 $U(s)=1/s$로 되어 식(3.66)은

$$Y(s)=G(s)U(s)=\frac{2}{s^2+6s+8}\cdot\frac{1}{s}$$

로 된다. 이것을 부분분수 전개하여 라플라스 역변환을 수행하면, 다음과 같이 됨을 쉽게 확인할 수 있을 것이다.

$$Y(s)=\frac{0.25}{s}-\frac{0.5}{s+2}+\frac{0.25}{s+4}$$

에서

$$y(t)=0.25-0.5e^{-2t}+0.25e^{-4t},\ (t\ge 0)$$

을 얻는다. 여기서 만약 초기값으로 $y(0^-)=1$과 $\dot{y}(0^-)=2$가 주어졌다고 하자. 이 경우에는 시스템이 시각 $t=0^-$에서 초기 에너지를 가지므로 $Y(s)=G(s)U(s)$와 같은 표현식은 더 이상 성립되지 않는다. 출력을 계산하기 위해서는 [예제 3.21]의

②와 같은 s 영역에서의 표현식이 필요하다. 이로부터

$$Y(s) = \frac{s+8}{s^2+6s+8} + \frac{2}{s^2+6s+8}\frac{1}{s}$$

$$= \frac{s^2+8s+2}{s(s^2+6s+8)}$$

이것을 부분분수 전개하면

$$Y(s) = \frac{0.25}{s} + \frac{2.5}{s+2} - \frac{1.75}{s+4}$$

로 되어

$$y(t) = 0.25 + 2.5e^{-2t} - 1.75e^{-4t},\ (t \ge 0)$$

로 된다.

위 예제를 MATLAB을 이용하여 해결하고자 하는 경우는

```
>> y=dsolve('D2y+6*Dy+8*y=2','Dy(0)=2','y(0)=1')
```

만으로 충분하다.

3.4.3 N차 시스템

입력과 출력을 이용하여 다음과 같이 N 계 미분 방정식으로 표현된 시스템에 대하여 생각하여 보자.

$$\frac{d^N y(t)}{dt^N} + \sum_{i=0}^{N-1} a_i \frac{d^i y(t)}{dt^i} = \sum_{i=0}^{M} b_i \frac{d^i u(t)}{dt^i} \tag{3.68}$$

단 $M \le N$ 이며, $i = 0,1,2,\cdots,M-1$ 에서 $u^i(0^-) = 0$ 으로 가정한다. 식(3.68)의 양변을 라플라스 변환하여 출력 $Y(s)$ 에 대하여 정리하면 일반적으로 다음과 같은 형태의 식을 얻을 수 있다.

$$Y(s) = \frac{C(s)}{A(s)} + \frac{B(s)}{A(s)}U(s) \tag{3.69}$$

여기서 $B(s)$ 와 $A(s)$ 는 다음 식으로 주어지는 s 의 다항식이다.

$$B(s) = b_M s^M + b_{M-1}s^{M-1} + \cdots + b_1 s + b_0$$

$$A(s)= s^N + a_{N-1}s^{N-1} + \cdots + a_1 s + a_0$$

식(3.69) 오른쪽 항의 $C(s)$는 초기값 $y(0^-), y^{(1)}(0^-), \cdots, y^{(N-1)}(0^-)$에 의하여 결정되는 s의 다항식이다. 예를 들어, $N=2$이면 $C(s)$는 다음과 같이 될 것이다.

$$C(s)= y(0^-)s + \dot{y}(0^-) + a_1 y(0^-)$$

식(3.69)는 입력과 출력으로 정의된 N계 선형 미분 방정식의 s 영역에서의 표현식이다. 식(3.69)의 유도과정에서 이미 $u^{(i)}(0^-)=0,\ (i=0,1,2,\cdots,M-1)$으로 두었으며, 시스템이 초기값을 가지지 않는다, 즉 모든 초기값 $y(0^-), y^{(1)}(0^-), \cdots, y^{(N-1)}(0^-)$이 영이라고 가정한다. 다시 말하면, 시스템이 $t=0^-$에서 휴지상태에 있다면, 출력응답의 변환 $Y(s)$는 식(3.69)로부터 다음과 같이 될 것이다.

$$Y(s)= \frac{b_M s^M + b_{M-1}s^{M-1} + \cdots + b_1 s + b_0}{s^N + a_{N-1}s^{N-1} + \cdots + a_1 s + a_0}\, U(s) \tag{3.70}$$

따라서 N계 선형 미분 방정식으로 주어지는 시스템의 전달함수는

$$G(s)= \frac{b_M s^M + b_{M-1}s^{M-1} + \cdots + b_1 s + b_0}{s^N + a_{N-1}s^{N-1} + \cdots + a_1 s + a_0} \tag{3.71}$$

로 된다.

[예제 3.23]

[그림 3.6]의 기계시스템에 대하여 생각하여 보자. 기계시스템에서 두 개의 질량 M_1과 M_2의 속도를 각각 $v_1(t)$, $v_2(t)$로 두고 이 시스템에 대한 운동방정식을 세우면 다음과 같다.

$$M_1 \frac{dv_1(t)}{dt} + (D_1 + D_2)v_1(t) = D_2 v_1(t) + r(t) \quad ①$$

$$M_2 \frac{dv_2(t)}{dt} + D_1\{v_2(t) - v_1(t)\} + K\int_0^t v_2(\tau)d\tau = 0 \quad ②$$

로 된다. 모든 초기값이 영이라는 조건 아래 ①, ②를 라플라스 변환하여 정리하면

$$\{M_1 s + (D_1 + D_2)\}V_1(s) + (-D_1)V_2(s) = R(s) \quad ③$$

$$(-D_1)V_1(s) + \left(M_2 s + D_1 + \frac{K}{s}\right)V_2(s) = 0 \quad ④$$

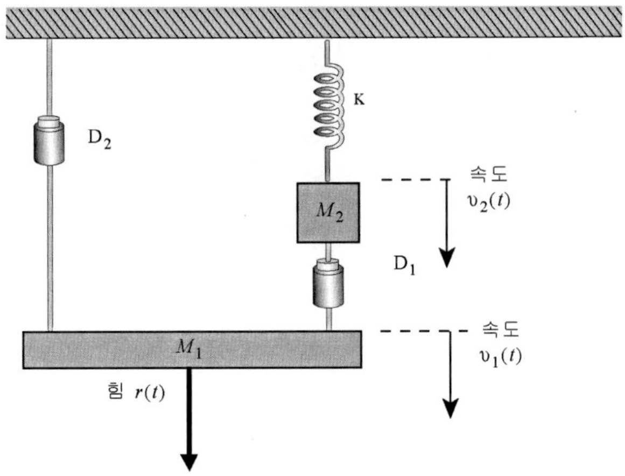

▲ 그림 3.6 기계시스템

가 얻어진다. 위 식은 다음과 같이 편리한 행렬의 형식으로 나타내기도 한다.

$$\begin{bmatrix} (M_1 s + D_1 + D_2) & (-D_1) \\ (-D_1) & \left(M_2 s + D_1 + \dfrac{K}{s}\right) \end{bmatrix} \begin{bmatrix} V_1(s) \\ V_2(s) \end{bmatrix} = \begin{bmatrix} R(s) \\ 0 \end{bmatrix} \quad ⑤$$

여기서 속도 $v_1(t)$를 시스템의 출력으로 간주한다면 ③, ④로부터 출력은

$$V_1(s) = \frac{(M_2 s + D_1 + (K/s))}{(M_1 s + D_1 + D_2)(M_2 s + D_1 + (K/s)) - D_1^2} R(s) \quad ⑥$$

로 주어진다. 이로부터 시스템의 전달함수를 계산하면

$$G(s) = \frac{V_1(s)}{R(s)} = \frac{(M_2 s + D_1 + (K/s))}{(M_1 s + D_1 + D_2)(M_2 s + D_1 + (K/s)) - D_1^2} \quad ⑦$$

$$= \frac{(M_2 s^2 + D_1 s + K)}{(M_1 s + D_1 + D_2)(M_2 s^2 + D_1 s + K) - D_1^2 s}$$

로 된다. 만약 위 시스템의 출력으로 질량 M_1의 위치 $x_1(t)$를 취한다면 전달함수는

$$\frac{X_1(s)}{R(s)} = \frac{V_1(s)}{sR(s)} = \frac{G(s)}{s} \quad ⑧$$

로 될 것이다.

일반적인 N 차의 유리함수로 정의되는 시스템의 출력 $y(t)$ 는 $G(s)U(s)$ 를 부분분수 전개하여 얻을 수 있다. 다음의 예제를 이용하여 이를 간단히 설명한다.

[예제 3.24]

다음 식으로 주어진 전달함수가 있다. 이때 입력으로 $u(t)=e^{-2t}\cdot 1(t)$ 가 인가되었을 때의 출력을 계산하여 보자. 단, 초기값은 전부 영으로 한다.

$$G(s)=\frac{s^2+2s+16}{s^3+4s^2+8s}$$

(해) 입력의 라플라스 변환식은

$$U(s)=\frac{1}{s+2}$$

이므로

$$Y(s)=G(s)\,U(s)=\frac{s^2+2s+16}{(s^3+4s^2+8s)(s+2)} \qquad ①$$

$$=\frac{s^2+2s+16}{[(s+2)^2+4]\,s(s+2)}$$

로 된다. 이것을 부분분수 전개하면

$$Y(s)=\frac{c_1 s+c_2}{(s+2)^2+4}+\frac{c_3}{s}+\frac{c_4}{s+2} \qquad ②$$

이다. 여기서 각 계수 c_3 와 c_4 는 다음과 같이 구할 수 있다.

$$c_3=[s\,Y(s)]_{s=0}=\frac{16}{2(8)}=1$$

$$c_4=[(s+2)\,Y(s)]_{s=-2}=\frac{(-2)^2+(-2)(2)+16}{(4)(-2)}=-2$$

①의 우변을 전개하여 분자 다항식을 구한 다음 이것의 계수를 비교하면 다음의 식이 얻어진다.

$$s^2+2s+16=(c_1 s+c_2)s(s+2)+c_3[(s+2)^2+4](s+2)+c_4[(s+2)^2+4]s$$

s 의 각 계수를 비교하여 c_1, c_2 에 관한 연립방정식을 구성하여 해를 구함으로써 미지수를 구할 수 있다. 즉,

$$\begin{cases} s^3 - 2s^3 + c_1 s^3 = 0 \\ 6s^2 - 8s^2 + (c_2 + 2c_1)s^2 = s^2 \end{cases}$$

이로부터 $c_1 = 1$ 과 $c_2 = 1$ 를 얻는다. 따라서

$$Y(s) = \frac{s+1}{(s+2)^2+4} + \frac{1}{s} + \frac{-2}{s+2}$$

$$= \frac{s+2}{(s+2)^2+4} + \frac{-1}{(s+2)^2+4} + \frac{1}{s} + \frac{-2}{s+2}$$

이므로 이것을 라플라스 역변환하면 다음의 식을 얻는다.

$$y(t) = e^{-2t}\cos(2t) - \frac{1}{2}e^{-2t}\sin(2t) + 1 - 2e^{-2t},\ (t \geq 0) \qquad ③$$

위 식에 삼각함수의 정리 식(3.50)을 적용하여 다음과 같이 나타낼 수도 있다.

$$y(t) = \frac{\sqrt{5}}{2}e^{-2t}\cos(2t + 26.565^o) + 1 - 2e^{-2t},\ (t \geq 0) \qquad ④$$

위 예제의 해 $y(t)$ 의 표현식인 ③, 또는 ④를 얻고자 하는 경우에는 굳이 MATLAB를 이용할 필요성은 없지만, Symbolic Toolbox를 이용하여 ③의 표현을 구하고자 한다면 다음과 같이 할 수 있을 것이다.

```
syms t
ut=exp(-2*t);
uss=diff(ut,2)+2*diff(ut)+16*ut;
yt=dsolve('D3y+4*D2y+8*Dy=16*exp(-2*t)','D2y(0)=0','Dy(0)=0','y(0)=0')
pretty(yt)
```

▣ 위 프로그램에서 'uss'는 16*exp(−2*t)의 값을 가지며, 이를 전달함수 표현식 ①로부터 얻어지는 미분 방정식

$$\frac{d^3y(t)}{dt^3} + 4\frac{d^2y(t)}{dt^2} + 8\frac{dy(t)}{dt} = 16e^{-2t}$$

를 명령어 'dsolve'에 대입하면 해 ③을 얻을 수 있다.

3.5 선형시스템의 전달함수 표현

3.5.1 전달함수

입력 $u(t)$와 출력 $y(t)$의 미분 방정식으로 표현된 선형 시불변 시스템은 3.4절에서 설명한 바와 같이 양변에 라플라스 변환을 취하여 s 영역으로 나타낼 수 있다. 즉, 입력의 라플라스 변환을 $U(s)$, 출력의 라플라스 변환을 $Y(s)$로 두었을 때, 입력에 대한 출력의 비를 식(3.39)와 같은 유리함수로 정의하며, 이것을 전달함수라고 한다.

[요점 3.7] 전달함수

입력 $u(t)$ 와 출력 $y(t)$ 의 관계를 나타내는 미분 방정식

$$\frac{d^N y(t)}{dt^N} + \sum_{i=0}^{N-1} a_i \frac{d^i y(t)}{dt^i} = \sum_{i=0}^{M} b_i \frac{d^i u(t)}{dt^i} \tag{3.72}$$

의 양변을 라플라스 변환하여, 입력 $U(s)$ 에 대한 출력 $Y(s)$ 의 비

$$G(s) = \frac{Y(s)}{U(s)} = \frac{b_M s^M + b_{M-1} s^{M-1} + \cdots + b_1 s + b_0}{s^N + a_{N-1} s^{N-1} + \cdots + a_1 s + a_0} \tag{3.73}$$

로 정의된 유리함수 $G(s)$를 시스템의 전달함수라 한다. 단, 식(3.72)의 라플라스 변환에서 미분의 초기값은 전부 영으로 둔다(즉, 초기 에너지는 없는 것으로 한다).

식(3.73)으로부터 출력은

$$Y(s) = G(s)U(s) \tag{3.74}$$

이므로 이것을 라플라스 역변환하면 출력 $y(t)$ 를 얻을 수 있다. 이때 만약 입력으로 임펄스 $\delta(t)$ 가 인가되었다면 $\mathcal{L}[\delta(t)] = 1$ 이으로 $Y(s) = G(s)$ 로 된다. 이러한 사실로부터 전달함수 $G(s)$ 를 시스템의 임펄스응답이라고도 한다. 즉,

$$\mathcal{L}^{-1}[G(s)] = g(t) \tag{3.75}$$

이다. 제4장에서 자세히 설명하겠지만 출력 $y(t)$ 는 입력 $u(t)$와 임펄스응답 $g(t)$ 의 컨볼류션 적분으로 표현된다. 즉

$$y(t) = g(t) * u(t) = \int_0^t g(t)u(t-\tau)d\tau \tag{3.76}$$

임펄스응답은 식(3.76)으로 주어지는 시간영역에서의 표현식과 식(3.74)로 나타난 s 영역 사이에서 연결고리의 역할을 하고 있다. 따라서 식(3.75)으로 주어지는 임펄스응답은 시스템의 해석에 있어 중요한 역할을 하고 있음을 알 수 있다.

$G(s)$ 는 임펄스응답 $g(t)$ 의 라플라스 변환이고 또 시스템은 하나의 임펄스응답을 가지기 때문에, 시스템 역시 단 하나의 전달함수만을 가진다는 것을 알 수 있다. 이런 이유로 $y(t)$ 는 입력 $u(t)$ 의 변화에 따라 달라지지만, 식(3.73)과 같이 입력에 대한 출력의 비로 정의되는 전달함수는 변화하지 않는다(단, 입력이 인가되기 전에 시스템은 초기 에너지를 가지고 있지 않다는 가정이 필요하다.).

또한 식(3.73)의 전달함수는 시스템이 선형이며 시불변인 경우에 한해서 성립한다. 만약 시스템이 비선형이거나 시변(time-varying)이라면 식(3.73)은 아무런 의미를 가지지 않는다.

[예제 3.25]

입력 $u(t) = e^{-t} \cdot 1(t)$ 가 $t=0$ 에서 평형상태에 있는 선형이며 시불변인 시스템에 인가되었을 때 출력으로

$$y(t) = 2 - 3e^{-t} + e^{-2t}\cos(2t), (t \geq 0)$$

가 관측되었다고 한다. 이 시스템의 전달함수를 계산하여 보자.

(해) 입력과 출력의 라플라스 변환식은

$$Y(s) = \frac{2}{3} - \frac{3}{s+1} + \frac{s+2}{(s+2)^2+4}, \quad U(s) = \frac{1}{s+1}$$

이고, 위 식을 식(3.73)에 대입하면 전달함수는

$$G(s) = \frac{s^2+2s+16}{s^3+4s^2+8s}$$

로 된다.

[예제 3.26]

선형이며 시불변인 시스템이 다음과 같은 임펄스 응답을 가진다고 한다. 이 시스템의 전달함수를 구하여 보자.

$$g(t) = 1(t) - 1(t-a)$$

단, a는 양의 실수이다.

(해) 위 식의 라플라스 변환식, 즉 전달함수는 다음과 같다.

$$G(s) = \frac{1-e^{-as}}{s}$$

앞에서 언급한 것처럼, 위 전달함수는 s의 함수인 두 다항식의 비가 아니며, 따라서 전달함수는 s의 유리함수가 아니다.

3.5.2 선형시스템의 전달함수 표현

위에서 언급한 바와 같이 전달함수는 선형이며, 시불변인 시스템에 대하여 정의된다. 또한 전달함수는 입력과 출력과의 관련을 나타내는 미분 방정식을 의미하기 때문에 시스템의 내부 상태에 대한 정보는 전혀 가지고 있지 않음에 유의해야 한다. 여기서는 대표적인 선형 시스템에 대한 전달함수 표현식에 대하여 알아본다.

먼저 [그림 1.48]의 스프링-질량-마찰 시스템의 운동방정식은 식(1.65), 즉

$$M\frac{d^2y(t)}{dt^2} + D\frac{dy(t)}{dt} + Ky(t) = x(t) \tag{3.77a}$$

로 주어진다. 위 식을 초기값을 영으로 하고 양변을 라플라스 변환하면

$$Ms^2Y(s) + DsY(s) + KY(s) = X(s) \tag{3.77b}$$

로 되며, 따라서 병진운동을 하는 기계시스템은

$$G(s) = \frac{Y(s)}{X(s)} = \frac{1}{Ms^2 + Ds + K} \tag{3.78}$$

와 같은 형식의 전달함수를 가진다. 또한 [그림 3.7]로 주어지는 간단한 전기회로에 대하여

생각하여 보자. 우선 전기회로에 키르히호프의 법칙을 적용하여 얻어진 입출력 관계식을 라플라스 변환하면

$$V_1(s) = \left(R + \frac{1}{Cs}\right) I(s) \tag{3.79a}$$

로 되며, 이때 출력은

$$V_2(s) = I(s) \cdot \frac{1}{Cs} \tag{3.79b}$$

이다. 따라서 식(3.79)로부터 전달함수를 구하면 다음과 같다.

$$G(s) = \frac{V_2(s)}{V_1(s)} = \frac{1}{RCs+1} = \frac{1}{\tau s+1} \tag{3.80}$$

여기서 τ는 시정수이며 시스템의 특성을 나타내는 중요한 양이다.

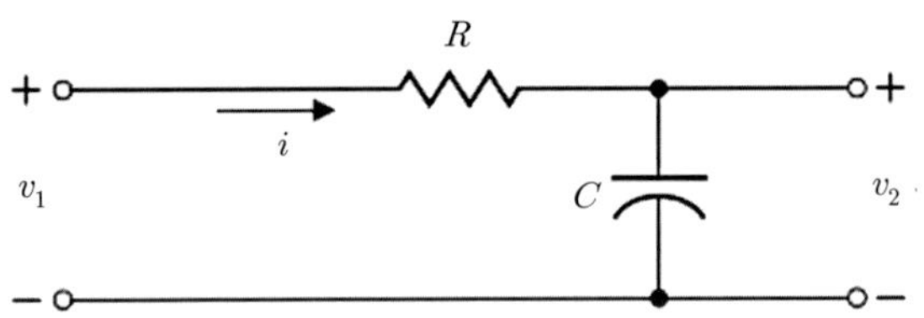

▲ 그림 3.7 간단한 RC 회로

좀 더 복잡한 모양의 기계시스템이나 전기회로에 대해서도 위와 마찬가지로 전달함수를 계산할 수 있으나 생략하고, 여기서는 일반적으로 많이 사용되는 전기회로인 OP-Amp와 전기+기계 시스템인 DC 모터에 대한 전달함수를 예제를 이용하여 유도하여 본다.

[예제 3.27]

[그림 3.8]로 주어지는 이상적인 OP-Amp에 대하여 생각하여 보자. 우선 이상적인 OP-Amp는 두 가지 특성, 즉 (i) $i_1 = 0$와 $i_2 = 0$ (입력 임피던스가 무한대), (ii) $v_2 - v_1 = 0$ (또는 $v_1 = v_2$)을 가진다. 이 경우 OP-Amp의 입출력은 다음 식으로 연결된다.

$$v_0 = K(v_2 - v_1) = -K(v_1 - v_2) \tag{3.81}$$

이때 K는 (이상적으로) 무한대의 값을 가지는 이득이다. 여기서는 OP-Amp가 높은 이득을 가지며 선형적으로 작동한다는 가정 아래 식을 유도하기로 한다.

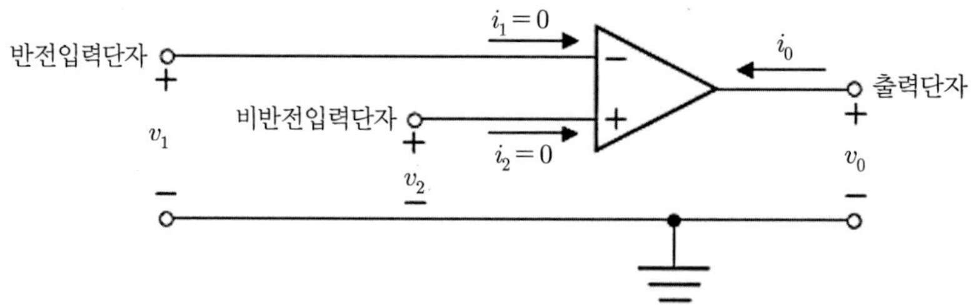

▲ 그림 3.8 이상적인 OP-Amp

[그림 3.9]의 인버터 회로를 이상적인 OP-Amp의 조건하에서 해석하여 보자. 이 경우 $i_1=0$ 이므로 노드 v_1 에서의 키르히호프의 전류법칙에 의하면

$$\frac{v_1 - v_{in}}{R_1} + \frac{v_1 - v_o}{R_2} = 0 \qquad ①$$

이 얻어진다. 이때 $v_2 = v_1$ 및 $v_2 = 0$ 이므로,[12] $v_1 = 0$ 으로 된다. 따라서

$$-\frac{v_{in}}{R_1} - \frac{v_o}{R_2} = 0 \qquad ②$$

이며, 이를 재정리하면

$$\frac{v_o}{v_{in}} = -\frac{R_2}{R_1} \qquad ③$$

으로 된다. 따라서 만약 $R_1 = R_2$ 이면 이상적인 OP-Amp는 입력신호의 부호만을 반전시키는 역할, 즉 $v_o = -v_{in}$ 이므로 이상적인 인버터 OP-Amp는 전달함수로써 -1 을 가진다고 볼 수 있을 것이다.

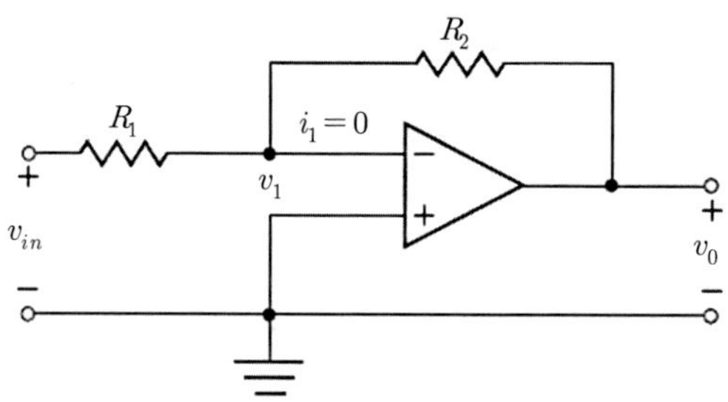

▲ 그림 3.9 OP-Amp를 이용한 인버터

12 이상적인 조건 아래서 [그림 3.9]를 [그림 3.8]과 비교하면 쉽게 알 수 있다.

[그림 1.50]에서 간단한 DC 모터의 구조를 설명하였지만, 여기서는 DC 모터의 전달함수를 유도하기 위하여 조금 상세히 나타내기로 한다. DC 모터는 DC로 주어지는 전기에너지를 회전하는 기계에너지로 변환시키는 작용을 하고 있으며, [그림 3.10]에 이것의 구조를 대략적으로 나타내었다. 이를 이용하여 DC 모터의 입력전압 V_f 와 출력, 즉 모터의 속도(또는 위치) ω 사이의 전달함수를 유도하여 보자. DC 모터의 구동방식에 따라 필드제어(field-controlled)와 아마추어제어(armature-controlled)가 있다. [그림 3.10]으로부터 필드회로에서 자속 $\phi(t)$은 회로에 흐르는 전류 $i_f(t)$ 에 비례하므로

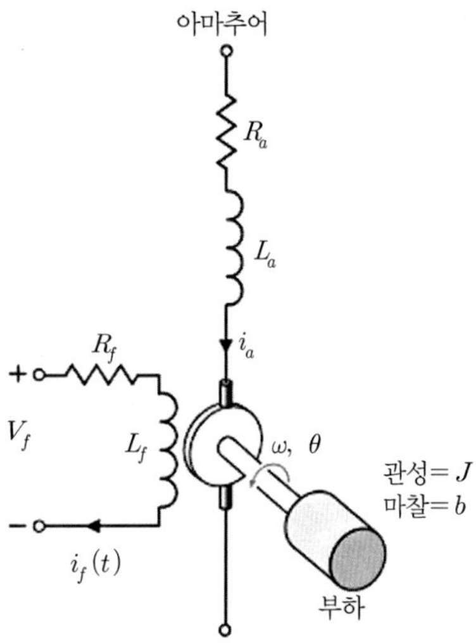

▲ 그림 3.10 **필드제어 DC 모터의 구조**

$$\phi(t) = K_f\, i_f(t) \tag{3.82}$$

로 주어진다. 또한 모터에 의해 발생하는 토크 $T_m(t)$는 자속과 아마추어 전류 $i_a(t)$ 에 비례하기 때문에

$$T_m(t) = K_1 \phi\, i_a(t) = K_1 K_f\, i_f(t)\, i_a(t) \tag{3.83}$$

의 관계가 얻어진다. 위 식에 존재하는 두 개의 전류, 즉 $i_a(t)$와 $i_f(t)$ 중 하나는 반드시 일정한 값을 가지지 않으면 안 된다. 먼저, 아마추어 전류 $i_a(t)$가 일정한 값, 즉 $i_a(t) = I_a$ 로 두는 '필드제어 DC 모터'방식을 취하면, 식(3.83)으로부터 다음과 같은 라플라스 변환된 관계식을 얻는다.

$$T_m(s) = (K_1 K_f I_a) I_f(s) = K_m I_f(s) \tag{3.84}$$

이 경우 K_m 을 모터상수로 정의하며 모터에 있어 중요한 요소의 하나이다. 다음 필드루프회로의 방정식을 라플라스 변환하면

$$V_f(s) = (R_f + L_f s) I_f(s) \tag{3.85}$$

을 얻을 수 있다. 이때 모터의 토크 $T_m(s)$ 은 부하에 전달되는 토크와 동일하므로 이를

$$T_m(s) = T_L(s) + T_d(s) \tag{3.86}$$

와 같이 나타낼 수 있을 것이다. 여기서 $T_L(s)$는 부하의 토크, $T_d(s)$는 외란토크이다.[13] [그림 3.10]에서 표시한 관성모멘트를 가지는 부하의 경우에는

$$T_L(s)= Js^2\theta(s)+bs\theta(s) \tag{3.87}$$

로 표현된다. 따라서 식(3.84)~식(3.86)으로부터

$$T_L(s)= T_m(s)- T_d(s) \tag{3.88a}$$

$$T_m(s)= K_m I_f(s) \tag{3.88b}$$

$$I_f(s)= \frac{V_f(s)}{R_f+L_f s} \tag{3.88c}$$

가 얻어진다. 이를 $T_d(s)=0$로 두고 정리하면 다음과 같은 전달함수를 얻을 수 있다.

$$\frac{\theta(s)}{V_f(s)}= \frac{K_m}{s(Js+b)(L_f s+R_f)}= \frac{(K_m/J)L_f}{s(s+b/J)(s+R_f/L_f)} \tag{3.89}$$

위 식을 블록선도로 나타낸 것이 [그림 3.11]이다. 식(3.89)를 두 개의 시정수, 즉 필드 회로와 부하부분의 시정수를 이용하여 나타낼 수도 있다. 즉

$$\frac{\theta(s)}{V_f(s)}= G(s)= \frac{(K_m/b)R_f}{s(\tau_f s+1)(\tau_L s+1)} \tag{3.90}$$

이다. 여기서 $\tau_f = L_f/R_f$, 및 $\tau_L = J/b$로 주어지는 시정수이다.

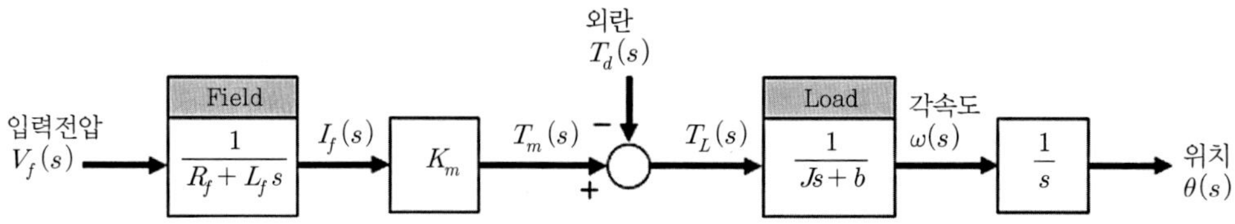

▲ 그림 3.11 필드제어 DC 모터의 블록선도

식(3.83)에서 아마추어 전류 $i_a(t)$를 변수로 취하면(즉 $i_f(t)=I_f$로 둔다) '아마추어제어 DC 모터' 방식에 대한 전달함수를 얻을 수 있다. 즉 식(3.83)으로부터

13 일반적으로 외란토크는 무시하는 경우가 많다. 그러나 모터에 외부의 영향이 크게 작용하는 경우, 예를 들어 외부 안테나 등의 경우에는 반드시 고려하여야 한다.

$$T_m(s) = (K_1 K_f I_f) I_a(s) = K_m I_a(s) \tag{3.91}$$

이며 이때 K_m 은 필드전류의 함수이다. 또한 아마추어 전류는 아마추어에 인가된 입력전압과

$$V_a(s) = (R_a + L_a s) I_a(s) + V_b(s) \tag{3.92}$$ [14]

의 관계가 성립한다. 여기서 $V_b(s)$ 는 역기전력으로서 모터의 회전속도에 비례하여

$$V_b(s) = K_b \omega(s) \tag{3.93}$$

로 표현된다. 이로부터 아마추어 전류는

$$I_a(s) = \frac{V_a(s) - K_b \omega(s)}{(R_a + L_a s)} \tag{3.94}$$

로 주어지며, 식(3.87)과 (3.88a)로부터 부하토크는

$$T_L(s) = Js^2 \theta(s) + b s \theta(s) = T_m(s) - T_d(s) \tag{3.95}$$

로 주어진다. [그림 3.12]에 아마추어제어 DC 모터의 블록선도를 나타내었다. 식(3.91), (3.93) 및 (3.95)(또는 블록선도)로부터 아마추어제어 DC 모터의 전달함수를 계산하면(단 $T_d(s) = 0$)

$$\begin{aligned} G(s) = \frac{\theta(s)}{V_a(s)} &= \frac{K_m}{s\left[(R_a + L_a s)(Js + b) + K_b K_m\right]} \\ &= \frac{K_m}{s\left(s^2 + 2\zeta\omega_n s + \omega_n^2\right)} \end{aligned} \tag{3.96}$$ [15]

로 됨을 알 수 있다. 일반적으로 대부분의 DC모터에서는 아마추어회로의 시정수, 즉 $\tau_a = L_a / R_a$ 는 무시할 수 있을 정도로 작기 때문에 이를 고려하면 식(3.96)은

$$G(s) = \frac{\theta(s)}{V_a(s)} = \frac{K_m}{s\left[R_a(Js + b) + K_b K_m\right]} = \frac{\left[K_m / (R_a b + K_b K_m)\right]}{s(\tau_1 s + 1)} \tag{3.97}$$

로 된다. 여기서 $\tau_1 = R_a J / (R_a b + K_b K_m)$ 로 주어지는 등가 시정수이다.

---

14 $V_a(s)$ 는 입력전압 V_a 의 라플라스 변환이다.

15 두 번째 행의 표현식은 제4장 이후에서 주로 사용되는 형식이다.

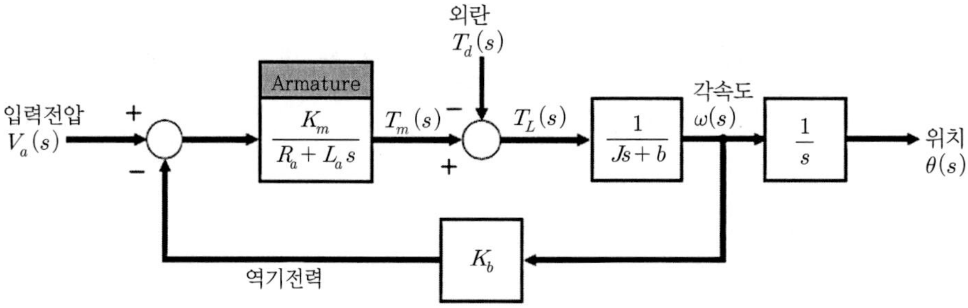

▲ 그림 3.12 아마추어제어 DC모터

3.5.3 RLC 회로의 전달함수

여기서는 자주 사용되는 저항(R), 인덕터(L) 및 캐패시터(C)로 구성된 간단한 전기회로의 전달함수를 구하는 방법에 대하여 생각하여 보기로 한다. 이미 제1장에서 이들 소자에 있어서 전류·전압 사이에 다음과 같은 관계가 성립한다는 것을 언급하였다.

$$v(t) = R \cdot i(t) \tag{3.98a}$$

$$\frac{dv(t)}{dt} = \frac{1}{C} i(t) \tag{3.98b}$$

$$v(t) = L \frac{di(t)}{dt} \tag{3.98c}$$

위 식에서 $i(t)$는 각 소자에 흐르는 전류이며, $v(t)$는 각 소자의 양단에 걸려 있는 전압을 나타낸다. 전류·전압 사이의 관련성은 식(3.98)의 양변에 라플라스 변환을 취함으로써 s 영역에서 나타낼 수 있다. 3.2절의 라플라스 변환의 성질을 이용하면 식(3.98)은

$$V(s) = R\,I(s) \tag{3.99a}$$

$$s\,V(s) - v(0) = \frac{1}{C} I(s) \tag{3.99b}$$

$$V(s) = sL\,I(s) - L\,i(0) \tag{3.99c}$$

로 된다. 여기서 $\mathcal{L}[v(t)] = V(s)$ 및 $\mathcal{L}[i(t)] = I(s)$이다. 또 $v(0)$와 $i(0)$는 시각 $t = 0$에서 캐패시터의 초기전압 및 인덕터의 초기전류를 각각 나타낸다.

식(3.98)과 (3.99)의 관련성을 이용하여 각 소자를 블록선도로 나타낸 것이 [그림 3.13]

이다. 여기서 각각의 임피던스(impedance)[16]로서 회로의 각 요소를 나타내었다. 예를 들어, 저항은 임피던스 R, 캐퍼시터는 (복소)임피던스 $1/(Cs)$, 및 인덕터는 임피던스 Ls를 각각 가진다. 또 s 영역에서 캐퍼시터가 가지는 초기전압 $v(0)$는 전압원으로, 인덕터가 가지는 초기전류 $i(0)$는 전류원으로 각각 취급되고 있는 점에 유의한다.

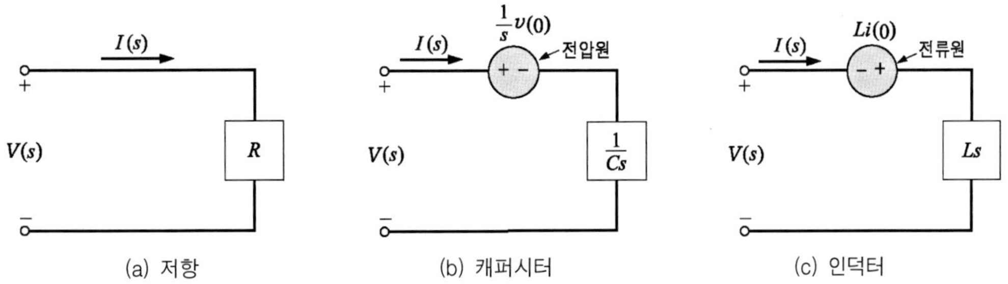

▲ 그림 3.13 s 영역에서의 표현식

RLC 요소로 구성된 회로의 경우, 각 요소를 라플라스 변환하고 여기에 복소임피던스를 적용하여 s 영역의 표현식으로 나타내면 회로해석에 있어서 상당히 편리하다. 아래에 나타낸 바와 같이, 일반적인 회로의 경우와 마찬가지의 회로법칙이 성립한다. 특히 저항에 한하여 성립되던 전압 또는 전류의 분배법칙을 임피던스 회로에도 그대로 적용할 수 있다. 이것을 이용하면 캐퍼시터나 인덕터를 저항과 동일하게 간주하여 회로해석을 수행할 수 있다. 예를 들어, 두 개의 임피던스 $Z_1(s)$와 $Z_2(s)$가 [그림 3.14]와 같이 직렬로 연결되어 있다고 하자. $V(s)$는 인가된 전압의 라플라스 변환 값이며, $V_1(s)$와 $V_2(s)$는 임피던스

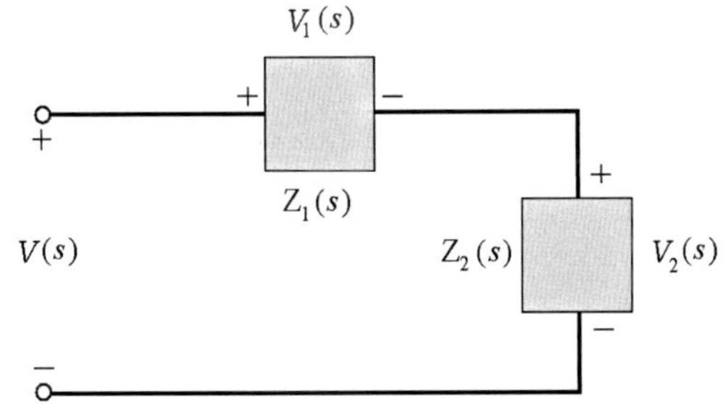

▲ 그림 3.14 두 개 임피던스의 직렬연결

16 임피던스의 자세한 내용은 회로망 이론 등의 과목을 참조하고, 여기서는 캐퍼시터나 인덕터에 라플라스 변환을 적용하여 이것을 일반적인 저항(R)과 동일하게 취급할 수 있도록 표기한 것을 말한다. 따라서 직렬 및 병렬연결에 있어서 저항에서의 공식을 그대로 적용할 수 있다(부록 C 참조).

$Z_1(s)$ 와 $Z_2(s)$ 의 양단에 걸리는 전압의 라플라스 변환 값으로 한다. 이때 전압분배의 법칙에 의해

$$V_1(s)= \frac{Z_1(s)}{Z_1(s)+ Z_2(s)} V(s)$$

$$V_2(s)= \frac{Z_2(s)}{Z_1(s)+ Z_2(s)} V(s)$$

이 성립한다.

또 두 개의 임피던스가 [그림 3.15]와 같이 병렬로 연결되어 있을 경우를 생각하여 보자. 이 경우에도 $I(s)$ 는 두 개의 임피던스로 들어가는 전류의 라플라스 변환 값이며, $I_1(s)$ 와 $I_2(s)$ 는 각 임피던스에 흐르는 전류의 라플라스 변환 값으로 하였을 경우, 전류분배의 법칙에 의해 다음 식이 성립한다.

$$I_1(s)= \frac{Z_2(s)}{Z_1(s)+ Z_2(s)} I(s)$$

$$I_2(s)= \frac{Z_1(s)}{Z_1(s)+ Z_2(s)} I(s)$$

RLC 회로를 s 영역표현식으로 변환한 뒤, 위와 같은 기본적인 전류 및 전압의 분배법칙을 회로에 적용함으로써 쉽게 회로의 전달함수를 계산할 수 있다. 여기서 주의할 점은 전달함수는 초기값을 영으로 두었을 때 얻어지는 것이므로, RLC 회로에서도 캐퍼시터나 인덕터가 가지는 초기값은 영으로 두어야 한다는 것이다. 다음 두 예제를 통하여 RLC 회로의 전달함수를 구하는 과정을 확인하여 보자.

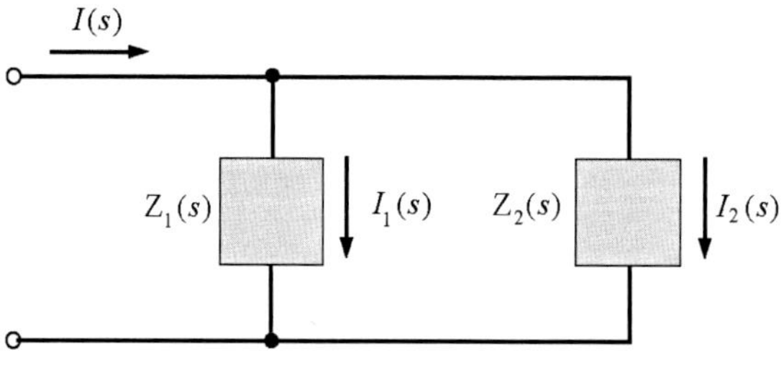

▲ 그림 3.15 두 개 임피던스의 병렬연결

[예제 3.28]

[그림 3.16]과 같이 직렬연결 된 RLC 회로를 생각하여 보자. 입력으로는 회로에 인가된 전원 $u(t)$ 이며, 출력으로는 캐퍼시터의 양단에 걸리는 전압 $v_c(t)$ 로 한다. 이 회로의 전달함수를 구하여 보자.

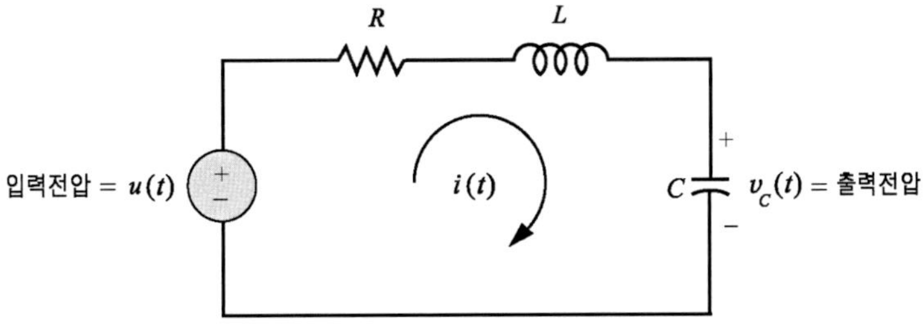

▲ 그림 3.16 직렬연결의 RLC 회로

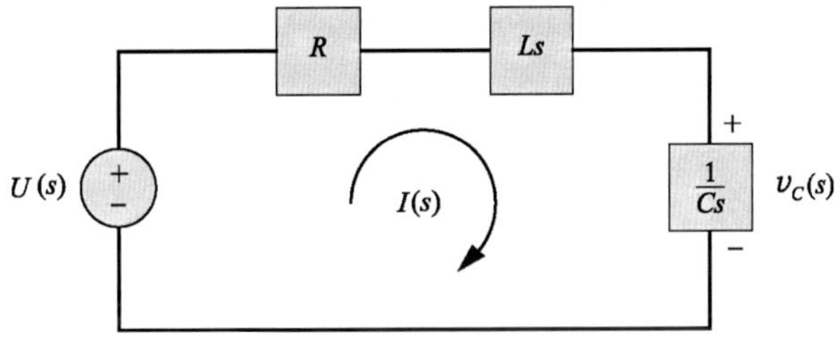

▲ 그림 3.17 RLC 회로의 s 영역에서의 표현

(해) 캐퍼시터와 인덕터는 초기값을 가지지 않는 것으로 가정하고, [그림 3.16]을 s 영역의 표현식으로 전환하면 [그림 3.17]로 된다. 여기에 전압 분배의 법칙을 적용하면

$$V_c(s) = \frac{1/(Cs)}{Ls + R + 1/(Cs)} U(s) = \frac{1/(LC)}{s^2 + (R/L)s + 1/(LC)} U(s) \qquad ①$$

로 되어, 전달함수를 확인할 수 있다. 여기서 한 가지 주의할 것은 입력과 출력의 정의에 따라 전달함수가 달라진다는 것이다. 예를 들어, 입력은 그대로 두고 출력을 저항 R의 양단에 걸리는 전압으로 취한다면, 전압분배의 법칙에 의해

$$V_R(s) = \frac{R}{Ls + R + 1/(Cs)} U(s) = \frac{(R/L)s}{s^2 + (R/L)s + 1/(LC)} U(s) \qquad ②$$

로 되어 ①과는 다른 전달함수가 얻어진다. 그러나 ①과 ②의 전달함수를 비교하여 보면 분자다항식은 다르지만 분모다항식은 동일하다는 것을 알 수 있다. 뒤에서 다시 설명하겠지만, 동일한 시스템 내에서 입력과 출력의 정의가 달라지더라도 전달함수의 분모다항식은 변화가 없다는 점에 유의하여야 한다.

[예제 3.29]

[그림 3.18]과 같이 두 개의 캐퍼시터와 두 개의 인덕터가 연결되어 있는 RLC 회로에서, 입력으로는 인가전압 $u(t)$를, 출력으로는 캐퍼시터 C_1에 흐르는 전류를 취하였을 경우의 전달함수를 계산하여 보자.

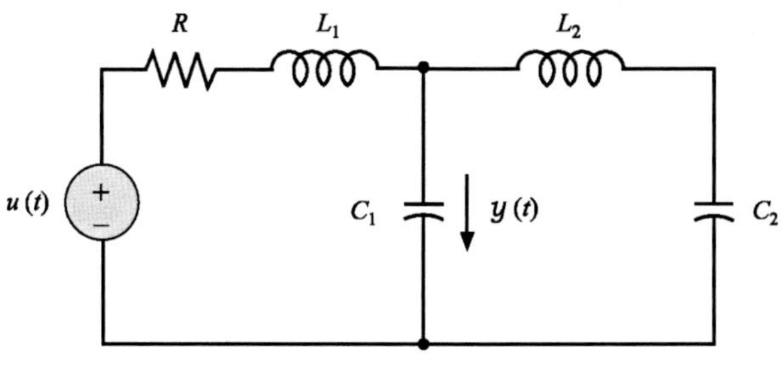

▲ 그림 3.18 [예제 3.29]의 RLC 회로

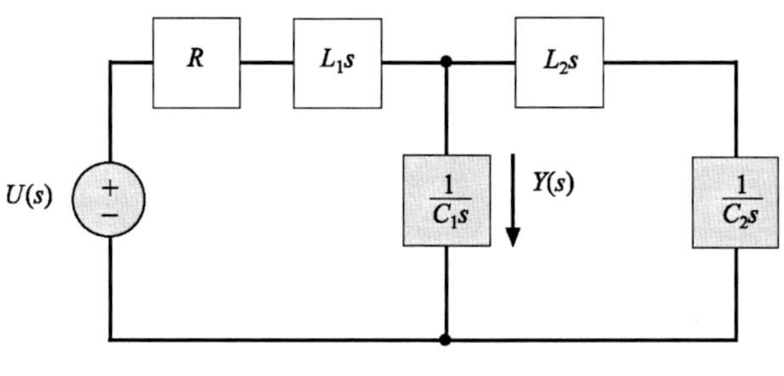

▲ 그림 3.19 [예제 3.29]의 s – 영역에서의 표현

(해) [예제 3.28]과 마찬가지로 두 개의 캐퍼시터와 두 개의 인덕터는 초기값을 가지지 않는 것으로 가정하고, [그림 3.18]을 [그림 3.19]와 같이 복소임피던스를 이용하여 s 영역으로 전환한다. 그림에서 직렬 연결된 인덕터 L_2와 캐퍼시터 C_2과 캐퍼시터 C_1은 병렬연결 되어 있으므로 이를 하나의 임피던스로 나타내면 다음과

같이 된다.

$$\frac{1/(C_1 s)[L_2 s + 1/(C_2 s)]}{1/(C_1 s) + L_2 s + 1/(C_2 s)} = \frac{C_2 L_2 s^2 + 1}{C_1 C_2 L_2 s^3 + (C_1 + C_2)s} \equiv Z_3(s)$$

여기서 캐퍼시터 C_1 의 양단에 걸리는 전압을 $V_1(s)$ 으로 두면, 출력은 $Y(s) = C_1 s V_1(s)$ 로 계산할 수 있다. 전압분배의 법칙에 의해

$$V_1(s) = \frac{Z_3(s)}{R + L_1 s + Z_3(s)} U(s)$$

로 된다. 여기에 $Z_3(s)$ 를 실제로 대입하여 전개하면, 다음과 같은 조금 복잡한 수식을 얻어진다.

$$V_1(s) = \frac{C_2 L_2 s^2 + 1}{C_1 C_2 L_1 L_2 s^4 + R C_1 C_2 L_2 s^3 + [L_1(C_1 + C_2) + C_2 L_2] s^2 + R(C_1 + C_2)s + 1} U(s)$$

마지막으로 전달함수는 $Y(s) = C_1 s V_1(s)$ 의 관계로부터 다음과 같이 됨을 확인할 수 있을 것이다.

$$G(s) = \frac{C_1 C_2 L_2 s^3 + C_1 s}{C_1 C_2 L_1 L_2 s^4 + R C_1 C_2 L_2 s^3 + [L_1(C_1 + C_2) + C_2 L_2] s^2 + R(C_1 + C_2)s + 1}$$

연 습 문 제

1 아래 각 항의 문제에 답하라.

(a) [그림 P3.1](a)에 나타낸 신호 $x(t)$ 의 라플라스 변환 $X(s)$ 을 계산하라

(b) (a)의 결과를 이용하여 $\lim_{T\to 0} X(s)$ 를 계산하라.

(c) [그림 P3.1](b)에 표시한 신호 $g(t)$ 의 라플라스 변환 $G(s)$ 를 계산하라.

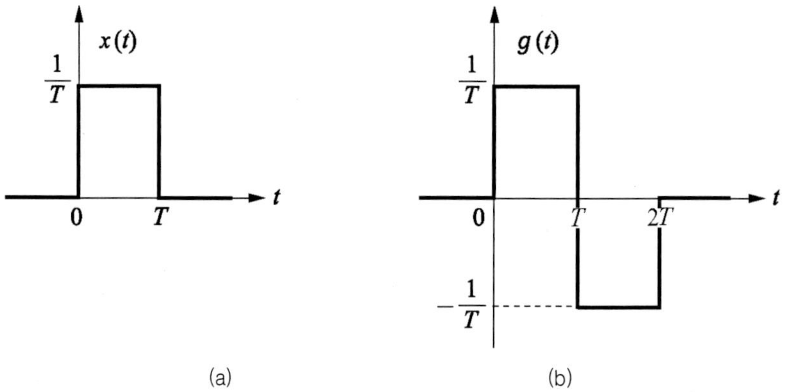

▲ 그림 P3.1

2 라플라스 변환이 다음과 같이 주어진 신호의 최종값을 구하여라. 만약 최종값이 존재하지 않는다면 그 이유를 설명하라.

(a) $X(s) = \dfrac{4}{s^2 + s}$

(b) $X(s) = \dfrac{3s+4}{s^2 + s}$

(c) $X(s) = \dfrac{4}{s^2 - s}$

(d) $X(s) = \dfrac{3s^2+4s+1}{s^3+2s^2+s+2}$

(e) $X(s) = \dfrac{3s^2+4s+1}{s^3+3s^2+3s+2}$

(f) $X(s) = \dfrac{3s^2+4s+1}{s^4+3s^3+3s^2+2s}$

3 다음과 같이 주어진 라플라스 변환식이 있다.

$$V(s)=\frac{2s+1}{s^2+4}$$

(a) 신호 $v(t)$ 의 초기값을 i) 라플라스의 초기값 정리에 의하여, ii) 라플라스 역변환을 이용하여 각각 구한 다음, 그 결과를 비교하여 보라.

(b) 신호 $v(t)$ 의 최종값을 i) 라플라스의 최종값 정리에 의하여, ii) 라플라스 역변환을 이용하여 각각 구한 다음, 그 결과를 비교하여 보라.

4 신호 $x(t)$ 가 다음과 같은 라플라스 변환식을 가진다. 이때 다음 신호의 라플라스 변환 $V(s)$ 을 계산하라.

$$X(s)=\frac{s+1}{s^2+5s+7}$$

(a) $v(t)=x(3t-4)\cdot 1(3t-4)$　(b) $v(t)=tx(t)$　(c) $v(t)=\frac{d^2}{dt^2}x(t)$

(d) $v(t)=\int_0^t x(\tau)d\tau$　(e) $v(t)=x(t)\sin(2t)$　(f) $v(t)=e^{-3t}x(t)$

(g) $v(t)=x(t)*x(t)$

5 임의의 시스템이 아래와 같은 연속시간의 미분 방정식으로 주어져 있다. 이때 각 시스템의 전달함수 $G(s)$ 를 계산하라. 만약 전달함수가 존재하지 않는다면 그 이유를 설명하라.

(a) $\frac{dy(t)}{dt}+e^{-t}y(t)=u(t)$

(b) $\frac{dy(t)}{dt}+v(t)*y(t)=u(t)$, 단 $v(t)=(\sin t)\cdot 1(t)$

(c) $\frac{d^2y(t)}{dt^2}+\int_0^t y(\tau)d\tau=\frac{du(t)}{dt}-u(t)$

(d) $\frac{dy(t)}{dt}=y(t)*u(t)$

(e) $\frac{dy(t)}{dt}-2y(t)=tu(t)$

6 다음과 같은 입력 신호가 $t=0$에서 초기에너지를 가지고 있지 않는 선형 시불변 시스템에 인가되었다.

$$u(t)=\begin{cases} \sin(t), & (0 \le t \le \pi) \\ -\sin(t), & (\pi \le t \le 2\pi) \\ 0, & (\text{이외의 값}) \end{cases}$$

이때의 출력이 [그림 P3.6]과 같이 관측되었을 경우, 이 시스템의 전달함수 $G(s)$를 계산하라.

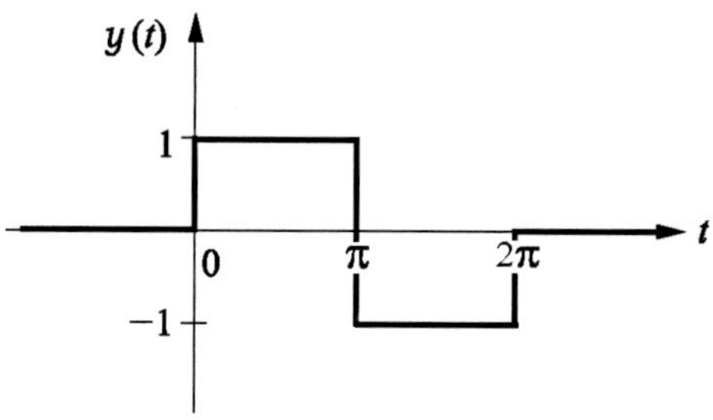

▲ 그림 P3.6

7 다음과 같은 미분 방정식으로 주어진 LTI 시스템에 대하여 아래의 각 물음에 답하라.

(i) $\dfrac{d^2y(t)}{dt^2}+6\dfrac{dy(t)}{dt}+5y(t)=4u(t)$

(ii) $\dfrac{d^2y(t)}{dt^2}+6\dfrac{dy(t)}{dt}+5y(t)=4\dfrac{du(t)}{dt}+6u(t)$

(iii) $\dfrac{d^2y(t)}{dt^2}+4y(t)=2u(t)$

(iv) $\dfrac{d^3y(t)}{dt^3}-\dfrac{d^2y(t)}{dt^2}+2y(t)=2\dfrac{du(t)}{dt}-6u(t)$

(a) 각 시스템에 대한 임펄스응답 $g(t)$을 구하라.

(b) 각 시스템에 대한 단위계단응답 $h(t)$을 구하라.

(c) 위 문제 (a), (b)에서 구한 결과를 확인하기 위하여 다음 관계식의 만족 여부를 알아보고 그 이유를 설명하라.

$$g(t)=\frac{dh(t)}{dt}$$

8 임펄스응답이 $g(t)=e^{-t} \cdot 1(t)$로 주어져 있는 시스템이 있다([그림 P3.8]의 블록 부분). 아래의 각 물음에 답하라.

(a) 이 시스템 $g(t)$은 안정한 시스템인가?

(b) 시스템 $g(t)$을 [그림 P3.8]과 같이 피드백 시스템으로 재구성하였다. 이때 새로이 구성한 시스템의 입력 $u(t)$에서 출력 $y(t)$까지의 전달함수를 계산하라.

(c) 피드백 시스템이 안정하기 위한 파라미터 A의 범위를 구하여 보라.

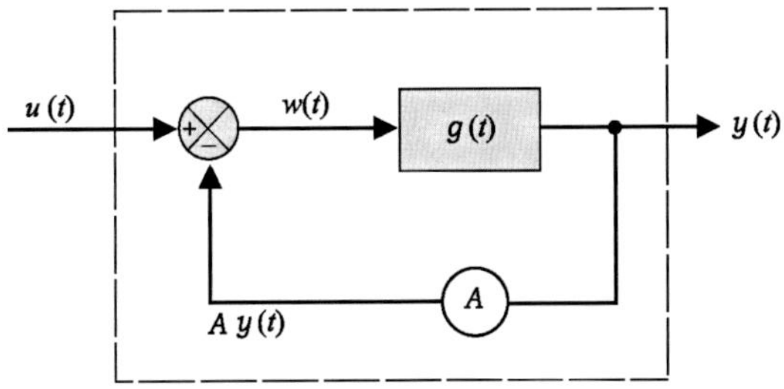

▲ 그림 P3.8

9 주기신호의 라플라스 변환식은 주기신호의 첫 번째 주기에 대한 라플라스 변환식으로부터 얻어질 수 있다.

(a) [그림 P3.9](a)에서 신호 $x(t)$의 라플라스 변환식을 $X(s)$으로 두었을 경우, [그림 P3.9](b)의 신호 $g(t)$의 라플라스 변환식 $G(s)$는 다음과 같이 주어진다는 것을 보여라.

$$G(s)=\frac{X(s)}{1-e^{-sT_0}}$$

(b) 이 결과를 바탕으로 [그림 P3.9](c)에 있는 신호 $p(t)$의 라플라스 변환식을 구하라.

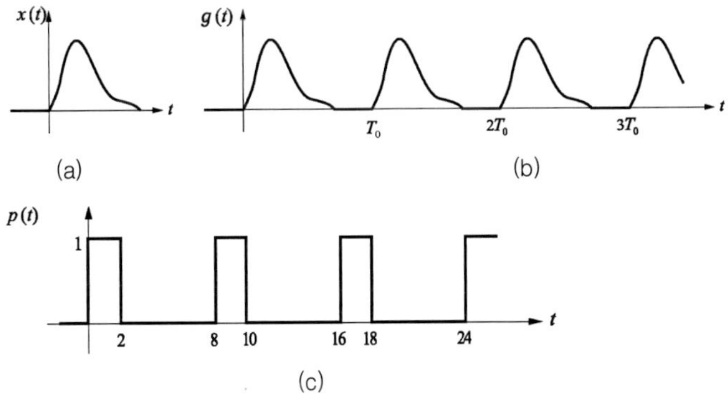

▲ 그림 P3.9

제 4 장 LTI 시스템과 기본적인 제어작용

이미 제1장에서 언급한 바와 같이, 지구상에 존재하는 물리시스템은 일반적으로 비선형, 시변(time-varying)이지만, 시스템의 동작범위를 한정하면 선형 시불변 시스템(linear time-invariant system: LTI)으로 모델링 가능하며, 이에 대한 상세한 해석을 수행할 수 있다. 본 장의 전반부에서 LTI 시스템의 임펄스응답을 중심으로 시스템이 가지는 여러 가지 특징에 대하여 설명하고, 후반부에서는 시스템의 특징을 외부적으로 바꿀 수 있는 기본적인 방법, 즉 기본적인 제어이론에 대하여 언급한다.

4.1 컨볼류션 적분

선형 시스템의 입출력 관계를 가장 명확하게 보여 주는 관계식의 하나로 컨볼류션 적분이 있다. 여기서는 이러한 적뷰의 유도과정을 통하여 입력, 출력 및 시스템 사이의 관련성을 명확히 하기로 한다.

4.1.1 임펄스신호에 의한 연속시간 신호의 표현

연속시간 신호를 단위 임펄스신호를 이용하여 나타내는 방법에 대하여 [그림 4.1]을 가지고 설명한다. 먼저 [그림 4.1(a)]에 표시한 바와 같이 연속신호 $x(t)$ 를 계단모양의 신호를 이용하여 근사하고 이것을 $\hat{x}(t)$ 로 둔다. 이렇게 두면 신호 $\hat{x}(t)$ 를 [그림 4.1]의 (b)~(e)에 표시한 바와 같이 분할할 수 있다. 이들 그림으로부터, $\hat{x}(t)$ 는 제1장의 식(1.19)에 정의한 $\delta_{\Delta}(t)$ 를 시간적으로 이동시킨 신호의 선형결합으로 생각할 수 있다. 다시 말하면

$$\hat{x}(t) = \sum_{k=-\infty}^{\infty} x(k\Delta)\delta_{\Delta}(t-k\Delta)\Delta \tag{4.1}$$

와 같이 표현 가능하다. 여기서 $\Delta \to 0$ 의 극한을 생각하면 $\hat{x}(t)$ 는 결국 $x(t)$ 로 되기 때문

에 다음 식을 얻는다.

$$x(t)=\lim_{\Delta\to 0}\sum_{k=-\infty}^{\infty}x(k\Delta)\delta_{\Delta}(t-k\Delta)\Delta \tag{4.2}$$

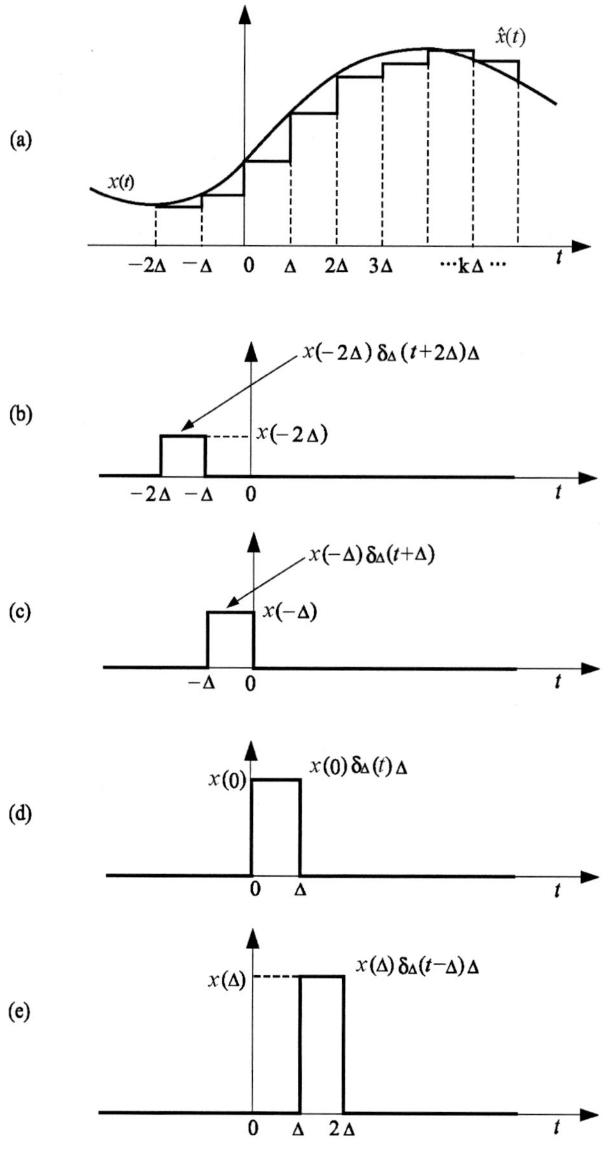

▲ 그림 4.1 계단 형태의 신호에 의한 연속시간 신호의 근사

또한 $\Delta \to 0$ 의 극한을 취하면 합을 나타내는 기호인 $\sum$ 는 적분연산 $\int$ 으로, 구형파인 $\delta_\Delta(t)$ 는 단위 임펄스신호 $\delta(t)$ 로 각각 표시할 수 있으므로 결국 식(4.2)는 다음과 같이 될 것이다.

$$x(t)= \int_{-\infty}^{\infty} x(\tau)\delta(t-\tau)d\tau \tag{4.3}$$

위 식의 τ 를 a 로 바꾸면 제1장의 [요점 1.5]에서 언급한 임펄스신호의 샘플링 성질과 일치하게 된다. 이로부터, 어떤 시각에서의 연속시간 신호의 값을 구하기 위해서는 임펄스신호를 식(4.3)과 같이 작용시키면 된다는 사실을 알 수 있다.

예를 들어 식(4.3)에 있어서 $x(t)= 1(t)$ 로 두면

$$1(t)= \int_{-\infty}^{t} 1(\tau)\delta(t-\tau)d\tau = \int_{-\infty}^{t} \delta(t-\tau)d\tau \tag{4.4}$$

로 되어 식(1.31)이 유도된다.

4.1.2 임펄스응답에 의한 LTI 시스템의 기술

LTI 시스템에 단위임펄스를 인가하였을 때의 출력을 임펄스응답(impulse response)이라고 한다(그림 4.2(a)). 일반적으로 엄밀한 의미의 임펄스를 만들어 내는 것은 불가능하기 때문에 [그림 4.2(b)]에 나타낸 바와 같이, 식(1.19)에서 정의한 $\delta_\Delta(t)$ 를 인가하였을 때의 응답에서 $\Delta \to 0$ 의 극한을 임펄스응답으로 간주하기로 한다.

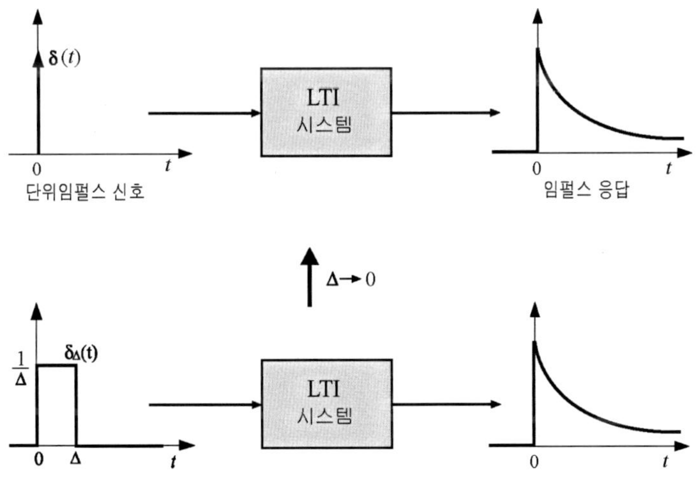

▲ 그림 4.2 단위 임펄스응답

여기서는 연속시간의 입력 신호 $x(t)$ 를 LTI 시스템에 인가하여 출력 $y(t)$를 구하는 문제에 있어서, LTI 시스템의 임펄스응답을 미리 알고 있다면 임의의 입력신호에 대한 출력응답이 항상 계산 가능하다는 것을 설명하고자 한다.

먼저 식(4.1)과 같이 $x(t)$ 를 계단모양의 신호 $\hat{x}(t)$ 로 근사하면

$$\hat{x}(t)= \sum_{k=-\infty}^{\infty} x(k\Delta)\delta_{\Delta}(t-k\Delta)\Delta$$

로 된다. 다음에 위의 계단모양의 신호를 [그림 4.1]에 나타낸 것처럼 구형상의 신호로 분할하여, 구형신호 하나하나를 별개의 신호로 간주하여 LTI 시스템에 입력하였을 경우의 출력(다시 말하면, 구형파를 오른쪽으로 차례로 이동시킨 각 신호에 대한 응답)을 계산하여 보자([그림 4.3] 참조). 구형파 입력 $\delta_{\Delta}(t-k\Delta)$ 에 대한 응답을 $\hat{g}_{\Delta}(t-k\Delta)$ 로 두었을 경우,[1] 식(4.1)의 입력에 대한 출력을 계산하여 보기로 한다.

이 과정은 선형 시스템이 가지는 특징 중의 하나인 중첩의 원리를 이용하면 쉽게 해결할 수 있다. 다시 말하면 입력 $\hat{x}(t)$를 무한개의 구형파 신호로 분리하여[2] 각각에 대한 응답의 구한 다음, 이들의 합을 취함으로서 출력($\hat{y}(t)$ 로 둔다)을 얻을 수 있다는 것이다. 이 결과

$$\hat{y}(t)= \sum_{k=-\infty}^{\infty} x(k\Delta)\hat{g}_{\Delta}(t-k\Delta)\Delta \tag{4.5}$$

가 얻어진다. 마지막으로 위 식에서 $\Delta \to 0$ 의 극한을 취하면 입력 $x(t)$ 에 대한 출력 $y(t)$ 는 다음과 같이 계산 가능하다.

$$\begin{aligned} y(t) &= \lim_{\Delta\to 0}\sum_{k=-\infty}^{\infty} x(k\Delta)\hat{g}_{\Delta}(t-k\Delta)\Delta \\ &= \int_{-\infty}^{\infty} x(\tau)g(t-\tau)d\tau \end{aligned} \tag{4.6}$$

단, 여기서

$$g(t)= \lim_{\Delta\to 0}\hat{g}_{\Delta}(t)$$

로 두었다. 이상을 정리하면 다음의 결과를 얻는다.

---

[1] 예를 들어, $k=1$ 이면 구형파 입력은 $\delta_{\Delta}(t-k\Delta)$ ([그림 4.2(e)] 참조)로 되며, 이때의 출력은 $\hat{g}_{\Delta}(t-k\Delta)$로 됨의 의미한다.

[2] k번째의 입력은 $x(k\Delta)\delta\Delta(t-k\Delta)\Delta$ 로 주어진다.

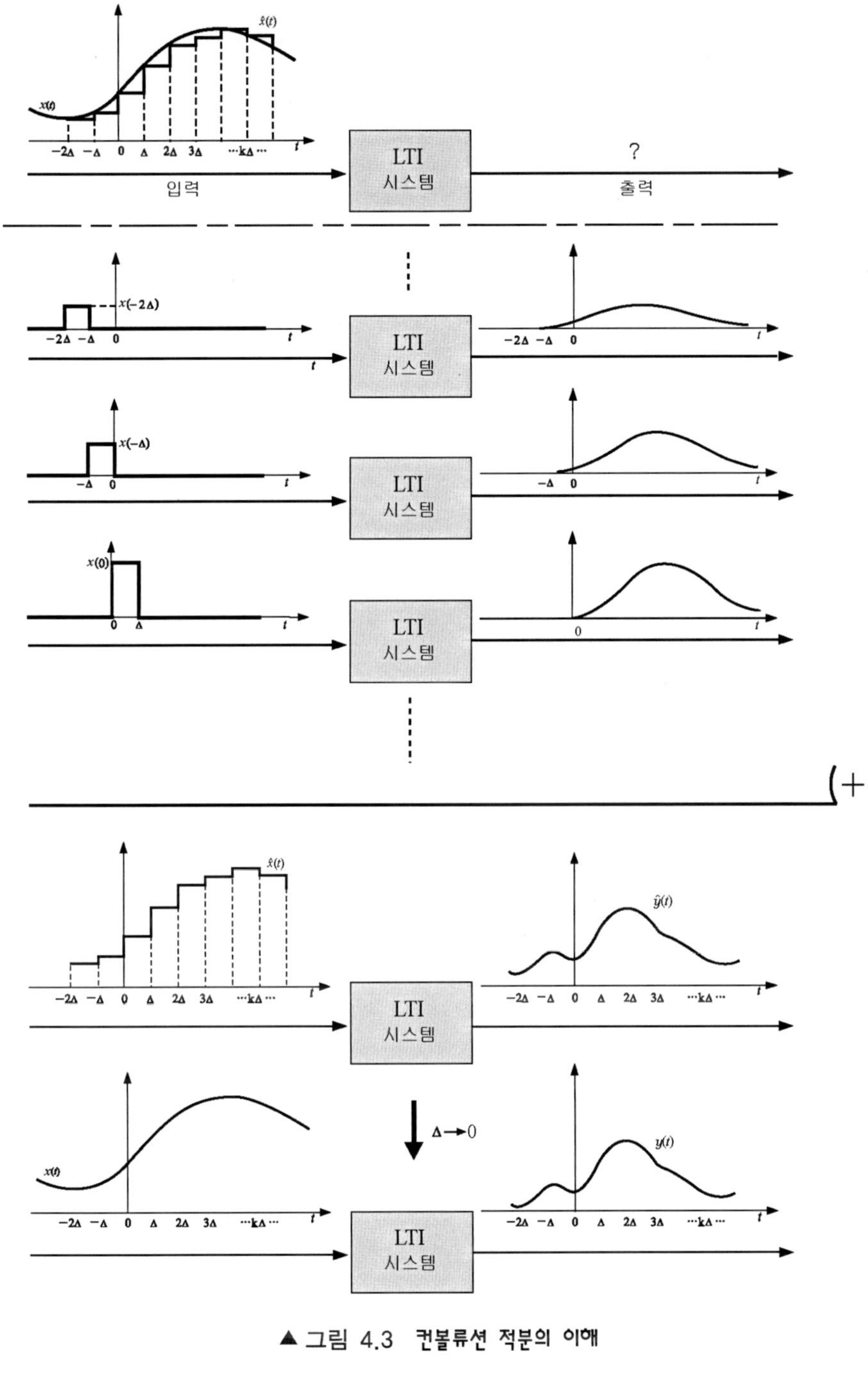

▲ 그림 4.3 컨볼류션 적분의 이해

[요점 4.1] 컨볼류션 적분

LTI 시스템에서, 입력 $x(t)$ 에 대한 출력 $y(t)$ 은

$$y(t)=\int_{-\infty}^{\infty} g(t-\tau)x(\tau)d\tau \equiv x(t)*g(t) \tag{4.7}$$

로서 계산할 수 있다. 단, $g(t)$ 는 단위 임펄스신호 $\delta(t)$ 에 대한 응답, 다시 말하면 LTI 시스템의 임펄스응답이다. 이때 식(4.7)의 오른쪽을 컨볼류션 적분(Convolution integral)이라고 한다.

위 [요점 4.1]로부터 LTI 시스템의 임펄스응답을 알고 있다면, 식(4.7)에 의해 임의의 입력신호 $x(t)$ 에 대한 출력신호를 계산할 수 있다. 사실상 [요점 4.1]은, '식(4.7)은 선형시스템으로 되기 위한 필요충분조건이다'라는 것을 의미하고 있다. 이 경우 식(4.7)이 '충분조건'으로 되는 것은 증명하기 어려우나, '필요조건'이라는 것은 간단히 증명할 수 있다. 이것은 선형시스템의 특징인 '중첩의 원리'와 '시불변성'을 확인함으로서 가능하다. 먼저 입력이 $x(t)=\alpha x_1(t)+\beta x_2(t)$ 이며, 이에 대한 출력은

$$\begin{aligned} y(t) &= \int_{-\infty}^{\infty} x(\tau)g(t-\tau)d\tau \\ &= \int_{-\infty}^{\infty} [\alpha x_1(\tau)+\beta x_2(\tau)]g(t-\tau)d\tau \\ &= \alpha\int_{-\infty}^{\infty} x_1(\tau)g(t-\tau)d\tau+\beta\int_{-\infty}^{\infty} x_2(\tau)g(t-\tau)d\tau \\ &= \alpha y_1(t)+\beta y_2(t) \end{aligned}$$

로 되어 중첩의 원리가 성립하며, 두 번째로 시불변성은 $x(\tau-t_0)$를 입력으로 인가하였다면

$$\begin{aligned} w(t) &= \int_{-\infty}^{\infty} x(\tau-t_0)g(t-\tau)d\tau = \int_{-\infty}^{\infty} x(\sigma)g(t-\sigma-t_0)d\sigma \\ &= \int_{-\infty}^{\infty} x(\sigma)g((t-t_0)-\sigma)d\sigma = y(t-t_0) \end{aligned}$$

로 되어 시불변성이 확인되었다. 따라서 [요점 4.1]로부터, '모든 LTI 시스템의 출력은

$x(t)*g(t)$로 주어진다'라는 결론을 얻을 수 있다. 이로부터 임펄스응답이 선형시스템 그 자체라는 것을 이해할 수 있을 것이다.

[요점 4.2] 임펄스응답

LTI 시스템은 임펄스응답에 의해 완전히 특징지어 진다.

[예제 4.1]

임펄스응답이 단위계단 신호, 즉 $g(t)=1(t)$이며, 동시에 입력 역시 단위계단 신호인 경우의 출력을 계산하여 보자.

(해) 식(4.7)로부터

$$\begin{aligned} y(t) &= \int_{-\infty}^{\infty} x(\tau)g(t-\tau)d\tau = \int_{-\infty}^{\infty} 1(\tau)1(t-\tau)d\tau \\ &= \int_{-\infty}^{\infty} 1 \cdot 1(t-\tau)d\tau = \int_{0}^{t} 1 \cdot d\tau \\ &= \begin{cases} t, & (t \geq 0) \\ 0, & (t < 0) \end{cases} \end{aligned}$$

로 된다. 이로부터 다음과 같은 유용한 관계식을 얻는다.

$$1(t)*1(t)=t \cdot 1(t) \tag{4.8}$$

즉 단위계단 신호의 컨볼류션은 단위램프 신호로 된다는 것을 알 수 있다.

4.1.3 컨볼류션 적분의 성질

컨볼류션 작용은 몇 가지의 유용한 특성, 즉 교환법칙, 결합법칙, 및 분배법칙을 가지기 때문에 이를 이용하면 복잡한 LTI 시스템을 단순화할 수 있다.

(1) 교환성

교환성(commutativity)은

$$x(t)*g(t)=g(t)*x(t) \tag{4.9}$$

를 의미하는 것으로 이것은 다음과 같이 간단히 증명할 수 있다. 즉 $\sigma = t - \tau$ 및 $d\sigma = -d\tau$를 식(4.7)에 대입하면

$$y(t) = \int_{-\infty}^{\infty} g(t-\tau)x(\tau)d\tau$$

$$= \int_{-\infty}^{\infty} g(\sigma)x(t-\sigma)(-d\sigma)$$

$$= \int_{-\infty}^{\infty} g(\sigma)x(t-\sigma)d\sigma = g(t) * x(t)$$

로 되어 식(4.9)가 확인되었다. 이 특성을 [그림 4.4]에 표시하였다. 이것은 LTI 시스템의 입력과 임펄스 응답을 교환하여도 출력은 동일하게 된다는 것을 의미하고 있다.

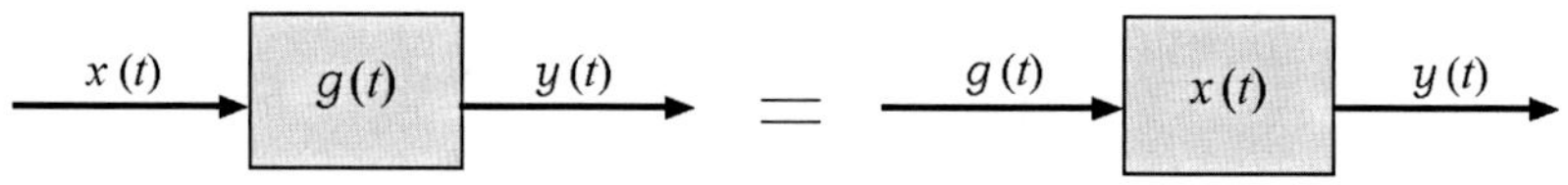

▲ 그림 4.4 컨볼류션 적분의 성질 1(교환법칙)

(2) 결합성

컨볼류션과 같은 작용이

$$x(t) * [g_1(t) * g_2(t)] = [x(t) * g_1(t)] * g_2(t) \tag{4.10}$$

을 만족한다면, 이는 결합성(associativity)의 특성을 가지는 것이라 한다. 식(4.10)을 [그림 4.5]에 표시하였다. 식(4.10)의 왼쪽 항은 [그림 4.5(a)]에 대응하며, 이는 임펄스응답이 $g_1(t) * g_2(t)$인 LTI 시스템에 입력 $x(t)$를 인가하는 것을 나타내고 있다. 한편 식(4.10)의 오른쪽 항은 [그림 4.5(b)]에 대응하며, 임펄스응답이 $g_2(t)$인 시스템에 입력으로 $x(t) * g_1(t)$가 인가되었을 때의 출력 $y(t)$를 나타낸다. 또한 [그림 4.5(a)]에서 블록 내부는 임펄스응답이 $g_1(t)$인 시스템과 $g_2(t)$인 시스템이 직렬 연결되어 있는 것으로 볼 수 있다.

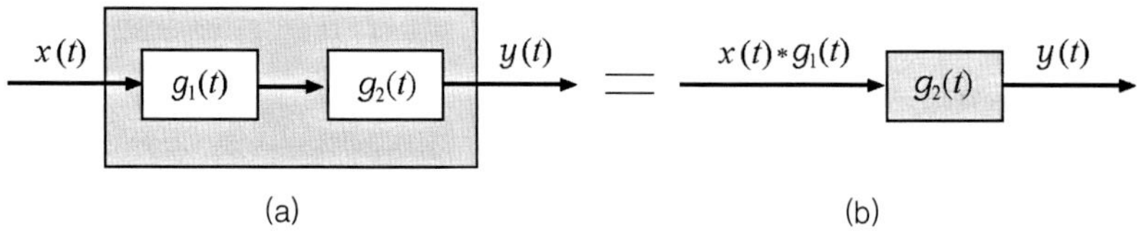

▲ 그림 4.5 컨볼류션 적분의 성질 1(결합법칙)

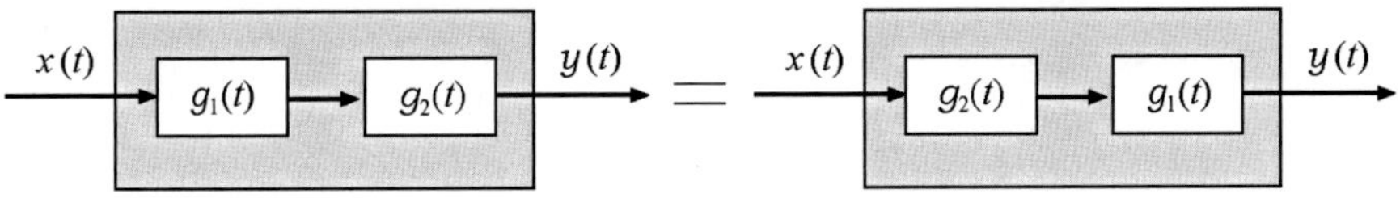

▲ 그림 4.6 컨볼류션 적분의 성질 2

[그림 4.5(a)]에 식(4.9)를 적용하면 [그림 4.6]이 얻어진다. 이 그림으로부터 두 개의 시스템을 직렬연결하면, 이들 시스템이 선형이라는 가정 아래, 접속의 순서를 바꾸어도 전체의 입출력 특성은 변화하지 않는다는 것을 알 수 있다.

(3) 분배성

컨볼류션은 다음 관계식을 만족하며, 이를

$$x(t) * [g_1(t)+g_2(t)] = x(t) * g_1(t) + x(t) * g_2(t) \tag{4.11}$$

을 분배성(Distributivity)이라고 한다. 특성을 [그림 4.7]에 표시하였다. 식(4.11)의 왼쪽 항은 [그림 4.7(a)]에 대응하며, 임펄스응답이 $g_1(t)+g_2(t)$ 인 LTI 시스템에 신호 $x(t)$ 를 인가하였을 때의 출력 $y(t)$ 를 나타낸다. 한편 식(4.11)의 오른쪽 항은 [그림 4.7(b)]에 대응하며, 임펄스응답이 $g_1(t)$ 인 시스템과 $g_2(t)$ 인 시스템에 동일한 신호 $x(t)$ 를 인가하였을 경우 각각의 출력의 합을 $y(t)$ 로 표시한 것이다. [그림 4.7(b)]는 두 개의 시스템의 병렬접속이다.

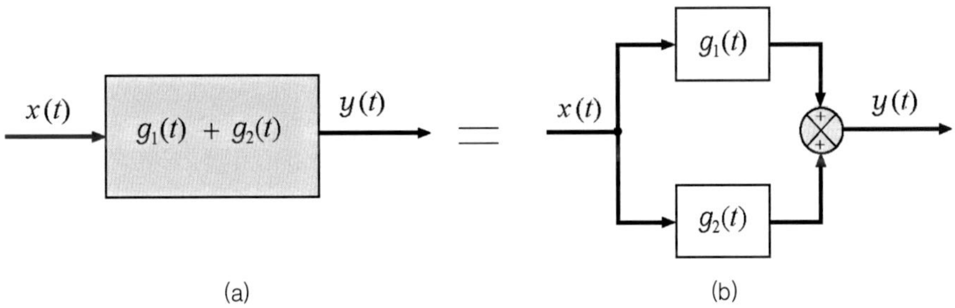

▲ 그림 4.7 컨볼류션 적분의 성질 3(배분법칙)

(4) 컨볼류션의 동일성

컨볼류션 작용에 대한 동일성 요소(Identity element)를 찾아내는 과정은 식

$$x(t) * g(t) = g(t) \tag{4.12}$$

를 만족하는 $x(t)$ 를 구하는 것으로 볼 수 있다. 이 경우 $x(t)=\delta(t)$ 로 두고 식(4.7)을 계산

하여 보자. 즉

$$\int_{-\infty}^{\infty}\delta(\tau)g(t-\tau)d\tau = \int_{-\infty}^{\infty}\delta(\tau)g(t-0)d\tau$$

$$= g(t)\int_{-\infty}^{\infty}\delta(\tau)d\tau = g(t)$$

로 되어 식(4.12)가 만족되었다. 이로부터

$$\delta(t) * g(t) = g(t) \tag{4.13}$$

가 얻어진다.

4.2 컨볼류션 적분의 실행

위에서 언급한 바와 같이 두 신호에 의한 컨볼류션 적분의 실행은 LTI 시스템의 해석 및 이해에 있어서 중요한 역할을 하고 있다. 따라서 실 시스템의 응답을 얻기 위해서는 컨볼류션 적분이 어떤 과정을 거쳐 이루어지는지를 이해하는 것이 필요하다. 여기서는 몇 가지의 특별한 경우에 대한 컨볼류션 적분을 알아보기로 한다.

4.2.1 입력신호 $x(t)$가 지연된 경우

임펄스응답과 입력신호가 각각 $g(t)= e^{-t} \cdot 1(t)$, $x(t)= 1(t-1)$로 주어졌을 경우(그림 4.8)의 컨볼류션 적분

$$y(t)= \int_{-\infty}^{\infty} g(\tau)x(t-\tau)d\tau \tag{4.14}$$

를 계산하여 보자. 식(4.14)에서 계산에서 변수 τ는 적분을 실행하면 없어지는 '가짜변수(dummy variable)'이며, 변수 t가 계산의 결과 남게 되는 '독립변수'라는 점에 유의하여야 한다. 따라서 식(4.14)의 계산은 먼저 두 신호의 곱 $g(\tau)x(t-\tau)$를 수행한 뒤, 여러 종류의 t 값에 따른 적분을 실행하여야 한다.

주어진 두 신호를 식(4.14)에 대입하면

$$y(t)= \int_{-\infty}^{\infty} e^{-\tau} \cdot 1(\tau)1(t-\tau-1)d\tau \tag{4.15}$$

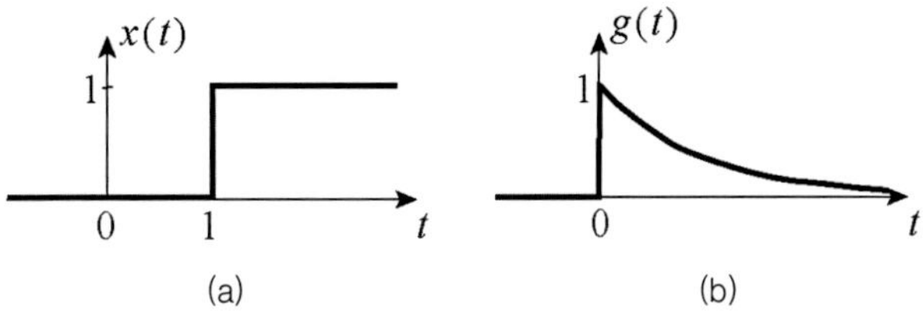

▲ 그림 4.8 두 개의 신호 $g(t)=e^{-t}\cdot 1(t)$, $x(t)=1(t-1)$

로 되어 표면상 간단하게 보이지만, 독립변수인 t 의 변화에 따른 식(4.15)의 적분구간의 판단은 간단하지 않다. 이와 같은 경우 식(4.15)의 피적분함수를 t 의 변화에 따른 그래프로 표현한다면 적분구간의 설정에 편리할 것이다. 식(4.15)의 경우 $g(\tau)$ 의 그림은 간단하지만, $x(t-\tau)$ 는 [그림 4.9]에 나타낸 바와 같이 약간의 중간과정이 필요하다. [그림 4.9(b)]는 $h(\tau)=x(-\tau)$, 즉 입력 $x(\tau)$ 의 시간축을 반대방향으로 취한 것으로 $1(-\tau-1)$ 을 의미한다. 또한 [그림 4.9(c)]는 $h(\tau)$ 를 시간 t 만큼 오른쪽으로 이동시킨 신호, 즉

$$h(\tau-t)=x(-(\tau-t))=x(t-\tau) \tag{4.16}$$

를 나타내고 있다. 이로부터 컨볼류션 적분 (4.14)에서 $x(t-\tau)$ 를 그림으로 표현하기 위해서는

(1) $x(\tau)$ 의 시간을 역, 즉 '$-\tau$'로 변경

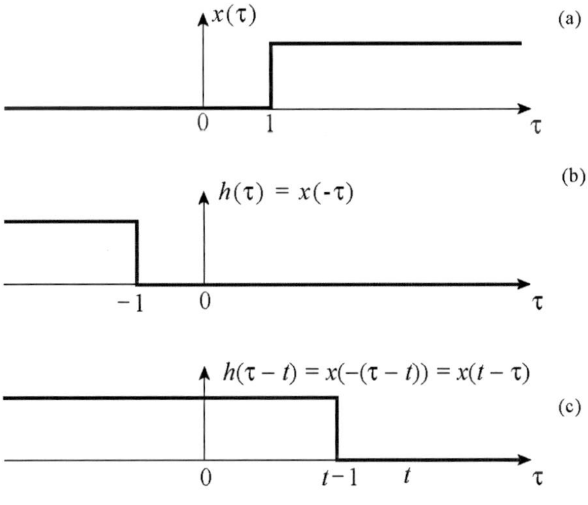

(a) 입력 $x(\tau)$ (b) $x(-\tau)$ (c) t 만큼 이동

▲ 그림 4.9 $x(t-\tau)$ 의 그림

(2) 이것을 τ 축에서 시간 t 만큼 이동

의 두 과정이 필요하다는 것을 알 수 있다.

[그림 4.9]를 기본으로 하여 식(4.14)의 적분을 수행하기 위해 두 신호 $x(t-\tau)$ 와 $g(\tau)$ 가 어떻게 서로 교차하고 있는 지를 살펴보자. 두 종류의 t 값에 대해 $g(\tau)$ 와 $x(t-\tau)$ 를 동일한 τ 축의 그래프 위에 표현한 것이 [그림 4.10(a)]이다. 이때 $g(\tau)$ 는 [그림 4.8(b)]와 동일하다는 점에 유의한다. 이로부터 서로 다른 두 개의 t 값에 대한 컨볼류션 적분 역시 두 개의 영역을 가진다는 알 수 있다. 다시 말하면, 구간 $t-1<0$ 에서는 $x(t-\tau)$ 와 $g(\tau)$ 가 겹치지 않기 때문에 적분이 영, 즉

$$y(t)=0,\ (t<1)$$

이 얻어진다.

다음 구간 $t-1>0$ 에 존재하는 모든 t 에 있어서는, $g(\tau)$ 와 $x(t-\tau)$ 가 겹치는 부분이 존재하기 때문에 식(4.14)의 적분이 값을 가진다. [그림 4.10(b)]는 $t=2.5$ 의 경우로서 $g(\tau)x(t-\tau)$ 는 구간 $0<\tau<t-1$ 에서 $e^{-\tau}$ 의 값을 가진다. 이를 수식으로 표현하면

$$y(t)=\int_0^{t-1} e^{-\tau}d\tau,\ (t>1)$$

이다. 따라서 위 식을 계산하면 $t>1$ 에서 출력을 얻을 수 있다.[3] 즉

$$\begin{aligned} y(t) &= \int_0^{t-1} e^{-\tau}d\tau \\ &= -e^{\tau}\Big|_0^{t-1} = -e^{-(t-1)}+1 \\ &= 1-e^{-(t-1)},\ (t>1) \end{aligned}$$

로 된다. 이것을 단위계단 신호의 표현식을 이용하면

$$y(t)=\left(1-e^{-(t-1)}\right)\cdot 1(t-1) \tag{4.17}$$

이며, 이를 [그림 4.10(b)]에 나타내었다.

[3] 앞에서 언급한 바와 같이 변수 τ 는 단지 적분의 계산만을 위하여 존재하기 때문에 당연히 적분의 결과에는 나타나지 않는다.

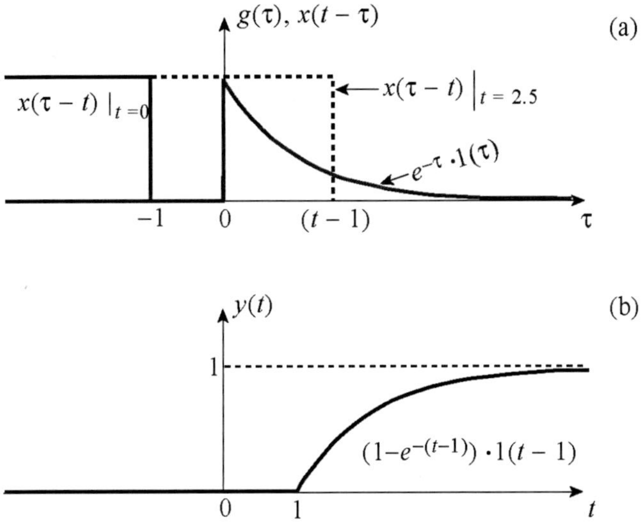

(a) $g(\tau)$ 와 $x(t-\tau)$ 의 그림 (b) $y(t)$ 의 그림

▲ 그림 4.10 **컨볼류션 적분의 계산**

지금까지의 과정을 종합하면 컨볼류션 적분에 관한 다음 두 가지 결론을 얻을 수 있다.

[요점 4.3] 컨볼류션 적분의 특성

(1) $t < T_0$ 에서 입력 $x(t) = 0$ 이며, $t < T_1$ 에서 임펄스응답 $g(t) = 0$ 이면, 구간 $t < T_0 + T_1$ 에서 두 신호 $x(\tau)$ 와 $g(t-\tau)$ 가 겹치는 부분은 존재하지 않는다.[4] 따라서 $y(t) = 0, (t < T_0 + T_1)$ 이다.

(2) 입력 또는 임펄스응답 중 하나의 신호(또는 둘 다)가 불연속이라고 하더라도, 컨볼류션 적분의 결과는 항상 연속으로 된다.

[4] 위 예의 경우는 $T_0 = 1, T_1 = 0$ 에 해당한다.

4.2.2 구형파 입력의 경우

임펄스응답 $g(t)=e^{-t}\cdot 1(t)$ 에 대하여 입력이 구형파, 즉

$$x(t)=1(t-1)-1(t-2)=\begin{cases}1, & (1\le t\le 2)\\ 0, & (\text{상기 외})\end{cases}$$

로 주어진 경우에 대한 컨볼류션 적분에 대하여 생각하여 보자(그림 4.11). 4.2.1절에서 설명한 방법을 사용하지 않고 식(4.17)의 결과를 이용하기로 한다. 다시 말하면

$$e^{-t}\cdot 1(t)*1(t-1)=\left(1-e^{-(t-1)}\right)\cdot 1(t-1) \tag{4.18}$$

의 관계를 적용하는 것이다. 이를 [그림 4.12(a)]에 나타내었다. 식(4.18)에서 $1(t-1)$ 을 $1(t-2)$ 로 변경하여도 시스템이 시불변이기 때문에

$$e^{-t}\cdot 1(t)*1(t-2)=\left(1-e^{-(t-2)}\right)\cdot 1(t-2) \tag{4.19}$$

로 된다([그림 4.12(b)]). 또한 시스템의 선형성을 이용하면 입력 $x(t)$ 에 대한 출력은

$$\begin{aligned} e^{-t}\cdot 1(t)*&\left[1(t-1)-1(t-2)\right] \\ &=\left(1-e^{-(t-1)}\right)\cdot 1(t-1)-\left(1-e^{-(t-2)}\right)\cdot 1(t-2)\end{aligned} \tag{4.20}$$

으로 된다. 위 식은 정리하면

$$y(t)=\begin{cases}0, & (t<1)\\ \left(1-e^{-(t-1)}\right), & (1\le t<2)\\ e^{-(t-2)}-e^{-(t-1)}, & (t\ge 2)\end{cases} \tag{4.21}$$

로 되며, 이를 [그림 4.12(c)]에 나타내었다. 그림으로부터 출력 $y(t)$ 는 구형파인 입력보다 더 넓은 구간에서 값을 가지는 길게 늘어진 파형으로 된다는 것을 볼 수 있다. 이것은 '임펄스응답의 지속구간은 입력의 지속기간보다 항상 크다'라는 일반적인 원칙으로부터 예견되었던 현상이다.

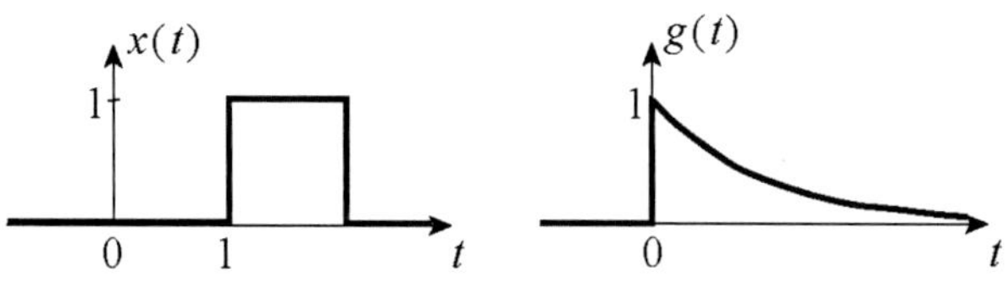

(a) 입력 (b) 임펄스응답

▲ 그림 4.11 **컨볼류션의 예**

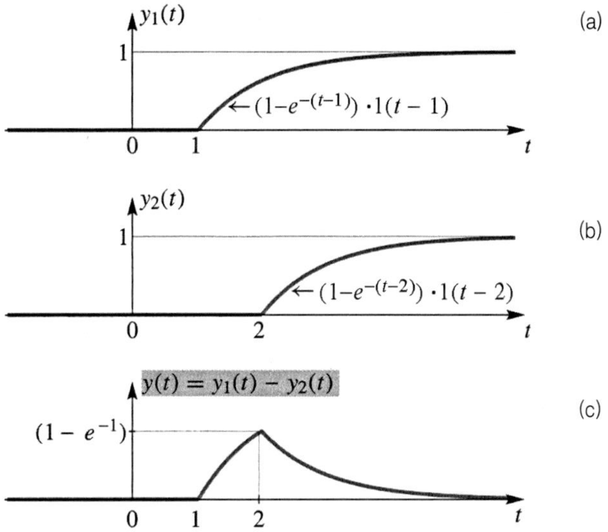

(a) 입력이 $1(t-1)$ 이 경우의 출력 (b) 입력이 $1(t-2)$ 인 경우의 출력
(c) $x(t)=1(t-1)-1(t-2)$ 인 경우의 출력

▲ 그림 4.12 선형성을 이용한 컨볼류션 적분

4.2.3 구형파의 지속기간이 아주 짧은 경우

지속기간이 아주 짧은 구형파는 거의 임펄스의 역할을 할 것으로 예상된다. 다음과 같은 신호를 생각하여 보자. 즉

$$x(t)=1000[1(t)-1(t-0.001)] \tag{4.22}$$

4.2.2와 마찬가지의 임펄스응답 $g(t)=e^{-t} \cdot 1(t)$ 을 가지는 시스템에 입력으로 식(4.22)가 인가되었다면 출력은 식(4.20)에 의해

$$e^{-t} \cdot 1(t) * 1000[1(t)-1(t-0.001)] \tag{4.23}$$

$$= 1000\left[\left(1-e^{-t}\right) \cdot 1(t)-\left(1-e^{-(t-0.001)}\right) \cdot 1(t-0.001)\right]$$

로 된다. 이를 정리하면 식(4.21)에 의해

$$y(t)=\begin{cases} 0, & (t<0) \\ 1000\left(1-e^{-t}\right), & (0 \le t < 0.001) \\ 1.005e^{-t}, & (t \ge 0.001) \end{cases} \tag{4.24}$$

로 된다. 단 이 경우, $1000(e^{0.001}-1)$ 을 1.0005 로 두었다. 구간 $(0 \le t < 0.001)$ 에서 신호를 표시한다는 것은 불가능하지만, 대략적으로 [그림 4.13]에 식(4.24)를 나타내었다.

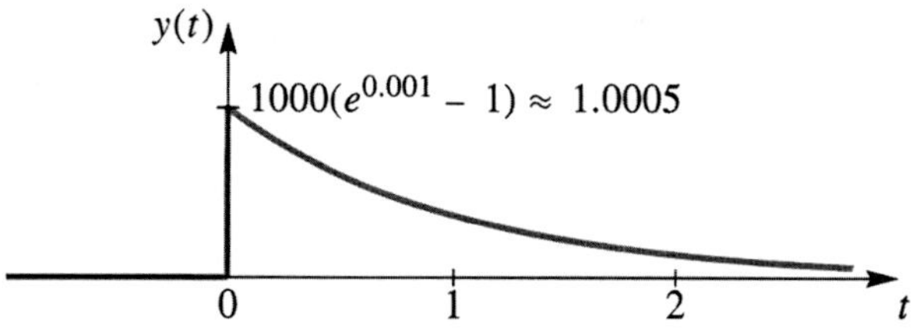

▲ 그림 4.13 아주 좁은 폭을 가지는 구형파와의 컨볼류션 결과

이미 1.1절에서 설명한 바와 같이 LTI 시스템에서는 초기값에 의한 영향이 없다고 하면 (즉, 초기값이 영), 임펄스응답 $g(t)$ 와 단위계단 응답 $c(t)$ 사이에는 미분·적분의 관계가 있다. 즉

$$c(t)=\int_{-\infty}^{t} g(\tau)d\tau \tag{4.25a}$$

$$g(t)=\frac{dc(t)}{dt} \tag{4.25b}$$

이다. 이로부터 LTI 시스템을 단위계단 응답을 이용하여 특징지을 수도 있다. 예를 들어 [그림 4.14]에 표시한 RL 회로에 있어서, 시각 $t=0$ 에서 스위치 S를 닫는 경우를 생각하여보자. 지금 입력은 인가된 전압, 출력은 회로를 흐르는 전류 $i(t)$ 로 한다. 전압원은 그림에 표시한 바와 같이 1[V]의 직류전원으로 하면, 입력은 단위계단으로 간주할 수 있으며, 이때의 회로에 흐르는 전류는 계단응답으로 된다. 이러한 계단응답으로부터 전기회로의 성질을 조사하는 것은 과도현상의 해석으로서 널리 알려져 있지만, 신호와 동적시스템의 입장에서 생각하면, 시스템의 계단응답을 이용하여 전기회로의 동특성을 기술하고 있는 것으로 볼 수 있다.

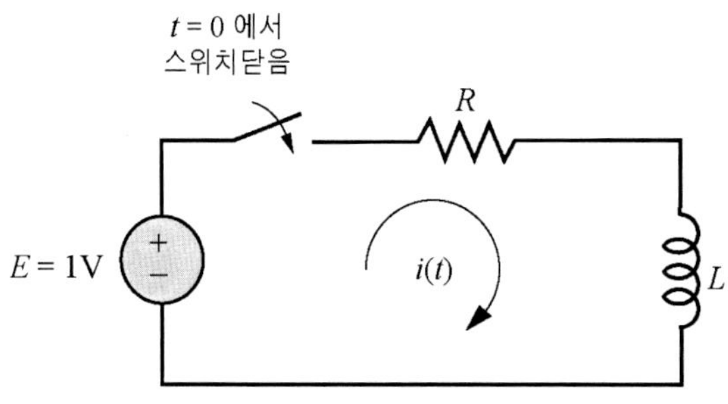

▲ 그림 4.14 *RL* 회로의 계단응답

4.3 컨볼류션과 LTI 시스템

LTI 시스템을 그의 임펄스응답 $g(t)$ 에 의한 컨볼류션과 관련하여 몇 가지 특성을 간단하게 설명한다. 여기서 사용된 시스템은 제5장 이후에 중심적인 역할을 한다.

4.3.1 기본적인 LTI 시스템의 임펄스응답

이미 언급한 바와 같이 시스템이 LTI이면, 임펄스응답 $g(t)$ 에 의해 시스템이 완전히 기술된다(요점 4.2). 따라서 특별한 경우[5]에는 시스템으로의 입력을 아주 짧은 지속시간을 가지는 구형파를 이용하면 시스템의 특성을 알아낼 수 있을 것이다. 여기서는 몇 개의 대표적인 LTI 시스템에 입력으로 $\delta(t)$ 를 인가하여 그 출력을 조사하기로 한다.

(1) 적분기

적분기는 입력신호를 적분하여 출력으로 내보내는 역할을 하는 것으로

$$y(t)=\int_{-\infty}^{t} x(\tau)d\tau = x^{(-1)}(t) \tag{4.26}$$ [6]

로 정의된다. 이 시스템의 임펄스응답은 식(1.30)으로부터 단위계단 신호이다. 이로부터 다음 관계식을 얻는다.

$$x(t) * 1(t) = x^{(-1)}(t) \tag{4.27}$$

다시 말하면 신호 $x(t)$ 의 적분은, $x(t)$ 와 단위계단 신호와의 컨볼류션 적분으로 표현된다는 것이다.

(2) 미분기

미분기는

$$y(t)=\frac{dx(t)}{dt} = x^{(1)}(t) \tag{4.28a}$$

로 정의된다. 따라서 입력으로 임펄스, 즉 $x(t)=\delta(t)$ 를 취하면

---

[5] 시스템이 급작스럽게 변동하는 불연속인 신호를 받아들일 수 있는 경우 등을 의미

[6] 2계 미분을 $x^{(2)}(t)$ 와 같이 표현하는 점에 대하여 적분은 $x^{(-1)}(t)$ 로 표기하기로 한다.

$$g(t) = \frac{d\delta(t)}{dt} = \delta^{(1)}(t) \tag{4.28b}$$

로 된다. 실제로 임펄스의 미분은 수학적으로 어려운 문제이지만, 여기서는 단지 미분기의 임펄스응답을 나타내는 하나의 표현식으로 간주한다면 미분기에 대한 다음의 관계식을 얻는다.

$$x(t) * \delta^{(1)}(t) = x^{(1)}(t) \tag{4.29}$$

임펄스의 미분 $\delta^{(1)}(t)$ 를 doublet라고 한다.

[예제 4.2]

doublet와 단위계단 신호와의 컨볼류션

$$y(t) = 1(t) * \delta^{(1)}(t)$$

는 식(4.27)을 이용하면 쉽게 얻어진다. 즉

$$y(t) = \frac{d}{dt}1(t) = \delta(t)$$

이다.

(3) 이상적인 지연소자

입력을 시간 τ 만큼 지연시켜 출력하는 시스템, 즉

$$y(t) = x(t-\tau) \tag{4.30}$$

의 임펄스응답은 $x(t) = \delta(t)$ 로 두면

$$g(t) = \delta(t-\tau)$$

로 된다. 따라서 시간지연소자의 임펄스응답은 지연된 시간만큼 시간 이동된 임펄스신호로 됨을 알 수 있다. 즉

$$x(t) * \delta(t-\tau) = x(t-\tau) \tag{4.31}$$

의 관계가 성립한다.

4.3.2 임펄스신호의 컨볼류션

식(4.31)의 관계를 이용하면 임펄스가 포함된 컨볼류션을 비교적 간단히 수행할 수 있다. 이와 관련하여 다음 관계식이 성립한다.

$$\delta(t-t_1)*\delta(t-t_2)=\delta(t-(t_1+t_2)) \tag{4.32}$$

위 식은 각각 t_1 및 t_2 만큼 시간 이동된 두 개의 임펄스의 컨볼류션은 시각 $t=t_1+t_2$ 에서의 임펄스로 된다는 것을 나타내고 있다. 이것은 간단히 식(4.31)에서

$$x(t)*\delta(t-t_2)=x(t-t_2)$$

이므로

$$\delta(t-t_1)*\delta(t-t_2)=\delta((t-t_2)-t_1)=\delta(t-(t_1+t_2))$$

로 된다는 것을 알 수 있다.

[예제 4.3]

입력 $x(t)$ 와 임펄스응답 $g(t)$ 가 각각 다음과 같이 주어졌을 때 출력을 구하여 보자.

$$x(t)=\delta(t-5)+\delta(t+5),\ g(t)=\delta(t-0.5)-3\delta(t)$$

(해)

$$\begin{aligned} x(t)*g(t) &= (\delta(t-5)+\delta(t+5))*(\delta(t-0.5)-3\delta(t)) \\ &= \delta(t-5)*\delta(t-0.5)-3\delta(t-5)*\delta(t) \\ &\quad +\delta(t+5)*\delta(t-0.5)-3\delta(t+5)*\delta(t) \\ &= \delta(t-5.5)-3\delta(t-5)+\delta(t+4.5)-3\delta(t+5) \end{aligned}$$

로 된다.

[예제 4.4]

두 개의 신호 중 하나는 일반적인 연속시간 신호이고, 다른 하나가 임펄스만을 가지는 신호인 경우, 두 신호의 컨볼류션을 그림을 이용하여 생각하여 보자.

[그림 4.15]의 (a),(b)로 주어진 입력 $x(t)$ 와 $g(t)=\delta(t-1)+0.5\delta(t-2)$ 에 대한 컨볼류션은

$$y(t) = x(t) * [\delta(t-1) + 0.5\delta(t-2)]$$
$$= x(t-1) + 0.5x(t-2)$$

로 된다([그림 4.15(c)]). 이 과정은 연속시간인 신호 $x(t)$를 두 개의 임펄스가 존재하는 곳으로 임펄스의 크기를 곱하여 시간이동 시키면, 두 신호의 대수적인 합이 출력 $y(t)$로 된다는 것을 그림으로부터 알 수 있다.

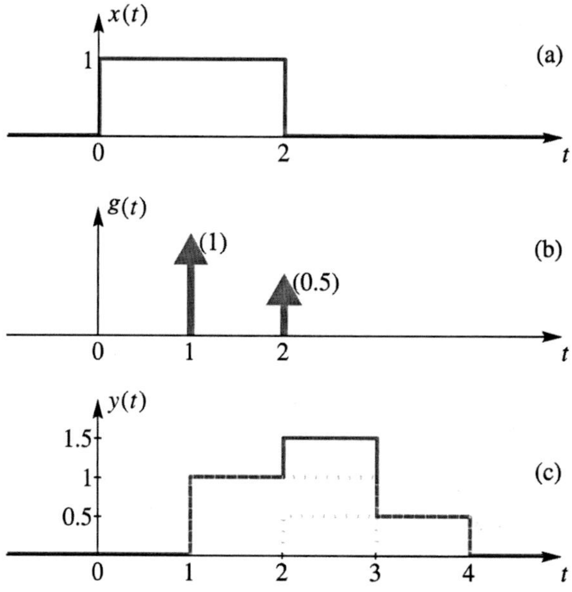

▲ 그림 4.15 [예제 4.4]의 결과

4.3.3 LTI 시스템의 성질

[요점 4.1]에 의해 LTI 시스템의 입출력은 식(4.7), 즉 컨볼류션 적분으로 연결되어 있다. 여기서는 이러한 관계를 이용하여 LTI 시스템이 가지는 몇 가지 성질을 조사하여 본다.

(1) 직렬과 병렬연결

[그림 4.16]에 두 개의 LTI 시스템을 직렬로 연결하였을 경우를 표시하였다. [그림 4.16(a)]는 입력으로 $x(t)$과 임펄스 $\delta(t)$를 인가하였을 때 출력을 보여주고 있다. 이 경우 그림으로부터

$$w_1(t) = g_1(t) * x(t), \quad y_1(t) = g_2(t) * w_1(t) \tag{4.33}$$

의 관계가 성립하며, 위 식에서 $x(t)=\delta(t)$ 로 두면 직렬 연결된 두 시스템의 임펄스응답이 $g_2(t)*g_1(t)$ 로 된다는 사실을 확인할 수 있다. [그림 4.16(b)]의 경우는, 직렬 연결된 두 시스템의 순서를 바꾸었을 경우의 임펄스 응답은 $g_1(t)*g_2(t)$ 로 됨을 보여주고 있다. 따라서 식(4.9)에 의해 $g_1(t)*g_2(t)=g_2(t)*g_1(t)$ 이므로 [그림 4.16(a), (b)]의 직렬 연결된 시스템은 동일한 임펄스응답을 가지기 때문에, $y_1(t)=y_2(t)$ 로 되어 [그림 4.16(c)]와 같이 표현할 수 있다. 이러한 사실은 직렬 연결된 두 시스템의 연결순서는 출력에 영향을 미치지 않는다는 사실을 의미하고 있다.

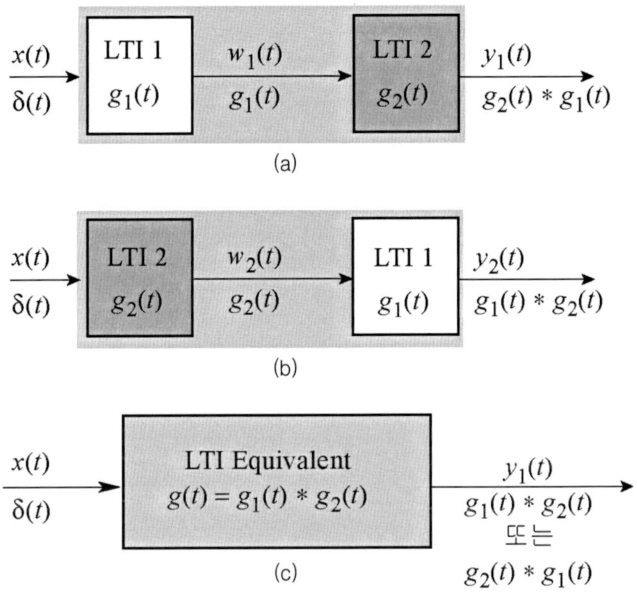

▲ 그림 4.16 시스템의 직렬연결

[예제 4.5]

임펄스응답이 $g(t)=1(t-1)$ 로 주어지는 시스템에 대하여 생각하여 보자. 이 경우 임펄스응답이 지연된 단위계단 신호이므로 식(4.31)에 의하여 $g(t)=\delta(t-1)*1(t)$ 로 나타낼 수 있으므로, 이는 [그림 4.17]과 같이 시간지연 요소와 적분기를 나타내는 시스템이 직렬 연결되어 있는 것으로 볼 수 있다.[7]

[7] 식(4.26)에 의하면 적분기의 임펄스응답은 단위계단 신호로 된다.

물론 두 시스템의 순서는 바뀌어도 관계없다.

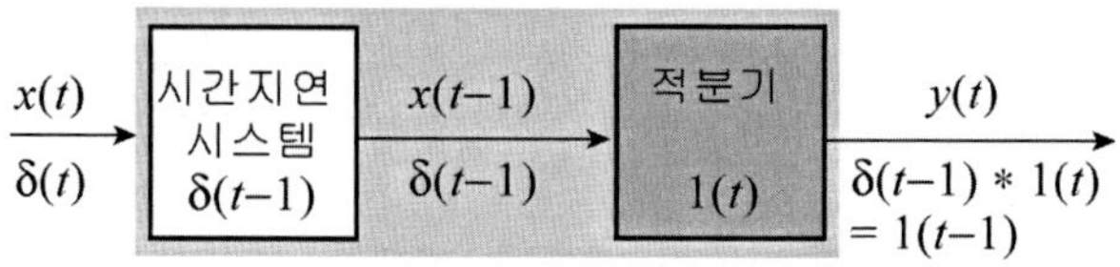

▲ 그림 4.17 **적분기와 지연시간 요소의 직렬연결**

[그림 4.18(a)]는 두 LTI 시스템을 병렬 연결한 것이다. 그림으로 쉽게 알 수 있는 바와 같이 전체 시스템의 출력은 $g_1(t)+g_2(t)$ 이며, [그림 4.18(b)]와 같이 표현할 수 있을 것이다.

[예제 4.6]

LTI 시스템의 임펄스응답이

$$g(t)=1(t-1)-1(t-2)=\begin{cases}1, & (1 \le t \le 2) \\ 0, & (\text{상기 외})\end{cases} \quad ①$$

인 시스템은 컨볼류션의 성질에 의해

$$g(t)=1(t)*[\delta(t-1)-\delta(t-2)]$$

로 된다. 따라서 ①은 병렬로 연결된 두 개의 지연시스템과 적분기가 직렬 연결되어 있는 것으로 볼 수 있다.

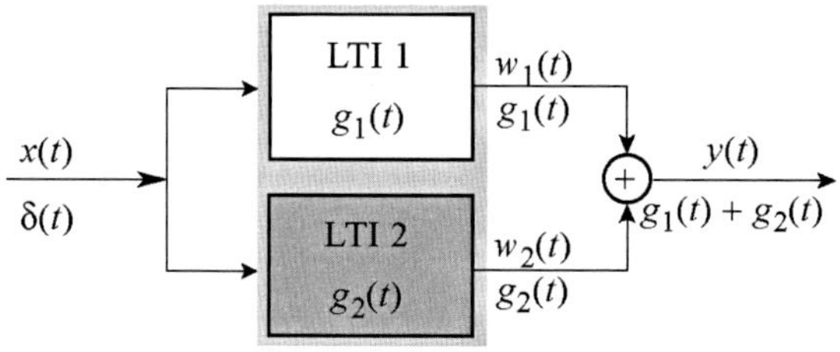

(a)

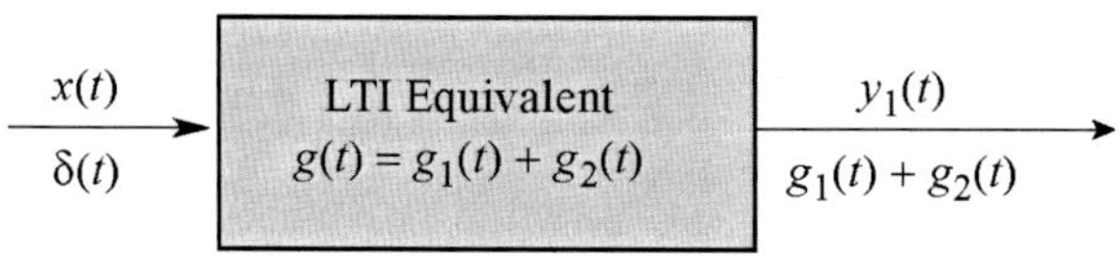

(b)

▲ 그림 4.18 **병렬연결**

4.3.4 컨볼류션의 미분과 적분

직렬 연결된 LTI 시스템의 특성을 이용하여 컨볼류션의 미분에 관하여 알아보자. 먼저 [그림 4.19(a)]의 출력은 식(4.28)의 관계를 적용하면

$$y_1(t)=\frac{dy(t)}{dt}=y(t)*\delta^{(1)}(t)$$

$$=[x(t)*g(t)]*\delta^{(1)}(t)$$

$$=x(t)*\left[g(t)*\delta^{(1)}(t)\right]=x(t)*g^{(1)}(t)$$

로 된다. 여기서 [그림 4.19(b)]와 같이 두 시스템의 순서를 교환하면

$$y_2(t)=x^{(1)}(t)*g(t)$$

로 표현된다. 여기서 $x^{(1)}(t)$ 에서 위첨자 (1)은 $x(t)$ 의 1계 미분을 의미한다. 이 경우 출력은 시스템의 순서교환과 무관하기 때문에 $y_1(t)=y_2(t)$ 이다. 이로부터 다음 요점을 얻는다.

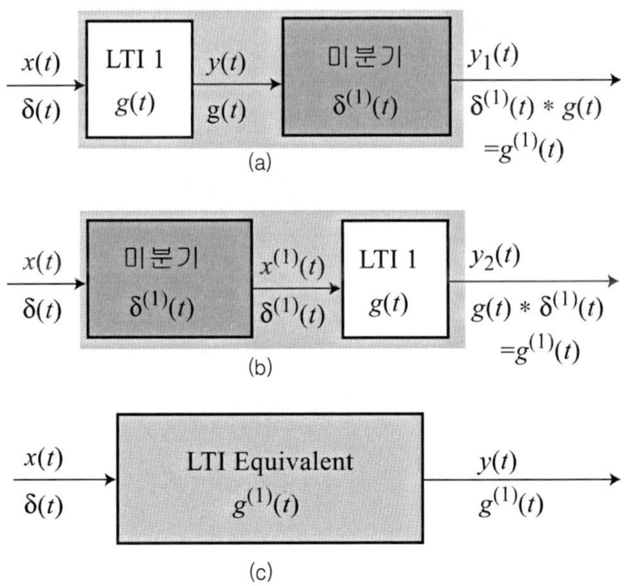

▲ 그림 4.19 컨볼류션에서의 미분

[요점 4.4] 컨볼류션의 미분과 적분

임펄스응답 $g(t)$를 가지는 LTI 시스템에 입력 $x(t)$를 인가하였을 경우 출력은 $y(t)=x(t)*g(t)$로 주어진다. 이때 출력의 미분과 적분에 관련되어 다음 식이 성립한다.

(1) 미분

$$y^{(1)}(t)=x^{(1)}(t)*g(t)=x(t)*g^{(1)}(t) \tag{4.34}$$

(2) 적분

$$\int_{-\infty}^{t} y(\tau)d\tau=y^{(-1)}(t)=x(t)*g^{(-1)}(t) \tag{4.35}$$

$$=x^{(-1)}(t)*g(t)$$

식(4.34)와 (4.35)는 다음과 같이 일반식으로 나타낼 수 있다.

$$y^{(n+m)}(t)=x^{(m)}(t)*g^{(n)}(t) \tag{4.36}$$

단, 미분의 경우 m과 n은 양의 정수이며, 적분의 경우는 음의 정수이다. 식(4.36)은 종종 컨볼류션 적분을 수행하는 또 하나의 방법으로 사용되기도 한다.

[예제 4.7]

[그림 4.11]과 같은 입력과 임펄스응답이 주어져 있다. 이 경우 입력을 미분하고 임펄스응답을 적분한 뒤 두 신호에 대한 컨볼류션을 수행하여도 원래 신호의 컨볼류션과 동일한 결과가 얻어진다. 이를 확인하여 보자.

먼저 $x(t)=1(t-1)-1(t-2)$이므로 $x^{(1)}(t)=\delta(t-1)-\delta(t-2)$이며, 임펄스응답의 적분은

$$g^{(-1)}(t)=\int_{0}^{t} e^{-\tau}d\tau=\left(1-e^{-t}\right)\cdot 1(t)$$

이다. 따라서

$$y(t)=x^{(1)}(t)*g^{(-1)}(t)$$

$$=[\delta(t-1)-\delta(t-2)]*\left[\left(1-e^{-t}\right)\cdot 1(t)\right]$$

$$=\left(1-e^{-(t-1)}\right)\cdot 1(t-1)-\left(1-e^{-(t-2)}\right)\cdot 1(t-2)$$

로 된다. 이것은 다음과 같이 나타낼 수 있다.

$$y(t)=\begin{cases} 0, & (t<1) \\ (1-e^{-(t-1)}), & (1\le t<2) \\ e^{-(t-2)}-e^{-(t-1)}, & (t\ge 2) \end{cases}$$

이것은 식(4.21)과 동일한 값을 가진다는 것을 알 수 있다.

4.3.5 LTI 시스템의 안정성과 인과성

시스템의 안정성과 관련되어서는 제5장 이후에 제어기의 설계와 관련하여 다시 기회가 있으므로 여기서는 간단히 언급하기로 한다.

안정성

유한한 크기의 입력신호를 시스템에 인가하였을 경우 출력도 유한한 크기의 신호로 되는 경우, 이 시스템이 안정이라는 것은 이미 제1장에서 설명하였다. 여기서는 LTI 시스템이 안정으로 되기 위한 조건을 유도하여 보자.

유한한 크기의 입력(bounded input) $x(t)$ 란, 모든 t 에 대하여

$$|x(t)|<b \tag{4.37}$$

를 만족하는 신호를 의미한다. 이것을 식(4.7)에 대입하면 다음 식을 얻을 수 있다.

$$|y(t)|=\left|\int_{-\infty}^{\infty}x(t-\tau)g(\tau)d\tau\right|\le\int_{-\infty}^{\infty}|g(\tau)||x(t-\tau)|d\tau \tag{4.38}$$

$$\le b\int_{-\infty}^{\infty}|g(\tau)|d\tau$$

식(4.38)로부터 LTI 시스템이 안정, 다시 말하면 $y(t)$가 유한한 크기를 가지기 위한 필요충분조건은 다음과 같다.

[요점 4.5]

LTI 시스템의 안정조건

$$\int_{-\infty}^{\infty}|g(\tau)|d\tau<\infty \tag{4.39a}$$

식(4.39a)은 임펄스응답의 절대값에 대한 적분이 유한한 크기를 가져야 한다는 것을 의미하고 있으며, 이것을 절대적분(absolutely integrability)의 조건으로 불리고 있다. 식(4.39a)은 다음과 같이 변형하여 나타낼 수 있다.

$$\lim_{t\to\infty} g(t) = 0 \tag{4.39b}$$

LTI 시스템의 안정성은 제5장에서 설계의 관점에서 다시 설명한다.

[예제 4.8]

임펄스응답이 다음과 같이 주어지는 시스템의 안정성을 조사해 보자.

$$g(t) = 1(t+10) - 1(t-10) = \begin{cases} 1, & (-10 \le t < 10) \\ 0, & (\text{상기 외}) \end{cases} \quad ①$$

(해) ①의 임펄스응답이 안정인지의 여부는 ①을 식(4.39a)에 대입하여 확인한다.

$$\int_{-\infty}^{\infty} |g(\tau)| d\tau = \int_{-10}^{10} d\tau = 20 < \infty$$

따라서 ①의 시스템은 안정하다.

[예제 4.9]

적분기를 생각하여 보자. 이 경우의 임펄스응답은 $g(t) = 1(t)$ 이므로 식(4.39a)에 의해

$$\int_{-\infty}^{\infty} |g(\tau)| d\tau = \int_{0}^{\infty} d\tau \to \infty$$

이므로 불안정한 시스템이다.

인과성(causality)

임펄스응답이

$$g(\tau) = 0, \ (\tau < 0) \tag{4.40}$$

을 만족할 때, LTI 시스템은 인과 시스템으로 된다. 이것은 다음과 같이 간단히 확인할 수

있다. 임의의 시각 t_0 에서 LTI 시스템의 출력은 식(4.7)에 의해

$$y(t_0)=\int_{-\infty}^{\infty} g(t_0-\tau)x(\tau)d\tau \tag{4.41}$$

만약 식(4.40)이 성립한다면 $g(t_0-\tau)$ 는 $(t_0-\tau)<0$ 에서 영으로 되어야 한다. 즉

$$g(t_0-\tau)=0,\ (\tau>t_0)$$

이다. 따라서 식(4.41) 역시 $\tau>t_0$ 에서 영으로 되어야 하므로, 식(4.41) 적분의 상한을 $\tau=t_0$ 로 변경하면

$$y(t_0)=\int_{-\infty}^{t_0} g(t_0-\tau)x(\tau)d\tau$$

가 얻어진다. 위 식은 $t=t_0$ 에서의 출력 $y(t_0)$ 는 구간 $\tau\le t_0$ 에서의 입력 $x(\tau)$ 에만 의존하고 있다는 것을 의미한다. 이 사실은 식(4.40)이 만족되어야 한다는 것을 나타내고 있으므로, 인과성을 위해서는 식(4.40)의 필요성이 증명되었다.

4.4 기본적인 제어 작용

지금까지 설명으로 LTI 시스템의 특성은 그 시스템이 가지는 임펄스응답으로 결정된다는 것을 알았다. 그러나 주어진 LTI 시스템이 항상 우리가 원하는 특성을 가지고 있지는 않으며, 더군다나 시스템 자체가 불안정한 경우도 많이 있다. 여기에 제어의 필요성이 제기되는 것이다. 즉 원하는 성능을 가지고 있지 못하는 제어대상을 외부에서 적절하게 조절함으로써 우리가 원하는 성능을 가질 수 있도록 하는 과정이 바로 '제어기의 설계'이다.

제어기의 설계를 위한 자세한 내용은 7장으로 미루고 본 절에서는 현재 산업현장에서 일반적으로 많이 사용되고 있는 PID-제어기의 작동원리 등을 중심으로 하는 '제어'의 기본적인 원리를 설명한다.

흔히 말하는 '제어'라는 것은 출력을 추종시키고자 하는 목표신호와 제어대상의 현재 출력을 비교하여 오차를 계산한 뒤, 이 오차를 영 또는 최소의 값으로 할 수 있는 제어신호를 만들어 내는 과정을 말한다. 이와 같이 제어신호를 만들어 내는 방법을 일반적으로 '제어작용(control action)'이라 한다.[8]

[8] 여기서는 가장 일반적인 피드백제어를 염두에 두고 설명을 진행한다.

현재의 산업현장에서 사용되고 있는 기본적인 제어작용소로서, 적용방법에 따라 다음과 같이 여섯 가지로 분류할 수 있다.

(1) 온-오프(on-off) 제어
(2) 비례(proportional) 제어: P 제어
(3) 적분(integral control) 제어: I 제어
(4) 비례-적분(proportional-plus-integral) 제어: PI 제어
(5) 비례-미분(proportional-plus-derivative) 제어: PD 제어
(6) 비례-적분-미분(proportional-plus-integral-plus-derivative) 제어: PID 제어

이러한 제어요소들은 제어대상이 가지고 있는 특성이나 동작조건 및 안정성, 비용, 가능성, 신뢰성, 정확성, 및 크기 등과 같은 조건들을 고려하여 어느 쪽을 사용할 것인가가 결정되어야 할 것이다.

[그림 4.20]은 제1장의 [그림 1.57]을 실제 시스템으로의 적용가능성을 고려하여 약간 수정하여 재구성한 것이다. 그림에 있는 각각의 요소에 대해서는 이미 1장에서 언급하였으므로 여기서는 제어기가 가지는 제어작용을 중심으로 설명한다.

위에서 언급한 여섯 종류의 기본적인 제어작용은 현실의 산업현장에서 중요한 역할을 하고 있다. 따라서 각 요소가 가지고 있는 기본적인 특성을 이해해야만 주어진 상황에 가장 적절한 제어요소를 선정할 수 있을 것이다.

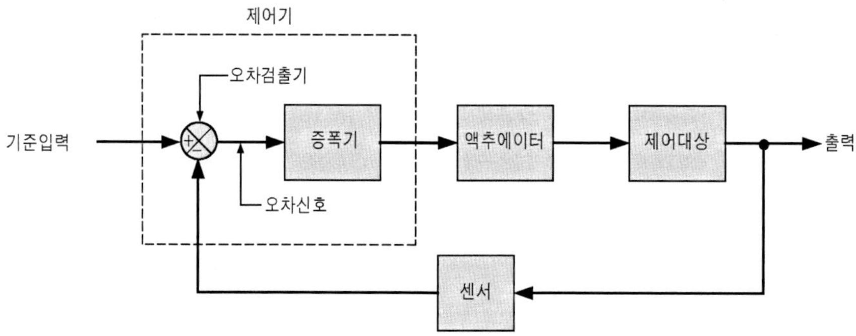

▲ 그림 4.20 **제어기를 포함한 피드백 시스템의 블록선도**

(1) 온-오프 제어작용(on-off control action)

온-오프를 가지는 제어 시스템에서 액추에이터로 인가되는 신호는 단 두 종류이다. 즉 온

(on)인 경우와 오프(off)인 경우가 그것이다. 이러한 제어신호의 단순성으로 인해 온-오프 제어는 가장 단순하게 장치를 구성할 수 있으며, 따라서 경비를 줄일 수 있는 장점이 있는 반면 이러한 단순성으로 인해 정밀한 제어는 불가능하다.

[그림 4.20]에서 제어기의 출력을 $u(t)$, 제어 시스템에 들어가는 오차신호를 $e(t)$로 두자. 이 경우 온-오프 제어에서는 오차신호가 플러스(+) 값을 가지는가 아니면 마이너스(-) 값을 가지는가에 따라서 신호 $u(t)$의 값은 최대값 또는 최소값을 항상 유지하게 된다. 즉

$$u(t)=\begin{cases} U_1, & (e(t)>0) \\ U_2, & (e(t)<0) \end{cases} \tag{4.42}$$

이다. 여기서 U_1, U_2는 일정한 값을 가지는 정수이다. 일반적으로 최소값인 U_2로는 영 또는 $-U_1$을 취하는 경우가 많다.

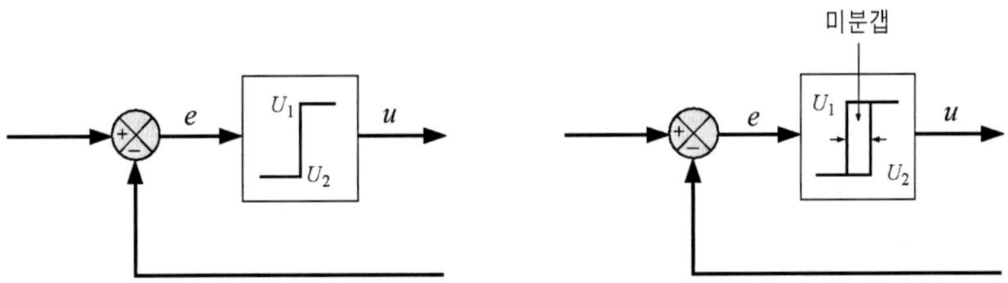

(a) 온-오프 제어 작용의 블록선도 (b) 미분 갭(differential gap)의 설명

▲ 그림 4.21 온-오프 제어작용

[그림 4.21]의 (a), (b)에 온-오프 제어를 나타내는 블록선도를 나타내었다. 이때 오차신호 $e(t)$가 '−'값에서 '+'값으로 변환되었을 때 순간적으로 제어신호 $u(t)$가 그의 최대값으로 변동하지 않고 $e(t)$에 어느 정도의 변동이 더 일어난 뒤에 $u(t)$가 변동하는 경우가 있다. 이러한 오차의 변동범위를 미분 갭(differential gap)이라고 부른다([그림 4.21(b)]). 이러한 미분 갭은 오차의 변화가 일정한 값을 초과할 때까지는 제어신호를 일정하게 유지하는 작용을 한다. 이와 같은 미분 갭은 시스템이 자체적으로 가지고 있는 마찰 등의 특성에 기인하기도 하지만, 일반적으로는 제어신호가 오차신호의 작은 변화에 너무 민감하게 반응하여 빈번한 온-오프 작용을 방지하기 위하여 인위적으로 인가한 경우가 대부분이다.

[그림 4.22]와 같은 수위조절 시스템을 생각하여 보자. 이 그림에서 부표를 이용하여 수조의 수위를 측정하고 이것이 일정한 값을 초과, 또는 미달하는 경우에 밸브를 열거나(오프) 닫거나(온) 하여 수위를 일정하게 유지하게 하는 시스템이다. [그림 4.23]에 표시한 바와 같이 만약 미분 갭을 설정하여 두지 않았다면, 밸브는 수위의 약간의 변화에 의해 끊임없이

열리고 닫히는 것을 반복하게 될 것이다. 그러나 적절한 미분 갭을 설정하여 두었다 하더라도 제어신호는 어느 정도의 간격을 두고 온-오프를 반복하게 됨으로써 이로 인해 출력파형에는 항상 진동 성분이 남아 있게 된다.

[그림 4.23]으로부터 알 수 있는 바와 같이 미분 갭의 크기를 줄이면 출력의 진동성분의 크기를 줄일 수 있다. 그러나 미분 갭의 감소는 제어신호의 온-오프 횟수를 증가시켜 결국은 시스템의 수명을 단축시키게 된다. 따라서 미분 갭의 크기는 요구되는 출력의 정확성이나 시스템의 수명 등을 고려하여 결정되어야 할 것이다.

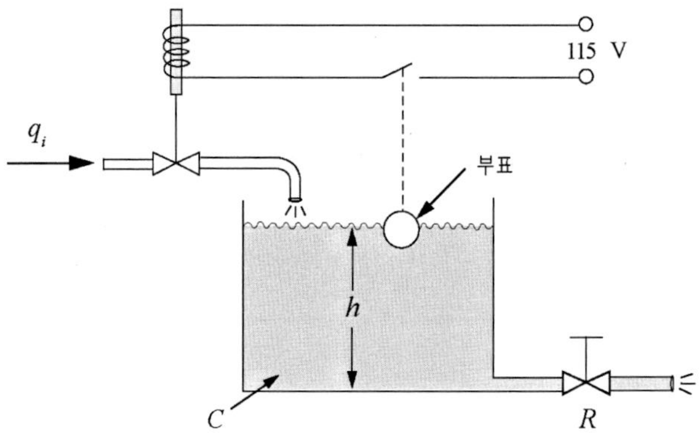

▲ 그림 4.22 수위 조절 시스템

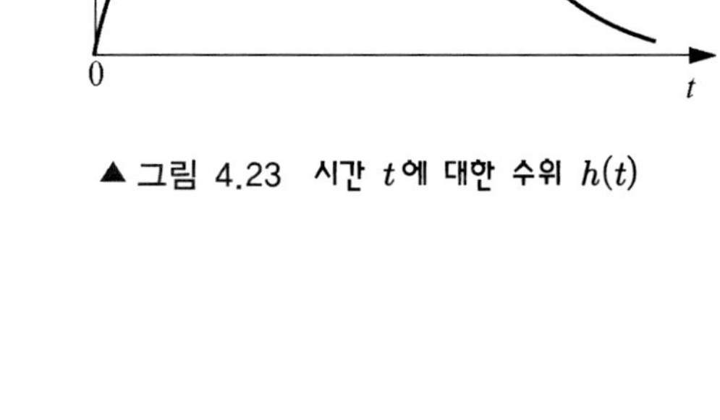

▲ 그림 4.23 시간 t에 대한 수위 $h(t)$

(2) 비례 제어작용(Proportional control action)

비례 작용을 하는 제어작용의 경우, 제어 시스템의 출력 $u(t)$와 오차 신호 $e(t)$ 사이에는

$$u(t) = K_P e(t)$$

의 관계가 성립한다. 또 이것을 라플라스 변환하여

$$\frac{U(s)}{E(s)} = K_P \tag{4.43}$$

와 같이 나타내기도 하며, 여기서 K_P는 비례기의 이득이다.

실제의 시스템에서 이와 같은 비례제어 작용은 일반적으로 인가된 오차신호를 증폭하는 증폭기로서 주어지는 경우가 많다. 이러한 경우의 블록선도를 [그림 4.24]에 표시하였다.

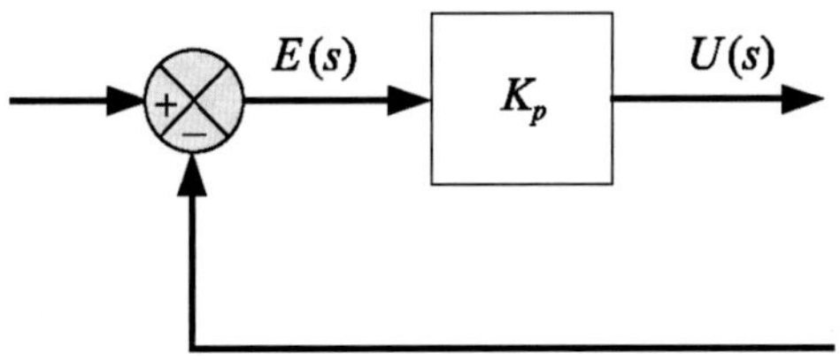

▲ 그림 4.24 비례 제어작용의 블록선도

(3) 적분 제어작용(Integral control action)

적분작용을 가진 제어 시스템의 출력 $u(t)$는 입력으로 들어온 오차신호 $e(t)$의 변동률에 따라 변화한다. 즉

$$\frac{du(t)}{dt} = K_I e(t)$$

또는

$$u(t) = K_I \int_0^t e(\tau) d\tau$$

이며, K_I는 변동 가능한 정수이다. 위 식을 라플라스 변환하면

$$\frac{U(s)}{E(s)} = \frac{K_I}{s} \tag{4.44}$$

로 된다. 만약 오차신호 $e(t)$가 두 배로 되었다면 제어신호 $u(t)$는 두 배 빠르게 변동한다는 것을 알 수 있다. 또 오차신호가 영으로 되었다고 하더라도 제어신호는 적분작용으로

인해 일정한 값을 유지하게 될 것이다. [그림 4.25]에 적분 제어작용의 블록선도를 표시하였다.

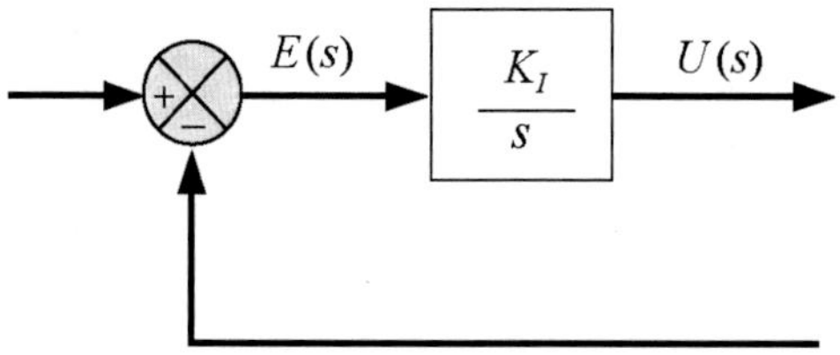

▲ 그림 4.25 적분 제어작용의 블록선도

(4) 비례적분 제어작용(Proportional-plus-integral control action)

비례적분 제어작용을 가지는 제어 시스템에서의 오차신호 $e(t)$ 와 제어신호 $u(t)$ 사이는 다음의 관계로 정의된다.

$$u(t)= K_P e(t)+ \frac{K_P}{T_I}\int_0^t e(\tau)d\tau$$

비례적분 제어기의 전달함수는 위 식의 양변을 라플라스 변환하여 얻는다.

$$\frac{U(s)}{E(s)}= K_P\left(1+\frac{1}{T_I s}\right) \tag{4.45}$$

여기서 K_P 및 T_I 는 둘 다 변동 가능한 정수로서 K_P 는 비례기의 이득이며, T_I 는 적분시간으로 각각 불리고 있다. 왜냐하면 K_P 는 비례요소와 적분요소 양쪽에 영향을 미치고 있지만 T_I 는 적분작용의 시간을 조정하는 역할을 하기 때문이다. 또 적분시간 T_I 의 역수는 리세트 율(reset rate)로 불리는 양으로서, 이것은 단위시간 동안에 비례적분제어 작용으로 인한 제어출력 $u(t)$ 가 비례 제어만을 적용하였을 때의 제어출력 크기의 두 배로 되는 회수가 몇 번인가를 나타내고 있다.

예를 들어 [그림 4.26(c)]에서 $T_I= 1/3$ [s] 라 하면 이것의 역수인 3은 비례적분 제어작용에 의한 제어출력은 비례 제어만을 사용하였을 경우에 비하여 단위시간에 여섯 배 증가한다는 사실을 나타낸다.[9] [그림 4.26(a)]에 비례적분 제어작용에 대한 블록선도를 표시하였다. (c)에서는 오차신호가 단위계단 신호인 경우 비례적분 제어작용의 출력응답을 보여주고 있다.

[9] 즉, 비례적분 제어기에서 적분기 역할의 크기의 정도를 나타내고 있다.

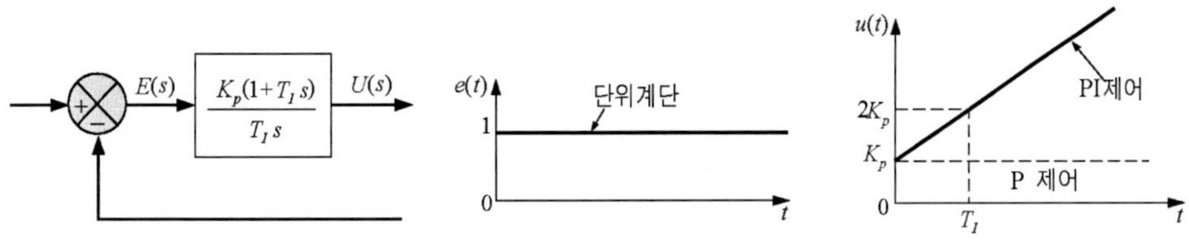

(a) 비례적분 제어 작용의 블록선도 (b) 단위계단 입력 (c) 제어기의 출력

▲ 그림 4.26

(5) 비례미분 제어작용(Proportional-plus-derivative control action)

비례적분 제어작용을 가지는 제어 시스템의 입출력 관계는 다음과 같이 정의된다.

$$u(t)= K_P e(t)+ K_P T_D \frac{de(t)}{dt}$$

이것을 라플라스 변환하여 전달함수를 계산하면

$$\frac{U(s)}{E(s)}= K_P(1+ T_D s) \tag{4.46}$$

로 된다. 여기서 K_P는 역시 비례기의 이득, T_D는 미분시간으로 불려진다. 미분 작용이란 인가되는 오차신호 $e(t)$의 변화의 비율(즉, 미분값)에 비례하여 제어신호 $u(t)$의 크기가 정해지는 것을 말한다. 이때 미분시간 T_D은 비례제어 작용의 효과가 앞당겨지는 시간간격을 의미한다. [그림 4.27(a)]에 비례미분 제어작용의 블록선도를 나타내었다. 만약 오차신호 $e(t)$가 단위램프 신호(그림 4.27(b))인 경우의 비례미분 제어기응답 $u(t)$를 [그림 4.27(c)]에 표시하였다. 이 그림으로부터 알 수 있는 바와 같이 미분 작용은 예측특성을 가지고 있는 것으로 볼 수 있다. 물론 이 말은 아직 발생하지 않은 신호의 크기 등을 미리 예측한다는 뜻이 아니라, 앞으로 신호가 어떻게 전개(예를 들어, 증가 또는 감소) 되는지에 대한 정보를 제공한다는 것이다.

다시 말하면, 신호의 미분값이 크면 그 점에서의 기울기가 크다는 것을 의미하므로 이는 신호가 +(또는 −) 방향으로 커진다는 것을 알려 주고 있으므로 이에 따른 적절한 대책을 미리 세울 수 있다는 의미에서의 예측작용이다.

이와 같이 미분 작용이 예측특성이라는 장점을 가지고 있는 반면에, 잡음과 같은 불필요한 신호를 증폭시키므로 이로 인해 액추에이터를 포화시킨다는 단점도 지니고 있다. 또 미분기는 입력 신호가 변동하는 기간에만 작용하므로 미분기 단독으로는 절대 사용되지 않는다는 점에 유의한다.

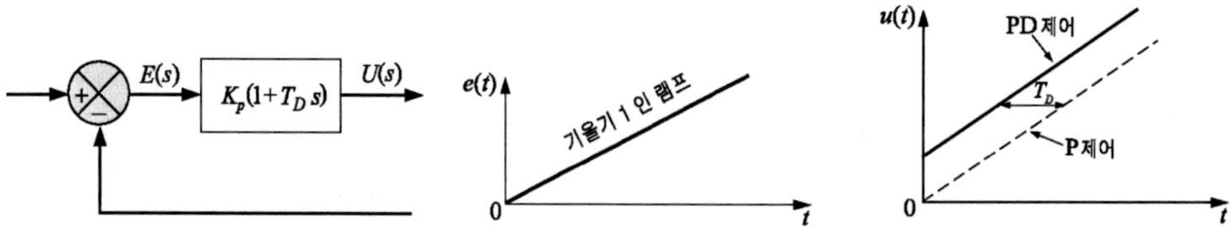

(a) 비례미분 제어작용의 블록선도 (b) 단위램프 신호 (c) 램프 입력에 대한 출력 응답

▲ 그림 4.27

(6) 비례적분미분 제어작용(Proportional-plus-integral-plus-derivative control action)

비례, 적분 및 미분 작용을 통합한 제어작용은 위에서 이미 언급한 여러 가지의 장점을 융합하여 사용할 수 있다. 이러한 작용은

$$u(t)= K_P e(t)+ \frac{K_P}{T_I}\int_0^t e(\tau)d\tau+ K_P T_D \frac{de(t)}{dt}$$

이며 이것에 대한 전달함수는 다음과 같다.

$$\frac{U(s)}{E(s)}= K_P\left(1+ \frac{1}{T_I s}+ T_D s\right) \tag{4.47}$$

이미 여러 번 언급한 바와 같이 K_P는 비례기의 이득, T_I는 적분시간, T_D는 미분시간을 각각 나타낸다. 비례적분미분 제어작용의 블록선도는 [그림 4.28(a)]에 나타내었다. 오차 신호가 단위램프신호일 경우의 제어 신호는 [그림 4.28(c)]에 표시되어 있다.

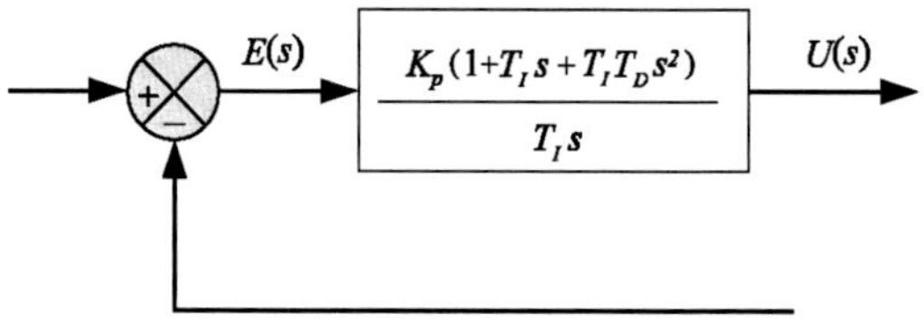

(a) 비례적분미분 제어작용의 블록선도

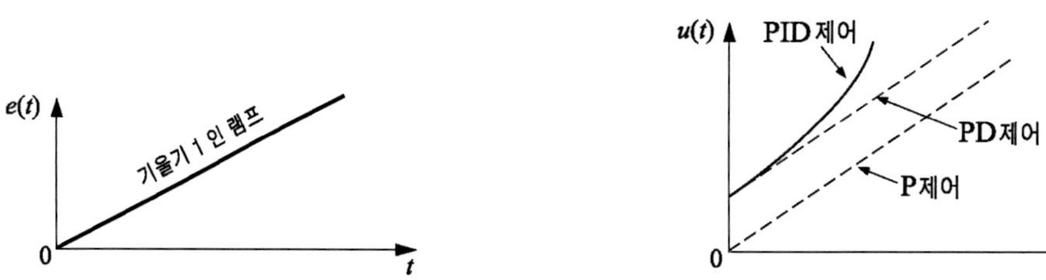

(b) 단위램프 신호 (c) 단위램프 오차신호에 대한 제어출력

▲ 그림 4.28

제어기를 설치한 피드백 시스템의 가장 일반적인 형태는 보통 [그림 4.29]와 같이 주어진다. 이 그림에서 입력 쪽으로 피드백 되는 신호는 센서 등을 통하여 측정되며, 이것은 수식적으로는 센서가 가지는 전달함수 $H(s)$로 나타낼 수 있다. 또 $G_3(s)$는 외란을 나타내는 전달함수로서 외란이 가지는 형태에 따라 정의된다. [그림 4.29]의 시스템에서 출력 $Y(s)$는 두 개의 입력($R(s)$, $N(s)$)을 이용하면 다음과 같이 된다.

$$Y(s)=\frac{G_1(s)G_2(s)}{1+G_1(s)G_2(s)}R(s)+\frac{G_3(s)}{1+G_1(s)G_2(s)}N(s) \tag{4.48}$$

제어기의 설계에 있어 가장 관심을 많이 가지는 것은, 앞서도 언급한 것처럼 목표신호 $R(s)$가 인가되었을 경우, 외란 $N(s)$가 존재함에도 불구하고 제어 시스템 $G_1(s)$을 사용하여 가장 충실히 출력 $Y(s)$가 목표신호 $R(s)$를 따라가는(즉 tracking)가 하는 '서보 시스템'의 문제이다.

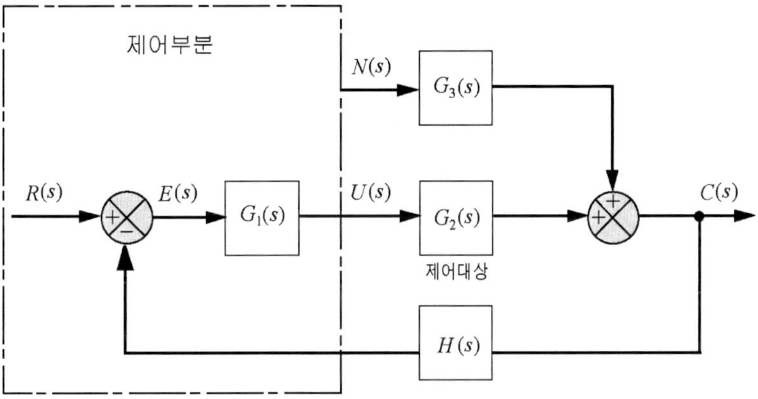

▲ 그림 4.29 **일반적인 피드백 제어 시스템**

4.5 시스템에 있어서의 기본 제어기의 효과

여기서는 4.4절에서 언급한 여섯 가지의 기본적인 제어작용 중 가장 기본요소인 비례(P: Proportional), 적분(I: Integral) 및 미분(D: Derivative) 제어기의 특성이 시스템에 어떤 효과가 있는지에 대해 간단한 예를 중심으로 설명한다.

4.5.1 1차 시스템에 있어서의 비례제어의 효과

비례 제어기의 효과를 알아보기 위해 간단한 1차 시스템에 비례 제어를 적용하였을 때 발생하는 상황에 대하여 알아본다.

[그림 4.30]과 같이 주어진 수위제어 시스템을 생각하여 보자. 이 시스템의 목적은 비례제어기를 이용하여 수조의 수위를 항상 일정한 높이에서 유지하고자 하는 것이다. 여기서 변수 r, q_i, h_1, 및 q_0는 각각의 정상상태 값 $\overline{R}$, $\overline{Q}$, $\overline{H}$, 및 $\overline{Q}$ 로부터의 변화량을 의미하는 것으로, 적절한 방법을 동원하여 측정하는 것으로 가정한다. 또한 이러한 변화량은 정상상태 값에 비하여 충분히 작기 때문에 비선형 미분 방정식을 선형화하는 과정에는 문제가 없는 것으로 한다.

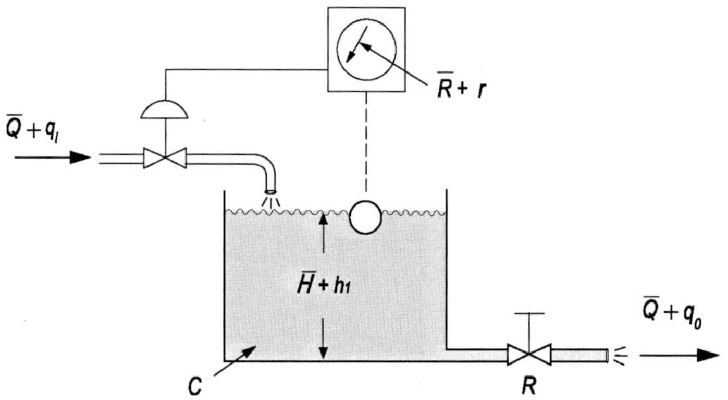

▲ 그림 4.30 수위 제어 시스템

이러한 가정 아래 입력의 변화량에 대한 수위의 변화량을 나타내는 전달함수는 수조로 들어가는 물의 양과 흘러나가는 물의 양의 변화량에 대한 식을 세우고, 이것을 정상상태 값(즉 기준점) $\overline{R}$, $\overline{Q}$, $\overline{H}$ 에서 선형화하면 다음과 같이 얻어진다.[10]

$$\frac{H_1(s)}{Q_i(s)} = \frac{R}{RCs+1} \tag{4.49}$$

여기서는 비례제어기를 사용하고 있으므로, 유입되는 수량 q_i는 오차신호 e 에 비례하여 변동하게 될 것이다. 다시 말하면 유입수량 q_i은 현재의 수위와 원하는 수위와의 차이를 나타내는 e 에 따라 결정되며, 이것을 식으로 나타내면 $q_i = K_P K_v e$ 로 된다. 여기서 K_P

10 비선형 시스템의 선형화와 관련한 예제로 가장 많이 인용되고 있으므로 참고문헌 등에서 쉽게 확인할 수 있을 것이다.

는 제어기의 이득이며, K_v는 입력 측에 달려 있는 밸브의 이득[11]을 의미하고 있다. 이를 라플라스 변환하면

$$Q_i(s) = K_P K_v E(s) \tag{4.50}$$

로 되며, 이 관계를 블록선도로 표시한 것이 [그림 4.31(a)]이며, 이것을 간략화하면 [그림 4.31(b)]로 됨을 쉽게 확인할 수 있다. 단, [그림 4.31(b)]에서 $X(s) = (1/K_b)R(s)$, $K = K_P K_v R K_b$ 및 $T = RC$를 각각 나타내고 있다.

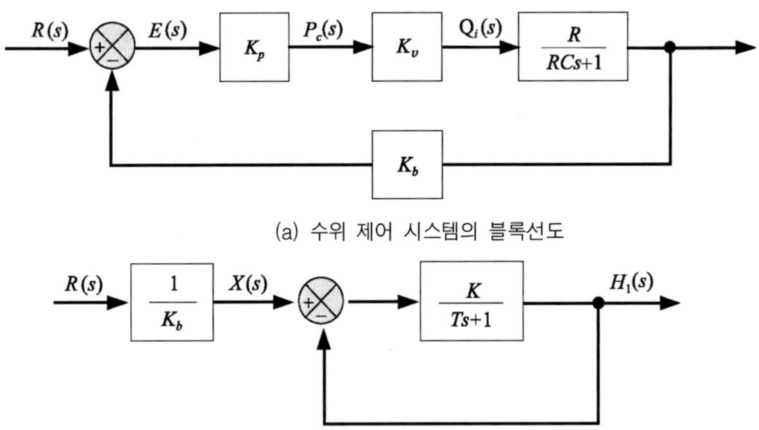

(a) 수위 제어 시스템의 블록선도

(b) 간략화된 블록선도

▲ 그림 4.31

[그림 4.31(b)]를 이용하여 기준신호의 변동에 대한 출력 $h_1(t)$의 응답을 조사하여 보자. 먼저 신호로서 크기가 K_b인 단위계단 신호가 인가되었다고 한다. 이때 $H_1(s)$과 $X(s)$ 사이의 폐루프 전달함수는

$$\frac{H_1(s)}{X(s)} = \frac{K}{Ts + 1 + K} \tag{4.51}$$

이며, 여기에 단위계단 신호로 주어지는 입력을 인가하면,

$$H_1(s) = \frac{K}{Ts + 1 + K} \cdot \frac{1}{s}$$

---

11 밸브의 이득이란 밸브가 어느 정도 잘 닫히고 열리는가를 의미하는 정수로 생각할 수 있다.

로 된다. 이것을 부분분수 전개를 이용하여 라플라스 역변환을 수행하면 다음과 같다.

$$H_1(s) = \frac{K}{1+K}\frac{1}{s} - \frac{TK}{1+K}\frac{1}{Ts+1+K}$$

에서

$$h_1(t) = \frac{K}{1+K}\left(1-e^{-t/T_1}\right),\ (t \geq 0) \tag{4.52}$$

이다. 단, $T_1 = T/(1+K)$ 이다. 식(4.52)에서 폐루프의 시정수가 T_1 으로 되었다는 것을 알 수 있다. 이는 제어를 하기 전(즉 원래의 시스템 식(4.49))의 시정수 T 에서 변화된 것으로, 일반적으로 K 가 양의 값을 가지므로 $T_1 \leq T$ 이다. 따라서 피드백 제어를 수행함으로써 시정수[12]가 줄어들었다는 것을 보여 주고 있다. [그림 4.32]에 식(4.52)로 주어진 출력 응답을 표시하였다.

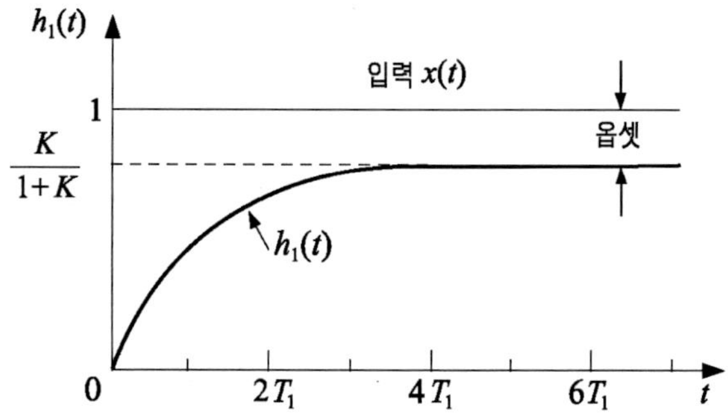

▲ 그림 4.32 시간 t 에 대한 출력 $h_1(t)$ 의 곡선

식(4.52)에서 시간 t 를 무한대로 수렴시키면, 즉

$$h_1(\infty) = \lim_{t\to\infty} h_1(t) = \frac{K}{1+K} \tag{4.53}$$

로 된다. 그런데 $x(\infty) = 1$ 이므로 최종값에 대한 출력의 오차는 $1/(1+K)$ 이다. 이러한 오차를 일반적으로 오프셋(offset)라고 부르며, 식(4.53)에서 알 수 있는 바와 같이 K 값을 크게 하면 오프셋의 크기는 줄일 수 있다.[13]

---

12 제5장 참조

13 K 를 크게 하면 오프셋은 줄어들지만, 상대적으로 폐루프시스템의 안정성이 급격하게 나빠진다(제6장 이후 참조). 식(4.52)의 경우 K 를 크게 하면 오프셋도 줄고 수렴속도도 빨라진다는 점에서는 유리하지만 순간적으로 큰 압력을 필요로 한다는 점에 유의한다.

이러한 오프셋의 존재는 비례제어 작용의 특징으로서 제어대상이 자체적으로 적분작용의 특성을 가지고 있거나, 외부에서 적분기를 추가하지 않는다면 이것을 완전히 제거할 수는 없다.

4.5.2 적분제어와 미분제어의 효과

다음에 기본적인 제어요소의 구성에서 가장 중심적인 역할을 하고 있는 적분제어와 미분제어 작용이 시스템의 성능향상에 어떠한 영향을 미치는가를 구체적으로 설명한다. 따라서 이들의 성능이 가장 잘 드러날 수 있도록 가장 단순한 제어대상을 고려하기로 한다.

(1) 적분제어

앞서 설명한 바와 같이 적분기 없이 비례 제어만을 사용한 시스템에 있어서는 항상 정상상태 오차(즉 오프셋)가 발생한다. 만약 여기에 적분제어를 추가한다면 이러한 오프셋은 제거될 수 있다. 이것은 다음과 같이 설명할 수 있다.

적분제어에 있어서, 임의의 시각 $t = t_1$ 에서의 제어신호, 즉 제어 시스템으로부터의 출력은 초기 시각 $t = t_0$ 에서부터 $t = t_1$ 까지의 오차신호 $e(t)$ 의 면적의 합으로 이루어진다. 따라서 [그림 4.33(a)]에서 보는 바와 같이 제어신호 $u(t)$ 는 오차신호가 영인 경우에도 항상 영이 아닌 값을 가진다. 비례제어기에 의한 제어신호의 크기는 단지 오차신호의 크기에만 비례하여 결정되기 때문에 오차신호가 영이면 제어신호도 당연히 영으로 될 것이다. 이로 인해 정상상태에서 오차가 일정한 값을 가지면 제어신호도 일정한 값을 유지하게 되므로 더 이상 오차를 줄이지 못하고, 그 결과 오프셋이 발생하게 되는 것이다. [그림 4.33(b)]에 오차 $e(t)$ 에 비례하여 제어신호 $u(t)$ 가 결정되는 모양을 보여 주고 있다.

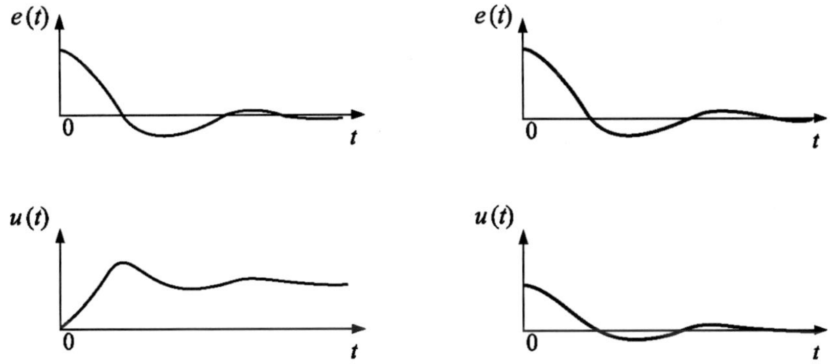

(a) 적분제어에서의 오차신호와 제어신호 (b) 비례제어에서의 오차신호와 제어신호

▲ 그림 4.33

적분제어 작용은 정상상태 오차를 제거하는 작용을 하지만, 이로 인해 출력응답이 진동특성을 보이면서 서서히 감소하거나 경우에 따라서는 증가하기도 하는 바람직하지 못한 결과를 가져올 수도 있다는 사실에 유의하여야 한다.

(2) 수위제어 시스템에서의 적분제어

4.4절에서 다룬 수위제어 시스템은 비례제어기만으로는 오프셋이 발생한다는 것을 이미 설명하였다. 여기서는 만약 제어 시스템에 비례제어기 대신 적분제어기를 사용한다면 오프셋이 제거될 수 있다는 것을 확인하여 보자.

[그림 4.31(a)]의 블록선도에서 비례제어기를 적분제어기로 바꾸면 [그림 4.34]로 된다. 이로부터 폐루프시스템의 전달함수는

$$\frac{H(s)}{R(s)} = \frac{KR}{RCs^2 + s + KR} \tag{4.54}$$

이므로 따라서 입력과 오차신호 사이에는

$$\frac{E(s)}{R(s)} = \frac{R(s) - H(s)}{R(s)} = \frac{RCs^2 + s}{RCs^2 + s + KR} \tag{4.55}$$

의 관계가 성립한다. 시스템은 안정하기 때문에, 단위계단 입력에 대한 정상상태 오차는 라플라스의 최종값 정리를 적용하여 얻을 수 있다. 즉,

$$\begin{aligned} e_{ss} &= \lim_{s \to 0} sE(s) \\ &= \lim_{s \to 0} \frac{s\left(RCs^2 + s\right)}{RCs^2 + s + KR} \frac{1}{s} = 0 \end{aligned}$$

로 되어 오프셋이 영으로 되는 것을 확인할 수 있다. 이와 같이 수위제어 시스템에 적분제어를 적용함으로써 단위계단 입력에 대한 오프셋을 영으로 만들 수 있게 된다.

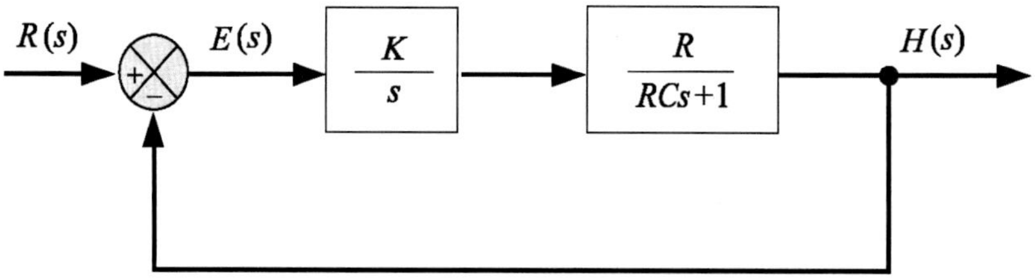

▲ 그림 4.34 적분제어를 이용한 수위제어 시스템

(3) 외란응답(비례제어)

[그림 4.35]와 같이 비례제어기를 사용하고 있는 시스템에 있어서, 제어대상의 입력단에 일정한 크기를 가지는 외란이 인가되었을 경우 출력에 어떤 영향을 미치는지를 살펴보자.

먼저 입력 $R(s)$를 영으로 가정하면, 외란입력 $N(s)$와 출력 $Y(s)$ 사이의 전달함수는 다음과 같이 주어진다.

$$\frac{Y(s)}{N(s)} = \frac{1}{Js^2 + bs + K_P} \tag{4.56}$$

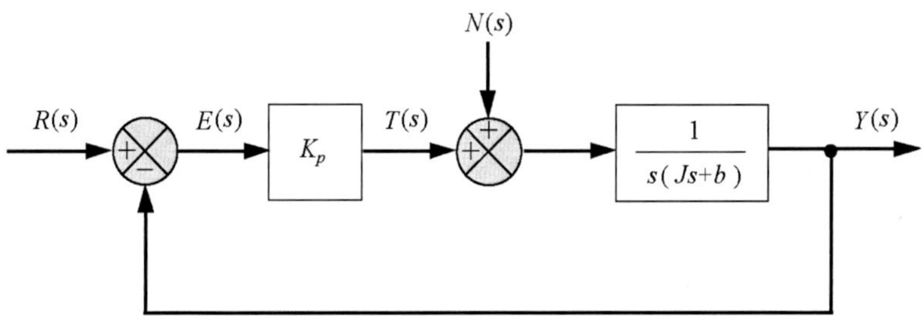

▲ 그림 4.35 외란 입력을 가지는 비례제어 시스템

따라서 외란과 오차 사이에는

$$\frac{E(s)}{N(s)} = -\frac{Y(s)}{N(s)} = -\frac{1}{Js^2 + bs + K_P} \tag{4.57}$$

로 된다. 여기서 크기 T_n을 가지는 외란이 인가되었을 경우 정상상태 오차는 라플라스의 최종값 정리에 의해

$$\begin{aligned} e_{ss} &= \lim_{s \to 0} sE(s) \\ &= \lim_{s \to 0} \frac{-s}{Js^2 + bs + K_P} \frac{T_n}{s} = -\frac{T_n}{K_P} \end{aligned}$$

로 된다. 따라서 정상상태에서 일정한 크기 $-T_n$을 가지는 외란이 제어대상의 입력 쪽에서 들어왔을 경우, 이로 인한 정상상태 오차(즉, 오프셋)는 T_n/K_P로 된다는 것을 알 수 있다. 물론 이 오프셋은 비례기의 이득 K_P를 증가시키면 감소하지만, 이로 인해 출력응답 $y(t)$가 더욱 진동적으로 될 것이다. 두 종류의 K_P에 대한 전형적인 출력특성을 [그림 4.36]에 나타내었다.

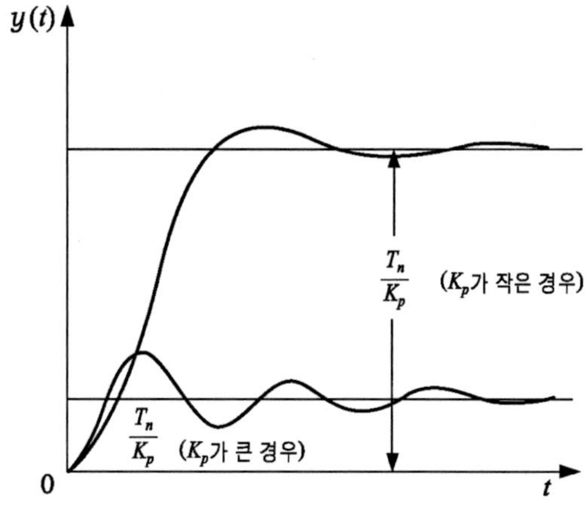

▲ 그림 4.36 K_P 값에 따른 전형적인 외란 응답 특성($r(t)=0$인 경우)

앞에서 언급한 바와 같이 비례기의 이득 K_P 는 무작정 크게 할 수 없기 때문에 외란의 영향을 감소(또는 제거)시키기 위해서는 다른 방식의 제어기가 필요할 것이다.

(4) 외란응답(비례적분제어)

일정한 크기를 가지는 외란이 출력에 영향을 미치지 않도록 하기 위해서는 비례제어기를 비례적분 제어기로 바꾸어야 한다. 이것을 확인하여 보자.

적분제어를 비례기에 추가시키게 되면, 앞서 설명한 바와 같이 오차가 존재하는 동안, 또는 오차가 순간적으로 영으로 되었다고 하더라도 제어기는 계속적으로 제어신호를 만들어 내게 될 것이다. 따라서 오차가 완전히 영으로 되면(비례기는 작동하지 않고) 적분기의 작용으로 인해 오차를 지속적으로 영으로 유지할 수 있는 일정한 크기의 제어신호가 발생한다.

[그림 4.37]을 참고로 하여 이러한 사실을 확인하여 보자.

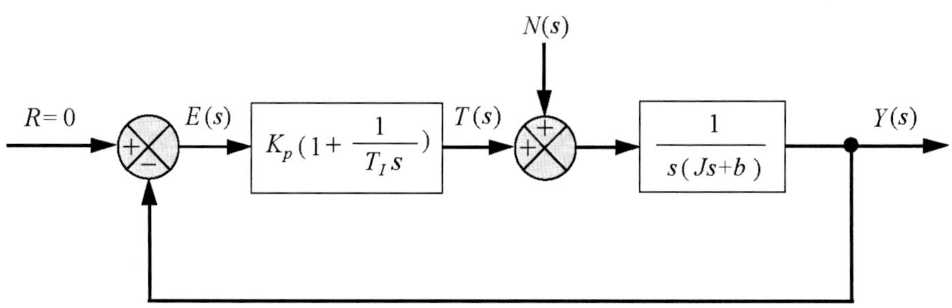

▲ 그림 4.37 비례적분 제어기를 가지는 시스템

그림에서 외란입력 $N(s)$와 출력 $Y(s)$ 사이의 전달함수는 다음과 같이 주어진다.

$$\frac{Y(s)}{N(s)} = \frac{s}{Js^3 + bs^2 + K_P s + \dfrac{K_P}{T_I}} \tag{4.58}$$

여기서도 입력을 영으로 두면 외란에 대한 오차신호는

$$E(s) = -\frac{s}{Js^3 + bs^2 + K_P s + \dfrac{K_P}{T_I}} N(s) \tag{4.59}$$

로 된다. 여기서 [그림 4.37]로 주어진 시스템이 안정하다면, 즉 전달함수인 식(4.58)의 분모다항식의 근이 전부 s 평면의 왼쪽반면에 존재한다면, 일정한 크기 T_n을 가지는 외란에 대한 정상상태 오차(즉, 오프셋)는 라플라스의 최종값의 정리를 적용하면 다음과 같다.

$$\begin{aligned} e_{ss} &= \lim_{s \to 0} sE(s) \\ &= \lim_{s \to 0} \frac{-s}{Js^3 + bs^2 + K_P s + \dfrac{K_P}{T_I}} \frac{T_n}{s} = 0 \end{aligned}$$

따라서 비례적분 제어기를 사용함으로써 일정한 크기의 외란입력에 대한 정상상태 오차를 제거할 수 있음을 알 수 있다. 이때 추가된 적분기로 인해 폐루프시스템의 차수가 2차에서 3차로 바뀐다는 점에 유의해야 한다. 왜냐하면 폐루프시스템의 특성 다항식의 근, 즉 식(4.58)의 분모 다항식의 근 세 개 중에서 두 개는 이득 K_P의 증가에 따라 허수축으로 이동하게 되어 전체 시스템의 안정성은 악화 또는 불안정하게 될 수 있다.[14] 또한 만약 여기서 비례제어기를 사용하지 않고 적분기만을 사용하였다고 하자(그림 4.38). 이때 폐루프시스템의 특성다항식은

$$Js^3 + bs^2 + K = 0$$

로 되어 불안정한 극을 가지게 된다. 따라서 이 경우에는 오프셋을 제거하기 위하여 적분제어만 사용할 수 없다는 것을 알 수 있다.

14 특성 다항식이 2차인 경우, 그의 계수 값이 +의 부호이면 그 근은 항상 허수축의 왼쪽 평면에 존재한다. 따라서 K_P의 증가에도 불구하고 항상 안정을 유지한다.

이상의 사실을 정리하면 [그림 4.38]의 비례적분 제어기에서, 비례제어기는 폐루프시스템을 안정화시키는 역할을 하는 반면에 적분제어기는 여러 종류의 입력으로 인하여 발생하는 오프셋을 제거 또는 감소시키는 역할을 하고 있다고 할 수 있다.

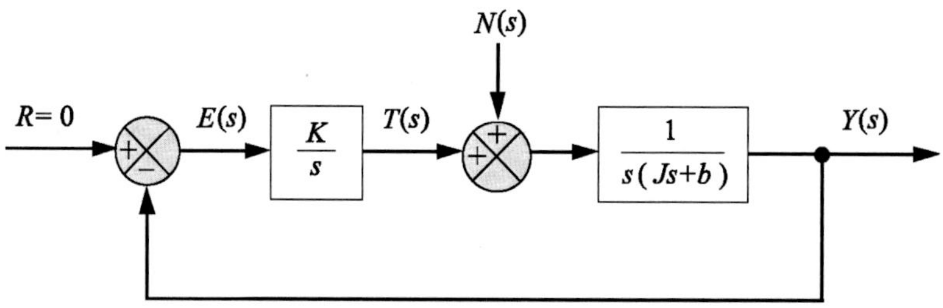

▲ 그림 4.38 적분제어만을 사용한 폐루프시스템

(5) 미분제어

미분제어기를 비례제어기와 함께 사용하면 일반적으로 높은 감도성능을 가진 제어기를 얻을 수 있다. 미분제어기는 오차신호의 변화율(즉, 미분값)에 반응하여 제어신호의 크기가 결정되기 때문에 오차신호가 큰 폭으로 변동하기 전에 이를 교정할 수 있도록 한다. 다시 말하면, 앞서 설명한 바와 같이 미분제어는 오차신호의 크기 변화를 예측하여 이것이 크게 변동하기 전에 이것을 교정할 수 있는 제어신호를 만들어 내며, 동시에 시스템 전체의 안정성을 높이는 경향이 있다.

미분제어는 그 특성상 정상상태의 오차에는 영향을 미치지 않지만, 시스템의 감쇄비를 증가시키기 때문에 비교적 큰 비례기의 이득 K 의 사용을 가능하게 한다. 이로 인해 적분기를 사용하지 않고서도 정상상태 오차를 상당 부분 감소시킬 수 있는 장점을 가지고 있다.

또 미분제어기는 오차신호의 크기 그 자체가 아니라, 오차신호의 변화율의 비에 따라 제어신호의 크기가 결정되기 때문에 미분제어기는 단독으로 사용할 수 없다. 따라서 항상 비례제어기나 또는 비례제어기 및 비례적분제어기와 함께 사용되어야 한다.

여기서 미분제어기가 가진 성능을 살펴보기 전에 [그림 4.39(a)]로 주어진 시스템을 생각하여 보자. 이는 관성부하를 가진 제어대상을 비례제어기로서 제어하고자 하는 시스템이다. 이 시스템의 폐루프전달함수는

$$\frac{Y(s)}{R(s)} = \frac{K_P}{Js^2 + K_P} \tag{4.60}$$

이다. 이때 이 시스템의 특성다항식은 $Js^2 + K_P = 0$ 이므로 두 개의 근이 항상 허수축 위

에 존재하게 된다. 이 시스템에 대한 단위계단 응답은 [그림 4.39(b)]와 같이 무한히 진동하는 정현파 신호로 되어 바람직하지 못하다.

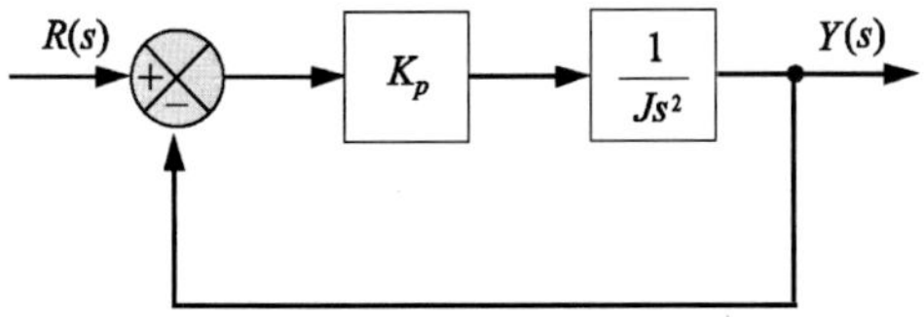

(a) 관성부하 및 비례 제어 시스템

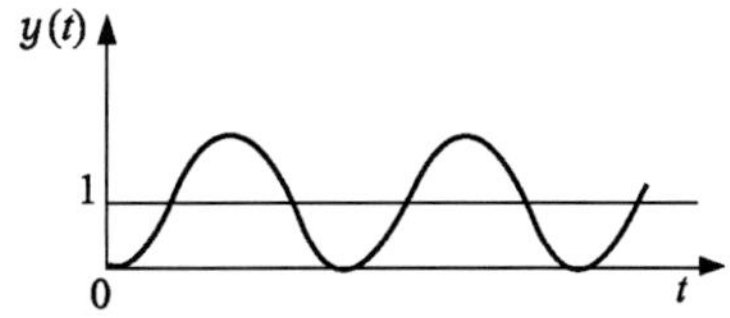

(b) 단위계단 응답

▲ 그림 4.39

[그림 4.39]의 시스템에 비례미분제어기를 추가하여 출력응답에 나타나는 진동성분을 제거하여 보자. 추기된 미분기로 인하여 제어기는 [그림 4.40(a)]와 같이 $K_P(1+T_Ds)$로 된다. 이로 인해 제어기에서 발생되는 제어신호는 $K_P(e+T_D\dot{e})$로 될 것이다. 앞서 설명한 바와 같이 미분작용은 일종의 예측작용이므로 오차의 진동성분을 예측하여(즉 $\dot{e}$ 이므로 오차의 속도를 의미) 앞으로 발생할 오버슈터가 더 크게 되기 전에 이것을 억제하는 적절한 신호를 만들어 내게 된다.

[그림 4.40(a)]에서 폐루프전달함수는

$$\frac{Y(s)}{R(s)}=\frac{K_P}{Js^2+K_PT_Ds+K_P} \tag{4.61}$$

로 되어 특성다항식이

$$Js^2+K_PT_Ds+K_P=0 \tag{4.62}$$

로 바뀌게 된다. 식(4.62)의 다항식에서 각 파라미터는 양의 값을 가지므로 두 개의 근은 항상 복소평면의 왼쪽 평면에 존재하게 된다. 즉, 추가한 미분기로 인하여 시스템의 감쇄비 ζ가 식(4.60)의 '0'에서 식(4.62)의

$$\zeta=\frac{T_D\sqrt{K_P}}{2\sqrt{J}} \tag{4.63}$$

로 되어 감쇄비가 증가하게 된다. [그림 4.40(b)]에 전형적인 단위계단 응답을 표시하였다. 미분기를 사용하지 않은 결과인 [그림 4.39(b)]와 비교하여 볼 때 미분기에 의한 성능향상이 뚜렷하다는 것을 확인할 수 있다.

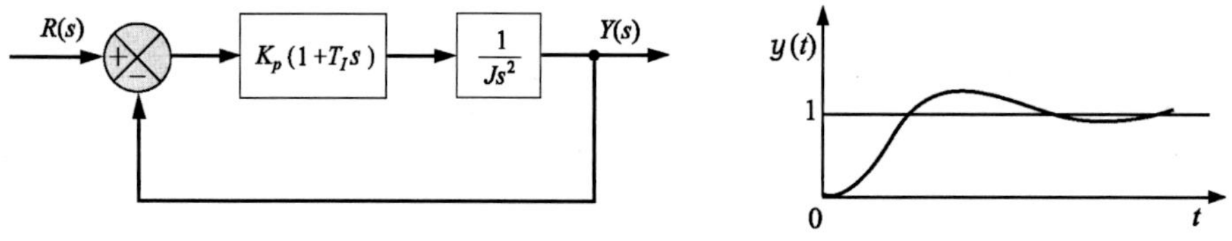

(a) 비례 및 미분 제어기를 사용한 관성부하 시스템 (b) 단위계단 응답

▲ 그림 4.40

[예제 4.10]

[그림 4.41]과 같이 비례제어기를 사용하여 수조의 수위를 조절하는 시스템이 있다. 그림에서 정상상태 값, 즉 $\overline{Q}$ 및 $\overline{H}$ 는 고정되어 있으며 외란으로서 n_0가 유입되고 있는 것으로 가정한다. 이때 n_0 는 충분히 작은 값이며, 나머지 변수 q_i, h 및 q_0는 각각의 정상상태 값으로부터의 작은 변동으로 둔다. 이때 비례제어기 및 적분제어기를 사용하였을 경우에 대하여 각각 정상상태 오차를 계산하여 보자.

(해) [그림 4.41]의 시스템을 블록선도로 고치면 [그림 4.42]와 같이 된다.[15] 이 그림에서 두 개의 입력과 오차 사이의 전달함수는 다음과 같다.

$$E(s) = \frac{RCs+1}{RCs+1+K_P R}R(s) - \frac{R}{RCs+1+K_P R}N(s) \tag{4.64}$$

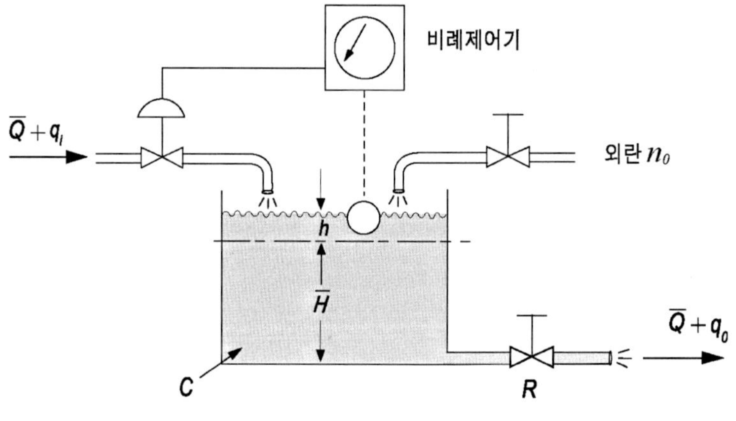

▲ 그림 4.41 [예제 4.10]의 수위 조절 시스템

15 외란 n_0 는 q_i 와 동일한 종류의 장치를 사용하여 시스템에 인가되는 것으로 가정하였다. 따라서 동일한 전달함수가 사용되었다.

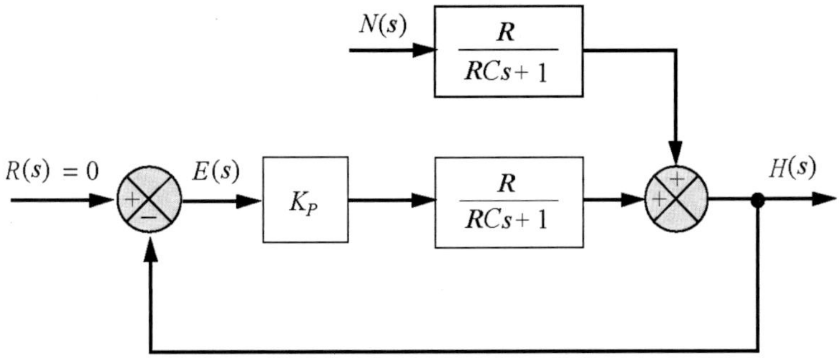

▲ 그림 4.42 [그림 4.41]의 블록선도 표현

이때 시스템에 정상상태에 있을 경우($R(s)=0$로 둔다)에 외란 n_0에 의한 오차신호는 식(4.64)로부터

$$E(s) = -\frac{R}{RCs+1+K_P R}\frac{n_0}{s} \tag{4.65}$$

$$= \frac{Rn_0}{1+K_P R}\left(\frac{1}{s+(1+K_P R)/(RC)}\right) - \frac{Rn_0}{1+K_P R}\frac{1}{s}$$

로 되므로 $t>0$ 에서의 오차신호는

$$e(t) = \frac{Rn_0}{1+K_P R}\left[\exp\left(-\frac{1+K_P R}{RC}t\right)-1\right] \tag{4.66}$$

로 되어 위 시스템의 시정수는 $RC/(1+K_P R)$로 되어 감소한다.[16] 따라서 $t \to \infty$ 에서의 정상상태 오차는 다음 식으로 주어진다.

$$e(\infty) = -\frac{Rn_0}{1+K_P R} \tag{4.67}$$

이로부터 비례기의 이득 K_P가 커지면 정상상태 오차, 즉 오프셋은 감소한다는 것을 알 수 있다. 일반적으로 비례기의 이득을 증가시키면 출력은 정현파 모양으로 진동하게 된다. 예를 들어 식(4.56)과 같은 2차의 특성다항식을 가지는 시스템은 이득 K_P의 증가에 따라 두 개의 근은 허수축과 평행하게 상하로 원점에서 멀어지게 되어 감쇄비 ζ가 감소하므로, 이 결과 출력에 진동성분이 크게 나타난다.

16 비례 제어기를 사용하지 않았을 경우의 시정수는 RC이다.

그러나 식(4.64)에서 보는 바와 같이 상기 수위제어 시스템은 1차 시스템으로 특성다항식이 하나의 근 $s_1 = -(1+K_P R)/(RC)$을 가질 뿐이다. 따라서 이 경우에 K_P를 증가시키면 특성다항식의 근은 실수축을 따라 왼쪽으로 멀리가게 되어 (즉 $s_1 \to -\infty$), 이 부분은 출력에 거의 영향을 미치지 않게 된다. 그러나 실제로 [그림 4.41]로 주어진 수위제어 시스템을 [그림 4.42]와 같이 변환하는 과정에서 시간지연과 같은 요소를 무시하여 1차의 전달함수를 얻었기 때문에,[17] K_P의 증가로 인하여 모델링 과정에서 무시한 요소들이 다시 출력에 영향을 미치게 되어 출력에 진동성분이 나타나게 된다.

만약 비례제어기 대신 적분제어기 K/s를 사용하였다면 식(4.65)는

$$E(s) = -\frac{Rs}{RCs^2+s+KR}N(s) \tag{4.68}$$

로 된다. 이때 단위계단상의 외란 $N(s) = n_0/s$이 인가되었을 경우의 정상상태 오차는

$$\begin{aligned} e(\infty) &= \lim_{s\to 0} sE(s) \\ &= \lim_{s\to 0} s\frac{-Rs}{RCs^2+s+KR}\frac{n_0}{s} = 0 \end{aligned}$$

이다. 즉 적분제어를 이용하면 일정한 크기의 외란을 제거할 수 있다는 것을 알 수 있다. 이때 적분기의 이득 K는 시스템의 출력 $h(t)$가 바람직한 모양을 가질 수 있도록 결정되어야 할 것이다.

4.6 비례적분미분(PID) 제어기의 계수설정 방법

4.4절에서 설명한 여섯 가지의 기본적인 제어작용 요소 중에서 산업현장 등에서 가장 중요한 역할을 하고 있는 비례적분미분(PID) 제어기의 계수설정 방법에 대하여 간략하게 언급한다.

[17] K_P 값이 작을 경우에는 1차의 모델로도 충분히 시스템의 표현이 가능하다. 시간 지연 등을 고려하면 위 시스템은 고차(3차 이상)의 시스템이 되어 버린다.

PID 제어기가 1940년대 시작되어 현대에 이르기까지 산업의 현장에서 여전히 주된 제어 요소로 사용되고 있는 이유의 하나는 PID 제어기의 계수설정의 간편함에 있을 것이다. 즉 산업현장에서 현재의 상황을 보면서 간단히 계수를 설정할 수 있다는 점은 현장기술자에 있어서는 상당한 매력이 아닐 수 없다. 계수설정을 위한 실험적인 방법은 몇 가지가 알려져 있으나 여기서는 가장 보편적인 지글러(Ziegler)-니콜스(Nichols) 방법에 대하여 설명한다.

PID 제어기의 전달함수는 다음과 같이 주어진다(식(4.47)).

$$U(s)= K_P\left(1+\frac{1}{T_I s}+T_D s\right)E(s) \tag{4.69}$$

단 $U(s)$ 와 $E(s)$ 는 제어기의 출력 $u(t)$ 와 오차입력 $e(t)$ 의 라플라스 변환이다. 앞서 언급한 바와 같이 K_P 는 비례기의 이득, T_I 는 적분시간 및 T_D 는 미분시간을 각각 나타낸다.

먼저 적분기와 미분기를 작동시키지 않는 상황에서 비례기의 이득 K_P 을 조금씩 증가시킨다. [그림 4.20]으로 주어진 폐루프시스템에서 비례기의 이득을 증가시키면 출력파형에 진동성분이 증가하기 시작하여 이득이 안정한계[18]에 도달하면, 출력은 일정한 크기의 진폭을 가지는 지속적인 진동(즉, 정현파)으로 된다(제5장 참조). 이때의 K_P 의 값인 K_C 과 진동의 주기 T_C 를 기록하여 두고, 이 값으로부터 식(4.69)의 각 파라미터를 [표 4.1]과 같이 결정한다.

[표 4.1] 한계 감도법에 의한 PID의 계수 설정

	K_P	T_I	T_D
P 제어	$0.5K_C$	-	-
PI 제어	$0.45K_C$	$0.83T_C$	-
PID 제어	$0.6K_C$	$0.5T_C$	$0.125T_C$

이 방법은 한계 감도법(ultimate sensitivity method)으로 불리는 것으로, 제어대상의 수식모델(즉, 전달함수)에 의존하지 않고 실험을 통하여 K_P 와 T_C 를 얻는다는 점에 특징이 있다.

비례기의 안정한계에서 $T_C=\pi$ 로 되는 세 종류의 시스템을 다음과 같이 선정하여 [표 4.1]의 효과를 확인하여 보자.

18 폐루프시스템의 출력이 지속적인 진동, 즉 정현파 모양을 하게 되는 경우를 의미하며, 이때 폐루프시스템의 극은 s 평면의 허수축에 존재한다.

$$G_1(s)=\frac{36}{(7s+18)(s+1)(5s+2)} \tag{4.70a}$$

$$G_2(s)=\frac{1}{s(0.1625s+1)^5} \tag{4.70b}$$

$$G_3(s)=\frac{16}{(s+2)^2(s^2+0.8s+4)} \tag{4.70c}$$

이때 식(4.69)의 제어기는 다음과 같이 된다.

$$G_C(s)=K_P\left(0.6+0.382\frac{1}{s}+0.2356s\right) \tag{4.71}$$

위 제어기의 주파수응답을 [그림 4.43]에 표시하였다.

식(4.70)으로 주어진 세 종류의 제어대상은 $T_C=\pi$ 로 된다는 점은 공통이지만, 계단응답 및 주파수응답을 비교하여 보면 상당한 차이가 있다. 식(4.71)의 제어기를 이용하여 식(4.70)의 시스템에 대한 단위계단을 계산한 것이 [그림 4.44]이다. 그림으로부터 알 수 있는 바와 같이 $G_1(s)$ 의 경우에는 감쇄특성 및 지연시간의 등에 있어서 좋지 않은 특성을 보이며, $G_2(s)$ 의 경우에는 출력에 진동성분이 계속되어 역시 바람직하지 않다. 또 $G_3(s)$ 는 50% 이상의 오버슈터가 나타나므로 역시 최상의 제어기라고는 하기 어렵다. 이와 같이 한계 감도법에 의한 PID 제어기가 모든 종류의 시스템에 대하여 좋은 특성을 보이기 어려운 것은, T_C 라고 하는 하나의 데이터에만 주목하여 PID 제어기의 계수를 결정하기 때문이라고 할 수 있다.

%PID 제어기

```
sysGc=tf([0.2356 0.6 0.382],[1 0]);              % Kp=1 로 두고 식(4.71)을 표현
w=logspace(-2,2,200);                            % [그림 4.40]의 주파수대역 설정
H=freqresp(sysGc,w);                             % 주어진 대역에 대한 주파수 특성계산
H=reshape(H,max(size(H)),1);                     % H의 계산결과를 2차원 배열로 재배열
subplot(211),loglog(w,abs(H)),grid               % 주파수응답의 크기 곡선
ylabel('Magnitude [dB]')
subplot(212),semilogx(w,angle(H)),grid           % 주파수응답의 위상곡선
ylabel(' Phase [degree]'),xlabel('Frequency (rad/sec)')
%
```

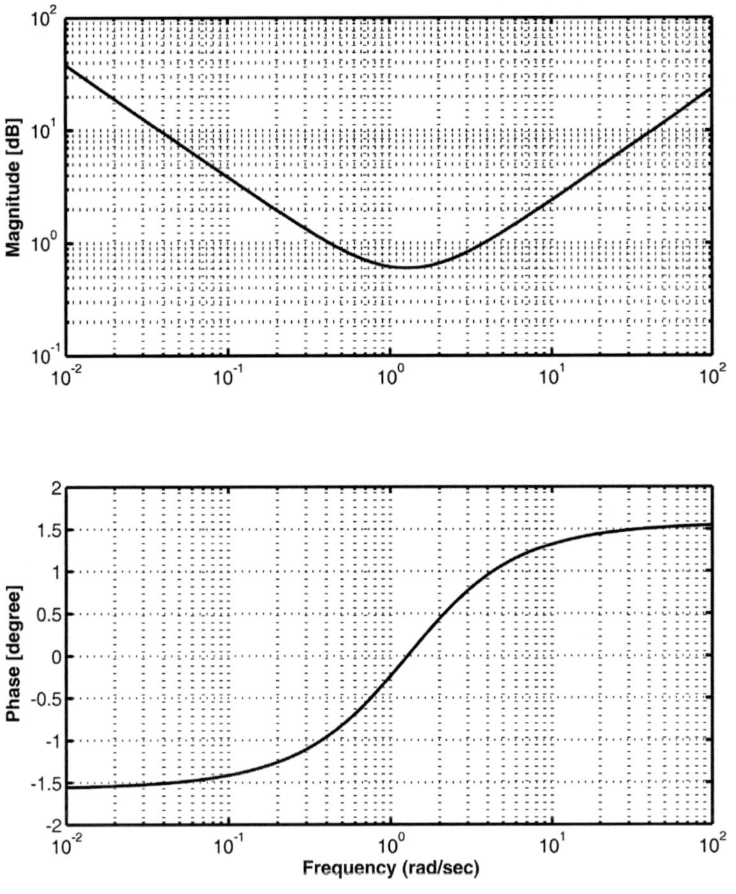

▲ 그림 4.43 PID 제어기 식(4.70)의 주파수 응답

%

```
sysG1=tf([36],conv([7 18],conv([1 1],[5 2])));          % G1(s) 의 설정
% (0.1625s+1)^5 의 계산
temp=[0.1625 1];
for i=1:4
   temp=conv(temp,[0.1625 1]);
end
sysG2=tf([1],conv(temp,[1 0]));                          %G2(s) 의 전달함수
%
```

```
sysG3=tf([16],conv([1 0.8 4],conv([1 2],[1 2])));    % G3(s) 의 전달함수
%PID 제어기
sysGc=tf([0.2356 0.6 0.382],[1 0]);                  % PID제어기의 전달함수
sysG1_Gc=series(sysG1,sysGc);                        % PID+G1(s) 의 계산
sysG2_Gc=series(sysG2,sysGc);                        % PID+G2(s) 의 계산
sysG3_Gc=series(sysG3,sysGc);                        % PID+G3(s) 의 계산
%폐루프의 전달함수
sysClosed1=feedback(sysG1_Gc,[1]);
sysClosed2=feedback(sysG2_Gc,[1]);
sysClosed3=feedback(sysG3_Gc,[1]);
t=0:0.01:20;
y1=step(sysClosed1,t);                               % 계단응답
y2=step(sysClosed2,t);
y3=step(sysClosed3,t);
plot(t,[y1 y2 y3]), xlabel('Time(sec)'), ylabel('y(t)')   % [그림 4.41]
%
```

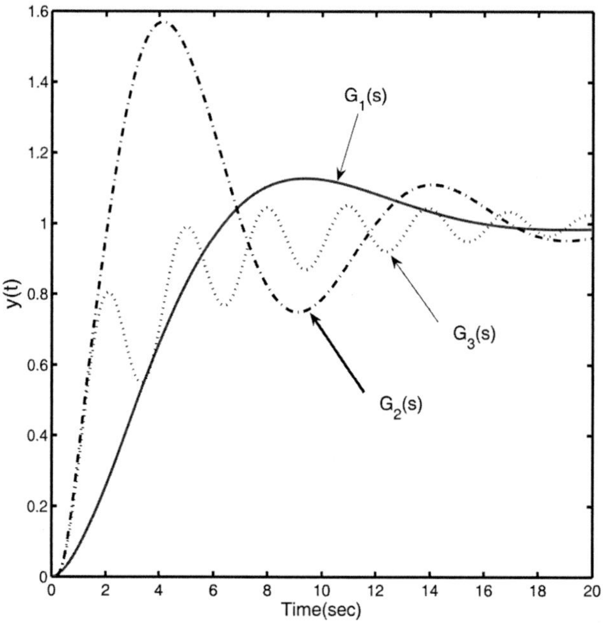

▲ 그림 4.44 **한계 감도법에 의한 설계의 예**

연습문제

1 신호 $x(t)$와 $g(t)$가 각각 다음과 같이 주어졌을 경우, 이들의 컨볼류션 적분을 계산하라.

(a) $x(t)=e^{-at}\cdot 1(t)$, $g(t)=e^{-bt}\cdot 1(t)$, $(a>b>0)$

(b) $x(t)=e^{-at}\cdot 1(t)$, $g(t)=e^{-bt}\cdot 1(t)$, $(a=b>0)$

(c) $x(t)=e^{-at}\cdot 1(t)$, $g(t)=1(t-1)$

(d) [그림 P4.1]에 표시된 신호의 경우

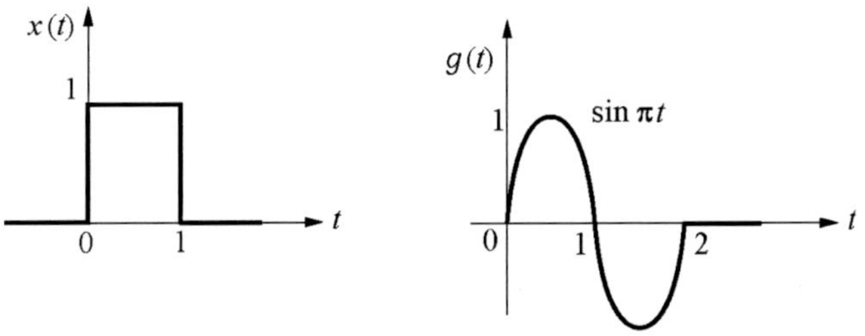

그림 P4.1

2 (a) [그림 P4.2]와 같이 두 개의 시스템에 직렬로 연결되어 있다. 이때 두 시스템의 임펄스응답은 $g_1(t)=g_2(t)=e^{-t}\cdot 1(t)$ 라고 한다. 이 경우 전체 시스템의 임펄스응답을 계산하라.

(b) 임펄스응답이 $g_1(t)=g_2(t)=\delta(t)$ 인 경우에 문제(a)를 되풀이하라.

(c) 임펄스응답이 $g_1(t)=g_2(t)=\delta(t-1)$ 인 경우에 문제(a)를 되풀이하라.

(d) 임펄스응답이 $g_1(t)=g_2(t)=1(t-2)-1(t-4)$ 인 경우에 문제(a)를 되풀이하라.

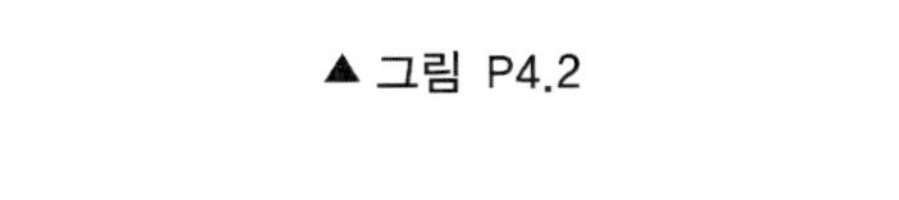

▲ 그림 P4.2

3 [그림 P4.3(a)]로 주어진 시스템에 [그림 P4.3(b)]와 주어진 신호가 입력으로 인가되었다고 한다. 또 이 시스템의 임펄스응답은 단위계단 신호, 즉 $g_1(t) = 1(t)$ 이다. 이때 이 시스템의 출력 $y(t)$ 를 구하고 이것을 그림으로 표시하여라.

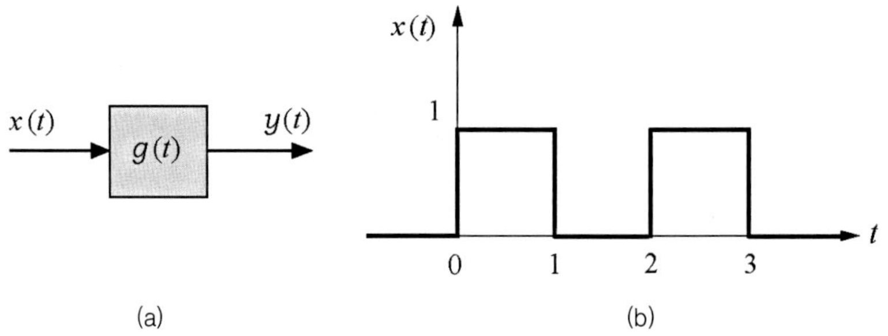

▲ 그림 P4.3

4 문제 3에서 입력을 $u(t) = 1(t - t_0)$, 임펄스응답을 $g(t) = 1(t - t_1)$, (단 $t_1 > t_0$ 이다.)으로 두었을 경우의 출력 $y(t)$ 를 구하고 이것을 그림으로 표시하여라.

5 [그림 P4.5]로 주어진 LTI 시스템에 대하여 생각하여 보자. 이때 블록으로 주어진 두 시스템의 임펄스응답은 각각 다음과 같다고 한다.

$$g_1(t) = 1(t),\ g_2(t) = \delta(t)$$

다시 말하면, 시스템 1은 적분시스템이며, 시스템 2는 단위시스템(identity system)이다. 이 시스템의 입력 $u(t)$ 와 출력 $y(t)$ 사이의 미분 방정식을 컨볼류션을 이용하여 구하여라.

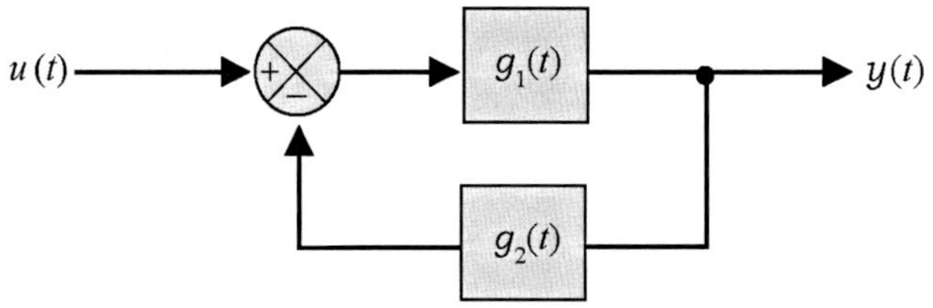

▲ 그림 P4.5

6 LTI 시스템이 다음과 같은 임펄스응답을 가지고 있다.

$$g(t) = 1(t+1) - 1(t-3)$$

(a) 이 시스템이 인과적인지의 여부를 확인하라.

(b) 이 시스템이 안정한지의 여부를 확인하라.

(c) 이 시스템에 다음과 같은 입력을 인가하였을 때의 시스템응답을 그림으로 그려보라.

$$u(t) = \delta(t-1) - 2\delta(t+1)$$

7 [그림 P4.7]로 주어진 시스템에 있어서, 외란으로서 단위계단 신호가 인가되었을 경우(즉 $N(s) = 1/s$)의 응답을 계산하여 보라. 단, 기준입력은 영으로 둔다. 즉, $R(s) = 0$ 이다.

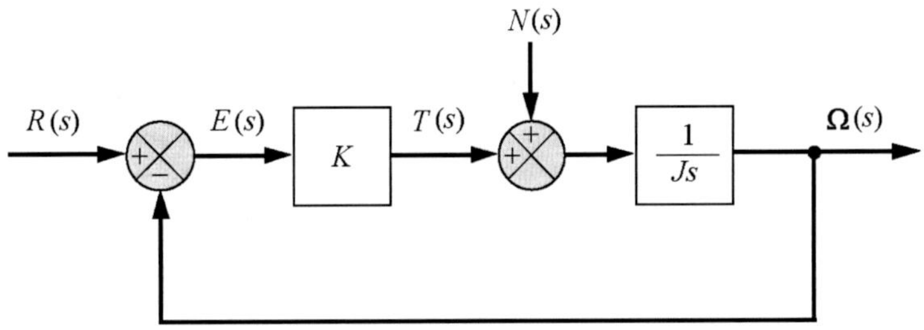

▲ 그림 P4.7

8 문제 7에서 외란입력으로 인한 출력오차를 가능한 한 줄이고자 한다. 정상상태에서 출력에 영향을 주지 않고 계단상의 외란입력의 효과를 완전히 제거할 수 있는가? 없다면 이것을 완전히 제거하기 위해서는 어떤 형식의 제어기가 바람직한가, 수식으로 표현하여라.

9 [그림 P4.9]와 같이 개루프시스템과 폐루프시스템이 각각 주어져 있다. 개루프시스템의 경우, 이득은 $K_C = 1/K$로 조정되어 있다고 한다. 따라서 개루프시스템의 전달함수는

$$G_0(s) = \frac{1}{K}\frac{K}{Ts+1} = \frac{1}{Ts+1}$$

이다. 또 폐루프시스템의 이득 K_P는 $KK_P \gg 1$을 만족하도록 설정되어 있다고 한다. 위 두 시스템에 단위계단 입력이 주어졌을 경우의 정상상태 오차를 비교하여 보라.

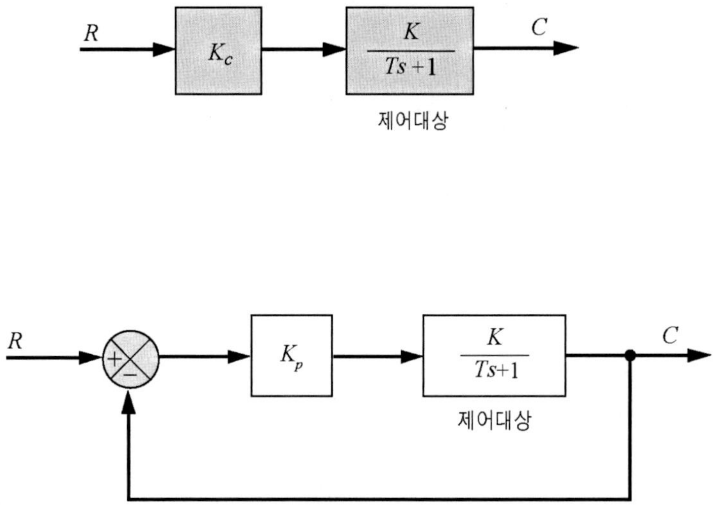

▲ 그림 P4.9

제 5 장 시스템의 과도 및 정상상태 응답 해석

과도 응답(transient response)과 정상상태 응답(steady state response)을 주어진 설계조건에 맞도록 임의로 조절해야 함은 제어시스템의 설계에 있어 가장 중요한 고려 요소 중의 하나이다. 여기서 과도 응답이란 시스템에 입력이 인가된 직후에 과도적으로 나타나는 변동의 폭이 큰 응답특성을 말하며, 보통 시간의 경과와 함께 빠른 속도(또는 점차적)로 변동폭이 줄어들어 일정한 크기의 응답으로 된다. 이것을 정상상태 응답이라고 한다. 이러한 응답 특성을 이용하여 대부분의 설계가 이루어지고 있기 때문에, 어떤 특정한 형태의 신호가 시스템에 인가되었을 때의 응답을 정확히 파악하고 이에 대처할 수 있는 능력이 요구된다. 이러한 이해를 바탕으로 제어시스템의 설계가 이루어진다.

한편, 제어시스템의 설계 시에 주어지는 설계사양(specification)은 일반적으로 시스템의 과도 및 정상상태 응답 특성뿐만 아니라 몇 가지의 특정한 입력에 대한 응답특성과 관련한 지표를 포함하고 있는 경우가 많다. 따라서 몇 종류의 특별한 입력 신호(이를 '테스트 신호'라고 한다.)에 대한 응답 특성을 해석할 수 있다면 설계된 제어기의 성능(performance)을 평가할 수 있다. 이것은 반대로 테스트 신호입력에 대한 시스템의 응답 특성을 이용하여 제어기의 설계를 수행하고 있는 것으로도 이야기 할 수 있다. 여기서는 이와 같은 용도로 사용되는 몇 종류의 테스트 신호에 대한 출력 응답 특성을 해석하는 방법에 대하여 설명한다.

5.1 테스트 신호와 시스템의 안정성

시스템이란 본질적으로 시간영역[1]에서 움직이기 때문에 시간영역에서의 특성 평가는 설계를 위한 중요한 요소의 하나가 된다. 즉, 제어시스템의 원활한 설계를 위해서는 시스템(즉 제어대상)이 가지고 있는 시간영역에서의 특성에 대한 정확한 평가가 필요하다. 이를 위해 평가

[1] 시간영역(time-domain)에서 움직인다는 말은, 시스템이 시간함수라는 것을 의미한다.

에 가장 적절한 어떤 특정한 입력을 인가하였을 때 얻어지는 출력을 조사한다면 시스템이 가지는 여러 가지(시간영역에서의) 정보를 얻을 수 있다. 그러나 일반적으로 개별 시스템에 가장 적절한 특정한 입력은 알려져 있지 않은 경우가 많기 때문에, 보통은 가장 표준적인 '테스트 신호'를 선정하여 사용하고 있다. 이는 표준적인 테스트 신호에 대한 시스템의 출력과 정상적인 동작조건 아래서 작동하는 시스템이 가지고 있는 성능 사이에는 상당한 상관관계가 존재한다고 알려져 있기 때문이다. 따라서 테스트 신호에 의한 접근 방식은 효과적일 뿐만 아니라, 이와 같이 표준화된 신호를 사용함으로써 설계자는 여러 가지의 제어 기법에 대한 비교를 쉽게 수행할 수 있다는 장점도 있다.

표준적인 테스트 신호로는 보통 계단(step), 램프(ramp) 및 포물선(parabolic) 신호 등이 사용되고 있다. 이 세 개의 신호의 모양을 [그림 5.1]에, 또 각 신호의 수식표현을 [표 5.1]에 각각 나타내었다. 표에서 $R(s)$는 신호 $r(t)$의 라플라스 변환을 의미한다(제3장의 라플라스 변환 참조).

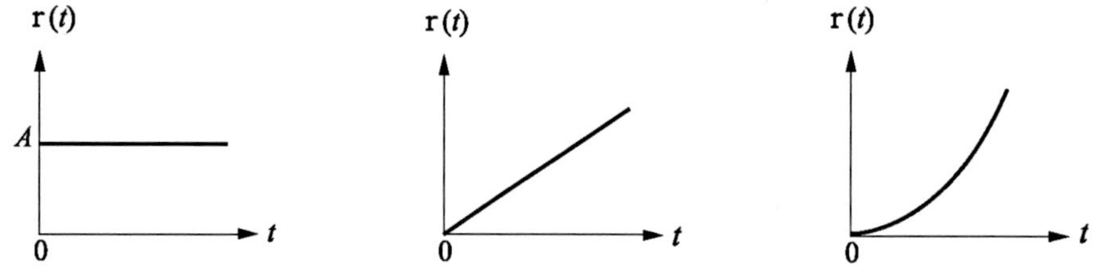

(a) 계단 (b) 램프 (c) 포물선

▲ 그림 5.1 테스트 신호

[표 5.1] 테스트 신호

테스트 신호	$r(t)$	$R(s)$
계단 신호	$r(t)=\begin{cases} A, (t>0) \\ 0, (t<0) \end{cases}$	$R(s)=\dfrac{A}{s}$
램프 신호	$r(t)=\begin{cases} At, (t>0) \\ 0, (t<0) \end{cases}$	$R(s)=\dfrac{A}{s^2}$
포물선 신호	$r(t)=\begin{cases} At^2, (t>0) \\ 0, (t<0) \end{cases}$	$R(s)=\dfrac{2A}{s^3}$

램프 신호는 계단 신호를 적분하여 얻어지며, 포물선 신호는 램프 신호를 적분하여 얻을 수 있다. 위 세 가지 외에 제1장에서 정의한 단위임펄스(unit impulse) 신호도 테스트 신호와 같은 목적으로 많이 사용되고 있다. 3.5절의 '선형시스템의 전달함수 표현'에서 이미 설명하였지만, 시스템의 전달함수 $G(s)$ 의 라플라스 역변환인 $g(t)$ 은 시스템에 단위 임펄스 신호를 인가하였을 때 얻어지는 '임펄스응답'이며, 여기에는 시스템 자체가 가지고 있는 동적인 특성이 모두 포함되어 있다. 따라서 이상적인 단위 임펄스 신호를 만들어서 시스템에 인가하여 출력을 관찰할 수 있다면, 시스템이 가지고 있는 모든 동특성을 쉽게 파악할 수 있을 것이다. 그러나 현실적으로 이상적인 임펄스신호는 존재하지 않고 보통은 식(1.19)을 만족하는 구형파에서 밑변과 높이의 비가 1 : 10 이상으로 되는 것을 임펄스로 간주하여 실험 등에 사용하고 있다.

한편 [표 5.1]의 테스트 신호를 시스템에 인가하였을 때 나타나는 출력이 항상(영을 포함하는) 어떤 일정한 값에 수렴한다는 보장은 없다. 다시 말해 테스트 신호를 이용하여 시스템의 동특성을 파악하고자 하는 경우에 시스템의 출력이 수렴하지 않고 발산하거나 끊임없이 진동한다면 의미가 없을 것이다. 여기서는 어떤 유한한 크기를 가지는 입력이 인가되었을 때 출력의 수렴 및 발산과 관련이 있는 LTI 시스템의 안정성에 관하여 언급한 4.3절의 [요점 4.5]의 내용에 대해 설명을 추가한다. 입력 $u(t)$ 와 출력 $y(t)$ 를 가지는 선형이며 시불변인 N 차의 LTI 시스템을 생각한다.

이러한 시스템의 전달함수는 식(3.73)에 의해 다음과 같이 주어진다.

$$G(s)=\frac{b_M s^M + b_{M-1} s^{M-1} + \cdots + b_1 s + b_0}{s^N + a_{N-1} s^{N-1} + \cdots + a_1 s + a_0} \tag{5.1}$$

위에서 언급한 바와 같이 전달함수 $G(s)$ 를 라플라스 역변환하면 시스템의 임펄스응답 $g(t)$ 가 얻어진다. 시간응답 $g(t)$ 의 움직임은 3.3절의 라플라스 역변환 부분에서 이미 설명하였지만, 전달함수 $G(s)$ 의 극의 위치와 밀접한 관계가 있다. 만약 $G(s)$ 가 실수극 p 를 가진다면 $g(t)$ 에는 ce^{pt} 의 항이 포함될 것이며, 복소극 $\sigma \pm j\omega$ 을 가진다면 $ce^{\sigma t}\cos(\omega t + \theta)$ 의 항을 가지게 될 것이다. 또 k 번 중복되는 극을 가진다면 $g(t)$ 에는 $ct^{k-1}e^{pt}$ 또는 $ct^{k-1}e^{\sigma t}\cos(\omega t + \theta)$ 의 항을 가진다.

이러한 사실로부터 $t \to \infty$ 에서 임펄스응답 $g(t)$ 가 수렴하기 위한 필요충분조건은

$$\mathrm{Re}\,(p_i) < 0,\ (i = 1, 2, \cdots, N) \tag{5.2}$$

이다. 여기서 p_i 는 전달함수의 극을 나타낸다. 식(5.2)는 시스템의 모든 극이 s 평면의 허

수축을 제외한 왼쪽 영역(안정 영역)[2]에 존재하여야 한다는 것을 의미한다.

[요점 5.1] 안정성

전달함수가 식(5.1)로 주어진 시스템의 임펄스응답 $g(t)$가 $t \to \infty$에서 영으로 수렴한다면 이 시스템은 안정(stable)하다고 한다. 따라서 시스템이 안정하기 위한 필요충분조건은 전달함수의 모든 극이 s 평면의 허수축을 제외한 왼쪽 영역에 존재하여야 한다.

만약 중복하지 않는 극이 허수축에 존재하는 경우에는 임펄스 응답 $g(t)$가 $t \to \infty$에서 영으로 되지는 않지만 발산하지도 않는다. 이와 관련하여 다음의 요점을 얻을 수 있다.[3]

[요점 5.2] 한계 안정성

임펄스응답 $g(t)$가 $t \to \infty$에서 일정한 값 이하로 되는 경우, 즉

$$|g(t)| \leq c, \ (\forall\ t) \tag{5.3}$$

를 만족하는 어떤 일정한 값 c가 존재하는 경우, 이 시스템은 한계안정(marginally stable)하다고 한다.

마지막으로 임펄스응답이 시간의 증가와 함께 무한대로 커진다면 불안정한 시스템이다. 이를 수학적으로 표현하면 다음과 같다.

$$t \to \infty \text{ 에서 } |g(t)| \to \infty \tag{5.4}$$

만약 전달함수에 $\text{Re}\,(p_i) > 0$인 극이 하나라도 존재한다면 식(5.4)가 성립되어 이 시스템은 불안정한(unstable) 시스템으로 된다.

---

2 영어로 open left-half plane(OLHP)이라고 하며, 허수축을 포함하는 경우에는 closed left-half plane(CLHP)이라고 한다.

3 예를 들어 중복근이 허수축에 존재하면 $g(t)$에는 $ct \cdot \cos(\omega t + \theta)$가 포함되어 $t \to \infty$에서 발산한다.

[예제 5.1]

제3장의 [예제 3.28]에서 다룬 다음과 같은 RLC 전기회로에 대하여 생각하여 보자.

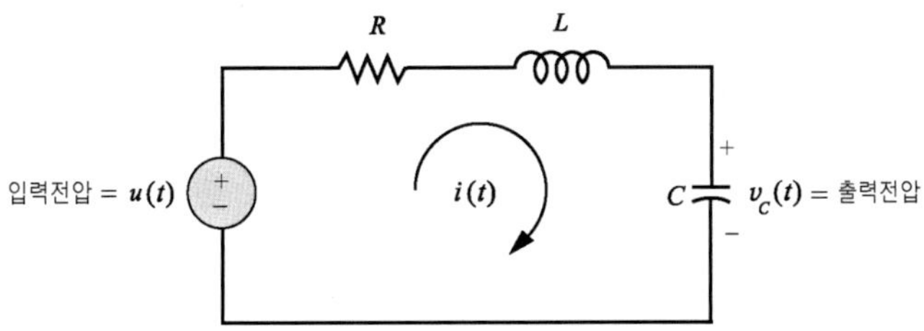

▲ 그림 5.2 RLC직렬 전기회로

(해) [예제 3.28]의 ①로부터 전달함수는 다음과 같이 주어진다.

$$G(s)=\frac{1/(LC)}{s^2+(R/L)s+1/(LC)} \qquad ①$$

분모는 2차 다항식이므로 근의 공식에 대입하면 쉽게 두 개의 근을 구할 수 있다. 즉

$$p_{1,2}=-\frac{R}{2L}\pm\sqrt{b} \qquad ②$$

단

$$b=\left(\frac{R}{2L}\right)^2-\frac{1}{LC} \qquad ③$$

이다. 만약 $b<0$ 이면 두 개의 극은 복소수로 되어 실수부는 $-R/(2L)$, 즉 항상 영보다 작게 되어 안정한 시스템임을 알 수 있다. 또, $b\geq 0$ 이면 두 개의 극은 실수로 된다. 이때

$$-\frac{R}{2L}-\sqrt{b}<0$$

로 되어 하나의 극은 항상 영보다 작게 된다. 나머지 하나는 $b\geq 0$ 의 조건에서

$$b<\left(\frac{R}{2L}\right)^2 \rightarrow \sqrt{b}<\frac{R}{2L}$$

의 관계가 있으므로

$$-\frac{R}{2L}+\sqrt{b}<0$$

으로 되어 두 개의 극이 모두 영보다 작은 실수로 됨을 확인할 수 있다. 따라서 상기 전기회로는 $R, L, C > 0$ 인 어떤 종류의 값에 대해서도 안정한 시스템이 된다. 이것은 [그림 5.2]의 전기회로에 임펄스전압이 인가되었다면 캐퍼시터 양단에 걸리는 전압은 $t \to \infty$ 에서(캐퍼시터의 종류에 관계없이) 항상 영으로 수렴한다는 것을 의미한다.

시스템의 임펄스응답이 $t \to \infty$ 에서 영으로 수렴하는 것은 수학적으로는 식(4.39a), 즉

$$\int_0^{\infty} |g(t)| dt < \infty \tag{5.5}$$

로 표현되며, 절대 적분(absolutely integrability)의 조건이라고 하였다.

시스템이 초기 에너지를 가지고 있지 않다는 가정 아래, 입력 $u(t)$ 가 $t \geq 0$ 에서 인가되었을 때의 출력을 $y(t)$ 로 둔다. 이때 안정성의 또 다른 표현으로서 다음이 있다.

[요점 5.3] BIBO 안정성

유한한 크기를 가지는 입력 $u(t)$ 가 인가되었을 때 출력 또한 유한한 크기를 가진다면, 이 시스템은 BIBO(bounded-input bounded-output) 안정이라고 한다.

시스템이 BIBO 안정이라면, 모든 시각에 있어서 $|u(t)| \leq c_1$ 의 조건을 만족하는 입력을 인가하였을 때, 출력은 다음의 조건을 만족한다.

$$|y(t)| \leq c_2, \ (\forall\ t)$$

여기서 c_1 과 c_2 는 일정한 크기의 양의 정수이다. 자세한 설명은 생략하지만 BIBO 안정성은 식(5.5)의 절대 적분 조건과 동등한 조건이다. 또 식(5.5)는 $t \to \infty$ 에서 임펄스응답 $g(t)$ 가 영으로 수렴하는 것을 의미하므로, 결국 BIBO 안정성은 [요점 5.1]에서 언급한 조건과 일치한다. 단, 안정성에 관한 지금까지의 논의는 전달함수 $G(s)$ 가 동일한 값의 극과 영점을 가지지 않는다는 가정 아래 이루어진 것임에 유의하여야 한다.

5.2 일차 시스템

5.2.1 단위 계단응답

다음과 같은 1차의 전달함수로 주어진 시스템에 대하여 생각하여 보자.

$$G(s)=\frac{k}{s-p} \tag{5.6}$$

여기서 k는 실수의 정수이며, p는 시스템의 극으로 실수이다. 여기에 단위계단 입력 $u(t)=1(t)$을 인가하였을 때 출력 $y(t)$는 다음과 같이 부분분수 전개를 통하여 계산할 수 있다.

$$Y(s)=\frac{k}{s-p}\left(\frac{1}{s}\right)=\frac{-k/p}{s}+\frac{k/p}{s-p}$$

위 식에 라플라스 역변환을 수행하면 출력은 다음과 같다.

$$y(t)=-\frac{k}{p}(1-e^{pt}),\ (t\geq 0) \tag{5.7}$$

따라서 시간의 경과에 따른 출력 $y(t)$의 움직임은 s 평면에서의 극 p의 위치에 따라 결정될 것이다. 특히 p가 s 평면에서 허수축의 오른쪽[4]에 존재한다면 시스템은 불안정으로 되어 $y(t)$는 무한대로 증가하게 될 것이다. 이때 p가 s 평면에서 오른쪽으로 멀리가면 갈수록 출력은 더 빠른 속도로 무한대로 향하게 된다. 반대로 극 p가 허수축을 제외한 s 평면의 왼쪽반면에 존재한다면 시스템은 안정으로 되어 출력은 시간의 경과와 함께 일정한 값(여기서는 $-k/p$)으로 수렴한다. 즉, 식(5.7)에서 알 수 있다시피 지수 신호 e^{pt}가 빨리 영에 가까워지면 질수록 $y(t)$는 빠르게 일정한 값 $-k/p$에 수렴할 것이다.

[요점 5.4] 시스템의 응답

전달함수 $G(s)$로 주어진 시스템이 안정하다고 한다. 이때 이 시스템의 단위계단 응답은 다음과 같이 두 가지로 분류한다. 즉, $t=0$에서 입력이 인가되었을 때 출력이 일정한 값(최종값의 ±2% 이내, 5.4절 참조)에 수렴할 때까지를 과도응답(transient response : $y_{tr}(t)$)이라고 하고, 과도응답 이후를 정상상태 응답(steady-state response : $y_{ss}(t)$)이라고 한다.

[4] 정확하게는 허수축을 포함하는 오른쪽 평면을 의미한다. 이 평면을 영어로 'Closed Right-half Plane'이라고 한다.

과도응답의 길이, 즉 정상상태 응답에 도달할 때까지 걸리는 시간은 극 p의 값에 의존한다. 다음의 예제를 보자.

[예제 5.2]

식(5.6)으로 주어진 시스템에 대해 단위계단 응답을 구하여 보자. 단, $k=1$이다.

(해) 전달함수의 형태로 주어진 시스템에 대한 계단 응답을 구하는 MATLAB 명령어는 다음과 같다.

%[예제 5.2]

```
t=0:0.01:2;                                  % 시간축(x 축)의 간격과 시간을 설정
y=zeros(length(t),3);                        % 계단응답의 결과가 들어갈 배열의 지정
for p=1:3
    num=1;den= [1 -p];
    sys=tf(num,den);
    y(:,p)=step(sys,t);                      % 극의 위치에 따른 계단응답을 계산
end
plot(t,y(:,1),t,y(:,2),':',t,y(:,3),'.-')% [그림 5.3]
xlabel(' Time [s] '), ylabel(' y(t) ')
%
```

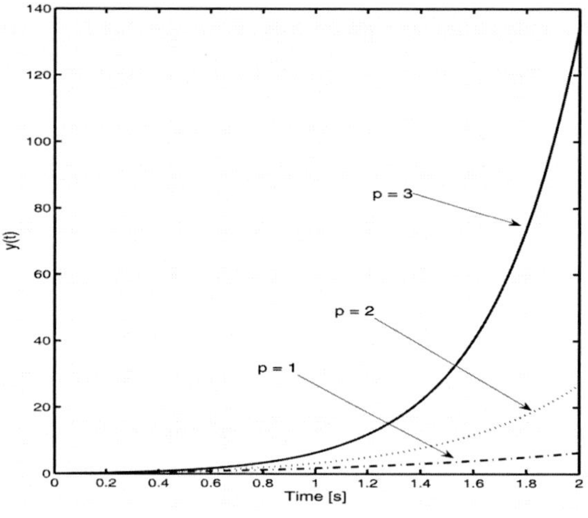

▲ 그림 5.3 $p=1,2$ 및 3에 대한 계단응답

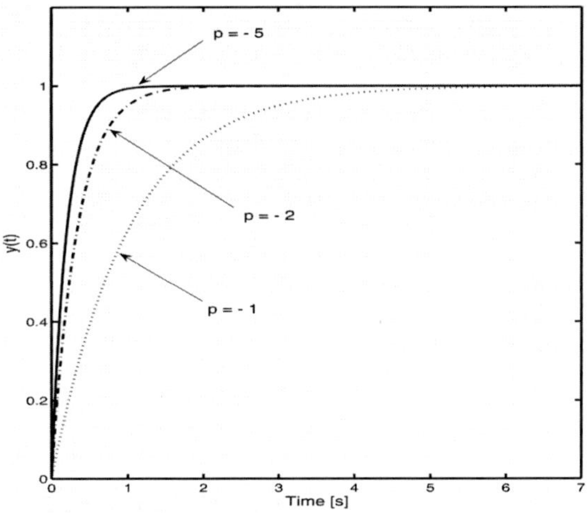

▲ 그림 5.4 $p=-1,-2$ 및 -3 에 대한 계단응답

$p=1,2$ 및 3 의 경우에 대한 계단응답을 [그림 5.3]에 표시하였다. 세 경우의 출력이 모두 무한대로 증가하고 있으므로 불안정한 시스템이라는 것을 알 수 있다. 또, $p=3$ 의 경우가 $p=1$ 인 경우, 즉 극이 s 평면에서 오른쪽으로 멀리 가면 갈수록 출력은 훨씬 빨리 증가하고 있음도 확인할 수 있다. 만약 $p<0$ 이면 시스템은 안정으로 되어 식(5.7)에서 과도 응답 부분 $(k/p)e^{pt}$ 은 시간의 경과와 함께 영으로 수렴하여 출력은 정상상태 값 $-k/p$ 에 도달하게 된다.

[그림 5.4]에 $p=-1,-2$ 및 -5 인 경우에 대한 계단응답을 나타내었다. 이 그림은 극이 s 평면의 왼쪽평면에서 왼쪽으로 멀리가면 갈수록 더욱 빠르게 정상상태 값에 수렴한다는 것을 보여 주고 있다.

%[그림 5.4]

```
t=0:0.01:7;                                    % 시간축의 설정
y=zeros(length(t),3);k=0;                      % 계단응답을 배열의 지정
for p=1:2:5
   k=k+1;
   num=p; den=[1 p];
   sys=tf(num,den);
   y(:,k)=step(sys,t);                         % 각 경우에 대한 계단응답의 결과
end
plot(t,y), xlabel('Time [s]'), ylabel('y(t)')  % [그림 5.4]
```

과도 응답의 지속 시간을 나타내는 하나의 중요한 지표가 시스템의 '시정수(time constant) T' 값이다.

[요점 5.5] 시정수(time constant)

시정수란 식(5.7)과 같은 형태로 주어지는 시스템의 계단응답에서 과도응답 성분이 자신의 초기값[5]에서부터 약 36.8%($\approx 1/e$)로 감소할 때까지 걸리는 시간을 의미한다. 또는 계단응답이 최종값의 63.2%로 올라갈 때까지 걸리는 시간을 나타내며, 일반적으로 시스템의 동작특성의 빠름을 나타내는 하나의 지표로 사용된다.

식(5.7)에서 과도응답 성분은 $(k/p)e^{pt}$ 이므로 이 경우의 시정수는 $T=-1/p$ 이다. 물론 시정수는 안정한 시스템에 한하여 정의되기 때문에 $p<0$ 이다. 이것은 식(5.7)의 과도응답 성분을 이용하여 확인할 수 있다. 즉,

$$y(t)=\frac{k}{p}(1-e^{-1})=y_{ss}\cdot 0.632$$

이다. [예제 5.2]의 경우, $p=-1,-3$ 및 -5 이므로 시스템의 시정수는 각각 1초, 0.33초 및 0.2초 되며, 당연히 시정수가 작으면 작을수록 과도응답의 감소비율이 빠르다는 것을 알 수 있다. 식(5.7)과 같은 모양의 계단응답 특성을 가지는 신호의 중요한 특성 중의 하나는 $t=0$ 에서의 기울기가 $-p$ (즉, 시정수의 역수 $1/T$)로 된다는 사실이다. 이것은 식(5.7)에서 $k=-p$ 로 두고[6] 시간으로 미분한 뒤 $t=0$ 를 대입하면

$$\left.\frac{dy(t)}{dt}\right|_{t=0}=\left.-pe^{pt}\right|_{t=0}=-p$$

된다는 것으로부터 쉽게 확인할 수 있다. [그림 5.5]은 식(5.7)에서 $k=-p$ 로 두었을 때의 계단응답 곡선을 나타내고 있다. 이 그림에서 $t=T,\ 2T,\ 3T,\ \cdots$ 일 때 출력은 각각 최종값의 63.2%, 86.5%, 95%, 98.2%에 도달하고 있음을 알 수 있다. 즉 $t\geq 4T$ 이면 출력은 최종값의 2% 이내의 범위에 존재하게 된다. 그러나 식(5.7)로부터 알 수 있는 바와 같이 수학적으로 $y(t)$ 가 최종값인 1 로 되기 위해서는 $t=\infty$ 로 되어야 하므로, 실제적으로

[5] 과도응답의 초기값이란 $t=0$에서 식(5.7)의 값, 즉 0을 의미한다. 식(5.7)의 경우 $t=T$에서 (과도)응답은 최종값 k/p에서 36.8% 감소한 값, 다시 말하면 최종값의 63.2% 값을 가진다.

[6] $k=-p$로 두지 않으면 계단응답의 최종값이 1로 되지 않고 극 p의 값에 따라 변동하기 때문에 기울기와 시정수 사이의 관계를 표현하기가 어렵다.

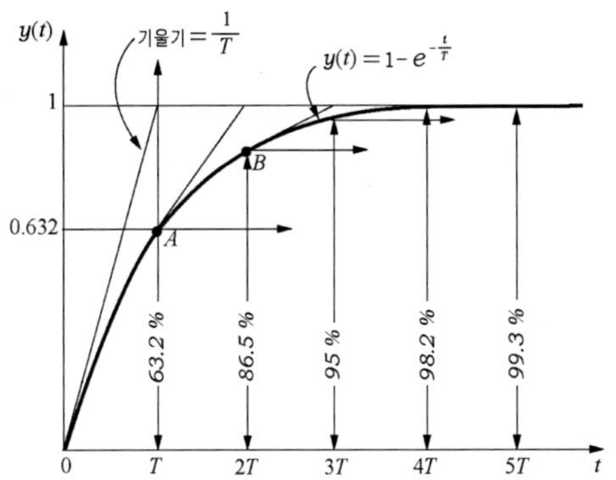

▲ 그림 5.5 식(5.7)에서 $k=p$로 두었을 때의 출력 $y(t)$

는 출력응답이 최종값의 2% 이내의 범위 내에 존재하거나, 또는 시정수의 네 배인 시간이 경과하였다면(즉 $t \geq 4T$) 출력은 정상상태에 도달한 것으로 간주하고 있다.

5.2.2 일차 시스템의 단위램프 신호 응답

단위램프 신호[7]의 라플라스 변환은 $1/s^2$이므로 식(5.6)으로부터

$$Y(s) = \frac{k}{s-p}\frac{1}{s^2}$$

로 된다. 이를 부분분수 전개하면

$$Y(s) = \frac{-k/p}{s^2} + \frac{-k/p^2}{s} + \frac{k/p^2}{s-p} \tag{5.8}$$

로 되며, 이것을 라플라스 역변환하면 다음과 같은 출력응답을 얻을 수 있다.

$$y(t) = \left(-\frac{k}{p}\right)t - \left(\frac{k}{p^2}\right) + \left(\frac{k}{p^2}\right)e^{pt},\ (t \geq 0) \tag{5.9}$$

이 경우 시스템이 안정하다면 시간의 경과에 따라 과도응답 부분인 $(k/p^2)e^{pt}$이 영으로 수렴하여 출력은 $t \to \infty$에서 램프신호의 모양을 가지지만, 입력신호와는 기울기가 다르다는 것을 알 수 있다. 그러나 $k=-p$로 두면 식(5.9)는 입력과 동일한 기울기를 가지지만, 두 신호 사이의 오차는

$$e(t) = t - y(t) = (-1/p)(1 - e^{pt})$$

7 기울기가 1인 램프신호를 의미한다.

로 되며, $t=\infty$ 에서 오차는 일정한 값 $-1/p, (=T)$ 으로 된다. 이것을 [그림 5.6]에 표시하였다. 즉 단위램프 입력을 식(5.6)의 1차 시스템에 인가하면 출력은 시간이 경과함에 따라 일정한 크기 T 의 오차를 가지면서 램프신호로 주어진 입력을 추종한다.

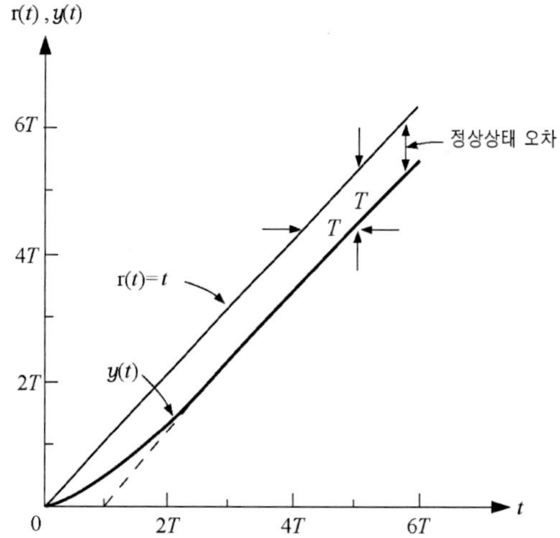

▲ 그림 5.6 식(5.6)의 시스템에 대한 단위램프 입력응답

이상의 결과로부터 제4장에서 언급한 LTI 시스템이 가지는 특성을 요약하여 보자. 먼저 단위램프 응답인 식(5.9)를 미분하면 단위계단 응답인 식(5.7)이 얻어지며, 또 입력인 단위램프 신호를 미분하면 단위 계단신호가 얻어진다는 사실은 쉽게 확인할 수 있을 것이다. 이것은 다시 말하면, 선형이며 시불변인 시스템에 (A)라는 입력을 인가하여 (B)라는 출력이 얻어졌다면, (A)를 미분한 dA/dt 를 입력으로 인가하면 (B)의 미분값인 dB/dt 가 출력으로 얻어진다는 것으로, 이로부터 시스템이 선형(linear)이며 시불변(time-invariant)이라는 의미를 다시 한 번 이해할 수 있을 것이다.

5.3 2차 시스템

여기서는 단위 계단신호를 어떤 특정한 형태의 2차 시스템에 인가하였을 때의 출력특성을 살펴보고, 이 결과를 일반적인 형태의 2차 시스템 해석에 적용하기로 한다.

여기서는 다음과 같은 전달함수를 가지는 2차 시스템에 대하여 생각하기로 한다.

$$G(s)=\frac{k}{s^2+2\zeta\omega_n s+\omega_n^2} \tag{5.10}$$

식(5.10)의 실수변수 ζ 는 감쇄비(damping ratio), 또 다른 실수변수 ω_n 은 고유진동수(natural frequency)로 각각 불리고 있다. 이와 같은 특별한 용어가 사용되는 이유는 2차 시스템에 대한 계단응답 등을 구하는 과정에서 밝혀지게 될 것이다. 여기서는 우선 식(5.10)의 시스템이 안정으로 되기 위한 필요충분조건으로 $\zeta>0$ 및 $\omega_n>0$ 을 가정한다.

식(5.10)의 극을 근의 공식 등을 이용하여 구하면

$$p_{1,2}=-\zeta\omega_n\pm\omega_n\sqrt{\zeta^2-1} \tag{5.11}$$

로 된다. 이로부터 $\zeta>1$ 이면 두 개의 극은 서로 다른 값을 가지는 실수로 되고, $\zeta=1$ 이면 두 개의 극은 동일한 값, 즉 중근이며, 마지막으로 $0<\zeta<1$ 이면 두 개의 극은 한 쌍의 공역인 복소수로 된다. 각각의 경우에 대한 식(5.10)의 계단응답을 구하여 보자.

(1) 두 개의 실수극을 가지는 경우

$\zeta>1$ 이면 두 개의 극은 식(5.11)로 주어지며 식(5.10)을 다음과 같이 나타낼 수 있다.

$$G(s)=\frac{k}{(s-p_1)(s-p_2)} \tag{5.12}$$

따라서 단위계단 응답은

$$Y(s)=\frac{k}{(s-p_1)(s-p_2)}\frac{1}{s}$$

로 되며, 이것을 부분분수 전개하여 라플라스 역변환을 수행하면 $y(t)$ 를 얻을 수 있다. 즉,

$$y(t)=\frac{k}{p_1p_2}\left(k_1e^{p_1t}+k_2e^{p_2t}+1\right),\ (t\geq 0) \tag{5.13}$$

이다. 여기서 k_1 및 k_2 는 극 p_1 과 p_2 의 값에 의하여 결정되는 실수인 정수이다. 이 결과로부터 출력은 $t\to\infty$ 에서 일정한 값 $k/(p_1p_2)$ 로 수렴하며, 출력의 과도응답은 두 개의 지수신호 $k_1e^{p_1t}$ 과 $k_2e^{p_2t}$ 로 이루어져 있다는 것을 알 수 있다.

두 개의 지수신호로 이루어진 과도응답 성분 중에서 일반적으로 하나의 성분이 나머지 하나의 성분보다 큰 값을 가지기 때문에 작은 값을 가지는 성분은 과도 응답의 해석에서 무시하는 경우가 많다. 이와 관련하여 우세극을 다음과 같이 정의한다.

[요점 5.6] 우세극(dominant pole)

식(5.1)로 주어진 시스템의 전달함수가 안정하다고 한다. 이 경우 s 평면에서 허수축에 가까운 극을 시스템의 우세극이라고 하며, 시스템의 과도 특성은 주로 이 극에 의해 결정된다.

시스템이 안정하다고 할 경우 전달함수가 가지는 N 개의 극 중에서 s 평면의 허수축에 가까운 극이 가장 큰 시정수를 가진다(p가 극이라면 시정수는 $-1/p$이다.). 따라서 시스템의 과도응답은 이것에 의해 가장 영향을 많이 받게 되므로 이것이 우세극으로 된다. 만약 둘 이상의 극 중에서 우세한 하나가 존재한다면, 이 시스템의 계단응답은 1차 시스템의 그것과 유사한 모양을 보일 것이다. 다음 예제로서 이를 확인하여 보자.

[예제 5.3]

식(5.12)에서 $p_1 = -1$, $p_2 = -2$ 및 $k = 2$이다. 이때의 계단응답을 구하여 보자.

(해) 라플라스 역변환을 위한 부분분수 전개를 수행하면

$$Y(s) = \frac{-2}{s+1} + \frac{1}{s+1} + \frac{1}{s}$$

로 된다. 따라서 계단응답은 다음과 같다.

$$y(t) = -2e^{-t} + e^{-2t} + 1, \ (t \geq 0)$$

[그림 5.7]에 MATLAB을 이용한 계단응답을 표시하였다. 위 식에서 $-2e^{-t}$ 항이 e^{-2t} 항에 비해 수렴속도가 느리므로, 이 시스템의 우세극은 p_1이다. 따라서 [그림 5.7]의 계단응답은 1차 시스템인 [그림 5.4]의 $p = -1$인 경우의 계단응답과 거의 동일한 모습을 보이고 있다는 것을 확인할 수 있다.

%[그림 5.7]

```
t=0:0.01:8;                                      % 시간축의 설정
num=2; den=conv([1 1], [1 2]);                   % 전달함수의 지정
sys=tf(num,den);                                 % 시스템으로 변환
y=step(sys,t);                                   % 계단응답의 계산
plot(t,y),xlabel('Time [s]'), ylabel('y(t)')     % [그림 5.7]
%
```

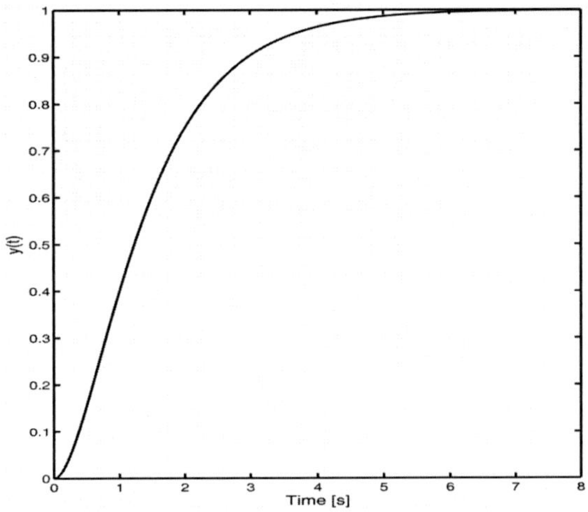

▲ 그림 5.7 [예제 5.3]의 계단응답

(2) 중복하는 실수극을 가지는 경우

식(5.11)에서 $\zeta = 1$ 로 두면 $p_1 = p_2 = -\omega_n$ 으로 되어 2차 시스템은 동일한 값을 가지는 두 개의 실수극을 가지게 된다. 이 경우 식(5.10)의 전달함수는

$$G(s) = \frac{k}{(s+\omega_n)^2} \tag{5.14}$$

로 된다. 계단응답을 구하기 위해 $G(s)/s$ 를 부분분수 전개하여 라플라스 역변환을 수행하면 다음 식을 얻을 수 있다.

$$y(t) = \frac{k}{\omega_n^2}\left[1-(1+\omega_n t)e^{-\omega_n t}\right],\ (t \geq 0) \tag{5.15}$$

위 식으로부터 계단 응답은 $t \rightarrow \infty$ 에서 일정한 값에 수렴한다는 것을 알 수 있다.

[예제 5.4]

식(5.14)에서 $k=4$ 및 $\omega_n = 2$ 로 두고 계단응답을 계산하여 보자.

(해) 이 경우 식(5.15)는

$$y(t) = 1-(1+2t)e^{-2t},\ (t \geq 0)$$

로 된다.

(3) 서로 공역인 두 개의 복소수 극을 가지는 경우

2차 시스템 식(5.10)이 공역인 두 개의 복소수 극을 가지기 위하여 $0 < \zeta < 1$로 가정한다. 이때 두 개의 극은 식(5.11)에서 $p_{1,2} = -\zeta\omega_n \pm j\omega_d$로 된다. 단, $\omega_d = \omega_n\sqrt{1-\zeta^2}$로 두었다. 이 관계를 이용하면 식(5.10)의 전달함수는 다음과 같이 표현된다.

$$G(s) = \frac{k}{(s+\zeta\omega_n)^2 + \omega_d^2} \tag{5.16}$$

계단응답을 얻기 위해 $Y(s) = G(s)/s$를 다음과 같이 전개한다.

$$\begin{aligned} Y(s) &= \frac{-(k/\omega_n^2)s - 2k\zeta/\omega_n}{(s+\zeta\omega_n)^2 + \omega_d^2} + \frac{k/\omega_n^2}{s} \\ &= \frac{-(k/\omega_n^2)(s+\zeta\omega_n)}{(s+\zeta\omega_n)^2 + \omega_d^2} - \frac{(k\zeta/\omega_n)}{(s+\zeta\omega_n)^2 + \omega_d^2} + \frac{k/\omega_n^2}{s} \end{aligned}$$

따라서 제3장의 라플라스 변환표를 참고로 하여 위 식을 역변환 하면

$$y(t) = -\frac{k}{\omega_n^2}e^{-\zeta\omega_n t}\cos(\omega_d t) - \frac{k\zeta}{\omega_n\omega_d}e^{-\zeta\omega_n t}\sin(\omega_d t) + \frac{k}{\omega_n^2}, \ (t \ge 0) \tag{5.17}$$

로 된다. 마지막으로 식(3.50)의 삼각함수 공식을 적용하여 식(5.17)을 변환하면 다음 식이 얻어진다.

$$y(t) = \frac{k}{\omega_n^2}\left[1 - \frac{\omega_n}{\omega_d}e^{-\zeta\omega_n t}\sin(\omega_d t + \phi)\right], \ (t \ge 0) \tag{5.18}$$

단 $\phi = \tan^{-1}[\omega_d/(\zeta\omega_n)]$이다. 식(5.18)로부터 $0 < \zeta < 1$인 2차 시스템의 계단응답 중의 과도응답 부분((식5.18)의 오른쪽 두 번째 항)은 주파수 ω_d [rad/sec]를 가지는 정현파의 모양을 가지면서 $t \to \infty$에서 지수함수적으로 영으로 수렴해 간다. 따라서 계단응답도 주파수 ω_d인 정현파의 형태로 진동하면서 최종값(즉, 정상 상태 값) k/ω_n^2으로 수렴하는 모양을 하게 될 것이다. 이것을 다음 예제로서 확인하여 보자.

[예제 5.5]

다음 식으로 주어진 2차 시스템의 전달함수가 있다. 이 시스템의 계단응답을 구하고 그림으로 나타내어 보자.

$$G(s) = \frac{17}{s^2 + 2s + 17} \quad ①$$

(해) 위 식을 식(5.16)의 형태로 변형하면 $k=17, \zeta=0.242$ 및 $\omega_n = \sqrt{17}$ 을 얻는다. 또 이로부터 $\omega_d = 4$로 되어, 위 시스템의 두 개의 극은 $-1 \pm j4$로 됨을 알 수 있다. 따라서 식(5.18)의 계단응답은

$$y(t) = 1 - \frac{\sqrt{17}}{4} e^{-t} \sin(4t + 1.326) \qquad ②$$

로 된다. 이것을 다음과 같은 MATLAB 명령어를 이용하여 그림으로 나타낸 것이 [그림 5.8]이다. 계단응답은 $\omega_d = 4$ [rad/sec]의 주파수로 진동하면서 지수함수적으로 감소해 가는 것을 볼 수 있다. [그림 5.8]의 점선은 $y(t)$에서 과도응답의 부분이 감소해 가는 비율을 나타내는 포락선(envelope)이다. 이로부터 과도응답의 감소는 전달함수 극의 실수부 $\zeta\omega_n = -1$에 의해 결정되며, 이 시스템의 시정수는 극의 실수부의 역수인 $1/(\zeta\omega_n) = 1$ (sec)이다.

% [예제 5.5]

```
num=17;den=[1 2 17];                    % 전달함수 ①의 입력
sys=tf(num,den);                        % 시스템으로 전환
t=0:10/300:10;                          % x축의 설정
y1=step(sys,t);                         % 계단응답
y2= 1-exp(-0.242*sqrt(17)*t);           % 포락선을 나타내는 식
plot(t, y1, t, y2,':')                  % [그림 5.9]
```

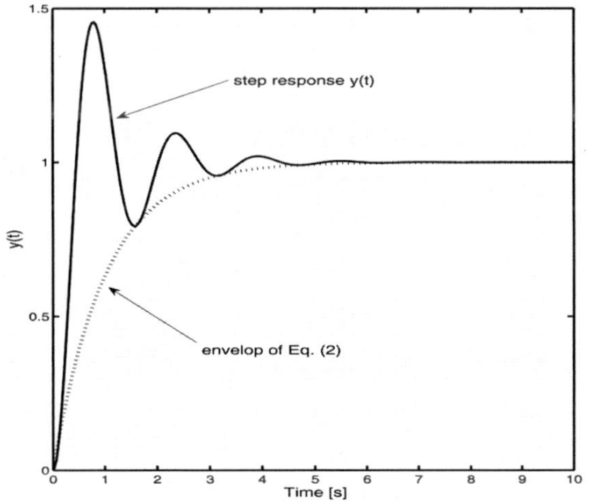

▲ 그림 5.8 [예제 5.5]의 응답과 포락선

위에서 언급한 바와 같이 감쇄비가 $0 < \zeta < 1$의 범위에 있을 경우에는 식(5.10)의 2차 시스템은 공역인 복소수 극 $-\zeta\omega_n \pm j\omega_d$, $\left(\omega_d = \omega_n\sqrt{1-\zeta^2}\right)$을 가진다. 복소평면에서 두 극의 위치는 [그림 5.9]에 나타나 있다. 그림에서 알 수 있는 바와 같이 고유진동수 ω_n은 원점에서 극까지의 거리와 같으며, 감쇄비 ζ는 음의 실수축과 극이 만드는 각도의 cosine 값과 동일하다. 이때 ω_n을 일정한 값으로 유지하고 감쇄비를 0에서 1로 변화시켰을 경우의 극의 움직임은, 허수축의 한 점 $s = j\omega_n$, $(\zeta = 0)$에서 출발하여 실수축의 한 점 $s = -\omega_n$, $(\zeta = 1)$에서 끝나게 될 것이다. 이 과정은 [그림 5.9]에서 점선으로 표시되어 있다. 일반적으로, 극이 허수축에 가까우면 가까울수록 계단응답은 진동이 심하게 된다. 극단적으로 $\zeta \to 0$으로 가져가면 계단응답은 거의 정현파의 모양을 하게 될 것이다. 이것을 다음 예제로서 확인하여 보자.

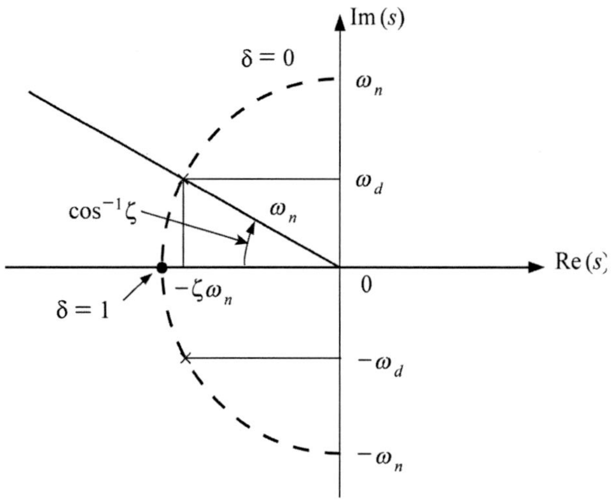

▲ 그림 5.9 복소평면에서의 극의 위치

[예제 5.6]

식(5.16)의 전달함수에서 $\omega_n = 1$ 및 $k = 1$로 두고 감쇄비를 $\zeta = 0.1, 0.25$ 및 0.7로 두었을 때의 계단응답을 그려 보자.

(해) [그림 5.10]에 세 가지의 경우의 계단응답을 나타내었다. 감쇄가 작으면 작을수록 진동이 더욱 커진다는 것을 확인할 수 있다.

% [그림 5.10]

```
t=0:10/200:20;                                      % 시간축의 설정
zeta=[0.1 0.25 0.7];                                % 세 종류의 ζ 값 지정
for i=1:3
    num=1;den=[1 2*zeta(i) 1];
    sys=tf(num,den);                                % 각각의 ζ에 대한 시스템 표현
    y(:,i)=step(sys,t);
end
plot(t, y),xlabel('Time [s]'), ylabel('y(t)')     % [그림 5.10]
%
```

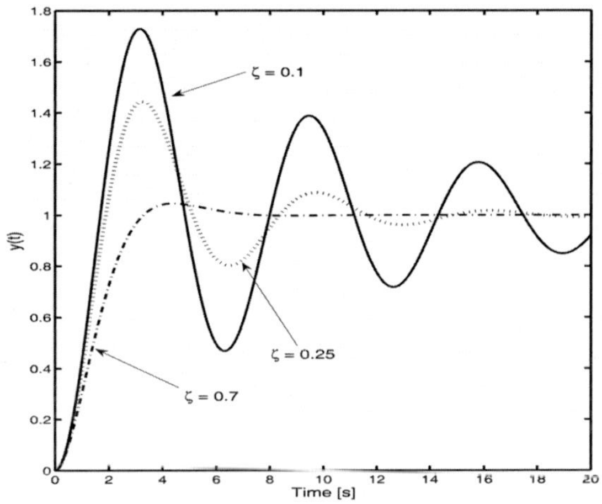

▲ 그림 5.10 **[예제 5.6]의 계단응답**

식(5.18)로 주어진 계단응답에서 감쇄비 ζ 외에 고유 진동수 ω_n 도 응답파형의 모양을 결정하는 중요한 요소이다. 이것을 확인하기 위하여 ζ를 일정한 값으로 고정하고 ω_n을 변동시켜 보자. 앞에서 이야기한 것처럼 극좌표([그림 5.9] 참조)에서 극의 위상 θ는 감쇄비에 의하여 결정되기 때문에($\theta = \cos^{-1}(\zeta)$이다), ζ를 일정한 값으로 고정한다는 것은 극의 위상을 일정하게 유지한다는 것을 의미한다. 따라서 ω_n 을 증가시키면 극의 위상은 일정하게 유지하면서 크기만 증가하게 된다. 다시 말하면, [그림 5.9]에서 극의 궤적을 나타내는 반지름(점선)이 커지게 되어 극의 실수부의 절대값(즉 $|\zeta\omega_n|$)이 증가한다. 이로 인해 계단응답의 식(5.18)에서 지수신호가 더 빠르게 영으로 수렴하게 되므로 전체적으로 응답이 빠르게 정상상태 값에 수렴하게 된다. 그러나 진동성분인 정현파의 주파수 ω_d 는 증가하였으므

로 진동은 커지게 된다. 이것을 다음의 예제로서 확인하여 보자.

[예제 5.7]

식(5.16)의 전달함수에서 $\zeta = 0.4$ 및 $k = \omega_n^2$ 으로 둔다. $\omega_n = 0.5, 1$ 및 $2\,[\text{rad/sec}]$일 때의 계단응답을 그려 보자.

(해) [그림 5.11]에 세 가지 경우에 대한 계단응답을 나타내었다. 이 그림으로부터 ω_n 값이 커지면 커질수록 시정수가 작아지고, 진동 주파수가 커짐을 알 수 있다. 한편 감쇄비 ζ값이 고정되어 있으므로 고유 진동수 ω_n 이 변동하더라도 계단응답의 피크값[8]은 변화가 없다는 것을 확인할 수 있다.

%[예제 5.11]

```
t=0:10/200:20;
omega_n=[0.5 1 2]; zeta=0.4;
for i=1:3
    num=omega_n(i)^2:den=[1 2*zeta*omega_n(i) omega_n(i)^2];
    sys=tf(num,den);
    y(:,i)=step(sys,t);
end
plot(t, y),xlabel(' Time [s] '), ylabel(' y(t) ')
%
```

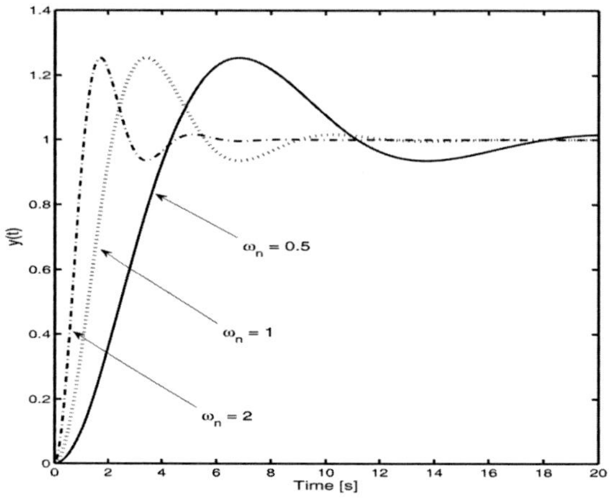

▲ 그림 5.11 [예제 5.7]의 계단응답

[8] 피크값(peak value)은 계단응답이 정상상태 값을 넘어서 가지는 최대값을 의미한다.

(4) 각 경우에 대한 비교

다시 다음과 같이 주어진 전달함수에 대하여 생각하여 보자.

$$G(s)=\frac{k}{s^2+2\zeta\omega_n s+\omega_n^2} \tag{5.19}$$

지금까지의 결과로부터 $0<\zeta<1$ 이면 식(5.19)에 대한 계단응답은 $\omega_n\sqrt{1-\zeta^2}$ [rad/sec]의 주파수를 가지는 정현파의 모양으로 감쇄하는 파형으로 되며, ζ가 작아질수록 진동특성이 더욱 현저하게 된다. 또 $\zeta \geq 1$ 이면 계단응답에는 진동성분은 나타나지 않는다. 따라서 응답에 진동성분이 나타난다는 것은 감쇄(또는 제동)의 부족을 의미하는 것으로 볼 수 있기 때문에 식(5.19)에서 $0<\zeta<1$ 인 경우를 '부족제동(underdamped)'이라고 부른다. 다시 말하면 감쇄비가 계단응답에 진동이 나타나는 것을 막을 수 있을 만큼 크지 않아 결과적으로 응답이 최종값인 "1"을 넘어서고 말았다는 의미가 내포되어 있는 것으로 해석할 수 있다. 한편 $\zeta>1$ 이면 응답에 진동이 나타나지 않아 결과적으로 응답이 최종값인 "1"을 초과하지 않을 만큼 제동이 걸려 있다는 의미에서 이 경우를 '과제동(overdamped)'이라고 한다. 또 $\zeta=1$ 이면 진동이 나타나지 않는 가장 작은 값의 감쇄비라는 의미에서 '임계제동(critically damped)'이라고 한다.

[예제 5.8]

식(5.19)에서 $k=4$ 및 $\omega_n=2$ 로 두고 감쇄비의 변화에 대한 계딘응답을 비교하여 보자.

(해) $\zeta=0.5, 1$ 및 1.5 로 두고 부족제동, 임계제동 및 과제동에 대한 계단응답 파형을 [그림 5.12]에 표시하였다. 이 그림으로부터, 오버슈터(overshoot)[9]를 허용한다면 [그림 5.12]에서 가장 빠르게 정상상태 값에 수렴하는 경우는 $\zeta=0.5$ 인 부족제동의 경우이다. 따라서 감쇄비가 $\zeta<1$ 인 적당한 값을 가질 때 가장 빠르게 출력이 정상상태에 이르게 된다는 점에 유의할 필요가 있다.

[9] 오버슈터(overshoot)란 출력이 정상상태에서의 값을 지나가는 현상을 말한다. 따라서 $0<\zeta<1$ 인 경우에 한하여 진동이 발생하여 오버슈터가 발생한다.

%[그림 5.12]

```
t=0:10/200:10;
zeta=[0.5 1 1.5];omega_n=2;
for i=1:3
    num=omega_n^2;den=[1 2*zeta(i)*omega_n omega_n^2];
    sys=tf(num,den);
    y(:,i)=step(sys,t);
end
plot(t, y)
%
```

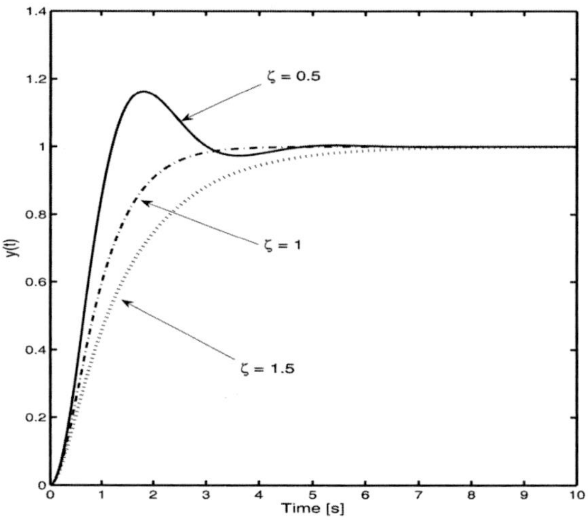

▲ 그림 5.12 [예제 5.8]의 계단응답

식(5.19)의 전달함수에서 $\zeta < 0$ 이고 $\omega_n > 0$ 이면 두 개의 극은 복소평면의 오른쪽 반면에 극을 가지게 되어 불안정한 시스템으로 된다. 이 경우 계단응답은 당연히 시간의 경과와 함께 무한대 값으로 증가하게 될 것이다.

[예제 5.9]

[예제 1.18]에서 취급한 질량-마찰-스프링으로 이루어진 시스템에 대하여 생각하여 보자. 이 시스템의 전달함수는 다음과 같다.

$$M\frac{d^2y(t)}{dt^2}+D\frac{dy(t)}{dt}+Ky(t)=x(t)$$

여기서 M은 질량, D는 마찰계수, K는 스프링의 상수, $x(t)$는 질량에 인가되는 힘이며, $y(t)$는 힘에 의해 이동한 질량의 거리를 각각 나타내고 있다. 여기서 각 계수 M, D 및 K는 양의 값을 가지는 실수로 가정하고 감쇄비와 고유 진동수를 계산하여 보자.

(해) 위 시스템의 전달함수는 항상 안정영역에 극을 가지게 된다. 즉, 전달함수는

$$G(s)=\frac{1}{Ms^2+Ds+K}=\frac{1/M}{s^2+(D/M)s+(K/M)} \quad ①$$

이며, 이것을 식(5.19)의 표준형과 비교하여 봄으로써 다음의 관계를 얻을 수 있다.

$$2\zeta\omega_n=\frac{D}{M},\ \ \omega_n^2=\frac{K}{M} \quad ②$$

위 식을 풀어서 감쇄비와 고유진동수를 각각 계산하면

$$\zeta=\frac{D}{2\sqrt{MK}},\ \ \omega_n=\sqrt{\frac{K}{M}} \quad ③$$

이 결과로부터 상기 시스템에서의 감쇄비 값은 마찰계수 D에 비례한다는 것을 알 수 있다. 따라서 마찰이 없다면 $\zeta=0$으로 되어 계단응답은 감쇄하지 않는 정현파로 될 것이다. 위 시스템이 부족제동으로 되기 위해서는

$$0<\frac{D}{2\sqrt{MK}}<1\ \rightarrow\ 0<D<2\sqrt{MK}$$

의 조건이 필요하며, $D=2\sqrt{MK}$ 이면 임계제동, $D>2\sqrt{MK}$ 이면 과제동으로 각각 될 것이다.

5.4 계단응답을 이용한 제어시스템의 설계사양

5.4.1 제어시스템의 설계사양

실제적으로 제어시스템의 설계사양은 단위 계단신호의 입력에 대한 출력의 응답특성, 특히 출력의 과도상태 응답(즉 과도응답)의 특성으로 주어지는 경우가 많다. 왜냐 하며 이러한 특성은 실제 시스템에 적용하기가 쉬우면서 동시에 단위 계단신호가 가지고 있는 불연속적인 성격으로 인하여 시스템이 가지고 있는 특성을 잘 나타내기 때문이다.

단위계단 입력에 대한 시스템의 과도응답은 그 시스템이 가지는 초기상태에 따라 달라질 수 있다. 여기서는 다양한 시스템의 과도특성을 비교하기 위한 편의상 시스템의 모든 초기조건을 영으로 간주하기로 한다.

단위 계단신호의 입력에 대한 시스템의 과도응답은 일반적으로 정상상태 값에 도달하기 전에 감쇄하는 진동특성으로서 나타난다. 이와 같이 진동하는 과도응답을 제어시스템 설계의 평가에 적용하기 위해서 다음과 같은 다섯 가지 요소를 [그림 5.13]을 이용하여 정의한다.

[요점 5.7] 지연시간(delay time) : t_d

응답이 출력 최종값의 50%에 도달할 때까지 요구되는 시간을 나타내며, 일반적으로 시스템의 응답특성의 빠르기를 나타내는 지표로 사용된다.

[요점 5.8] 상승시간(rising time) : t_r

응답이 최종값의 10%에서부터 90%(또는 5%에서 95%)까지 올라갈 때까지 걸리는 시간을 나타내며, 역시 응답특성의 속도를 나타내는 지표의 하나로 사용된다. 부족제동인 시스템의 경우는 특히 0%에서 100%까지 걸리는 시간이 사용되며, 과제동의 경우는 10%에서 90%가 일반적이다.

[요점 5.9] 피크시간(peak time) : t_p

응답의 첫 번째 피크값에 도달할 때까지 걸리는 시간을 나타낸다.

[요점 5.10] 최대 오버슈터(maximum overshoot) : M_p

응답의 최대 피크값이 최종값에 비해 어느 정도인가를 나타내는 지표로서 다음과 같이 정의된다. 이 값은 시스템의 상대적인 안정도를 의미하기도 하는데, 예를 들어 $M_p = 100$ 이면 응답이 지속적으로 진동하고 있다는 것을 의미한다(즉, $\zeta = 1$ 이다).

$$M_p = \frac{y(t_p) - y(\infty)}{y(\infty)} \times 100\,(\%) \tag{5.20}$$

[요점 5.11] 정정시간(settling time) : t_s

응답이 최종값의 어떤 특정한 범위, 예를 들어 ±2% 또는 ±5% 이내에 머물게 될 때까지 걸리는 시간을 나타내는 것으로, 시스템의 최대 시정수를 의미하는 것으로 해석할 수 있다.

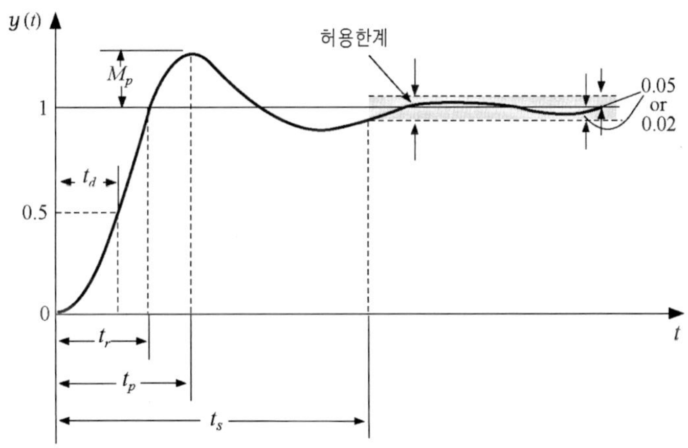

▲ 그림 5.13 t_d, t_r, t_p, M_p, t_s 를 보여 주는 단위계단 응답

위에서 언급한 다섯 가지의 시간영역에서의 지표는 제어시스템의 설계 시에 중요한 역할을 한다. 일반적으로 위의 다섯 가지 사양만으로 충분하지만 응답의 특성에 따라서는 위 사양에 대한 값이 존재하지 않기 때문에 다른 형태의 사양을 도입하여야 할 경우도 있다. 예를 들어 과제동($\zeta > 1$)인 시스템은 피크값과 오버슈터가 존재하지 않는다.

여기서는 제7장에서 제어시스템의 설계를 수행하는 경우에 유용한 감쇄비와 과도응답의 특성과의 관계를 간략하게 언급한다. 일반적으로 가장 바람직한 응답으로서는 진동특성이 과도응답에 나타나서(진동으로 인해 과도상태가) 충분히 빠르게 감쇄되어 정상상태에 도달하는 모양을 가지는 것이다. 이를 위해서는 감쇄비 ζ가 0.4 에서 0.8 사이에 반드시 존재하여야 한다. 감쇄비가 너무 작으면($\zeta < 0.4$) 과도한 오버슈터 현상을 나타내며, 반대로 너무 크면($\zeta > 0.8$) 응답특성이 너무 늦어지게 된다(즉, 지연시간이 커진다.). 제7장에서 언급하겠지만, 최대 오버슈터와 상승시간을 동시에 작게 할 수는 없다. 다시 말하면, 오버슈터를 작게 하면 어쩔 수 없이 상승시간이 길어지게 된다는 것이다. 이와 같이 제어 시스템의 설계 시에는 서로 상반되는 설계사양 사이에서 타협을 하여야 하는 경우가 생기게 된다.

5.4.2 설계사양의 계산방법

여기서는 식(5.10)으로 주어진 2차 시스템이 부족제동인 상태(즉 $0 < \zeta < 1$)인 경우 단위 계단 입력에 대한 상승시간, 피크시간, 최대 오버슈터 및 정정시간을 계산하는 방법에 대하여 알아보기로 한다. 단, 이 경우 정상상태 값을 1 로 만들기 위하여 $k = \omega_n^2$ 로 둔다. 이 결과는 제7장에 설명하는 제어시스템의 설계에 있어 주된 역할을 한다.

(1) 상승시간 t_r

부족제동에서의 상승시간의 정의에 의하면 $y(t_r) = 1$ 로 되어야 하므로, 식(5.18)를 이용하면

$$y(t_r) = 1 = \left[1 - \frac{\omega_n}{\omega_d} e^{-\zeta\omega_n t_r} \sin(\omega_d t_r + \phi)\right] \tag{5.21}$$

로 되어 이로부터 $\sin(\omega_d t_r + \phi) = 0$ 로 되어야 한다. 단, $\phi = \tan^{-1}(\omega_d / \zeta\omega_n)$ 이다. 이 결과

$$\omega_d t_r + \phi = 0 \;\rightarrow\; t_r = -\phi / \omega_d \tag{5.22}$$

를 얻는다. 이때 위상 ϕ는 식(5.18)에서 $\phi = \tan^{-1}(\omega_d / \zeta\omega_n)$ 로 주어져 있으므로

$$-\phi = \tan^{-1}\{\omega_d / (-\zeta\omega_n)\} = \pi - \cos^{-1}(\zeta)$$

로 된다. 이것은 [그림 5.9]에서 알 수 있는 바와 같이 복소극 $p_1 = -\zeta\omega_n + j\omega_d$ 의 위상을 나타낸다. 이로부터 상승시간은 다음의 관계식을 이용하여 계산될 수 있음을 알 수 있다.

$$t_r = \frac{1}{\omega_d} \tan^{-1}\left(\frac{\omega_d}{-\zeta\omega_n}\right) = \frac{\pi - \cos^{-1}(\zeta)}{\omega_n \sqrt{1 - \zeta^2}} \tag{5.23}$$

식(5.23)에서 $\cos^{-1}(\zeta)$ 는 $0<\zeta<1$ 의 범위에서 $\pi/2$ 에서 0 사이의 값을 가지므로, 만약 $\zeta \rightarrow 0$ 로 되면 $\pi-\cos^{-1}(\zeta) \approx \pi/2$ 로, $\zeta \rightarrow 1$ 이면 $\pi-\cos^{-1}(\zeta) \approx \pi$ 로 될 것이다. 이로부터 상승 시간 t_r 이 작은 값으로 되기 위해서는, 고유 진동수 ω_n 은 반드시 큰 값을 가져야 한다는 것을 알 수 있다.

(2) 피크시간 t_p

피크시간은 출력이 최대값을 나타내는 시각이므로, 이것은 계단응답을 나타내는 식(5.18)을 시간 t 로 미분하여 영으로 두면 계산할 수 있다. 여기서는 라플라스 변환의 공식을 이용하여 이 과정을 수행하여 보기로 한다. 즉, 식(5.18)을 시간 t 로 미분한 값은 라플라스 변환 공식에 의해

$$\mathcal{L}\left\{\frac{dy(t)}{dt}\right\}=s\,Y(s)$$

로 된다. 단, 초기값은 영으로 두었다. 그런데 $s\,Y(s)=G(s)$ 이므로[10]

$$\frac{dy(t)}{dt}=\mathcal{L}^{-1}\{G(s)\}=\mathcal{L}^{-1}\left\{\frac{k}{s^2+2\zeta\omega_n s+\omega_n^2}\right\}=0 \tag{5.24}$$

의 관계가 얻어진다. 여기서 식(5.24)의 왼쪽 항을 식(5.16)을 이용하여 라플라스 역변환을 수행하면

$$\begin{aligned}\mathcal{L}^{-1}\left\{\frac{k}{s^2+2\zeta\omega_n s+\omega_n^2}\right\} &= \mathcal{L}^{-1}\left\{\frac{k}{(s+\zeta\omega_n)^2+\omega_d^2}\right\} \\ &= \frac{k}{\omega_d}e^{-\zeta\omega_n t}\sin(\omega_d t)\end{aligned}$$

로 되어, 이것을 영으로 하는 값은 $\omega_d t=0,\ \pi,\ 2\pi,\ \cdots$ 이지만 출력의 피크값은 계단응답에서 첫 번째로 나타나는 오버슈터의 값(즉, 첫 번째 봉우리)이므로 피크시간은 다음과 같이 주어진다.

$$t_p=\frac{\pi}{\omega_n\sqrt{1-\zeta^2}} \tag{5.25}$$

---

10 $Y(s)$ 는 단위 계단신호에 대한 출력이므로 $Y(s)=G(s)/s$ 로 주어진다.

(3) 최대 오버슈터 M_p

최대 오버슈터는 피크시간에 나타나므로, 식(5.18)에 식(5.25)를 대입하면

$$M_p = y(t_p) - 1 = -\frac{\omega_n}{\omega_d} e^{-\zeta\omega_n t_p} \sin(\phi)$$
$$= \frac{\omega_n}{\omega_d} e^{-\zeta\omega_n t_p} \frac{\omega_d}{\omega_n} = e^{-(\zeta/\sqrt{1-\zeta^2})\pi}$$

따라서 백분율 최대 오버슈터는

$$\text{P.O.} = 100\, e^{-\zeta\pi/\sqrt{1-\zeta^2}}\ (\%) \tag{5.26}$$

로 주어진다.

(4) 정정시간 t_s

부족제동인 시스템의 단위계단 응답은 식(5.18)로 주어진다. 즉

$$y(t) = \left[1 - \frac{\omega_n}{\omega_d} e^{-\zeta\omega_n t} \sin(\omega_d t + \phi)\right],\ (t \geq 0) \tag{5.27}$$

이다. 여기서 $\left(1 \pm e^{-\zeta\omega_n t}/\sqrt{1-\zeta^2}\right)$로 주어지는 두 곡선은 단위계단 입력에 대한 과도응답의 포락선(envelop)으로 불리는 것이다. 다시 말하면 [그림 5.14]와 같이 단위계단 응답

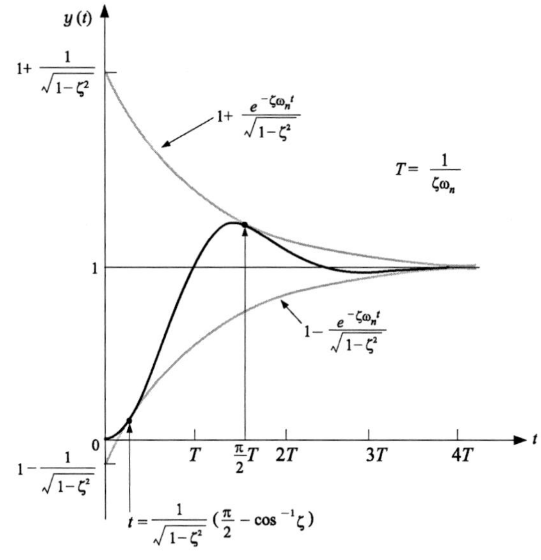

▲ 그림 5.14 단위계단 응답에 대한 두 개의 포락선 곡선

% [그림 5.14]

```
wn=sqrt(2);                                      % 고유진동수 ωn = √2
zeta=1/(2*sqrt(2));                              % 감쇄비 ζ=1/(2√2)
wd=wn*sqrt(1-zeta^2);                            % ωd = ωn √(1-ζ^2)
t=0:0.01:10; no=length(t);
%
y=ones(1,no)-(wn/wd)*exp(-zeta*wn*t).*sin(wd*t+acos(zeta));        % 식(5.27)
%
envlop_1=ones(1,no)+(wn/wd)*exp(-zeta*wn*t);                        % 위 포락선
envlop_2=ones(1,no)-(wn/wd)*exp(-zeta*wn*t);                        % 아래 포락선
%
plot(t,y,t,envlop_1,t,envlop_2),xlabel('Time (sec)'), ylabel('y(t)')   % [그림 5.14]
```

$y(t)$은 항상 두 포락선의 사이에 존재하며, 동시에 과도응답이 감쇄되는 속도(비)는 당연히 두 곡선, 즉 포락선의 감쇄속도에 의존하게 될 것이다. 따라서 포락선의 시정수가 $1/(\zeta\omega_n)$이므로 정정 시간 t_s은 당연히 감쇄비 ζ의 함수라는 것을 알 수 있다. [그림 5.10]에서부터, 동일한 고유 진동수 ω_n를 가지며 동시에 감쇄비가 $0<\zeta<1$의 범위에 있을 때에는, 감쇄비가 작은 값을 가지는 경우(즉 $\zeta \to 0$)가 적절한 감쇄비 값을 가지는 경우($\zeta \to 0.8$)에 비하여 정정 시간 t_s가 커진다는 것을 알 수 있으며, 또 과제동($\zeta > 1$)인 시스템은 일반적으로 응답특성이 느린 경향이 있으므로 이로 인하여 정정시간이 커지게 된다.

단위계단 응답, 즉 출력 $y(t)$가 최종값의 $\pm 2\%$, 또는 $\pm 5\%$, 즉 $y(t)$가 $0.98 \sim 1.02$ 또는 $0.95 \sim 1.05$의 값 사이에 들어가는 시각(즉, 정정시간)은 위 두 개의 포락선 곡선의 시정수가 $T=1/(\zeta\omega_n)$라는 사실과 감쇄비 ζ의 변화에 대한 출력의 변화를 나타낸 [그림 5.10]을 이용하여 개략적으로 알아낼 수 있다. 즉 감쇄비와 정정시간과의 관계를 [그림 5.15]에 표시하였다. 감쇄비가 $0<\zeta<0.9$의 범위에 있을 때, 만약 2%의 기준을 사용한다면 정정시간 t_s는 대략 시스템 전체 시정수의 네 배 정도 값을 가지게 되며, 5%의 기준을 사용한다면 대략 시정수의 세 배 정도의 값을 가지는 것을 그림으로부터 확인할 수 있다. 또한 정정시간은 감쇄비가 대략 $\zeta=0.76$ (2% 기준) 또는 $\zeta=0.68$ (5% 기준)의 값을 가질 때 최소값을 가지며, 이후 감쇄비의 증가에 따라 선형적으로 증가한다는 것을 그림으로부터 알 수 있으며, 또한 [그림 5.15]에서 점선으로 표시된 불연속 부분은 감쇄비의 극소 변화에 대하여 정정시간이 급격하게 변할 수 있다는 것을 보여 주고 있다.

제7장에서 정정시간을 만족시키기 위한 제어시스템의 설계기준으로서 일반적으로 다음과

같은 정의가 사용된다.

$$t_s = 4T = \frac{4}{\sigma} = \frac{4}{\zeta\omega_n}, \ (2\% \text{ 기준}) \tag{5.28a}$$

$$t_s = 3T = \frac{3}{\sigma} = \frac{3}{\zeta\omega_n}, \ (5\% \text{ 기준}) \tag{5.28b}$$

위 식은 정정시간이 감쇄비와 고유 진동수의 곱에 반비례하고 있다는 것을 보여 주고 있다. 그러나 보통 설계 시에 허용 가능한 감쇄비의 범위는 최대 오버슈터 M_p 의 사양으로 결정되는 경우가 많으므로, 정정시간은 일반적으로 고유 진동수에 의하여 결정된다. 이것은 최대 오버슈터의 값을 변화시키지 않고 고유 진동수만을 변화시킴으로써 과도응답의 지속시간을 변화시킬 수 있다는 것을 의미하고 있다. 즉, 빠른 응답을 위해서는 ω_n 이 큰 값을 가져야 한다는 것이다.

지금까지 설명한 내용을 바탕으로 2차 시스템의 과도응답 특성에서

1. 응답의 빠르기는 상승시간과 피크시간의 크기에 의존한다.
2. 출력 최종값으로의 수렴속도는 최대 오버슈터와 정정시간에 의존한다.

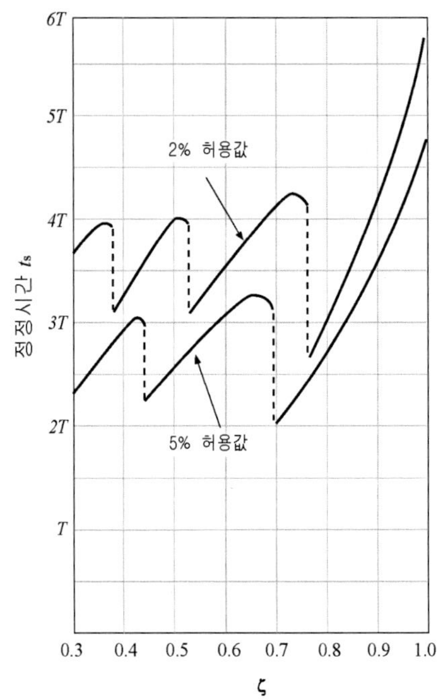

▲ 그림 5.15 감쇄비 ζ의 변화에 따른 정정시간 t_s의 변동곡선

와 같이 표현할 수 있다. 그러나 실제의 시스템에서, 예를 들어 최대 오버슈터를 줄이기 위해 감쇄비 ζ를 줄이면, 피크시간은 커져서 응답이 늦어지게 된다. 이와 같이 서로 상반되는 설계사양, 예를 들어 오버슈터를 작게 하면서 응답시간을 빠르게 하는 제어시스템의 설계하고자 하는 경우에는 주의가 필요하다.

[예제 5.10]

식(5.19)로 주어진 2차 시스템의 전달함수에서 $\zeta = 0.6, \omega_n = 5\,[\text{r/s}]$, 및 $k = \omega_n^2$으로 주어졌다. 이 시스템에 단위계단 입력이 인가되었다고 가정하고 출력의 상승시간 t_r, 피크시간 t_p, 최대 오버슈터 M_p, 및 정정시간 t_s을 각각 계산하여 보자.

(해) 주어진 ζ와 ω_n으로부터 쉽게 $\omega_d = \omega_n\sqrt{1-\zeta^2} = 4$, $\zeta\omega_n = 3$, 및 $\cos^{-1}(0.6) = 0.93\,[\text{rad}]$을 얻는다. 이 값을 위에서 언급한 공식에 적용하여 각각을 계산한다.

i) 상승시간 :

$$t_r = \frac{\pi - \cos^{-1}(\zeta)}{\omega_d} = \frac{3.14 - 0.93}{4} = 0.55\,[\text{sec.}]$$

ii) 피크시간 :

$$t_p = \frac{\pi}{\omega_d} = \frac{3.14}{4} = 0.785\,[\text{sec.}]$$

iii) 최대 오버슈터:

$$M_p = e^{-(\sigma/\omega_d)\pi} = e^{-(3/4)\times 3.14} = 0.095$$

따라서 백분율은 9.5% 이다.

iv) 정정시간 : 2% 기준에 대한 정정시간은

$$t_s = \frac{4}{\sigma} = \frac{4}{3} = 1.33\,[\text{sec.}]$$

이며 5% 기준에 대해서는

$$t_s = \frac{3}{\sigma} = \frac{3}{3} = 1\,[\text{sec.}]$$

로 된다.

[예제 5.11]

[그림 5.16]과 같이 주어진 시스템에서, 1) 응답의 오버슈터와 진동특성을 제한하고, 2) 시스템의 입력 측에서 인가되는 외란의 영향을 최소화할 수 있도록 증폭기의 이득 K_a의 값을 계산하라. 1), 2)로 주어진 사양을 [표 5.2]에 요약하였다.

[표 5.2] 예제 5.11의 설계 사양

성능 사양	목표값
백분율 오버슈터	5% 이하
정정 시간	250ms 이하
단위 계단상의 외란입력에 대한 응답의 크기	0.005 이하

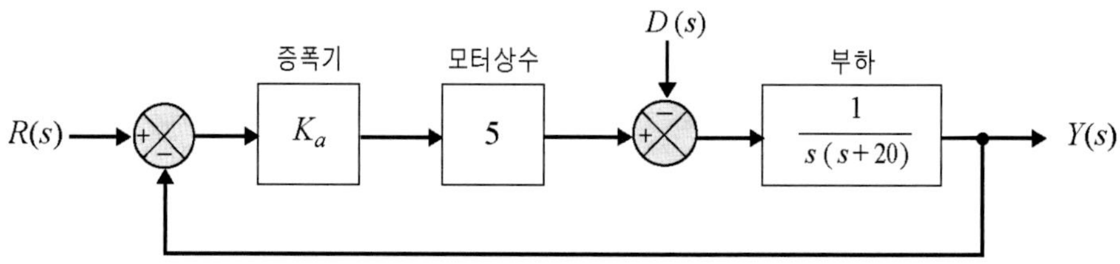

▲ 그림 5.16 [예제 5.11]의 블록선도

(해) 먼저 외란 $D(s)=0$ 인 경우의 [그림 5.16]의 출력을 계산하면

$$Y(s)=\frac{5K_a}{s(s+20)+5K_a}R(s)=\frac{5K_a}{s^2+20s+5K_a}R(s)$$
$$=\frac{\omega_n^2}{s^2+2\zeta\omega_n s+\omega_n^2}R(s)$$

로 된다. 위 식으로부터 $\omega_n^2=5K_a$ 및 $2\zeta\omega_n=20$ 을 얻는다. 다음에 MATLAB을 이용하여 K_a 값의 변화에 따른 단위계단 응답([그림 5.17] 참조)을 그려서 적절한 K_a 값을 결정한다. [표 5.3]에 K_a 의 변화에 따른 2차 시스템의 설계가양의 결과를 나타내었다.

% [그림 5.17]

```
Ka=[30 60];                                          % K_a값의 지정
t=0:0.01:1;y=zeros(length(t),2);                     % 시간축의 설정, 및 배열 y의 준비
numg=1;deng=[1 20 0];sysg=tf(numg,deng);             % 제어대상의 전달함수
for i=1:2
    numc=[Ka(i)*5];denc=1;sysc=tf(numc,denc);
    sysop=series(sysc,sysg);                         % '제어기+제어대상'의 직렬연결
    sysfd=feedback(sysop,[1]);                       % [그림 5.16]의 폐루프전달함수
    y(:,i)=step(sysfd,t);                            % 계단응답의 계산
end
plot(t,y),xlabel(' Time (sec)'),ylabel('y(t)')       % [그림 5.17]
%
```

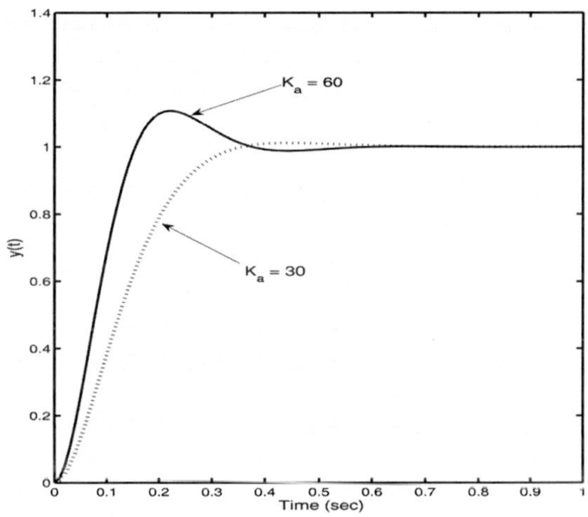

▲ 그림 5.17 [예제 5.11]의 계단응답

[표 5.3] K_a의 변화에 따른 단위계단 입력에 대한 2차 시스템의 각종 지표

K_a	20	30	40	60	80
백분율 오버슈터	0	1.2%	4.3%	10.8%	16.3%
정정 시간	0.55	0.40	0.40	0.40	0.40
감쇄비	1	0.82	0.707	0.58	0.50
단위계단상의 외란 입력에 대한 출력의 최대 크기	−0.01	−0.0066	−0.0052	−0.0037	−0.0029

K_a 값이 60으로 증가하면, 출력에 대한 외란의 영향은 1/2로 줄어든다. 이것은 상기의 MATLAB을 이용하여 쉽게 확인하여 볼 수 있다([그림 5.18] 참조). 이러한 사실로부터 주어진 설계사양을 모두 만족시키는 K_a는 존재하지 않으므로 사양의 일부분, 또는 특히 중요시되는 사양만을 만족시키는 K_a 값을 타협적으로 결정하여야 한다. 여기서는 [표 5.3]을 이용하면 $K_a = 40$으로 하는 것이 타당한 선택이다. 그러나 꼭 주어진 모든 사양을 만족시켜야 하는 경우에는 제7장에서 설명하는 조금 더 복잡한 제어기를 채용하여야 할 것이다.

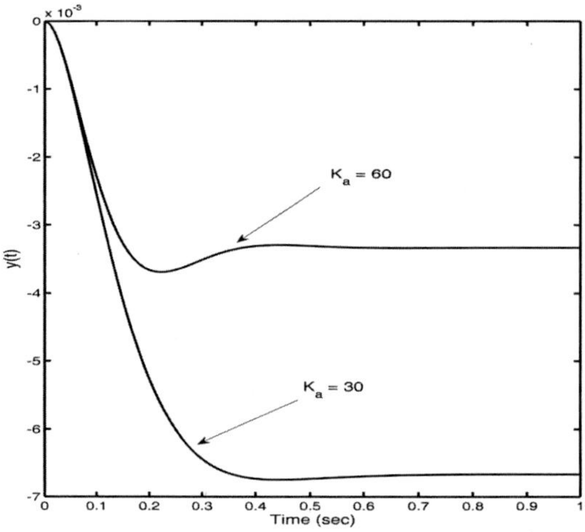

▲ 그림 5.18 **단위계단의 외란입력에 대한 출력응답**

%[그림 5.18]

```
Ka=[30 60];
t=0:0.01:1;y=zeros(length(t),2);            % 시간축의 설정과 출력을 위한 배열준비
numg=1;deng=[1 20 0];sysg=tf(numg,deng);    % 제어대상의 전달함수
for i=1:2
   numc=[Ka(i)*5];denc=1;sysc=tf(numc,denc);
   sysfd=feedback(sysg,sysc);                % 피드백시스템의 전달함수 계산
   sysfd=-sysfd;                             % 외란입력은 (-)부호를 가진다.
   y(:,i)=step(sysfd,t);
end
plot(t,y),xlabel('Time (sec)'),ylabel('y(t)')  % [그림 5.18]
%
```

5.5 고차 시스템

5.5.1 3차 시스템

고차 시스템, 즉 전달함수의 분모 다항식의 차수가 3 이상인 시스템을 고차 시스템이라 하며 시스템의 해석이나 제어 시스템의 설계 등이 일반적으로 복잡하고 어렵다. 그러나 만약 3개 이상의 극 중에서 하나 또는 두 개의 우세극이 존재한다면 고차 시스템을 2차 시스템(또는 1차 시스템)으로 근사화 하여 비교적 간단하게 취급할 수 있게 된다. 즉, 우세한 하나 또는 두 개의 극을 제외한 나머지 극은 전부 무시함으로써 고차 시스템의 저차원화를 수행하는 것이다. 앞에서 나온 [예제 5.3]의 전달함수는 -1과 -2에 극을 가지는 2차 시스템이지만, 이 시스템의 동작특성은 극으로 -1만을 가지는 1차 시스템과 유사하기 때문(즉, -1이 우세극이다.)에 1차 시스템으로 근사화 하여 사용하여도 별 문제가 없다. 이것은 -1을 극으로 가지는 1차 시스템에 대한 계단응답을 구하여 보면 [그림 5.7]과 거의 동일한 파형으로 됨을 확인할 수 있다. 극의 위치를 이용하여 시스템의 근사화를 수행하는 경우에 주의하여야 할 점 두 가지에 대하여 간단하게 언급한다.

첫째, 우세극이 나머지 극에 비하여 현저하게 차이가 나지 않는 경우에 일괄적으로 비우세인 극을 무시하고 근사화를 수행한다면 실제와 상당히 다른 결과가 얻어질 수 있다.

둘째, 임의의 극 근처에 영점이 존재하면 그 극에 대한 유수가 작은 값을 가지게 되어 이 극이 과도응답에 미치는 영향은 작아지게 된다는 것이다.

따라서 임의의 극이 허수축에 가깝게 배치되어 우세극이 되었다고 하더라도 그 극 근처에 영점이 존재한다면 이것은 더 이상 우세극으로 될 수 없을 것이다. 다음 예제로서 이것을 좀 더 자세히 살펴보자.

[예제 5.12]

다음 식으로 주어진 3차 시스템에 대하여 생각하여 보자.

$$G(s)=\frac{25}{(s^2+7s+25)(s+1)} \qquad ①$$

(해) [그림 5.19]는 복소평면에 시스템 ①의 극을 표시한 것이다. 이 그림으로부터 $s=-1$의 극이 허수축에 가장 가까이 있으므로 위 시스템의 우세극이라는 것을

알 수 있다. 따라서 ①은 우세극을 제외한 나머지 두 개의 극을 무시하고 1차 시스템으로 근사화 할 수 있다. 이와 같은 근사화가 가능한지의 여부를 원래의 시스템 ①과 근사화 된 1차 시스템에 대하여 각각 계단응답을 구하여 확인하여 보자. ①에 대한 계단응답을 구하기 위해 $Y(s)= G(s)/s$ 를 부분분수 전개하면

$$Y(s)= \frac{1}{s} - 1.316\frac{1}{s+1} + 0.05263\frac{6s+17}{s^2+7s+25} \qquad ②$$

로 되므로 이것을 라플라스 역변환하면 다음 식을 얻을 수 있다.

$$y(t)= 1-1.316e^{-t}+0.321e^{-3.5t}\sin(3.57t+1.754),\ (t \geq 0) \qquad ③$$

여기서 ③의 오른쪽 두 번째 항은 세 번째 항보다 그의 지수부의 절대값이 작기 때문에 천천히 감소하여 출력 $y(t)$에 가장 큰 영향을 미친다. 이와 같은 사실이 $s=-1$을 ①의 우세극으로 만드는 이유이다. 이러한 사항을 다음과 같은 MATLAB 프로그램을 이용한 그림으로 확인하여 보자. [그림 5.20]에 3차 시스템과 근사화 된 1차 시스템에 대한 단위 계단응답을 나타내었다. 이로부터 두 응답의 과도특성이 상당히 유사하다는 것을 확인할 수 있다.

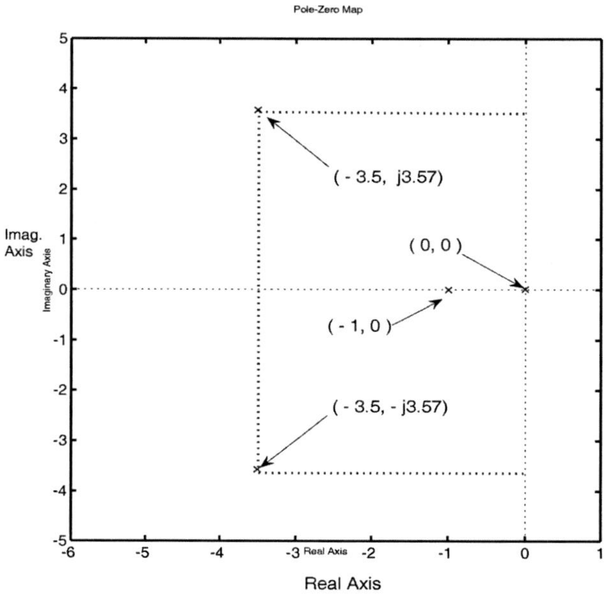

▲ 그림 5.19 [예제 5.12]의 극-영점 배치도

% [그림 5.20]

```
num=25;den=conv([1 7 25],[1 1]);                   % ①의 분자, 분모 다항식의 입력
sysorg=tf(num, den);                               % ①의 시스템 표현
sysred=tf([1], [1 1]);                             % 우세극만을 가지는 시스템
sys_adzero=tf([25/0.9 25],conv([1 7 25], [1 1])); % ④의 시스템 표현
pzmap(sysorg),axis([-6 1 -5 5]);                   % [그림 5.19]
t=0:0.01:5;
yorg=step(sysorg,t);                               % ①의 계단응답
yred=step(sysred,t);                               % 우세극만을 가지는 시스템의 계단응답
y_adzero=step(sys_adzero,t);                       % ④ 시스템의 계단응답
plot(t,yorg,t,yred,t,y_adzero),xlabel('Time (sec)'),ylabel('y(t)') % [그림 5.20]
%
```

시스템 ①에 $s=-0.9$의 위치에 영점을 하나 추가하고, 이에 대한 계단응답의 최종값이 계속 1의 값을 가지도록 분자의 계수를 조정하면 다음과 같이 된다.

$$G(s)=\frac{(25/0.9)s+2.5}{(s^2+7s+25)(s+1)} \qquad ④$$

위 시스템의 경우 $s=-0.9$의 영점이 $s=-1$인 극 근처에 존재하게 되어 $s=-1$은 우세극으로서의 역할을 하지 못하게 된다. 즉 위 식을 부분분수 전개하여 유수를 확인하여 보면

$$Y(s)=\frac{1}{s}+0.1462\frac{1}{s+1}+\frac{-1.146s-7.87}{s^2+7s+25}$$

로 되어 극 $s=-1$에 대응하는 유수는 아주 작은 값을 가지게 되는 것을 볼 수 있다. 위 식을 라플라스 역변환 하여 시간함수를 계산하면

$$y(t)=1+0.1462e^{-t}+1.575e^{-3.5t}\sin(3.57t-2.327),\ (t\geq 0) \qquad ⑤$$

이다. 따라서 지수신호 e^{-t}에 대한 계수는 $e^{-3.5t}$에 대한 계수의 1/10 이하로 되어 출력 $y(t)$에서 우세한 역할을 하고 있다고 할 수 없게 된다. 따라서 이 경우 공역인 두 개의 복소극($s=-3.5\pm j3.57$)은 실수부가 $s=-1$보다 허수축에서 훨씬 멀리 떨어져 있지만 영점이 추가된 시스템 ④의 우세극으로 볼 수 있다.

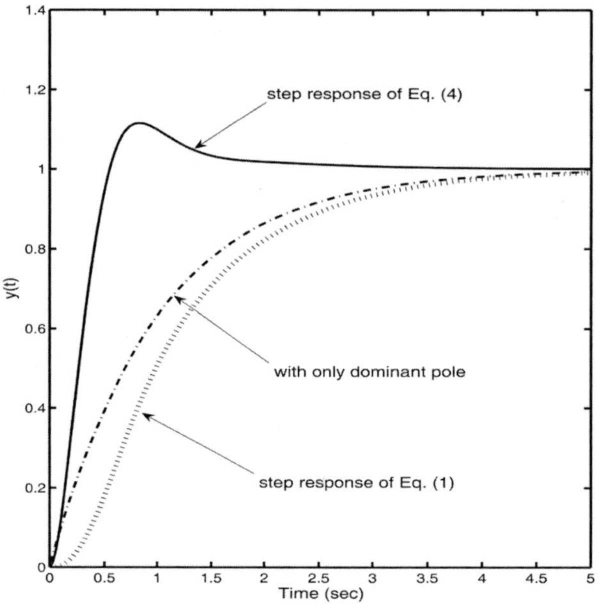

▲ 그림 5.20 ① 및 ④에 대한 계단응답

% [그림 5.20]

```
syms s                                      % symbolic 변수의 지정
Gs=25/(s^2+7*s+25)/(s+1)/s;                 % ①의 전달함수+계단입력
yt=ilaplace(Gs)                             % ③의 결과를 계산
ezplot(yt,[0 5])                            % [그림 5.20]의 (1)
Gs2=(25/0.9*s+25)/(s^2+7*s+25)/(s+1)/s;     % ④의 전달함수+계단입력
yt2=ilaplace(Gs2);                          % ⑤의 계산
ezplot(yt2,[0 5])                           % [그림 5.20]
```

▣ MATLAB의 Symbolic Math Toolbox를 이용하여도 동일한 [그림 5.20]을 좀 더 간편하게 확인할 수 있다. 그러나 [그림 5.20]과 같이 여러 출력을 동시에 비교할 수는 없다.

5.5.2 고차 시스템의 과도응답

여기서는 분모 다항식의 차수가 N인 일반적인 형태의 전달함수를 가지는 시스템의 과도응답과 그의 우세극과의 관계에 대하여 알아보기로 한다.

[그림 5.21]과 같이 주어진 시스템에 있어서 폐루프전달함수는

$$\frac{Y(s)}{R(s)} = \frac{G(s)}{1+G(s)H(s)} \tag{5.29}$$

로 되며 전달함수 $G(s)$, $H(s)$ 는 일반적으로 다음과 같은 다항식의 비로서 주어진다. 즉,

$$G(s) = \frac{p(s)}{q(s)},\ H(s) = \frac{n(s)}{d(s)} \tag{5.30}$$

여기서 물론 $p(s)$, $q(s)$, $n(s)$, 및 $d(s)$ 는 s 의 다항식이다.

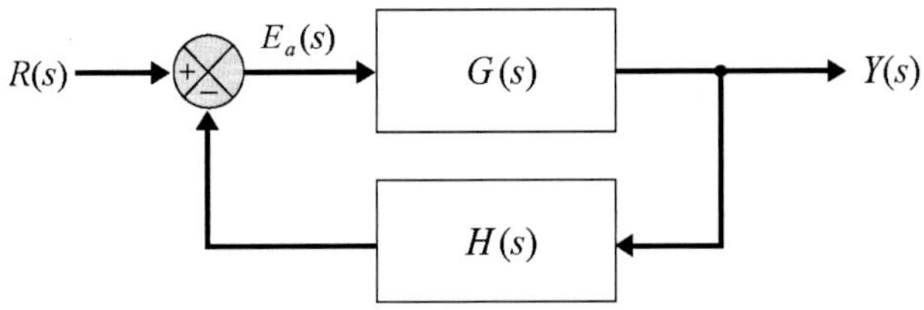

▲ 그림 5.21 고차 시스템

식(5.29)로 주어진 폐루프시스템에 상기의 다항식 표현을 적용하면 식(5.1)과 같은 전달함수를 얻을 수 있다.

$$\frac{Y(s)}{R(s)} = G(s) = \frac{p(s)d(s)}{q(s)d(s)+p(s)n(s)} \tag{5.31}$$

$$= \frac{b_M s^M + b_{M-1}s^{M-1} + \cdots + b_1 s + b_0}{s^N + a_{N-1}s^{N-1} + \cdots + a_1 s + a_0},\ (M \le N)$$

임의로 주어진 입력에 대한 시스템 식(5.29)의 과도응답은 MATLAB와 같은 제어용 설계프로그램을 사용하여 쉽게 얻을 수 있으나, 과도응답에 대한 해석적인 표현이 요구되는 경우에는 식(5.31)을 부분분수 전개하여야 한다. 먼저 식(5.31)의 분모 다항식이 서로 다른 값의 실수근(즉, $p_i \neq p_j, (i \neq j)$)을 가지는 경우를 생각하여 보자. 이때 식(5.31)은 인수분해를 통하여

$$G(s) = \frac{K(s-z_1)(s-z_2)\cdots(s-z_M)}{(s-p_1)(s-p_2)\cdots(s-p_N)} \tag{5.32}$$

와 같이 나타낼 수 있다. 식(5.32)에 단위계단 입력을 인가한 $G(s)/s$ 을 부분분수 전개하면

$$Y(s) = \frac{c}{s} + \sum_{i=1}^{N} \frac{c_i}{s - p_i} \tag{5.33}$$

로 된다. 여기서 c_i는 극 p_i의 유수(residue)이다. 여기서 모든 폐루프의 극이 s 평면의 왼쪽에 존재한다고[11] 가정한다면(즉, $\{\mathrm{Re}\,(p_i)\} < 0, (\forall i)$), 식(5.33)을 라플라스 역변환 값인 $y(t)$에서 지수신호 $e^{p_i t}$의 상대적인 중요성은 각각의 극에 대한 유수 c_i의 크기에 따라 결정된다. 이미 5.4절에서 언급한 바와 같이, 예를 들어 극 $s = p_1$ 근처에 영점이 존재한다면 극 $s = p_1$에 대한 유수 c_1는 작은 값을 가지게 되며, 따라서 이 극에 대응하는 과도응답 특성 $c_1 e^{p_1 t}$ 역시 작은 값을 가지게 될 것이다. 또 극이 허수축에서 아주 멀리 떨어져 있는 경우 이 극에 대한 유수 역시 작은 값으로 되어 출력 $y(t)$에 미치는 영향은 작게 될 것이다. 이와 같이 고차 시스템의 경우 전달함수 $G(s)$가 가지는 극의 복소평면에서의 위치를 기준으로 하여 우세극을 결정하고, 이 극을 중심으로 고차 시스템을 저차원화 하여 해석 및 설계를 수행하는 것이 보통이다.

한편 식(5.31)로 주어진 시스템의 극이 실수극과 공역인 한 쌍 이상의 복소극으로 이루어져 있는 좀 더 일반적인 경우를 생각하여 보자. 이 경우 식(5.31)로 주어진 전달함수에 대한 단위 계단응답을 구하기 위해 분모 다항식을 인수분해 하면

$$Y(s) = \frac{K \prod_{i=1}^{M} (s - z_i)}{s \prod_{j=1}^{q} (s - p_j) \prod_{k=1}^{r} \left(s^2 + 2\zeta_k \omega_k s + \omega_k^2\right)} \tag{5.34}$$

로 된다. 단 $q + 2r = N$이다. 식(5.34)를 라플라스 역변환 하기 위해 부분분수 전개하면

$$Y(s) = \frac{c}{s} + \sum_{j=1}^{q} \frac{c_j}{s - p_j} + \sum_{k=1}^{r} \frac{d_k (s + \zeta_k \omega_k) + d_k \omega_k \sqrt{1 - \zeta_k^2}}{s^2 + 2\zeta_k \omega_k s + \omega_k^2} \tag{5.35}$$

와 같이 된다. 단 이 경우에도 각 극은 서로 중복하지 않는 것으로 가정하였다. 식(5.35)로부터 알 수 있는 바와 같이 출력 $y(t)$는 q개의 1차 시스템에 대한 응답과 r개의 2차 시스템에 대한 응답으로 이루어져 있다. 따라서 식(5.35)의 라플라스 역변환은 다음과 같이 표현될 수 있을 것이다.

---

[11] 여기서도 정확하게는 허수축을 제외한 s 평면의 왼쪽이다.

$$y(t) = c + \sum_{j=1}^{q} c_j e^{p_j t} + \sum_{k=1}^{r} d_k e^{-\zeta_k \omega_k t} \cos\left(\omega_k \sqrt{1-\zeta_k^2}\, t\right) + \sum_{k=1}^{r} d_k e^{-\zeta_k \omega_k t} \sin\left(\omega_k \sqrt{1-\zeta_k^2}\, t\right), \ (t \ge 0) \tag{5.36}$$

만약 식(5.31)이 안정한 시스템이라면 식(5.36)의 지수항은 시간의 경과에 따라 영으로 수렴하여 출력은 $y(\infty) = c$로 될 것이다. 식(5.36)을 이용하여 고차 시스템의 응답특성을 해석하여 보자.

먼저 시스템의 극 중에서 허수축에서 멀리 떨어진 극은(실수극, 복소극에 관계없이) 빠른 속도로 영으로 수렴하기 때문에 식(5.36)으로 표현된 출력 $y(t)$의 형성에 미치는 영향은 미미할 것이다. 따라서 고차 시스템의 계단응답 파형의 모양은 허수축에 비교적 가까운 실수극과 복소극에 의하여 결정될 것이다. [그림 5.22]에 고차 시스템의 단위 계단응답의 몇 가지 예시를 나타내었다.

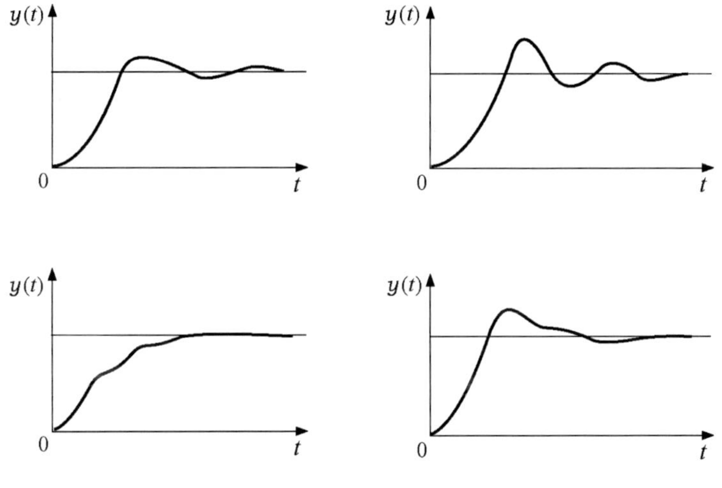

▲ 그림 5.22 고차 시스템에 대한 단위계단 응답의 예시

과도응답의 개괄적인 형태(type)는 시스템의 극의 위치에 의하여 주로 결정되나, 과도응답이 어떤 모양(shape)을 가지면서 수렴하여 가는가 하는 것은 시스템이 가지는 영점의 위치 의하여 좌우된다.[12] 이미 설명한 바와 같이 입력 $R(s)$의 극(계단신호인 경우 $s = 0$)은

12 형태(type)란 계단 응답의 모양에 진동 성분이 있는가, 완만하게 수렴하는가와 같이 응답의 전반적인 것을 의미하고, 모양(shape)은 진동하는 경우에 진동 주파수의 크기나, 오버슈터 등의 크기 등과 같이 파형의 어떤 특정 부분에 대한 것을 포함하는 것을 말한다.

출력의 정상상태(steady-state)의 모양을 결정(계단신호인 경우는 계단신호 모양)하는 반면에, 전달함수 $Y(s)/R(s)$ 의 극은 식(5.36)에서 보는 바와 같이 출력 $y(t)$ 의 과도응답에서 지수항이나 정현파 항의 주기 등에 나타난다. 그러나 $Y(s)/R(s)$ 의 영점은 출력의 지수항에는 영향을 미치지 않지만, 극의 유수의 크기나 부호 등의 결정에는 영향을 미치고 있다는 사실에 유의하여야 한다.

5.6 정현파와 임의의 입력에 대한 응답특성

5.6.1 정현파 입력에 대한 응답

여기서는 전달함수가 $G(s)= B(s)/A(s)$ 와 같은 형식으로 주어진 시스템에 입력 $u(t)$ 로서 다음 식과 같은 정현파가 인가되었을 경우의 출력응답에 대하여 생각하여 보기로 한다. 단 이 경우 분자 다항식의 차수는 분모 다항식의 차수보다 항상 작은 것으로 가정한다.

$$u(t)= C\cos(\omega_0 t),\ (t \ge 0) \tag{5.37}$$

위 식에서 C 는 정현파의 진폭이며 ω_0 [rad/sec]는 주파수로서 임의의 정수 값을 가지는 것으로 한다. 제3장의 라플라스 변환공식에 의해 위 식은

$$U(s)= \frac{Cs}{s^2+\omega_0^2} = \frac{Cs}{(s+j\omega_0)(s-j\omega_0)} \tag{5.38}$$

로 된다. 따라서 입력신호의 라플라스 변환은 $s=0$ 에 영점을, $s=\pm j\omega_0$ 에 한 쌍의 극을 가지고 있음을 알 수 있다.

시스템 $G(s)$ 가 시각 $t=0$ 에서 초기 에너지를 가지고 있지 않다면 상기 정현파 입력에 대한 출력은

$$Y(s)= \frac{CsB(s)}{A(s)(s+j\omega_0)(s-j\omega_0)} \tag{5.39}$$

로 된다. 시간응답 $y(t)$ 를 계산하기 위한 식(5.39)의 라플라스 역변환은 단위 계단응답을 계산하기 위하여 사용하였던 5.3절의 방법과 유사하다. 여기서 복소극 $s=j\omega_0$ 에 대한 유수를 c 로 두고, 식(5.39)를 다음과 같이 부분분수 전개한다. 단, 이 경우 $A(\pm j\omega_0)\neq 0$ 으로 가정하였다.

$$Y(s) = \frac{\gamma(s)}{A(s)} + \frac{c}{s - j\omega_0} + \frac{c^*}{s + j\omega_0} \tag{5.40}$$

위 식에서 $\gamma(s)$는 s의 다항식이며 c^*는 c의 복소공역을 의미한다. $s = j\omega_0$에 대한 유수 c를 구하기 위해 제3장의 유수공식을 적용하면,

$$c = \left[(s - j\omega_0)Y(s)\right]_{s = j\omega_0} = \left[\frac{CsB(s)}{A(s)(s + j\omega_0)}\right]_{s = j\omega_0}$$

$$= \frac{j\,C\omega_0 B(j\omega_0)}{A(j\omega_0)(j2\omega_0)} = \frac{C}{2}\,G(j\,\omega_0)$$

가 얻어진다. 여기서 구한 c와 c^*를 식(5.40)에 대입하면 다음과 같이 된다.

$$Y(s) = \frac{\gamma(s)}{A(s)} + \frac{(C/2)\,G(j\,\omega_0)}{s - j\,\omega_0} + \frac{(C/2)\,G^*(j\,\omega_0)}{s + j\,\omega_0} \tag{5.41}$$

위 식에서 $G^*(j\,\omega_0)$는 $G(j\,\omega_0)$의 복소공역이다.

여기서 $\gamma(s)/A(s)$의 라플라스 역변환을 $y_1(t)$이라 두고 식(5.41)을 라플라스 역변환 하면

$$y(t) = y_1(t) + \frac{C}{2}\left[G(j\omega_0)e^{j\omega_0 t} + G^*(j\omega_0)e^{-j\omega_0 t}\right] \tag{5.42}$$

로 된다. 여기에

$$\beta e^{j\omega_0 t} + \beta^* e^{-j\omega_0 t} = 2|\beta|\cos(\omega_0 t + \angle\beta)$$

의 관계식을 적용하면 식(5.42)는 최종적으로 다음과 같이 표현할 수 있다.

$$y(t) = y_1(t) + C|G(j\omega_0)|\cos(\omega_0 t + \angle G(j\omega_0)),\ (t \ge 0) \tag{5.43}$$

만약 전달함수 $G(s)$가 안정하다면 식(5.43)의 오른쪽 첫 번째 항 $y_1(t)$는 $t \to \infty$에서 영으로 수렴할 것이다. 다시 말하면 $y_1(t)$은 $y(t)$의 과도응답 $y_{tr}(t)$을 나타내고 있는 것으로 볼 수 있다. 또한 정현파 신호를 나타내고 있는 식(5.43)의 오른쪽 두 번째 항은 시스템의 정상상태 응답 $y_{ss}(t)$을 나타내고 있다. 즉

$$y_{ss}(t) = C|G(j\omega_0)|\cos(\omega_0 t + \angle G(j\omega_0)),\ (t \ge 0) \tag{5.44}$$

식(5.44)로부터 정현파인 $u(t) = C\cos(\omega_0 t)$, $(t \ge 0)$의 입력에 대한 전달함수 $G(s)$의 정상상태 응답은 입력신호와 동일한 주파수 ω_0를 가지지만, 위상이 $\angle G(j\omega_0)$만큼 오른쪽

으로 이동하고 또 진폭이 $|G(j\omega_0)|$ 만큼 커진 정현파 신호로 된다는 것을 알 수 있다.

이러한 결과는 $t \to \infty$ 에서 정현파 입력에 대한 응답의 특성을 결정짓는 요소는 주어진 전달함수의 $s = j\omega_0$ 에서의 크기 $|G(j\omega_0)|$ 와 위상 $\angle G(j\omega_0)$ 이라는 것을 보여 주고 있다. 즉,

$$G(s)\Big|_{s=j\omega_0} = |G(j\omega_0)|e^{j\phi},\ \phi = \angle G(j\omega_0) \tag{5.45}$$ [13]

이다. 이로부터 전달함수 $G(s)$ 를 가지는 시스템에 주파수 ω_0 를 가지는 정현파 신호가 입력으로 인가되었을 때 $t \to \infty$ 에서의 출력은 전달함수 $G(s)$ 에 $s = j\omega_0$ 를 대입하였을 때의 크기와 위상에 의해 정해진다는 것을 알 수 있다. 이 점과 관련하여서는 제6장에서 자세히 언급하고 있으므로 참고 바란다.

[예제 5.13]

다음과 같은 1차의 전달함수를 가지는 시스템에 대하여 생각하여 보자.

$$G(s) = \frac{k}{s-p} \tag{①}$$

(해) $k > 0$과 $p < 0$을 가정하면 위 시스템은 안정하다. 즉, $k = -p = 1/RC$ 로 두면 [그림 5.23]의 전기회로에 대한 전달함수와 일치한다. 위 전달함수에서 $s = j\omega$ 를 대입하면

$$G(j\omega) = \frac{k}{j\omega - p}$$

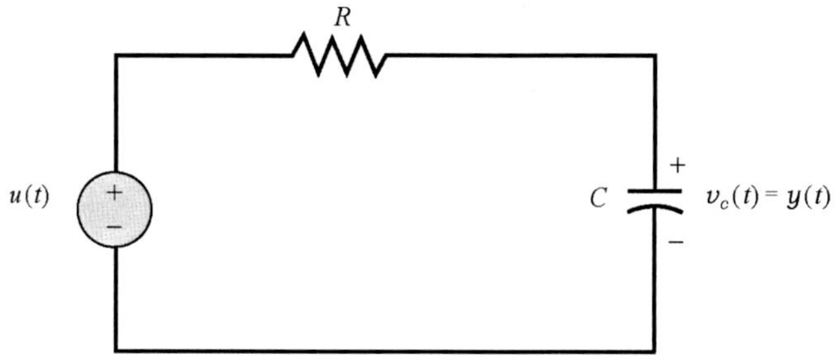

▲ 그림 5.23 [예제 5.13]의 전기회로(단, $k = -p = 1/RC$)

[13] 식(5.45)와 같이 라플라스 변환으로 얻어진 $G(s)$에 $s = j\omega$를 대입한 경우는, 푸리에 변환의 결과(식(3.12) 참고)와 구별하기 위하여 이후 $G(j\omega)$와 같이 주파수 ω에 허수 'j'를 첨가하기로 한다.

로 되므로 이에 대한 크기와 위상은 다음과 같이 계산된다.

$$|G(j\omega)|= \frac{|k|}{|j\omega - p|}= \frac{k}{\sqrt{\omega^2 + p^2}} \qquad ②$$

$$\angle G(j\omega)= -\angle(j\omega - p)= -\tan^{-1}\left(\frac{-\omega}{p}\right) \qquad ③$$

정현파 $u(t)= C\cos(\omega_0 t)$, $(t \ge 0)$ (초기값은 영)에 대한 출력응답은 ③을 이용하여 다음과 같이 계산 가능하다. 먼저 출력의 라플라스 변환은

$$Y(s)= G(s)U(s)= \frac{kCs}{(s-p)\left(s^2+\omega_0^2\right)}$$

로 되며 이것을 부분분수 전개한다.

$$Y(s)= \frac{\gamma}{s-p}+ \frac{c}{s-j\omega_0}+ \frac{c^*}{s+j\omega_0}$$

여기서 극 $s=p$ 에 대한 유수 γ 는 다음과 같이 계산된다.

$$\gamma= [(s-p)Y(s)]_{s=p}= \frac{kCp}{p^2+\omega_0^2}$$

이때 위 시스템의 과도응답은 다음과 같이 주어진다.

$$y_{tr}(t)= \gamma e^{pt}= \frac{kCp}{p^2+\omega_0^2}e^{pt},\ (t \ge 0)$$

따라서 위 시스템의 응답은 식(5.43)으로부터

$$y(t)= \frac{kCp}{p^2+\omega_0^2}e^{pt} + C|G(j\omega_0)|\cos(\omega_0 t + \angle G(j\omega_0)),\ (t \ge 0) \qquad ④$$

로 된다. 마지막으로 ②, ③을 ④에 대입하면 출력응답이 얻어진다.

$$y(t)= \frac{kCp}{p^2+\omega_0^2}e^{pt} + \frac{Ck}{\sqrt{p^2+\omega_0^2}}\cos\left(\omega_0 t - \tan^{-1}\left(\frac{-\omega_0}{p}\right)\right),\ (t \ge 0) \qquad ⑤$$

④는 입력 $u(t)= C\cos(\omega_0 t)$, $(t \ge 0)$ 에 대한 응답의 정확한 표현식이다. 그러나 $p<0$ 이므로 ④에서 과도응답 부분은 시간의 경과와 함께 영으로 수렴하게 된다. 이 경우 수렴의 속도는 극 p 의 복소평면에서의 위치에 따라 결정될 것이다.

여기서 예를 들어 $k=1$, $p=-1$ 및 입력을 $u(t)=10\cos(1.5t)$, $(t \ge 0)$로 가정한다. 이 경우 $C=10$, 및 $\omega_0 = 1.5$ [rad/sec]로 된다. 그러면

$$\gamma = \frac{(1)(10)(-1)}{1+(1.5)^2} = -3.08$$

$$|G(j1.5)| = 0.555, \ \angle G(j1.5) = -56.31^o$$

가 얻어지므로 출력은 ④로부터 다음 식으로 된다.

$$y(t) = -3.08e^{-t} + 5.55\cos(1.5t - 56.31^o), \ (t \ge 0) \qquad ⑥$$

응답을 얻기 위한 MATLAB 프로그램은 다음과 같으며, [그림 5.24]에 그 결과를 나타내었다.

⑥의 과도응답 성분인 $-3.08e^{-t}$의 영향은 [그림 5.24]의 응답곡선에서 대략 0 ~ 1[sec] 부분에 나타나 있는 것을 알 수 있다. 이것은 극 $s=-1$에 해당하는 시정수 T는 1초이므로 과도응답은 $t=1$ [sec]에서 과도응답의 원래 크기의 $1/e \approx 37\%$로 감소하기 때문이다. 또한 [그림 5.24]로부터 정상상태 응답 부분의 크기와 진폭은 ⑥의 계산결과와 일치하는 있음을 확인할 수 있다.

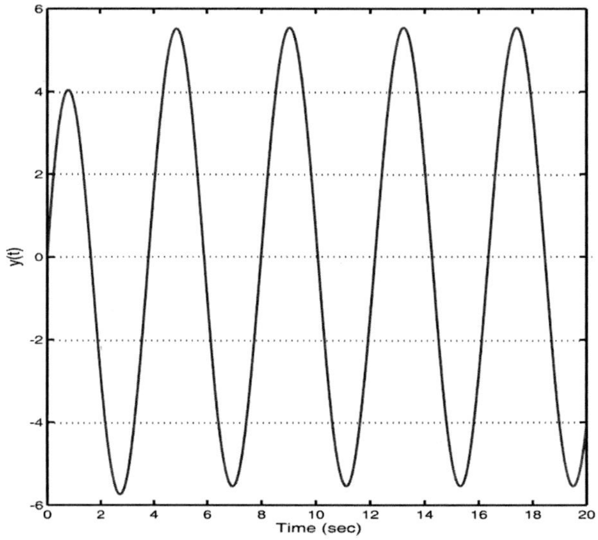

▲ 그림 5.24 [예제 5.13]에 대한 출력 응답

% [그림 5.24]

```
num=1;den=[1 1];
sys=tf(num,den);
t=0:0.05:20;u=10*cos(1.5*t);                        % cos 형식의 입력을 준비
y=lsim(sys,u,t);                                    % 정현파 입력에 대한 출력
plot(t,y),xlabel(' Time (sec)'),ylabel('y(t)')      % [그림 5.24]
%
```

5.6.2 임의의 입력에 대한 응답

앞에서 설명한 정현파 입력에 대한 응답과 5.3절의 단위 계단응답을 구하는 과정을 적절히 활용하면 임의의 입력에 대한 응답을 다음과 같이 계산할 수 있다. 임의의 입력 $u(t)$ 의 라플라스 변환 $U(s)$는 유리함수이므로 $U(s)= C(s)/D(s)$ 와 같이 표현할 수 있다. 단, $C(s)$ 와 $D(s)$는 s의 다항식이며, 동시에 $C(s)$ 의 차수는 항상 $D(s)$의 차수보다 작다. 이러한 관계설정을 이용하면 입력 $U(s)$의 극은 분모다항식 $D(s)= 0$의 근이다.

전달함수 $G(s)= B(s)/A(s)$를 가지는 시스템에 입력 $u(t)$가 인가되었을 경우 출력의 라플라스 변환은 다음과 같다. 단, 시스템의 초기값은 영으로 가정한다.

$$Y(s)= \frac{B(s)C(s)}{A(s)D(s)}$$

만약 입력 $U(s)$와 전달함수 $G(s)$가 동일한 극을 가지지 않는다면 $Y(s)$는[14]

$$Y(s)= \frac{E(s)}{A(s)}+ \frac{F(s)}{D(s)} \tag{5.46}$$

와 같이 전개 가능하다. 단, $E(s)$와 $F(s)$는 s의 다항식이다. 식(5.46)의 양변에 라플라스 역변환을 수행하면 다음과 같다.

$$y(t)= y_1(t)+ y_2(t) \tag{5.47}$$

단

$$y_1(t)= \mathcal{L}^{-1}[E(s)/A(s)],\ \ y_2(t)= \mathcal{L}^{-1}[F(s)/D(s)]$$

이다. 여기서 주목하여야 할 것은 $y_1(t)$의 모양은 전달함수 $G(s)$의 극, $y_2(t)$는 입력 $U(s)$

[14] 이 경우 $G(s)$의 극(또는 영점)과 $U(s)$의 영점(또는 극)이 동일한 값을 가지지 않는다는 조건도 필요하다.

의 극의 위치에 따라 완전히 결정된다는 점이다. 따라서 시스템이 안정하다면 $t \to \infty$ 에서 $y_1(t)$ 은 영으로 수렴하게 될 것이다. 즉, $y_1(t)$은 출력응답 $y(t)$의 과도응답 부분을 이루고 있다는 점이다.[15] 다시 말하면 출력의 과도응답(즉, $y_1(t)$ 부분) 성분은 입력의 종류에 관계없이 시스템이 가지는 극에 의해서만 정해진다는 사실이다.

만약 $U(s)$ 가 허수축 $j\omega$ 상에 극을 가진다면, 이 극은 $y_2(t)$ 의 라플라스 변환에 나타나게 될 것이며, 시간이 경과하더라도 영으로 수렴하지는 않을 것이다. 따라서 $y_2(t)$ 는 출력의 정상상태 응답 부분으로 된다. 또한 $y_2(t)$ 의 형태는 시스템의 전달함수 $G(s)$ 의 특성과는 관계없이 오로지 입력의 라플라스 변환 $U(s)$ 의 극에만 의존한다는 사실에 유의하여야 한다.

[예제 5.14]

전달함수 $G(s)$ 가 두 개의 실수극 a, b 와 한 쌍의 복소극 $\sigma \pm jc$ 를 가지는 것으로 가정한다. 단, $a<0, b<0$, 및 $\sigma<0$ 로 두어, 안정한 시스템으로 가정한다. 여기에 라플라스 변환 값이 $U(s)$인 입력이 인가되었었다고 한다. 단, 입력의 극은 전달함수의 극과 공통인 것을 가지지 않는 것으로 한다. 이때 출력의 과도응답은

$$y_{tr}(t)=k_1e^{at}+k_2e^{bt}+k_3e^{\sigma t}\cos(ct+\theta),\ (t \ge 0) \qquad ①$$

로 된다. 위 식에서 k_1, k_2, k_3 및 θ 는 모두 정수이며 주어진 시스템의 영점과 입력에 따라 결정된다. 이때 입력 $u(t)$ 의 종류에 따른 출력의 완전한 모양을 ①을 이용하여 결정하여 보자.

(해) 만약 $u(t)$ 가 계단함수라면, 출력응답의 완전한 형식은 다음과 같이 될 것이다.

$$y(t)=k_1e^{at}+k_2e^{bt}+k_3e^{\sigma t}\cos(ct+\theta)+A,\ (t \ge 0)$$

만약 $u(t)$ 가 램프신호 $u(t)=t \cdot 1(t)$ 라면 출력의 완전한 형식은

$$y_{tr}(t)=k_1e^{at}+k_2e^{bt}+k_3e^{\sigma t}\cos(ct+\theta)A+Bt,\ (t \ge 0)$$

로 된다. 단 A 와 B 는 정수이다. 또 $u(t)$가 주파수 ω_0를 가지는 정현파 신호인 경우의 출력의 완전한 형식은 적절한 크기의 정수 B 와 ϕ 에 대하여 다음과 같이

15 실제로는 $y_2(t)$ 부분에도 과도응답 성분이 존재할 수도 있다.

될 것이다.

$$y_{tr}(t) = k_1 e^{at} + k_2 e^{bt} + k_3 e^{\sigma t}\cos(ct + \theta) + B\cos(\omega_0 t + \phi),\ (t \geq 0)$$

위 세 가지 경우에 있어 $k_i, (i = 1,2,3)$은 물론 서로 다른 값을 가진다는 점에 유의한다.

연 습 문 제

1 시스템이 다음과 같은 전달함수를 가진다고 한다. 이때 다음의 각 물음에 답하라.

$$G(s)=\frac{8}{s+4}$$

(a) 아래의 입력에 대한 시스템의 응답을 계산하고 이때 과도응답과 정상상태 응답을 구별하여 표시하여라.

i) $u(t)=1(t)$ ii) $u(t)=t \cdot 1(t)$

iii) $u(t)=2\sin(2t) \cdot 1(t)$ iv) $u(t)=2\sin(10t) \cdot 1(t)$

(b) MATLAB을 사용하여 위 식의 입력에 대한 응답을 구하고 이것을 그림으로 그려 보라.

2 다음과 같은 전달함수를 가지는 시스템이 있다. 아래의 각 물음에 답하라.

(i) $G(s)=\dfrac{32}{s^2+4s+16}$ (ii) $G(s)=\dfrac{32}{s^2+8s+16}$ (iii) $G(s)=\dfrac{32}{s^2+10s+16}$

(a) 위 시스템이 감쇄정수를 구하여, 부족제동, 임계제동 및 과제동으로 분류하라.

(b) 각 시스템의 단위계단 응답의 모양을 개략적으로 나타내고 그 이유를 간단하게 설명하라.

(c) MATLAB을 이용하여 단위계단 응답을 수학적으로 계산하고, 이것을 그림으로 그려서 위 문제(b)의 결과와 비교하여 보라.

3 선형 시불변 시스템이 다음과 같은 전달함수를 가지는 것으로 한다.

$$G(s)=\frac{s^2+1}{(s+1)(s^2+2s+17)}$$

아래와 같은 입력이 위 시스템에 인가되었을 때 출력의 과도응답 $y_{tr}(t)$ 과 정상상태 응답 $y_{ss}(t)$ 를 계산하라.

(a) $u(t)=1(t)$ 이며 시스템이 초기 에너지를 가지지 않는 것으로 한다.

(b) $u(t)=\cos(t), (t \geq 0)$ 이며 시스템이 초기 에너지를 가지지 않는 것으로 한다.

(c) $u(t)=\cos(4t),\ (t \geq 0)$ 이며 시스템이 초기 에너지를 가지지 않는 것으로 한다.

4 [그림 P5.4]와 같이 주어진 RLC 전기회로에 대하여 생각하여 보자. 이 회로의 입력은 인가전압 $u(t)$이며, 출력은 저항 R에 걸리는 전압 $y(t)$로 한다. 이때 이 회로의 전달함수 $G(s)$를 구하라. 또한 이 시스템의 감쇄비가 $\zeta=1$로 되며, 동시에 전달함수가 주파수 $\omega=20$ [rad/sec]에서 3dB의 특성을 가지는 저역통과 필터, 즉 $|G(\omega)|\geq(0.707)|G(0)|$, $(0\leq\omega\leq 20)$ 의 특성을 보일 수 있도록 R과 L의 값을 결정하라.

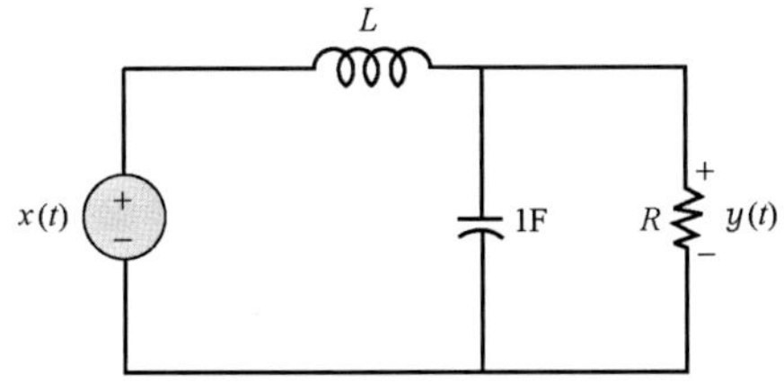

▲ 그림 P5.4

5 질량, 스프링 및 대시포트(마찰)로 이루어진 시스템의 미분 방정식은 다음과 같이 주어진다.

$$M\frac{d^2y(t)}{dt^2}+D\frac{dy(t)}{dt}+Ky(t)=u(t)$$

위 식에서 M은 질량, D는 마찰계수 및 K는 스프링 상수이고, $u(t)$는 질량에 가해진 힘이며 $y(t)$는 입력으로 인한 질량의 변위를 각각 나타내고 있다.

(a) i) $M=1, D=50.4$, 및 $K=3969$, ii) $M=2, D=50.4$, 및 $K=3969$인 두 경우에 대하여 위 시스템의 극의 위치를 각각 계산하여 이것을 s 평면에 표시하여라. 또, 각 시스템의 고유 진동수와 시정수를 각각 계산한 뒤, 두 시스템의 과도응답에 대하여 설명하여라.

(b) MATLAB을 사용하여 문제(a)의 두 시스템에 대한 임펄스응답을 계산하고 이것을 문제(a)의 결과와 비교하여 보라.

(c) i) $M=1, D=50$, 및 $K=15,876$, ii) $M=2, D=50.4$, 및 $K=15,876$인 경우에 위 문제(a), (b)를 되풀이하라.

6 전달함수가 다음과 같이 주어진 시스템이 단위 피드백을 구성하고 있다([그림 5.21] 참조. 단 $H(s)=1$).

$$G(s)=\frac{K}{s(s+\sqrt{2K})}$$

(a) 이 시스템의 오버슈터와 정정시간(2%의 기준 사용)을 계산하라.

(b) 정정시간이 1초 이내로 될 수 있도록 하는 K의 범위를 계산하라.

7 [그림 P5.7]로 주어진 시스템에 대하여 아래의 각 물음에 답하라.

(a) 시스템이 5% 이내의 정상 상태 오차를 가지기 위한 이득 K의 최소값을 결정하라.

(b) 문제(a)의 결과 K가 결정되었다고 한다. 이때 이 시스템에 단위계단 모양의 외란, 즉, $D(s)=1/s$에 대한 정상상태 오차 $e(t)$는 어떻게 되는가? 또한 이 경우 문제(a)에서 설정한 5% 이내의 오차 조건을 계속 만족시킬 수 있는지의 여부를 확인하고 그 이유를 설명하라.

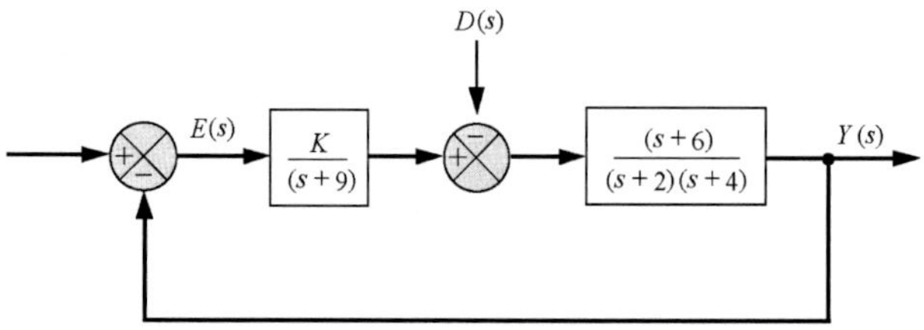

▲ 그림 P5.7

8 폐루프시스템의 전달함수가 다음과 같이 주어져 있다.

$$T(s)=\frac{Y(s)}{U(s)}=\frac{96(s+3)}{(s+8)(s^2+8s+36)}$$

(a) 단위 계단입력에 대한 정상상태 오차를 구하라.

(b) 위 시스템이 가지는 두 개의 복소수 극을 우세극이라고 가정하고, 위 시스템에 대한 오버슈터와 정정시간(2% 기준)을 계산하라.

(c) MATLAB을 이용하여 그림을 그려 보고, 위 계산 결과와 비교하여 보라.

9 어떤 시스템의 블록선도가 [그림 P5.9]와 같이 주어져 있다.

(a) 램프 입력 $r(t)=t,\ (t \geq 0)$에 대한 시스템의 정상상태 오차를 계산하라.

(b) $K_m=10$ 및 $K_b=0.05$로 두었을 때, 문제(a)의 입력에 의한 정상상태 오차가 1로 되기 위한 K를 결정하라.

(c) MATLAB를 이용하여 램프입력에 대한 출력응답을 그려 보고, 문제(b)의 결과와 비교하여 보라.

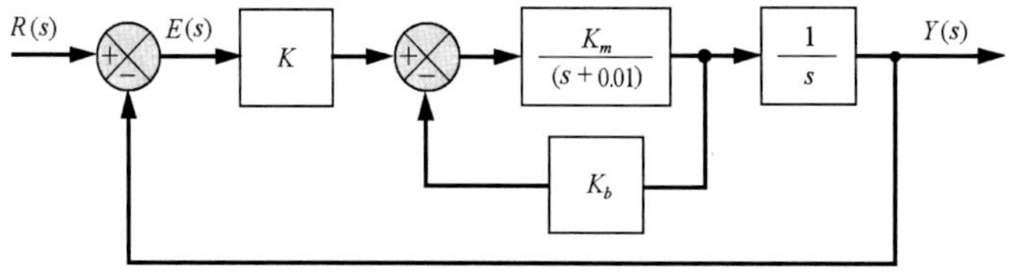

▲ 그림 P5.9

제 6 장 주파수 응답에 의한 시스템의 이해

여기서는 제2장에서 설명한 푸리에 급수와 푸리에 변환을 선형이며 시불변(LTI)인 시스템에 적용하여, 선형 시스템은 정현파 입력에 대하여 역시 정현파이지만 크기와 위상이 달라진 출력을 가진다는 중요한 결론을 유도한다. '주파수 응답 함수(frequency response function)'라는 표현은 이러한 관계로부터 얻어진 것이다. 먼저 주기신호와 비주기신호가 시스템의 입력으로 인가되었을 때, 시스템이 가지는 주파수 응답 특성과의 관련성을 푸리에 변환과 컨볼류션 적분 등을 이용하여 나타내고, 향후 제어기의 설계에 있어 주파수 특성의 중요성을 설명한다. 후반부에서는 시스템의 주파수 응답 특성을 얻는 방법과 이것을 시스템의 해석 문제에 적용할 수 있는 방법 등에 대하여 자세히 언급한다.

6.1 선형 시스템의 응답 해석

6.1.1 LTI 시스템의 주파수 응답

여기서는 선형 시불변(LTI) 시스템에 정현파 신호가 인가되었을 경우의 출력응답을 구하는 방법에 대하여 알아본다. 제4장에서 언급한 바와 같이, 입력 $x(t)$ 에 대한 LTI 시스템의 출력 $y(t)$ 는 일반적으로 컨볼류션 적분을 이용하여 나타낼 수 있다. 즉

$$y(t)= g(t) * x(t)= \int_0^{\infty} g(\tau)x(t-\tau)d\tau \tag{6.1}$$

이다. 여기서 $g(t)$ 는 LTI 시스템의 임펄스응답이다. 식(6.1)의 전제 조건으로서 입력 $x(t)$ 가 인가되기 이전의 시스템은 초기 에너지를 가지고 있지 않는 것으로 한다(즉, 초기값이 영이다). 또한 식(6.1)의 적분이 성립할 수 있도록 주어진 시스템은 안정이라고 가정한다. 이것은 임펄스응답 $g(t)$ 가 절대 적분가능 조건, 즉

$$\int_0^{\infty} |g(t)|dt < \infty \tag{6.2}$$

을 만족하고 있는 것으로 해석할 수 있다. 특히 식(6.2)의 조건은 제2장에서 언급한 푸리에 변환이 존재하기 위한 조건인 식(2.59)와 같은 차원으로 해석할 수 있다.

입력으로 cosine(또는 sine) 신호가 인가되었을 경우에 대한 LTI 시스템의 출력에 대한 수식표현을 얻기 위해서는, 다음과 같은 복소 지수신호

$$x(t)= Ae^{j\theta} e^{j\omega t},\ (0 < t < \infty) \tag{6.3}$$

를 이용하는 것이 편리하다. 즉 식(6.3)을 식(6.1)에 대입하면

$$\begin{aligned} y(t) &= g(t) * x(t) \\ &= \int_0^{\infty} g(\tau) Ae^{j\theta} e^{j\omega(t-\tau)} d\tau \\ &= \left(\int_0^{\infty} g(\tau) e^{-j\omega\tau} d\tau\right) Ae^{j\theta} e^{j\omega t} \\ &= G(\omega) Ae^{j\theta} e^{j\omega t} = G(\omega) x(t) \end{aligned} \tag{6.4}$$

로 된다. 단 식(6.4)에서 $G(\omega)$는 식(3.11)과 (3.12)로 정의된다. 이로부터 출력은 입력과 동일한 주파수를 가지는 복소지수 신호이지만, 그의 크기와 위상은 복소함수인 $G(\omega)$에 따라 달라질 것이라는 것을 알 수 있다. 다음 예제를 보자.

[예제 6.1]

LTI 시스템으로의 입력이 $x(t)= 10e^{j3\pi t}$ 이며, 시스템은 $\omega = 3\pi$ 에서 $2-j2$ 의 값을 가진다고 한다. 이때 출력은 식(6.4)에 의해 $y(t)= Be^{j\theta} e^{j3\pi t}$ 로 된다. 여기서 $G(3\pi)= 2-j2$, 즉

$$G(3\pi)= 2-j2 = 2\sqrt{2}\, e^{-j\pi/4}$$

이므로 출력은

$$y(t)= \left(2\sqrt{2}\, e^{-j\pi/4}\right)10e^{j3\pi t} = 20\sqrt{2}\, e^{j(3\pi t - \pi/4)}$$

로 된다. 따라서 출력은 크기가 $20\sqrt{2}$ 이며 위상이 $-\pi/4$ 를 가지는 복소지수 신호이다.

식(6.4)는 입력이 주파수 ω를 가지는 복소지수 신호라면 출력 역시 동일한 주파수를 가지는 복소지수 신호이지만, 출력의 크기와 위상은 입력의 주파수에 따라 달라진다는 것을

보여주고 있다. 이로부터 다음 요점을 얻는다.

[요점 6.1] 복소 지수신호 입력에 대한 응답특성

주파수 ω_0를 가지는 복소 지수신호인 $x(t)= Ae^{j\theta} e^{j\omega_0 t}$가 시스템에 인가되었을 때, 출력응답은 입력 $x(t)$와 시스템의 푸리에 변환 $G(\omega)$에 $\omega = \omega_0$를 대입한 $G(\omega_0)$와의 곱, 즉 $G(\omega_0)x(t)$로 주어진다. 따라서 출력 역시 입력과 동일한 주파수 ω_0를 가지는 복소 지수함수로 되지만, 복소함수인 $G(\omega_0)$로 인해 그 크기나 위상은 입력의 그것과는 다른 값을 가진다.

[요점 6.1]에서 언급한 바와 같이 $G(\omega)$는 복소함수이기 때문에 크기와 위상을 가지며, 이는 주파수 ω에 따라 변동한다. 이로 인해 LTI 시스템의 $G(\omega)$를 주파수 응답(frequency response)이라고 한다.

[예제 6.2]

시스템의 임펄스응답이 $g(t)= 2e^{-2t} \cdot 1(t)$라고 한다. 이 시스템의 주파수 응답은

$$G(\omega) = \int_0^{\infty} 2e^{-2t} \cdot 1(t)e^{-j\omega t}\,dt$$

$$= \frac{2e^{-2t-j\omega t}}{-2-j\omega}\Bigg|_0^{\infty} = 0 - \frac{2}{-2-j\omega}$$

$$= \frac{2}{2+j\omega}$$

로 계산된다.

6.1.2 정현파 신호에 대한 응답

앞에서 언급한 내용을 요약하면 [그림 6.1]과 같이 나타낼 수 있을 것이다. 그러나 대부분의 경우, 복소지수 신호의 합으로 표현되는 sine 또는 cosine과 같은 신호가 동시에 인가되었을 경우의 응답이 요구된다. 여기서는 이러한 신호의 입력에 대한 응답을 계산하여 보기로 한다. 이를 이용하여 푸리에 변환과 주파수 응답과의 관련성을 살펴보기로 한다.

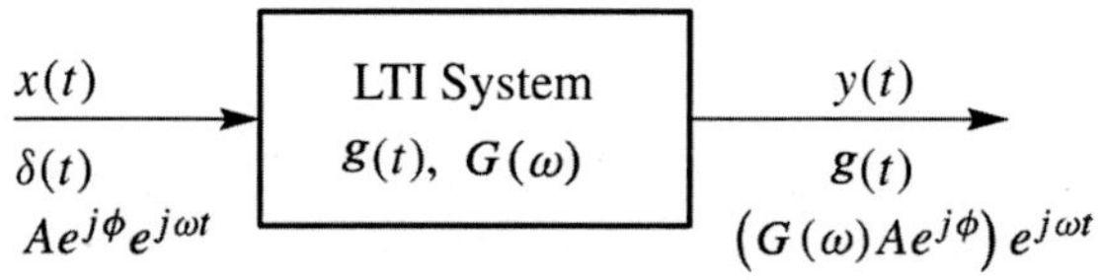

▲ 그림 6.1 복소지수 신호의 입력에 대한 LTI 시스템의 출력

식(6.4)의 관계를 기본으로 하여 입력이 cosine 신호, 즉

$$u(t) = A\cos(\omega t + \theta),\ (0 \le t < \infty) \tag{6.5}$$

와 같이 주어졌을 경우의 출력 $y(t)$를 유도하여 보자. 먼저 식(6.3)에 오일러의 정리를 적용하면

$$x(t) = A\cos(\omega t + \theta) + jA\sin(\omega t + \theta) \tag{6.6}$$

로 되며, 여기에 식(6.5)를 대입하면 식(6.6)은

$$x(t) = u(t) + jA\sin(\omega t + \theta) \tag{6.7}$$

로 된다. 이로부터 입력 $u(t)$는 복소 지수신호인 $x(t)$의 실수부로 된다는 것을 알 수 있다. 즉, 이를 수학적으로 표현하면 다음과 같다.

$$u(t) = \mathrm{Re}\,[x(t)]$$

이제 입력으로 $x(t)$가 시스템에 인가되었을 경우의 출력 $y_c(t)$을 계산하여 보자. 식(6.7)을 식(6.1)에 대입하면

$$y_c(t) = \int_0^\infty g(\tau)\,[u(t-\tau) + jA\sin(\omega(t-\tau)+\theta)]\,d\tau$$

로 되며, 시스템이 선형이라는 사실을 적용하면 위 식은

$$y_c(t) = \int_0^\infty g(\tau)u(t-\tau)d\tau + j\int_0^\infty g(\tau)A\sin(\omega(t-\tau)+\theta)d\tau \tag{6.8}$$

와 같이 분리할 수 있다. 마지막으로 식(6.8)의 실수부를 취하면

$$\mathrm{Re}\,[y_c(t)] = \int_0^\infty g(\tau)u(t-\tau)d\tau$$

로 되어 결국

$$\mathrm{Re}\,[y_c(t)] = y(t) \tag{6.9}$$

로 되는 것을 확인할 수 있다. 이는 $u(t) = \mathrm{Re}\,[x(t)]$ 를 인가하면 시스템의 선형성으로 인해 출력은 $y(t) = \mathrm{Re}\,[y_c(t)]$ 로 된다는 것을 보여주고 있다. 다시 말하면 $y_c(t)$ 는 입력으로 식(6.6)(또는 식(6.3))이 인가되었을 경우의 출력이므로 식(6.4)로부터

$$y_c(t) = G(\omega) A e^{j(\omega t + \theta)} \tag{6.10}$$

으로 되며, 이것의 실수부를 취하기 위해서는 먼저 복소함수인 $G(\omega)$ 를 다음과 같이 크기와 위상으로 분류할 필요가 있다. 즉,

$$G(\omega) = |G(\omega)| e^{j\phi(\omega)} \tag{6.11}$$

이다. 여기서 $|G(\omega)|$ 는 $G(\omega)$ 의 크기를 의미하고 $\phi(\omega)$ 는 $G(\omega)$ 의 위상 $\angle G(\omega)$ 을 나타낸다. 식(6.11)을 식(6.10)에 대입하면

$$\begin{aligned} y_c(t) &= \{|G(\omega)| e^{j\phi(\omega)}\} A e^{j(\omega t + \theta)} \\ &= A|G(\omega)| e^{j(\omega t + \theta + \phi(\omega))}\} \end{aligned} \tag{6.12}$$

로 된다. 그런데

$$y(t) = \mathrm{Re}\,[y_c(t)] = \mathrm{Re}\,[G(\omega) x(t)]$$

의 관계가 성립되고 있으므로 식(6.12)에서 실수부를 취하면

$$y(t) = A|G(\omega)| \cos(\omega t + \theta + \phi(\omega)),\ (0 \le t < \infty) \tag{6.13}$$

가 얻어진다. 식(6.13)은 주파수 ω 를 가지는 cosine 신호 $u(t) = A\cos(\omega t + \theta)$ 가 시스템에 인가되었을 경우, 출력 $y(t)$ 의 주파수는 입력과 동일하지만 크기와 위상은(입력과는 무관하고) 시스템이 가지는 특징으로 인해 각각 $|G(\omega)|$ 및 $\phi(\omega)$ 만큼 변동한다는 것을 보여주고 있다. 이 사실은 선형 시스템의 주파수 영역 해석에 있어 기본을 이루고 있다.

[요점 6.2] 주파수 응답함수(frequency response function)

주파수 ω 를 가지는 cosine(또는 sine) 신호의 입력에 대한 LTI 시스템의 응답은, 식(3.11)로 주어지는 시스템의 푸리에 변환식 $G(\omega)$ 로부터 직접 계산되기 때문에 $G(\omega)$ 를 주파수 응답함수라고 한다. 이 함수는 복소수이기 때문에 크기와 위상을 가진다. 따라서 주파수 응답은 입력 주파수의 변화에 따른 출력의 크기와 위상을 결정하는 두 종류, 즉 크기응답과 위상응답으로 이루어진다.

[예제 6.3]

주파수 응답함수 $G(\omega)$ 가 주파수 범위 $0 \le \omega \le 20$ 에서는 $|G(\omega)| = 1.5$, $\omega \ge 20$ 에서는 $|G(\omega)| = 0$ 으로 주어지며, 위상은 전 주파수에서 $\angle G(\omega) = -60^o$ 라고 한다. 이때 입력으로 $u(t) = 2\cos(10t + 90^o) + 5\cos(25t + 120^o)$ 가 시간 $0 \le t < \infty$ 에서 주어졌을 경우, 출력은 $y(t) = 3\cos(10t + 30^o)$ 로 된다.

[예제 6.4]

[그림 6.2]로 주어진 RC 회로에 대하여 생각하여 보자. 그림에 표시된 바와 같이 입력은 회로에 인가된 전압 $v(t)$ 이며 캐퍼시터 양단에 걸리는 전압을 출력 $y(t)$ 로 한다. 이때 이 시스템의 주파수 응답을 계산하여 보자.

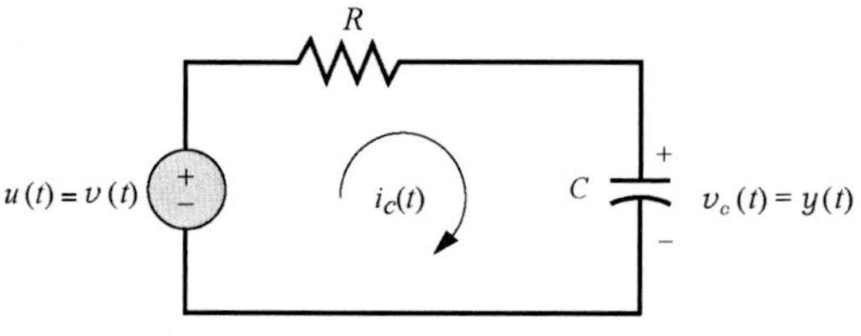

▲ 그림 6.2 [예제 6.4]의 RC 회로

(해) 이런 종류의 회로를 해석하는 방법으로써 여러 가지가 있으나 여기서는 전기회로의 해석에 있어 가장 기본적인 복소 임피던스의 개념을 이용하기로 한다(부록(C) 참조). 이에 의하면 콘덴서의 복소 임피던스는 $1/(Cs)$(단, $s = \sigma + j\omega$ 이다.)로 주어지므로, 입력으로 복소 지수신호인 $v(t) = e^{st}$ 가 주어졌을 경우,[1] 캐퍼시터 양단에 걸리는 전압은 전압분배의 법칙에 의해

$$y_c(t) = \frac{1/(Cs)}{R + 1/(Cs)} e^{st} = \frac{1/(RC)}{s + 1/(RC)} e^{st} \quad ①$$

으로 된다. 여기서 $s = j\omega$ 로 두고 그 결과를 식(6.10)과 비교하면 다음이 얻어진다.

$$G(\omega) = \frac{1/(RC)}{j\omega + 1/(RC)} = \frac{1}{j(\omega/\omega_B) + 1} \quad ②$$

단, $\omega_B = 1/(RC)$ 이다. 따라서 주파수 응답함수의 크기와 위상은 각각

$$|G(\omega)| = \frac{\omega_B}{\sqrt{\omega^2 + \omega_B^2}}, \quad \phi(\omega) = -\tan^{-1}(\omega/\omega_B) \quad ③$$

[1] 식(6.3)으로 주어진 복소 지수신호에서 크기 A 를 $A = e^{\sigma t}$ 로 정의하면 입력을 $v(t) = e^{st}$ 로 둘 수 있다.

로 된다. 주파수 ω를 적당히 변동시켜서 얻어지는 크기와 위상을 그래프로 나타낸 것이 [그림 6.3]이다. 그림으로부터 어떤 특정한 주파수를 가지는 cosine 신호가 입력으로 인가되었을 경우, 시스템의 크기와 위상은 ③에 주파수 값을 대입하면 쉽게 구할 수 있다. 예를 들어 $RC=0.001$로 두고 $\omega=0$이면 식(6.13)과 ③에 의해 출력은

$$y_1(t)= A\,|G(0)|\cos(0t+\theta+0)= A\cos(\theta),\ (0 \le t < \infty) \qquad ④$$

이며, 또 $w=1000$ [rad/sec] 및 $w=3000$ [rad/sec]인 경우는 각각 다음으로 된다.

$$\begin{aligned} y_2(t) &= A\,|G(1000)|\cos(1000t+\theta+\phi(1000))= A\cos(\theta) \\ &= A\,(0.707)\cos\left(1000t+\theta-45^o\right),\ (0 \le t < \infty) \end{aligned} \qquad ⑤$$

$$\begin{aligned} y_2(t) &= A\,|G(3000)|\cos(3000t+\theta+\phi(3000))= A\cos(\theta) \\ &= A\,(0.316)\cos\left(3000t+\theta-71.6^o\right),\ (0 \le t < \infty) \end{aligned} \qquad ⑥$$

마지막으로 주파수가 무한대로 접근하면 ③으로부터 크기 $|G(\omega)|$가 영으로 수렴하므로 출력은 영으로 될 것이다.

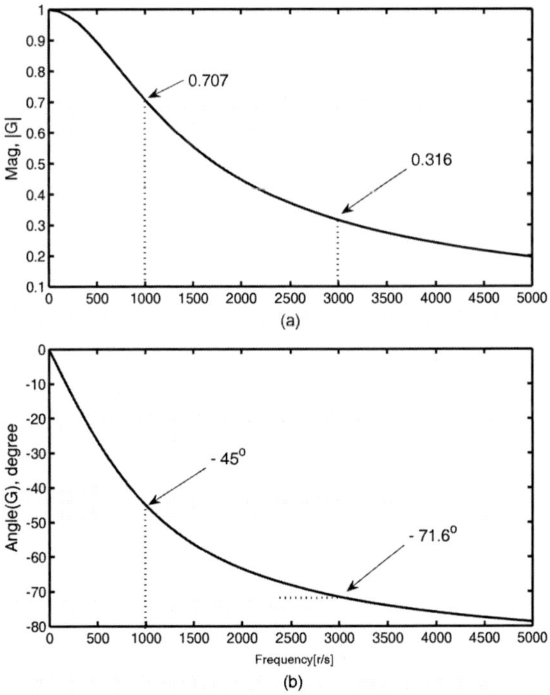

▲ 그림 6.3 [예제 6.4]의 RC 회로의 (a) 크기, (b) 위상 곡선 ($\omega_B=1000$인 경우)

④로부터 입력의 주파수가 영, 즉 시간에 관계없이 일정한 값을 가지는 신호 $u(t) = A\cos(\theta)$ 가 입력으로 인가되었을 경우의 출력은 입력과 동일한 신호를 출력으로 내보내고 있다는 것을 알 수 있다. 이로부터 RC 회로에 인가되는 직류성분은 크기의 감소나 위상지연 등의 변환 없이 그대로 통과된다는 사실이 확인되었다. 또한 ⑤, ⑥으로부터, 만약 RC 회로에 인가되는 입력의 주파수를 증가시키는 경우 출력의 크기는 감소하며 동시에 위상의 지연은 점점 더 커진다는 것을 알 수 있다. 마지막으로 입력의 주파수가 $\omega \to \infty$ 로 된다면 출력의 크기는 영으로, 위상은 -90° 로 수렴한다([그림 6.3] 참조).

%[예제 6.4]

```
RC=0.001;                                      % RC 값의 지정
w=linspace(0,5000,50);                         % 주파수 축의 결정(0에서 5kHz까지)
G=(1/RC)./(j*w+1/RC);                          % 주파수 함수 ②의 지정
magG=abs(G);                                   % 크기 계산
angG=180*angle(G)/pi;                          % 위상 계산(degree)
subplot(211), plot(w,magG),ylabel('Mag, |G|')  % [그림 6.3]
subplot(212),plot(w,angG)
ylabel('Angle(G), degree'),xlabel('Frequency [r/s]')
%
```

위의 예제의 결과로부터 RC 회로의 작용을 다음과 같이 요약할 수 있을 것이다. 즉 RC 회로는 낮은 주파수의 신호에 대해서는 특별한 크기의 감소나 심각한 위상지연 없이 통과시키지만, 주파수가 증가하면 크기의 감소나 위상지연이 크게 된다. 특히 입력의 주파수가 아주 크게 되면(즉, $\omega \to \infty$) RC 회로는 그 신호를 통과시키지 않는 블로킹(blocking) 작용을 한다. 이러한 특성으로 인해 RC 회로는 일종의 '저역통과 필터(low-pass filter)'의 작용을 한다고 볼 수 있다. [예제 6.4]의 ④~⑥의 결과를 보면 상기 RC 회로는 대략 $\omega = 1000$ [rad/sec] 정도의 주파수는 심각한 크기 감소나 위상지연 없이 통과시키고 있으므로 RC 회로의 저역통과 필터의 대역폭(bandwidth) ω_B 은 1000[rad/sec]라고 볼 수 있다.

상기 RC 회로의 특성을 좀 더 조사하기 위하여 다음과 같이 주파수가 다른 두 종류의 정현파로 구성된 신호에 대한 응답을 구하여 보자.

$$u(t) = A_1 \cos(\omega_1 t + \theta_1) + A_2 \cos(\omega_2 t + \theta_2)$$

RC 회로의 선형성으로 인해 출력 $y(t)$ 는

$$y(t) = A_1|G(\omega_1)|\cos(\omega_1 t + \theta_1 + \phi_1(\omega_1)) + A_2|G(\omega_2)|\cos(\omega_2 t + \theta_2 + \phi_2(\omega_2))$$

와 같이 표현할 수 있다. 저역통과의 특성을 보기 위하여 입력으로

$$u(t) = \cos(1000t) + \cos(3000t)$$

가 인가되었을 경우 출력을 MATLAB를 이용하여 계산한 것이 [그림 6.4]이다. 단, $RC=0.001$ 이다. 그림에서 알 수 있는 바와 같이 낮은 주파수의 입력에 대한 출력의 크기는 거의 변화가 없으나 높은 주파수의 경우는 회로가 가지는 저역통과 특성으로 인해 그 크기가 상당 부분 감소되어 나타나고 있음을 볼 수 있다.

%[그림 6.4]

```
RC=0.001;
t=-0.1:0.2/1000:0.1;
w1=100;w2=3000;
Gw1=(1/RC)/(j*w1+1/RC);Gw2=(1/RC)/(j*w2+1/RC);
u=cos(w1*t)+cos(w2*t);
y=abs(Gw1)*cos(w1*t+angle(Gw1))+abs(Gw2)*cos(w2*t+angle(Gw2));
%
subplot(2,1,1),plot(t, u,'k'),xlabel(' Time(sec)'),ylabel(' u(t) ')
subplot(2,1,2),plot(t, y,'k'),xlabel(' Time(sec)'),ylabel(' y(t) ')
```

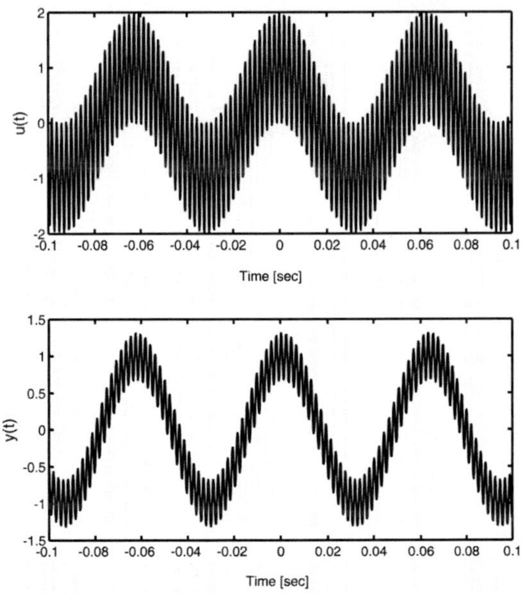

▲ 그림 6.4 RC 회로의 (a) 입력, (b) 출력($RC=0.001$)

[예제 6.5] 질량 - 스프링 - 마찰 시스템

제4장의 기계 시스템의 수식모델을 유도하는 과정에서 다룬 질량 - 스프링 - 마찰로 이루어진 시스템(그림 6.5)의 주파수 응답에 대하여 생각하여 보자.

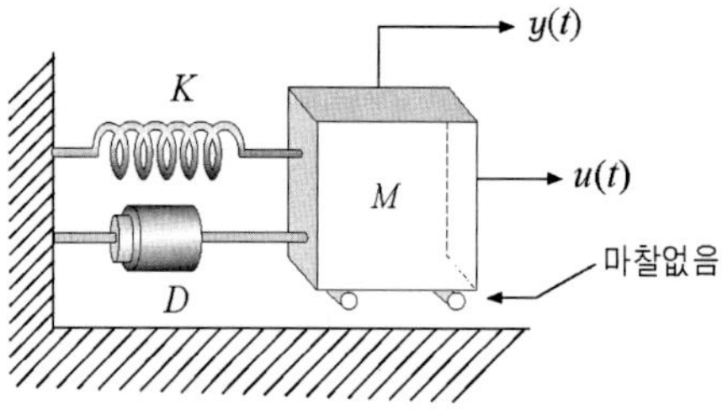

▲ 그림 6.5 질량 · 스프링 · 마찰로 이루어진 시스템

(해) 제5장에서 이미 설명한 바와 같이 상기 시스템의 운동방정식은

$$M\frac{d^2y(t)}{dt^2}+D\frac{dy(t)}{dt}+Ky(t)=u(t) \quad ①$$

로 주어진다. 여기서 M은 대차의 질량, D는 마찰 및 K는 스프링 상수를 각각 나타내고 있다. 또, $y(t)$는 대차가 움직인 거리로서 출력을, $u(t)$는 대차에 인가된 힘으로 입력을 각각 의미하고 있다. 주파수 응답을 얻기 위하여 복소 지수신호인 $u_c(t)=e^{j\omega t}$가 인가 되었을 때 출력은 $y_c(t)=G(\omega)e^{j\omega t}$의 형태로 나타낼 수 있을 것이다. 이때 $G(\omega)$는 상기 시스템의 주파수 응답함수이다. 이 관계를 미분 방정식 ①에 대입하면

$$M\cdot(j\omega)^2G(\omega)e^{j\omega t}+D\cdot(j\omega)G(\omega)e^{j\omega t}+K\cdot G(\omega)e^{j\omega t}=e^{j\omega t} \quad ②$$

로 된다. 이것을 $G(\omega)$에 대하여 전개하면 다음과 같다.

$$G(\omega)=\frac{1}{M\cdot(j\omega)^2+D\cdot(j\omega)+K}=\frac{1}{K-M\omega^2+jD\omega} \quad ③$$

주파수 응답의 크기 $|G(\omega)|$는 인가되는 입력의 주파수 ω의 함수이므로, 다양한 M, D, 및 K값에 대한 주파수 응답 곡선을 MATLAB의 도움을 받아 그려보기 바란다. 이 경우 $|G(\omega)|$가 뾰쪽하게 커지는 주파수를 상기 시스템의 공진 주파수라고 하며, 이는 시스템의 특성을 나타내는 하나의 지표로 사용된다.

6.1.3 주기신호의 입력에 대한 응답

여기서는 6.1.1절의 결과를 바탕으로(정현파를 포함한) 일반적인 주기신호가 입력으로 인가되었을 경우의 응답을 구하고 나아가서, 푸리에 변환을 이용하여 비주기신호인 입력에 대한 응답을 생각하여 보기로 한다.

주기신호 입력에 대한 응답

임펄스응답 $g(t)$를 가지는 시스템에 입력으로 다음과 같이 복소 지수신호 형태의 푸리에 급수를 가지는 입력 $x(t)$가 주어졌다고 한다(식(2.25) 참조).

$$x(t)=\sum_{k=-\infty}^{\infty} a_k e^{jk\omega_0 t},\ (-\infty < t < \infty) \tag{6.14}$$

식(6.14)의 복소 지수입력 $a_k e^{jk\omega_0 t}$에 대한 응답은 식(6.10)의 결과에 의하면 $G(k\omega_0)a_k e^{jk\omega_0 t}$로 된다. 따라서 시스템의 선형성으로 인해 주기신호인 입력 $x(t)$에 의한 응답은

$$y(t)=\sum_{k=-\infty}^{\infty} G(k\omega_0)a_k e^{jk\omega_0 t},\ (-\infty < t < \infty) \tag{6.15}$$

로 됨을 알 수 있다. 식(6.15)도 (6.14)와 같은 복소 지수신호의 푸리에 급수 형태를 하고 있다. 따라서 출력도 주기신호로 되며, 동시에 출력의 기본 주파수는 입력의 기본 주파수인 ω_0과 동일한 값을 가지므로 출력의 주기도 입력의 주기와 같음을 알 수 있다.

여기서 입력 $x(t)$와 출력 $y(t)$에 대한 푸리에 급수의 계수를 각각 a_k^x와 a_k^y로 나타내기로 한다. 그러면 식(6.15)로부터

$$a_k^y = G(k\omega_0)\, a_k^x \tag{6.16}$$

의 관계가 얻어진다. 여기서는 $G(k\omega_0)$는 주파수 $\omega = k\omega_0$, $(k=\cdots-1,0,1,\cdots)$에서 평가된 주파수 응답함수이다. 출력의 푸리에 급수의 계수 a_k^y의 크기와 위상은 식(6.16)으로부터

$$|a_k^y| = |G(k\omega_0)| \cdot |a_k^x| \tag{6.17a}$$

$$\angle a_k^y = \angle G(k\omega_0) + \angle a_k^x \tag{6.17b}$$

로 각각 주어진다. 위 두 관계식은 시스템에 대한 각종 해석에 중요한 역할을 하고 있다. 특히, 입력에 여러 종류의 주기신호가 포함되어 있을 경우, 시스템 내에서 어떤 작용으로 인하여 출력이 결정되는가를 보여주고 있다. 이들 관계식을 이용하면 출력의 푸리에 급수

는 입력의 푸리에 급수로부터 식(6.15)를 이용하여 직접 계산할 수 있다. 이것을 다음 예제를 가지고 설명한다.

[예제 6.6] 구형파 입력에 대한 응답

[예제 6.4]의 RC 회로를 생각한다. 이 회로에 입력전압으로 [그림 6.6]과 같은 구형파가 인가되었을 경우의 캐퍼시터 양단에 걸리는 전압을 계산하여 보자.

(해) 먼저 [예제 2.4]의 결과로부터 [그림 6.6]의 구형파에 대한 푸리에 급수를 나타내는 복소 지수함수는 다음과 같다.

$$x(t)=\sum_{k=-\infty}^{\infty} a_k^x e^{jk\omega_0 t},\ (-\infty < t < \infty) \qquad ①$$

$$a_k^x = \begin{cases} \dfrac{1}{j\pi k}, & (k=\pm 1, \pm 3, \pm 5, \cdots) \\ 0, & (k=\pm 2, \pm 4, \pm 6, \cdots) \\ \dfrac{1}{2}, & (k=0) \end{cases} \qquad ②$$

따라서 구형파 신호의 크기 스펙트럼(즉, $\omega = k\omega_0$에 대한 $|a_k^x|$값)은 [그림 6.7]과 같이 이산적으로 된다([그림 2.10] 참조). 이 그림으로부터 입력 $x(t)$는 직류에서부터 아주 높은 주파수까지의 성분으로 구성되어 있음을 알 수 있다. 특히 구형파 입력에서 대부분의 스펙트럼 성분은 주파수 0에서 40[rad/sec]의 범위에 집중되어 있다는 것을 그림은 보여 주고 있다.

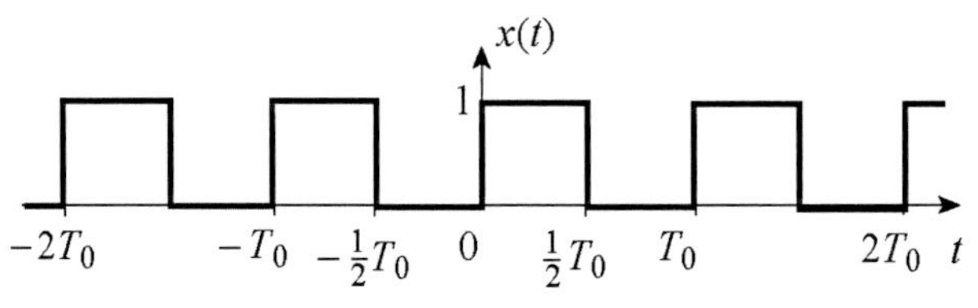

▲ 그림 6.6 [예제 6.6]의 입력인 구형파

[예제 6.4]의 계산결과를 이용하면, RC 회로의 주파수 응답함수로부터

$$G(k\omega_0)=G(k\pi)=\frac{1}{j(k\pi/\omega_B)+1} \qquad ③^{2}$$

2 [그림 6.6]에서 $T_0=2$로 두었다.

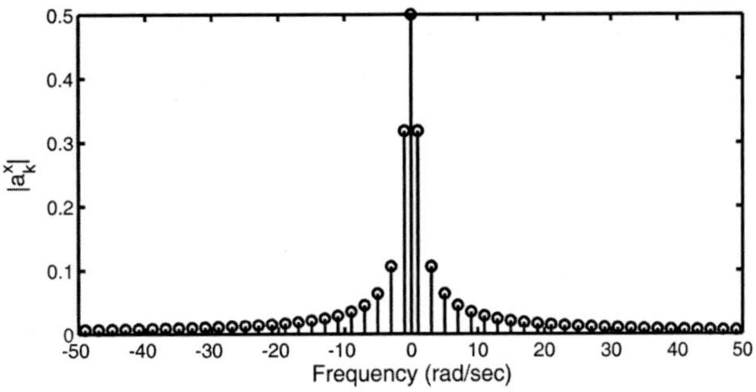

▲ 그림 6.7 구형파 입력의 진폭 스펙트럼

이 얻어진다. 따라서 크기와 위상은 다음으로 계산된다.

$$|G(k\pi)| = \frac{\omega_B}{\sqrt{k^2\pi^2 + (\omega_B)^2}}, \quad \angle G(k\pi) = -\tan^{-1}(k\pi/\omega_B) \qquad ④$$

위 식으로부터 크기는 k 가 증가함에 따라 급격하게 감소하며, 이로부터 RC 회로가 '저역 통과'의 특성을 가지고 있는 것을 재확인할 수 있다. 위 결과를 식(6.17a)와 (6.17b)에 대입하면 출력의 푸리에 급수에 대한 계수 a_k^y 는 다음과 같이 얻어진다.

$$a_0^y = G(0)a_0^x = 0.5 \qquad ⑤$$

$$|a_k^y| = \begin{cases} \dfrac{1}{k\pi}\dfrac{\omega_B}{\sqrt{k^2\pi^2 + (\omega_B)^2}}, & k = \pm 1, +3, \cdots \\ 0, & k = \pm 2, +4, \cdots \end{cases} \qquad ⑥$$

$$\angle a_k^y = \begin{cases} -90^o - \tan^{-1}(k\pi/\omega_B), & k = 1,3,5,\cdots \\ 90^o - \tan^{-1}(k\pi/\omega_B), & k = -1,-3,\cdots \\ 0, & k = 0 \end{cases} \qquad ⑦$$

이미 [예제 6.4]에서도 언급하였지만, RC 회로의 대역폭은 $\omega_B = 1/RC$ [rad/sec]이다. 따라서 ω_B 보다 작은 값의 주파수를 가지는 입력은 큰 감쇄없이 통과되지만, ω_B 보다 큰 값의 주파수를 가지는 입력은 감쇄되어 통과하지 못한다. 이러한 사실을 ③~⑤를 이용하여 확인하여 보자. 먼저 세 종류의 $1/(RC)$ 값에 대한 출력의 진폭 스펙트럼을 [그림 6.8]에 나타내었다. 구형파 입력의 진폭 스펙트럼을 보여 주는 [그림 6.7]과 $1/(RC) = 1$ 의 경우인 [그림 6.8](a)와 비교하여 보면 대역폭이 1 [rad/sec]로 되어 출력은 구형파 입력이 가지는 스펙트럼 성분의 많은 부분을 감쇄시킬 것이다. 한편 $1/(RC) = 100$ 인 [그림 6.8](c)의 경우는 대역폭

100 [rad/sec]이므로 입력이 가지는 대부분의 스펙트럼 성분을 감쇄없이 통과시킬 수 있을 것으로 보인다. 이러한 사실을 출력파형으로 확인하기 위해서는 다음과 같은 출력의 푸리에 급수 표현식이 필요하다. 즉 식(6.15)로부터 출력의 푸리에 급수의 복소 지수함수 표현식은 다음과 같이 됨을 쉽게 확인할 수 있다.

$$y(t)=\frac{1}{2}+\sum_{k=-\infty,k\neq 0}^{\infty}\frac{1}{jk\pi}\frac{1}{j(k\pi/\omega_B)+1}e^{jk\pi t} \quad ⑦$$

k 가 증가함에 따라 $y(t)$ 의 푸리에 급수인 ④는 매우 작은 값을 가지게 될 것이다. $N=50$ 은 ④의 정확한 값을 얻기 위한 충분한 크기이다. 이 결과를 [그림 6.9]에 표시하였다. 이로부터 구형파 입력에 대하여 회로의 대역폭이 작은 경우 출력은 입력과 상당히 다른 모습을 하고 있지만, 대역폭이 증가함에 따라 입력과 거의 같은 형태를 보이고 있음을 확인할 수 있다. 다시 말하면, 대역폭의 증가와 함께 RC 회로는 입력의 더 많은 스펙트럼 성분을 통과시키는 것으로 볼 수 있다.

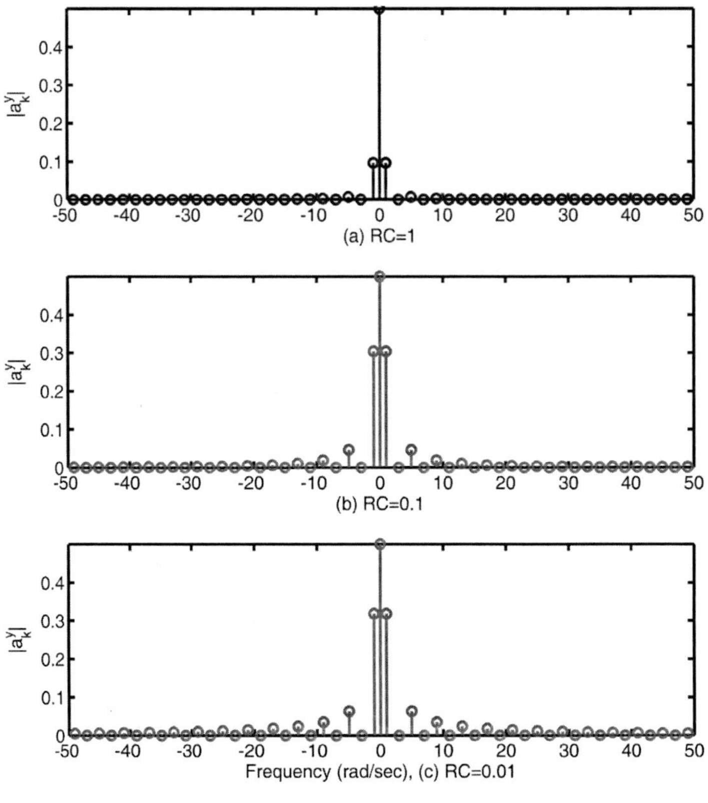

▲ 그림 6.8 출력의 진폭 스펙트럼

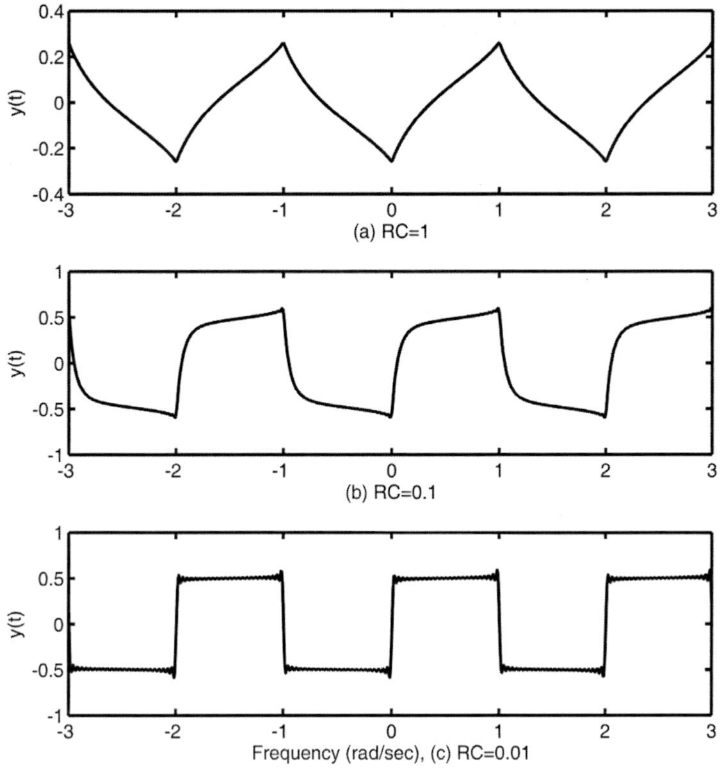

▲ 그림 6.9 출력의 시간응답

%[예제 6.6]

```
k=(1:2:50);kk=-k;                               % ②의 k 값의 범위를 설정
w0=pi;a0=1/2;                                   % 기본주파수 ω0 와 a0 의 지정
for i=1:length(k)                               % ②에 의한 푸리에 급수의 계수 계산
    ak(i)=1/j/pi/k(i);
    akk(i)=1/j/pi/kk(i);
end
akx=[akk,a0,ak];xaxis=[kk,0,k];                 % x, y축의 배열을 설정
subplot(211),stem(xaxis,abs(akx))
xlabel('Frequency (rad/sec)'),ylabel('|a_k^x|') % [그림 6.7]
axis([-50 50 0 0.5])
```

%[그림 6.8] – 위 프로그램에서 이어서 실행한다

```
RC=[1 0.1 0.01];                                % 세 종류의 RC 값 설정
for i=1:3
    wB=1/RC(i);                                 % ω_B의 지정
    for n=1:2:length(k)
        aky(n)=ak(n)/((j*n*pi/wB)+1);           % ④의 계수계산 (k=1,3,5,...)
        akyy(n)=akk(n)/((j*n*pi/wB)+1);         % ④의 계수계산 (k=-1,-3,-5,...)
    end
    akY(i,:)=[akyy,0.5,aky];                    % [그림 6.8]의 y축 설정
end
subplot(311),stem(xaxis,abs(akY(1,:)));axis([-50 50 0 .5])
subplot(312),stem(xaxis,abs(akY(2,:)));axis([-50 50 0 .5])
subplot(313),stem(xaxis,abs(akY(3,:)));axis([-50 50 0 .5])
xlabel('Frequency (rad/sec)'), ylabel('|a_k^y|')
```

%[그림 6.9] – 위 프로그램에서 이어서 실행한다

```
t=-3:6/800:3;                                   % 입력신호의 시간범위와 간격을 설정
tN=length(t);yout=zeros(3,tN);                  % 출력 y(t) 를 위한 배열의 준비
for i=1:3
    y=0.5*ones(1,tN);                           % k=0 인 경우, 즉 ④의 1/2을 의미
    wB=1/RC(i);y=zeros(1,tN);                   % 중간과정을 위한 배열의 준비
    for n=1:length(k)
        nn=k(n);
        G=(1/RC(i))/(j*n*w0+1/RC(i));           % G(kω_0) 의 계산
        yk=ak(n)*G*exp(j*nn*w0.*t);             % ⑦의 계산(단 k=1,3,5,...의 경우)
        ykk=akk(n)*conj(G)*exp(j*(-nn)*w0*t);   % ⑦의 계산(단 k=-1,-3,-5,...의 경우)
        y=y+yk+ykk;
    end
    yout(i,:)=y';                               % ⑦의 최종값(i=1,2,3의 세 가지 경우)
end
subplot(311),plot(t,yout(1,:));xlabel('(a) RC=1')
subplot(312),plot(t,yout(2,:));xlabel('(b) RC=0.1')
subplot(313),plot(t,yout(3,:));xlabel('(c) RC=0.01')
xlabel('Frequency (rad/sec), (c) RC=0.01')
```

■ 2.3.4절의 프로그램을 참조한다.

비주기신호 입력에 대한 응답

입력 $u(t)$와 출력 $y(t)$ 사이에는 식(6.1)과 같은 컨볼류션 정리가 성립하고 있다. 여기에 2.4절에서 다룬 푸리에 변환을 적용하면 다음의 관계식이 얻어진다.

$$Y(\omega) = G(\omega)U(\omega) \tag{6.18}$$

여기서 $Y(\omega)$, $U(\omega)$는 각각 출력과 입력의 푸리에 변환이며, $G(\omega)$는 시스템을 나타내는 주파수함수이다(즉, 임펄스신호 $g(t)$의 푸리에 변환식이다.). 식(6.18)은 주파수 ω의 함수이므로 이 식을 시스템의 ω 영역에서의 표현식이라고 부르기도 한다. 식(6.18)로부터 출력의 주파수 스펙트럼 $Y(\omega)$는 입력의 주파수 스펙트럼 $U(\omega)$와 시스템의 주파수함수 $G(\omega)$와의 곱으로 주어진다는 것을 알 수 있다. 따라서 출력의 진폭 스펙트럼과 위상 스펙트럼은 식(6.18)로부터 각각

$$|Y(\omega)| = |G(\omega)| \cdot |U(\omega)| \tag{6.19a}$$

$$\angle Y(\omega) = \angle G(\omega) + \angle U(\omega) \tag{6.19b}$$

로 주어진다. 이러한 관계식은 입력이 주기신호인 경우의 식(6.16)과 식(6.17a), (6.17b)에 대응하는 것으로써, 비주기신호인 입력이 인가되었을 때 시스템 내부에서 어떤 작용이 일어나는지를 파악하는 데 상당한 도움이 된다.

식(6.18)의 양변에 푸리에 역변환을 수행하면 공식(식(2.68) 참조)에 의해

$$y(t) = \frac{1}{2\pi}\int_{-\infty}^{\infty} G(\omega)U(\omega)e^{j\omega t}d\omega \tag{6.20}$$

로 된다. 식(6.20)은 시스템이 입력 $u(t)$가 인가되기 전에는 에너지를 가지고 있지 않다는 가정 아래서 성립한다(즉, 초기값이 영이다). 실제로 식(6.20)을 직접 계산하여 $y(t)$를 구하는 것은 어렵기 때문에 푸리에 변환표 등을 이용하여 계산을 수행하는 경우가 많다. 간단한 예를 들어본다.

[예제 6.7]

[예제 6.4]의 RC 회로를 생각하여 보자. 이 예제의 목적은 [그림 6.10]과 같은 비주기신호가 입력으로 주어졌을 경우의 응답을 조사하는 것이다.

(해) [그림 6.10]의 푸리에 변환은 [예제 2.7]을 참조하면 다음과 같다.

$$U(\omega) = \mathrm{sinc}\,\frac{\omega}{2} = \frac{\sin(\omega/2)}{\omega/2} = 2\frac{\sin(\omega/2)}{\omega} \qquad ①$$

위 식에 대한 진폭과 위상 스펙트럼을 [그림 6.11]에 나타내었다.

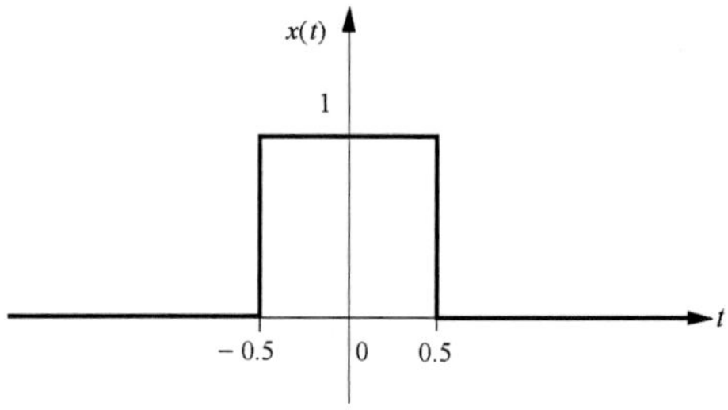

▲ 그림 6.10 [예제 6.5]의 입력신호

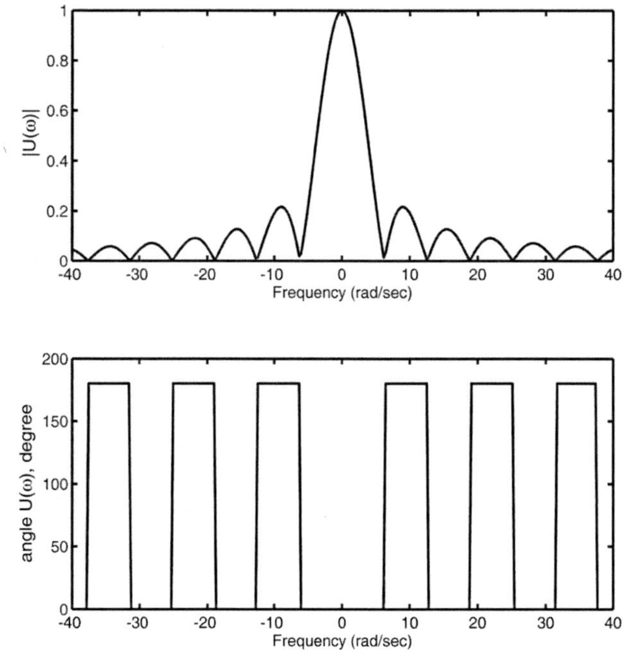

▲ 그림 6.11 입력의 진폭(위), 위상(아래) 스펙트럼

식(6.18)로부터 출력의 푸리에 변환은

$$Y(\omega)= G(\omega)\,U(\omega)= \frac{1}{j(\omega/\omega_B)+1}\,U(\omega) \qquad ②$$

로 된다. RC가 1과 0.1인 경우의 출력 $y(t)$의 진폭 $|Y(\omega)|$과 위상 $\angle Y(\omega)$을 [그림 6.12] 나타내었다. [예제 6.4]에서 이미 언급한 바와 같이 $1/(RC)$의 값이

크면 클수록 회로의 대역폭이 커지므로, 입력 $U(\omega)$ 의 외곽 돌출부의 많은 부분이 RC 회로를 통과하게 된다. [그림 6.11]과 [그림 6.12]를 비교하여 보면 $1/(RC)=1$ 인 경우에는 입력의 많은 부분에서 감쇄가 발생하여 출력과 입력과는 상당한 차이를 보이고 있음에 비해, $1/(RC)=10$ 인 경우에는 대역폭이 10배 이상 증가하여 입력신호가, 특히 고주파 영역에서 거의 감쇄없이 통과되고 있음을 알 수 있다.

이러한 입력신호의 필터링 작용을 시간영역에서 살펴보기로 하자. 출력신호 $y(t)$ 는 $G(\omega)U(\omega)$ 로부터 식(6.20)의 푸리에 역변환을 이용하여 얻을 수 있다. 그러나 실제로 이와 같은 적분이 계산은 쉽지 않으므로 일반적으로는 식(6.1)로 정의되는 컨볼류션의 정리를 이용하여 수행하는 것이 편리하다.[3] 이 경우에는 RC 회로의 임펄스응답 $g(t)$ 가 필요하나, 이것은 제3장에서 주어진 푸리에 변환의 표 등을 이용하면 쉽게 $G(\omega)$ 로부터

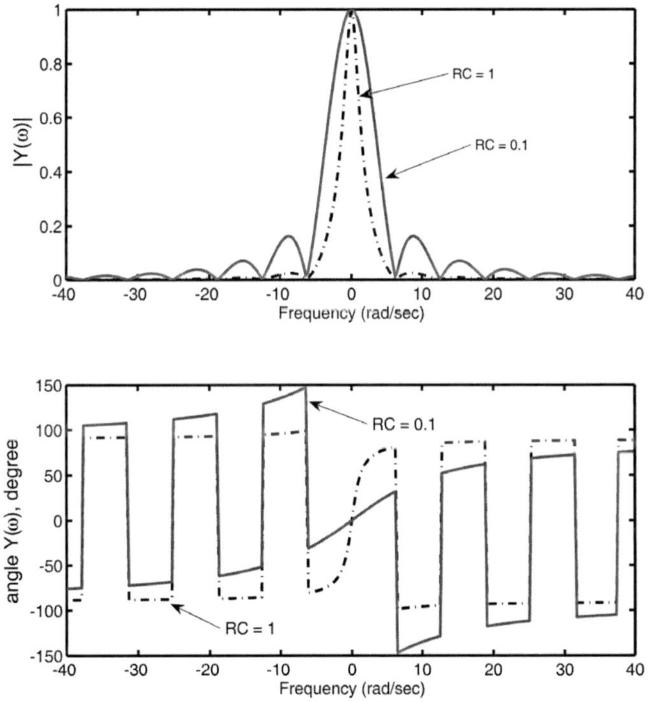

▲ 그림 6.12 **출력의 진폭(위), 위상(아래) 스펙트럼**

3 이 경우 시간 간격 T가 주어져야 하는데 일반적으로 $T \leq RC/10$ 을 만족하는 T를 선정하는 것이 바람직하다.

$$g(t)=\begin{cases}\dfrac{1}{(RC)}e^{-(1/RC)t}, & (t \ge 0)\\ 0, & (t<0)\end{cases} \qquad ③$$

로 됨을 확인할 수 있다. ③을 이용하여 RC가 1, 및 0.1인 경우에 대한 출력의 시간응답을 나타낸 것이 [그림 6.13]이다. 그림으로부터 시스템의 대역폭이 넓어서 입력 $U(\omega)$가 가지는 많은 정보를 통과시키는 경우, 출력은 입력과 비슷한 구형파의 모양을 보이고 있다([그림 6.13]의 (아래)). 그러나 대역폭이 좁아 입력이 가지는 고조파 성분이 통과되지 못하면, 출력신호에는 구형파 입력의 양쪽 코너부분이 부드러운 곡선으로 변형되어 나타나게 된다([그림 6.13] (위)). 이러한 사실로부터 입력신호의 진폭 스펙트럼에 나타나는 고조파([그림 6.11](a))는 구형파 신호의 코너부분과 밀접한 관계가 있다는 것을 짐작할 수 있을 것이다.

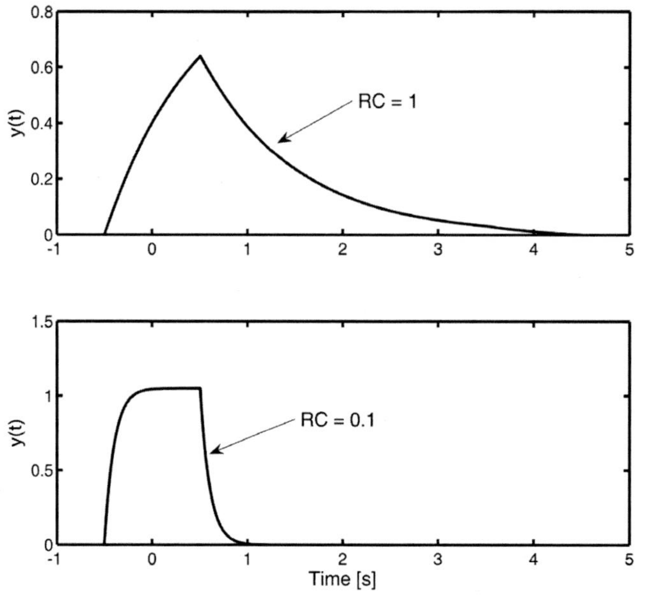

▲ 그림 6.13 출력 $y(t)$

% [그림 6.11]

```
w=-40:0.3:40;
magU=abs(sinc(w/(2*pi)));
angleU=angle(sinc(w/(2*pi)))*180/pi;
subplot(211),plot(w,magU),subplot(212), plot(w,angleU)
```

% [그림 6.12]

```
RC=[1 0.1];                                    % 두 종류의 RC 값
w=-40:0.3:40;                                  % 주파수의 범위를 설정
U=2*sin(w/2)./w;                               % ①에 의한 입력의 주파수함수 설정
for i=1:2
    G=(1/RC(i))./(j*w+1/RC(i));
    Y=U.*G;                                    % ②에 의한 출력주파수 함수 계산
    magY(:,i)=abs(Y');                         % 출력의 크기
    angY(:,i)=180*angle(Y')/pi;                % 출력의 위상
end
subplot(211),plot(w,magY),
xlabel('Frequency(rad/sec)'), ylabel(' |Y(\omega)|')
subplot(212),plot(w,angY)
xlabel('Frequency(rad/sec)'), ylabel('angle Y(\omega), degree')
```

% [그림 6.13]

```
RC=[1 0.1];
T=0.01;nh=0:400;                   % t=0에서 t=4의 간격을 400등분한다. g(t)의 계산에 사용
for i=1:2
    gt=exp(-1/RC(i)*nh*T)/RC(i);                  % g(t)의 계산
    u=[zeros(1,10),ones(1,101),zeros(1,50)];      % [그림 6.10]의 입력신호를 위한 배열
    y=conv(u,gt*T);                               % y(t)=g(t)*u(t) 의 계산
    yout(:,i)=y';
end
nu=-60:100;                        % t=-0.6에서 t=1의 간격에 대응 (입력 [그림 6.10])
ny=nu(1)+nh(1):nu(length(nu))+nh(length(nh)); % x축의 결정(t=-0.1에서 t=5 의 범위)
subplot(211),plot(ny*T,yout(:,1)), ylabel('y(t)')
subplot(212),plot(ny*T,yout(:,2)), ylabel('y(t)'), xlabel('Time [s]')
```

6.2 주파수 응답선도

6.1절에서 시스템의 주파수 응답함수(frequency response function) $G(\omega)$는 복소함수로서 식(6.11)과 같이 크기와 위상으로 분리되며, 동시에 주파수 응답이 가지는 몇 가지 특성에 대하여서도 설명하였다. 또한 이러한 주파수 응답함수를 식(2.60)을 이용한 푸리에 변환으로서도 표현하였다. 그러나 제2장에서 설명한 바와 같이, 푸리에 변환은 그 자체가 가지는 한계로 인해[4] 사용할 수 있는 신호의 범위가 제한되어 있기 때문에, 제어공학에서는 더 넓은 범위의 신호에 대해서 정의가 가능한 시스템의 라플라스 변환을 주로 사용하고 있다. 일반적으로 시스템의 라플라스 변환을 전달함수라고 하며, $G(s)$로 표현하고 있다. 이때 변수 s는 $s=\sigma+j\omega$로서 $\sigma=0$ 둔다면 $G(\omega)$와 $G(s)$는 동일한 식으로 된다. 다시 말해서 라플라스 변환의 변수 s에서 실수부인 σ를 영으로 둔다면 시스템의 주파수 응답함수가 얻어지게 된다([예제 6.4] 참조). 즉

$$G(s)\Big|_{s=j\omega}=G(j\omega) \tag{6.21}$$

[5]

이다. 6.1절의 [예제 6.4]에서 알 수 있는 바와 같이 시스템의 주파수 응답특성은 시스템의 해석 및 제어기 설계에 있어 중요한 역할을 한다. 여기서는 식(6.21)으로 주어지는 주파수 응답함수의 크기 $|G(\omega)|$ 위상 $\phi(\omega)$을 구별하여 각각 그래프에 나타내는 방법에 대하여 알아보기로 한다.

6.2.1 극좌표선도

식(6.21)을 실수부와 허수부로 분리하면 나타내면 다음과 같다. 즉

$$G(j\omega)=R(\omega)+jS(\omega) \tag{6.22a}$$

$$R(\omega)=\mathrm{Re}\,[\,G(j\omega)\,],\;\; S(\omega)=\mathrm{Im}\,[\,G(j\omega)\,] \tag{6.22b}$$

이를 이용하여 다음과 같이 극좌표선도를 정의한다.

---

4 즉, 식(6.2)로 주어지는 절대 적분조건이 만족되는 경우에만 푸리에 변환이 존재한다. 따라서 제어공학에서 주로 사용되는 단위 계단신호 등은 푸리에 변환이 존재하지 않는다.

5 $G(\omega)$와 $G(j\omega)$는 본질적으로는 동일한 시스템의 주파수함수이지만, $G(\omega)$는 푸리에 변환으로 얻어진 것이며, $G(j\omega)$는 식(6.21)과 같이 라플라스 변환으로부터 유도된 것으로 볼 수 있다. 또한 푸리에 변환과 라플라스 변환과의 관련성은 식(3.12)를 참조한다.

[요점 6.3] 극좌표선도

x 축은 $G(j\omega)$ 의 실수부(즉, $R(\omega)$ 값), y 축은 허수부(즉, $S(\omega)$ 값)로 정의된 복소평면을 극좌표(polar plane, 또는 $G(s)$ 평면)라고 한다. 이 평면에 주파수 응답 $G(j\omega)$ 의 크기와 위상을 [그림 6.14]와 같이 벡터를 이용하여 나타낸 것을 극좌표선도(polar plot)라고 한다.

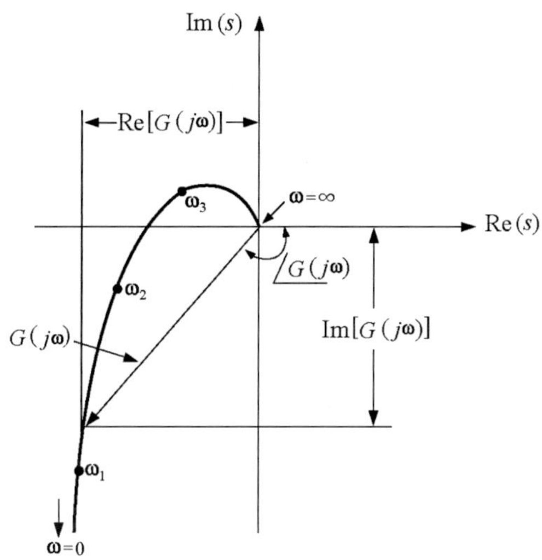

▲ 그림 6.14 **극좌표선도**

이것을 그리는 방법에 대해서 간단한 예제를 이용하여 설명한다.

[예제 6.8]

[예제 6.4]의 RC 회로에서 극좌표선도를 그려 보자.

(해) [예제 6.4]의 ②로부터

$$G(j\omega)=\frac{1}{j\omega(RC)+1}=\frac{1}{j(\omega/\omega_B)+1} \qquad ①$$

로 된다. 단, $\omega_B=1/(RC)$ 이다. 극좌표선도를 위해서 먼저 ①을 실수부분과 허수부분으로 분리한다. 즉,

$$G(j\omega) = R(\omega) + jS(\omega) \qquad ②$$

$$= \frac{1 - j(\omega/\omega_B)}{(\omega/\omega_B)^2 + 1} = \frac{1}{(\omega/\omega_B)^2 + 1} - \frac{j(\omega/\omega_B)}{(\omega/\omega_B)^2 + 1}$$

이다. 첫 단계로서 주파수 $\omega = 0$와 $\omega = \infty$인 두 가지 경우에 대한 $R(\omega)$와 $S(\omega)$ 값을 결정하여야 한다. ②의 경우 $\omega = 0$에서 $R(\omega) = 1, S(\omega) = 0$ 및 $\omega = \infty$에서 $R(\omega) = 0, S(\omega) = 0$가 각각 얻어진다. [그림 6.15]에 이러한 두 점과 함께 주파수의 증가에 따른 실수부와 허수부의 궤적을 표시하였다. 그림으로부터 알 수 있는 바와 같이 궤적은 중심을 $(1/2, 0)$에 두며 반지름이 0.5인 반원으로 된다. 이것은 ②에서

$$\left[R(\omega) - \frac{1}{2}\right]^2 + [S(\omega)]^2 = \left[\frac{1}{2}\right]^2 \qquad ③$$

로 된다는 사실로부터 쉽게 확인할 수 있다. [그림 6.15]에서 주파수 $\omega = \omega_B$일 때, 실수부분과 허수부분의 크기는 같아지며, 이때의 위상은 $\phi(\omega) = -45^o$이다.

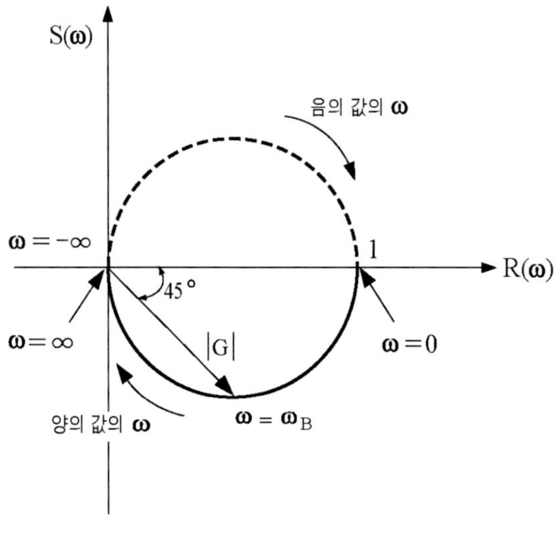

▲ 그림 6.15 RC 회로의 극좌표선도

실제로 극좌표선도는 [예제 6.6]의 ②와 같은 복잡한 과정을 거치지 않고서도 식(6.11)에서

$$G(j\omega) = |G(\omega)| \angle \phi(\omega)$$

$$|G(\omega)| = \frac{1}{\left[1+(\omega/\omega_B)^2\right]^{1/2}}, \quad \phi(\omega) = -\tan^{-1}(\omega/\omega_B) \tag{6.23}$$

의 관계식을 이용하면 비교적 쉽게 그릴 수 있다. 즉, $\omega = \omega_B$에서 $|G(\omega_B)| = 1/\sqrt{2}$ 및 $\phi(\omega_B) = -45^o$ 이며, $\omega \to \infty$ 이면 $|G(\omega)| \to 0$ 및 $\phi(\omega) \to -90^o$ 됨을 쉽게 파악할 수 있다. 마찬가지로 $\omega = 0$ 이면 $|G(\omega)| = 1$ 및 $\phi(\omega) = 0^o$ 로 됨을 알 수 있다.

[예제 6.9]

시스템의 전달함수에 대한 극좌표는 그 시스템의 안정성이나 제어시스템 설계 등에 있어서 대단히 편리한 정보를 제공한다. 이러한 관점에서 여기서는 다음과 같은 전달함수를 가지는 시스템에 있어서 극좌표선도를 그리는 방법에 대하여 설명한다.

(해)

$$G(s)\Big|_{s=j\omega} = G(j\omega) = \frac{K}{j\omega(j\omega\tau+1)} = \frac{K}{j\omega - \omega^2\tau} \qquad ①$$

이때 크기와 위상은 각각 다음과 같이 주어진다.

$$|G(\omega)| = \frac{K}{\left[\omega^2 + \omega^4\tau^2\right]^{1/2}}, \quad \phi(\omega) = -\tan^{-1}\left(\frac{1}{-\omega\tau}\right) \qquad ②$$

주파수가 각각 $\omega = 0,\ 1/\tau$ 및 ∞ 에서의 크기 및 위상은 위 식으로부터 쉽게 구할 수 있으며(표 6.1 참조), 이때의 극좌표선도를 [그림 6.16]에 나타내었다.

[표 6.1]

ω	0	$1/(2\tau)$	$1/\tau$	∞
$\lvert G(\omega)\rvert$	∞	$4K\tau/\sqrt{5}$	$K\tau/\sqrt{2}$	0
$\angle\phi(\omega)$	-90°	-117°	-135°	-180°

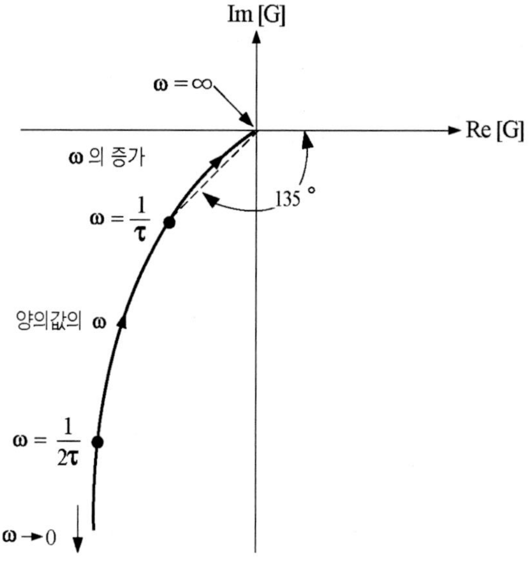

▲ 그림 6.16 [예제 6.9]에 대한 극좌표선도

극좌표선도를 그리는 또 다른 방법은 주파수 전달함수 $G(j\omega)$를 실수부분과 허수부분으로 나누어서 계산하는 것이다. 즉

$$G(j\omega)=\frac{K}{j\omega-\omega^2\tau}=\frac{K(-j\omega-\omega^2\tau)}{\omega^2+\omega^4\tau^2}=R(\omega)+jS(\omega) \quad (6.24a)$$

로 두면

$$R(\omega)=-K\omega^2\tau/M(\omega), \quad M(\omega)=\omega^2+\omega^4\tau^2 \quad (6.24b)$$

의 관계식이 얻어지므로 여기에 [표 6.1]의 각 주파수 값을 적용하면 쉽게 [표 6.1]과 동일한 결과를 얻을 수 있을 것이다.

이미 설명한 바와 같이 극좌표선도는 복소평면이다. 따라서 $\omega=\omega_0$에서의 값을 의미하는 그래프 상의 임의의 한 점 $G(j\omega_0)$가 복소수라는 성질을 이용하여 도식적으로 극좌표선도를 얻는 방법에 대하여 간단하게 설명한다. [그림 6.17]과 같이 배치된 두 개의 극을 가지는 전달함수

$$G(s)=\frac{K/\tau}{s(s+1/\tau)}$$

에 대한 주파수 응답은 $s = j\omega$ 로 두면

$$G(j\omega) = \frac{K/\tau}{j\omega(j\omega + p)} \tag{6.25}$$

로 된다. 단, $p = 1/\tau$ 이다. 어떤 특정한 주파수 $\omega = \omega_1$ 에서 $G(j\omega)$ 의 크기와 위상은 [그림 6.17]과 같이 $j\omega$ 축을 기준으로 하여 다음과 같이 계산 가능하다.[6]

$$|G(\omega_1)| = \frac{K/\tau}{|j\omega_1| \cdot |j\omega + p|} \tag{6.26a}$$

$$\phi(\omega) = -\angle(j\omega_1) - \angle(j\omega_1 + p) = -90^o - \tan^{-1}(\omega_1/p) \tag{6.26b}$$

앞으로 극좌표선도가 가지는 여러 가지의 가능성에 대하여 차례로 언급하겠지만, 이것이 가지는 가장 큰 약점 중의 하나는, 기존의 시스템에 새로운 극이나 영점을 추가하였을 경우(즉, 제어시스템을 설계하여 폐루프시스템을 구성하였을 경우)에 대한 극좌표선도를 얻기 위해서는 앞의 예제에서와 같은 과정을 되풀이하여야 한다는 것이다. 또한 이 방법으로는 추가한 극이나 영점이 전체 시스템에 미치는 영향을 파악하기 어렵다. 이러한 관점에서 주파수 응답을 나타내는 다른 형태의 그래픽이 요구된다.

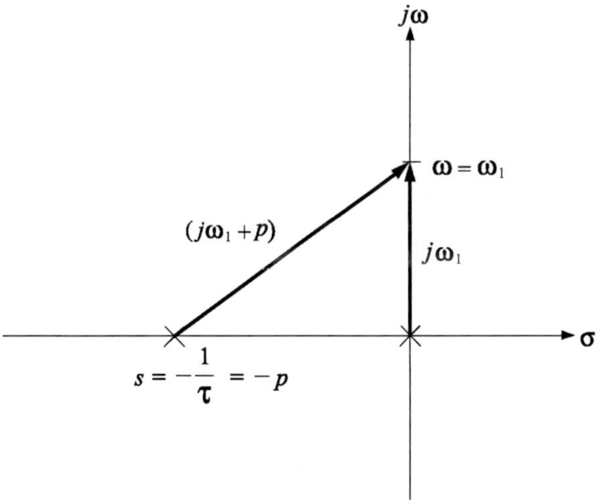

▲ 그림 6.17 s 평면에서의 두 개의 벡터 표시

[6] [그림 6.17]은 s 평면(즉, 복소평면)이지만 극좌표선도의 복소평면과는 다르다는 점에 유의한다.

6.2.2 보드선도

보드선도는 시스템의 주파수 응답을 그래프로 표시하기 쉽도록 고안된 것으로 대수 눈금(logarithmic)선도라고도 한다. 식(6.11)로부터 주파수 응답은

$$G(j\omega) = |G(\omega)|e^{j\phi(\omega)} \tag{6.27}$$

로 주어진다. 주파수 응답의 크기는 기저(base)를 10으로 하는 로그(log)를 취하여 표현하면 편리하다. 즉, 로그 크기는

$$\text{로그값의 이득} = 20\log_{10}|G(\omega)| \tag{6.28}$$

와 같이 정의되며, 이것의 단위로는 데시벨(decibels, [dB])을 사용한다.

[요점 6.4] 보드선도

주파수의 변동에 따른 시스템의 크기 $20\log_{10}|G(\omega)|$ 와 위상 $\phi(\omega)$ 을 x 축을 주파수 ω 로 하는 두 개의 그래프에 분리하여 나타낸 것을 보드선도라고 한다.

간단한 예를 들어 보자.

[예제 6.9]

[예제 6.4]의 RC 회로에 대한 보드선도를 그려 보기로 한다.

(해) 전달함수는 [예제 6.8]의 ①로부터

$$G(j\omega) = \frac{1}{j\omega(RC)+1} = \frac{1}{j\omega\tau+1} \qquad ①$$

이다. 여기서 $\tau = RC$ 로서 RC 회로의 시정수를 나타낸다. 로그값의 크기는

$$20\log|G(\omega)| = 20\log\left(\frac{1}{1+(\omega\tau)^2}\right)^{1/2} = -10\log\left(1+(\omega\tau)^2\right) \qquad ②$$

이다. 따라서 낮은 주파수 값, 예를 들어 $\omega \ll 1/\tau$ 에서 ②은

$$20\log|G(\omega)| = -10\log(1) = 0\,[\text{dB}],\ (\omega \ll 1/\tau) \qquad ③$$

이며, 반대로 높은 주파수 값, 예를 들어 $\omega \gg 1/\tau$ 에서 ②은

$$20\log|G(\omega)| = -20\log(\omega\tau)\,[\text{dB}],\ (\omega \gg 1/\tau) \qquad ④$$

로 된다. 만약 $\omega = 1/\tau$ 이면

$$20\log|G(1/\tau)| = -10\log(2) = -3.01\ [\text{dB}]$$

로 된다. 이러한 관계를 이용하여 [그림 6.18(a)]에 주파수 응답의 크기에 대한 선도를 나타내었다. 또 위상의 관계식

$$\phi(\omega) = -\tan^{-1}(\omega\tau) \qquad ⑤$$

은 [그림 6.18(b)]에 표시되어 있다. 그림에서 알 수 있는 바와 같이 대략적으로 주파수 $\omega = 1/\tau$ 근처에서 두 그래프의 모양이 바뀌고 있으므로 이 주파수를 브레이크(break) 주파수, 또는 코너(corner) 주파수라고 하며 제어시스템의 설계과정에서 중요한 역할을 한다.

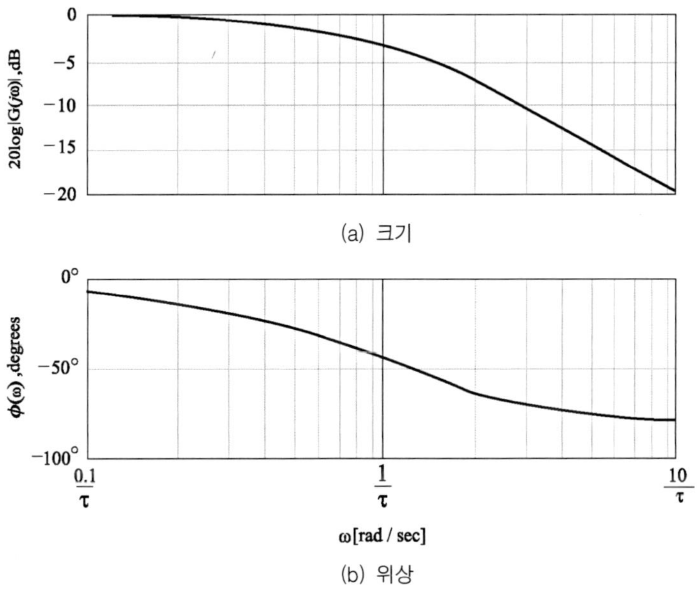

▲ 그림 6.18 RC 회로의 보드선도

주파수 응답을 나타내는 데 있어서 x 축의 주파수 값을 선형으로 나타내기보다는 대수눈금(logarithmic scale, 즉 $\log(\omega)$)을 사용하는 것이 편리한 경우가 많다. 위 예제의 ④를 이용하여 대수눈금의 유용성을 생각하여 보자. ④는

$$20\log|G(\omega)| = -20\log(\omega\tau) = -20\log(\tau) - 20\log(\omega) \qquad (6.29)$$

로 된다. 이 경우 만약 x 축의 눈금이 대수눈금, 즉 $\log(\omega)$ 이라면, $\omega \gg 1/\tau$ 에서의 주파수 응답의 점근적인 곡선은 [그림 6.19]와 같이 직선으로 나타날 것이다. 이 직선의 기울기를 [예제 6.9]의 ④을 이용하여 확인하여 보자. 이 경우 주파수 축을 대수눈금으로 표기하기 때문에 x 축 눈금 하나의 간격은 실제 주파수의 10배 나타낸다. 다시 말하면, 두 눈금 ω_1, ω_2사이의 크기는 $\omega_2 = 10\omega_1$을 의미한다. 따라서 $\omega \gg 1/\tau$에서 식(6.29)에 의한 두 눈금 ω_1, ω_2 (단, $\omega_2 = 10\omega_1$) 사이의 크기변화는

$$\begin{aligned} 20\log|G(\omega_2)| - 20\log|G(\omega_1)| &= -20\log(\omega_2\tau) - (-20\log(\omega_1\tau)) \\ &= 20\log\frac{\omega_1\tau}{\omega_2\tau} = 20\log(1/10) = -20\,[\mathrm{dB}] \end{aligned} \tag{6.30}$$

로 된다. 식(6.30)은 주파수가 10배 증가하였을 때 이득은 20 [dB] 감소하였다는 것을 나타내고 있다. 다시 말하면 일차의 전달함수를 가지는 시스템(즉 RC 필터)의 주파수 응답의 크기는 주파수가 $\omega \gg 1/\tau$의 범위에서는 기울기가 -20 [dB/decade] 로 된다는 것을 보여 주고 있다.

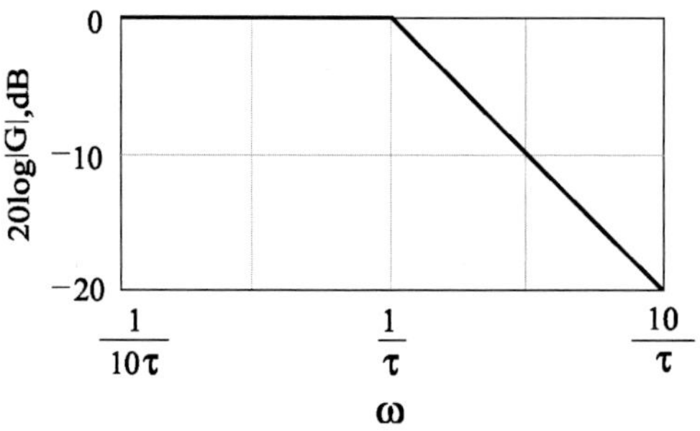

▲ 그림 6.19 $\omega \gg 1/\tau$에서 $(j\omega\tau+1)^{-1}$의 곡선

주파수 간격이 2배로 되는 경우, 즉 $\omega_2 = 2\omega_1$ 의 경우는 주파수 특성의 해석에 자주 사용되며 주파수의 옥타브(Octave)로 불리고 있다. $\omega \gg 1/\tau$인 범위에서 한 옥타브의 크기에 대한 차이는 다음과 같다.

$$\begin{aligned} 20\log|G(\omega_2)| - 20\log|G(\omega_1)| &= 20\log\frac{\omega_1\tau}{\omega_2\tau} \\ &= 20\log(1/2) = -6.02\,[\mathrm{dB}] \end{aligned} \tag{6.31}$$

위 식은 주파수가 두 배 증가하였을 때 이득이 약 6 [dB] 감소(즉 기울기 −6 [dB/decade]) 하였음을 나타내고 있으며, 이 사실은 주파수 10배 증가하였을 때 이득이 20 [dB] (즉 기울기 −20 [dB/decade]) 감소하는 것과 같다는 것을 쉽게 확인할 수 있을 것이다.

보드선도를 사용함에 있어 가장 중요한 장점의 하나는, 대수함수의 특성으로 인하여 곱셈의 형태로 표시된 주파수 특성함수를 덧셈 형태의 함수로 바꿀 수 있다는 점이다. 이것을 다음과 같은 일반적인 형태의 전달함수를 가지고 확인하여 보자.

$$G(j\omega)=\frac{K_b\prod_{i=1}^{Q}(1+j\omega\tau_i)}{(j\omega)^N\prod_{m=1}^{M}(1+j\omega\tau_m)\prod_{k=1}^{R}\left[1+\left(2\zeta_k/\omega_{n_k}\right)j\omega+\left(j\omega/\omega_{n_k}\right)^2\right]} \tag{6.32}$$

위 전달함수는 실수값을 가지는 Q개의 영점과 N개의 원점의 극, M개의 실수축의 극 및 복소수 공역으로 존재하는 R개의 극으로 이루어져 있다. 이와 같이 복잡한 형태를 가지는 전달함수에 대한 주파수 응답을 얻기 위해서는 상당한 양의 계산이 필요할 것이다. 그러나 위에서 언급한 바와 같이 대수함수의 특성을 이용하면 비교적 간단하게 주파수 특성곡선을 얻을 수 있다. 이것을 확인하여 보자. 먼저 식(6.32)의 양변에 절대값을 취하고 여기에 로그를 취하면

$$\begin{aligned}20\log|G(\omega)| &= 20\log(K_b)+20\prod_{i=1}^{Q}\log(|1+j\omega\tau_i|) \\ &\quad -20\log|(j\omega)^N|-20\log\sum_{m=1}^{M}|1+j\omega\tau_m| \\ &\quad -20\sum_{k=1}^{R}\left|1+\left(\frac{2\zeta_k}{\omega_{n_k}}\right)j\omega+\left(\frac{j\omega}{\omega_{n_k}}\right)^2\right|\end{aligned} \tag{6.33}$$

로 되어 $G(j\omega)$ 의 보드선도는 1차, 또는 2차 함수의 보드선도를 개별적으로 전부 더해 줌으로써 얻을 수 있다. 더군다나 위 전달함수의 위상 역시 1차 요소, 또는 2차 요소의 위상을 개별적으로 전부 합하면 계산된다. 즉

$$\begin{aligned}\phi(\omega) &= \sum_{i=1}^{Q}\tan^{-1}(\omega\tau_i)-N\times 90^o-\sum_{m=1}^{M}\tan^{-1}(\omega\tau_m) \\ &\quad -\sum_{k=1}^{R}\tan^{-1}\left(\frac{2\zeta_k\omega_{n_k}\omega}{\omega_{n_k}^2}-\omega^2\right)\end{aligned} \tag{6.34}$$

와 같다. 식(6.32)와 같이 전달함수에 나타날 수 있는 네 종류의 요소로서는 다음이 있다.

[1] 일정한 값의 정수 : K_b

[2] 원점에 존재하는 극(또는 영점) : $(j\omega)^{\pm 1}$

[3] 실수축에 존재하는 극(또는 영점) : $(1+j\omega\tau_i)^{\pm 1}$

[4] 복소공역으로 존재하는 극(또는 영점) : $\left(1+(2\zeta/\omega_n)j\omega+(j\omega/\omega_n)^2\right)^{\pm 1}$

이와 같은 네 종류의 요소에 대한 크기와 위상을 나타내는 보드선도를 그리는 방법을 터득한다면, 어떤 일반적인 형태의 전달함수에 대해서도 식(6.33) 및 (6.34)를 사용하여 쉽게 보드선도를 얻을 수 있을 것이다. 이러한 과정은 다음과 같이 곡선에 대한 점근적인 근사를 사용하면 좀 더 간략화 시킬 수 있다.

[1] 일정한 값의 정수 K_b: K_b 에 대한 크기와 위상은 각각

$$20\log(K_b)= \text{일정한 값 [dB]},\ \phi(\omega)=0^o \tag{6.35}$$

이다. 따라서 보드선도에서 크기는 주파수의 변동에 관계없이 일정한 값을 가지는 수평선으로 된다. 만약 이득이 음의 값을 가진다 하더라도(즉, $-K_b$), 이득은 $20\log(K_b)$로 변화가 없으나 음의 값으로 인해 위상이 -180° 로 될 것이다.

[2] 원점에 존재하는 극(또는 영점) : 원점에 위치하는 극에 대한 크기와 위상은 각각

$$20\log\frac{1}{|j\omega|}=-20\log(\omega),\ [\text{dB}],\quad \phi(\omega)=-90^o \tag{6.36}$$

로 된다. 식(6.36)으로부터 원점에 존재하는 극에 대한 기울기는 $-20\,[\text{dB/decade}]$로 됨을 쉽게 알 수 있다. 만약 원점에 극이 N 개 중복한다면, 크기와 위상은 각각

$$20\log\frac{1}{|(j\omega)^N|}=-20N\log(\omega),\ [\text{dB}],\ \phi(\omega)=-90^o\times N \tag{6.37}$$

이다. 따라서 이 경우에는 기울기가 $-20\times N\,[\text{dB/decade}]$로 된다. 한편 원점에 존재하는 영점의 경우에는 크기와 위상은 각각 다음과 같다.

$$20\log|j\omega|=20\log(\omega),\ (\text{dB}),\ \phi(\omega)=90^o \tag{6.38}$$

$(j\omega)^{\pm N}$ 에 대한 보드선도를 [그림 6.20]에 나타내었다.

[3] 실수축에 존재하는 극(또는 영점): $1/(1+j\omega\tau)$ 와 같은 형태로 주어지는 전달함수에 대한 보드선도의 작성에 대해서는 이미 앞에서 설명하였다([예제 6.9]). 즉 [예제 6.9]의 ②로부터

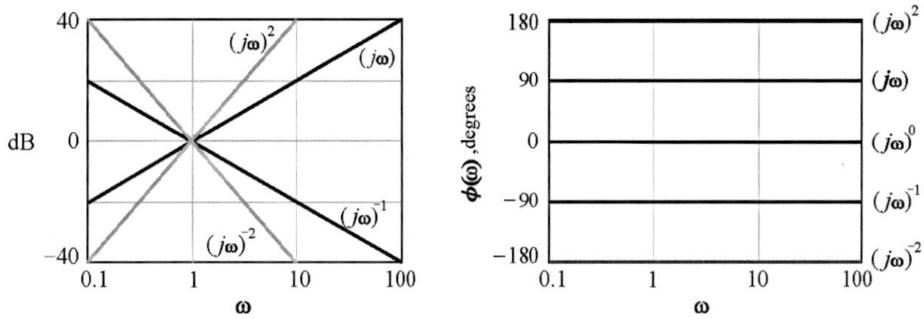

▲ 그림 6.20 $(j\omega)^{\pm N}$, $(N=1,2)$에 대한 보드선도

$$20\log\left|\frac{1}{(1+j\omega\tau)}\right| = -20\log\left(1+\omega^2\tau^2\right)^{1/2} \tag{6.38}$$

이다. 여기서 $\omega \ll 1/\tau$의 범위에서 위 식에 대한 점근선은 $20\log(1)=0$ [dB] 으로 되며, 또 $\omega \gg 1/\tau$인 주파수 범위에서의 점근선은 $-20\log(\omega\tau)$ 이므로[7] 기울기는 -20 [dB/decade] 로 된다는 것을 알 수 있다. 이것은 주파수가 10 배 증가함에 따라 크기는 20 [dB]씩 감소한다는 것을 의미한다. 위 두 개의 점근선은

$$20\log(1)=0=-20\log(\omega\tau)\ [\text{dB}]$$

이 만족되는 주파수에서 만나게 된다. 식(6.38)의 경우에는 $\omega=1/\tau$ 에서 위 조건이 만족되므로 이를 브레이크 주파수(break frequency)라고 부르고 있다. 그러나 위의 경우 주파수 $\omega=1/\tau$에서 크기의 실제값은 0 [dB]가 아니고 -3 [dB]이다. 위상 역시 앞의 [예제 6.9]의 ⑤, 즉 $\phi(\omega)=-\tan^{-1}(\omega\tau)$ 로 주어진다. 요소 $1/(1+j\omega\tau)$ 에 대한 보드선도를 [그림 6.21]에 나타내었다.

$(1+j\omega\tau)$의 형태로 주어지는 전달함수의 보드선도는 상기의 경우와 동일한 방법으로 쉽게 얻을 수 있다. 단지 기울기는 $+20$ [dB/decade] 이며, 위상은 $\phi(\omega)=+\tan^{-1}(\omega\tau)$으로 된다는 점이 다를 뿐이다.

위상에 대한 선형근사의 직선이 [그림 6.21]에 표시되어 있다. 위상의 선형근사는 크기의 근사와 달리 브레이크 주파수에서는 근사값과 실제값이 일치하며 나머지 영역에서는 최대 6°의 오차를 가지고 있다. 제어시스템의 설계 시에 이러한 크기나 위상의 근사값이 종종 사용되고 있다.

---

7 이와 같이 주파수가 0으로, 또는 ∞ 로 수렴할 때 크기 곡선의 모양을 개략적으로 나타낸 것을 일반적으로 점근선(asymptotic curve)이라고 한다.

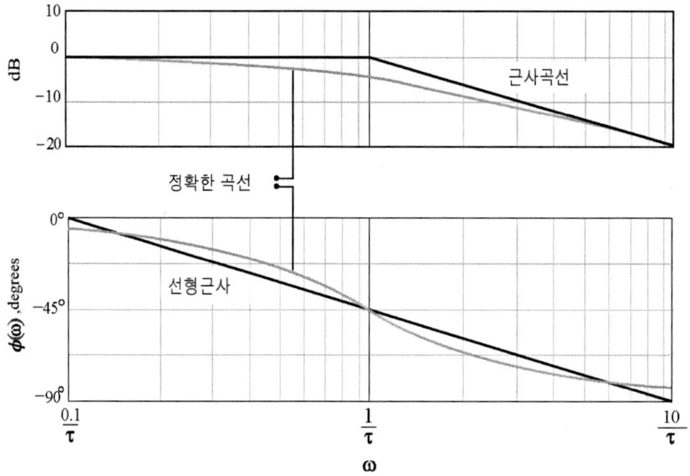

▲ 그림 6.21 $1/(1+j\omega\tau)$에 대한 보드선도

[4] 복소공역으로 존재하는 극(또는 영점) $G(j\omega)=\left[1+(2\zeta/\omega_n)j\omega+(j\omega/\omega_n)^2\right]^{\pm 1}$: 한 쌍의 복소수를 근으로 가지는 2차 형식의 전달함수는 보통과 다음과 같은 형태를 취한다.

$$G(ju)=\left[1+j2\zeta u-u^2\right]^{-1} \tag{6.39}$$

단, $u=\omega/\omega_n$ 이다. 이 경우 복소공역인 극의 크기에 대한 로그값은

$$20\log|G(u)|=-10\log\left\{(1-u^2)^2+4\zeta^2u^2\right\} \tag{6.40}$$

이며 위상은 다음으로 주어진다.

$$\phi(u)=-\tan^{-1}\left(\frac{2\zeta u}{1-u^2}\right) \tag{6.41}$$

이때 $u \ll 1$ 이면, 크기는 식(6.40)으로부터

$$20\log|G|=-10\log(1)=0\,[\text{dB}]$$

인 점근선이 얻어지며 위상은 0^o으로 수렴할 것이다. 한편 $u \gg 1$이면 크기는 식(6.40)으로부터

$$20\log|G|=-10\log(u^2)=-40\log(u)\ [\text{dB}]$$

인 점근식이 얻어지므로, 이 범위에서 크기선도의 기울기는 $-40\,[\text{dB/decade}]$이라

는 것을 알 수 있으며, 위상은 $u \gg 1$에서 -180^o에 수렴한다. $u = \omega/\omega_n = 1$로 될 때 위의 두 개의 점근선은 0 [dB]선상에서 만나게 된다. 그러나 1차의 전달함수의 경우와는 달리 실제값과 점근선에 의한 근사값과의 오차는 식(6.39)의 감쇄비 ζ에 따라 달라지며, 또한 감쇄비가 $\zeta < 0.707$의 조건을 만족하는 경우에만 해당한다([그림 6.22] 참조). 만약 크기 $|G(\omega)|$가 어떤 주파수에서 피크값을 가진다면, 이 주파수를 공진 주파수라고 부른다. 식(6.39)의 경우 분자다항식이 상수이기 때문에 $|G(\omega)|$의 최대값은 식(6.39)의 분모가 최소값을 가질 때 발생한다. 즉

$$g(u) = (1-u^2)^2 + (2\zeta u)^2 \tag{6.42}$$

가 최소로 되는 경우이다. 위 식을 다시 쓰면

$$g(u) = \left[(1-2\zeta^2) - u^2\right]^2 + 4\zeta^2(1-\zeta^2) \tag{6.43}$$

로 되어, 위 식의 최소값은 $u = \sqrt{1-2\zeta^2}$, 즉

$$\omega_r = \omega_n\sqrt{1-2\zeta^2},\ (0 < \zeta < 0.707) \tag{6.44}$$

에서 발생한다는 것을 알 수 있다. 따라서 크기 $|G(\omega)|$의 피크 값 M_p는 공진 주파수 ω_r에서 발생하며, 감쇄비가 영에 가까워지면 ω_r은 ω_n, 즉 고유 진동수에 가까워진다. 또 공진 주파수 ω_r에서 크기의 최대값은 다음과 같다.

$$M_p = |G(\omega_r)| = \left(2\zeta\sqrt{1-\zeta^2}\right)^{-1},\ (0 < \zeta < 0.707) \tag{6.45}$$

[그림 6.22]에 감쇄비 ζ의 변화에 따른 보드선도를 표시하였다. $\zeta > 0.707$이면 피크값은 항상 1로 됨은 그림으로부터 확인할 수 있다.

% [그림 6.22]

```
zeta=[0.05 0.10 0.15 0.20 0.25 0.30 0.40 0.50 0.60 0.80 1];
w=logspace(-1,1,100);                        % 주파수 영역의 설정
for i=1:11
   num=[1];den=[1 2*zeta(i) 1];              % 식(6.39)의 분자 및 분모
   sys=tf(num,den);                          % 시스템으로 변경
   [mag,phase,w]=bode(sys,w);                % 크기와 위상의 계산
   magp(:,i)=reshape(mag,100,1);
   phasep(:,i)=reshape(phase,100,1);         % 배열의 재배치(3차원을 2차원으로 변경)
end
semilogx(w,20*log(magp)),grid                % [그림 6.22(a)]
semilogx(w,phasep),grid                      % [그림 6.22(b)]
```

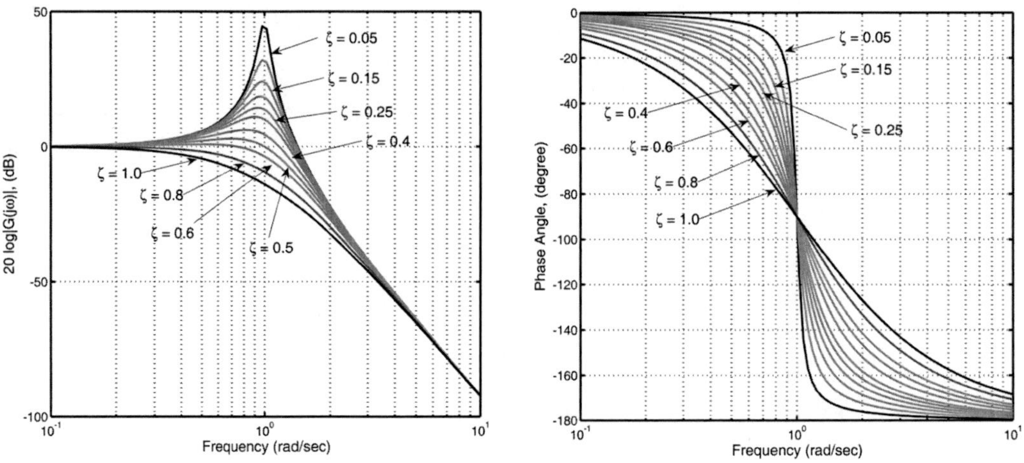

(a) 크기 선도　　　　(b) 위상 선도

▲ **그림 6.22** $G(j\omega)=\left[1+(2\zeta/\omega_n)j\omega+(j\omega/\omega_n)^2\right]^{-1}$ **대한 보드선도**

주파수 응답곡선은 s 평면에서, 허수축의 임의의 점에서 전달함수의 극과 영점의 위치로 선을 그었을 때의 그 선분의 크기와 각도를 이용하여 계산할 수도 있다. 예를 들어, 다음과 같이 한 쌍의 복소수인 극을 가지는 2차 요소의 전달함수를 가지는 시스템을 생각하여 보자. 즉

$$G(s)=\frac{1}{(s/\omega_n)^2+2\zeta s/\omega_n+1}=\frac{\omega_n^2}{s^2+2\zeta\omega_n s+\omega_n^2} \tag{6.46}$$

위 시스템은 임의의 ζ값에 대하여 두 개의 복소수근 s_1, s_1^*을 가지며 [그림 6.23(a)]와 같이 배치되어 있다고 하자. 이때 식(6.46)의 주파수 전달함수는

$$G(j\omega)=\left.\frac{\omega_n^2}{(s-s_1)(s-s_1^*)}\right|_{s=j\omega}=\frac{\omega_n^2}{(j\omega-s_1)(j\omega-s_1^*)} \tag{6.47}$$

로 된다. 식(6.47)의 두 개의 분모성분인 $(j\omega-s_1)$과 $(j\omega-s_1^*)$는 각각 s 평면에서 두 개의 극 s_1, s_1^*에서 주파수 $j\omega$ (허수축에 존재)로 향하는 벡터를 의미한다(그림 6.23(a)). 이러한 관계를 이용하면 주파수의 변동(즉 허수축에서의 이동을 의미)에 대한 주파수 응답의 크기와 위상을 얻을 수 있다. 즉, 크기는

$$|G(\omega)|=\frac{\omega_n^2}{|j\omega-s_1|\cdot|j\omega-s_1^*|} \tag{6.48a}$$

이며, 위상은

$$\phi(\omega) = -\angle(j\omega - s_1) - \angle(j\omega - s_1^*) \tag{6.48b}$$

로 된다. [그림 6.23]의 (b), (c), 및 (d)에 주파수가 각각

$$\omega = 0,\ \omega_r,\ \omega_d$$

인 경우의 크기와 위상을 계산하는 과정을 나타내었다. 이러한 관계를 이용하여 크기와 위상을 나타낸 것이 [그림 6.24]이다. 단, 그림에서부터 알 수 있다시피, 크기 $|G(\omega)|$의 단위는 데시벨(dB)이 아닌 점에 유의한다.

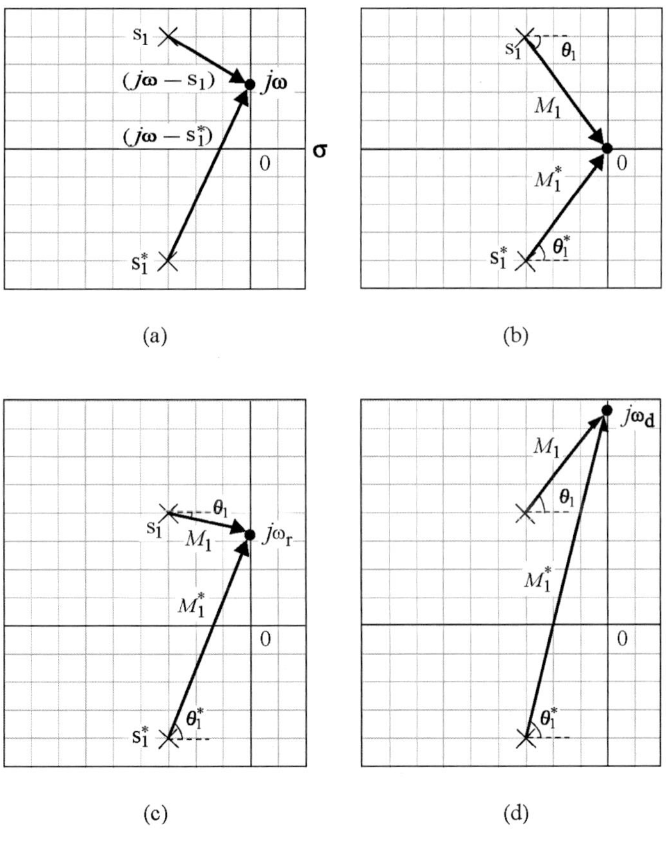

▲ 그림 6.23 임의 주파수 ω에 대한 주파수 응답의 벡터의 곱 계산

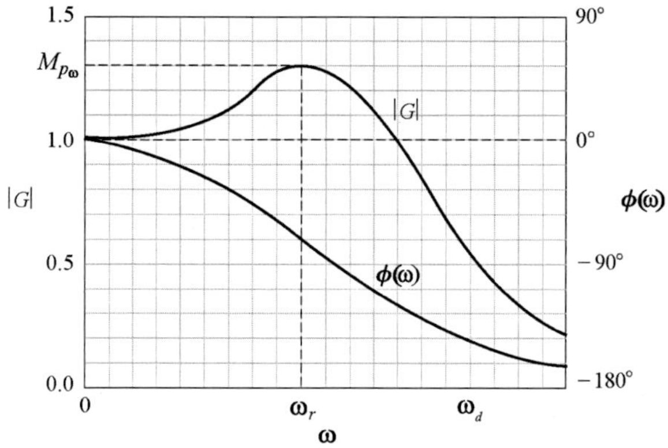

▲ 그림 6.24 한 쌍의 복소근에 대한 보드선도

[예제 6.10]

다음의 식으로 주어지는 전달함수에 대한 보드선도를 상기의 벡터법을 이용하여 구하여 보자.

$$G(s)=\frac{s^2+1}{s^2+4s+1}$$

(해) 위 전달함수는 [그림 6.25(a)]와 같이 $\pm j$ 에 두 개의 영점, $-2\pm\sqrt{3}$ 에 두 개의 실수근을 각각 가지고 있다. 따라서 $\omega=0$ 에서는 $|G(0)|=1$ 및 $\phi(0)=0^o$ 이며, $\omega\to 1$ 이면 크기는 $|G(\omega)|\to 0$ 및 위상은 $\phi(\omega)\to -90^o$ 로 된다. 그러나 $\omega=1$ 이면 크기는 변화가 없으나 위상은 0° 으로 되며, 주파수가 다시 1 에서 증가하기 시작하면 위상은 $+90^o$ 로 반전한다. 또한 주파수가 무한대에 접근한다면 다시 $|G(w)|\to 1$ 및 $\phi(\omega)\to 0^o$ 을 얻는다. [그림 6.25(b)]에 보드선도를 나타내었다.

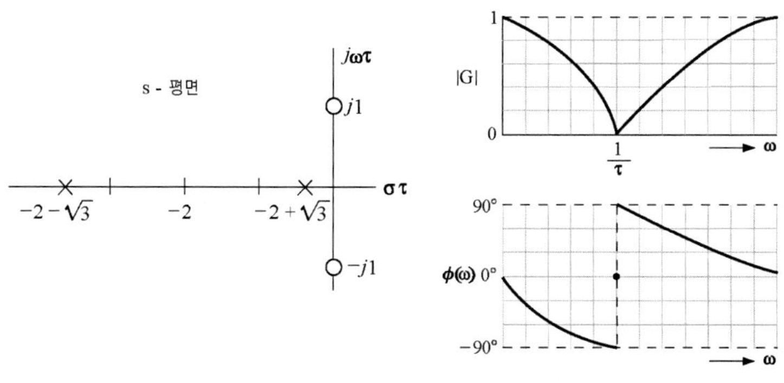

(a) 전달함수 G(s)의 극-영점 배치도　　(b) 주파수 응답 선도

▲ 그림 6.25

[표 6.2]에 전달함수가 가질 수 있는 몇 가지의 기본요소에 대한 보드선도의 점근선을 나타내었다.

[표 6.2] 전달함수의 기본인자에 대한 점근선

	크기 : $20\log\lvert G(\omega)\rvert$	위상 : $\phi(\omega)$
1. 이득 : $G(j\omega)=K$	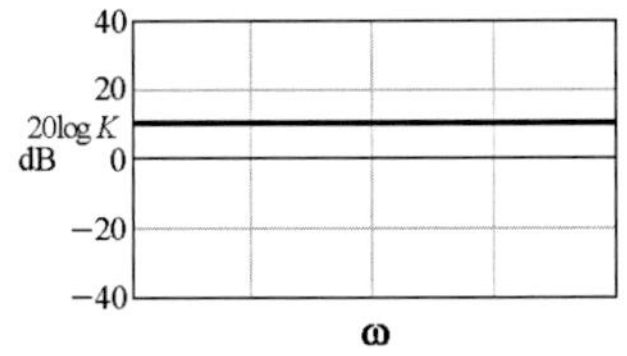	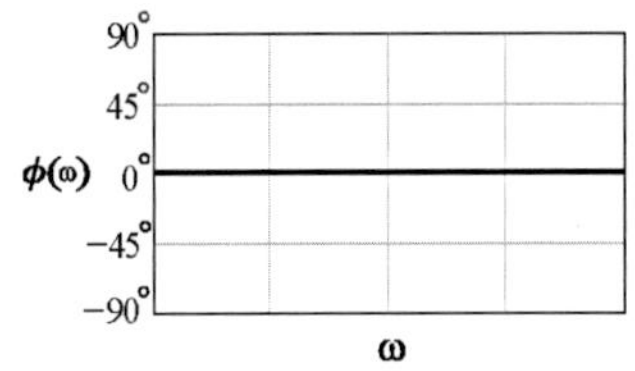
2. 영점 : $G(j\omega)=(1+j\omega/\omega_1)$	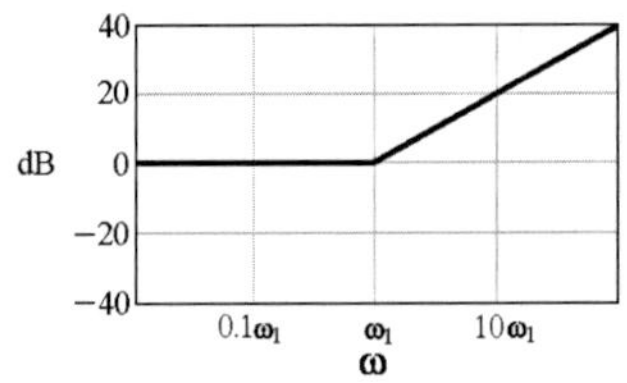	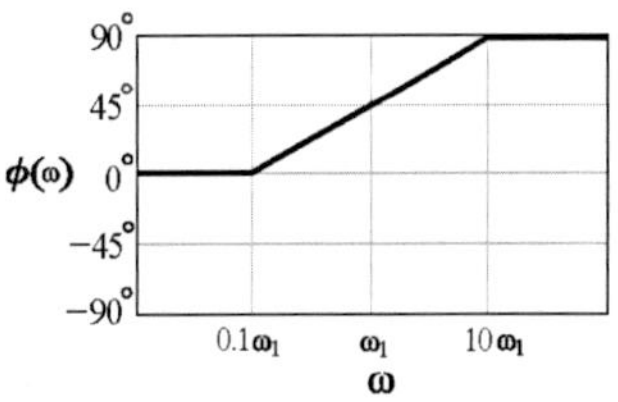
3. 극 ; $G(j\omega)-(1+j\omega/\omega_1)^{-1}$	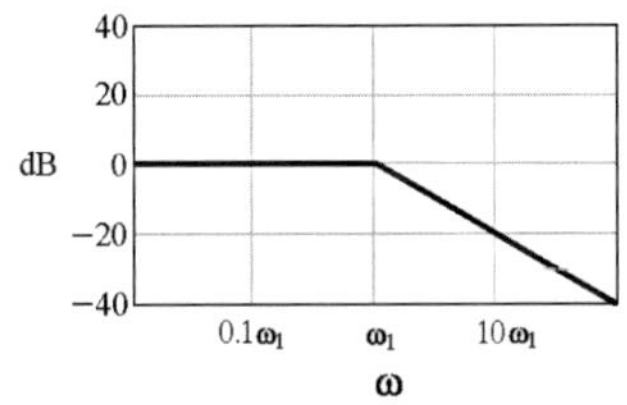	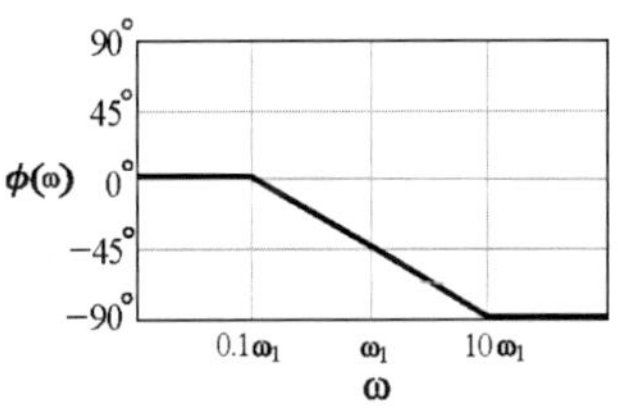
4. 원점의 극 : $G(j\omega)=1/(j\omega)$	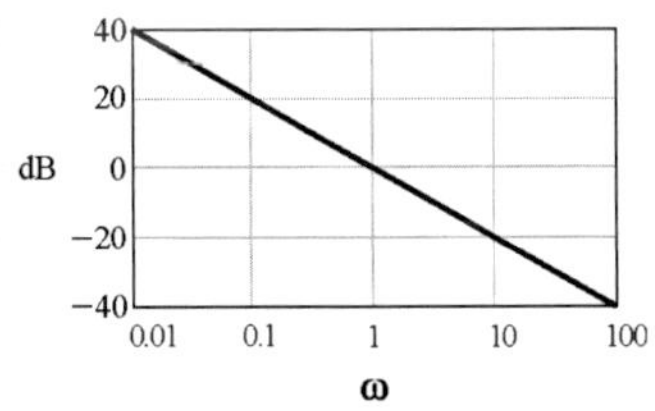	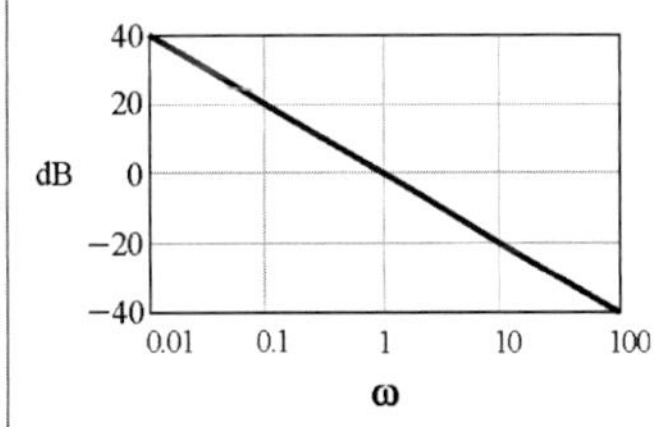
5. 두 개의 복소극 : $G(j\omega)=(1+j2\zeta u-u^2)^{-1}$ $u=\omega/\omega_1,\ 0.1<\zeta<1$	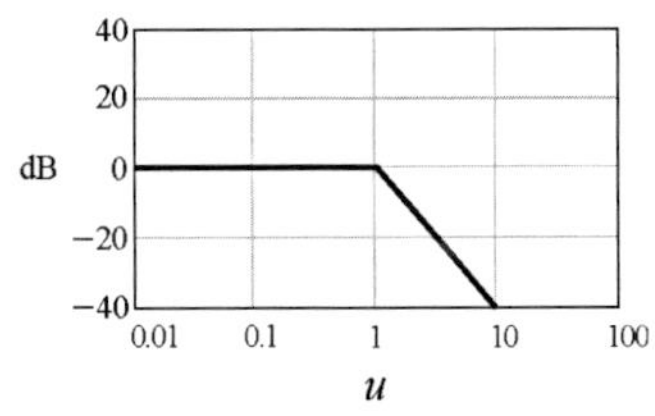	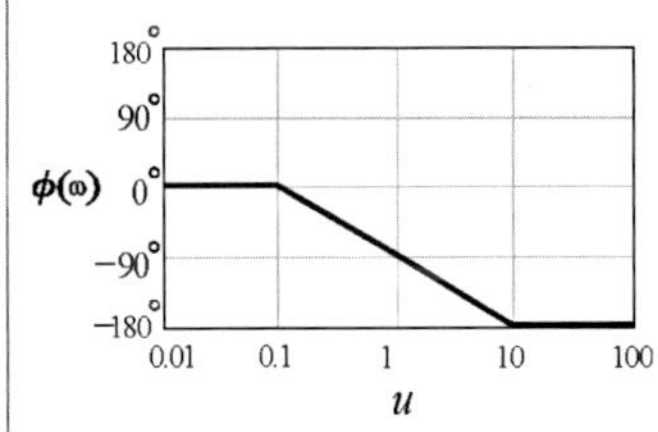

지금까지 전달함수 $G(s)$는 항상 s 평면의 왼쪽에 극과 영점을 가지는 것으로 제한하였다. 그러나 s 평면의 오른쪽에 극을 가지는 경우는 불안정한 시스템이므로 논의의 대상에서 제외되지만, 영점이 s 평면의 오른쪽에 존재하는 경우는 시스템의 안정성과는 무관하므로 보드선도의 작성이 가능하다. 영점의 위치와 관련하여 시스템을 다음과 같이 분류한다.

[요점 6.5] 비 최소위상 시스템

주어진 시스템의 영점과 극을 모두 복소평면의 왼쪽 반면에 가지는 것을 최소위상 시스템, 영점 중에서 하나라도 허수축을 포함하는 오른쪽 반면에 존재하는 시스템을 비 최소위상 시스템(non-minimum phase)이라고 한다.

비 최소위상 시스템에 대한 보드선도의 작성은 오른쪽에 존재하는 영점으로 인하여 [표 6.2]에 나타낸 것과는 다르기 때문에 주의가 필요하다. 즉, 비 최소위상 시스템인 전달함수 $G(s)$의 보드 선도를 그리는 과정에서, 크기 $|G(\omega)|$의 곡선은 영점이 허수축을 중심으로 대칭인 왼쪽에 존재하는 경우의 시스템과 동일하게 취급할 수 있다. 다시 말해서 크기곡선은 오른쪽 영점을 허수축에 대칭인 왼쪽으로 가져가서 최소위상으로 만든 전달함수와 동일한 모양을 가진다. 따라서 크기곡선의 경우에는 최소위상, 비 최소위상을 구분할 필요가 없다. 그러나 위상곡선의 경우에는 주의가 필요하다. 왜냐하면, 오른쪽에 존재하는 영점으로 인한 전달함수의 위상변화는 허수축을 중심으로 대칭인 왼쪽에 존재하는 영점의 그것과 비교하여 항상 크게 작용하기 때문이다. 다시 말하면, 주파수가 증가함에 따라 비 최소위상 시스템은 그의 위상변화가 최소위상 시스템에 비하여 항상 크게 되기 때문에 '최소위상', '비 최소위상'과 같은 용어가 사용되고 있다. 이것을 아래와 같은 두 종류의 전달함수를 이용하여 확인하여 보자.

$$G_1(s) = \frac{s+z}{s+p}, \quad G_2(s) = \frac{s-z}{s+p}$$

위 두 시스템에 대한 크기 곡선 $|G(\omega)|$은 영점의 위치에 관계없이 동일하다는 것은 쉽게 알 수 있다. 그러나 위상특성을 벡터법으로 계산하여 보면 영점의 위치에 의한 차이를 파악할 수 있을 것이다. 즉, [그림 6.26]에서부터 최소위상 시스템인 $G_1(j\omega)$의 영점 $-z$로 인한 위상변화 θ_1과 비 최소위상 시스템인 $G_2(j\omega)$의 영점 $+z$에 의한 위상변화 θ_1^* 사이에는 $\theta_1 < \theta_1^*$의 관계가 전 주파수에 걸쳐 성립하고 있다. 이로부터 위상특성에 관해서는 비 최소위상의 경우가 항상 최소 위상의 경우에 비하여 위상이 앞서고(즉, 위상 변화가

최소가 되지 않는다.) 있음을 알 수 있으며, [그림 6.27]에 이 관계를 표시하였다.

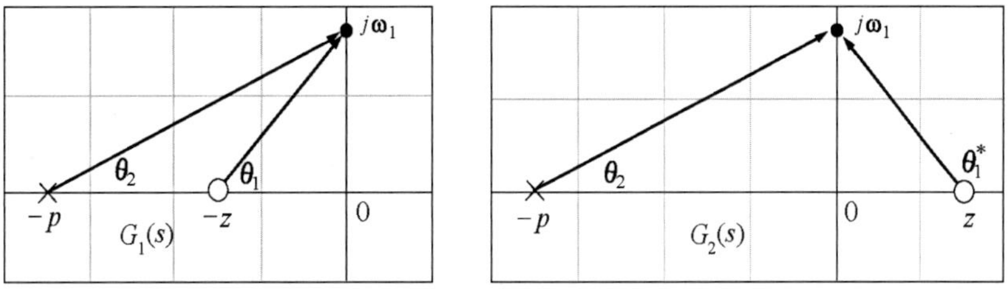

▲ 그림 6.26 **주파수 응답 특성이 동일한 시스템의 극-영점 배치**

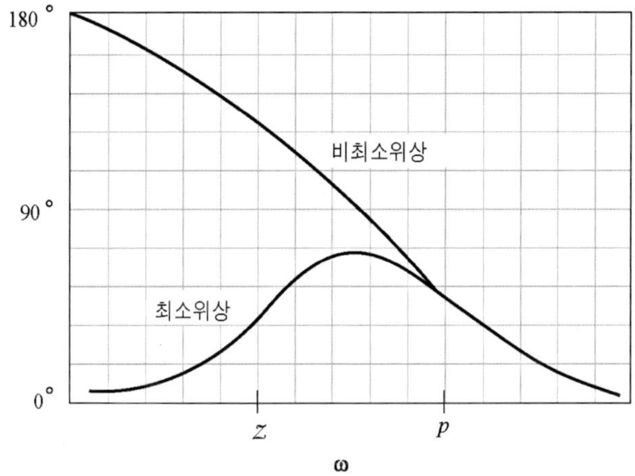

▲ 그림 6.27 **최소위상과 비 최소위상 시스템의 위상곡선**

6.2.3 보드선도를 그리는 방법

일반적으로 여러 개의 영점과 극을 가지고 있는 전달함수 $G(s)$ 의 보드선도를 간략하게 그리는 방법에 대하여 예를 들어서 설명한다. 정확한 보드선도가 필요한 경우에는 MATLAB와 같은 소프트웨어를 사용하면 쉽게 그릴 수 있지만, 설계 도중에 개략적인 보드선도가 필요한 경우에는 아래 설명하는 방법이 도움이 될 것이다.

다음과 같은 전달함수가 주어져 있다고 가정하고 이에 대한 보드선도를 간략히 그려보자.

$$G(j\omega)= \frac{5(1+j0.1\omega)}{j\omega(1+j0.5\omega)(1+j\,0.6(\omega/50)+(j\omega/50)^2)} \tag{6.49}$$

여기서 주파수 ω가 증가함에 따라서 위 전달함수의 각 요소가 주파수 특성곡선 $|G(\omega)|$에 나타나는 순서는 다음과 같다.

1. 상수인 이득 $K=5$
2. 원점 상의 극
3. $\omega=2$ 에 존재하는 극
4. $\omega=10$ 에 존재하는 영점
5. $\omega=\omega_n=50$ (고유 진동수)의 값을 가지는 한 쌍의 복소근

먼저 극 · 영점 및 이득에 대한 크기곡선을 다음과 같이 개별적으로 그린다.

[1] [그림 6.28]에 나와 있는 바와 같이 상수이득에 대해서는 $20\log(5)=14$ [dB]이다.

[2] 원점상의 극에 대한 주파수 특성은, 낮은 주파수에서는 큰 값을 가지나 주파수가 증가함에 따라 -20 [dB/decade]의 기울기로 감소하며, $\omega=1$ 에서 0 [dB]로 된다.

[3] $\omega=2$ 의 극에 대한 점근선은 브레이크 주파수인 $\omega=2$ 를 지나면 -20 [dB/decade]의 기울기로 감소한다. 브레이크 주파수보다 낮은 영역에서는 0 [dB]이다.

[4] $\omega=10$ 에 존재하는 영점에 대한 점근선은 주파수가 브레이크 주파수인 $\omega=10$ 을 넘어서면 $+20$ [dB/decade]의 기울기로 증가한다.

[5] 한 쌍의 복소근을 가지는 극의 점근선은 브레이크 주파수인 $\omega=50$ 을 넘어서면 -40 [dB/decade]의 기울기로 감소한다. 이 경우는 정확한 크기곡선과 근사값(즉, 점근선의 값)과의 차이는 감쇄비의 값에 따라 상당한 오차가 발생하므로 [그림 6.29]에 나타난 바와 같이 $\omega=50$ 부근에서 실제값과 근사값 사이에는 오차가 크게 발생하고 있음을 알 수 있다.

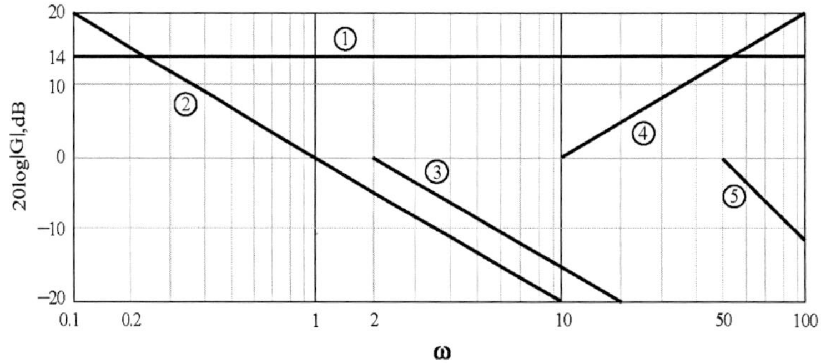

▲ 그림 6.28 식(6.49)에 사용된 각 요소에 대한 점근선

따라서 전달함수 전체에 대한 보드선도는 위의 다섯 과정을 거쳐서 그려진 각 요소의 점근선을 산술적으로 합하여 표시하면 된다([그림 6.29]의 실선). [그림 6.29]를 자세히 살펴보면, 주어진 전달함수의 크기곡선은 주파수의 증가에 따른 각 브레이크 주파수에서 각각의 기울기를 더하면 전체의 기울기가 결정된다는 것이다. 따라서 기울기 -20[dB/decade]를 가진 극 $(j\omega)^{-1}$로 인해 $\omega=1$에서 14[dB]로 된다[8](상수 $K=5$는 브레이크 주파수를 가지지 않는다). 두 번째 브레이크 주파수인 $\omega=2$에서의 기울기는 원래 기울기인 -20 [dB/decade]에, 극 $(1+j0.5\omega)^{-1}$에 의한 기울기 -20[dB/decade]가 더해져서 전체로는 -40 [dB/decade]로 된다. 세 번째 브레이크 주파수인 $\omega=10$에서는 영점 $(1+j0.1\omega)$로 인한 기울기인 $+20$ [dB/decade]가 추가되므로, 전체 기울기는 다시 -20 [dB/decade]로 된다. 마지막 브레이크 주파수인 $\omega=50$에서는 한 쌍의 복소수를 근으로 가지는 2차 요소로 인한 기울기 -40 [dB/decade]이 추가되어 최종적으로 -60 [dB/decade]의 기울기를 유지하면서 주파수의 증가에 따라 $-\infty$ [dB](즉 0을 의미)로 수렴해 갈 것이다.

이와 같은 과정을 거쳐 얻어진 보드선도는 어디까지나 전달함수의 각 요소에 대한 점근선을 중심으로 계산된 것이기 때문에 정확한 것이라고는 보기 어렵다. 특히 브레이크 주파수 근처에서는 실제 값과 많은 차이가 발생하므로 상당한 주의가 요구된다. [그림 6.29]에서 점선은 계산기를 사용하여 얻어진 정확한 것이고 실선은 상기의 방법으로 얻어진 개략적인 것이다.

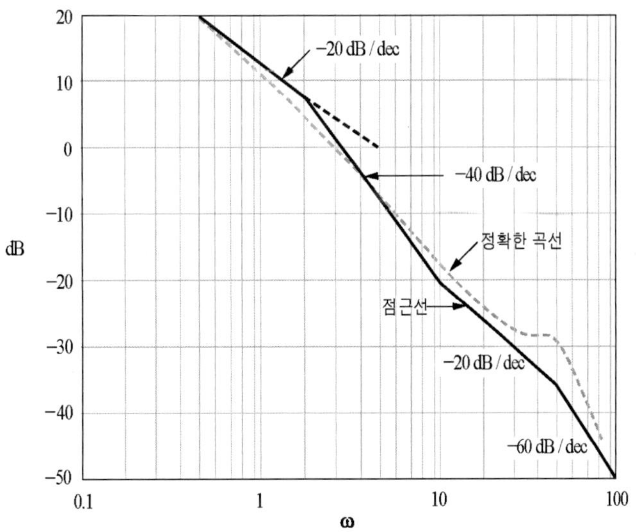

▲ 그림 6.29 식(6.49)로 주어진 전달함수의 크기 특성 곡선

8 즉 $\omega=1$에서 14[dB]의 값을 가지며 이때의 기울기가 -20[dB/decade]이다.

위상 특성곡선도 크기 특성곡선의 경우와 마찬가지로 전달함수의 각각의 요소가 가지는 위상을 산술적으로 더함으로써 얻을 수 있다. 일반적으로 전달함수에 2차 형식의 요소가 나타나지 않는 경우에는 비교적 정확한 결과를 얻을 수 있으며, 최종의 설계를 얻기 전의 중간 단계로서 평가를 수행하는 경우에는 의미가 있는 것으로 볼 수 있다. [그림 6.30]을 참조로 개략적인 위상 특성곡선을 구하는 방법을 요약한다.

(1) 정수의 위상은 전 주파수 범위에서 0° 이다.

(2) 원점에 존재하는 극의 위상은 전 주파수 영역에서 -90° 이다.

(3) $\omega = 2$ 의 극에 대한 위상은 $-\tan^{-1}(0.5\omega)$ 이나, $\omega = 2$ 에서 -45° 의 값을 가지는 직선으로 선형 근사할 수 있다([그림 6.30] 참조).

(4) $\omega = 10$ 의 영점에 대한 위상은 $-\tan^{-1}(0.1\omega)$ 이나, $\omega = 10$ 에서 $+45^o$ 의 값을 가지는 직선으로 선형 근사가 가능하다.

(5) 한 쌍의 복소수를 근을 가지는 경우에는 직선으로 선형근사가 어려우므로, [그림 6.30]에서는 개략적인 곡선으로 표시하였다.

이러한 과정을 거쳐 개별적으로 그려진 위상곡선을 더하면 전체 시스템에 대한 위상 특성곡선이 얻어지며, 이를 [그림 6.30]에 표시하였다. 이러한 곡선은 개략적인 것이기는 하지만, 전체 시스템의 위상 특성에 대한 일반적인 정보 등이 필요한 경우 등에 있어서는 유용한 방법이 될 수 있다. 예를 들어 위상이 -180^o로 되는 주파수에 관심이 있다면, [그림 6.30]에서부터 대략 $\omega = 46$ 부근이라는 것을 확인할 수 있다. 이때의 실제의 위상은 다음과 같이 쉽게 계산가능하다. 즉 식(6.49)로부터

$$\phi(\omega) = -90^o - \tan^{-1}(0.5\omega) + \tan^{-1}(0.1\omega) - \tan^{-1}\left(\frac{0.6(\omega/50)}{1-(\omega/50)^2}\right) \quad (6.50)$$

따라서 $\omega = 46$ 에서는

$$\phi(46) = -90^o - \tan^{-1}(23) + \tan^{-1}(4.6) - \tan^{-1}(3.55) = -175^o$$

로 된다. 이 결과로부터 [그림 6.30]의 선도는 $\omega = 46$ 에서 약 5° 의 오차를 가지고 있음을 알 수 있다. 그러나 일단 [그림 6.30]로부터 위상특성에 대한 개략적인 내용이 파악되면, 필요한 주파수 값에서의 정확한 위상은 식(6.50)과 같이 비교적 간단하게 계산할 수 있다.

지금까지의 내용을 요약하면 다음과 같다. 주어진 전달함수 $G(j\omega)$ 로부터 위에서 설명한 과정을 거쳐 비교적 쉽게 크기와 위상에 대한 개략적인 선도를 파악할 수 있다면, 이로부터 제어기 설계 등에 필요한 중요한 정보를 얻을 수 있다. 따라서 설계사양 등의 충족을

위한 좁은 범위의 주파수 대역을 개략적인 선도로부터 결정한 뒤 정확한 위상과 크기의 값은, 예를 들어 식(6.50) 등을 이용하여 얻는다면 설계를 위한 계산 양을 줄일 수 있을 것이다.

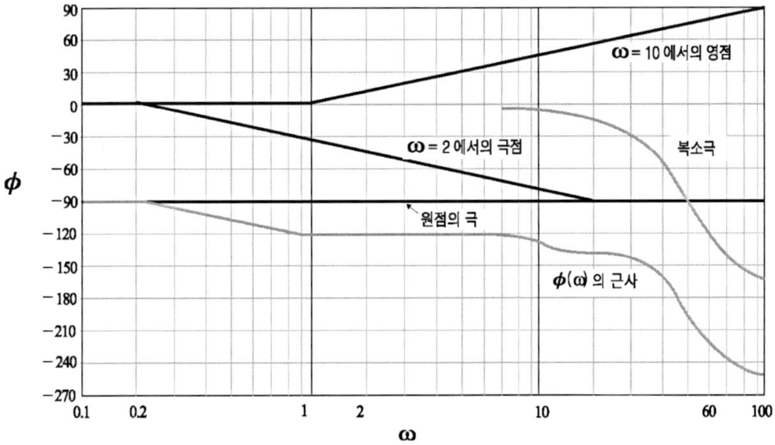

▲ 그림 6.30 위상 특성 곡선

6.3 나이퀴스트(Nyquist) 안정 판별법

여기서는 전달함수의 주파수 특성을 이용하여 폐루프시스템의 안정성을 판별하는 방법에 대하여 간략하게 설명한다. 제5장에서 폐루프시스템의 특성과 이것의 안정성에 대해서는 이미 언급하였으나, 주로 전달함수의 분모의 인수분해 등을 통하여 극의 위치를 파악하여 전체 시스템의 안정 및 불안정을 결정하였다. 여기서는 6.2절에서 설명한 시스템의 주파수 응답을 이용한 안정성의 판별법을 주로 예제를 이용하여 간략하게 설명하기로 한다. 특히 주파수 특성을 이용하여 안정성을 판별하는 과정은 결국 제어시스템의 설계와도 깊은 관련을 가지게 되므로, 이 과정은 제7장의 제어기 설계에 있어서도 중요한 역할을 한다.

6.3.1 시스템의 안정조건과 판별법

1.5절에서 사용한 피드백 제어의 기본 형식인 [그림 1.57]를 [그림 6.31]과 같이 간략화 하여 폐루프시스템의 안정성에 대해 고찰하여 보자. 이미 설명한 바와 같이 시스템이 안정하기 위한 필요충분조건은 폐루프시스템 전달함수의 극의 실수부가 전부 음으로 되는 것이었

다. 즉, 전달함수

$$\frac{Y(s)}{R(s)} = \frac{G(s)}{1+G(s)H(s)} \tag{6.51}$$

의 분모 다항식

$$1+G(s)H(s) = 0 \tag{6.52}$$

의 근이 전부 음의 실수부를 가지는 것이다. 이 조건이 만족되는지의 여부를 판별하기 위해서는

$$G(s)H(s) = \frac{n(s)}{d(s)}$$

로 두었을 때 식(6.52)로부터

$$d(s)+n(s) = 0$$

의 근을 인수분해 등의 방법을 동원하여 알아내는 것이다. 그러나 고차다항식의 인수분해는 쉽지 않기 때문에 이를 회피하기 위한 여러 가지의 방법이 제안되어 있으나 여기서는 더 이상 언급하지 않는다.

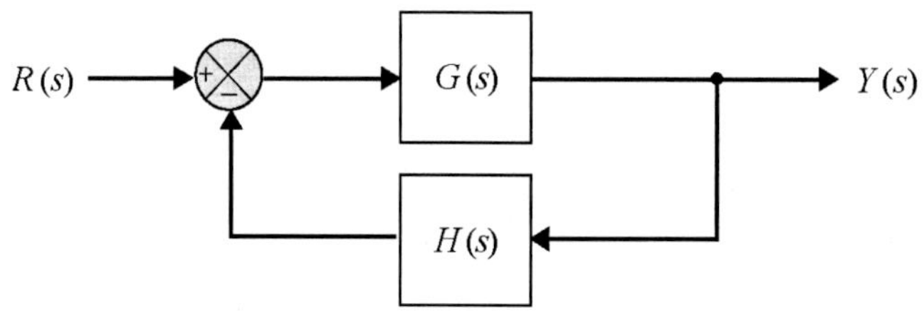

▲ 그림 6.31 폐루프시스템의 기본 구조

이미 6.2절에서 전달함수 $G(s)$의 s 대신에 $j\omega$를 대입하면 시스템의 주파수 특성을 얻을 수 있다는 사실을 배웠다. 즉, $G(j\omega)$에서 ω를 0에서 $+\infty$까지 변화시키면 시스템이 가지고 있는 주파수 특성을 얻을 수 있다. 여기서는 이러한 사실을 이용하여 위 식(6.51)의 안정성을 알 수 있는 방법을 설명한다. 이는 식(6.52)의 근이 전부 s 평면의 왼쪽 반면에 존재하는지의 여부를 판단하기 위한 것이다.

먼저 $H(s)=1$로 가정하고 전달함수 $G(s)$가 다음과 같이 인수분해 되어 있다고 한다.

$$G(s) = \frac{K_m(s-z_1)(s-z_2)\cdots(s-z_m)}{(s-p_1)(s-p_2)\cdots(s-p_n)} \tag{6.53}$$

이때 식(6.53)의 s 대신에 $j\omega$ 를 대입하고 다음과 같은 관계식을 도입한다.

$$K_{n_i}(\omega)=|(j\omega - z_i)|,\ \theta_{n_i}(\omega)= \angle (j\omega - z_i),\ (i=1,\cdots,m) \tag{6.54a}$$

$$K_{d_k}(\omega)=|(j\omega - p_k)|,\ \theta_{d_k}(\omega)= \angle (j\omega - p_k),\ (k=1,\cdots,n) \tag{6.54b}$$

이를 이용하면 식(6.53)의 주파수 응답은

$$|G(\omega)|= K_m \frac{\prod_{i=1}^{m} K_{n_i}(\omega)}{\prod_{k=1}^{n} K_{d_k}(\omega)} \tag{6.55a}$$

$$\angle G(\omega)= \sum_{i=1}^{m} \theta_{n_i}(\omega) - \sum_{k=1}^{n} \theta_{d_k}(\omega) \tag{6.55b}$$

와 같이 쓸 수 있다. s 평면에서 복소변수 s 를 어떤 닫혀 있는 경로 Γ 를 따라서 시계방향으로 한 바퀴 회전시키는 것을 생각하여 보자. 이러한 s 의 움직임에 대해, 경로 Γ 의 내부에 있는 어떤 영점 z_1 과 관련한 벡터 $(s-z_1)$ 는 시계방향으로 한 바퀴 회전하게 된다. 따라서 식(6.55b)의 $\theta_{n_1}(s)$ 는 -2π 만큼 변화하게 된다.[9] 한편 영점 z_2 가 Γ 의 외부에 있다면 벡터 $(s-z_2)$ 는 s 가 Γ 를 따라 회전하여도 약간 변화한 뒤 제자리로 돌아오기 때문에 s 의 움직임에 따른 전체적인 각도의 변화는 없다([그림 6.32] 참조). 이러한 사실은 극

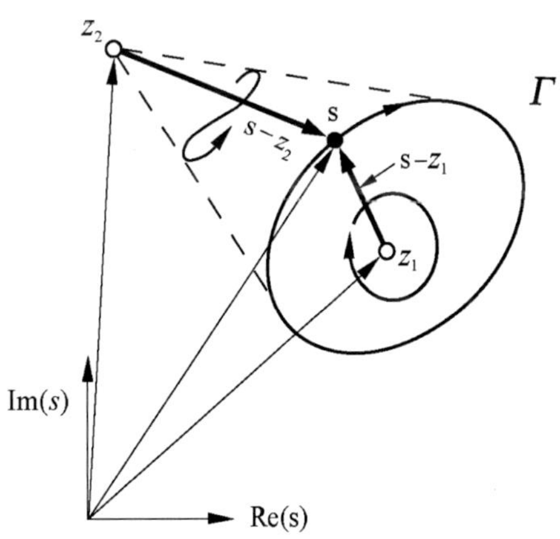

▲ 그림 6.32 벡터 $(s-z_i)$의 회전

[9] 주파수 특성을 얻기 위해서는 $s=\sigma+j\omega$ 대신에 $j\omega$ 를 대입하게 되므로(즉, $\sigma=0$ 로 둔다) $\theta_{n_i}(s)$ 는 결국 $\theta_{n_i}(\omega)$ 와 동일한 변화를 한다.

에 대해서도 마찬가지로 성립한다. 이러한 사실을 이용하면 하나의 법칙을 유도할 수 있다. 먼저 Γ의 내부에 있는 영점의 개수를 Z, 극의 개수를 P개로 한다면, s (즉 $j\omega$)가 경로 Γ를 따라서 시계방향으로 한바퀴 회전하였을 경우 식(6.55b)에 의해 $\angle G$는 $2\pi \times (P-Z)$ 만큼 변화할 것이다. 다시 말하자면 s 가 경로 Γ 를 시계방향으로 한바퀴 회전하는 동안 벡터 $G(j\omega)$는 시계 반대방향으로 $(P-Z)$회 회전하게 된다는 것이다.[10]

이러한 사실을 바탕으로 경로 Γ 를 [그림 6.33]과 같이 취하는 경우를 생각하여 보자. [그림 6.33]에서 Γ 의 반지름을 $R \to \infty$ 로 한다면 Γ 는 s 평면의 오른쪽 반면을 전부 포함하게 될 것이다. 이와 같은 경로를 따라 s 가 이동하는 경우, 벡터 $G(s)$[11]의 궤적을 (s 평면과는) 다른 복소평면인 $G(s)$ 평면에 그려보기로 하자. $G(s)$ 평면은 실수축으로서 $G(s)$ 의 실수부 값을 취하고(Re $[G(s)]$ 로 표시), 허수축으로서는 $G(s)$ 의 허수부 값을 취하고 있다(Im $[G(s)]$ 로 표시).[12] 이때 만약 s 평면의 허수축의 임의의 점 $s = +j\omega_1$에 전달함수 $G(s)$의 극이 존재한다면, 이 극은 경로 Γ 위에 위치하게 되어 s가 이점을 지나게 되면, $G(s)|_{s=j\omega_1} = G(j\omega_1)$는 분모가 영으로 되어 계산이 불가능하게 될 것이다. 이러한 상황을 회피하기 위한 하나의 방법으로, 전달함수의 허수축의 극의 근처에서 경로 Γ 를 약간 변경하는 것이다. 즉 $G(s)$ 의 허수축의 극 근처에서 경로 Γ 를 오른쪽으로 미소한 반지름 ϵ (단 $\epsilon \to 0$)를 가지는 경로를 따라 우회하도록 하는 것이다([그림 6.34] 참조). 이렇게 설정하면 $G(j\omega_1)$의 분모가 영으로 되는 것을 피할 수 있게 된다.

s가 [그림 6.33]의 경로 Γ 를 따라 시계방향으로 한바퀴 회전하였을 경우 $F(s) = 1 + G(s)$ (즉, 식 (6.52))의 움직임을 $F(s)$ 평면[13]에 나타내었다고 하자. 위에서 설명한 것처럼 $F(s)$ 평면에서 $F(s)$ 의 궤적은 원점주위를 $(P-Z)$ 회 만큼 시계 반대방향으로 회전하게 될 것이다. 단, P 는 s 평면의 오른쪽 반면에 존재하는 $[1+G(s)]$ 의 극의 개수이나, 쉽게 알 수 있는 바와 같이 이것은 오른쪽 반면에 존재하는 $G(s)$ 의 극의 개수와 동일하다. Z 는 오른쪽 반면에 있는 $[1+G(s)]$ 의 영점의 개수이며, 이 값은 안정성 판별을 위한 관심의 대상인 페루프시스템 식(6.51)의 불안정한 극의 개수와 일치한다. 그런데, s 가 경로 Γ 를 따라 이동할 때 $F(s)$ 평면에서의 $F(s) = 1 + G(s)$ 의 움직임을 왼쪽(즉 실수축)으로 '-1' 만큼 이동시키면, 이것은 s 가 동일한 경로 Γ 를 따라 이동할 때 $G(s)$ 평면에서($F(s)$ 가 아닌)

10 위상의 경우, 복소평면에서 시계반대방향이 양(+)의 방향이다.

11 s 가 복소수이므로 $G(s)$ 도 복소수로 되며, 이것은 $G(s)$ 평면에서 하나의 점, 즉 벡터이다.

12 s 평면도 복소평면이지만 이것의 실수축은 s 의 실수부인 σ, 허수축은 s 의 허수부인 $j\omega$를 취하여 구성된 평면이다.

13 $F(s)$ 평면 역시 $G(s)$평면과 동일한 기능의 복소평면으로, 실수부 Re $[F(s)]$, 허수부는 Im $[F(s)]$ 로 표현한다. 둘 사이에는 $F(s) = 1 + G(s)$ 의 관계가 성립한다.

$G(s)$ 의 움직임으로 된다는 것이다.

이로부터 다음과 같은 결론을 얻을 수 있다. 즉, s 가 [그림 6.33]의 경로 Γ를 따라 시계방향으로 한바퀴 회전하였을 때 $F(s)$ 가 $F(s)$ 평면에서 원점(0,0)의 주위를 시계 반대방향으로 회전하는 회수와 동일한 경로에서 s 의 움직임에 대한 $G(s)$ 의 값을 $G(s)$ 평면에 나타내었을 때 '점$(-1, j0)$'의 주위를 시계 반대방향으로 회전한 회수는 일치한다는 것이다.

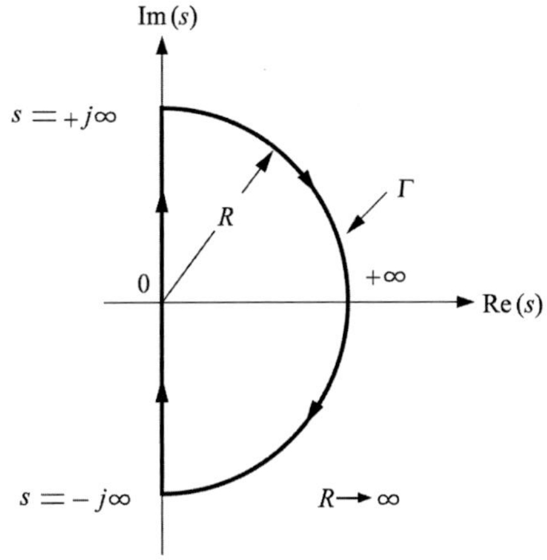

▲ 그림 6.33 **폐곡선 경로** Γ

이상의 사실을 정리하면 다음과 같은 안정성에 대한 판별법을 얻을 수 있다.

[요점 6.6] 나이퀴스트 안정 판별법

나이퀴스트 경로 Γ (그림 6.33)를 따라 s 를 시계방향으로 한바퀴 회전시켰을 경우, $G(s)$ 평면에서 $G(s)$ 의 궤적이 점 $(-1, j0)$ 의 주위를 시계 반대방향으로 회전하는 회수를 R 이라고 한다면 $R = P - Z$, 즉

$$Z = P - R \tag{6.56}$$

가 성립한다. P 는 개루프전달함수 $G(s)$ 가 가지는 불안정한 극의 개수이다. 따라서 폐루프시스템이 안정으로 되기 위해서는 $Z = 0$ 으로 되어야 하므로 결국 폐루프시스템의 안정조건으로서

$$P = R \tag{6.57}$$

이 유도된다. 이것을 나이퀴스트의 안정 판별법(Nyquist's stability criterion)이라고 한다.

상기의 판별법을 이용하면 시스템의 안정성을 쉽게 판단할 수 있다. 즉, 개루프시스템의 전달함수 $G(s)$에 대한 나이퀴스트 궤적을 그려서 R을 얻은 다음, 식(6.57)을 적용하면 폐루프시스템의 안정여부를 확인할 수 있다. 이때 P는 개루프전달함수 $G(s)$가 가지는 불안정한 극의 개수로서 간단히 얻을 수 있다.

그런데 $G(s)$의 분모다항식의 차수가 분자다항식의 차수보다 큰 경우[14]에는 $|s|=R\to\infty$에 대해서 $|G(s)|\to 0$으로 된다. 다시 말하면, [그림 6.33]의 경로 Γ 중에서 오른쪽 반원에 대한 $G(s)$의 궤적은 $G(s)$ 평면에서 원점으로 된다는 것을 의미한다. 또 $G(s)$의 분자·분모다항식의 계수는 전부 실수이기 때문에 $G(-j\omega)$는 $G(j\omega)$의 공역 복소수이다. 따라서 경로 Γ에서 $-j\infty\to 0^-$의 부분에 대한 $G(s)$의 궤적은 $0^+\to +j\infty$ 부분에 대한 궤적을 실수축($\mathrm{Re}\,[G(s)]$ 축)에 대한 대칭을 취하면 얻어진다. 이러한 사실을 고려하면, 폐루프 경로 Γ에서 단지 $0^+\to +j\infty$ 부분에 대한 $G(s)$의 궤적만을 그릴 수 있다면 식(6.57)의 적용이 가능하다는 것을 알 수 있다. 여기서 $0^+\to +j\infty$ 부분에 대한 $G(s)$의 궤적이란 $G(j\omega)$, $(0\le\omega<\infty)$이며, 이는 6.2절에서 설명한 전달함수 $G(s)$의 주파수 응답을 의미하는 것이다. 이와 같이 나이퀴스트의 안정 판별법은 기본적으로 개루프전달함수의 주파수 응답에 그 기초를 두고 있는 방법이라는 것이라는 것을 알 수 있다.

개루프전달함수 $G(s)$가 허수축, 예를 들어 원점에 n중의 극을 가지는 경우[15]에 대하여 나이퀴스트 궤적을 그리는 방법에 대하여 생각하여 보자. 이 경우 s는 앞서 언급한 바와 같이, 분모가 영으로 되는 것을 피하기 위해 경로를 약간 변경한다. 즉 Γ에서 원점을 피하여 [그림 6.34]와 같이 미소한 반지름 ϵ를 가지는 반원을 따라 회전하게 된다. [그림 6.34]의 반원을 식으로 표시하면

$$s=\epsilon e^{j\theta},\ (-\pi/2\le\theta\le\pi/2),\ \epsilon\to 0 \tag{6.58}$$

이다. 이때의 $G(s)$의 궤적은

$$(1/\epsilon^n)e^{j\phi},\ (-n\pi/2\le\phi\le n\pi/2),\ \epsilon\to 0 \tag{6.59}$$

로 근사화 할 수 있다. 왜냐하면 식(6.58)로 주어진 경로에 있어서, $G(s)$가 가지는 원점 이외의 극이나 영점에 대한 궤적은 식(6.59)로 주어지는 원점의 궤적에 비해 훨씬 작은 값을 가지기 때문에 이를 무시할 수 있기 때문이다. 따라서 $G(s)$의 궤적은 무한대의 반지름을 가지면서 시계 방향으로(원점을) $(n/2)$회 회전하게 된다. $G(s)$가 원점 이외의 허수축에

14 이와 같은 시스템을 엄격하게 프로퍼(strictly proper)한 시스템이라고 하고, 분자와 분모 다항식의 차수가 같은 시스템을 프로퍼(proper)한 시스템이라고 부른다.

15 $G(s)$의 분모에 s^n가 존재하는 경우이다.

극을 가지는 경우에도 상기와 동일한 과정을 반복하면 된다.

나이퀴스트의 안정성 판별법은 몇 가지의 특징이 있다. 그 중 하나로써 나이퀴스트 안정 판별법은 제어시스템의 설계에 주로 사용되는 피드백시스템에 적합하다는 것이다. 또한 도식적인 방법이기 때문에 파악하기가 쉬우며, 특히 6.4절에서 설명하는 안정여유 등에 대한 정보를 간단히 얻을 있다는 등의 장점이 있다. 전달함수의 주파수 응답 $G(j\omega)$ 에 대한 정보만 있으면 사용가능하기 때문에, 주어진 시스템에 대한 정확한 수식모델을 얻을 수 없는 경우 등에도 실험적으로 주파수 응답을 측정하여, 이를 기초로 하여 안정성을 파악할 수 있다는 점도 커다란 특징 중의 하나이다.

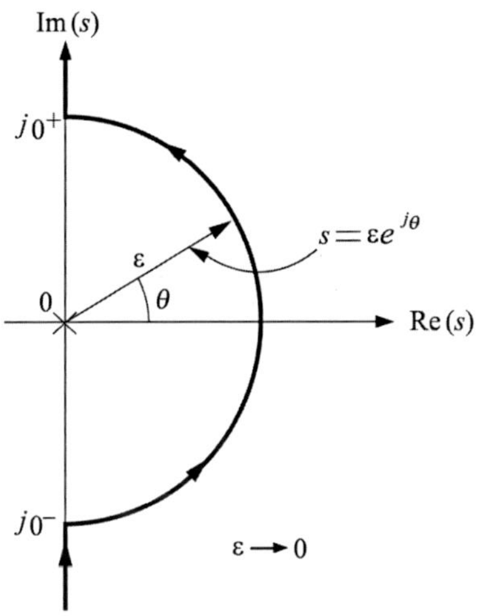

▲ 그림 6.34 원점의 극을 회피하는 경로 Γ

6.3.2 이득여유와 위상여유

여기서는 주어진 시스템의 전달함수(즉, 개루프 전달함수) $G(s)$ 가 안정하여 s 평면의 오른쪽 반면에 극을 가지지 않는 것으로 하고 이 시스템에 대한 안정여유에 대하여 알아보기로 한다. 안정여유란 이름 그대로 현재 안정한 상태를 유지하고 있으나 불안정으로 되기까지 어느 정도의 여유가 있는지를 수치적으로 표현한 것으로 볼 수 있다. 이 값은 현 시스템의 안정성에 대한 일종의 지표이며, 주로 제어시스템의 설계를 수행하는 경우에 만족시켜야 하는 설계사양의 형태로 많이 주어진다.

위에서 설명한 것처럼 $G(s)$ 가 안정이므로 $P=0$, 따라서 식(6.57)에 의해 폐루프시스템의 안정조건으로 $R=0$ 가 얻어진다. 이것은 s 가 경로 Γ 를 따라 시계방향으로 한바퀴 회전하였을 때의 나이퀴스트 궤적이 $G(s)$ 평면의 점 $(-1, j0)$ 을 지나가거나 이를 둘러싸지 말아야 된다는 것을 의미하고 있다. 즉, 궤적이 $(-1, j0)$ 의 오른쪽에 있어야만 폐루프의 안정성이 확보된다는 것을 말한다. 만약, 나이퀴스트 궤적이 점 $(-1, j0)$ 의 (오른쪽) 근처를 통과한다면 안정성의 한계에 가까워지며, 전체 시스템의 감쇄특성 등이 나빠지게 될 것이다. 또 궤적이 $(-1, j0)$ 에서 (오른쪽으로) 멀어진다면 감쇄특성은 좋아지지만, 속응성이 부족하게 된다. 이러한 사실은 나이퀴스트 궤적과 점 $(-1, j0)$ 과의 간격이 폐루프시스템의 과도특성에 대한 정보를 제공하여 주는 것으로 볼 수 있다.

나이퀴스트 궤적이 [그림 6.35]와 같은 형태를 취한다고 하고, 주파수 $\omega = \omega_1$ 에서 나이퀴스트 궤적이 $G(s)$ 평면의 실수축의 음(negative)의 부분과 만나는 것으로 한다. 즉,

$$\angle G(\omega_1) = -180^o \tag{6.60}$$

이라고 한다. 이때

$$g_m = -20\log|G(\omega_1)| \ \ [\text{dB}] \tag{6.61}$$

을 이득여유(gain margin)이라고 한다. 이것은 크기 $|G(\omega_1)|$ 가 안정한계인 $|G(\omega_1)| = 1$ 로 되기까지 어느 정도의 순 이득으로의 여유를 가지고 있는가를 나타내고 있다. 예를 들어 $g_m = 20\,[\text{dB}]$이라면 $|G(\omega_1)| = 0.1$ 이므로 폐루프가 불안정으로 되기 위해서 $|G(\omega_1)| \times 10 = 1$ 의 관계로부터 순 이득으로서 10 의 여유를 가지고 있는 것으로 볼 수 있다.[16] 한편, $\omega = \omega_2$ 에서 나이퀴스트 궤적이 원점을 중심으로 하고 반지름이 1 인 단위원(unit circle)과 만난다고 하자. 다시 말하면

$$|G(\omega_2)| = 1 \tag{6.62}$$

이라고 한다. 이때

$$\phi_m = 180^o + \angle G(\omega_2) \tag{6.63}$$

를 위상여유(phase margin)라고 한다. 이것은 위상 $\angle G(\omega_2)$ 이 안정한계인 $\angle G(\omega_2) = -180^o$ 까지 어느 정도 지연되어도 좋은가 하는 위상만의 여유를 나타내고 있다. 예를 들어 $\phi_m = 45^o$ 라면, $\angle G(\omega_2)$ 가 -180° 될 때까지는 45° 의 여유가 있으므로 순 위상 전달함수, 예를 들어 $G_p(s) = e^{-j\phi_m}$ 을 폐루프시스템에 삽입하여도 안정성은 유지할 수 있다는 뜻으로 해석할 수 있다.

---

16 전달함수로서 $G_g(s) = 10$ 을 시스템의 전달함수 $G(s)$ 앞에 곱한다는 것을 의미한다. 따라서 원래 시스템의 위상 특성은 변화가 없고 단지 크기만 10배 변화한다.

[요점 6.7] 이득여유와 위상여유

(A) 이득여유(gain margin) : 현재 안정한 시스템이 불안정으로 되기까지 어느 정도의 이득상의 여유를 가지고 있는가를 나타내는 양으로 식(6.60)을 만족하는 주파수에서의 시스템의 크기인 식(6.61)로 주어진다.

(B) 위상여유(phase margin) : 현재 안정한 시스템이 불안정으로 되기까지 어느 정도의 위상적인 여유를 가지고 있는가를 나타내는 양으로, 식(6.62)를 만족하는 주파수에서의 위상과 -180° (음의 실수축)과의 차이를 나타내는 값이며, 이는 식(6.63)으로 주어진다.

이득여유와 위상여유는 이득과 위상이 개별적으로, 즉 서로 영향을 미치지 않는다는 가정 아래 정의된다.

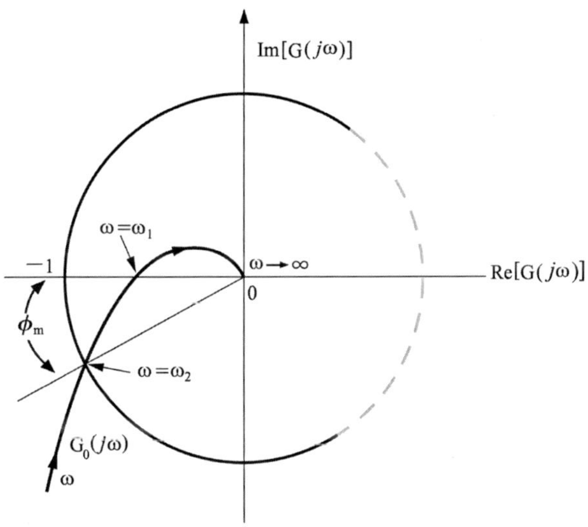

▲ 그림 6.35 이득여유와 위상여유를 위한 벡터 궤적

이상과 같은 이득여유와 위상여유는 6.2절의 보드선도를 이용하여 표시할 수도 있다. 보드선도에서는 $\angle G(\omega)$ 가 -180° 로 되는 주파수 ω_1 을 파악하고, 이 주파수에서의 이득 $|G(\omega_1)|$ 가 0 [dB] 선에서 어느 정도 아래에 있는가를 읽으면 이 값이 이득여유이다. 또, 이득 $|G(\omega)|$ 가 0 [dB]로 되는 주파수 ω_2 를 보드선도로부터 알아낸 뒤, 주파수 ω_2 에서의 위상 $\angle G(\omega_2)$ 가 -180° 선으로부터 어느 정도 위쪽에 존재하는가를 위상선도로부터 읽어내면 이 값은 위상여유로 된다([그림 6.36] 참조).

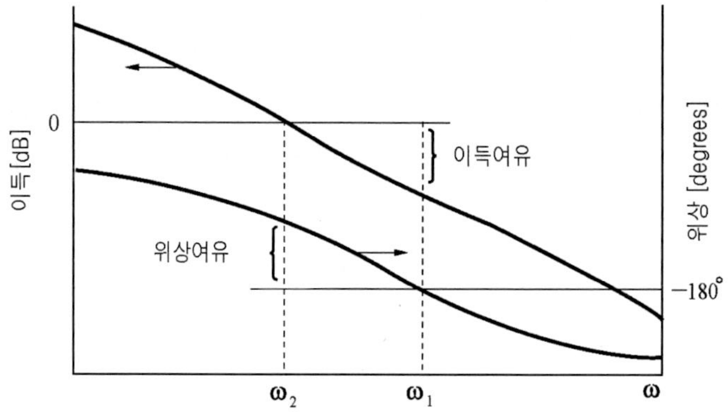

▲ 그림 6.36 보드선도로부터의 이득여유와 위상여유

6.3.3 몇 가지 예제

여기서는 나이퀴스트 선도를 그리는 방법에 대하여 예제를 이용하여 간단하게 언급하기로 한다. 좀 더 복잡한 형태의 전달함수를 가지는 시스템의 경우는 다른 참고서를 참조하기 바란다.

[예제 6.11] 원점에 극을 가지는 2차 시스템

[그림 6.31]의 폐루프시스템에서 전달함수가 다음과 같이 주어져 있다. 이 경우 폐루프 시스템이 안정하기 위한 K 의 범위를 나이퀴스트 판별법으로 구하여 보자($H(s)=1$ 로 둔다).

$$G(s)=\frac{K}{s(\tau s+1)} \qquad ①$$

(해) 이 경우에는 전달함수가 원점에 극을 하나 가지고 있으므로 경로 Γ는 원점의 극을 회피하여 [그림 6.37(a)]와 같이 주어진다. 이 경로를 따라 s가 이동할 때의 $G(s)$의 궤적을 $G(s)$ 평면에 그리는 과정을 다음과 같이 네 가지로 나누어 진행한다.

(1) s 평면에의 미소반원:

원점 주위의 미소한 크기의 반지름 ϵ (즉 $\epsilon \to 0$)를 가지는 반원은 다음과 같이 수식으로 표현가능하다.

$$s=\epsilon e^{j\phi},\ (-90^o \le \phi \le 90^o) \qquad ②$$

이로부터 미소반원에 대한 $G(s)$ 의 궤적은 다음과 같다.

$$\lim_{\epsilon \to 0} G(s) = \lim_{\epsilon \to 0}\left(\frac{K}{\epsilon e^{j\phi}}\right) = \lim_{\epsilon \to 0}\left(\frac{K}{\epsilon}\right) e^{-j\phi} \qquad ③$$

③으로부터 주파수 $\omega = 0^-$ 일 때 s 는 $\phi = -90^o$ 에 위치하고 있으므로, $G(s)$ 궤적의 위상은 90° 로 된다. 마찬가지로 주파수 $\omega = 0^+$ 에서 $G(s)$ 의 궤적은 -90° 로 된다. 따라서 s 가 미소반원을 따라 움직일 때 $G(s)$ 의 궤적은 [그림 6.37(b)]와 같이 무한대의 반지름을 가지면서 $+90^o$ 에서 -90° 로 이동하는 곡선으로 될 것이다.[17]

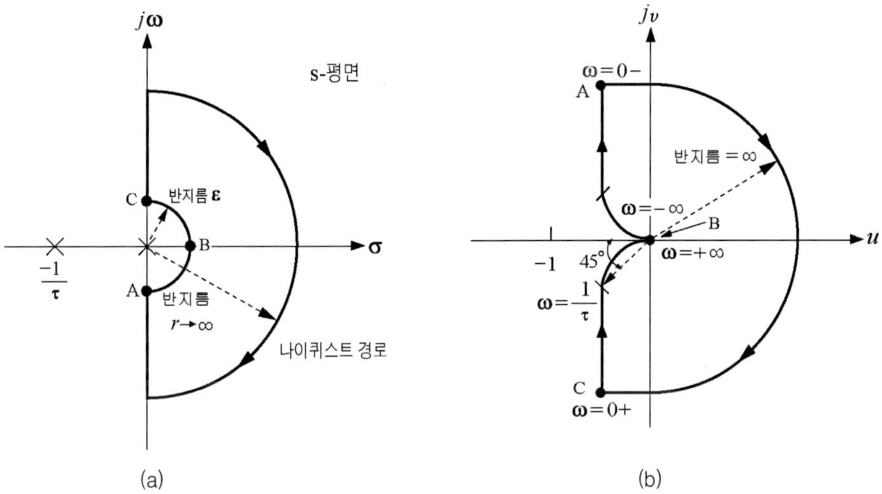

▲ 그림 6.37 [예제 6.10]의 나이퀴스트 경로와 그의 궤적

(2) $\omega = 0^+$ 에서 $\omega = +\infty$ 까지의 부분(즉, s 평면의 허수축 $j0$ 에서 $j\infty$ 까지를 의미) :

이 부분은 결국 $s = j\omega$ 를 $G(s)$ 에 대입하여 주파수를 $\omega = 0^+$ 에서 $\omega = +\infty$ 까지 변화시킨다는 것을 의미하고 있으므로, 이는 전달함수의 주파수 특성이다. 즉

$$G(s)\Big|_{s=j\omega} = G(j\omega) \qquad ④$$

이때 문제가 되는 것은 주파수가 $+\infty$ 로 수렴할 때의 응답을 구하는 것이다.

17 0^+ 또는 0^- 는 0 의 값에서 미소하게 많은, 또는 부족하다는 것을 의미한다.

$$\lim_{\omega \to +\infty} G(j\omega) = \lim_{\omega \to +\infty} \frac{K}{j\omega(j\omega\tau + 1)} \qquad ⑤$$

$$= \begin{cases} \lim_{\omega \to +\infty} \left| \frac{K}{\omega^2 \tau} \right|, & (크기) \\ \angle -(\pi/2) - \tan^{-1}(\omega\tau), & (위상) \end{cases}$$

따라서 $G(s)$ 의 궤적은 크기는 영으로, 위상은 -180° 에 수렴한다는 것을 알 수 있다.

(3) $\omega = +\infty$ 에서 $\omega = -\infty$ 까지의 부분 :
이 부분은 경로 Γ 에서 무한대의 반지름을 가지는 반원의 부분으로

$$s = re^{j\phi}, \left(r \to \infty, +90^o \le \phi \le -90^o\right) \qquad ⑥$$

와 같이 나타낼 수 있다. 이것을 $G(s)$ 에 대입하여 궤적을 구하면

$$\lim_{r \to \infty} G(s)|_{s = re^{j\phi}} = \lim_{r \to \infty} \left| \frac{K}{(\tau r)^2} \right| e^{-2j\phi} \qquad ⑦$$

로 된다. 이로부터 $G(s)$ 궤적의 크기는 거의 영이며, 위상은 -180° 에서 $+180^o$ 로 변화하고 있음을 알 수 있다. 이 부분에 해당하는 $G(s)$ 궤적의 크기가 거의 영이므로 [그림 6.37(b)]에는 사실상 나타나 있지 않으며, 일반적으로 선도의 작성에서는 무시한다.

(4) $\omega = -\infty$ 에서 $\omega = 0^-$ 까지의 부분 :
이미 언급한 바와 같이 $G(-j\omega)$ 가 $G(j\omega)$ 의 공역 복소수라는 사실을 이용하면 상기 (2)로부터 쉽게 얻을 수 있다. 즉

$$G(s)\Big|_{s=-j\omega} = G(-j\omega)$$

이므로 (2)에서 구한 $G(s)$ 의 궤적을 실수축을 중심으로 하는 대칭성분을 구하면 된다. 따라서 이 부분 역시 실제의 나이퀴스트 선도의 작성 시 생략할 수 있는 부분이다.

이와 같은 과정을 거쳐 얻어진 나이퀴스트 선도로부터 폐루프의 안정성을 확인하여

보자. 우선 개루프전달함수 $G(s)$는 안정한 시스템이므로 $P=0$이다.[18] 따라서 폐루프가 안정으로 되기 위해서는 식(6.57)로부터 $R=0$이 필요하다. [그림 6.32(b)]로부터 나이퀴스트 선도는 실수 K의 값에 관계없이 $G(s)$ 평면의 점 $(-1, j0)$를 둘러싸고 있지 않으므로, $R=0$이 만족되어 폐루프시스템은 항상 안정한 시스템임을 확인할 수 있다.[19]

위 예제로부터 다음의 사실을 확인할 수 있다.

(1) 경로 Γ에서 주파수가 $-\infty < \omega < 0^-$인 범위에 대한 $G(s)$의 궤적은 $0^+ < \omega < +\infty$ 범위에서의 $G(s)$ 궤적의 복소공역이므로, 궤적은 $G(s)$ 평면에서 실수축을 중심으로 하는 대칭을 이루고 있다. 따라서 $0^+ < \omega < +\infty$ 범위에서의 궤적만으로도 충분하다.

(2) 경로 Γ에서 반지름이 무한대인 반원 $s = re^{j\phi}$에 대한 나이퀴스트 궤적은 $r \to \infty$에서 항상 영 또는 일정한 값에 수렴한다.

[예제 6.12]

다음과 같이 세 개의 극을 가지는 개루프전달함수에 대해 폐루프시스템의 안정성 문제를 생각하여 보자.

$$G(s) = \frac{K}{s(\tau_1 s + 1)(\tau_2 s + 1)} \qquad ①$$

(해) 이 경우 역시 원점에 극을 가지므로 폐경로는 [그림 6.37(a)]와 같다. 또 위에서 언급한 바와 같이 s 평면의 경로 Γ에서 반시름이 무한대의 반원의 궤적은 영으로 수렴하고, $G(j\omega)$와 $G(-j\omega)$는 서로 복소공역이므로 $0^+ < \omega < +\infty$에서 $G(j\omega)$의 궤적(즉, $G(s)$의 주파수 응답)만으로 나이퀴스트의 판별법을 적용 가능하게 된다.

$$G(s)\Big|_{s=j\omega} = \frac{K}{j\omega(j\omega\tau_1 + 1)(j\omega\tau_2 + 1)} \qquad ②$$

[18] $G(s)$가 안정이라는 표현보다는 s평면의 오른쪽 반면에 극을 가지지 않는다는 것이 더 타당한 표현일 것이다.

[19] $K>0$의 조건은 물론 필요하다. 만약 $K<0$이면 K로 인해 $G(s)$ 궤적의 위상이 -180° 만큼 변화하게 되어 위의 내용은 성립하지 않는다.

②을 유리화하여 크기와 위상을 계산하면 다음과 같다.

$$|G(\omega)| = \frac{K}{\left[\omega^4(\tau_1+\tau_2)^2 + \omega^2(1-\omega^2\tau_1\tau_2)^2\right]^{1/2}} \quad ③$$

$$\phi(\omega) = -\tan^{-1}(\omega\tau_1) - \tan^{-1}(\omega\tau_2) - (\pi/2) \quad ④$$

$\omega = 0^+$ 이면 크기는 무한대의 값을 가지며 위상은 -90° 로 된다. 또, ω 가 무한대로 수렴하면 다음과 같이 각각 영과 -270° 로 수렴할 것이다.

$$\lim_{\omega\to\infty}|G(\omega)| = \lim_{\omega\to\infty}\left|\frac{1}{\omega^3\tau_1\tau_2}\right| \to 0, \quad \lim_{\omega\to\infty}\phi(\omega) \to -(3\pi/2)$$

이때 위상이 $\omega \to +\infty$ 에서 -270° 로 수렴하기 위해서는 나이퀴스트 선도가 $G(s)$ 평면의 허수축을 가로질러야 할 것이다([그림 6.38] 참조). 이로 인해 [그림 6.38]과 같이 나이퀴스트 선도가 점 $(-1, j0)$ 을 둘러싸게 될 수도 있다는 점에 유의하여야 한다. 다시 말해서 주어진 변수(K, τ_1, 및 τ_2) 값에 따라서는 궤적과 $G(s)$ 평면의 실수축과 만나는 점이 점 $(-1, j0)$ 의 왼쪽에 존재하게 되어 $(-1, j0)$ 를 둘러싸게 되므로 폐루프가 불안정으로 될 수도 있다는 것을 의미하고 있다.

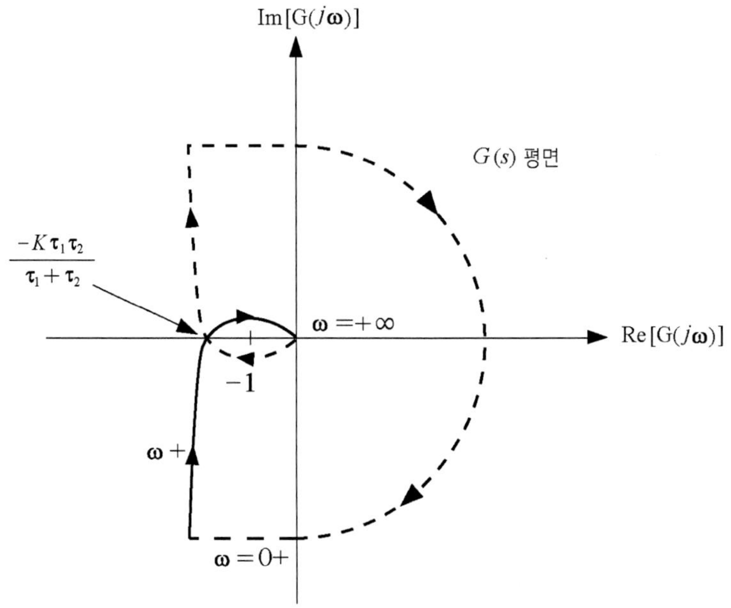

▲ 그림 6.38 [예제 6.11]의 나이퀴스트 선도

[그림 6.38]과 같이 궤적이 주어졌을 경우, 점 $(-1, j0)$ 을 둘러싸는 회수는 2 이나 $P=0$ 이므로 식(6.56)에 의해 $Z=R-P=(-2)-0=-2$ 로 된다. 즉, 폐루프시스템에서 두 개의 불안정한 극이 존재한다는 것이다.[20] 만약 변수 K, τ_1, 및 τ_2 값을 적절하게 조절한다면 폐루프시스템을 안정으로 할 수 있다. 즉, $G(s)$ 평면의 실수축과 궤적이 만나는 점은 궤적의 허수부를 영으로 두면 계산할 수 있다. 즉, ②에서

$$G(s)\Big|_{s=j\omega} = \frac{-K(\tau_1+\tau_2)-jK(1/\omega)(1-\omega^2\tau_1\tau_2)}{1+\omega^2(\tau_1^2+\tau_2^2)+\omega^4\tau_1^2\tau_2^2} \quad ⑤$$

이므로 허수부를 영으로 두면

$$\mathrm{Im}\,[G(j\omega)] = \frac{-K(1/\omega)(1-\omega^2\tau_1\tau_2)}{1+\omega^2(\tau_1^2+\tau_2^2)+\omega^4\tau_1^2\tau_2^2} = 0 \quad ⑥$$

로 되어 $1-\omega^2\tau_1\tau_2=0$, 즉 $\omega = 1/\sqrt{\tau_1\tau_2}$ 가 얻어진다. 이때의 실수부의 값은

$$\mathrm{Re}\,[G(j\omega)] = \frac{-K(\tau_1+\tau_2)}{1+\omega^2(\tau_1^2+\tau_2^2)+\omega^4\tau_1^2\tau_2^2}\Bigg|_{\omega^2=1/(\tau_1\tau_2)} \quad ⑦$$

$$= \frac{-K(\tau_1+\tau_2)\tau_1\tau_2}{\tau_1\tau_2+(\tau_1^2+\tau_2^2)+\tau_1\tau_2} = -\frac{K\tau_1\tau_2}{\tau_1+\tau_2}$$

이다. 따라서 폐루프시스템이 안정으로 되기 위해서는

$$-\frac{K\tau_1\tau_2}{\tau_1+\tau_2} \geq -1$$

의 조건이 만족되어야 한다. 이로부터 K 값의 범위를 구하여 보면

$$K \leq \frac{\tau_1+\tau_2}{\tau_1\tau_2} \quad ⑧$$

가 만족되면 폐루프시스템은 안정으로 된다.

[20] 여기서 $R=-2$ 인 것은 궤적이 점 $(-1, j0)$ 를 시계방향으로 둘러싸고 있기 때문이다.

위 예제에서 $\tau_1 = \tau_2 = 1$로 두면 식⑧에서 $K \le 2$의 조건을 얻는다. 세 가지 종류의 K 값에 대한 나이퀴스트 선도를 [그림 6.39]에 나타내었다.

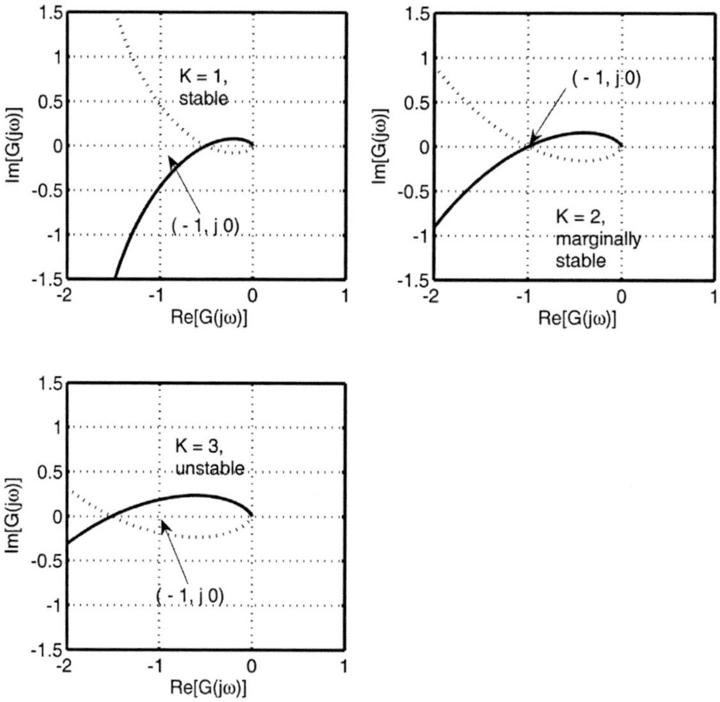

▲ 그림 6.39 [예제 6.12]에 대한 나이퀴스트 선도

% [그림 6.39]

```
K=[1 2 3];                          % 세 종류의 K값 설정
w=logspace(-1,1,100);               % 주파수 축의 범위를 지정
for i=1:3
   num=K(i);den=[1 2 1 0];          % ①의 분자 분모
   sys=tf(num,den);
   [re,im,w]=nyquist(sys,w);        % 나이퀴스트 궤적을 위한 실수부와 허수부의 계산
   rep(:,i)=reshape(re,100,1);imp(:,i)=reshape(im,100,1);    % 배열의 재배치
end
subplot(221), plot(rep(:,1),imp(:,1),rep(:,1),-imp(:,1),':')
axis([-2 1 -1.5 1.5])
```

```
subplot(222), plot(rep(:,2),imp(:,2),rep(:,2),-imp(:,2),':')
axis([-2 1 -1.5 1.5])
subplot(223), plot(rep(:,3),imp(:,3),rep(:,3),-imp(:,3),':')
axis([-2 1 -1.5 1.5])
```

지금까지 두 종류의 예제를 가지고 나이퀴스트 선도를 그리는 방법에 대하여 알아보았다. 그러나 개루프전달함수가 불안정한 극과 영점을 가지는 경우에는 좀 더 신중한 접근이 필요하다. 예를 들어 $G(s)$가 $(\tau s-1)$이라는 불안정 극을 가지고 있다고 하자. 이 경우 크기는 $|G(\omega)|$와 같이 절대값을 취하여 계산하기 때문에 $(\tau s-1)$는 $(\tau s+1)$와 동일하게 취급할 수 있다. 그러나 위상은 $(\tau s-1)$에 의해 $-\tan^{-1}(-\omega\tau)$로 되어 부호가 $(\tau s+1)$의 경우와는 반대로 된다. 따라서 이러한 점에 충분한 주의를 기울지 않으면 전혀 다른 형태의 궤적이 얻어질 수 있다.

연 습 문 제

1 아래 전달함수에 대한 개략적인 보드선도를 그려 보고, 이것을 MATLAB을 이용하여 확인하여 보자.

(a) $G(s)=\dfrac{16}{(s+1)(s+8)}$　　(b) $G(s)=\dfrac{10(s+4)}{(s+1)(s+10)}$

(c) $G(s)=\dfrac{10}{(s+1)(s^2+4s+16)}$　　(d) $G(s)=\dfrac{1000(s+1)}{(s+20)^2}$

2 다음과 같은 전달함수를 가지는 시스템이 있다.

$$G(s)=\frac{s+2}{(s+1)^2+4}$$

이 시스템은 초기 에너지를 가지고 있지 않는 것으로 하고, 여기에 $u(t)=C\cos(\omega_0 t+\theta)$, $(t\geq 0)$을 인가하였다. 이때 다음과 같은 정상상태 응답이 얻어졌을 경우, 아래의 각 물음에 답하라.

$$y_{ss}(t)=6\cos(t+45^o),\ (t\geq 0)$$

(a) $C,\ \omega_0$ 및 θ를 계산하라.

(b) $u(t)$의 인가로 인한 출력의 과도응답 $y_{tr}(t)$의 라플라스 변환 $Y_{tr}(s)$를 계산하라.

3 전달함수 $G(s)=K/(s+a)$를 가지는 LTI 시스템이 있다. 이 경우 파라미터 $K>0$ 및 $a>0$이지만 정확한 값은 알지 못한다고 한다. 이 시스템의 입력 $u(t)=4\cos(t),\ (t\geq 0)$에 대한 정상상태 응답이 $y_{ss}(t)=20\cos(t+\phi_1),\ (t\geq 0)$이며, 또 입력 $u(t)=5\cos(4t),\ (t\geq 0)$에 대한 정상상태 응답은 $y_{ss}(t)=10\cos(4t+\phi_2),\ (t\geq 0)$라고 한다. 여기서 ϕ_1과 ϕ_2는 측정할 수 없는 위상변이이다. 이때 K와 a의 값을 결정하라.

4 [그림 P6.4]에 아래 전달함수에 대한 크기곡선이 나타나 있다. 이때 이 그림으로부터 K, a 및 b 의 값을 결정하라.

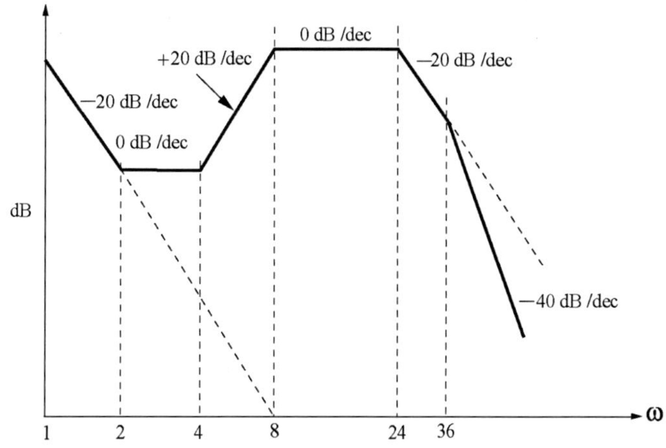

▲ 그림 P6.4

5 다음과 같은 폐루프시스템의 전달함수에 대하여 생각하여 보자.

$$T(s)=\frac{Y(s)}{R(s)}=\frac{4}{(s^2+s+1)(s^2+0.4s+4)}$$

이 시스템은 단위 계단입력에 대해 정상상태 오차를 가지지 않는다.

(a) 위 시스템의 주파수 응답곡선을 그려 보라. 이때 크기곡선은 두 곳의 피크값을 가진다는 것을 확인하라.

(b) 위 시스템이 가지는 네 개의 극은 모두 근처에 존재하기 때문에 우세극을 선정하기 어렵다는 것을 염두에 두고, 위 시스템에 단위 계단입력이 인가하였을 때의 시간응답의 모양을 예측하여 보라.

(c) MATLAB을 이용하여 응답을 실제로 그려 보고 문제(b)의 결과와 비교하여 보라.

6 다음과 같은 전달함수를 가지는 시스템이 단위 피드백을 구성하고 있다. 이때 극좌표 선도를 이용하여 이 시스템이 안정하기 위한 K의 범위를 결정하라.

$$G(s)=\frac{K}{(s-1)}$$

7 다음과 같은 전달함수를 가지는 시스템이 단위 피드백을 구성하고 있다. 아래의 각 물음에 답하라.

$$G(s) = \frac{K}{s(s+1)(s+2)}$$

(a) $K=4$ 일 때 시스템의 이득여유가 3.5 [dB]라는 것을 보여라.

(b) 만약 이득여유를 16 [dB] 이상으로 만들고자 한다면 이득 K 를 얼마로 해야 하는지를 결정하라.

8 다음과 같은 전달함수를 가지는 시스템이 단위 피드백을 구성하고 있다.

$$G(s) = \frac{K}{(-1+\tau s)}$$

여기서 $K=1/2$ 및 $\tau=1$ 로 둔다. 이 시스템의 극좌표선도를 그려 보고, 이 시스템이 안정인지의 여부를 나이퀴스트의 정리를 이용하여 확인하라.

9 다음과 같은 전달함수를 가지는 시스템이 단위 피드백시스템을 구성하고 있다.

$$G(s) = \frac{K(s+1)}{(s-2)(s-4)}$$

(a) 위 시스템이 안정하기 위한 K 의 범위를 나이퀴스트 선도를 이용하여 계산하여보라.

(b) 보드선도를 이용하여 $K=6$ 일 때의 시스템의 위상여유를 구하라.

(c) 위상여유가 적어도 30° 이상 되도록 하기 위한 K 를 선정하여 보라.

제 7 장 주파수 응답에 의한 보상기의 설계[1]

여기서는 제6장에서 설명한 시스템의 주파수 응답 특성해석에 기초를 두고, 주어진 설계 사양을 만족하는 보상기의 설계에 대하여 자세히 설명한다. 주파수 응답이란, 시스템의 전달함수 표현에서 $s = j\omega$ 의 치환에 의해 얻어지는 것으로서, 제어이론의 전개의 초기단계부터 중요한 역할을 하여 온 시스템 표현의 한 형태이다. 이러한 표현법에 의한 이론전개를 보통 '고전 제어이론(Classical Control Theory)[2]'이라고 하며, 제어시스템 설계 및 해석 등에서 있어 필요불가결한 표현법의 하나이다.

7.1 설계를 위한 시스템의 정상상태 오차해석

1.5절에서 언급한 바와 같이 피드백 제어는 제어시스템의 설계를 위한 기본모델로 사용되고 있다. 여기서도 [그림 1.57]의 형식으로 주어지는 피드백시스템에 있어서 주어진 설계목표를 만족하는 제어 시스템, 즉 '제어기'의 설계를 위한 여러 가지 방법에 대하여 설명한다. 비용과 시스템의 복잡성이 증대함에도 불구하고 피드백을 사용하는 가장 근본적인 이유는 목표입력(reference input) $r(t)$ 을 추종해야 하는 출력에 있어서 오차의 감소라고 하는 현저한 특성을 수반하기 때문이다. 여기서는 [그림 1.57]을 간략화한 [그림 7.1]과 같은 형식의 피드백 시스템을 기본으로 하여 목표입력을 오차 없이(또는 오차를 최소로) 추종하는 출력특성을 가지는 시스템의 구축을 목표로 한다.

안정한 폐루프시스템에서 정상상태 오차는 일반적으로 개루프시스템에서의 오차보다 훨

---

1 7장에서 설명하는 제어 시스템의 설계법은 주로 제어대상이 가지고 있지 않는 (혹은 부족한) 특성을 외부에서 제공하여 이를 보상(compensate)함으로써 설계사양을 만족시키는 방법을 취하고 있기 때문에, 제어시스템(control system: controller)이란 표현보다는 보상기(compensator)라는 표현을 사용하기로 한다.

2 이에 반해 시간영역에서의 표현법을 중심으로 전개되는 제어이론을 '현대 제어이론(Modern Control Theory)'라고 부르고 있다.

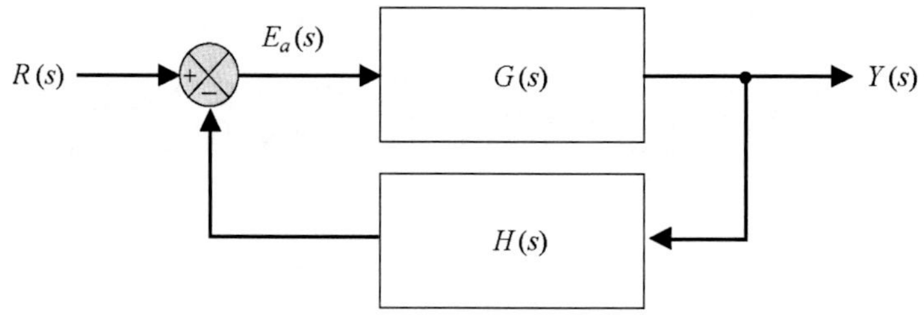

▲ 그림 7.1 폐루프시스템의 기본 구조

씬 작은 값을 가진다. [그림 7.1]에서 시스템 오차는 $E_a(s) = R(s) - H(s)Y(s)$ 이나 일반적으로 입출력 사이의 오차는 $E(s) = R(s) - Y(s)$ 로 정의되므로, [그림 7.1]에서 이를 계산하면

$$E(s) = R(s) - \frac{G(s)}{1+G(s)H(s)}R(s) = \frac{[1+G(s)H(s) - G(s)]}{1+G(s)H(s)}R(s)$$

로 된다. 따라서 만약 $H(s)=1$ 이면 시스템 오차 $E_a(s)$ 와 실제 오차 $E(s)$ 는 일치하게 될 것이다. 이러한 사실로부터 여기서는 $H(s)=1$ (즉 단위 피드백: unity feedback)인 경우와 $H(s) \neq 1$ (비 단위 피드백: non-unity feedback)인 경우로 분리하여 정상상태의 오차에 대하여 알아보기로 한다.

7.1.1 단위 피드백인 경우

위 식에서 $H(s)=1$ 이므로 오차는

$$E(s) = \frac{1}{1+G(s)}R(s)$$

로 되며, 임의의 입력 $r(t)$ 에 대한 정상상태 오차는 라플라스의 최종값 정리를 이용하여 계산할 수 있다. 즉,

$$\lim_{t \to \infty} e(t) = e_{ss} = \lim_{s \to 0} \frac{sR(s)}{1+G(s)} \tag{7.1}$$

이다. 단, $R(s) = \mathcal{L}[r(t)]$ 이다. 제어시스템을 설계하는 경우 설계 목표(즉, 설계사양)로 주로 사용되고 있는 정상상태 오차를 다음과 같은 표준적인 세 개의 테스트 신호가 입력으로 인가되었을 경우에 대하여 정의하여 두면 편리하다.

(1) 계단 입력(위치함수)

A 란 크기를 가지는 계단 입력이 [그림 7.1](단, $H(s)=1$)의 입력 측에 인가되었을 경우 식(7.1)은

$$e_{ss}=\lim_{s\to 0}\frac{s(A/s)}{1+G(s)}=\frac{A}{1+G(0)}$$

로 된다. 위 식으로부터 전달함수 $G(s)$ 의 모양에 의하여 정상상태 오차의 크기가 결정된다는 것을 알 수 있다. 여기서는 $G(s)$ 가 다음과 같은 1차 항의 곱으로 표현되었다 가정한다.

$$G(s)=\frac{K\prod_{i=1}^{M}(s+z_i)}{s^L\prod_{k=1}^{Q}(s+p_k)} \tag{7.2}$$

따라서 식(7.2)에서 변수 s 가 영으로 수렴할 때 $G(s)$ 값은 변수 L 에 따라 달라진다. 만약 L 의 값이 1 이상이라면 $G(0)$ 는 무한대 값에 접근할 것이므로 정상상태 오차는 영으로 수렴하게 된다.

[요점 7.1] 시스템의 형

식(7.2)에서 L 의 값, 즉 전달함수 $G(s)$ 에 존재하는 적분기의 개수에 따라 '시스템의 형(type)'을 분류하고 있다. 따라서 식(7.2)의 전달함수 $G(s)$ 는 L 형 시스템이라고 한다.

따라서 만약 시스템이 영 형(즉, $L=0$)이라면 정상상태 오차는

$$e_{ss}=\frac{A}{1+G(0)}=\frac{A}{1+\left(K\prod_{i=1}^{M}z_i/\prod_{k=1}^{Q}p_k\right)} \tag{7.3}$$

로 된다. 이때 $G(0)$ 는 항상 일정한 크기의 값을 가지므로, 이것을 K_p 로 표현하고 '위치 오차상수'라고 부르고 있다. 즉

$$K_p=\lim_{s\to 0}G(s) \tag{7.4}$$

이다. 따라서 크기 A 를 가지는 계단함수에 대한 정상상태 오차는 다음과 같이 주어진다.

$$e_{ss} = \frac{A}{1+K_p}$$

또 한 개 이상의 적분기를 가지는 시스템(즉, $L \geq 1$)의 경우 K_p는 무한대의 값을 가지게 되므로 계단입력에 대한 정상상태 오차는 영으로 된다.

(2) 램프입력(속도함수)

기울기 A를 가지는 램프입력에 대한 정상상태 오차는

$$e_{ss} = \lim_{s \to 0} \frac{s(A/s^2)}{1+G(s)} = \lim_{s \to 0} \frac{A}{s+sG(s)} = \lim_{s \to 0} \frac{A}{sG(s)} \tag{7.5}$$

이다. 여기서도 계단 입력의 경우와 마찬가지로 전달함수 $G(s)$가 가지고 있는 적분기의 개수에 따라 식(7.5)의 크기가 결정된다. 만약 $G(s)$가 1형($L=1$)이라면 오차는

$$e_{ss} = \frac{A}{s\left\{\left[K\prod_{i=1}^{M}(s+z_i)\right]/s\prod_{k=1}^{Q}(s+p_k)\right\}} \tag{7.6}$$

$$= \frac{A}{\left(K\prod_{i=1}^{M}z_i\right)/\left(\prod_{k=1}^{Q}p_k\right)} = \frac{A}{K_v}$$

로 될 것이다. 위 식에서 K_v는 속도 오차상수라고 불리며, 다음 식으로 정의된다.

$$K_v = \lim_{s \to 0} sG(s) \tag{7.7}$$

만약 전달함수가 두 개 이상의 적분기를 가진다면($L \geq 2$), 속도 오차상수가 무한대 값을 가지게 되어 정상상태 오차는 영으로 된다. 또한 $L=1$이면 정상상태 오차는 영이 아닌 일정한 값(식(7.6))으로 되며, $L=0$인 시스템에서는 $K_v=0$으로 되어 무한대의 오차, 다시 말하면 출력은 무한대로 발산하게 될 것이다.

(3) 포물선 입력(가속도 입력)

입력이 포물선, 즉 $r(t)=At^2/2$이면 정상상태 오차는

$$e_{ss} = \lim_{s \to 0} \frac{s(A/s^3)}{1+G(s)} = \lim_{s \to 0} \frac{A}{s^2G(s)} \tag{7.8}$$

이다. 따라서 $L \le 1$ 인 경우는 정상상태 오차가 무한대로 되며, $L = 2$ 에서는

$$e_{ss} = \frac{A}{\left(K\prod_{i=1}^{M} z_i\right) / \left(\prod_{k=1}^{Q} p_k\right)} = \frac{A}{K_a} \tag{7.9}$$

으로 된다. 여기서 K_a 는 가속도 오차상수라고 하며 다음과 같이 정의된다.

$$K_a = \lim_{s \to 0} s^2 G(s) \tag{7.10}$$

또한 $L > 3$ 인 경우는 $K_a \to \infty$ 로 되어 정상상태 오차는 영으로 된다. 다음의 간단한 예제에서 알 수 있는 바와 같이 여기서 정의된 K_p, K_v 및 K_a 는 제어시스템의 설계에 있어서 중요한 역할을 한다. [표 7.1]에 위에서 정의한 오차상수를 정리하였다.

[표 7.1] 정상상태 오차의 요약

적분기의 개수	계단 입력($r(t) = A$)	램프 입력($r(t) = At$)	포물선 입력($r(t) = At^2/2$)
0 (0형)	$e_{ss} = \frac{A}{1+K_p}$	∞	∞
1 (1형)	$e_{ss} = 0$	$\frac{A}{K_v}$	∞
2 (2형)	$e_{ss} = 0$	0	$\frac{A}{K_a}$

[예제 7.1]

[그림 7.2]와 같이 주어진 블록선도에서 제어시스템 전달함수 $G_1(s)$ 가

$$G_1(s) = K_1 + K_2/s \quad ①$$

와 같이 주어졌다고 한다. 이때 시스템의 오차상수를 조사하여 보자.

(해) $G_1(s) = K_1$ (즉, $K_2 = 0$ 이다.)인 경우의 계단 입력에 대한 정상상태 오차는 시스템 $G(s)$ 가 영(zero)형이므로 [표 7.1]로부터

$$e_{ss} = \frac{A}{1+K_p},\ (\text{단 } K_p = K K_1 \text{ 이다})$$

이다. 또 K_2 가 영이 아니라면 제어시스템 $G_1(s)$ 은 1형으로 되며, 따라서 개루프

시스템 전체 $G_1(s)G(s)$ 는 역시 1형으로 될 것이므로, 계단 입력에 대한 정상상태 오차는 영으로 된다.
램프 입력이 인가되었다면, 이때의 속도 오차상수는

$$K_v = \lim_{s \to 0} s\, G_1(s) G(s) = K_2 K$$

로 되며 정상상태 오차는 $e_{ss} = A/K_v$ 로 됨을 [표 7.1]로부터 쉽게 확인할 수 있다.

제어시스템의 전달함수가 [예제 7.1]의 ①로 주어진 상태에서 삼각형태의 입력 함수(즉, 램프 입력의 일종)가 인가되었을 경우의 출력응답을 [그림 7.3]에 표시하였다. 이 그림으로부터 크기 $e_{ss} = A/K_v$ 인 정상상태 오차가 확실하게 존재한다는 것을 알 수 있다. 이 오차는 속도 오차상수 K_v 를 크게 한다면 어느 정도 줄일 수는 있을 것이다.

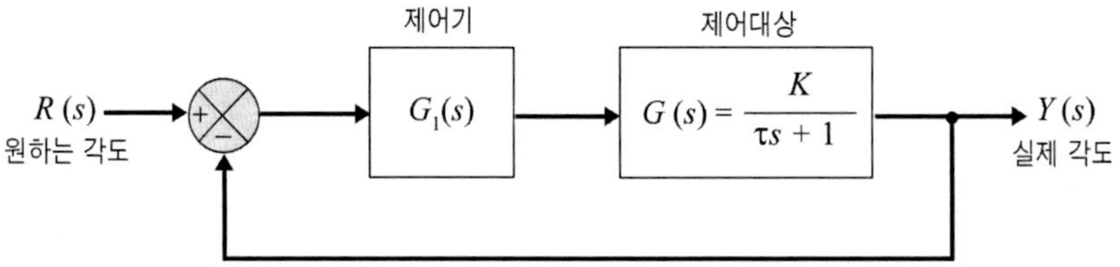

▲ 그림 7.2 [예제 7.1]의 블록선도

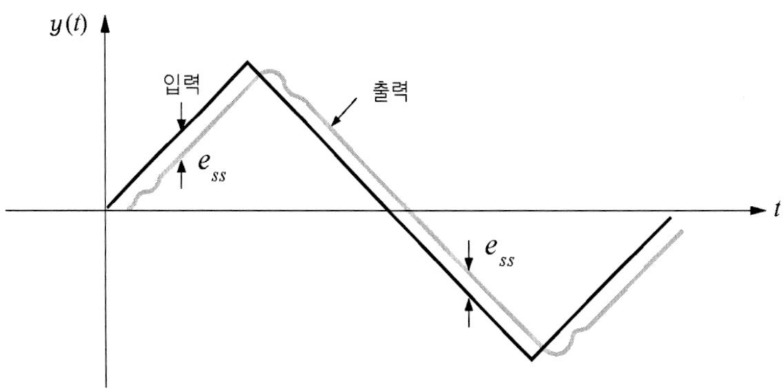

▲ 그림 7.3 삼각형태의 입력에 대한 출력응답

% [그림 7.3]

```
K=1;tau=1;                                      % [그림 9.2]의 제어대사의 변수설정
sysG=tf([K],[tau 1]);                           % 제어대상의 설정
K1=1;K2=10;
sysGc=tf([1 1],[1 0]);                          % 제어기 G1(s) 의 설정
sysOpen=series(sysG, sysGc);                    % 개루프시스템의 전달함수
sysClosed=feedback(sysOpen,[1],-1);             % 폐루프시스템의 전달함수
t=0:0.01:10;
triInput=sawtooth(t,0.5);                       % 삼각형태의 함수 생성
Yout=lsim(sysClosed, triInput, t);              출력의 계산
plot(t, Yout, t, triInput,':'),xlabel('Time(sec)') % [그림 7.3]
```

제어시스템에 있어서 세 개의 오차상수 K_p, K_v 및 K_a 의 크기는 폐루프시스템의 정상상태 오차를 작게 혹은 제거할 수 있는지의 능력을 표현하고 있다고 볼 수 있다. 따라서 이러한 값들은 시스템의 정상상태에서의 능력을 나타내는 하나의 척도로써 사용되고 있다. 제어시스템의 설계자는 주어진 시스템에 있어서, 폐루프시스템 전체의 다른 특성(예를 들어 과도 응답특성 등)을 가능한 한 손상시키지 않으면서 오차상수를 증가시킬 수 있는 방법을 결정하여야 한다. 위의 예제의 [그림 7.3]에서 보는 바와 같이 램프 입력에 대한 정상상태 오차를 감소시키는 방법으로 제어시스템의 이득의 곱 KK_2 를 증가시켜서 속도 오차상수 K_v 를 크게 할 수는 있다. 그러나 이 경우 증가된 KK_2 로 인해 시스템 전체의 감쇄비 ζ 가 감소되어 계단 입력에 대한 출력응답에 진동성분이 증가하게 되어 수렴속도가 나빠질 것이다. 따라서 계단 입력과 램프 입력 양쪽 모두에 대하여 바람직한 출력특성을 얻기 위해서는 제어시스템의 실계 시에 타협이 필요하다. 다시 말하면, 감쇄비 ζ 가 작아져서 출력에 진동성분이 크게 나타나더라도 속도 오차상수 K_v 를 크게 하여 램프 입력에 대한 정상상태 오차를 줄여야 할 필요가 있는가 하는 것 등은 타협을 통하여 결정하여야 할 것이다.

7.1.2 비 단위 피드백인 경우의 정상상태 오차

비 단위(non-unity) 피드백을 가지는 폐루프시스템의 일반적인 블록선도를 [그림 7.4]에 표시하였다. 일반적으로 피드백 루프에 있는 전달함수는 목표신호 $r(t)$ 와 센서 등에 의하여 얻어진 출력 $y(t)$ 사이와의 단위를 보정하기 위한 것이다. 예를 들어 [그림 7.5]와 같은 속도 제어 시스템을 생각하여 보자. 이 경우, 상수 K_1 과 K_2 는 단위가 서로 다른 출력(rad/sec)과 입력(volt) 사이에서 변환작용을 위한 것이다.

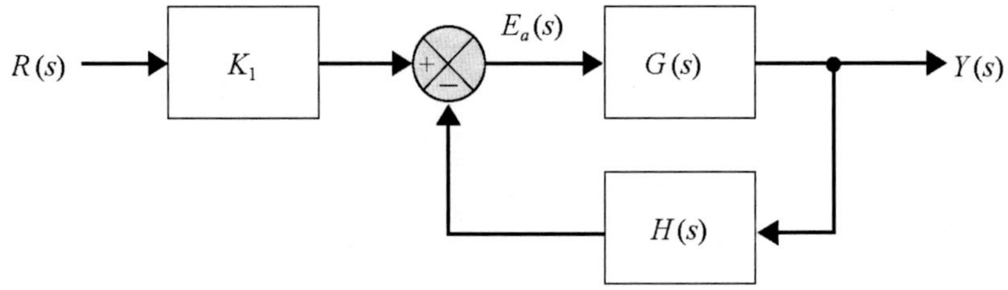

▲ 그림 7.4 비 단위 피드백을 가지는 시스템($H(s) \neq 1$)

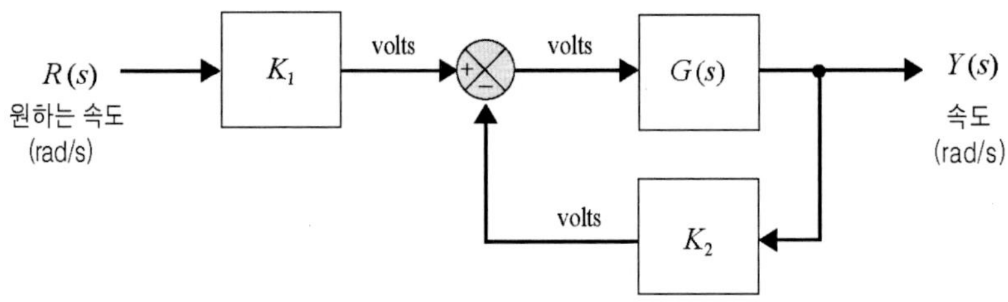

▲ 그림 7.5 속도 제어시스템의 블록선도

[그림 7.4]에서 전달함수 $H(s)$가 다음과 같이 주어진 경우를 생각하여 보자.

$$H(s) = \frac{K_2}{(\tau s + 1)}$$

이 경우 $H(s)$의 정상상태 이득(DC 이득)은[3]

$$\lim_{s \to 0} H(s) = K_2$$

로 된다. 여기서 만약 K_2를 K_1과 같도록 설정하였다면, [그림 7.4]의 시스템은 [그림 7.6]과 같이 변환할 수 있다. 이때 [그림 7.4]는 [그림 7.6]과 항상 같은 것이 아니라, 단지 전체 시스템의 정상상태 값의 계산에 있어서만 동일한 결과를 보인다는 점에 유의한다. 따라서 [그림 7.6]으로부터 정상상태 오차 $E(s)$는

$$E(s) = R(s) - Y(s) = [1 - T(s)]\, R(s) \tag{7.11}$$

이다. 단, $T(s)$는 폐루프의 전달함수로서 다음과 같이 계산된다.

[3] $H(s)$에 대한 단위 계단함수가 인가되었을 경우, 출력으로 볼 수 있다.

$$T(s) = \frac{K_1 G(s)}{1 + K_1 G(s)}$$

이로부터 오차 $E(s)$는

$$E(s) = \frac{1}{1 + K_1 G(s)} R(s)$$

로 되며, 단위계단 입력에 의한 정상상태 오차는

$$e_{ss} = \lim_{s \to 0} sE(s) = \frac{1}{1 + K_1 G(0)} \qquad (7.12)$$

를 이용하여 계산할 수 있다.

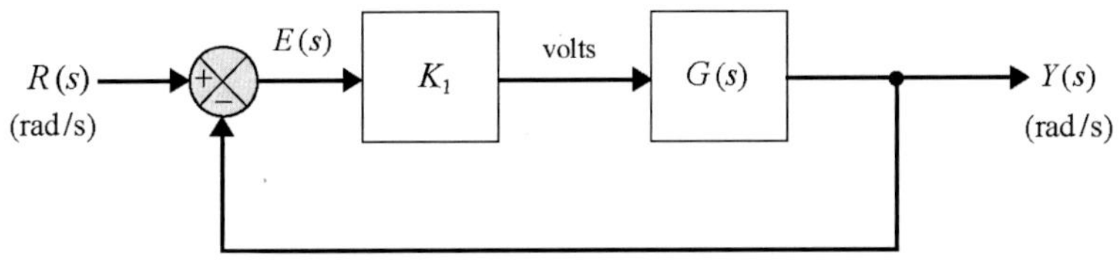

▲ 그림 7.6 속도 제어시스템($K_1 = K_2$)

[예제 7.2]

위 [그림 7.4]에서 각 블록의 전달함수가 아래와 같이 주어졌을 경우, 적절한 K_1 값을 결정하여 단위계단 입력에 대한 정상상태 오차를 계산하여 보자.

$$G(s) = \frac{40}{(s+5)}, \quad H(s) = \frac{20}{(s+10)}$$

(해) $H(s)$를 다시 쓰면

$$H(s) = \frac{2}{(0.1s + 1)}$$

로 되어 $K_2 = 2$이므로, $K_1 = K_2$의 조건에 맞도록 K_1을 정하면 정상상태 오차는 식(7.12)로부터

$$e_{ss} = \frac{1}{1 + K_1 G(0)} = \frac{1}{1 + 2(8)} = \frac{1}{17}$$

로 되어 단위계단 입력에서 약 7.9% 의 오차가 생기는 것을 알 수 있다.

[예제 7.3]

[그림 7.7]로 주어진 시스템에 대하여 생각하여 보자. 이 경우 실제의 오차는 식(7.11)으로부터

$$E(s)=[1-T(s)]R(s)$$

로 주어진다. 이때 단위계단 입력에 대한 정상상태 오차가 최소화 될 수 있도록 적절한 이득 K를 구하여 보자.

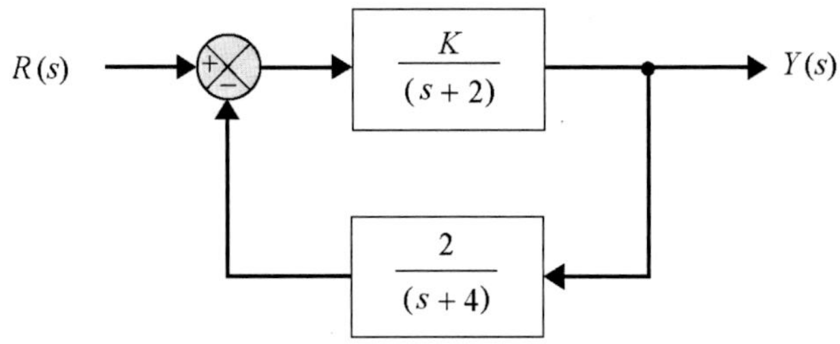

▲ 그림 7.7 $H(s)\neq 1$ 인 피드백 시스템([예제 7.3])

(해) 정상상태 오차는

$$e_{ss}=\lim_{s\to 0}s[1-T(s)]\frac{1}{s} \qquad ①$$

이며, 폐루프의 전달함수 $T(s)$는

$$T(s)=\frac{G(s)H(s)}{1+G(s)H(s)}=\frac{K(s+4)}{(s+2)(s+4)+2K}$$

로 주어진다. ①로부터 $e_{ss}=[1-T(0)]$로 되며 $T(0)$는

$$T(0)=\frac{4K}{8+2K}$$

이다. 따라서 단위계단 입력에 대하여 정상상태 오차가 최소로 되기 위해서는

$$T(0)=\frac{4K}{8+2K}=1$$

로 되어야 하므로, $K=4$ 일 때 오차가 영으로 됨을 알 수 있다.

지금까지 언급한 정상상태 오차에 대한 조건뿐만 아니라, 제6장에서 설명한 단위계단 응답에 대한 몇 가지의 특성을 설계의 조건으로 가지는 경우에 대하여 예제를 이용하여 좀 더 나은 제어시스템의 설계를 위해서는 무엇이 필요한지 살펴보자.

[예제 7.4]

[그림 7.8]과 같이 주어진 시스템에 있어서,

1) 크기 A를 가지는 계단 입력에 대한 백분율 오버슈터가 10% 이내에 존재할 것
2) 램프 입력에 대한 정상상태 오차가 최소화되도록 할 것
3) 계단 모양의 외란이 제어대상의 입력 측에서 인가되었을 경우, 이것의 영향을 최소화할 것

을 만족할 수 있도록 변수 K_1 및 K 값을 결정한다.

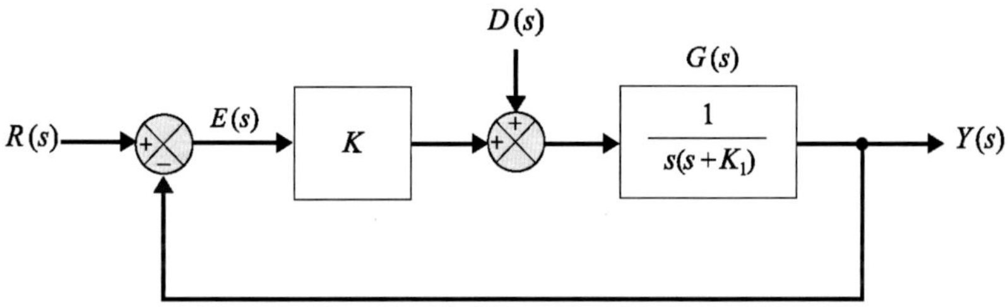

▲ 그림 7.8 [예제 7.4]의 블록선도

(해) 위 시스템은 두 개의 입력을 가지고 있으므로 출력은

$$Y(s) = T(s)R(s) + [T(s)/K]D(s) \quad ①$$

로 주어진다. 단

$$T(s) = \frac{KG(s)}{1+KG(s)} \equiv \frac{L(s)}{1+L(s)} \quad ②$$[4]

이다. 이때 오차 $E(s)$는 [그림 7.8]에서부터

[4] $L(s)$는 루프이득(Loop Gain)으로 불리는 것으로 주파수 영역에 있어서의 보상기 설계에 중요한 역할을 한다.

$$E(s) = \frac{1}{1+L(s)}R(s) - \frac{G(s)}{1+L(s)}D(s) \qquad ③$$

로 됨을 쉽게 확인할 수 있다. 먼저 세 가지 설계사양을 만족하는 변수 K_1 및 K 값에 대한 조건을 구하여 보자. 외란입력은 없는 것으로 가정하여 $D(s)=0$ 로 두면 ①에서

$$\begin{aligned} Y(s) &= \frac{KG(s)}{1+KG(s)}R(s) \\ &= \frac{K}{s(s+K_1)+K}\left(\frac{A}{s}\right) = \frac{K}{s^2+K_1 s+K}\left(\frac{A}{s}\right) \end{aligned} \qquad ④$$

이다. 첫 번째의 사양을 만족시키기 위해서는 식(5.26)에 의해 시스템 ④의 감쇄비 ζ가 0.6 이상 되어야 한다는 것을 알 수 있다. 실제로 $\zeta = 0.6$ 이면 오버슈터는 9.5%로 된다. 다음 두 번째 사양을 생각하여 보자. 기울기 B 인 램프 입력 $r(t) = Bt, (t \geq 0)$ 에 대해서는 [표 7.1]로부터

$$e_{ss} = \lim_{s \to 0}\left\{\frac{B}{sKG(s)}\right\} = \frac{B}{(K/K_1)} \qquad ⑤$$

로 된다. 한편 단위 계단모양의 외란 입력에 의한 오차의 전달함수는 $R(s)=0$ 로 두면

$$E(s) = \frac{G(s)}{1+KG(s)}D(s)$$

로 되어 정상상태 오차는 $e_{ss} = -1/K$로 됨을 확인할 수 있다. 따라서 세 번째 사양인 계단모양의 외란이 출력에 미치는 영향을 줄이기 위해서는 이득 K를 증가시키면 가능하다.

지금까지를 결과를 정리하면 다음과 같다. 즉, K를 크게 하여 외란의 영향을 줄이며 동시에 ⑤로부터 K/K_1를 증가시켜 램프 입력에 대한 정상상태 오차를 감소시키면 상기의 설계사양을 만족시킬 수 있다. 그러나 이들 값의 증가에 의해 이미 설계사양 1)에 맞추어 설정된 감쇄비 $\zeta = 0.6$ 에 변동이 있어서는 안 될 것이다.

이러한 전제 아래, 먼저 이득 K를 계산하여 보자. 감쇄비가 0.6 일 때의 2차 시스템의 특성 다항식은 다음과 같다.

$$\left(s^2 + 2\zeta\omega_n s + \omega_n^2\right) = \left(s^2 + 2(0.6)\omega_n s + K\right) \qquad ⑥$$

따라서 $\omega_n = \sqrt{K}$ 로 되고 ④와 비교하여 $K_1 = 2(0.6)\omega_n$ 을 얻는다. 이로부터 $K_1 = 1.2\sqrt{K}$ 로 되어 K/K_1 는

$$\frac{K}{K_1} = \frac{K}{1.2\sqrt{K}} = \frac{\sqrt{K}}{1.2}$$

로 된다. 여기서 $K = 25$ 로 선정하면 $K_1 = 6$ 및 $K/K_1 = 41.7$ 을 얻는다. 또 만약 $K = 100$ 으로 한다면 $K_1 = 12$ 및 $K/K_1 = 8.33$을 얻을 수 있다. 현실적으로는 전체 시스템을 선형동작의 범위에 두어야 하므로 K를 무한정 크게 취할 수는 없다. $K = 100$ 로 하였을 경우의 폐루프의 응답특성을 [그림 7.9]에 표시하였다. 마지막으로 램프 입력에 대한 정상상태 오차는 ⑤로부터

$$e_{ss} = \frac{B}{8.33} = 0.12B$$

로 되어 상당히 작은 값을 가지는 것을 알 수 있다. 이러한 결과로부터 판단하면 이득 $K = 100$의 선정은 무난한 선택으로 볼 수 있다.

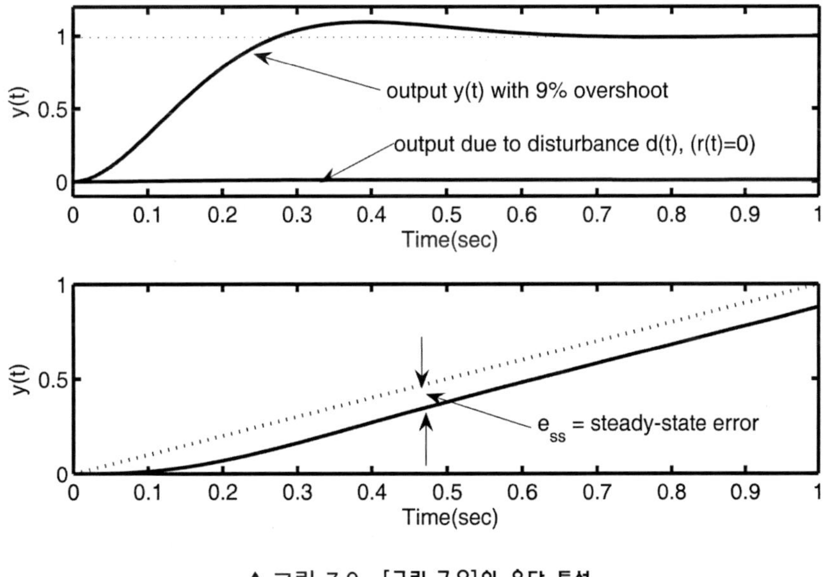

▲ 그림 7.9 [그림 7.8]의 응답 특성

```
% [그림 7.9]
K=100;K1=12;
sysG=tf([1],[1 K1 0]);                          % 제어대상의 설정
sysGc=tf([K],[1]);                              % 제어기의 설정
sysOpen=series(sysG, sysGc);                    % 제어기+제어대상
sysClosed_R=feedback(sysOpen,[1],-1);           % R(s)에서 Y(s)까지의 전달함수
sysClosed_D=feedback(sysG,-sysGc,+1);           % D(s)에서 Y(s)까지의 전달함수
t=0:0.01:1;
rampInput=0:0.01:1;                             % 램프입력
yStep=step(sysClosed_R,t);                      % 계단응답의 계산
yRamp=lsim(sysClosed_R, rampInput, t);          % 램프응답의 계산
yDist=step(sysClosed_D, t);                     % 외란응답의 계산
subplot(211),plot(t, yStep, t, yDist),axis([0 1 -0.1 1.2])
subplot(212),plot(t, yRamp,t,t,':')
```

7.2 보상기 설계를 위한 예비지식[5]

설계란 한마디로 요구되는 설계사양을 만족시키기 위하여 제어대상과는 별도로 시스템(즉, 보상기)을 구성하는 과정으로 볼 수 있다. 이 과정에서 보상기의 종류나 성격은 물론 설계사양에 따라 결정되어야 할 것이다. 여기서는 먼저 설계사양에 따른 보상기의 역할에 대해 설명하고, 다음에 본서의 주목적인 주파수 응답을 이용하여 보상기를 설계하는 경우에 대하여 설명한다.

7.2.1 설계사양과 보상기의 종류

설계사양은 일반적으로 다음과 같이 두 종류로 분류할 수 있다. 즉,

1) 폐루프시스템의 정상상태 응답과 관련된 항목(정상상태 오차 등)

[5] 여기서 설명하는 주파수 응답을 이용한 보상기의 설계법 이외에도 근궤적 선도를 이용한 방법이 있다. 근궤적법은 특히 설계사양이 시간 영역으로 주어진 경우에 편리하다.

2) 폐루프시스템의 과도응답과 관련된 항목(상승시간, 오버슈터 등)

이다. 보상기를 이용하여 이와 같은 두 종류의 사양을 만족할 수 있는 방법에 대하여 간단하게 언급한다.

(1) 정상상태 응답을 개선하기 위한 보상

보상기의 설계 목적은 물론 정상상태 응답의 개선, 즉 과도응답에 가능한 한 영향을 미치지 않으면서 정상상태 오차를 개선하기 위한 것이다.

이를 위한 첫 번째 방법은 제4장에서 언급한 이상적인 적분기를 사용한 보상이다. 이것은 원점에 극을 가지는 순수한 적분기를 제어대상과 직렬 연결하여 결과적으로 시스템의 형을 증가시켜서 오차를 영으로 수렴시키고자 하는 것이다(7.1절 참조). 두 번째 방법은 순수 적분기를 사용하지 않고 원점 근처에 극을 가지는 시스템(즉, 보상기)을 추가하는 것이다. 이 경우 오차를 완전하게 영으로는 할 수는 없지만, 영에 가깝게 만들 수는 있다. 이것의 개념을 [그림 7.10]에 나타내었다. 첫 번째 방법인 순수 적분기를 회로로 실현하기에는 어려움이 따르지만, 두 번째 방법은 간단한 회로로서 실현 가능하다.[6] 일반적으로 전자를 PI (Proportion and Integral) 보상기, 후자를 지상(phase-lag) 보상기라고 부르고 있다.

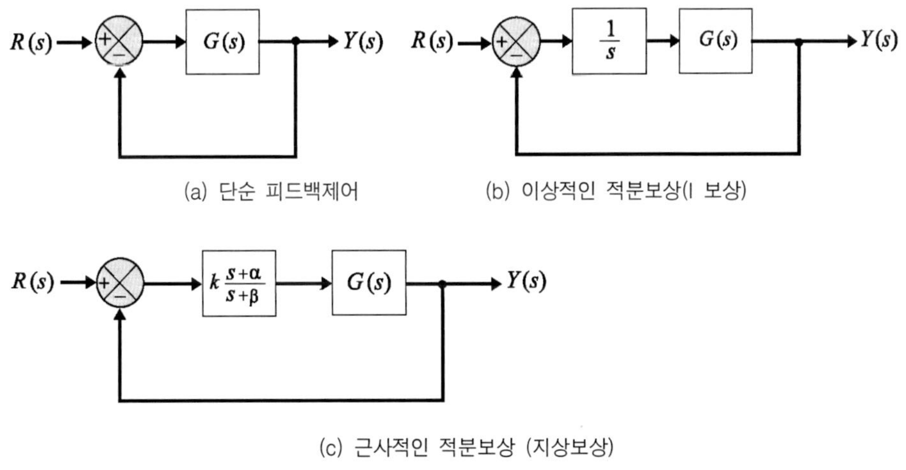

▲ 그림 7.10 정상오차를 개선시키기 위한 보상기의 연결

[6] 첫 번째인 순수 적분기는 OP-Amp 등과 같은 능동소자(active element)가 필요하고, 두 번째 방법은 저항, 캐퍼시터 등과 같은 수동소자(passive element)만으로 간단하게 실현할 수 있다.

[그림 7.10(c)]와 같이 지상 보상을 하는 경우를 생각하여 보자. 그림과 같이 1차의 보상기를 추가하면 전체 개루프시스템은 원점 근처에 영점과 극이 배치되어,[7] 전체적인 시스템의 형은 증가하지 않지만 보상 전의 정상상태 오차를 상당 부분 감소시킬 수 있게 되어 거의 적분기가 추가된 1형 시스템과 유사한 보상을 실현할 수 있다. [그림 7.11]을 이용하여 이것을 설명해 보자. 이 그림에서의 제어대상의 속도 오차상수는 식(7.7)과 [표 7.1]로부터

$$K_{vo} = \frac{Kz_1z_2\cdots}{p_1p_2\cdots}$$

이며, 보상기를 고려하면 다음으로 된다.

$$K_{vc} = \frac{Kz_1z_2\cdots}{p_1p_2\cdots} \cdot \frac{z_c}{p_c}$$

따라서 오차는 지상보상기의 극 p_c와 영점 z_c에 의해 결정됨을 알 수 있다.

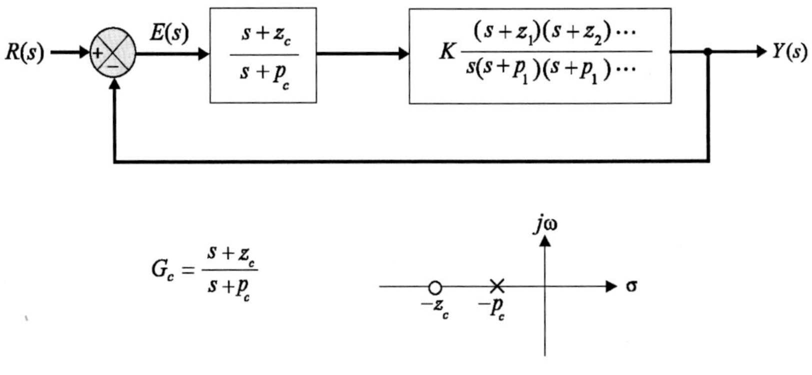

▲ 그림 7.11 지상 보상기를 가진 제어대상

(2) 과도응답 특성을 개선하기 위한 보상

바람직한 오버슈터 특성과 보상 전과 비교하여 빠른 정정시간을 확보하는 것이 설계의 주 목적이다. 과도특성 개선을 위한 첫 번째 방법은 이상적인 미분동작이다(제4장 참조). 다시 말하면 피드백 루프 내에 이상적인 미분기를 제어대상과 직렬로 삽입하는 것이다. 그러나 미분기는 고주파에서 잡음을 포함하기 때문에 바람직하지 않다. 두 번째 방법은 미분 작용을 근사할 수 있는 수동 소자로 이루어진 회로를 삽입하는 것이다. 첫 번째 방법을 'PD

[7] 당연히 안정한 시스템으로 되어야 하므로 극과 영점은 허수축의 왼쪽에 배치되어야 한다.

(Proportion and Derivative) 보상기', 두 번째 방법을 '진상(phase-lead) 보상기'로 부르고 있다. 이상적인 미분 작용을 수동요소로 구성된 진상보상기로 근사하였을 때의 장점은

i) 전원을 별도로 공급할 필요가 없다.

ii) 미분기에 의한 잡음을 줄일 수 있다.

등이다.

(3) 정상상태 오차와 과도응답 특성을 동시에 개선하는 보상

오차와 과도응답 특성의 양쪽을 동시에 개선하기 위해 위에서 언급한 두 가지의 보상을 결합하는 것이다. 이 경우의 결점으로는 정상상태 오차가 개선되면 과도응답 특성이 약간 나빠지게 되며, 반대로 과도응답 특성이 개선되면 정상상태 특성이 약간 나빠진다는 것이다. 이와 같이 두 종류의 보상기를 결합하였을 때 능동소자의 보상기를 'PID 보상기', 수동소자의 보상기를 '지상-진상 보상기'라고 부른다.

지금까지의 설명을 진상과 지상 보상기에 맞추어 정리하면 다음과 같다.

[요점 7.2] 지상 및 진상 보상기 역할

진상 보상기를 추가하면 시스템의 과도응답 특성은 상당히 개선되나 정상상태 응답에는 거의 변화를 일으키지 않는다. 또한 진상 보상기로 인해 고주파 영역에서 발생되는 잡음이 더욱 강화되는 좋지 않는 결과를 가져오기도 한다. 한편 지상 보상기는 정상상태 응답 특성에는 상당한 정도의 향상을 가져오며 동시에 고주파 잡음을 억제하는 등의 바람직한 작용도 하지만, 반대로 과도응답 특성을 악화시키는 등의 좋지 않는 현상을 나타내기도 한다. 이와 같은 보상기의 사용은 전체 시스템의 차원을 하나 이상 증가시키는 결과를 가져오므로, 이는 결국 시스템 자체가 복잡해지며 이로 인해 시스템의 과도응답 특성을 정밀하게 조절하기가 어려워진다는 것을 의미한다.

7.2.2 주파수 응답과 보상기

일반적으로 시간영역에서 주어지는 시스템의 과도응답 특성을 만족시키기 위한 보상기를 주파수 응답을 이용하여 설계하는 경우를 생각하여 보자. 일반적으로 주파수 응답을 이용한 보상기의 설계로는 시간영역에서 주어지는 설계사양의 응답 특성을 직접적으로는 반영

할 수 없기 때문에 간접적인 방법을 동원하여야 한다. 다시 말하면, 과도응답의 성능을 이득여유, 위상여유 등과 같은 주파수 응답에서 얻을 수 있는 양으로 변환하여야 한다는 것이다. 예를 들면, 위상여유, 이득여유, 공진 피크의 크기 등은 과도응답의 감쇄비와 개략적인 관계가 있으며, 이득교차 주파수(gain crossover frequency), 공진 주파수 및 대역폭 등은 과도응답의 빠르기와 역시 대략적인 관련이 있다. 주파수 영역에서의 여러 가지 특성과 과도응답 특성 사이에는 이와 같이 간접적으로 관련되어 있기 때문에 시간영역으로 주어진 설계사양(예를 들어 상승 시간, 오버슈터 등)을 주파수 영역의 사양으로 100% 정확하게 반영하기는 어렵지만, 일단 주파수 영역에서의 설계사양이 결정되면 이를 만족하는 보상기는 보드선도를 이용하면 매우 편리하게 계산할 수 있다.

또한 일단 주파수 응답을 이용하여 보상기가 설계되었다면, 이를 적용한 전체 폐루프시스템의 극과 영점은 어렵지 않게 계산할 수 있으므로, 폐루프시스템의 과도응답을 계산하여 시간영역으로 주어진 설계사양을 만족하는지의 여부를 반드시 확인하여야 할 것이다. 만약 만족스럽지 못하다면 보상기를 수정하고 다시 폐루프시스템의 극과 영점을 확인하여 과도응답을 계산하는 과정을 만족스러운 결과가 얻어질 때까지 되풀이하여야 한다.

주파수 영역에서의 설계는 단순하며 명료하다. 시간영역에서 주어진 설계사양을 주파수 영역으로 변환하여 설계에 사용하는 경우, 이것이 시간영역의 그것과 완전히 일치하는 것은 아니지만, 주파수 영역에서는 보드선도를 이용하면 시스템이 수정되어야 할 위치(즉, 주파수의 범위)와 양(크기와 위상)을 정확히 알 수 있기 때문에 이에 맞는 적절한 보상기의 형태를 비교적 쉽게 결정할 수 있다는 장점이 있다.

주파수 영역에서의 설계에는 기본적으로 두 가지 접근법이 있다. 하나는 극좌표를 이용하는 것이고 또 다른 하나는 보드선도를 이용하는 것이다. 보상기가 설계되어 시스템에 추가되었을 경우, 극좌표의 경우는 새로이 극좌표를 그려서 설계사양의 만족 여부를 확인하여야 하기 때문에 시간이 많이 소요되며 번거롭다. 이에 반해, 보드선도의 경우에는 새로이 설계된 보상기의 보드선도를 원래의 보드선도에 단순히 더해 줌으로써 간단히 보상기가 추가된 시스템의 보드선도를 얻을 수 있으므로 상당히 편리하다. 또한 만약 원래의 시스템의 이득이 변경되었다면, 위상곡선을 포함한 다른 부분은 변경없이 단순히 이득선도만을 위 또는 아래로 수정하면 된다. 이러한 관점에서 보드선도는 보상기의 설계에 최적의 도구라고 말할 수 있다.

앞서 언급한 바와 같이 보상기란 결국 유리 함수인 전달함수의 형태(즉, $G_c(s)$)를 취하기 때문에, 시스템에 보상기를 삽입한다는 것은 결국 원래의 시스템에 극과 영점을 추가하는 것으로 볼 수 있다. 이와 같이 외부에서 극과 영점을 추가하였을 경우 추가된 극 또는 영점의 s 평면의 위치에 따라 원래 시스템의 보드선도는 당연히 달라질 것이다. 따라서 주어진 설계사양을 만족하는 보드선도를 얻을 수 있도록 영점이나 극을 결정하는 방법이 요구된다. 이 과정에서 추가되는 극 또는 영점에 의해 보드선도가 어떤 형태로 바뀌는가에 대한 일반적인 원칙을 이해한다면, 위에서 언급한 만족스러운 보상기를 얻기 위하여 되풀이하는 과정을 축소 또는 생략할 수 있으므로, 보상기의 설계에 많은 도움이 될 것이다.

보드선도를 이용한 설계의 일반적인 과정을 요약하면 다음과 같다.

[요점 7.3] 보드선도를 이용한 설계법의 개요

1) 정상상태 응답의 오차에 관한 조건(7.1절)을 만족하는 개루프시스템의 이득을 결정한다.
2) 보상을 하지 않은 개루프시스템의 이득 및 위상 특성곡선을 그려서, 이것이 주어진 설계 사양을 만족하는지의 여부를 확인한다. 단, 이 경우 위 1)번에서 수행한 개루프의 이득은 조정하여 사용한다.
3) 위상여유나 이득여유에 관한 사양을 만족시키지 못한다면, 이것을 만족시킬 수 있는 적절한 보상기를 추가한다.
4) 만족시켜야 할 또 다른 사양이 있다면, 위에서 설계한 보상기의 특성을 해치지 않는 범위 내에서 다른 보상기를 설계한다.

어떤 형태의 보상기를 사용할 것인가는 주어진 시스템의 특성과 설계사양 등에 맞추어서 결정되어야 할 것이다.

7.3 보상기의 특성해석

여기서는 [그림 7.12]와 같이 가장 일반적으로 사용되는 피드백 제어의 형식으로 보상기 $G_c(s)$가 시스템에 직렬로 삽입되었을 때 위에서 언급한 세 종류의 보상기가 각각 시스템에 미치는 작용을 주파수 영역에서 살펴보기로 한다.

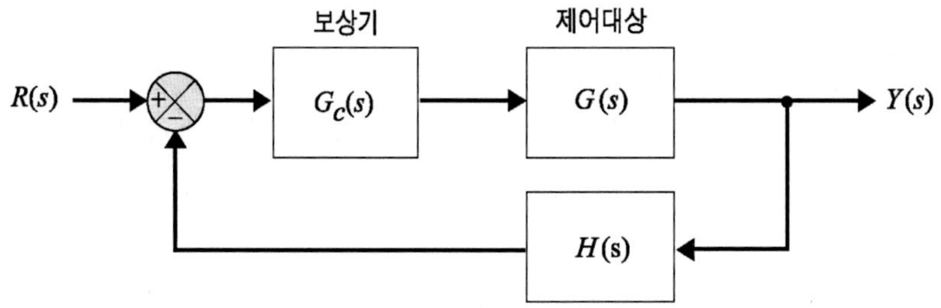

▲ 그림 7.12 일반적인 보상기의 연결 형식(직렬보상) ($H(s)=1$ 이다)

일반적으로 사용되는 보상기는 다음과 같은 형식의 전달함수를 가진다.

$$G_c(s)=\frac{K\prod_{i=1}^{M}(s+z_i)}{\prod_{j=1}^{N}(s+p_j)} \tag{7.13}$$

남은 문제는 보상기의 극과 영점을 주어진 설계사양을 만족시킬 수 있도록 적절하게 선정하는 것이다. 여기서는 앞서 언급한 진상, 지상 보상기가 가지는 특성을 이해하기 위하여, 하나의 영점과 극을 가지는 보상기를 다음의 형식으로 한정한다.

$$G_c(s)=\frac{K(s+z)}{(s+p)} \tag{7.14}$$

식(7.14)의 보상기 $G_c(s)$는 제어대상 $G(s)$에 연결되어, 1) 정상상태 오차의 요구조건을 만족시키도록 전체 시스템의 루프이득을 변화시키고, 2) 정상상태의 요구조건에 대한 1)번의 설정에 영향을 미치지 않으면서 전체 시스템의 과도응답 특성에 대한 사양을 만족시키도록 극과 영점을 제공한다.

7.3.1 진상 보상기

보상기의 전달함수인 식(7.14)에 의해 시스템에 제공되는 극 p과 영점 z의 위치를 적절하게 배치함으로써 보상기는 원래의 제어대상이 가지고 있지 않는 (혹은 부족한) 특성을 외부에서 '보상'함으로써 요구되는 설계사양을 만족시킬 수 있게 된다. 이 경우 극과 영점의 배치상태에 따라 진상 보상기와 지상 보상기로 분류한다.

진상 보상기(phase-lead compensator)는 극과 영점을 [그림 7.13]과 같이 배치함으로써 보상기의 위상특성이 항상 양(+)의 값을 가지도록 하는 경우를 말한다.

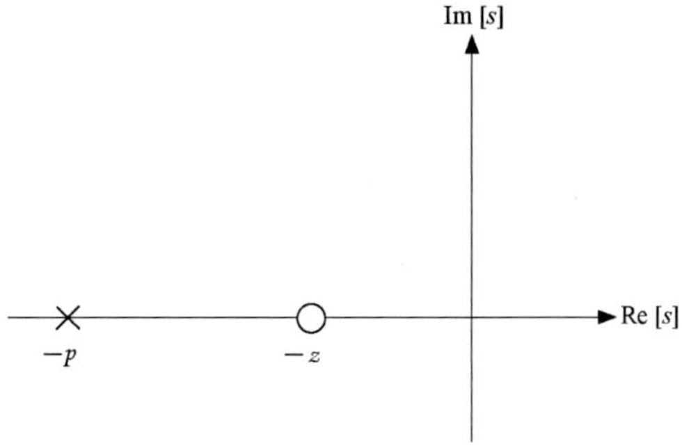

▲ 그림 7.13 진상 보상기의 극-영점 배치 ($|z|<|p|$)

[그림 7.13]과 같이 극-영점을 배치하였을 경우 극과 영점 사이에는 $|z|<|p|$의 관계가 성립된다. 우선 진상 보상기의 특성을 살펴보기 위하여 좀 더 극단적인 극-영점 배치를 가정하여 $|z|\ll|p|$로 둔다. 그러면 식(7.14)는

$$G_c(s)\approx\left(\frac{K}{p}\right)s \tag{7.15}$$

와 같이 되어 일종의 미분기의 역할을 하게 된다. 이러한 이유로 인해 식(7.14)는 전체적으로 미분 작용을 하는 것으로 해석할 수 있다. 완전한 미분기인 식(7.15)는 다음과 같은 주파수 특성을 가진다.

$$G_c(s)=j\left(\frac{K}{p}\right)\omega=\left(\frac{K}{p}\omega\right)e^{+j90^o} \tag{7.16}$$

즉, 위상은 주파수에 관계없이 항상 $+90^o$를 가지게 된다. 마찬가지로 식(7.14)의 주파수 특성은 다음과 같이 될 것이다.

$$G_c(j\omega)=\frac{K(j\omega+z)}{(j\omega+p)}=\frac{(Kz/p)[j(\omega/z)+1]}{[j(\omega/p)+1]}=\frac{K_1(1+j\omega\alpha\tau)}{(1+j\omega\tau)} \tag{7.17}$$

단, $\tau=1/p$, $p=\alpha z$ 및 $K_1=K/\alpha$로 두었다. 진상 보상기의 주파수 응답을 [그림 7.14]에 표시하였다. 먼저 위상의 주파수 특성 곡선은 식(7.17)로부터

$$\phi(\omega)=\tan^{-1}(\alpha\omega\tau)-\tan^{-1}(\omega\tau) \tag{7.18}$$

로 됨을 알 수 있다. 극과 영점 사이에는 $|z|<|p|$의 관계가 있으므로 $\alpha>1$이다. 따라서 식(7.18)의 위상은 주파수 ω의 변동에 있어서 항상 양의 값을 가지게 되어 [그림 7.14]와 같이 위상 곡선은 0° 선의 위에 존재한다. 또한 진상 보상기의 크기에 대한 주파수 특성은

제6장의 내용을 참고하면, $\omega = z$ 와 $\omega = p$ 로 주어지는 두 곳에 브레이크 주파수를 가지며, $\omega = z$ 에서 $+20$ [dB/decade]의 기울기로 증가하고, $\omega = p$ 에서 기울기가 다시 -20 [dB/decade] 만큼 감소하여 처음과 같은 0 [dB/decade]로 되어 [그림 7.14]의 이득곡선을 얻는다.

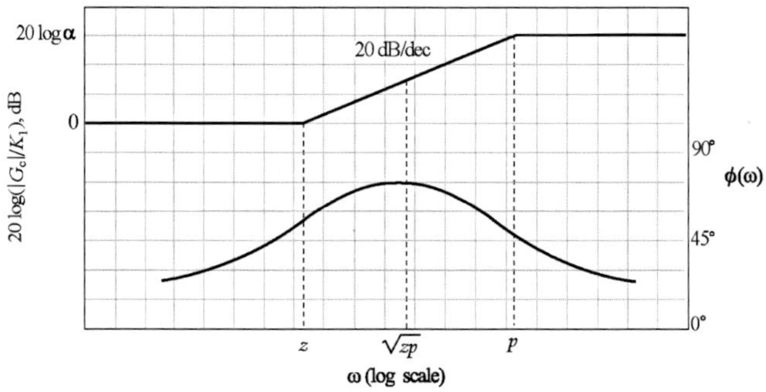

▲ 그림 7.14 진상 보상기의 보드선도

이와 같은 진상 보상기의 전달함수는 [그림 7.15]와 같이 간단한 전기회로를 이용하여 실현할 수 있다. 즉 [그림 7.15]의 전기회로에서 입력을 $V_1(s)$, 출력을 $V_2(s)$ 로 두었을 경우의 전달함수는 복소 임피던스(부록(C) 참조)를 이용하면 다음과 같이 됨을 확인할 수 있다.

$$G_c(s) = \frac{V_2(s)}{V_1(s)} = \frac{R_2}{R_2 + \left[\dfrac{Z_1(s)Z_2(s)}{Z_1(s) + Z_2(s)}\right]} \tag{7.19a}$$

에

$$Z_1(s) = R_1,\ Z_2(s) = \frac{1}{Cs} \tag{7.19b}$$

를 대입하여 정리하면

$$G_c(s) = \left(\frac{R_2}{R_1 + R_2}\right)\frac{(R_1 Cs + 1)}{\{[R_1 R_2/(R_1 + R_2)]\,Cs + 1\}} \tag{7.20}$$

여기서 τ과 α를

$$\tau = \frac{R_1 R_2}{R_1 + R_2},\ \alpha = \frac{R_1 + R_2}{R_2} \tag{7.21}$$

로 두면 진상 보상기를 나타내는 전달함수는 다음과 같이 정의된다.

$$G_c(s) = \frac{(1+\alpha\tau s)}{\alpha(1+\tau s)} \tag{7.22}$$

식(7.22)에 이득 K를 추가한다면 식(7.17)과 동일하다는 것을 확인할 수 있다.

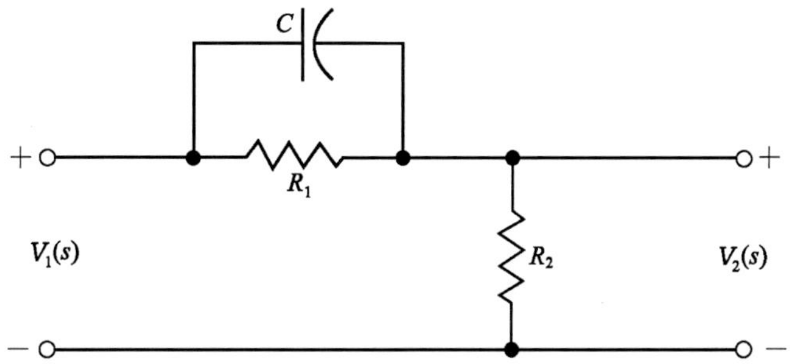

▲ 그림 7.15 진상 보상기를 나타내는 전기회로

상기의 진상 보상기에 의해 발생하는 최대 진상각도는 [그림 7.14]에서 알 수 있는 바와 같이 주파수 $\omega_m = \sqrt{zp}$ 에서 발생한다. 이 주파수는 수학적으로 $p = 1/\tau$ 인 극과 $z = 1/(\alpha\tau)$ 인 영점의 기하학적인 평균점으로 주어진다. 이를 수식을 이용하여 표현하면, 최대 진상각도를 나타내는 주파수 ω_m 은 주파수 축을 보드선도와 같이 log 값을 취하였을 경우(즉, 대수 눈금)에 영점과 극의 정확히 중간 지점에서 발생한다는 것이다([그림 7.14] 참조). 따라서

$$\log(\omega_m) = \frac{1}{2}(\log(p) + \log(z)) = \log(\sqrt{pz})$$

로 되어

$$\omega_m = \sqrt{zp} = \frac{1}{\tau\sqrt{\alpha}} \tag{7.23}$$

가 얻어진다. 이때 얻어지는 최대 진상 각도를 구하기 위해서 식(7.17)을 유리화하여 위상을 표현하면 다음 식과 같이 된다.

$$\phi(\omega) = \tan^{-1}\left(\frac{\alpha\omega\tau - \omega\tau}{1 + (\omega\tau)^2\alpha}\right) \tag{7.24}$$

위 식의 ω 에 식(7.23)의 ω_m 을 대입하면

$$\tan(\phi_m)=\frac{(\alpha/\sqrt{\alpha})-(1/\sqrt{\alpha})}{1+1}=\frac{\alpha-1}{2\sqrt{\alpha}} \tag{7.25}$$

을 얻는다. 식(7.25)에 삼각함수의 관계식을 적용하면 최종적으로 아래의 관계식을 구해진다.

$$\sin(\phi_m)=\frac{\alpha-1}{\alpha+1} \tag{7.26}$$

식(7.26)은 요구조건을 만족하는 최대 진상 각도를 얻기 위한 보상기의 영점과 극을 결정하는 경우에 있어 상당히 편리한 공식이다. [그림 7.16]에 α의 변화에 따른 최대 진상각도 ϕ_m를 나타내었다. 이와 같은 위상은 [그림 7.15]와 같은 간단한 전기회로를 구성하여서 얻을 수 있으나, 식(7.21)에서 $\alpha=(R_1+R_2)/R_2$로 정의되어 있으므로 회로가 가지는 물리적인 제한으로 인하여 α를 20 이상으로 크게 한다는 것은 불가능하다. 따라서 최대로 얻을 수 있는 진상각도는 대략 70^o를 한계로 보는 것이 타당할 것이다. 만약 70° 이상의 진상각도가 필요한 경우에는 진상 보상기 두 개를 직렬로 연결하여 사용하면 가능하다.

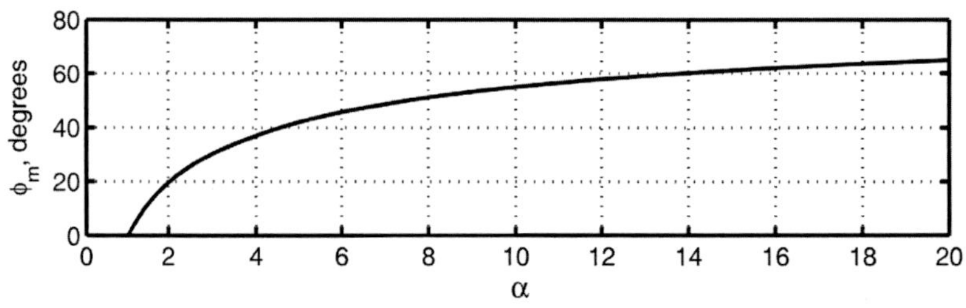

▲ 그림 7.16 α의 변화에 따른 최대 진상각도

% [그림 7.16]

```
alpha=1:0.1:20;                                      % [그림 7.16]의 x축 설정
mm=max(size(alpha));
for i=1:mm
    phi(i)=(asin((alpha(i)-1)/(alpha(i)+1)))*180/pi;  % 식(7.26)에 의한 α 의 계산
end
subplot(211),plot(alpha,phi),grid                    % [그림 7.16]
xlabel(' \alpha'),ylabel('\phi_m, degrees')
```

7.3.2 지상 보상기

[그림 7.17]과 같이 주어진 전기회로의 전달함수는 다음과 같이 계산 가능하다.

$$G_c(s)=\frac{V_o(s)}{V_{in}(s)}=\frac{R_2+1/(Cs)}{R_1+R_2+1/(Cs)} \tag{7.27}$$

위 식에서 $\tau=R_2C$ 및 $\alpha=(R_1+R_2)/R_2$로 두면 식(7.27)을 다음과 같이 쓸 수 있다.

$$G_c(s)=\frac{1+\tau s}{1+\alpha\tau s}=\frac{1}{\alpha}\frac{(s+z)}{(s+p)} \tag{7.28}$$

여기서 $z=1/\tau$ 및 $p=1/(\alpha\tau)$로 두었다.[8] 이 경우 $\alpha>1$이기 때문에 식(7.28)의 극과 영점은 $|p|<|z|$의 관계가 성립하여, [그림 7.18]과 같이 극이 영점보다 허수축에 가깝게 배치될 것이다. 식(7.28)과 같은 형태의 보상기의 주파수 응답의 위상특성을 조사하여 보면, 분자의 위상 $\phi_n(\omega)=\tan^{-1}(\omega\tau)$이 분모의 위상 $\phi_d(\omega)=\tan^{-1}(\alpha\omega\tau)$보다 작기 때문에 결과적으로 위상은 항상 음(−)의 값을 나타내게 된다. 이러한 이유로서 식(7.28)과 같은 보상기를 지상 보상기(phase-lag compensator)라고 한다.

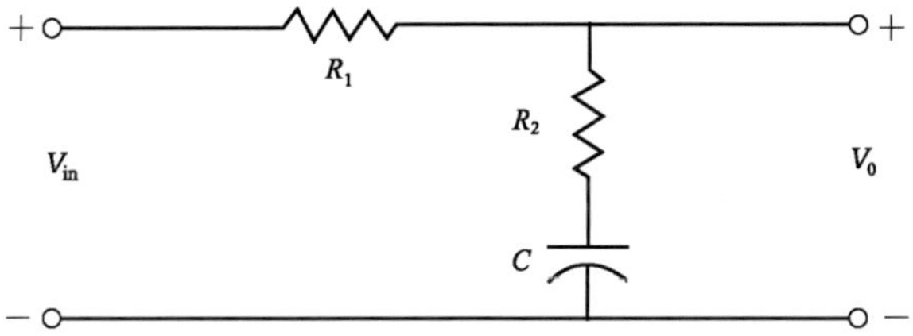

▲ 그림 7.17 지상 보상기의 전기회로

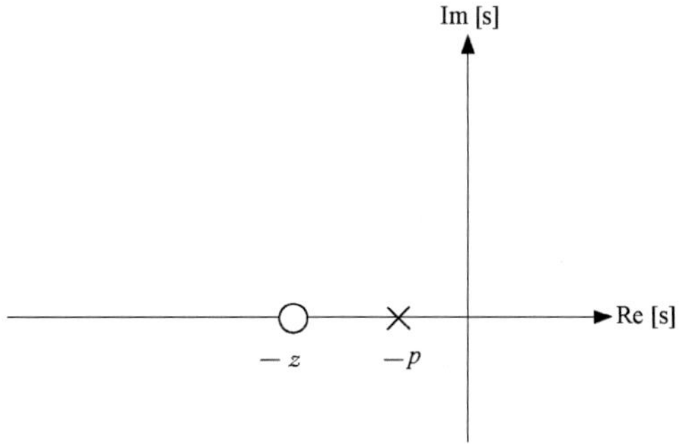

▲ 그림 7.18 지상 보상기의 극-영점 배치

8 진상 보상기의 경우 $\alpha=p/z$, 지상 보상기의 경우는 $\alpha=z/p$로 주어진다. 따라서 항상 $\alpha>1$이다.

식(7.28)의 지상 보상기에 대한 보드선도(즉, 주파수 응답)를 [그림 7.19]에 표시하였다. 그림에서 보다시피 전체적인 모양은 진상 보상기와 유사하나, 주파수의 증가에 따른 이득의 감소와 지연되는 위상의 크기에서 그 차이점을 찾을 수 있을 것이다. 그러나 [그림 7.14]와 [그림 7.19]에서 위상곡선의 모양은 위아래로 방향만이 바뀌었을 뿐 완전히 일치한다. 따라서 지상 회로에서도 최대 지상각은 주파수 $\omega_m = \sqrt{zp}$ 에서 발생한다는 것을 짐작할 수 있을 것이다.

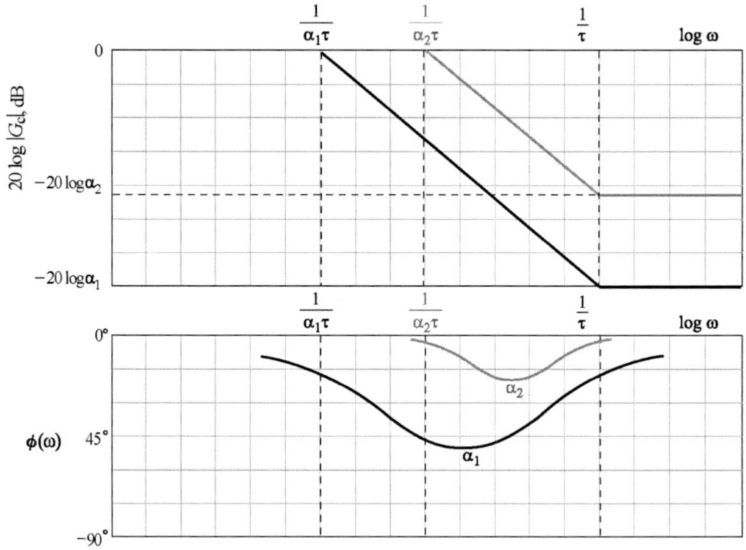

▲ 그림 7.19 **지상 보상기의 보드선도**

다음 절에서 설계사양이 요구하는 주파수 응답을 얻기 위한 진상, 지상 보상기 및 지상-진상 보상기의 설계법에 대하여 설명한다.

7.4 보드선도를 이용한 보상기의 설계법 및 예제

보상기의 설계를 수행하는 경우 폐루프시스템의 설계사양은 보통, 정상상태 오차(steady-state error), 상승시간(rising time), 정정시간(settling time) 및 오버슈터(overshoot) 등과 같이 단위 계단응답의 특성으로서 주어지는 시간영역에서의 사양과 지정된 입·출력 사이를 나타내는 전달함수의 주파수 특성에 대한 각종 제약 등과 같은 주파수 영역에서의 사양으로서 주어진다. 계단응답에 관한 여러 사양은 개루프시스템의 이득여유나 위상여유 등을 이용하여 주파수 영역에서의 사양으로 변경하여 주파수 응답을 이용하여 설계를 수행할 수도 있다. 여기서는 [그림 7.12]와 같은 형식의 피드백 시스템을 기본으로 하여 주어진 사양을 만족하는 진상 혹은 지상 보상기 $G_c(s)$ 를 주파수 응답 특성(즉, 보드선도)을 이용하여 설계하는 방법에 대하여 예제를 중심으로 자세히 설명한다.

먼저 설계에 들어가기 전에, 설계자가 어떤 종류의 보상기를 쓸 것인가를 결정하는 일반적인 규칙에 대하여 간단하게 언급한다. 이것을 다음과 같이 두 가지의 설계원칙으로 정리한다.

[원칙 1]

(1) 원래의 제어대상 $G(s)$ 가 안정한 경우, 설계사양이 [그림 7.12]의 폐루프시스템의 안정성만을 목적으로 한다면 어떤 종류의 보상기도 사용 가능하다.

(2) 그러나 제어대상이 불안정하다면 진상 보상기만 사용되어야 할 것이다.

[원칙 2]

(1) 진상 보상기는 일반적으로 위상여유를 증가시킴으로써 시스템의 상대안정도를 향상시키는 작용을 한다.

(2) 진상 보상기는 정상상태 오차를 증가시킨다.

(3) 진상 보상기는 이득 교차 주파수(gain crossover frequency)를 증가시킨다. 이것은 시간영역에서 계단응답의 정정시간을 감소시키는 작용을 한다(즉, 감쇄비를 크게 한다).

(4) 진상 보상기에 의해 증가된 이득 교차 주파수로 인해 시스템의 대역폭이 커져서 결과적으로 불필요한 신호나 잡음 등이 시스템 내부에 유입될 가능성이 높아진다.

지상 보상기의 경우는 대략 [원칙 2]와 반대되는 작용을 하는 것으로 볼 수 있다. 앞에서도 언급한 바와 같이, 전달함수, 즉 고전제어에 기초를 두는 제어기법은 비교적 간단하게 낮은 차수의 보상기를 설계할 수 있다는 장점이 있지만, 이것은 어디까지나 고차의 시스템을 두 개의 우세극을 가지는 2차의 시스템으로 간주하여 설계를 수행하는 것이기 때문에, 실제로 설계된 보상기가 원래의 시스템에서 설계된 바와 같은 동작 특성을 나타낼 것이라는 보장이 없다. 따라서 설계사양에 가장 근접한 특성을 나타내는 보상기를 얻기 위해서는 반복적인 설계과정이 필수적으로 요구된다.

위에서 언급한 몇 가지의 원칙을 염두에 두면서 보드선도를 이용한 진상 보상기와 지상 보상기의 설계법을 설명한다.

7.4.1 진상 보상기의 설계

보드선도를 이용한 설계의 기본적인 방침은

1) 정상상태 오차와 외란제거 특성을 위해 바람직한 저주파 영역에서의 이득을 가질 것
2) 응답속도의 향상을 위해서는 바람직한 이득 교차 주파수를 가질 것
3) 마지막으로 충분한 안정여유(이득여유 및 위상여유)를 가질 수 있도록 개루프전달함수를 조정하는 것이다.

이와 같은 방침 아래 기본적으로 식(7.17)의 형식으로 주어진 시스템에서 변수 α, τ 및 K 의 구하는 과정을 알아보자. 식(7.17)을 다시 쓰면

$$G_c(s)= \frac{K(j\omega+z)}{(j\omega+p)} = \frac{K_1(1+j\omega\alpha\tau)}{(1+j\omega\tau)} \tag{7.29}$$

로 된다. 여기서 $\tau=1/p,\ p=\alpha z$ 및 $K_1=K/\alpha$ 이다. 이와 같이 식을 변경하는 이유로서는 보상기의 삽입에 의한 전체 시스템 크기나 위상의 변화를 계산하는 데 있어 $(j\omega+p)$ 와 같은 다항식 표현보다는 $(1+j\omega\tau)$ 의 형식으로 두는 것이 편리하기 때문이다.

보드선도에 의한 설계에 있어서 먼저, 오차와 관련된 요구를 만족시킬 수 있도록 이득 K_1 을 계산한다. 이것은 보드선도를 이용한 설계법의 장점 중의 하나로서 정상상태 오차의 사양을 만족하는 설계를 쉽게 수행할 수 있다. 다음에 위상여유와 바람직한 이득 교차 주파수를 만족할 수 있도록 설계한다. 이를 위해서는 보상기의 이득과 위상과의 관계를 명백하게 구별할 수 있도록 하는 표현이 필요하다. 즉, 식(7.29)에서

$$K_c(s)= \frac{1+\alpha\tau s}{1+\tau s} \tag{7.30}$$

으로 둔다. 따라서 $G_c(s)=K_1K_c(s)$ 가 얻어진다. 여기서 K_1 은 정상오차를 만족하는 관점에서 이미 계산되어 있는 양이므로, 설계는 $K_c(s)$ 에 대한 위상과 이득의 관계를 결정하는 것으로 충분하다. 식(7.30)의 진상각도에 관해서는 식(7.18)로 주어져 있다. 6.4절에서 언급한 바와 같이 위상여유는 이득이 영으로 되는 주파수(즉, 이득 교차 주파수 ω_{gc})에서의 위상여유를 나타내므로, 이 주파수에서 (진상 보상을 하지 않은 상태의) 위상여유와 설계사양에서 요구하는 위상여유와의 차이로부터 필요한 진상 각도를 얻을 수 있다. 이때 설계의 단순화를

위해 진상 보상기의 최대 진상각이 ω_{gc}에서 나타나도록 설계한다. 최대 진상각이 발생하는 주파수 ω_m는 식(7.23)에 의해 주어지고 이때의 최대 진상각은 식(7.26)의 관계로부터 계산된다. 보상기의 삽입에 의해 $\omega = \omega_{gc} = \omega_m$에서 발생하는 이득의 증가는 다음과 같이 계산된다.

$$M = |G(\omega_m)|_{[\mathrm{dB}]} = |G(\omega_{gc})|_{[\mathrm{dB}]} = 10\log(\alpha) \ [\mathrm{dB}] \tag{7.31}$$

이상과 같은 준비 아래 진상 보상기의 설계는 다음과 같이 이루어진다.

먼저, 정상상태 오차사양을 만족하도록 설계된 K_1을 이용하여 $K_1G(s)$의 보드선도를 그린다. 다음에 요구되는 위상여유를 만족할 수 있는 진상각도 ϕ를 결정하면 α가 정해진다. 이 결과 보상기로 인해 이득이 M만큼 상승하게 되므로, 보상 전의 이득이 $-M$ [dB]로 되는 주파수를 찾아내어 이것을 이득 교차 주파수로 설정한다. 이하 설계의 순서를 요점으로서 정리한다.

[요점 7.4] 보드선도를 이용한 진상 보상기의 설계 순서

(1) 정상편차 조건을 만족하는 K_1을 결정한다.

(2) $K_1G(j\omega)$의 보드선도를 그리고, 이것이 가지는 위상여유를 결정한다.

(3) 필요한 진상각도의 양 ϕ를 계산한다.

(4) $\alpha = \dfrac{1+\sin(\phi)}{1-\sin(\phi)}$를 이용하여 α를 계산한다.

(5) $|G_c(\omega_{gc})|_{[\mathrm{dB}]} = -10\log(\alpha)$로 되는 주파수를 보드선도로부터 찾아 이것을 이득 교차 주파수 ω_{gc}로 한다.

(6) $\tau = \dfrac{1}{\sqrt{\alpha}\,\omega_{gc}}$로부터 τ를 계산한다.

(7) 설계가 타당한지의 여부를 알아보기 위하여 $G_c(j\omega)G(j\omega)$의 보드선도를 그려서 설계사양의 만족 여부를 확인한다.

(8) 폐루프시스템의 특성을 시뮬레이션을 이용하여 재확인한다.

[요점 7.4]는 표준적인 설계순서이지만, 이 방법으로 반드시 사양을 완전히 만족하는 보상기가 항상 설계 가능한 것은 아니기 때문에 반복적인 설계가 필요하다.

[예제 7.5]

다음의 전달함수로 주어지는 제어대상에 대하여, 1) 속도 오차상수가 10 , 2) 위상여유를 45° 로 할 수 있는 보상기를 설계하여 보자.

$$G(s) = \frac{400}{s(s^2+30s+200)} \qquad ①$$

(해) 보상기의 형태를 $G_c(s) = K_1 K_c(s)$ 로 둔다. 속도 오차상수를 만족하는 이득 K_1 은 식(7.7)로부터

$$K_v = \lim_{s \to 0} s K_1 G(s) = 10$$

에서 $K_1 = 5$ 를 얻는다. 다음 $K_1 G(j\omega)$ 의 보드선도는 [그림 7.20]에 표시되어 있으며, 이 그림으로부터 위상여유는 약 32° 이다. 목표로 하는 위상여유가 45° 이므로 반복과정의 첫 번째로서 $\phi = 13^o$ 로 두고 여기에 설계의 안정성을 위하여 5° 정도를 추가하여 α 를 계산하면 $\alpha = 1.89$ 를 얻는다. 다음 단계로서 $-10\log(\alpha) = -2.77$ [dB]이므로 [그림 7.20]에서 -2.77 [dB]를 나타내는 주파수를 찾아 이를 이득 교

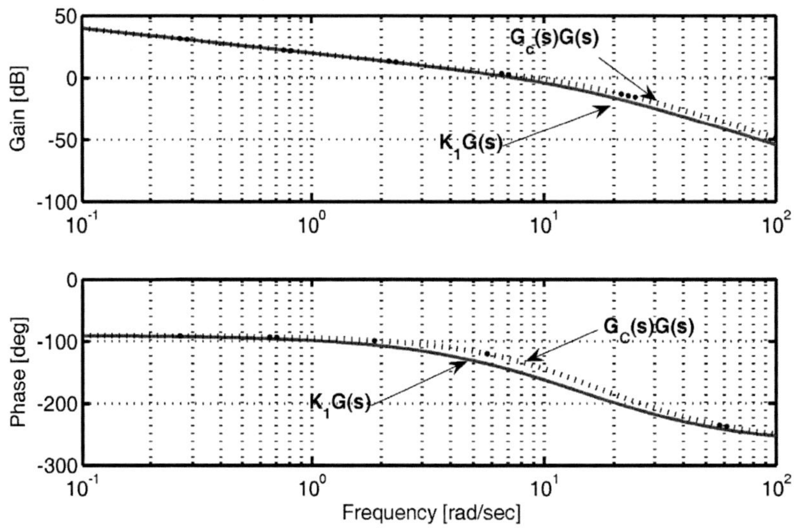

▲ 그림 7.20 [예제 7.5]의 보드선도

차 주파수로 한다. 즉 $\omega_{gc} = 9$ [rad/sec]이다. 이로부터 [요점 7.4]의 (6)번으로부터 τ를 계산하면 $\tau = 0.08$ 로 되고, 이로부터 최종적인 보상기는 다음 식으로 주어진다.

$$G_c(s) = 5\frac{1+0.15s}{1+0.08s} = 9.375\frac{(s+6.67)}{(s+12.5)} \quad ②$$

설계한 보상기를 삽입하여 폐루프시스템의 계단응답은 [그림 7.21]과 같이 되며, 이때의 오버슈터는 약 28%, 정정시간은 1.4초 정도이다.

%[예제 7.5]

```
nump=5*400;denp=[1 30 200 0];                    % ①의 전달함수 설정
sysp=tf(nump,denp);                              % 시스템으로 변환
w=logspace(-1,2,100);                            % bode선도의 주파수 범위
[magp, phasep]=bode(sysp,w);                     % 크기와 위상의 계산
magp=reshape(magp,100,1);                        % 3차원 행렬을 2차원으로 변경
phasep=reshape(phasep,100,1);
subplot(211),semilogx(w,20*log10(magp)),grid, hold
subplot(212),semilogx(w,phasep),grid, hold       % [그림 7.20]
%
numc=[0.15 1];denc=[0.08 1];
sysc=tf(numc,denc);                              % 보상기의 전달함수
syspc=series(sysc,sysp);                         % (보상기+제어대상)의 전달함수
[magpc,phasepc]=bode(syspc,w);                   % 크기와 위상의 계산
magpc=reshape(magpc,100,1);%                     % 행렬의 차원변경
phasepc=reshape(phasepc,100,1);
subplot(211),semilogx(w,20*log10(magpc),':')
subplot(212),semilogx(w,phasepc,':'),hold off    % [그림 7.20]
%계단응답의 계산
cloop=feedback(syspc,[1]);                       % 폐루프시스템의 전달함수
cloop_no=feedback(sysp,[1]);                     % 보상 전의 폐루프시스템 전달함수
t=0:0.01:3;
[y,t]=step(cloop,t);                             % 폐루프시스템(보상 후)의 계단응답
[yNo,t]=step(cloop_no,t);                        % 보상전의 시간응답 계산
plot(t,y,t,yNo)                                  % [그림 7.21]
```

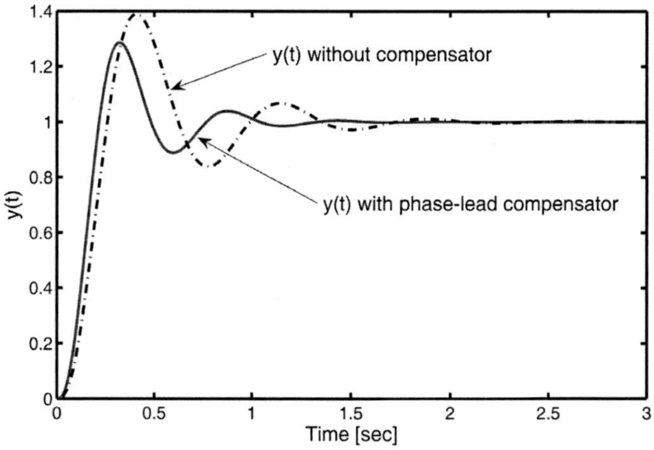

▲ 그림 7.21 [예제 7.5]의 계단응답

[예제 7.6]

다음과 같이 두 개의 적분기와 비례 제어기로 이루어진 제어대상에 대하여 1) 정정 시간(2% 의 기준을 사용)이 4 초 이내, 2) 시스템의 감쇄비 ζ가 0.45 이상으로 되도록 하는 보상기를 설계하여 보자.

$$G(s)= \frac{K_1}{s^2} \qquad ①$$

(해) 위 시스템과 같이 비례 제어기만으로 단위 피드백을 가지는 폐루프시스템을 구성하였을 경우의 전달함수는

$$\frac{Y(s)}{R(s)}= \frac{K_1}{s^2+K_1} \qquad ②$$

로 되어 출력은 감쇄가 없는 정현파로 된다는 것을 알 수 있다. 따라서 위 시스템을 안정화시킴과 동시에 주어진 설계사양을 만족시키는 진상 보상기를 [요점 7.4]의 순서에 따라 설계한다.

[단계 1] K_1 의 계산: 여기서는 설계사양이 정상오차로 주어지지 않고 정정시간에 대한 제약으로 주어졌기 때문에 이를 이용하여 다음과 같이 K_1 을 얻는다.

먼저 정정시간과 감쇄비와의 관계는 식(5.28a)에 의해

$$t_s = \frac{4}{\zeta\omega_n} = 4$$

이나, 감쇄비의 조건이 0.45 이상이므로 고유 진동수의 한계는

$$\omega_n = \frac{1}{\zeta} = \frac{1}{0.45} = 2.22$$

로 된다. 즉, ②로 주어진 폐루프시스템의 고유 진동수는 $\omega_n = \sqrt{K_1}$ 이므로 $K_1 = \omega_n^2 \approx 5$ 로 두면 고유 진동수의 조건을 만족한다. 그러나 이 경우 정정시간의 조건에 대한 여유를 주기 위해 $K_1 = 10$ 로 둔다.

[단계 2와 3] $K_1 G(j\omega)$ 의 보드선도를 그린다(그림 7.22). 이 경우 ②는 불안정한 시스템이므로 위상여유를 가지지 않는다. 또한 주어진 설계사양도 위상여유로 주어진 것이 아니라 감쇄비에 대한 제약으로 주어져 있으므로, 이것을 보드선도에 적용하기 위해서는 감쇄비의 조건과 위상여유를 연결시키는 식이 필요하다. 이 경우 감쇄비와 위상여유 사이에 다음과 같은 근사식이 성립하는 것이 알려져 있다.

$$\zeta = 0.01\phi_{pm} \qquad ③$$

따라서 사양 2)로부터 요구되는 위상여유는 대략 다음으로 될 것이다.

$$\phi_{pm} = \frac{\zeta}{0.01} = 45^o$$

[단계 4] α 를 계산한다. 즉,

$$\alpha = \frac{1+\sin(\phi_{pm})}{1-\sin(\phi_{pm})} = 5.8$$

이 경우에도 약간의 여유를 두기 위해 $\alpha = 6$ 으로 둔다.

[단계 5] $10\log(\alpha) = 7.78$ [dB]이므로, [그림 7.22]로부터 이득이 -7.78 [dB]로 되는 주파는 찾아 이를 이득 교차 주파수 $\omega_{gc} = 4.95$ 로 한다.

[단계 6] 공식에 의해
$\tau = 1/(\sqrt{\alpha}\,\omega_{gc}) = 0.082$ 이고, 따라서 $p = 1/\tau = 12$, 및 $z = p/\alpha = 2$ 를 얻는다.
이 결과 최종적인 보상기는 다음으로 주어진다.

$$G_c(s) = 10\left(\frac{1+6(1/12)s}{1+(1/12)s}\right)$$

$$= \frac{60(s+2)}{(s+12)}$$

진상 보상기를 연결하였을 경우 폐루프시스템의 전달함수는

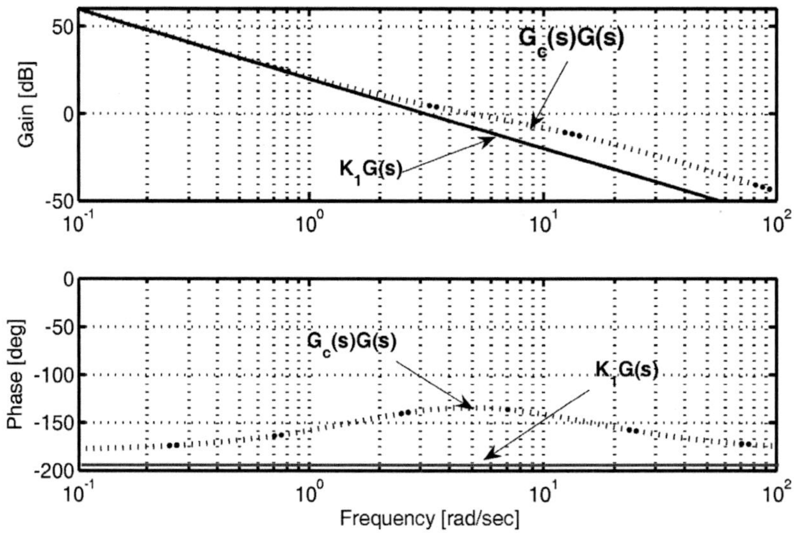

▲ 그림 7.22 [예제 7.6]의 보드선도

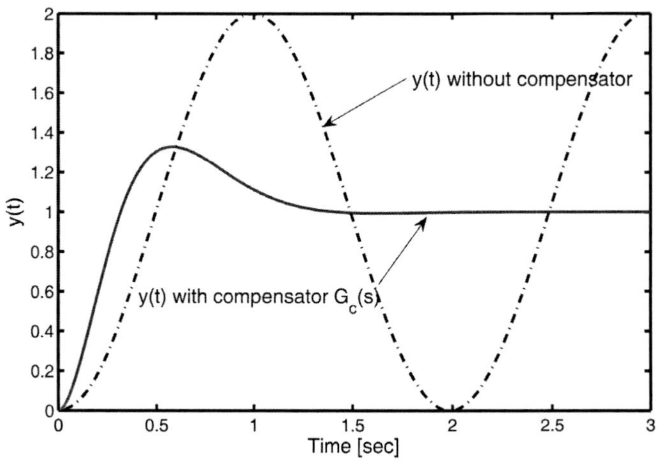

▲ 그림 7.23 [예제 7.6]의 계단응답

$$\frac{Y(s)}{R(s)} = \frac{60(s+2)}{(s^2+6s+20)(s+6)}$$

로 되어, 안정화되었음을 확인할 수 있다. 또 [그림 7.23]에 표시한 계단응답으로부터 대략 34% 의 오버슈터와 약 1.4초의 정정시간을 보이고 있음을 알 수 있다.

%[예제 7.6]

```
K1=10;
nump=K1;denp =[1 0 0];
sysp=tf(nump,denp);                                  % 제어대상의 전달함수
w=logspace(-1,2,100);                                % bode선도의 주파수 범위
[magp,phasep]=bode(sysp,w);                          % 크기와 위상의 계산
magp=reshape(magp,100,1);                            % 3차원 행렬을 2차원으로 변경
phasep=reshape(phasep,100,1);
subplot(211),semilogx(w,20*log10(magp)),grid         % [그림 7.22]
axis([0.1 100 -50 60]),hold
subplot(212), semilogx(w,phasep),grid,
axis([0.1 100 -200 0]),hold
%
numc=[1 2].*6;denc=[1 12];
sysc=tf(numc,denc);                                  % 보상기의 전달함수
syspc=series(sysc,sysp);                             % (보상기+제어대상)의 전달함수
[magpc,phasepc]=bode(syspc,w);                       % 크기와 위상의 계산
magpc=reshape(magpc,100,1);%
phasepc=reshape(phasepc,100,1);
subplot(211),semilogx(w,20*log10(magpc),':'),ylabel('Gain [dB]')
subplot(212),semilogx(w,phasepc,':'),ylabel('Phase [deg]'),hold off
%계단 응답의 계산
cloop=feedback(syspc,[1]);                           % 폐루프시스템의 전달함수
cloop_no=feedback(sysp,[1]);                         % 보상전의 폐루프 전달함수
t=0:0.01:3;
[y,t]=step(cloop,t);                                 % 폐루프시스템의 계단 응답
[yNo,t]=step(cloop_no,t);
plot(t,y,t,yNo),xlabel('Time [sec]'),ylabel('y(t)')  % [그림 7.23]
```

마지막으로 진상 보상기를 제4장에서 언급한 비례 미분(PD) 보상기와 비교하여 보기로 한다. 이상적인 PD 보상기의 전달함수는 일반적으로 다음과 같이 주어진다.

$$G_{pd}(s) = K_P + K_D s \tag{7.32}$$

제4장에서 언급한 바와 같이 이상적인 PD 보상기는 미분기의 예측작용으로 인하여 시스템의 과도특성을 개선시키는 역할을 하지만, 미분기의 특성상 많은 잡음을 수반하므로 실제적으로 식(7.32)의 형태로 사용되는 경우는 없다. 미분기의 단점을 보완하면서 좀 더 실제적인 PD 보상기는

$$G_{pd}(s) = K_P + \frac{K_D s}{s\tau_d + 1} \tag{7.33}$$

의 형태로 주어진다. 식(7.33)의 분자 분모를 통분하여 정리하면

$$G_{pd}(s) = \frac{K_P \tau_d s + K_P + K_D s}{s\tau_d + 1} = K_P \frac{(\tau_d + K_D/K_P)s + 1}{s\tau_d + 1} \tag{7.34}$$

와 같이 되어 진상 보상기 식(7.29)와 동일한 모양으로 된다. 이로부터 PD 보상기는 진상 보상기와 등가이며, 동시에 진상 보상기의 극을 무한대 값으로 취하면 이상적인 PD 보상기로 된다는 사실을 알 수 있다.

7.4.2 지상 보상기의 설계

지상 보상기의 극 p은 복소평면에서 영점 z의 오른쪽에 위치한다. 즉, $|z| > |p|$이다. 지상 보상기는 이름이 의미하는 바와 같이 시스템에 위상의 지연을 일으키기 때문에 전체 시스템이 불안정화 되는 경향을 보인다. 이 때문에 제어대상 자체가 불안정한 경우, 또는 안정여유가 작은 경우 등에는 지상 보상기를 사용하지 않는다.

지상 보상기를 사용하는 이유의 하나로서 정상상태 오차의 감소를 들 수 있다. 이것의 원리를 간단하게 설명하면 다음과 같다. 즉, 지상 보상기의 극을 원점에 가깝게 설정하면 지상 보상기가 거의 적분기와 유사한 작용을 하게 된다. 이 경우 지상 보상기는 시스템에 적분기를 하나 추가하는 것과 같은 역할을 하게 되며, 이로 인해 시스템의 형(type)이 하나 증가하고 그 결과 정상상태 오차가 감소하게 된다.

여기서는 보드선도를 이용한 지상 보상기의 설계법을 설명한다. 일반적인 지상 보상기의 전달함수 표현은 식(7.28)에 이득 K_1을 곱한 형태를 취한다. 즉

$$G_c(s)=K_1\frac{(1+\tau s)}{(1+\alpha\tau s)}\equiv K_1K_c(s) \tag{7.35}$$

이다. 식(7.35)의 보드선도 표현은 [그림 7.19]에 표시되어 있다. 일반적으로 지상 보상기의 극과 영점은 보상을 하지 않은 시스템(즉, 제어대상)이 가지고 있는 (절대값이)가장 작은 극보다도 훨씬 작은 값을 가지도록 설계하기 때문에, 지상 보상기로 인한 위상지연의 효과는 미미하다. 지상 보상기의 보상기로서의 주된 역할은 $-20\log(\alpha)$로 주어지는 이득의 감소로 인한 것이다. 이득의 감소로 인해 시스템의 이득 교차 주파수 ω_{gc}가 낮은 주파수 쪽으로 이동하게 되고, 이 결과 시스템의 위상여유가 증가하여 설계사양을 만족시키게 된다. 이러한 원칙에 기초를 두는 지상 보상기의 설계법을 정리한다.

[요점 7.5] 보드선도를 이용한 지상 보상기의 설계순서

(1) 설계사양에서 요구하는 정상오차 조건을 만족하도록 이득 K_1을 선정하고 $K_1G(j\omega)$의 보드선도를 그린다.

(2) 보상기를 사용하지 않은 시스템의 위상여유를 확인하고, 만약 만족스럽지 못하다면 다음 단계로 넘어간다.

(3) 보드선도에서 위상여유가 만족되는 주파수 ω_{gc}'를 찾아낸다. 이 주파수가 보상된 시스템의 이득 교차 주파수 ω_{gc}로 된다. 이 과정에서 설계사양의 위상여유에 약 5° 정도를 더한 값을 위상여유로 하여 주파수를 선정한다.

(4) 보상기의 영점 z을 ω_{gc}'의 10분의 1로 되는 값으로 한다. 즉, $1/\tau=\omega_{gc}'/10$이다.

(5) $\omega=\omega_{gc}'$에서 $K_1G(j\omega)$의 이득 G_m을 보드선도로부터 구한다. 이 값이 원래 시스템(즉, 보상 전)에서 감소되어야 할 이득이며, 따라서 이 값이 보상기의 이득으로 되어야 한다. 즉,

$$G_m=|K_1G(\omega_{gc}')|_{[\mathrm{dB}]}\;\rightarrow\;\alpha=10^{G_m/20}$$

(6) $p=z/\alpha$로서 보상기의 극을 계산한다.

(7) 폐루프시스템의 시뮬레이션을 통하여 주어진 설계사양을 확인한다.

예제를 통하여 [요점 7.5]로 주어진 지상 보상기의 설계과정을 살펴보기로 한다.

[예제 7.7]

다음으로 주어진 시스템에 대하여, 1) 위상 여유가 45°, 2) 시스템의 속도 오차상수가 20 으로 되도록 하는 보상기를 설계하여 보자.

$$G(s) = \frac{1}{s(s+2)}$$

(해) 식(7.35)의 보상기를 설계한다.

[단계 1] 속도 오차상수 K_v 가 20 으로 되기 위해서 식(7.7)을 이용하면 $K_1 = 40$ 이 얻어지고, 이 값을 이용하여 $K_1 G(j\omega)$ 의 보드선도를 그린다(그림 7.24).

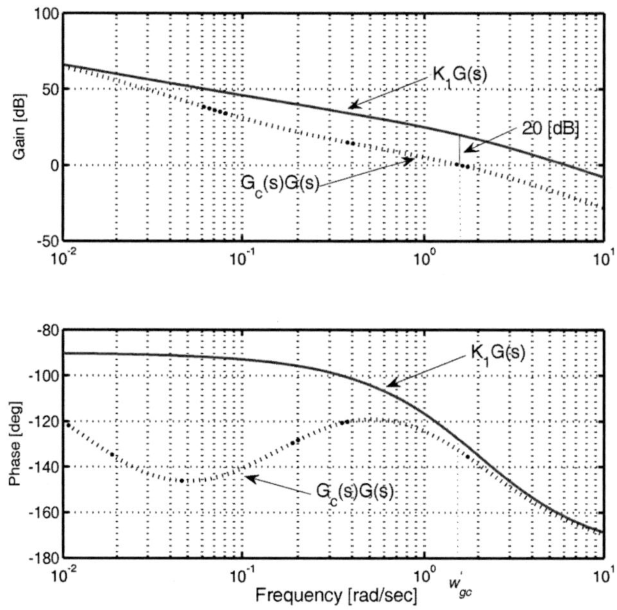

▲ 그림 7.24 **[예제 7.7]의 보드선도**

[단계 2,3] [그림 7.24]로부터 보상을 하지 않은 시스템의 위상여유가 20° 이므로 설계사양의 만족을 위해서는 25° 정도의 위상여유의 증가가 필요하다. 여기서는 5° 정도의 여유를 포함하여, 그림에서 $\phi(\omega) = -130^o$ 로 되는 주파수 $\omega_{gc}{}' = 1.5$ 를 찾아 이것을 새로운 이득 교차 주파수로 한다.

[단계 4] $\tau = 10/\omega_{gc}{}' = 6.66$ 이므로 영점은 $z = 1/\tau = 0.15$ 로 된다.

[단계 5] $\omega_{gc}{'}$ 가 새로운 이득 교차 주파수로 되기 위해서는 $\omega_{gc}{'}$ 에서 20 [dB] 정도의 이득감소가 필요하다.
따라서 $20 = 20\log(\alpha) \rightarrow \alpha = 10$ 을 얻는다.

[단계 6] 극을 계산하면 $p = 0.015$ 이다.

최종적인 지상 보상기는 다음과 같다.

$$G_c(s) = 40\frac{(1+6.66s)}{(1+6.66s)}$$

상기의 보상기를 사용한 시스템의 주파수 응답곡선을 [그림 7.24]에 점선으로 표시하였다. 그림으로부터 지상 보상기에 의해 이득 교차 주파수가 낮아졌고, 이로 인해 위상여유가 증가되었음을 확인할 수 있다. 또 보상기의 극과 영점을 원점 근처에 설정하였기 때문에 $\omega_{gc}{'}$ 근처에서의 위상은 거의 변화가 없다는 사실을 그림에서 볼 수 있다. $\omega_{gc}{'} = 1.5$ 에서 보상된 시스템의 위상여유를 수학적으로 계산하면 $\phi_{pm} = 45^o$ 로 되어 설계사양을 만족하고 있다. 또한 보상기로 인해 폐루프시스템의 대역폭이 10 [rad/sec]에서 2.5 [rad/sec]로 감소되므로, 이로 인해 보상된 시스템의 계단응답의 상승시간은 보상 전의 시스템에 비해 상당히 늦어진다는 것을 [그림 7.25]의 시뮬레이션을 통하여 확인할 수 있다.

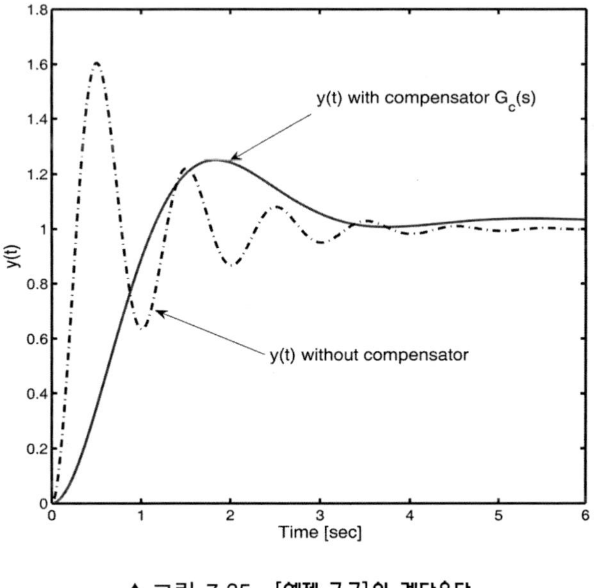

▲ 그림 7.25 [예제 7.7]의 계단응답

%[예제 7.7]

```
K1=40;
nump=K1;denp=[1 2 0];
sysp=tf(nump,denp);                                      % 제어대상의 전달함수
w=logspace(-2,1,100);                                    % bode선도의 주파수 범위 설정
[magp, phasep]=bode(sysp,w);                             % 크기와 위상의 계산
magp=reshape(magp,100,1)                                 % 3차원 행렬을 2차원으로 변경
phasep=reshape(phasep,100,1);
subplot(211), semilogx(w,20*log10(magp)),grid  % [그림 7.24]
axis([0.01 10 -50 100]),hold
subplot(212),semilogx(w,phasep),grid, hold
%
numc=[6.66 1];denc=[66.6 1];
sysc=tf(numc,denc);                                      % 보상기의 전달함수
syspc=series(sysc,sysp);                                 % (보상기+제어대상)의 전달함수
[magpc,phasepc]=bode(syspc,w);                           % 크기와 위상의 계산
magpc=reshape(magpc,100,1);%                             % 행렬의 차원 변경
phasepc=reshape(phasepc,100,1);
subplot(211),semilogx(w,20*log10(magpc),':'),ylabel('Gain [dB]')    % [그림 7.24]
subplot(212),semilogx(w,phasepc,':'),ylabel('Phase [deg]'),hold off
%계단 응답의 계산
cloop=feedback(syspc,[1]);                               % 폐루프시스템의 전달함수
cloop_no=feedback(sysp,[1]);                             % 보상 전의 폐루프시스템 전달함수
t=0:0.01:6;                                              % 시간축의 설정
[y,t]=step(cloop,t);                                     % 폐루프시스템의 계단 응답
[yNo,t]=step(cloop_no,t);
plot(t,y,t,yNo);                                         % [그림 7.25]
```

[예제 7.8]

다음과 같이 주어진 시스템에 대하여, 1) 속도 오차상수가 20, 2) 우세극에 대한 감쇄비가 0.707 로 될 수 있도록 하는 보상기를 설계하여 보자.

$$G(s)=\frac{1}{s(s+10)^2}$$

(해) [예제 7.6]의 ③에 의하면 $\zeta=0.707$ 인 경우의 위상여유는 대략 70° 정도이다.

[단계 1] 속도 오차상수의 조건으로부터 $K_1=2000$ 으로 된다.

[단계 2,3] [그림 7.26]에 $K_1G(j\omega)$ 의 보드선도를 표시하였다. 이로부터 보상을 하지 않은 시스템의 위상여유는 0° 임을 알 수 있다. 따라서 5° 정도의 여유를 포함하여 위상여유가 $\phi(\omega)=-105^o$ 로 되는 주파수를 [그림 7.26]으로 찾으면 대략 $\omega_{gc}'=1.5$ 로 된다.

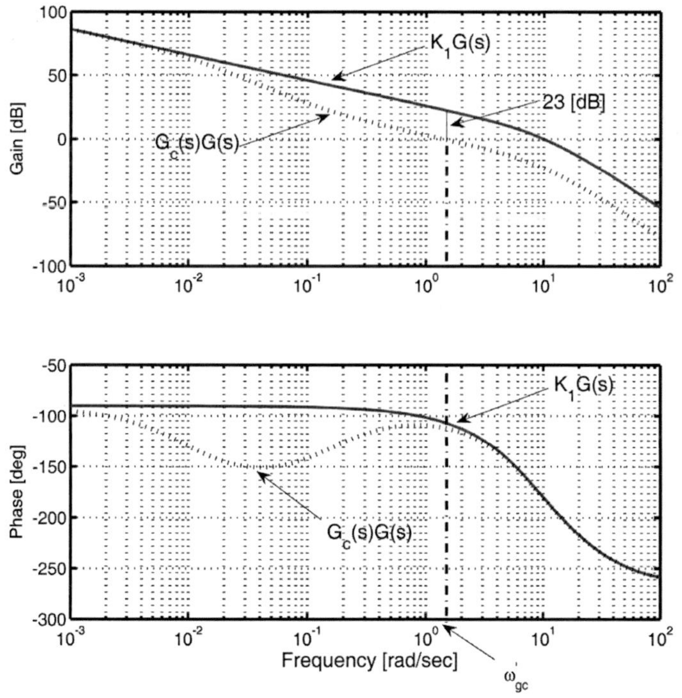

▲ 그림 7.26 [예제 7.8]의 보드선도

[단계 4] 보상기의 영점은 $\tau = 10/\omega_{gc}' = 6.66$ 이므로 $z = 1/\tau = 0.15$ 로 설정한다.

[단계 5] ω_{gc}' 가 새로운 이득 교차 주파수로 되기 위해서는 ω_{gc}' 에서 23 [dB] 정도의 이득감소가 필요하다. 따라서 $23 = 20\log(\alpha) \rightarrow \alpha = 14.2$ 을 얻는다.

[단계 6] 최종적인 지상 보상기는 다음과 같다.

$$G_c(s) = 2000\frac{(1+6.66s)}{(1+94.6s)}$$

[그림 7.26]에서 주파수 $\omega_{gc}' = 1.5$ 에서 실제 위상여유는 $\phi_{pm} = 67^o$ 로 되어 설계사양을 만족하고 있음을 확인할 수 있다.

%[예제 7.8]

```
K1=2000;
nump=K1;denp=[1 20 100 0];
sysp=tf(nump,denp);                              % 제어대상의 전달함수
w=logspace(-3,2,100);                            % bode선도의 주파수 범위
[magp,phasep]=bode(sysp,w);                      % 크기와 위상의 계산
magp=reshape(magp,100,1);                        % 3차원행렬을 2차원으로 변경
phasep=reshape(phasep,100,1);
subplot(211),semilogx(w,20*log10(magp)),grid
axis([0.001 100 -100 100]),hold
subplot(212),semilogx(w,phasep),grid,hold        % [그림 7.26]
%
numc=[6.66 1];denc=[94.6 1];
sysc=tf(numc,denc);                              % 보상기의 전달함수
syspc=series(sysc,sysp);                         % (보상기+제어대상)의 전달함수
[magpc,phasepc]=bode(syspc,w);                   % 크기와 위상의 계산
magpc=reshape(magpc,100,1);                      % 행렬의 차원 변경
phasepc=reshape(phasepc,100,1);
subplot(211), semilogx(w,20*log10(magpc),':'),ylabel('Gain [dB]')
subplot(212), semilogx(w,phasepc,':'),ylabel('Phase [deg]'),hold off
%
```

위 두 예제를 결과를 참고로 하면, 지상 보상기는 기본적으로 고주파 영역에서 시스템의 이득을 낮추어 줌으로써 위상여유 조건을 만족시키고 있는 것으로 볼 수 있다. 이 과정에서 보상기의 영점과 극을 원점 근처에 배치함으로써 고주파 영역에서 보상기로 인한 위상의 변동을 최대한 억제하여 처음에 설정한 위상여유가 감소되는 것을 막고 있다.

지상 보상기의 설계과정인 [요점 7.5]의 네 번째 단계에서 보상기의 영점을 $\omega_{gc}{}'$ 의 10분의 1 의 값으로 설정하도록 되어있다. 이 값을, 예를 들어 15 또는 20 분의 12 정도로 더 낮게 설정할 수는 없는가에 대하여 알아보자. 이를 위해 여기서는 지상 보상기로서 [그림 7.17]과 같은 RC 회로를 사용하는 것으로 가정하고 이 문제를 생각하여 보자. 지상 보상기의 극과 영점의 크기가 작아지면, RC 회로의 저항(R)과 캐퍼시터(C)의 크기는 그에 비례하여 커지게 된다. 예를 들어 [그림 7.17]의 지상 회로에서 영점은 $z=1/(R_2C)$ 이며 α 는 $\alpha=(R_1+R_2)/R_2$ 로 각각 주어진다. [예제 7.8]의 설계를 RC 회로로 실현한다고 하였을 때 영점을 $z=0.15$ 에 선정하였기 때문에, $\mathrm{C}=1\,\mu\mathrm{F}$, $\mathrm{R}_2=6.66\,\mathrm{M}\Omega$ 으로 되어야 한다. 또한 $\alpha=14$ 로 되기 위해서는 저항 R_1 은 $R_1=R_2(\alpha-1)=88\,\mathrm{M}\Omega$ 과 같은 큰 값을 가져야 한다. 만약 영점을 $\omega_{gc}{}'$ 의 10 분 1 보다 더 작은 값으로 선정한다면 지금보다 훨씬 큰 값의 저항과 캐퍼시터를 사용하여야 하므로, 이것은 RC 회로의 구성상 바람직하지 않다.

다음으로 비례적분(PI) 보상기와 지상 보상기와의 관계를 확인하여 보자. 식(4.45)의 비례적분 제어기를 다음과 같이 나타낼 수 있다. 즉,

$$K_P\left(1+\frac{1}{T_I s}\right)=K_P\left(\frac{T_I s+1}{T_I s}\right)=K_P\,\frac{s+1/T_I}{s} \tag{7.36}$$

위 식과 식(7.35)와 비교하여 보면 PI 보상기는 지상 보상기의 특별한 경우로서, 보상기의 극을 원점까지 이동시킨 것으로 생각할 수 있다.

7.4.3 지상-진상 보상기의 설계

진상 보상기는 기본적으로 대역폭을 증가시켜 시스템의 응답속도를 향상시키지만, 계단응답에 있어서 최대 오버슈터를 감소시키는 작용을 한다. 반대로 지상 보상기는 저주파영역에서의 이득을 증가시키므로[9] 그 결과 시스템의 정상상태 응답이 개선되나, 이로 인해 대역폭이 감속되어 시스템의 응답속도가 느려지는 효과를 보이는 것이 일반적이다.

---

[9] 앞의 예제에서는 저주파 영역에서의 이득을 증가시키기 보다는, 고주파 영역에서의 이득을 감소시켜 동일한 효과를 내고 있다.

만약 과도응답과 정상상태 응답의 양쪽을 개선하고자 한다면, 진상 보상기와 지상 보상기를 동시에 사용하여야 할 것이다. 이 경우, 진상 보상기와 지상 보상기를 따로따로 설계하여 시스템에 삽입하는 것이 아니라 아래에 설명하는 바와 같이 하나의 보상기(즉, 회로)로서 진상과 지상의 양쪽 성능을 다 가지고 있는 '지상-진상 보상기'를 설계하는 것이 일반적이다. 지상-진상 보상기는 지상과 진상의 성능을 동시에 가져야 하므로 두 개의 극과 두 개의 영점을 가지는 시스템으로 된다. 이로 인해 전체 시스템의 차원이 둘 이상 증가하게 되어 시스템이 복잡하게 되고 이는 결국 설계의 어려움으로 귀착된다.

[그림 7.27]로 주어진 RC 회로의 전달함수를 구하여 보자. 우선 복소임피던스 Z_1 과 Z_2 는

$$Z_1 = \frac{R_1}{R_1 C_1 s + 1},\ Z_2 = R_2 + \frac{1}{C_2 s}$$

이므로, 전달함수는 다음과 같이 계산된다.

$$\frac{V_o(s)}{V_{in}(s)} = \frac{Z_2}{Z_1 + Z_2} = \frac{(R_1 C_1 s + 1)(R_2 C_2 s + 1)}{R_1 R_2 C_1 C_2 s^2 + (R_1 C_1 + R_1 C_2 + R_2 C_2)s + 1} \tag{7.37}$$

위 식에서 $\alpha\tau_1 = R_1 C_1$, $\beta\tau_2 = R_2 C_2$ 및 $\tau_1\tau_2 = R_1 R_2 C_1 C_2$ 로 두면 식(7.37)은

$$\frac{V_o(s)}{V_{in}(s)} = \frac{(1+\alpha\tau_1 s)}{(1+\tau_1 s)} \cdot \frac{(1+\beta\tau_2 s)}{(1+\tau_2 s)} \tag{7.38}$$

의 관계식을 얻을 수 있다. 이때 $\alpha > 1$ 및 $\beta < 1$ 이라는 점에 유의한다.

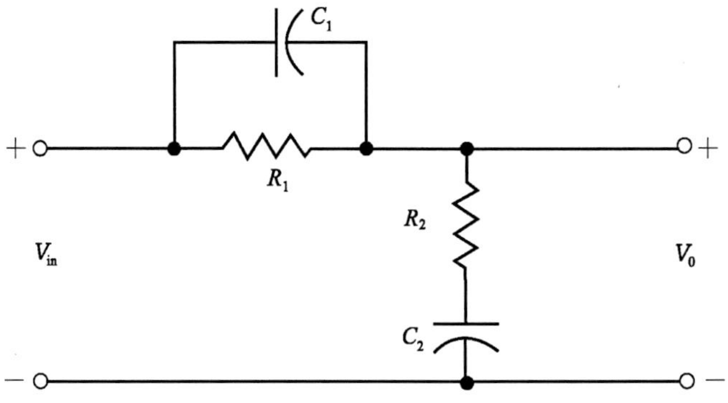

▲ 그림 7.27 *RC* 지상-진상 회로

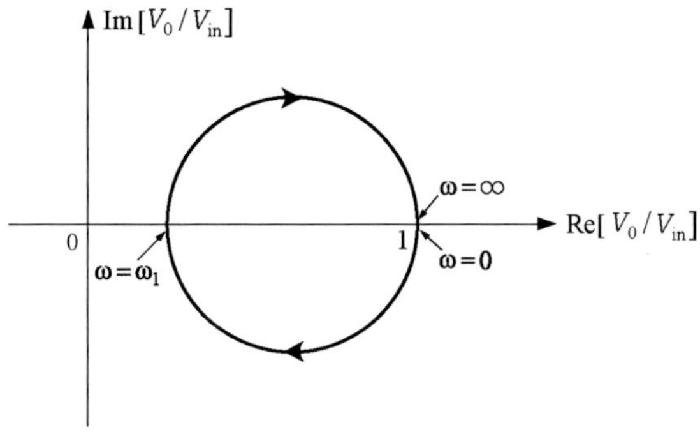

▲ 그림 7.28 식(7.38)의 극좌표선도

식(7.38)의 오른쪽 첫 번째 항은 $\alpha > 1$ 이므로 진상특성을 나타내며, 두 번째 항은 $\beta < 1$ 로 설정되어 있으므로 지상특성을 각각 나타내고 있다. 위와 같은 지상-진상 보상기의 설계에 있어서 보통 $\alpha\beta = 1$ 로 되도록 설정하는 경우가 많다. 식(7.38)에 대하여 제6장에서 언급한 극좌표선도를 그려보면 [그림 7.28]과 같이 된다. 이 그림으로부터 알 수 있는 바와 같이, 주파수 $0 < \omega < \omega_1$ 의 범위에서 식(7.38)은 지상 보상기의 효과를 나타내고, $\omega_1 < \omega < \infty$ 에서는 진상 보상기의 역할을 한다.[10] 주파수 ω_1 은 식(7.38)의 위상이 영으로 되는 주파수로서

$$\omega_1 = \frac{1}{\sqrt{\tau_1 \tau_2}} \tag{7.39}$$

로 주어진다.

지상-진상 보상기인 식(7.38)에서 $\alpha = 1/\beta = 10$ 및 $\tau_2 = 10\tau_1$ 로 두었을 경우의 보드선도를 [그림 7.29]에 표시하였다. 이 그림에서 중간대역을 제외한 주파수 영역에서의 이득은 0 [dB]로 설정되어 있음에 유의한다.

주파수 응답에 기초한 지상-진상 보상기의 설계과정은 앞서 설명한 진상 보상기와 지상 보상기의 설계법을 합친 것으로 볼 수 있다. 식(7.38)로부터 지상-진상 보상기는 기본적으로 다음과 같은 형태를 가지는 것으로 한다.

$$G_c(s) = K_1 \frac{(1+\alpha\tau_1 s)}{(1+\tau_1 s)} \cdot \frac{(1+\beta\tau_2 s)}{(1+\tau_2 s)} \tag{7.40}$$

[10] 저주파 영역에서 지상의 효과, 고주파 영역에서 진상의 작용을 하기 때문에 '지상-진상 보상기'로 부르고 있다.

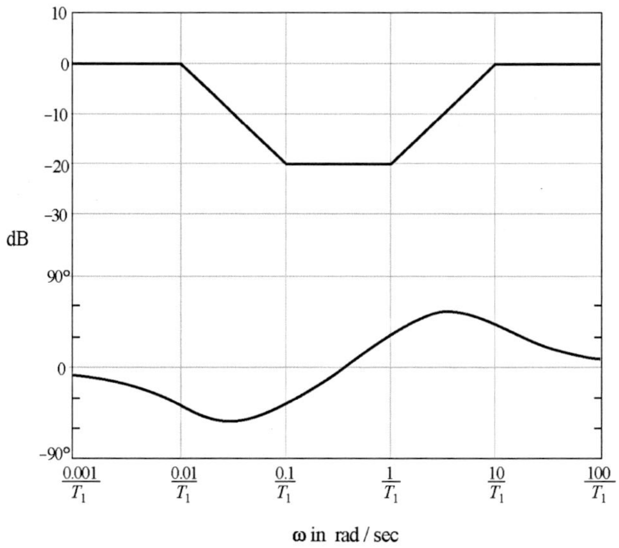

▲ 그림 7.29 식(7.38)의 보드선도(단 $\alpha = 1/\beta = 10$ 및 $\tau_2 = 10\tau_1$ 이다.)

위 보상기에서 진상부분(τ_1 과 관련)은 (이득의 증감 없이) 고주파 영역에서 위상을 추가함으로써 이득 교차 주파수 근처에서 위상여유를 증가시키게 된다. 또한 지상부분(τ_2 와 관련)은 이득 교차 주파수 근방(즉, 고주파 영역)에서 (위상의 증감 없이) 이득의 감소를 일으키고, 이것은 결국 저주파 영역에서의 이득의 증가로 이어져서 정상상태 응답 특성을 개선시킨다(즉, 정상상태 오차의 감소).

지상-진상 보상기의 설계과정을 예제를 통하여 알아보기로 한다.

[예제 7.9]

다음과 같은 전달함수로 주어진 시스템에 대하여, 1) 속도 오차상수를 10, 2) 위상여유를 50°, 3) 이득여유를 10 [dB] 이상 되게 하는 보상기를 설계하여 보자.

$$G(s) = \frac{1}{s(s+1)(s+2)} \quad ①$$

(해) 식(7.40)의 보상기를 $G_c(s) = K_1 K_c(s)$ 및 $\alpha\beta = 1$ 로 두어서 다음과 같은 형태를 상정한다.

$$G_c(s) = K_1 \frac{(1+(\tau_1/\beta)s)}{(1+\tau_1 s)} \cdot \frac{(1+\beta\tau_2 s)}{(1+\tau_2 s)} \quad ②$$

[단계 1] 속도 오차상수의 조건으로부터

$$K_v = \lim_{s \to 0} s\, G_c(s) G(s) = \frac{K_1}{2} = 10 \to K_1 = 20$$

을 얻는다.

[단계 2] $K_1 G(j\omega)$ 의 보드선도를 그린다([그림 7.30]). 이 그림으로부터 보상을 하지 않은 시스템의 위상여유는 -32° 및 이득여유는 $-13\,[\mathrm{dB}]$이므로 시스템이 불안정하다는 것을 알 수 있다. 따라서 진상 보상기에 의해 시스템의 안정화가 필요하다.

[단계 3] 위상여유와 이득여유의 조건을 동시에 만족하기 위해서는 고주파 영역에서 위상의 조정(즉, 진상 보상기)만으로는 불가능하므로, 이와 동시에 이득의 감소가 동반되어야 한다(지상 보상기).

우선 설계사양을 만족하는 위상여유를 얻기 위하여 이득 교차 주파수를 새로이 선정한다. [그림 7.30]으로부터 $\omega = 1.5\,[\mathrm{rad/sec}]$에서 위상이 $\angle G(j\omega) = -180^o$ 이므로 새로운 이득 교차 주파수로서 편의상 $\omega_{gc}{}' = 1.5$ 으로 선정한다. 따라서 진상 보상기의 진상각도는 $\omega = 1.5$ 에서 약 50° 로 되어야 하며, 동시에 $\omega = 1.5$ 에서의 루프이득이 $0\ [\mathrm{dB}]$로 되어야 한다.

[단계 4] 보상기의 진상부분의 최대 진상각도는 식(7.26)로부터

$$\sin(\phi_{pm}) = \frac{1/\beta - 1}{1/\beta + 1} = \frac{1-\beta}{1+\beta}$$

로 주어진다. 따라서 이 경우 50° 의 진상각이 필요하므로 대략 $\beta = 0.1$ 로 두면 $\phi_m = 55^o$ 로 되어 필요로 하는 진상각에 5° 정도의 여유를 가지는 최대 진상각도를 가지는 진상 보상기를 얻을 수 있다.

[단계 5] 이득 교차 주파수가 결정되었으므로 지상-진상 보상기에서 지상부분의 영점을

$$z_{lag} = \frac{1}{\beta \tau_2} = \frac{\omega_{gc}{}'}{10} = 0.15$$

로 둔다(요점7.5 참조).

[단계 6] 지상부분의 극은 [단계 5]로부터 $p_{lag} = 1/\tau_2 = 0.15\beta = 0.015$로 되므로, 지상부분을 나타내는 보상기의 최종 형태는 다음과 같이 될 것이다.

$$\frac{s+z_{lag}}{s+p_{lag}}=\frac{s+0.15}{s+0.015}=10\left(\frac{6.67s+1}{66.7s+1}\right)$$

이 지상 보상기로 인해 저주파 영역에서 이득이 증가하여 정상상태 응답이 개선될 것이다.

[단계 7] [그림 7.30]으로부터 $\omega_{gc}{}'=1.5$ 에서의 이득이 13 [dB]이므로 만약 진상 보상기가 $\omega=1.5$ [rad/sec]에서 −13 [dB]를 공급할 수 있다면 $\omega=1.5$는 이득 교차 주파수로 되어 위의 단계에서 설정한 여러 사항을 만족시킬 수 있을 것이다. 이를 위한 하나의 방법으로 [그림 7.30]의 점(−13 [dB], 1.5 [rad/sec])을 지나는 기울기 20 [dB]의 직선을 긋는다. 이때 이 직선과 0 [dB] 및 −20 [dB]가 만나는 점이 진상 보상기의 절점 주파수(corner frequency)로 된다. [그림 7.30]의 경우에는 주파수 $\omega=0.7$ 과 $\omega=7$ [rad/sec]에서 서로 교차하고 있으므로, 지상-진상 보상기의 진상부분의 전달함수는 다음과 같다.

$$\frac{s+0.7}{s+7}=\frac{1}{10}\left(\frac{1.43s+1}{0.143s+1}\right)$$

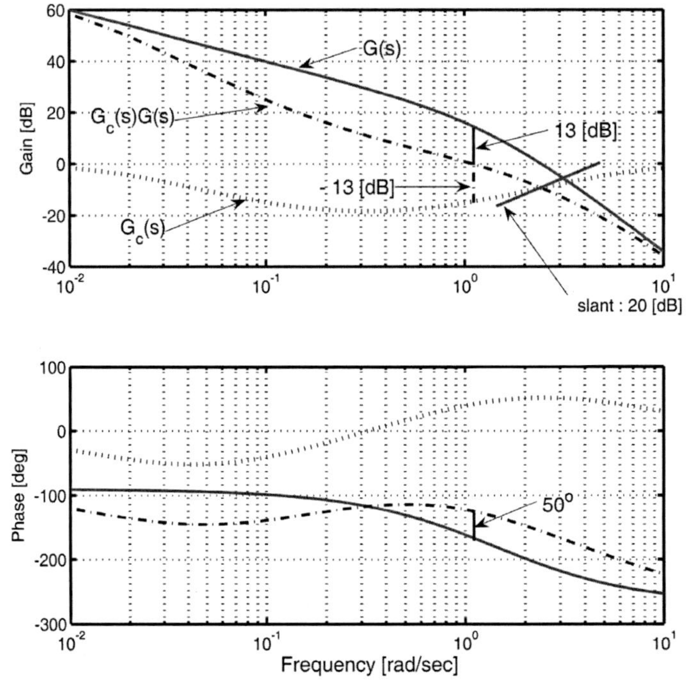

▲ 그림 7.30 [예제 7.9]의 보드선도

따라서 위에서 설계한 지상과 진상 보상기를 결합한 지상-진상 보상기의 전달함수는

$$G_c(s) = 20\left(\frac{s+0.7}{s+7}\right)\left(\frac{s+0.15}{s+0.015}\right) = \left(\frac{1.43s+1}{0.143s+1}\right)\left(\frac{6.67s+1}{66.7s+1}\right)$$

로 된다. 보상기의 보드선도는 [그림 7.30]에 표시되어 있다. 또 보상기를 포함한 개루프 전달함수 $G_c(j\omega)G(j\omega)$ 의 주파수 응답을 역시 [그림 7.30]에 나타내었다. 이 그림으로부터 보상된 시스템의 위상여유는 50° 이며, 이득여유는 16 [dB]라는 것을 확인할 수 있다. 또 [단계 1]에서 설정한 대로 속도 오차상수는 10 이므로 주어진 모든 설계사양이 만족되고 있음을 알 수 있다.

%[예제 7.9]

```
nump=20;denp=[1 3 2  0];
sysp=tf(nump,denp);                              % 제어대상의 전달함수
w=logspace(-2,1,100);                            % bode선도의 주파수 범위
[magp,phasep]=bode(sysp,w);                      % 크기와 위상의 계산
magp=reshape(magp,100,1);                        % 3차원 행렬을 2차원으로 변경
phasep=reshape(phasep,100,1);
subplot(211),semilogx(w,20*log10(magp)),grid, hold
subplot(212),semilogx(w,phasep),grid, hold
%
numlag=[1 0.15];denlag=[1 0.015];
syslag=tf(numlag,denlag);                        % 지상 보상기의 전달함수
numlead=[1 0.7];denlead=[1 7];
syslead=tf(numlead,denlead);                     % 진상 보상기의 전달함수
sysc=series(syslag,syslead);                     % 지상-진상 보상기의 전달함수
[magc,phasec]=bode(sysc,w);                      % 크기와 위상의 계산
magc=reshape(magc,100,1);%
phasec=reshape(phasec,100,1);
subplot(211),semilogx(w,20*log10(magc),':')
subplot(212),semilogx(w,phasec,':')
syspc=series(sysp,sysc);                         % (지상-진상 보상기)+제어대상의 전달함수
[magpc,phasepc]=bode(syspc,w);
magpc=reshape(magpc,100,1);                      % 행렬의 차원 변경
phasepc=reshape(phasepc,100,1);
subplot(211),semilogx(w,20*log10(magpc),'.-')
subplot(212),semilogx(w,phasepc,'.-'),hold off % [그림 7.30]
```

[예제 7.9]의 결과는 유일한 것이 아니며 주어진 설계사양을 만족하는 여러 종류의 지상-진상 보상기가 존재한다. 따라서 설계의 방법(또는 순서)에 따라서는 [예제 7.9]의 결과와 다른 값을 가지는 보상기가 설계될 수 있다. [예제 7.9]의 과정을 보면 짐작할 수 있는 바와 같이, 주파수 응답을 이용한 설계과정은 설계자의 경험에도 상당 부분 의존하므로 많은 설계를 통해 경험을 쌓아 두는 것이 설계를 위해 필요하다.

7.5 보상기 설계법의 요약

지금까지 주파수 응답에 기초한 보상기의 특성과 설계법을 설명하였다. 실제적으로 주어진 설계사양을 모두 만족하는 보상기의 설계는 7.4절에서 설명한 보상기 설계의 일반적인 순서에 따르기보다는, 보상기의 특성에 의존하는 설계법의 창조적인 적용이 필요하다. 여기서는 지금까지 언급한 보상기 설계법을 요약하고, 또 설계의 과정에 발생할 수 있는 문제에 대하여 간단하게 설명한다.

(1) 설계법의 비교

1. 진상 보상기는 제어대상에 위상을 추가함으로써 바람직한 결과를 얻는 방법이며, 지상 보상기는 고주파 영역에서 이득의 감소를 통하여 목적을 달성하고 있다(진상 보상기나 지상 보상기의 어느 쪽을 사용하여도 사양을 만족시킬 수 있는 경우도 있다).
2. 진상 보상기는 위상여유와 대역폭을 증가시키고, 지상 보상기를 사용하는 경우보다 이득 교차 주파수를 크게 한다. 높은 이득 교차 주파수는 대역폭의 증가를 의미하며, 이는 결국 시간영역에서 정정시간의 감소를 나타낸다. 진상 보상기를 사용한 시스템의 대역폭은 지상 보상기를 사용한 경우보다 항상 크기 때문에 큰 대역폭, 즉 빠른 응답특성이 요구된다면 진상 보상기를 사용하여야 한다. 그러나 대역폭이 커지면 잡음이 시스템에 흘러 들어갈 가능성이 높아지기 때문에, 제어대상에 잡음이 존재한다면 지상 보상기의 사용이 더 유용할 것이다.
3. 지상 보상기는 정상상태 오차를 개선시키지만, 시스템의 대역폭을 감소시킨다. 만약 지상 보상기로 인해 시스템의 대역폭이 심하게 줄어들었다면, 보상된 시스템은 늦은 응답특성을 보이게 된다. 따라서 만약 빠른 응답속도와 정상상태 응답의 정확성이 동시에 요구된다면 지상-진상 보상기를 사용하여야 할 것이다.

4. 진상회로의 본질적인 특성으로 인하여 발생하는 이득감소를 보상하기 위하여, 진상 보상기는 추가적인 이득의 증가가 필요하다. 다시 말하면, 진상 보상기는 지상 보상기의 경우보다 큰 이득이 요구되며, 이로 인해 대부분의 경우 회로가 차지하는 공간 및 무게 등이 커진다는 것을 의미한다(즉, 비용의 증가로 이어진다.).
5. 복잡한 제어대상에 대한 보상기의 설계는 쉽지 않으며, 동시에 한 종류의 보상기만으로는 원하는 결과를 얻지 못하는 경우가 종종 있다. 이러한 경우에는 서로 다른 극과 영점을 가지는 여러 형태의 보상기를 채용하여야 할 것이다. 일단 보상기의 극-영점이 결정되면 이것의 실현은 기본적인 회로의 합성원리를 적용하면 간단하게 해결할 수 있다.

[그림 7.31(a)]는 보상을 하기 전의 시스템의 단위 계단응답 및 단위 램프응답을 나타내고 있으며, (b)는 진상 보상기, (c)는 지상 보상기, (d)는 지상-진상 보상기로서 보상한 시스템의 응답을 각각 표시하였다. 그림으로부터, 진상 보상기를 가진 시스템의 빠른 응답특성을 보여 주고 있으나, 지상 보상기를 이용한 시스템은 상당히 느린 응답특성을 보이지만 램프응답에 대한 정상상태 오차가 훨씬 줄어들었음을 알 수 있다. 그림(d)의 지상-진상 보상기는 그림(b), (c)의 중간 정도의 성능, 즉 과도응답과 정상상태 응답의 양쪽 면에서 상당히 합리적인 성능을 보여 주고 있다. [그림 7.31]은 다른 종류의 보상기를 사용하여 얻어지는 시스템의 개선 부분은 서로 달라진다는 것을 보여 주고 있다.

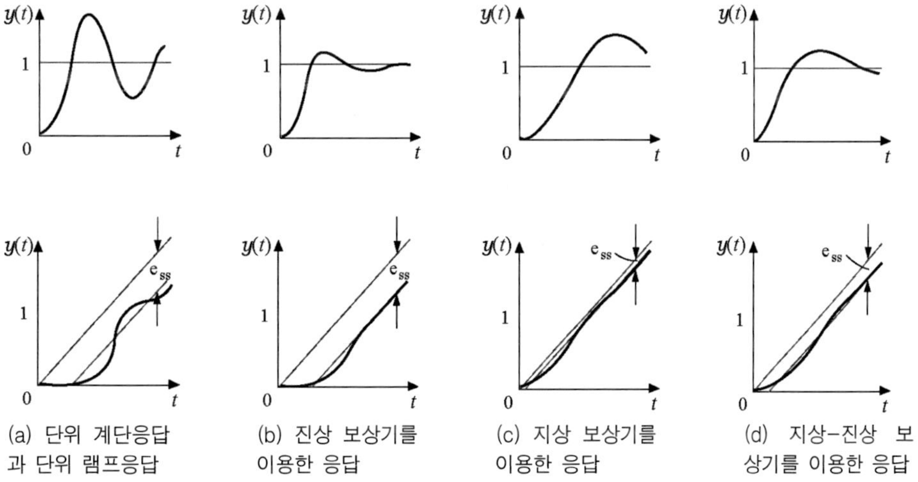

▲ 그림 7.31 **단위 계단과 단위 램프응답의 비교**

(2) 바람직하지 않는 극의 소거

일반적으로 보상기 $G_c(s)$는 제어대상 $G(s)$와 직렬로 연결되어 $G_c(s)G(s)$의 형태로 사용되기 때문에, 보상기의 영점으로 제어대상이 가지는 바람직하지 않는 극을 소거할 수 있다. 예를 들어 주어진 제어대상이 큰 값의 시정수 T_1을 가지는 경우에는 진상 보상기 $(T_1s+1)/(T_2s+1)$를 사용하여 큰 시정수 값을 가지는 제어대상의 극을 소거할 수 있다. 즉

$$\left(\frac{1}{T_1s+1}\right)\left(\frac{T_1s+1}{T_2s+1}\right)=\frac{1}{T_2s+1}$$

이다. 이때 T_2가 T_1보다 훨씬 작은 값을 가지게 설계하였다면, 큰 시정수의 시스템을 효과적으로 제거할 수 있게 된다. [그림 7.32]에 계단 응답특성을 이용하여 큰 시정수를 소거하는 효과를 나타내었다.

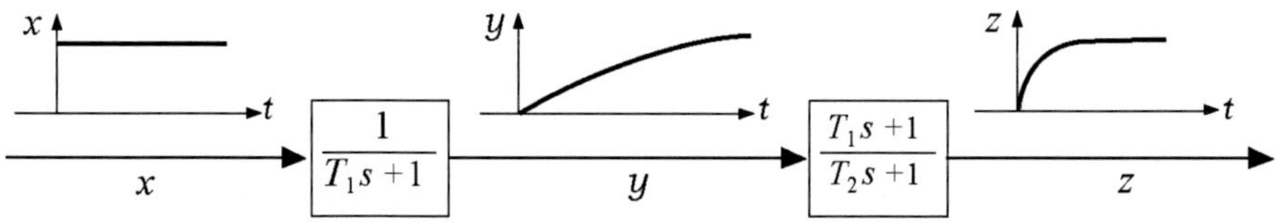

▲ 그림 7.32 큰 시정수의 소거 효과를 보여주는 계단 응답

만약 바람직하지 않는 제어대상의 극이 s 평면의 오른쪽 반면에 존재한다면, 이 극을 보상기로서는 제거하여서는 안 된다. 물론 수학적으로는 이것이 가능하지만, 실제로 회로 등을 이용하여 보상기의 극을 제어대상이 가지는 불안정 극과 완전히 일치시키는 것은 불가능하기 때문이다. 이와 같이 보상기의 영점으로 완벽하게 제거되지 못한 제어대상의 불안정 극은 시스템 내부에 그대로 존재하게 되어, 이로 인해 시스템이 발산하게 되는 결과를 가져오기 때문이다.

반대로 s 평면의 왼쪽 반면에 존재하는 극은 보상기의 영점으로 완벽하게 제거하지는 못하더라도, 이 극이 가지는 유수는 근처에 존재하는 영점으로 인해 아주 작은 값을 가지게 되어 출력에 미치는 영향은 미미하게 되어 크게 문제가 되지 않는다(제3장 참조).

보상기와 제어대상 사이에 발생하는 극-영점 소거와 관련하여서는 좀 더 상세한 설명이 필요하지만 이것은 본서의 범위를 넘어서기 때문에 더 이상 언급하지 않는다.

연 습 문 제

1 [그림 P7.1]과 같이 단위 피드백시스템이 구성되어 있다. 이 경우 제어대상 $G(s)$와 제어기 $G_c(s)$의 전달함수는 각각 다음과 같이 주어져 있다

$$G(s)=\frac{K}{(s+3)},\ G(s)=\frac{s+a}{s}$$

이때 $R(s)=1/s$ (즉, 단위 계단함수)가 인가되었을 때 출력 $y(t)$의 오버슈터가 5% 이내로 되며, 동시에 정정시간(2% 기준 사용)이 대략 1 초 정도 될 수 있도록 미지 파라미터 K와 a의 값을 결정하라.

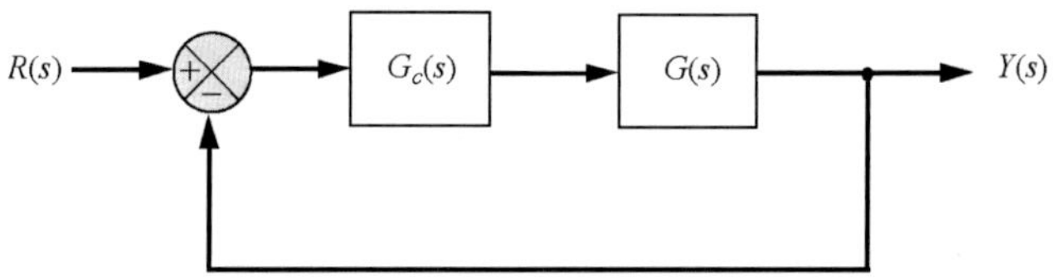

▲ 그림 P7.1

2 전달함수 $G(s)$가 다음과 같이 주어진 시스템이 위 [그림 P7.1]과 같은 단위 피드백시스템을 구성하고 있다. 이때 다음과 같은 비례-적분(PI) 보상기를 사용하고자 한다.

$$G(s)=\frac{400}{s(s+40)},\ G_c(s)=K_1+\frac{K_2}{s}$$

(a) $K_2=1$로 두었을 때 위 폐루프시스템의 단위 계단응답이 약 20% 이내의 오버슈터를 가지기 위한 비례기의 이득 K_1을 결정하라.

(b) 이때 위 시스템의 정정시간(2% 기준 사용)은 어느 정도로 되는가? 만약 정정시간을 더 단축하고자 한다면 제어기에 어떤 조치가 필요한가?

3 다음과 같은 전달함수를 가지는 시스템의 단위 피드백에 대하여 생각하여 보자.

$$G(s)=\frac{K}{s(s+2)(s+4)}$$

위 시스템에 보상기를 추가하여 전체 시스템에 대한 우세극의 고유 진동수가 $\omega_n=3$ 및 감쇄비 $\zeta=0.5$로 만들고자 한다. 동시에 위 시스템의 속도 오차상수 K_v가 2.7로 되기를 원한다. 이때 다음 식으로 주어지는 보상기 $G_c(s)$를 사용하였을 때 위의 사양을 만족할

수 있도록 미지수 K를 결정하라.

$$G_c(s) = \frac{7.53(s+2.2)}{(s+16.4)}$$

4 다음과 같은 전달함수를 가지는 시스템의 단위 피드백에 대하여 생각하여 보자.

$$G(s) = \frac{1350}{s(s+2)(s+30)}$$

위 시스템에 다음과 같은 진상 보상기를 사용하고자 한다.

$$G_c(s) = \frac{(1+0.5s)}{(1+0.025s)}$$

이때 폐루프시스템의 주파수 응답을 그려 보고, 이로부터 대역폭과 피크값을 결정하라. 또한 보상기를 사용하지 않았을 경우(즉, $G_c(s)=1$)와 비교하여 사용된 보상기가 시스템에 기여한 바를 설명하여라.

5 [그림 P7.5]의 단위 피드백시스템에 대하여 생각하여 보자. 이때

a) 폐루프시스템의 위상여유가 45° 이상

b) 이득여유가 8 [dB] 이상

c) 속도 오차상수 K_v 가 4 이상

의 조건을 만족하는 진상 보상기를 설계하라.

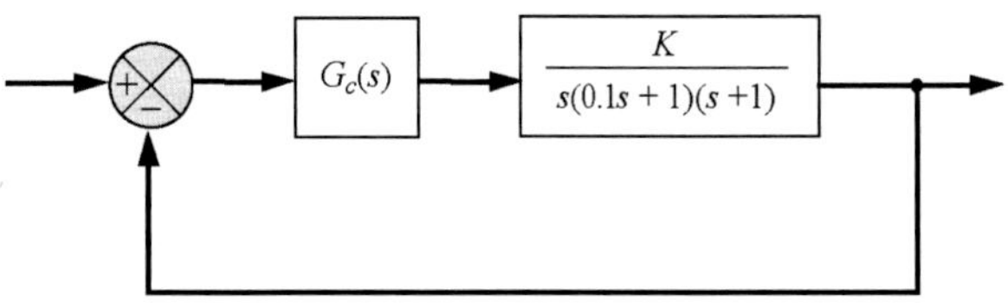

▲ 그림 P7.5

6 [그림 P7.6]으로 주어진 시스템에 있어서 폐루프시스템의 우세극이 $\zeta=0.5$ 및 $\omega_n=3$ [rad/sec]를 가질 수 있도록 미지 파라미터 K, T_1 및 T_2를 각각 결정하라.

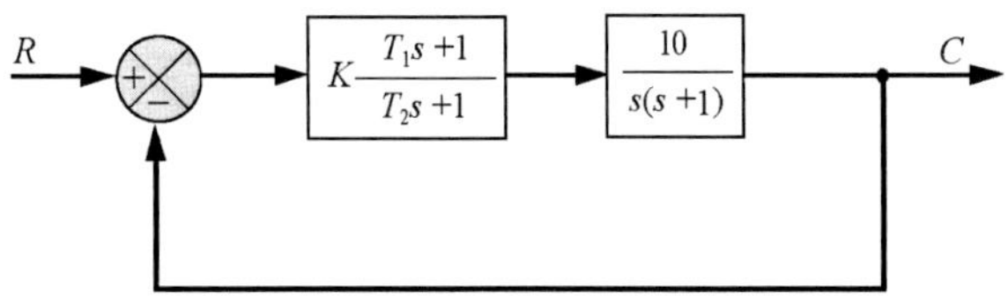

▲ 그림 P7.6

7 [그림 P7.7]의 단위 피드백시스템에 있어서 폐루프시스템의 우세극이 $s_{1,2} = -2 \pm j2$ 로 될 수 있도록 하는 보상기 $G_c(s)$ 를 설계하라.

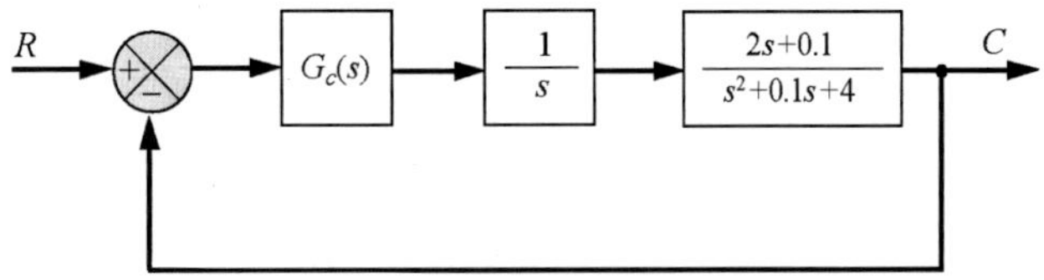

▲ 그림 P7.7

8 [그림 P7.8]로 주어진 시스템에서

$$G(s) = \frac{K}{s^2(s+1)},\ G_c(s) = 1$$

로 주어져 있다. 아래의 각 물음에 답하라.

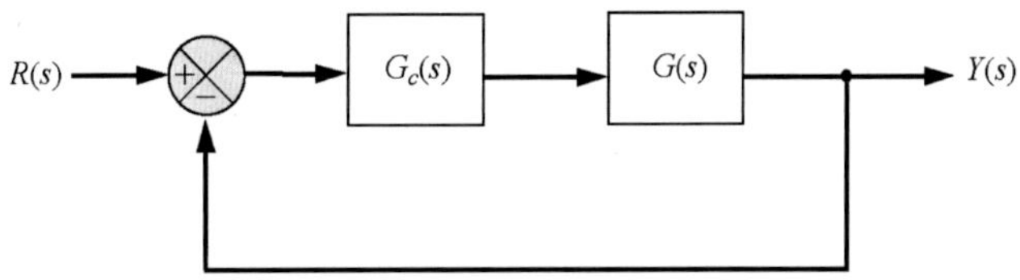

▲ 그림 P7.8

(a) 위 시스템은 K 의 값에 관계없이 항상 불안정 시스템이라는 것을 보여라.

(b) 다음과 같은 비례미분 보상기 $G_c(s)$ 를 사용하여 위 시스템을 안정화시킬 수 있는지의 여부를 설명하라.

$$G_c(s) = K_P + K_D s$$

(c) 비례미분 보상기 대신 진상 보상기를 사용하여서도 위 시스템을 안정화시킬 수 있는지의 여부를 확인하여라.

부록 A MATLAB의 원활한 사용을 위한 기초사항

최근의 version인 7.0을 중심으로 MATLAB의 원활한 사용을 위한 기본적인 내용을 단계별로 설명한다. 먼저 제1장에서는 MATLAB의 전반적인 사항과 관련한 내용을 언급한 뒤, 제2장에서 MATLAB가 제공하는 명령어를 사용하여 본서에서 제시한 각종의 프로그램을 실행할 수 있을 정도의 능력을 목표로 상세하게 설명한다.

1 MATLAB의 기초

여기서는 MATLAB의 특징과 명령어의 체계 등에 관하여 간략하게 설명한다. 먼저 MATLAB이 구동되는 환경의 일반적인 구조에 대하여 알아본다.

1.1 MATLAB Windows

거의 대부분의 PC 환경에서 MATLAB은 [그림 A.1]과 같이 세 개의 기본 Window를 가진다.

1) MATLAB desktop : MATLAB를 기동하면 기본적으로 나타나는 화면으로 보통 세 개의 sub-window로 이루어진다(default).
   - 명령(Command) Window : MATLAB의 주 Window로서 MATLAB 명령 프롬프트(">>")로 특징지어진다. 모든 프로그램과 명령어 등은 이 Window에서 MATLAB 프롬프트 뒤에 입력함으로써 실행된다.
   - 현재 디렉터리(Current Directory) : 여기에는 유저가 사용하고 있는 현재 디렉터리 속의 모든 파일이 나타난다. 여기에 있는 파일을 마우스로 클릭한 뒤 Right-Click 메뉴[1]를 이용하면 해당 파일과 관련되는 각종의 옵션이 나타나므로 편리하게 이용할

[1] Right-Click 메뉴란 MATLAB 내에서 적절한 항목(예를 들어 파일명 등)을 마우스로 클릭하여 선정 뒤, 마우스의 오른쪽 버튼을 누른 상태에서 나타나는 선정한 항목과 관련한 작업의 종류를 의미한다.

수 있다(그림 A.2).

- Workspace : 위의 Current Directory와 대치되어 나타나는 화면으로 유저가 만들어낸 변수들에 관한 정보(크기 및 종류(type))가 표시되어 있다. 여기서도 마우스로 변수를 클릭한 뒤 Right-Click 메뉴를 이용하면 해당 변수에 관련되는 각종 작업을 바로 수행할 수 있다.
- Command History : Command Window에 입력한 모든 명령어가 여기에 날짜 별로 기록되어 있다. 따라서 이미 실행한 작업을 쉽게 되풀이할 수 있으며, 이것을 모아서 하나의 M-파일로 만들 수도 있다. 여기서도 마우스로 임의의 명령어를 클릭한 뒤 Right-Click 메뉴를 이용하여 각종 작업을 바로 수행할 수 있다.

2) 그림 화면(Figure Window) : Command Window 상에서 그래픽과 관련된 명령어를 수행하면 그림 화면이 나타난다. 유저는 필요한 개수만큼의 그림 화면을 만들어 낼 수 있다.[2]

3) 편집 화면(Edit Window) : 유저가 만들어서 사용하는 프로그램은 보통 M-파일로 불리는 텍스트 문서로서 저장할 수 있다. MATLAB은 M-파일을 위한 자체 편집기를 가지고 있으나(그림 A.3), 필요하다면 유저가 평소에 사용하는 word processor 등을 자신의 편집기로 사용할 수도 있다.

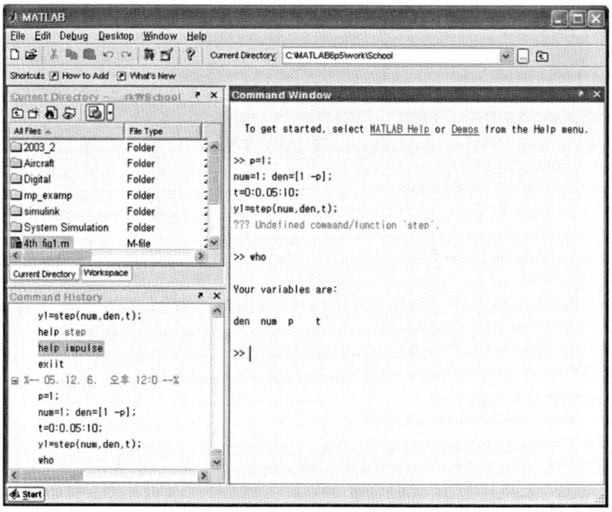

▲ 그림 A.1 MATLAB의 기본 화면

[2] 생성 가능한 개수는 사용하는 PC의 성능 또는 환경에 따라서 결정된다.

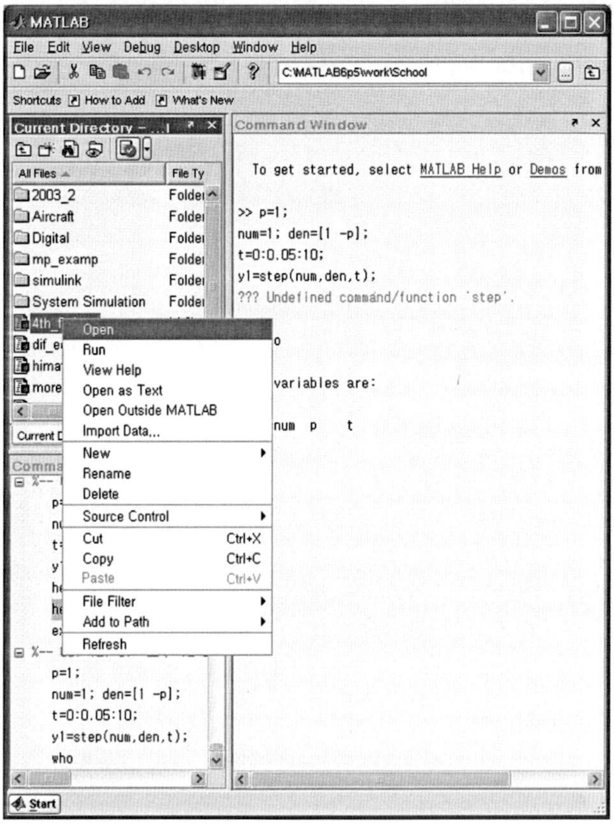

▲ 그림 A.2 Current Directory와 관련된 Right-Click 메뉴

1.2 On-line을 이용한 Help 기능

- MATLAB이 제공하는 수많은 명령어와 프로그램 작성을 위한 명령어에 대한 이해를 돕기 위해 on-line 상에 help 기능을 제공하고 있다. 특히, **lookfor**, **help**, **helpwin** 및 **helpdesk** 등과 함께 필요한 항목을 제시하면 관련되는 도움말을 볼 수 있다. 예를 들어 행렬과 관련된 명령어를 알고 싶으면

```
lookfor matrix
```

를 실행하면 'matrix'와 관련된 수많은 항목들이 나타나는 것을 볼 수 있을 것이다.[3]

---

3 MATLAB 자체가 행렬 계산을 간편하게 하기 위한 목적으로 시작되었으므로, 행렬 관련 명령어는 수없이 많다.

- Demo : MATLAB은 자신이 가지고 있는 다양한 특징을 유저에게 보여 주기 위한 데모 프로그램을 가지고 있다. 특히 이러한 데모 프로그램은 지침서(tutorial)의 기능도 가지고 있기 때문에 MATLAB의 사용에 익숙하지 않은 유저의 경우에는 상당한 도움이 될 것이다. 데모 프로그램을 기동시키기 위해서는 MATLAB의 명령 Window 상에서 'demo'를 입력하면 된다.

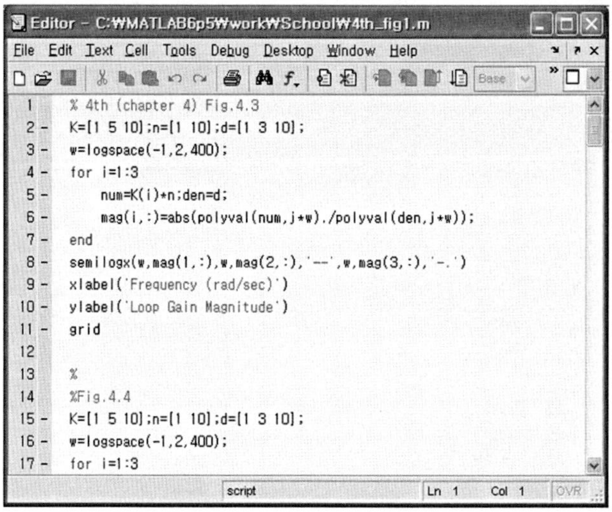

▲ 그림 A.3 MATLAB의 M-file 편집 화면

1.3 입·출력(Input-output)

MATLAB은 자신의 입출력을 위한 도구로서 화면(screen)을 주로 이용한다. 물론 파일을 이용하여 입출력도 가능하지만 여기서는 언급하지 않는다. 다음에 설명하는 특징은 모든 형태의 입출력에 해당된다.

- 데이터의 형태(type) : MATLAB에서의 기본적인 데이터 형식은 배열(array)이다. Fortran 이나 C 등과는 달리 데이터의 형태나 object 등을 미리 선언할 필요가 없다는 점도 큰 장점 중의 하나이다. 예를 들어 사전에 임의 변수에 대해 실수 또는 복소수를 정의할 필요 없이, 실수(또는 복소수)가 어떤 변수에 입력되면 MATLAB는 자동적으로 변수를 실수(또는 복소수)로 간주한다.[4]

[4] 따라서 변수가 복소수이면 실수인 경우보다 두 배의 메모리가 소요된다.

- 차원의 결정(Dimensioning) : 사전에 어떤 변수에 대한 차원(즉, 벡터 혹은 행렬 등)을 선언할 필요가 없이 MATLAB은 자동으로 필요에 따라 차원을 조절한다. 유저는 명령어 **size** 또는 **length** 등을 사용하여 변수의 차원(즉, 크기)을 알아낼 수 있다.
- 영어 문자의 사용(Case sensitivity) : MATLAB의 변수로서는 당연히 영어가 사용되며, 이 경우 대문자와 소문자는 구별된다. 따라서 'A'와 'a'는 서로 다른 변수를 나타내게 된다. 대부분의 MATLAB 명령어와 함수들은 소문자를 사용하고 있다.
- 출력 표시(Output display) : MATLAB가 다른 출력장소를 선정하지 않았다면, 모든 명령어의 출력은 화면에 나타나게 된다. 그래픽이나 온라인 help에 관련되는 명령어를 제외하고, 일반적인 명령어의 끝부분에 ';(semicolon)'을 사용한다면 출력이 화면에 나타나는 것을 막을 수 있다.
  - 출력의 형식(Output format) : MATLAB의 내부에서는 배정도(double precision)를 사용하여 계산이 이루어지고 있지만, 계산 결과의 화면 표시는 현재 사용되고 있는 출력의 형식(output format)에 따라 달라진다. 이것의 예로서 아래에 10π를 7가지의 다른 형식으로 표시하였다.

아래의 형식 외에도 **format compact** 및 **format loose** 등은 화면에 표시되는 결과의 행 간격(line spacing)을 조절하며, **format +**는 화면에 표시되는 숫자의 부호에 따라서 플러스(+)이면 "+", 마이너스(−)이면 "−" 및 제로(0)이면 빈칸(blank)으로 각각 표시하게 된다. 아래와 같은 여러 종류의 형식에서 **format short**가 기본(default)이다. 표현 형식을 바꾸고자 한다면 명령 Window 상에서 **format type**을 입력하면 된다.

format short	31.4159
format short e	3.1416e+001
format long	31.41592653589793
format long e	31.41592653589793e+001
format short g	31.416
format long g	31.4159265358979
format hex	403f6a7a2955385e
format rat	3550/113
format bank	31.42

- Command history : MATLAB는 이전에 유저가 입력한 명령어를 버퍼(buffer)에 저장하기 때문에, 위-화살표 키(↑)를 사용하여 다시 불러낼 수 있다.[5] 즉 '↑'키를 한 번 누를 때마다 이전에 입력한 명령어가 입력의 역순으로 나타난다. 또한 여러 단계 앞에 사용한 명령어를 다시 사용하고자 하는 경우에는 필요한 명령어의 처음의 몇 자(character)만을 입력한 뒤 '↑'키를 누르면 나머지 부분이 추가되어 나타난다. 이러한 방법 외에 앞서 언급한 Command History를 나타내는 sub-window를 이용하는 방법도 있다. 입력한 모든 명령어가 날짜별로 sub-window에 기록되므로 여기에서 필요한 부분을 복사하여 사용하면 편리하다.

1.4 파일의 형식(File types)

MATLAB가 여러 종류의 파일을 읽고 쓸 수 있으나, 데이터나 프로그램의 보존용으로 다음과 같은 두 가지 형식이 주로 사용되고 있다.

- M-파일은 표준적인 ASCII 형식의 텍스트 파일이며, '.m'의 확장자를 그의 파일 이름에 가진다. M-파일은 script 파일과 function 파일의 두 종류로 나눌 수 있으며, 유저가 작성한 모든 프로그램은 M-파일로서 저장된다. 또한 MATLAB이 제공하는 함수들의 대부분도 M-파일로서 그의 소스 코드(source code)와 함께 제공되기 때문에 유저가 자유롭게 이것을 수정 또는 편집하여 사용할 수 있다.
- Mat-파일은 파일의 이름에 '.mat'라는 확장자를 가지는 binary data 파일이다. Mat-파일은 유저가 save라는 명령어와 함께 데이터(즉, 데이터가 들어 있는 변수)를 지정하였을 경우에 MATLAB에 의해 만들어진다. 지정된 데이터는 MATLAB만이 읽을 수 있는 특별한 형식으로 작성된다. 또, Mat 파일은 명령어 load에 의해 MATLAB의 workspace로 들어갈 수 있다.

1.5 사용 환경의 의존성(Platform dependence)

MATLAB이 가지는 가장 큰 특징 중의 하나는 사용 환경에 의존하지 않는다는 점이다. 즉, 거의 대부분의 PC나 Unix 환경에서도 동일한 명령어를 사용하여 작업을 할 수 있으며, M-파일이나 Mat-파일 등도 대부분 거의 수정 없이 사용 가능하다. 그러나 만약 MATLAB이 제공하는 M-파일 편집기를 사용하지 않는다면 편집기 종류와 사용하는 프린터의 종류에 따라 인쇄와 관련되는 몇 가지의 MATLAB 명령어가 달라질 수 있을 것이다.

---

5 한 번에 버퍼에 저장되는 내용은 MATLAB 프롬프트 '>>' 에서 입력하고 'Enter' 키를 누를 때까지이다.

여기서는 MATLAB용의 프로그램이나 데이터의 저장 및 프린트에 관련된 내용을 간략하게 언급한다.

- 디렉터리의 작성과 데이터의 저장 : 유저가 특별히 다른 디렉터리를 지정하지 않는다면 MATLAB은 work라는 디렉터리를 만들어서 프로그램 등을 저장하고 있으므로, MATLAB에서 편리하게 저장된 자료에 접근할 수 있다. 그러나 필요하다면 유저가 개별적으로 다른 곳 어디에서나 디렉터리를 만들어 자료나 프로그램 등을 저장할 수 있지만, 이 경우 사전에 MATLAB가 접근할 수 있도록 경로(path)를 명령어 path를 사용하여 경로 설정하여 줄 필요가 있다. 또는 명령어 cd를 사용하여 현재의 working directory를 데이터가 저장된 디렉터리로 변경할 수 있다.
- 인쇄(Printing) : 현재 window 상에 있는 내용을 인쇄하기 위해서는 **파일** 메뉴에서 Print를 클릭하거나 MATLAB 화면상에서 명령어 print를 사용하여 수행할 수 있다. 그러나 print 명령어에는 수많은 옵션이 있기 때문에, 사용하는 프린터의 종류나 프린터하고자 하는 내용(프로그램인가 그림인가) 등에 따라 적절한 옵션을 선택하지 않으면 바람직한 출력물을 얻지 못할 수도 있으므로 주의가 필요하다.

1.6 기억해 두면 편리한 일반적인 명령어

[표 A.1] On-line help

help	help가 가능한 토픽을 열거한다.
helpwin	help를 위한 interactive help window가 열린다.
helpdesk	web browser의 상태로 help용의 window가 열린다.
help *topic*	*topic*과 관련된 help를 제공한다.
lookfor *string*	string을 포함하는 help topic을 열거한다.
demo	데모 프로그램을 실행한다.

[표 A.2] Workspace information

who	현재의 workspace에 있는 변수를 열거한다.
whos	현재의 workspace에 있는 변수와 크기를 열거한다.
what	디스크 상에 있는 M, Mat 및 Mex 파일을 열거한다.
clear	workspace 상에 있는 모든 변수를 제거한다.
clear *x y z*	변수 x, y 및 z를 제거한다.

clear all	Workspace 상에서 모든 변수와 함수를 제거한다.
mlock *fun*	함수 *fun*을 locking한다. 따라서 clear로서 제거할 수 없다.
munlock *fun*	함수 *fun*을 unlocking한다. 따라서 clear로서 제거할 수 있다.
clc	Command window를 지운다. 즉, command history가 없어진다.
home	clc와 동일한 명령어이다.
clf	그림 window를 제거한다.

[표 A.3] Directory information

pwd	현재의 working directory를 보여 준다.
cd	working directory를 변경한다.
dir	현재 directory의 내용을 열거한다.
ls	dir과 동일한 작용을 한다.
path	MATLAB의 경로를 설정한다.
editpath	현재 설정되어 있는 경로를 수정한다.
copy	파일을 복사한다.
mkdir	디렉터리를 만든다.

[표 A.4] General information

computer	유저가 사용하고 있는 컴퓨터의 형태(type)를 보여 준다.
clock	현재의 연월일 시분 초를 벡터 형식으로 보여 준다.
date	현재의 연월일을 벡터 형식으로 보여 준다.
more	화면의 크기에 따른 화면 표시의 양을 조절한다.
ver	현재 사용 중인 MATLAB 관련 정보를 보여 준다.
bench	현재 사용 중인 computer의 성능을 다른 computer와 비교한 benchmark 결과를 보여 준다.

[표 A.5] Termination

^C (control-c)	현재 진행 중인 명령어의 실행을 중지시킨다.
quit	MATLAB을 끝낸다.
exit	quit와 동일한 작용을 한다.

2 MATLAB의 기본적인 사용법

여기서는 실제로 MATLAB을 이용하여 각종의 계산을 수행하는 방법에 대하여 각 항목별로 간략하게 설명한다.

2.1 MATLAB의 구성 요소

2.1.1 함수, 명령어 및 프로그램

MATLAB에서는 동일한 처리 기능을 함수 또는 명령어를 사용하여 실행할 수 있다. 예를 들어

- 명령어 : sum(c)와 같이 좌변을 지정하지 않는다.
- 함수 : s = sum(c)인 경우 sum은 함수로 간주되어 답은 c 속에 들어간다.
- 명령어의 집합을 일반으로 MATLAB 프로그램이라고 한다.

2.1.2 문자에 관련된 함수

문자열을 취급하는 함수로서

- 대문자를 소문자로 변환, 소문자를 대문자로 변환 가능(lower, upper)
- 문자를 수치로, 수치를 문자로 변환 가능(abs, int2str 등)
- 문자인가 아닌가의 판정 가능(ischar, isletter 등)

등이 있다.

2.2 연산과 기본 함수

2.2.1 사칙 연산

변수(scalar)와 배열(vector or matrix)의 연산을 수학에 사용되는 것과 동일한 형식으로 표현 가능하다. 변수와 배열의 연산을 구별하기 위해서 소수점이 사용된다.

	변수	배열
덧셈	+	+
뺄셈	−	−
곱셈	.*	*
나눗셈	./	/
지수 승	.^	^
공액/전치	.'	'

여기서 주의할 점은 12.3과 같은 구체적인 수치와 변수와의 곱셈이나 지수 승을 계산할 때에는 수치의 뒤에 1행의 공백을 반드시 넣어야 한다는 점이다. 예를 들면,

```
y = 12.3 .* x
```

이다. 연산문의 끝에 ';'(semicolon)을 붙이면 결과 값이 화면에 나타나지 않는다. MATLAB에서는 복소수와 실수와의 연산이 가능하다.

```
z = 3+4*i; 또는 z = 3+4i
w = r*exp(i*theta);
A = [1 2; 3 4]+i*[5 6; 7 8];
A = [1+5*i  2+i ; 3+7*i 4+8*i]; 또는 A = [1+5i  2+i1 ; 3+7i 4+8i];
```

위와 같이 복소수의 계산이 가능하다. 제1행의 식의 z 대신에 다음과 같이 할 수도 있다.

```
ii = sqrt(-1);
z = 3+4*ii;
```

MATLAB에서 영문자 'i' 또는 'j'는 허수로 지정되어 있으나 이전(또는 이후)의 문장에서 'i' 또는 'j'를 다른 목적으로 사용하게 되면 허수로서의 역할을 잃게 된다. 그러나 '4i(또는 i4)'와 같이 ('*' 표시를 사용하지 않고) 숫자와 함께 사용되는 경우에는 이전의 사용여부와 관계없이 항상 허수로 간주된다.

2.2.2 기본 함수

MATLAB은 과학 계산용 언어이기 때문에 여러 종류의 기본 함수를 내장하고 있다. 여기

에 그 일부를 나타낸다.

- 기본 수학 함수 : abs, sqrt, log, exp, real, image, conj, round, fix, …
- 기본 통계 함수 : sum, meanm, cov, corrcoef, sort, prod, cumsum, cumprod,…
- 삼각 함수 : sin, cos, tan, asin, acos, atan, sinh, cosh, …
- 논리 함수 : any, all, find, exist, isnam, isinf, finite,…
- 특수 함수 : bessel, beta, gamma, erf, erfinv, ellipk,….
- 행렬 함수 : inv, det, lu, chol, norm, cond, eig, qr, magic, sparse, ….
- 형상 함수 : sphere, cylinder, mesh, surf, contour, grid, hidden, shading, …
- 도형처리용 함수 : axis, line, surface, figure, image, patch, movie, subplot, …
- 수식 처리 : expand, factor, solve, sym, diff, int, taylor, dsolve, ….
- 명령 관련용 : help, whos, pause, save, load, print, type, ….

하나의 예로서, 기본함수 중에서 소수점 이하의 처리에 관한 함수를 생각하여 보자. 이들 함수는 부동 소수점을 정수로 바꾸어서 무엇인가의 처리를 하고자 할 경우에 필요하다. 지금

```
x = [-1.9  -0.2  3.4  5.6  7.0]
```

로 두었을 경우, ceil, floor, fix, round 함수를 이용하면 다음과 같다.

```
ceil(x) = [-1 0 4 6 7]
floor(x) = [-2 -1 3 5 7]
fix(x) = [-1 0 3 5 7]
round(x) = [-2 0 3 6 7]
```

나눗셈에 의한 나머지의 계산에는 rem 함수를 이용한다.

```
b = rem(a, imod)
```

을 실행하면 a를 imod로 나눈 뒤의 나머지가 b에 들어간다.

2.2.3 기본적인 수량

π (명칭은 pi)나 ∞ (명칭은 inf)와 같은 기본적인 수량 및 단위행렬이나 영 행렬 등을 나타내

는 명칭 또는 함수는 정해져 있다.

명칭	의미
pi	π
inf	∞
eps	계산의 정도
eye	단위행렬
ones	전 요소가 1인 행렬
zeros	전 요소가 0인 행렬

계산의 정도(precision)는 시스템에 따라 다르며 보통 2^{-52}이다. 이 값은 계산의 실행 중에 오차 처리 등에 사용된다.

MATLAB에서는, 실수 및 정수를 전부 배정도(double precision)로서 연산을 실행하고 있다. 실수는 대략 10^{-308} 에서 10^{+308} 까지 표시 가능하고 유효단위는 대략 16 단위이다. 계산의 정도인 eps는 $2^{-52} \approx 2.22 \times 10^{-16}$ 로서 이보다 작은 수는 0 으로 간주된다.

2.2.4 부정값 또는 결손값

계산결과가 부정값으로 되는 경우에는 IEEE 연산에서 정해진 NaN(Not-a-Number)가 결과로서 변수에 들어가게 된다. IEEE 연산이란 미국전기전자학회인 IEEE가 정한 연산의 규정으로 많은 PC나 Work Station에서 현재 사용되고 있는 기준 값이다.

배열 x에 존재하는 NaN의 위치는

```
i = find(isnan(x));
```

에 의해 알아낼 수 있다. 따라서

```
x = x(find(~isnan(x));
```

을 실행하면 NaN을 제거한 나머지 행렬을 구할 수 있다. 이와 동일한 결과는 아래와 같이 하여도 가능하다.

```
x = x(~isnan(x));
x(isnan(x)) = [];
```

[ ]는 공백을 의미한다.

2.2.5 문자열의 취급

문자열은 ‘ ’를 사용하여 변수로서 취급할 수 있다.

```
s = 'Hello'
```

이때

```
length(s)
```

을 실행하면 문자열의 길이가 출력된다. 또 계속해서

```
s = [s, 'World']
```

를 실행하면 s의 내용과 ‘World’가 하나로 되어서 s에 새로운 Hello World가 들어가게 된다. 문자로 정의된 변수를 수치로 변환시키는 함수로서 eval이 있다. 예를 들면

```
t = ' 1/(i+j-1)';
for i = 1:n
    for j=1:n
        A(i,j)=eval(t);
    end
end
```

를 수행하면 A에는 차수 n의 Hilbert 행렬이 들어간다. 문자열을 설정하기 위한 함수 **setstr**가 준비되어 있다. 예를 들면

```
N = setstr(1'*ones(1,7))
```

을 실행하면 N에는 7개의 r이 나열되어 있게 된다. 문자열(text)이나 행렬을 표시하기 위해서 **disp** 유용하다. 즉,

```
disp(' Feb.   Aug.  '); disp(rand(5,2))
```

를 수행하면 다음과 같이 된다.

Feb.	Aug.
0.5269	0.9103
0.0920	0.7622
0.6539	0.2625
0.4160	0.0475
0.7012	0.7361

2.2.6 표준값(default)과 한계값

이용자의 편의를 고려해서 MATLAB에서는 여러 가지의 기본 변량에 표준값(예를 들어 π 등)을 설정해 두고 있는데, 보통의 경우 이용자는 이것을 의식하지 않아도 좋다. 특별한 경우, 사용자의 의도에 맞추어서 이것을 조정할 수 있다.

2.3 MATLAB 프로그램과 이용자 함수

2.3.1 script 함수

MATLAB의 명령어를 나열한 것을 하나의 프로그램으로 하여 파일명을 붙인 것을 M-파일이라고 하며, 명령 Window상에서 파일명을 입력함으로써 실행된다. 이러한 M-파일을 script 파일이라고 부르며, 이러한 파일을 생성하는 일반적인 방법을 간단하게 언급한다.

(1) 새로운 문서의 작성: [그림 A.1]의 초기 화면의 File 메뉴에서 New → M-File을 클릭하면([그림 A.4] 참조), 새로운 M-파일 편집 화면이 열린다.

(2) 아래의 예제 프로그램을 편집기에 입력한다. 기호 '%'로 시작하는 라인(line)은 MATLAB에서 실행되지 않는 주석 라인(comment line)으로서, 주로 그 아래 작성되어 있는 프로그램의 내용을 설명하기 위한 것이다.

(3) 입력이 완료되면 편집기의 File 메뉴의 Save As을 클릭하면 파일명의 입력을 위한 박스가 열리고, 여기에 circle.m을 입력하고 저장한다.[6]

(4) MATLAB의 화면으로 돌아가서 방금 입력한 파일의 이름을 입력하고, 그림 화면에 원이 그려지는지 확인한다(그림 A.5).

---

6 파일이 저장되는 디렉터리는 반드시 MATLAB의 경로가 설정되어 있어야 한다.

```
% CIRCLE - A script file to draw a unit circle
%
theta = linspace(0,2*pi,100);      %create vector theta
x = cos(theta);                          % generate x-coordinates
y = sin(theta);                          % generate y=coordinates
plot(x,y)                                % plot the circle
axis('equal')                            % set equal scale on axes
title('Circle of unit radius')     % put a title
```

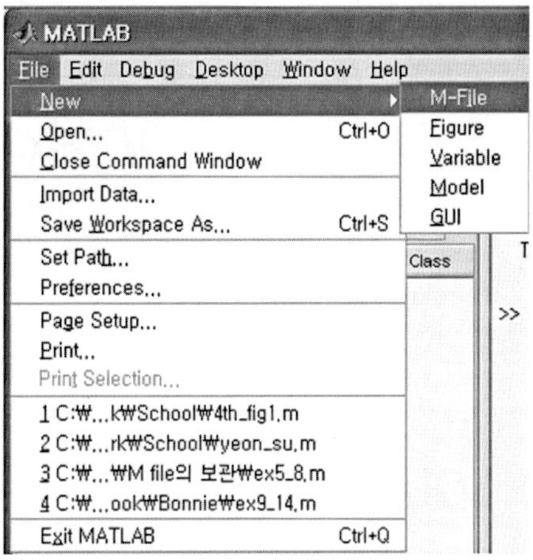

▲ 그림 A.4 새로운 M-파일의 작성을 위한 화면

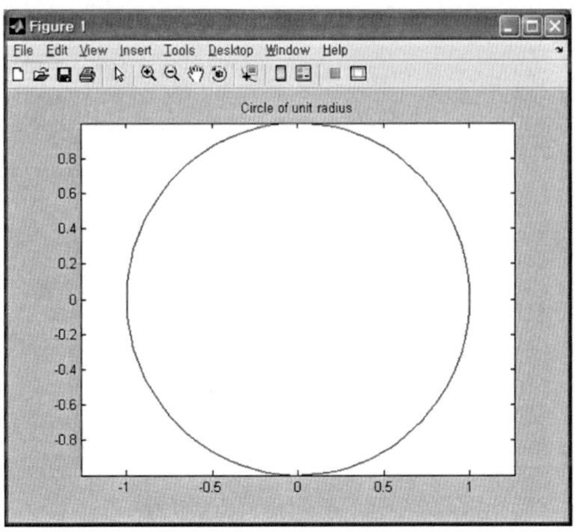

▲ 그림 A.5 예제 프로그램의 결과

2.3.2 이용자 함수

Script 파일 이외에도 이용자 함수[7]를 정의해서 M-파일로 만들 수 있다. 이 과정을 간단하게 설명한다.

(1) [그림 A.1]의 MATLAB 초기 화면에서 **File** 메뉴의 **Open M-File**을 클릭하여 2.3.2절에서 사용한 circle.m을 M-파일 편집기를 이용하여 펼친다.

(2) 상기 파일을 다음과 같이 약간 수정한다. 이때 이용자 함수임을 나타내기 위하여 M-파일의 첫 번째 라인은 반드시 다음과 같은 형식을 가져야 한다.

```
function [output variables] = function_name (input variables);
```

이때 'function_name'은 이용자 함수를 정의한 파일을 저장할 때 사용할 파일 이름과 반드시 같아야 한다. 또 아래 예제 프로그램에서 'function' 아래에 있는 '%' 표시에 들어 있는 내용은 on-line help를 사용하였을 경우에 나타나는 help를 위한 문장이다.

```
function [x,y] = circlefn(r);
% CIRCLEFN - Function to draw a circle of radius r.
% Call syntax: [x,y] = circle(r); or just circlefn(r);
% Input: r = specified radius
% Output: [x,y] = the x- and y-coordinates of data points
theta = linspace(0,2*pi,100);                   %create vector theta
x = cos(theta);                                 % generate x-coordinates
y = sin(theta);                                 % generate y=coordinates
plot(x,y)                                       % plot the circle
axis('equal')                                   % set equal scale on axes
title(['Circle of radius r =', num2str(r)])     % put a title with the value of r
```

(3) 입력이 끝나면 상기 파일을 **File** 메뉴의 **Save As**를 이용하여 적절한 곳에 circlefn.m으로 저장한다.

(4) 반지름을 지정하여(예를 들어 r=5) 상기 파일을 다음과 같이 실행하여 반지름이 5인 원이 그려지는 것을 확인한다.

〉〉 **circlefn(5);** 또는 〉〉[x,y]= **circlefn(5);**

---

7 이용자 함수란, 유저가 자신의 사용 목적에 맞게 작성한 프로그램을 의미한다. 이렇게 하면 MATLAB이 제공하는 일반적인 함수들과 동일하게 사용할 수 있다.

2.4 반복 루프

2.4.1 for 문과 if 문

과학 기술 계산에서는 어떤 종류의 처리를 몇 번이고 반복해서 처리해야 할 경우가 종종 있다. 먼저 n개의 data로 이루어진 1차원 배열의 최소값을 찾아보자.

```
p = inf;
for ii = 1:n
    if x(ii) < p
        p = x(ii); k = ii;
     end
end
```

이 루프에서는 최소값이 p에 들어가고 그때의 위치가 k에 들어가게 된다. 프로그램의 처음에 보이는 inf는 무한대를 의미하며, 컴퓨터에서 처리 가능한 최대값을 지정한다. for 문 중에 있는 변수 ii는 제어 변수라고 한다. if 문은 어떤 조건을 만족할 경우에만 처리를 수행하는 선택 기능을 가진다.

if 문은 두 개 이상의 조건이 있어서 각각의 경우에 맞는 처리를 실행하고자 하는 경우에도 사용할 수 있다. 예를 들면,

```
if x > 10
    a = 1;
      elseif x > 5
    a = 2;
      else
    a = 3;
end
```

다음에 임의 변수에 대한 m개 및 n개의 관측점으로 이루어진 데이터가 주어졌을 때 이들의 2차원 배열을 구하고자 하는 경우를 생각한다. 이때 각 변수에 있어서의 관측점의 누적 계산이 필요하므로 for 문을 사용하면 다음과 같다. 여기서 m(ii)에는 변수 ii의 평균값이 들어간다.

```
for j = 1:m
    s = 0;
    for ii = 1:n
        s = s + X(ii, j);
    end
    m(ii) = s ./ n;
end
```

내측의 루프에서는 특정 변수 j의 관측값의 덧셈을 수행하고 있으며, 외측의 루프에서는 평균값의 계산을 모든 변수에 대해 실행하고 있다.

for 문은 제어 변수의 증가(또는 감소)의 범위를 자유로이 조절할 수 있다. 예를 들어 홀수 번째에만 계산의 처리를 수행하고자 할 경우 등이 그러하다.

```
s = 0;
for ii = 1:2:n
    s = s + x(ii);
end
```

제어 변수의 순서를 역순, 즉 큰 값에서 작은 값으로 하고자 할 경우에는 for 문을

〉〉 for ii = n: − 2:1

로 두면 된다. 단 이 경우 n은 홀수이다.

2.4.2 while 문

for 문의 경우에는 반복의 횟수가 미리 지정된다. 그러나 횟수를 지정하지 않고 종료 조건과 일치되었을 경우에 한해서 반복을 끝내고자 할 경우가 있다. 예를 들면, 1차원 배열 x 중에서 100보다 큰 수를 발견했을 경우 루프를 끝내고자 할 때가 그러하다. 이러한 경우에는 while 문을 이용해서 다음과 같이 하면 된다.

```
n = 1;
while ii
    if x(ii) >= 100
        n = ii; p = x(ii);
        break
    end
    ii = ii +1;
end
```

이때 n은 몇 번째의 값이 100 이상으로 되었는가를 나타내며, p에는 그 값이 들어간다. 위 루프에서 '>='은 '이상'을 의미하며, **break**는 루프문을 끝내고 루프 바깥으로 나오는 것을 나타낸다.

while 문을 사용한 루프에서, 루프의 조건이 만족되는 경우에만 무엇인가의 계산을 수행하게 된다. 예를 들면, 1차원 배열 x의 값이 양으로 될 때에만 누적 계산을 수행하고자 한다면 다음과 같이 될 것이다.

```
ii = 1; s = 0;
while ( x(ii) > 0 & 1 <= n);
    s = s + x(ii);
    ii = ii + 1;
end
```

이 루프에서는 n개의 데이터로 이루어진 x의 모든 값에 대해서, 그 값이 양(+)으로 될 때에만 누적을 취하고 있다. **while** 문의 오른쪽에 괄호로서 둘러싼 조건은 복합 논리 연산으로 되어 있다. 또한 이 프로그램은 MATLAB이 제공하는 함수 **sum**을 사용하면 간단하게 된다.

```
s = sum( x(ii) > 0)
```

이와 같이 함수 내에서도 조건의 지정이 가능하다.

2.5 논리 연산

이미 **if** 문에서 '<' 나 '>=' 와 같은 조건을 나타내는 기호를 나다내었지만, 이와 같은 기호를 논리 연산이라고 하며 MATLAB에서는 다음과 같은 연산을 사용할 수 있다.

연산	의미
>	보다 크다
==	동등하다
<	보다 작다
>=	이상
<=	이하
~=	동등하지 않다
&	또는(OR)
|	및 (AND)

MATLAB에서는 앞에서 언급한 바와 같이 복합적인 논리 연산도 가능하다.

또한 MATLAB에서는 논리 조건에 따라서 배열을 조사하는 함수로서 **any**와 **all**이 준비되어 있다.

- **any**(v)는 벡터 v의 요소 중 하나라도 0이 아닌 값이 있을 경우 1의 값을 가진다.
- **all**(v)는 벡터 v의 요소가 전부 0이 아닌 경우에 1의 값을 가진다.

행렬의 경우에는 열 단위로 처리가 실행되며, 결과는 벡터로서 주어진다. 다음 예의 경우 행렬 A의 모든 요소가 0.5보다 작으면 if문이 실행된다.

```
if  all( A < .5)
     ......
end
```

2.6 M-file의 작성과 실행

2.6.1 M-file의 작성과 편집

M-file을 작성한 뒤에 MATLAB의 주 디렉터리 아래에 적당한 이름의 디렉터리를 만들어 저장하고 **path** 명령어를 사용하여 경로를 지정하여 둔다. M-file은 windows 환경 아래서 적당한 편집기를 사용하여 텍스트 파일로서 작성하며, 확장자는 반드시 m이 되어야 한다.

- **path** 명령어

사용자 전용의 M-file을 만들어서 MATLAB의 주 디렉터리(즉, work) 아래에 적절한 디렉터리를 만들어서 사용하거나 혹은 USB disk를 MATLAB의 디렉터리로서 사용하고자 할 경우에 **path** 명령어를 이용해서

```
path (path, ' c:\MATLAB\toolbox\my파일s')
```

와 같이 실행하면 된다. 한편 **path**에 어떤 디렉터리가 등록되어 있는가를 알기 위해서는 단지 **path**만을 실행하면 된다. 최신 버전인 MATLAB 7.0에서는 **path**란 명령어를 사용하여 경로를 설정하기보다는 마우스 작업만으로도 경로 설정과 현재 설정되어 있는 경로 등에 대한 정보를 쉽게 얻을 수 있다.

2.7 화면 출력 관련

2.7.1 메뉴의 선택

함수 메뉴를 사용하면 화면에 메뉴의 리스트를 보여 주고, 그 중의 번호를 입력함으로써 그 번호에 상응하는 적절한 프로그램이 실행되도록 한다. 예를 들면, 명령어

```
k = menu( 'Choose a color', 'Red', 'Green', 'Blue')
```

을 실행하면 아래 [그림 A.6]과 같은 화면이 얻어지므로 마우스로 예를 들어 'Red'를 클릭하였다면 'Red'에 해당하는 번호가 화면에 표시된다. 이 번호에 대응하는 프로그램은 예를 들어 다음과 같이 작성할 수 있을 것이다.

```
if k == 1
    plot( t, s, 'r')
elseif k == 2
    plot( t, s, 'g')
elseif k == 3
    plot( t, s, 'b')
end
```

▲ 그림 A.6 명령어 'menu'에 대응하는 화면

2.7.2. 마우스를 이용한 좌표 입력과 키보드 입력

화면상의 점을 마우스로 지정함으로써 일련의 좌표 데이터(xi, yi)를 벡터로서 입력시키기

위한 함수 ginput가 준비되어 있다. 점의 좌표는 화면의 왼쪽 아래가 (0,0)이며, 오른쪽 위가 (1,1)로 된다. 함수 ginput의 사용 방법은 다음 중의 하나가 된다.

1. [x ,y] = ginput : % 입력이 끝나면 return 키를 누른다.
2. [x, y] = ginput(n) :% n개의 좌표를 입력
3. [x, y, button] = ginput(n) :% x, y에는 n개의 좌표, button에는 마우스 혹은 키보드의 사용에 따른 숫자가 입력된다.

프로그램의 수정 작업(debug) 중에, 어떤 변수의 값을 추적한다든지, 혹은 몇 번의 처리를 서로 비교하고자 할 경우가 있다. 이러한 경우에 명령어 keyboard를 프로그램의 중간에 넣으면 그전까지의 처리가 실행되고 난 뒤 제어가 keyboard로 옮겨 가서 프로그램의 실행이 중지된다. 이 상태에서 각 변수의 값을 알아본다든지, 어떤 처리를 다르게 해 본다든지 해서 수정과정을 좀 더 원활하게 할 수 있게 된다. 제어를 keyboard 명령어 다음의 처리로 돌려주기 위해서는 'return' 명령어를 입력하면 된다.

2.7.3 대화 입력

프로그램 중에 메시지를 화면에 출력해서 그것에 대응하는 형식으로 키보드를 이용하여 입력할 수가 있다. input 함수를 이용해서, 예를 들면

```
k = input( ' number of data  = ')
```

를 실행하면

number of data =

라는 메시지를 출력해서 화면상에서 입력을 기다리는 상태로 된다. 키보드로 10을 입력해서 return키를 치면 다음 명령어가 실행된다. k로서 행렬이나 벡터를 지정하여도 관계없다. 예를 들어 행렬의 경우는

```
A = input(' matrix A = ')
```

이 메시지에 이어서

```
[1 2 3; 4 5 6; 7 8 9]
```

를 입력하면 된다. 이 기능은 변수를 변화시키면서 M-file로서 프로그램을 실행시킬 경우에 사용되는 편리한 기능이다.

2.8 배열 처리의 정리

2.8.1 2차원 배열(행렬: 대문자로 표시)

2차원 배열의 처리에 대해서 여기서는 간략하게 정리한다.

- 2차원 배열 A의 제 r행에서 s행, 제 k열에서 m열로서 이루어진 부분 배열은 A(r:s, k:m)에 의해 지정할 수 있다. 부분 배열 A(r:s, k:m) 요소의 합을 취하고자 한다면

```
k = sum(A(r:s, k: m));
sum(k)
```

을 실행하면 된다. 이것은 다음과 같이 할 수도 있다.

```
e = ones(m-k+1, 1);
s = A(r:s, k:m)* e;
sum(s)
```

- 2차원 배열 A의 제 r행만을 취한다면 A(r, :), 제 k열만이라면 A(:, k)에 의해 지정할 수 있다.
- 2차원 배열 A의 오른쪽에 배열 B를 추가해서 새로운 배열 C를 만들기 위해서는 C=[A B]로 하면 가능하고, 배열 A의 아래쪽에 배열 B를 추가해서 새로운 배열 D로 하기 위해서는 D = [A ; B]로 하면 된다.
- 2차원 배열 데이터를 입력하기 위해서는 각 행의 끝에서 return key를 치던지 또는 ';'를 입력하면 된다.

```
A = [ 1 2 3; 4 5 6; 7 8 9]
A = [1 2 3
     4 5 6
     7 8 9]
```

2.8.2 1차원 배열(벡터: 소문자로 표시)

- 1차원 배열 v의 제 k열부터 제 m열까지의 부분 배열은 v(k:m)에 의해 지정할 수 있다.
- 1차원 배열은 x = 0:pi/10:pi의 형식으로도 지정할 수 있다.

2.9 기타 알아두면 편리한 사용법

(1) pause 명령어

MATLAB 프로그램 실행 중에 잠깐 정지하여 출력 결과나 그래프 등을 확인한 뒤에 다음으로 이동하고자 하는 경우가 자주 있다. 이런 경우에는 pause 명령어를 프로그램의 중간에 삽입하면, pause 명령어인 곳에서 프로그램은 실행을 정지한다. 실행을 계속하고자 하면 아무 키나 눌러 실행을 속행한다.

또한 pause(5)와 같이 파라메터로 5를 지정하면 프로그램의 실행을 5초간 정지한 후 자동적으로 처리를 속행한다. 한편 pause 명령어를 잘 이용하면 동적인 시뮬레이션을 실시할 수도 있다.

(2) Control Key의 사용 방법

MATLAB에서는 그 기능의 일부로서 입력 정보의 편집 기능을 가지고 있다. 이 기능은 키보드의 화살표 키나 Ctrl key를 이용해서 강력한 편집을 가능하게 한다.

앞서 1장에서 설명한 바와 같이 MATLAB에서는 입력한 명령어가 입력한 순서대로 메모리 중에 남아 있다. 따라서 위쪽 방향과 아래쪽 방향의 화살표 키를 이용해서 이것을 불러낼 수가 있다. 이런 기능은 프로그램 에러를 수정해서 프로그램을 재실행하는 경우에 대단히 편리하다. 이 외에 Ctrl Key를 이용하면 다음에 표시한 기능을 실행할 수 있다.

Ctrl -L　한 단어 왼쪽으로 이동
Ctrl -R　한 단어 오른쪽으로 이동
Ctrl -A　행의 선두로 이동
Ctrl -E　행의 끝으로 이동
Ctrl -U　현재의 삭제한다.
Ctrl -D　cursor가 있는 문자를 삭제한다.
Ctrl -K　현재 cursor가 있는 곳에서부터 행의 끝까지를 삭제한다.

(3) 시간 측정

수치 계산이나 그래픽스의 처리에서는 처리 시간의 측정이 알고리즘을 평가하는 데 있어 상당히 중요하다. 이와 같은 관점에서 MATLAB에서는 다음과 같은 시스템 변수 cputime, clock, date, tic, toc과 함수 etime이 준비되어 있다.

- cputime : 초 단위의 경과 시간이 들어 있다.

- **etime** : 경과 시간을 측정하는 함수로서, **etime**(t2, t1)의 형식을 취한다.

```
x = rand( 2048, 1);
t = clock; fft(x);
etime( clock, t);
```

- **data** : 연월일을 얻는다.
- **tic, toc** : tic에 들어 있는 timer를 기동시켜, toc에 의해서 timer를 stop시킨 뒤 경과 시간이 toc에 들어간다. 예로서 아래 프로그램을 실행시키면 [그림 A.7]이 얻어진다.

```
for n = 1:500
    x_axis(n)=n;
    A = rand(n,n); b = rand(n,1);
    tic
    x = A\b;
    t(n) = toc;
end
plot(x_axis,t)
```

위 프로그램은 $\boldsymbol{A}\vec{x}=\vec{b}$ 로 주어지는 선형 연립 방정식을 해 $\vec{x}=\boldsymbol{A}^{-1}\vec{b}$ 를 계산하는 것

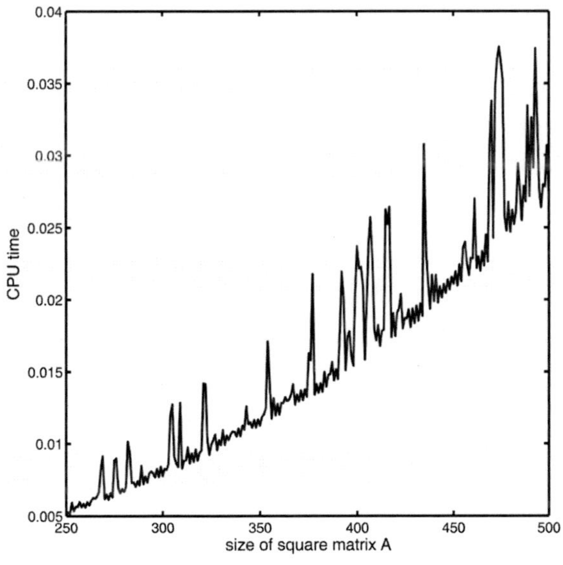

▲ 그림 A.7 tic toc의 프로그램의 실행 결과

으로써 일반적으로 행렬 $\boldsymbol{A}$의 차원이 커지면 역행렬의 계산에 시간이 많이 소요될 것이다. 그러나 [그림 A.7]의 결과에 의하면 어떤 특정한 행렬인 경우에 특히 시간이 많이 소요되고 있음을 알 수 있다.[8] 상기 프로그램은 **rand** 명령어를 통하여 행렬을 만들어 내는 것이므로, 위 프로그램을 실행할 때마다 피크값을 나타내는 n의 값은 당연히 달라질 것이다.

2.10 보고서의 작성

MATLAB을 이용하여 얻어진 결과를 첨부하여 보고서를 작성하고자 하는 경우에 편리하게 사용할 수 있는 기능에 대하여 간략하게 설명한다. MATLAB 7.0이 기본 적으로 제공하는 **publish**라는 명령어를 사용하면 MS-word 또는 HTML 형식으로 보고서를 작성할 수 있다.

여기서는 간단한 script 파일을 작성하여 그 결과를 HTML과 MS-word 문서로 출력하여 보고서를 작성하는 것을 단계별로 설명한다.

(1) M-파일 편집기를 열어서 다음과 같이 예제 프로그램을 작성한다. 이전의 일반적인 script 파일과 다른 점은 더블 퍼센트 표시(%%)뿐이다. 이 표시는 새로운 세트의 명령어가 시작된다는 것을 알려 주기 위한 것이다. %%로 시작되는 문장은 **publish**에 의해 새로운 세트의 제목으로 간주된다.

```
%% Publishing Reports - A Simple Example
%% A Spiral Plot
% Let us plot a spiral given by
% r(t) = exp(-theta/10), 0<=theta<=10*pi

%% Create vectors theta and r
theta = linspace(0,10*pi,200);    % 200 linearly spaced points
                                  % between 0 and 10*pi
    r = exp(-theta/10);           % compute r

%% Now plot theta vs r using polar plot
polar(theta,r)
```

(2) 상기 파일을 현재의 디렉터리에 spiralplot.m으로 저장한다.

(3) 파일의 실행 결과로 얻어지는 그림과 script 파일을 포함하는 문서를 HTML 형식으

8 행렬 이론에 의하면 행렬의 고유치 중에 제로에 가까운 것이 존재하면 역행렬의 계산에 시간이 많이 소요되며, 동시에 그 계산 결과에 대한 신뢰성도 떨어진다.

로 다음과 같은 명령어를 사용하여 작성한다.

```
publish('spiralplot','html')       % HTML 형식으로 보고서 작성
open html/spiralplot.html          % 작성된 보고서를 open
```

(4) 이 결과 아래 [그림 A.8]과 같은 멋진 문서가 만들어졌음을 확인할 수 있을 것이다.

(5) (3)번의 과정에서 'html'부분을 'doc'으로 변경하면 MS-word 문서로 된 보고서를 작성할 수 있지만, HTML 형식의 문서에 비해 완성도는 많이 떨어진다.

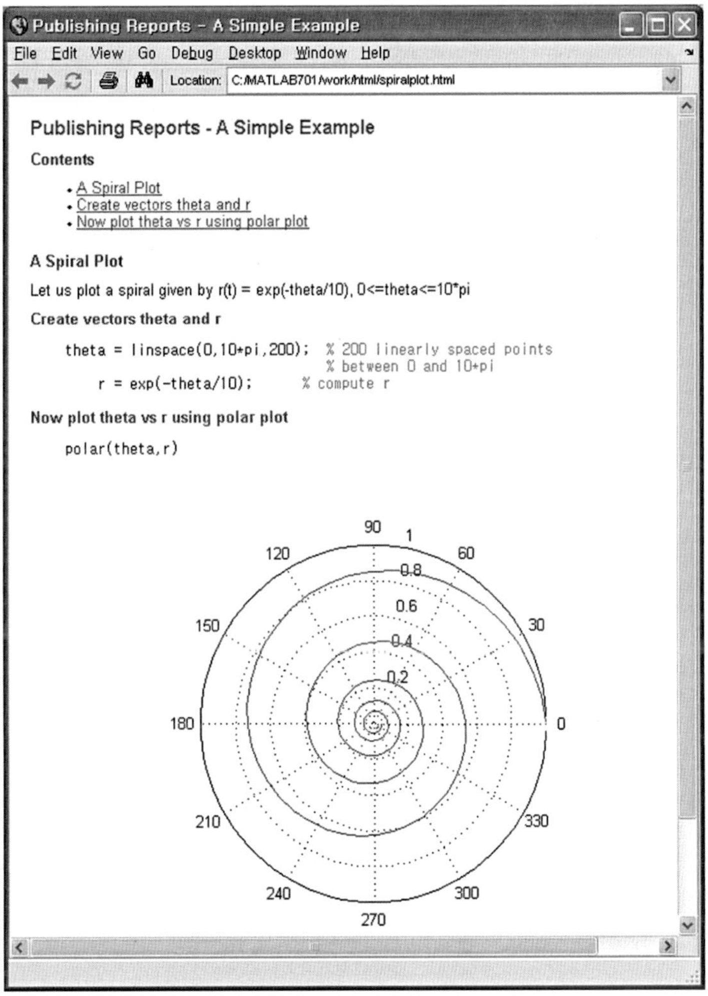

▲ 그림 A.8 MATLAB의 명령어 publish에 의해 만들어진 HTML 문서

부록 B LTI Viewer와 SISO Design Tool의 사용법

1 시스템의 해석을 위한 LTI viewer의 사용법

여기서는 MATLAB가 제공하는 여러 종류의 Toolbox 중에서 시스템의 해석 및 설계에 유용한 Control System Toolbox에 포함되어 있는 'LTI Viewer'라는 도구를 이용하여 시스템을 해석하는 방법에 대하여 설명한다. Graphical User Interface(GUI)로 이루어진 LTI Viewer는 선형 시불변 시스템의 해석을 아주 간단하게 수행할 수 있게 해 준다.

Control System Toolbox에서 제공하는 각종의 명령어를 사용하여 LTI Viewer상에서 각종 선형모델에 대한 시간 응답 및 주파수 응답 등을 계산하고, 그림으로 나타내는 방법에 대해서도 구체적인 예를 가지고 설명한다.

LTI Viewer는 GUI로 이루어져 있기 때문에 사용하기에 아주 편리하며, 이를 이용하면 선형 시스템에 관한 여러 종류의 그림을 그릴 수 있다. 예를 들어

- Step and impulse responses
- Bode and Nyquist plots
- Nichols plots
- Singular values of the frequency response
- Pole/zero plots
- Response to a general input signal
- Unforced response starting from given initial states(only for state-space models)

등을 사용할 수 있다.

1.1 LTI Viewer

아래 [그림 B.1]은 두 개의 응답(계단응답과 보드선도)을 보여 주고 있는 LTI Viewer의 기본 화면이다. 일반적으로 그림의 상단 왼쪽의 'File' 메뉴를 이용하여 LTI Viewer에 데이터

를 가져오고, 'Edit' 메뉴를 사용하여 이것을 소거할 수 있다. 계단응답이나 보드선도의 어느 부분에서나 마우스의 오른쪽을 클릭(Right-Click)하면 이것과 관련되는 메뉴가 나타난다. 또 마우스를 선도 상의 한 점에 가져가서 왼쪽을 클릭(Left-Click)하면 그 점에서의 여러 정보(예를 들어 크기, 시각, 주파수 등)를 볼 수 있다.

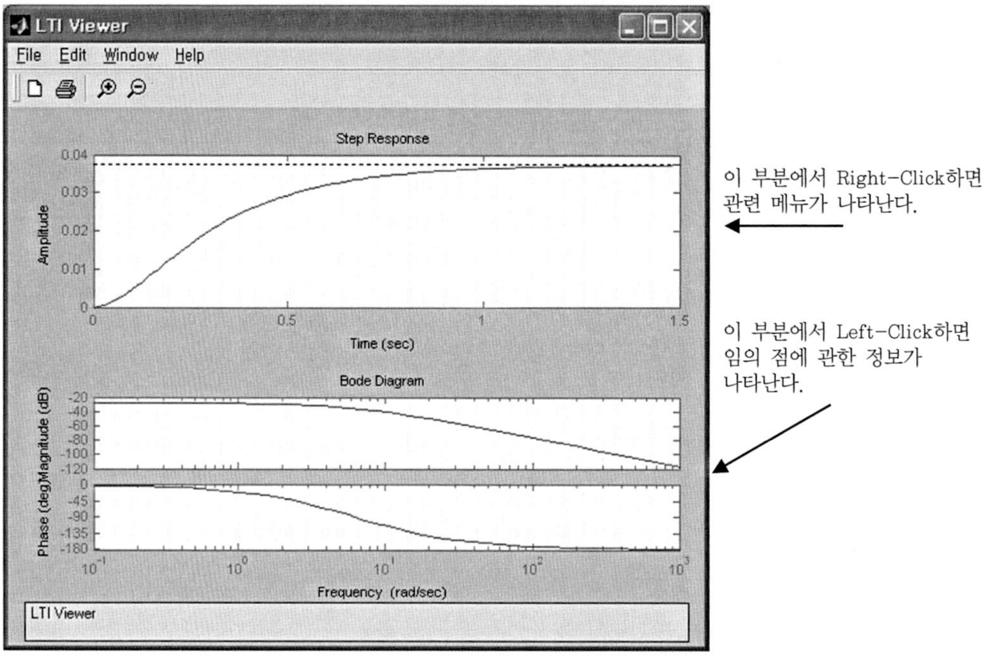

▲ 그림 B.1 계단응답과 보드선도를 보여 주는 LTI Viewer

여기서는 예제를 이용하여 LTI Viewer의 구체적인 사용법을 설명하기로 한다.

1.1.1 DC 모터의 시간 및 주파수 응답 특성

DC 모터의 예를 가지고 설명을 진행한다. 먼저 DC 모터의 수식모델(즉, 시스템)을 MATLAB의 workspace에 가져오기 위해서

```
load ltiexamples
```

을 입력한다. 이를 실행하면 DC 모터의 표현식인 sys_dc를 비롯한 데이터들이 컴퓨터에 로드(load)되어 사용 가능한 상태에 있게 된다. LTI Viewer를 열기 위해서는

```
ltiview
```

를 실행하면 'LTI Viewer'라는 제목이 붙어 있는 새로운 화면이 나타난다. 여기에 DC 모터의 시스템을 가져오기 위해서는(이것을 'import'라고 한다.) LTI Viewer의 '**File**' 메뉴에서 '**import**' 항목을 클릭하면 새로이 아래 [그림 B.2]와 같은 LTI Browser가 열린다. 여기에는 현재 MATLAB의 workspace 상에서 이용 가능한 모델의 목록이 나타나므로 이 중에서 DC 모터의 식(상태 방정식 표현)인 sys_dc를 클릭한다. 그러면 DC 모터의 수식이 import 되며, 이에 대한 단위계단 응답이 LTI Viewer 상에 표시된다.

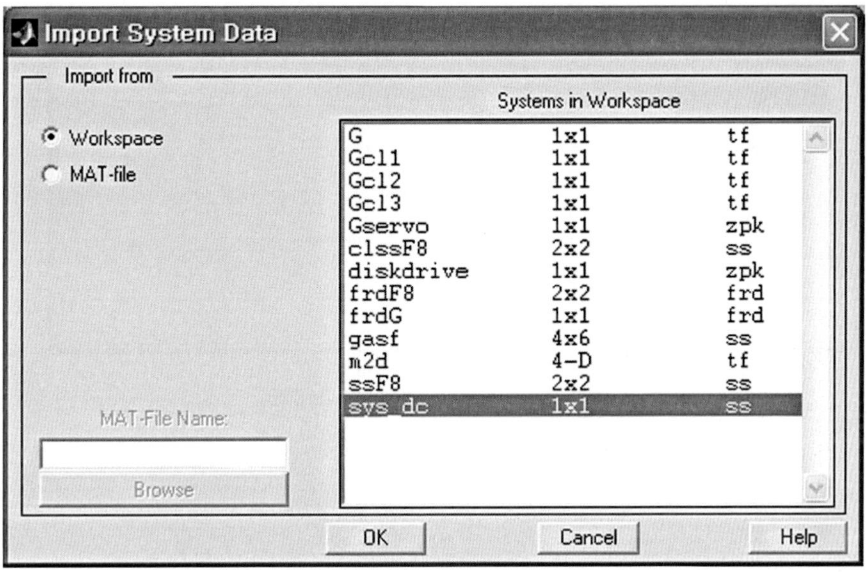

▲ 그림 B.2 LTI Viewer에 데이터를 입력(import)하기 위한 화면

한 번에 두 개 이상의 모델을 로드하기 위해서는 다음과 같이 하면 된다.

- 목록상에 서로 떨어져 있는 몇 개의 모델을 선정하기 위해서는 Ctrl key를 누르면서 필요한 각각의 모델을 마우스로 클릭한다.
- 목록상에서 연속되는 몇 개의 모델을 선정하기 위해서는, 먼저 선두 모델을 클릭한 뒤 Shift key를 누르면서 제일 마지막 모델을 클릭한다.

아래 [그림 B.3]은 DC 모터 예제에 대한 단위계단 응답을 보여 주는 LTI Viewer 화면이다.

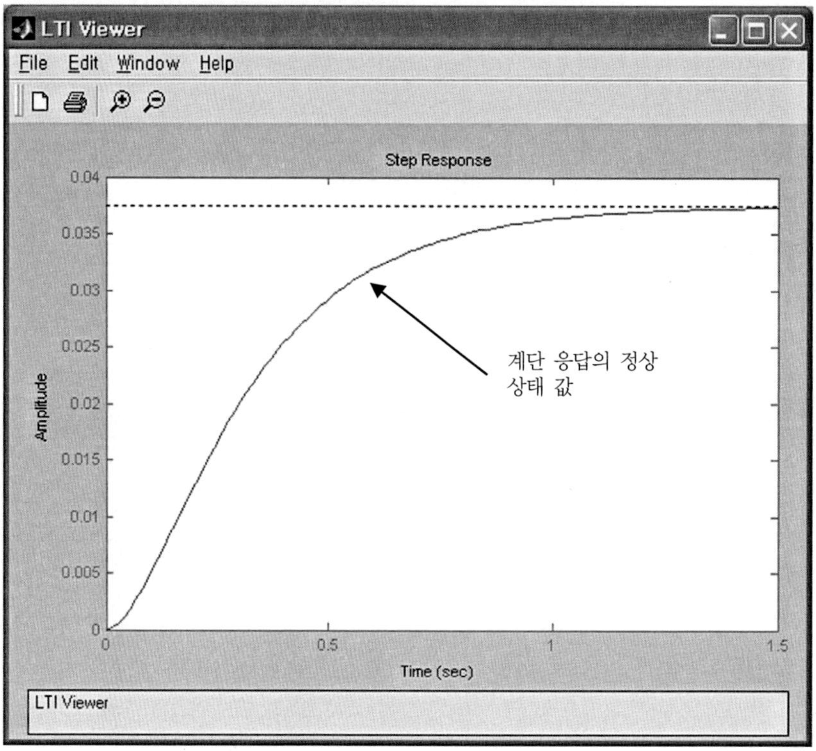

▲ 그림 B.3 DC 모터의 단위계단 응답

위와 같이 LTI Browser를 이용하지 않고 다음과 같이 직접 DC 모터의 시스템을 LTI Viewer에 import 할 수도 있다.

```
>> ltiview('step', sys_dc)
```

명령어 ltiview와 관련된 각종 옵션에 관해서는 MATLAB 화면상에서 help를 이용하여 확인해 보기 바란다.

1.1.2 Right-Click Menus

일단 LTI Viewer에 시스템을 로드한 뒤, 그림 위에 마우스의 커서를 가져가서 마우스의 오른쪽 단추를 클릭함으로써 여러 종류의 제어 기법과 그림들을 단번에 얻을 수 있다. 즉,

- Plot Type : 그림의 종류를 바꿀 수 있다. 가능한 종류로는 임펄스 및 계단응답, 보드선도, 니콜스(Nichols)선도, 나이퀴스트(Nyquist)선도 및 시그마(sigma)선도 등이다.

- **Systems** : 일단 여러 종류의 시스템을 LTI Viewer 속으로 로드하였다면, LTI Viewer 내에서 쉽게 시스템을 바꾸어 여러 그림들을 그려볼 수 있다.
- **Characteristics** : 현재 그려져 있는 그림에 대한 각종 정보를 얻을 수 있다. 예를 들어 보드선도로부터 가능한 이득여유, 계단응답으로부터 상승시간, 정상상태 값 등에 관한 정보 등을 쉽게 얻을 수 있다.
- **Zoom** : 그림의 특정 부분을 확대, 축소할 수 있다.
- **Grid** : 그림에 선(grid)을 넣을 수 있다.
- **Properties** : 다음과 같은 특성 편집기(property editor)를 열어 이것을 조정할 수 있다. 즉, 이것을 이용하면 그림을 우리가 원하는 눈금(x-축, y-축)을 가지게 하거나 선의 굵기 등을 조절할 수 있다.

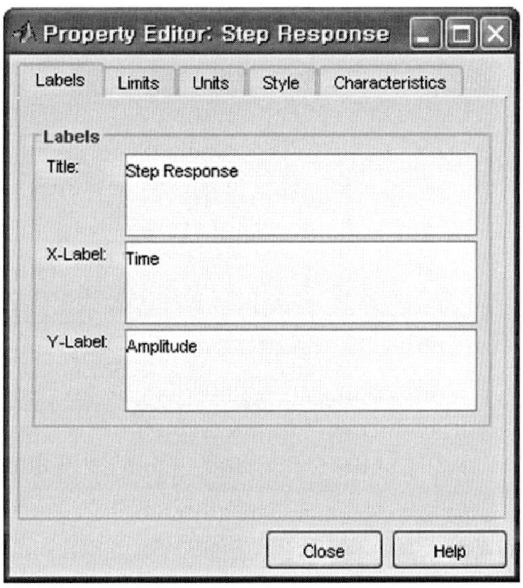

▲ 그림 B.4 **계단 응답의 모양을 정의할 수 있는 화면**

상기의 특성 편집기는 마우스의 Right-Click를 이용하지 않고, 그림에서 마우스의 오른쪽 단추를 더블 클릭하여도 상기와 같은 편집 화면이 펼쳐진다.

1.1.3 Displaying Response Characteristics on a Plot

예를 들어 DC 모터의 상승시간(rise time)을 알고 싶다면, 그림에서 마우스의 오른쪽 단추를 클릭하여 Characteristic 항목의 Rise Time을 선정하면 된다([그림 B.5] 참조).

LTI Viewer는 단위계단 응답에 대하여 아래 그림과 같이 상승시간의 정의와 그 결과를 화면상으로 보여 주게 된다.

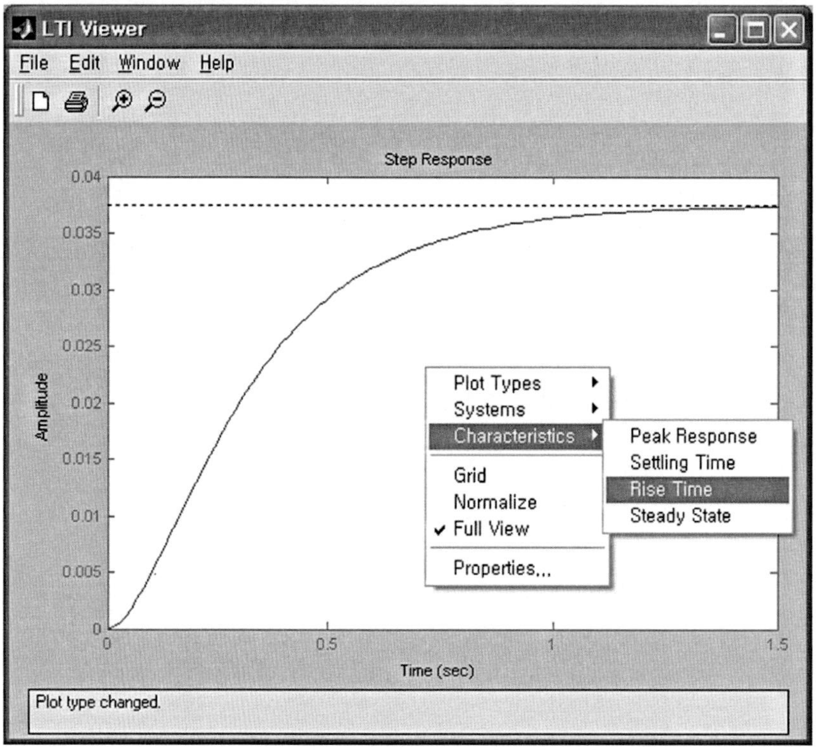

▲ 그림 B.5 Right-Click 메뉴를 이용한 계단 응답의 상승 시간 표시

마우스의 커서를 그림상의 점에 가져가면 이 점(즉, 상승시간이 정의된 곳)에 대한 정보가 화면상에 나타난다. 이 점의 정보를 화면에 유지하고자 한다면 커서를 점 위에 두고 마우스의 왼쪽을 클릭한다([그림 B.6] 참조).

LTI Viewer에 표시된 선분의 어느 곳에서나 커서를 두고 마우스의 왼쪽을 클릭하면 그 점에 있어서의 x-축(즉, 시각) 및 y-축(즉, 크기)의 값을 화면상에 표시한다.

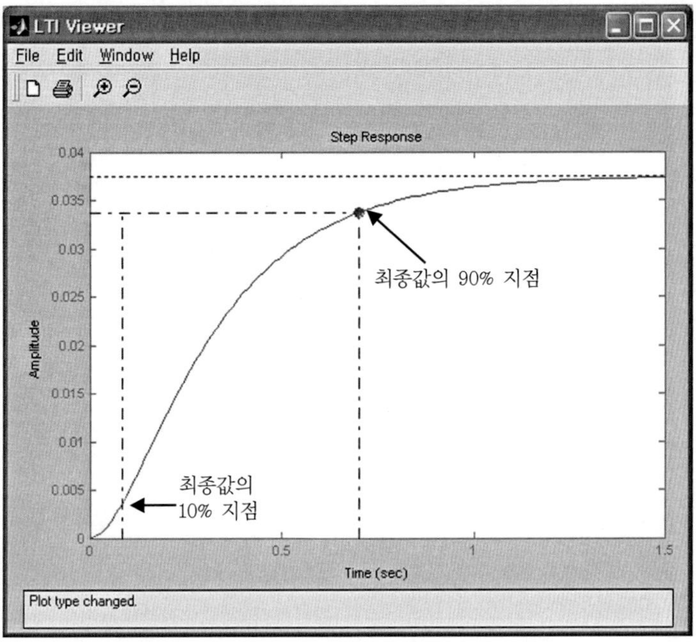

▲ 그림 B.6 상승시간이 점으로 표시된 DC 모터의 계단 응답

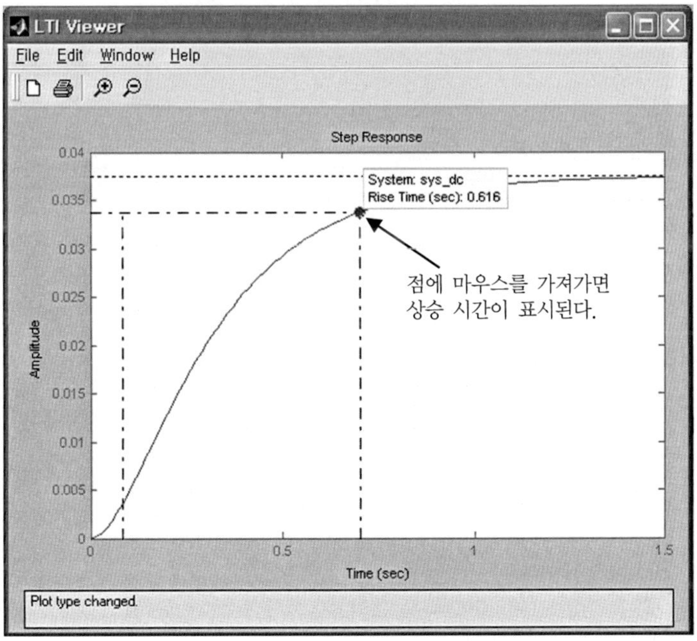

▲ 그림 B.7 마우스를 이용한 상승시간 값의 취득

1.1.4 Changing Plot Type

LTI Viewer상에서 마우스의 Right-Click 메뉴를 이용함으로써 그림의 종류를 여러 가지로 바꿀 수 있다. 예를 들어 DC 모터의 보드선도를 그리고 싶으면 Right-Click 메뉴로부터 보드선도를 지정하면 된다([그림 B.8] 참조).

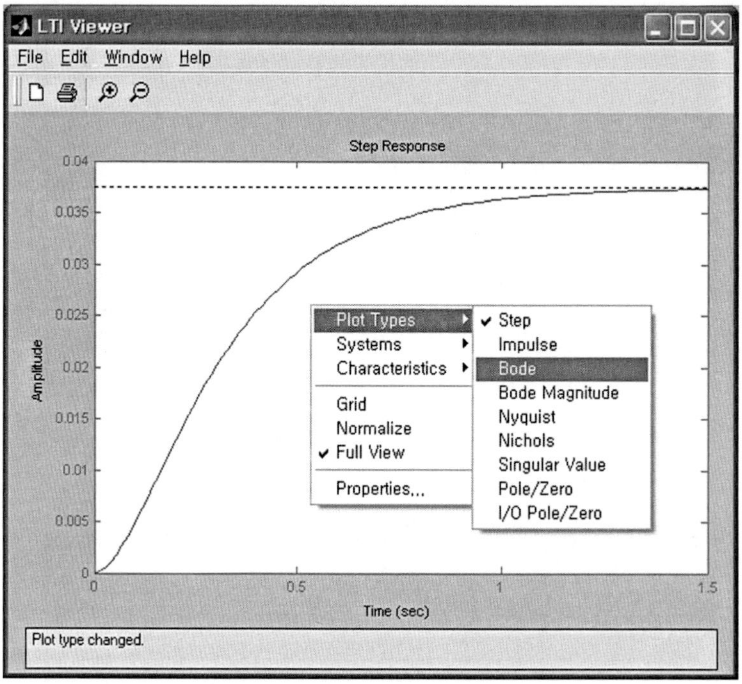

▲ 그림 B.8 계단응답을 보드선도로 변환

1.1.5 Showing Multiple Response Types

만약 계단응답과 보드선도를 동시에 보기를 원한다면 LTI Viewer의 형태를 약간 조정할 필요가 있다. 하나의 LTI Viewer에 여러 종류의 응답을 보기 위해서는 'Edit menu'에 있는 'Plot Configuration'을 선정한다. 이것을 선정하면 다음과 같은 Plot Configuration dialog box가 열린다.

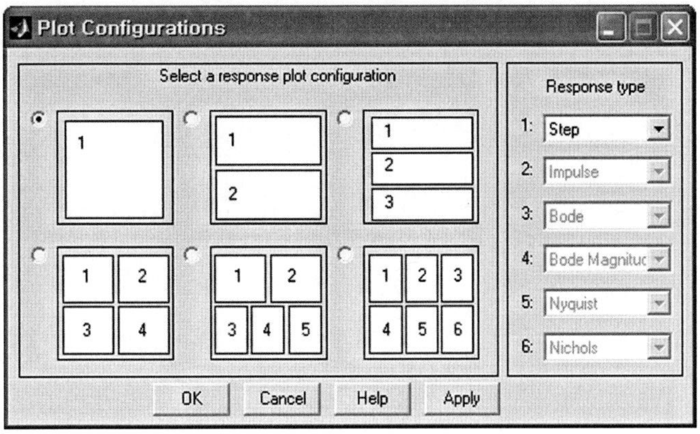

▲ 그림 B.9 LTI view에서 Plot Configuration을 이용하여 한 번에 여러 화면의 표시

최대 6개의 그림을 하나의 viewer에 나타낼 수 있다. [그림 B.9]의 왼편에서 나타내고자 하는 블록의 개수를 지정하고, 오른편에 있는 'Response type'에서 각각의 블록에 나타내고 하는 응답의 종류를 지정한다.

1.1.6 Comparing Multiple Models

여기서는 하나의 LTI Viewer에 여러 종류의 모델을 로드하여 각각이 가지는 응답특성 등을 비교하는 방법에 대하여 설명한다. 예를 들어, 어떤 시스템을 제어하기 위하여 몇 종류의 보상기를 설계한 경우, 이 방법을 이용하면 쉽게 각 보상기의 응답 특성 및 주파수 특성 등을 비교할 수 있다.

앞서 설명한 DC 모터를 가지고 설명한다. 먼저

```
load ltiexamples
```

를 실행하면 이미 설계되어 있는 세 종류의 보상기를 이용한 세 개의 폐루프시스템 Gc11, Gc12, Gc13가 MATLAB의 workspace상에 로드된다. 여기서는 두 개의 모델 Gc11과 Gc12 만을 비교하기로 한다.

두 개의 폐루프시스템을 import 하기 위하여 이미 설명한 LTI Viewer가 가지는 LTI Browser 을 이용한다. 또 여기서는 두 개의 모델에 대하여 계단응답과 보드선도를 비교하고자 하므로 LTI viewer의 화면을 두 개로 분리한다([그림 B.9]의 왼쪽에 두 번째에 해당).

다른 방법으로 LTI Browser를 이용하지 않고 'ltiview'의 명령어를 사용하여 다음과 같이 직접 import 할 수 있다.

```
ltiview( {'step'; 'bode'}, Gcl1, Gcl2)
```

이것을 실행하면 다음과 같은 LTI Viewer의 화면이 열린다.

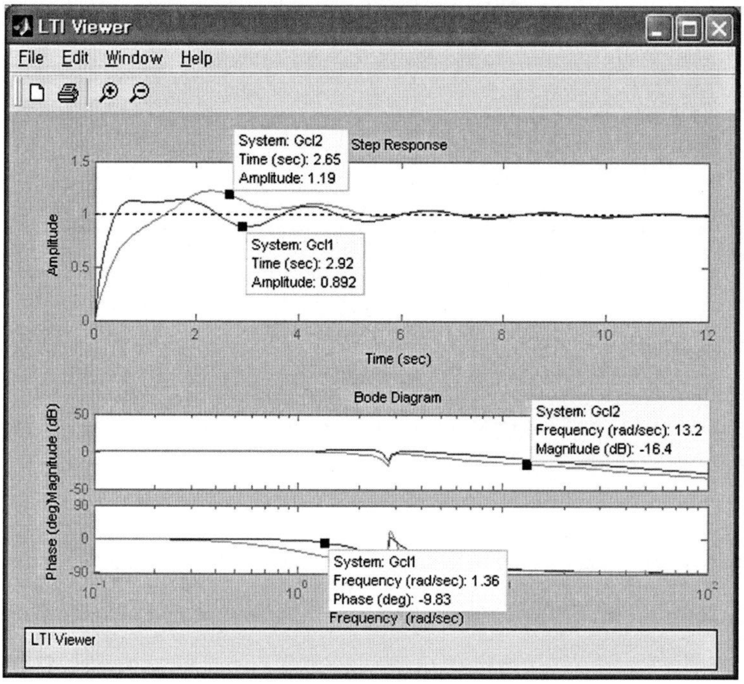

▲ 그림 B.10 **하나의 LTI Viewer에서 여러 종류의 응답 파형의 표시**

위 그림의 계단응답([그림 B.10]의 윗부분)에 정정시간(settling time)을 표시하기 위해서는 다음과 같이 하면 된다.

- 계단응답의 그림에서 마우스의 Right-Click 메뉴를 사용한다.
- 여기에서 'Characteristics' 메뉴의 아래쪽에 있는 'Settling Time'을 클릭하면 정정 시간의 그림으로 변경된다.

또 보드선도 상에 이득여유를 표시하기 위해서도 위와 마찬가지로 'Characteristics' 메뉴의 아래에 있는 'Stability Margins(min)'을 선정하면 된다.

만약에 하나 이상의 모델을 import하였다면, 마우스의 Right-Click 메뉴를 이용하면 각 모델의 응답을 LTI Viewer 상에 나타내게 하거나 제거시키나 할 수 있다. 예를 들어, 아래의 세 개 모델을 import하였다면, 세 개 모델의 어떤 조합에 대해서도 LTI Viewer 상에 표시할 수 있다.[9]

```
s = tf( 's' );
sys1 = 1/(s^2+s+1);
sys2 = 1/(s^2+s+2);
sys3 = 1/(s^2+s+3);
```

위 식에 대한 각각의 그림은 마우스의 Right-Click 메뉴(System menu)를 이용하여 두 번째와 세 번째의 식에 대한 그림을 그려서 서로 비교할 수 있다.

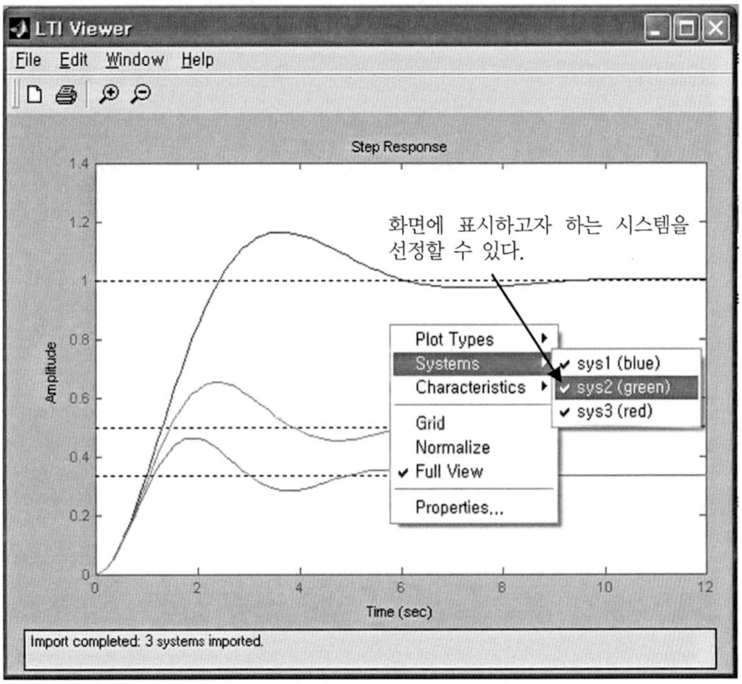

▲ 그림 B.11 Right-Click 메뉴를 이용하여 시스템의 선정 및 삭제

9 >> s=tf('s')를 실행하면 s는 Laplace transform H(s)의 s로 간주된다. 따라서 이후 MATLAB 상에서 일반적인 전달함수를 s를 이용한 표현식으로 나타낼 수 있게 된다.

1.2 시간 및 주파수 응답을 위한 명령어

이미 지금까지 배워 온 바와 같이 Control System Toolbox는 사용자가 이해하기 쉽고 사용하기 편리한 LTI Viewer를 제공하고 있다. 이것의 응용 범위를 넓히기 위해 Control System Toolbox에서는 제어공학에서 사용되는 시간 영역과 주파수 영역에서의 해석에 유용한 명령어를 제공하고 있다. 이러한 명령어는 어떤 종류의 선형 시스템(연속 혹은 이산 시스템, 또는 SISO 또는 MIMO)에도 적용 가능하다.

다음 절에서는 시간과 주파수 함수의 사용법과 어떻게 이러한 함수들을 LTI Viewer 안에 로드하여 사용자 원하는 그림들을 나타낼 수 있는지에 대하여 설명한다.

1.2.1 시간 및 주파수 응답

이미 배운 바와 같이 시간영역에서의 해석이란, 상승시간(rise time), 정정시간(settling time), 오버슈터(overshoot), 및 정상상태 오차 등에 대한 내용을 포함하고 있다. Control System Toolbox에서는 이와 관련된 많은 명령어를 제공하고 있다. 예를 들어, 임의의 시스템에 들어가는 잡음 입력에 의한 출력을 조사하기 위해서는 'lsim'과 'randn' 명령어 등을 이용하면 쉽게 시뮬레이션이 가능하다.

또 시간 영역 외에 주파수 영역에서의 해석을 위한 명령어로서 다음과 같은 것을 Control System toolbox는 제공하고 있다.

- Bode plots
- Nichols plots
- Nyquist plots
- Singular value plots

아래 표에 이것과 관련된 명령어를 정리하여 두었다.

[표 B.1] 시간 및 주파수 응답을 위한 명령어

Functions	Description
bode	Bode plot
evalfr	Compute the frequency response at a single complex frequency (not for FRD models)
freqresp	Compute the frequency response for a set of frequencies

gensig	Input signal generator (for lsim)
impulse	Impulse response plot
initial	Initial condition response plot
lsim	Simulation of response to arbitrary inputs
margin	Computes and plots gain and phase margins
nichols	Nichols plot
nyquist	Nyquist plot
pzmap	Pole-zero map
step	Step response plot

명령어 'step', 'initial', 및 'impulse'는 자동적으로 그림화면을 열어 그 결과를 보여 준다. 그 사용법은 다음과 같다.

```
step(model_name)
impulse(model_name)
initial(model_name, x0)                    %x0 = initial state vector
```

여기서 model_name은 LTI 모델의 데이터가 들어 있다(예를 들어 앞서 나온 DC 모터인 경우는 sys_dc).

1.2.2 다입력 다출력(MIMO) 시스템의 응답

MIMO 모델인 경우는 입력과 출력의 개수가 각각 하나 이상이므로 몇 번째 입력과 몇 번째 출력을 연관시키는가에 따라 전달함수가 달라지므로 당연히 출력 응답 파형도 다르게 나타날 것이다. 예를 들어 입력이 두 개이며 출력이 하나인 시스템인 경우

```
h = [tf(10, [1 2 10]), tf(1, [1 1])];
step(h)
```

를 실행하면 다음과 같은 그림을 얻을 수 있다.

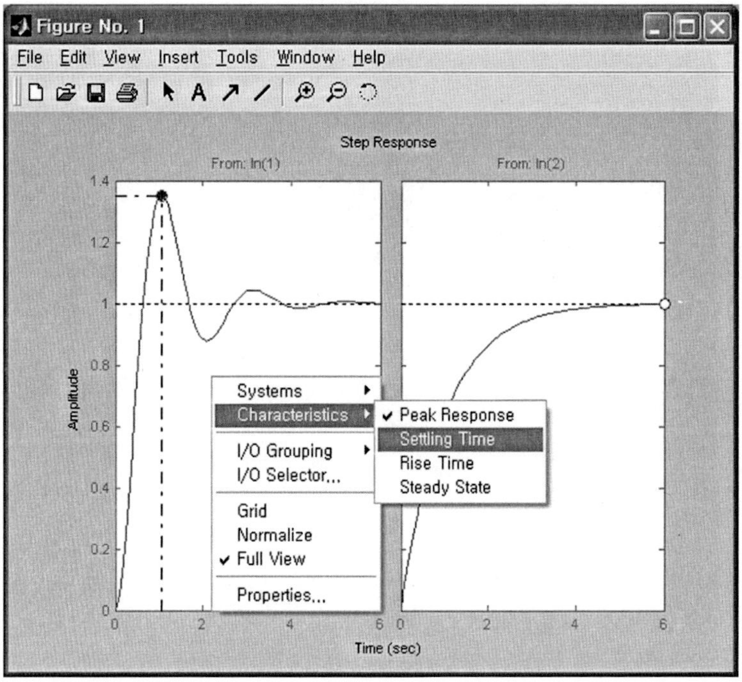

▲ 그림 B.12 MIMO 모델의 계단응답과 Right-Click 메뉴 표시

만약 위의 예제에서 시뮬레이션하고자 하는 시간축의 범위를 지정하고자 하면

```
step(h, 10)  % simulate from 0 to 10 seconds
```

를 실행하거나 또는 다음과 같이 할 수도 있다.

```
t = 0:0.01:10;  % Time samples spaced every 0.01 second
step(h, t)
```

시간과 주파수함수에 관련된 모든 명령어는 주어진 그림 화면으로부터 각종 정보(예를 들어 상승시간 등)를 얻을 수 있도록 마우스의 Right-Click 메뉴를 제공한다([그림 B.12] 참조).

이 메뉴로부터 취할 수 있는 내용은 아래와 같다.

- System : 그림을 화면에서 불필요한 시스템을 제거시키거나 혹은 포함시키는 작용
- Characteristics : 그림에 대한 각종 정보를 알려 준다. 예를 시간 영역에서의 그림에서는 상승시간, 정정시간 등, 주파수 영역에서의 그림에서는 이득여유, 위상여유 등을 알 수 있다.

- Axes Grouping : 이름 그대로 두 개 이상의 그림을 하나의 그래프에 표시하거나, 또는 동일한 입력에 대한 전 출력, 반대로 모든 입력에 대한 어떤 특정한 출력 등에 대한 그림을 표시할 수 있다.
- I/O Selector : I/O selector window를 펼친다([그림 8.13]). 이것을 이용하여 각 입력과 각 출력 사이의 관련 그림을 선정할 수 있다(MIMO인 경우에 해당).

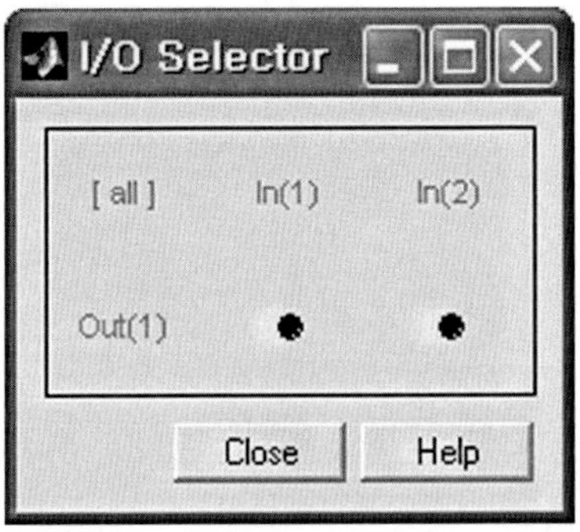

▲ 그림 B.13 MIMO 시스템의 입출력 선정

- Zoom : 그림의 특정 부분을 확대 혹은 축소한다.
- Grid : 그림에 선(grid)을 넣거나 혹은 제거한다.
- Properties : 특성 편집기를 열어서 그림에 관련된 각종의 사항을 변경할 수 있다. 예를 들어 선의 굵기, 선의 색깔, x-축의 눈금 간격 등을 쉽게 기본 사양(default)로부터 변경할 수 있다.

상기 특성 편집기는 그림의 어느 곳에서나 마우스의 왼쪽 단추를 더블 클릭하면 열린다.

1.2.3 Data Markers

마우스의 Right-Click 메뉴를 이용하는 것 외에도, Control System Toolbox는 data marker를 제공하고 있다. 이것은 그림에서의 임의의 점에 커서를 가져가서 마우스의 오른쪽 단추를 클릭하면 정사각형의 점이 나타나면서 그 점에서의 정보(x-축, y-축의 값, 입출력 정보 등)를 담은 상자가 다음 그림과 같이 생긴다. 이 점을 data marker라고 한다.

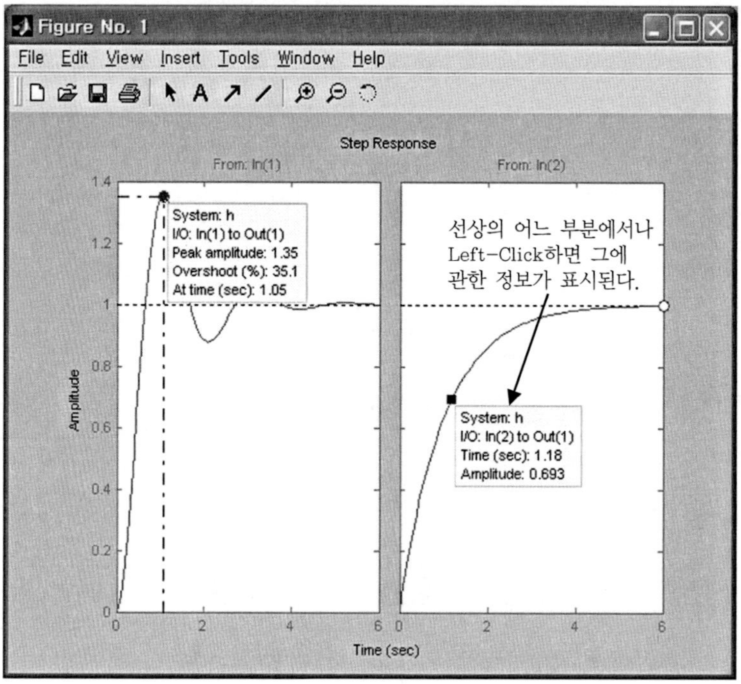

▲ 그림 B.14 Plot Marker를 사용한 데이터의 표시

Data Marker는 다음과 같이 이동시킬 수 있다.

- 정사각형의 점(data marker)을 마우스의 왼쪽 단추로 dragging[10]하면 선을 따라 marker가 이동한다.

당연히 marker가 이동하면 x-축과 y-축과 관련된 정보가 변경될 것이다. 위 [그림 B.14]에서 보이는 원형의 점은 Right-Click 메뉴의 'Characteristics'에 의하여 생긴 것이기 때문에 이동하지 않는다.

Data marker 상에서 커서를 가져가서 마우스의 오른쪽 단추를 누르면 다음과 같은 내용을 가지는 Right-Click 메뉴가 열린다.

- Font Size : 그 점에서의 정보를 보여 주는 상자 내에 있는 글씨의 크기를 조정할 수 있다.
- Alignment : 정보 상자가 나타나는 위치(왼쪽 위, 오른쪽 위 등)를 조정할 수 있다.

[10] dragging이란 마우스의 단추를 누른 채 이동하는 것을 말한다.

- **Interpolation** : 기본 값으로는, data marker는 점과 점 사이의 값을 선형적으로 interpolation하여 연결하고 이 값을 보여 준다. "none"을 선택한다면 interpolation하지 않고 marker가 있는 곳에서 가장 가까운 값을 보여주게 된다.
- **Raise** : 만약 두 개의 marker가 중복하고 있다면 'raise'에 의해 선정된 marker를 앞쪽으로 가져오게 한다.
- **Delete** : 선정된 marker를 지운다. 혹은 marker 외의 그림의 다른 부분에서 마우스의 왼쪽 단추를 클릭하면 marker는 사라진다.

1.2.4 두 개 이상의 시스템을 비교

1개 이상의 시스템에 대한 각종 응답 특성을 하나의 그래프에서 비교할 수 있다.

```
step (sys1, sys2,…., sysN)
impulse(sys1, sys2,…,sysN)
bode(sys1, sys2,…,sysN)
```

이렇게 하면 하나의 그래프 위에 여러 개의 응답 곡선이 서로 색깔을 다르게 하여 나타나게 된다. 만약 선의 모양이나 색깔을 지정하고자 한다면

```
bode(sys1,'r', sys2,'y',sys3,'gx')
```

를 실행한다. 그러면 sys1 시스템의 보드 선도는 red로 표시되며, sys2는 yellow인 점선으로 나타난다. 또 sys3의 보드선도는 green이며 x자 표시로서 동일한 그래프 상에 표시될 것이다.

지금까지의 설명의 에로서 하나의 그래프 화면에 여러 가지의 그림을 동시에 그려 그것들을 비교하여 보자.

```
h = tf([4 8.4 30.8 60], [1 4.12 17.4 30.8 60]); subplot(221)
bode(h)
subplot(222)
step(h)
subplot(223)
pzmap(h)
subplot(224)
plot(rand(1,100))
title('Some Noise')
```

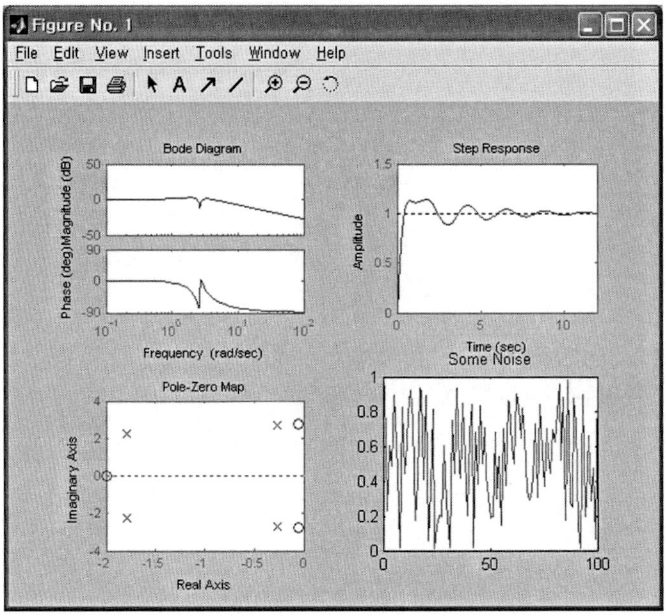

▲ 그림 B.15 하나의 Window에 여러 결과의 표시

2 보상기의 설계를 위한 SISO Design Tool의 사용법

MATLAB의 Control System Toolbox가 제공하는 SISO Design Tool은, 하나의 입력과 하나의 출력을 가지는 시스템(즉 SISO)에 있어서의 보상기 설계를 비교적 용이하게 수행할 수 있도록 도와주는 GUI(Graphical User Interface)이다. 이것을 이용하면 보상기의 설계 시에 요구되는 다음과 같은 작업을 반복적으로 간단하게 수행할 수 있다.

- 근궤적을 이용한 폐루프의 특성 조정[11]
- 개루프 주파수 응답 곡선의 모양변경
- 보상기에 극과 영점을 추가
- 진상 및 지상 보상기를 시스템에 추가
- 폐루프 응답 특성의 조사(LTI Viewer를 이용)
- 이득여유와 위상여유의 조정

[11] 본서에서는 '근궤적(root locus)'를 이용한 설계법은 언급하지 않았다.

여기서는 [예제 7.5]를 이용하여 주어진 설계 사양을 만족하는 보상기의 설계를 SISO Design Tool를 이용하여 수행한다. [예제 7.5]는 다음과 같이 주어진다.

[예제 7.5]

다음의 전달함수로 주어지는 제어대상에 대하여, 1) 속도 오차상수가 10, 2) 위상여유를 45° 로 할 수 있는 보상기를 설계하여 보자.

$$G(s)= \frac{400}{s(s^2+30s+200)}$$

2.1 SISO Design Tool의 시작

먼저 속도 오차상수의 조건을 만족시키기 위하여 이득을 $K_1 = 5$ 로 두고 $K_1 G(j\omega)$ 를 새로운 시스템으로 생각하여 이를 MATLAB 상에서 SISO Design Toolbox에 import 한다. 즉,

```
sys_ex75 = tf([5*400],[1 30 200 0]);
sisotool(sys_ex75)
```

이다. 이것을 실행하면 [그림 B.16]과 같이 근궤적 선도와 보드선도로 구성된 SISO Design Tool의 화면이 열린다.

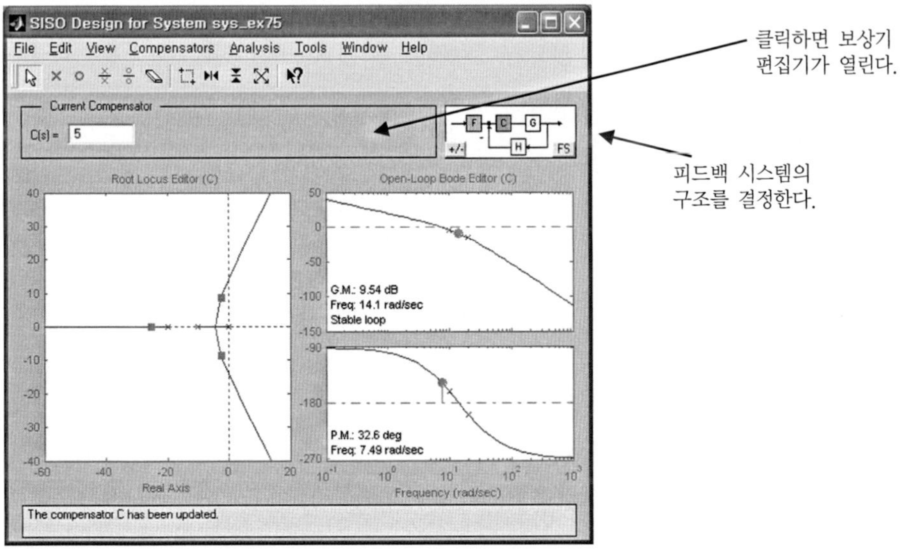

▲ 그림 B.16 SISO Design Tool의 초기 화면

[그림 B.16]에 대하여 약간 설명을 추가한다. 먼저 'Current Compensator'로 되어 있는 부분을 마우스로 클릭하면 보상기의 편집 화면([그림 B.17])이 열리게 되므로 이것을 이용하여 적절한 값의 영점과 극을 입력할 수 있다. 현재의 화면은 $K_1 = 5$로 이루어진 보상기를 나타내고 있다.

또, 그림의 오른쪽 위는 현재 사용하고 있는 피드백 시스템의 구조를 결정할 수 있는 것으로, 그림의 'FS'부분을 마우스로 클릭할 때마다 피드백 시스템의 구조가 바뀌게 된다. 그림에 나타나있는 것이 일반적인 피드백 시스템의 구조이다(단, $H=1$ 및 $F=1$이다.). 또 제1장의 LTI Viewer의 경우에서와 마찬가지로 왼쪽의 근궤적 선도나 오른쪽의 보드선도 상에서 Right-Click하면 그 부분에 관련되는 메뉴가 나타난다. 그림의 아래쪽의 블록은 현재의 그림에 대한 정보가 표시된다.

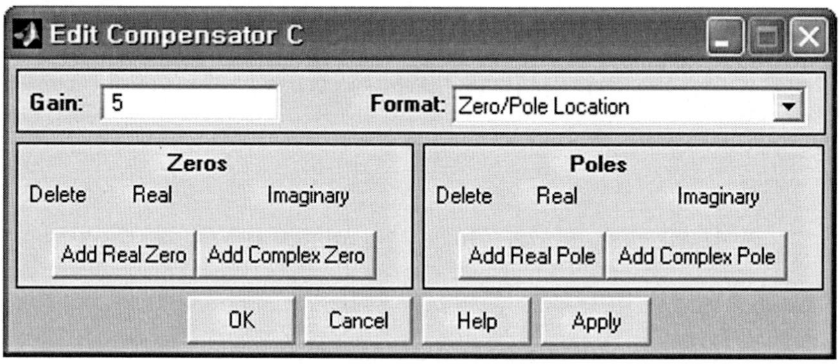

▲ 그림 B.17 보상기의 편집 화면

[그림 B.16]로부터 $K_1 G(j\omega)$의 이득여유는 9.54 [dB/decade]이며, 위상여유는 32.6^o로 된다는 것을 쉽게 알 수 있다. 또 그림에서 'x'는 시스템의 극, 'o'는 영점을 각각 나타내고 있다.

한편 MATLAB 화면에서

```
sisotool
```

을 실행하면 빈 상태의 SISO Design Tool 초기화면이 나타나는데, 여기서 'File' 메뉴에 들어있는 'import'를 실행하면 Import System Data의 상자가 [그림 B.18]과 같이 나타나게 된다.

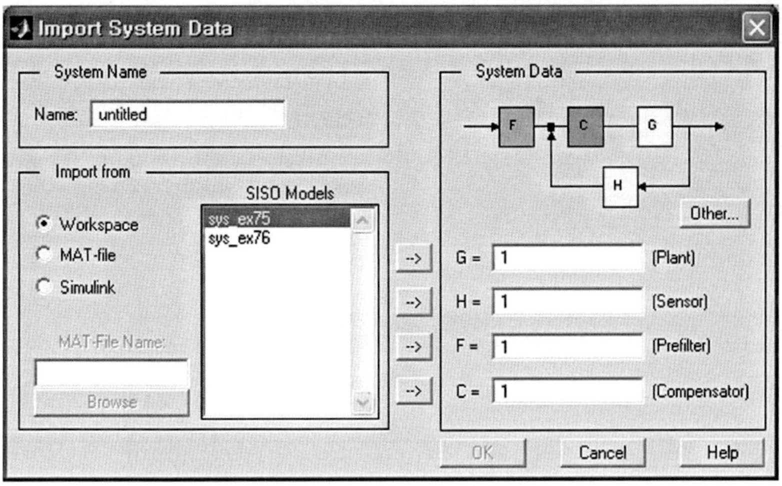

▲ 그림 B.18 SISO Design Tool로 데이터를 import하기 위한 화면

[그림 B.18]의 경우는 현재 SISO 모델로서 [예제 7.5](sys_ex75)와 [예제 7.6](sys-ex76)의 두 시스템이 표시되어 있으므로 sys_ex75를 선정하여 그림의 중간에 있는 화살표 '→' 마우스로 클릭하면 오른쪽의 'G'의 위치에 들어가게 된다.

SISO Design Tool은 기본으로 보상기가 [그림 B.19]와 같이 플랜트 'G'와 직렬로 연결되는 구조를 취하고 있다.

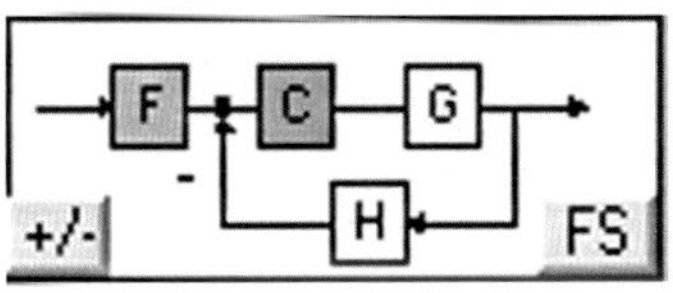

▲ 그림 B.19 피드백 시스템의 구조

[그림 B.19]에서 각 문자는 다음을 각각 의미하고 있다.

- G - 제어대상의 전달함수
- H - 센서의 전달함수
- F - 전단 필터(prefilter)
- C - 보상기

특별한 지정을 하지 않으면 F, H 및 C는 모두 '1'로 선정되어 있다. 즉, 단위 피드백을 기본(default) 구조로 취하고 있다. 그러나 [그림 B.19]의 'FS' 버튼을 한 번 클릭할 때마다 보상기 'C'의 위치가 바뀌게 되므로 용도에 따라 여러 형태의 시스템 구조를 취할 수 있다.

보상기의 설계에 들어가기 전에 폐루프시스템에 관한 각종 응답을 미리 알 수 있다면 편리할 것이다. 이러한 응답을 보는 방법은 다음과 같다. 예를 들어, 폐루프시스템의 단위 계단 응답을 보고자 하는 경우는 [그림 B.16]의 초기 화면에서 'Analysis'메뉴에 있는 'Response to Step Command'를 클릭하면 부록의 1장에서 언급한 LTI Viewer와 동일한 화면이 열리게 된다([그림 B.20]).

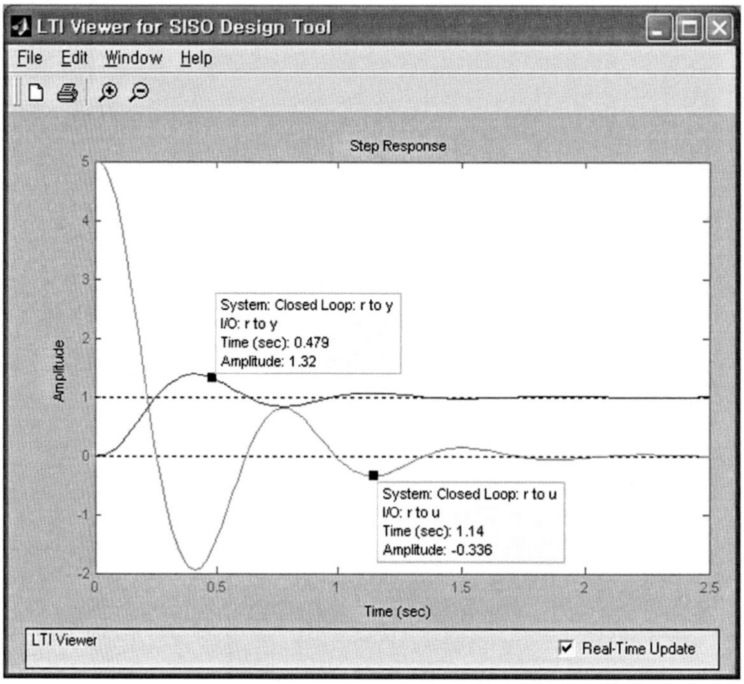

▲ 그림 B.20 [예제 7.5]에 대한 폐루프시스템의 단위계단 응답

[그림 B.20]에는 두 종류의 응답이 표시되어 있는데 하나는 계단 입력 r 에 대한 제어대상으로의 입력 u 를 나타내며, 다른 하나는 계단입력 r 에 대한 폐루프시스템의 출력 y 이다. 그러나 보상기의 설계와 관련된 부분은 후자인 출력 y 이므로 필요하지 않은 하나는 다음과 같이 하여 화면상에서 보이지 않게 할 수 있다. 즉, 그림상의 임의의 곳에서 Left-Click을 수행하여 'Systems'을 선정하면 [그림 B.21]과 같이 되므로 여기서 필요하지 않는 부분의 '✔'를 지우면 된다.

[그림 B.20]로부터 현재의 보상기(즉, $K_1 = 5$)에 대한 오버슈터는 40%, 정정시간은 약 1.6 초로서 상당히 느린 응답특성을 보여 주고 있는 것으로 보인다([그림 B.22] 참조). 또

한 주어진 시스템이 1형이므로 단위 계단응답에 대한 정상상태 오차는 '제로'이나([그림 B.20] 참조), 램프입력에 대한 정상상태 오차는 제7장의 식(7.5)에 의해 $e_{ss} = A/K_v = 1/10$로 된다. 램프입력에 대한 응답은 SISO Design Tool로부터 직접 얻을 수는 없지만, 다음과 같이 'lsim'이라는 MATLAB 명령어를 사용하면 어렵지 않게 확인할 수 있다.

```
%램프 입력에 대한 출력 응답의 계산
T = 0:0.01:3;% time-axis
U = 0:0.01:3;% ramp input
sys_temp = series(sys_ex75, 5); % K1=5
Cloop = feedback(sys_temp,1);% closed-loop system
y = lsim(Cloop,U,T);
plot(T,U,T,y)
```

이와 같이 비례 보상기 K_1 만으로는 주어진 설계사양 중의 위상여유를 만족시킬 수 없으므로 보드선도를 이용하여 진상 보상기를 설계한다.

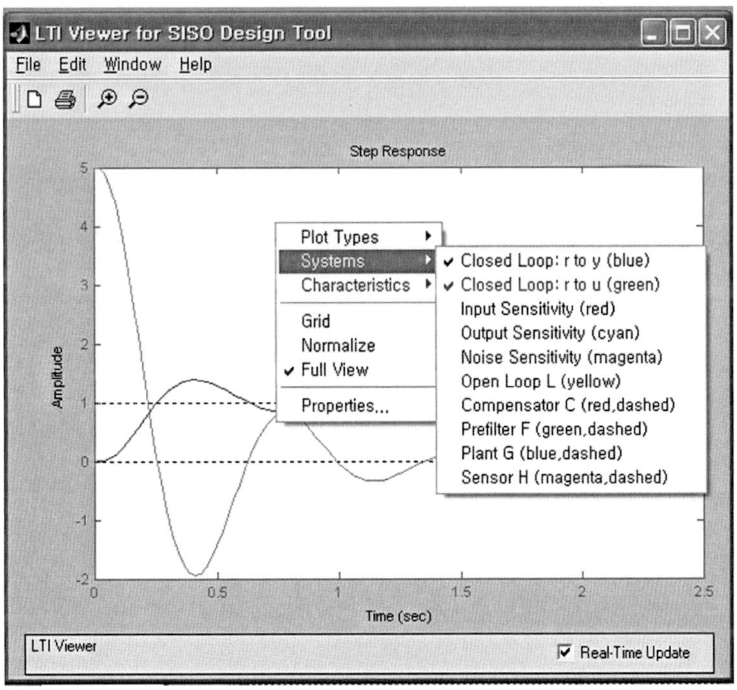

▲ 그림 B.21 단위 계단응답에 대한 Left-Click 메뉴

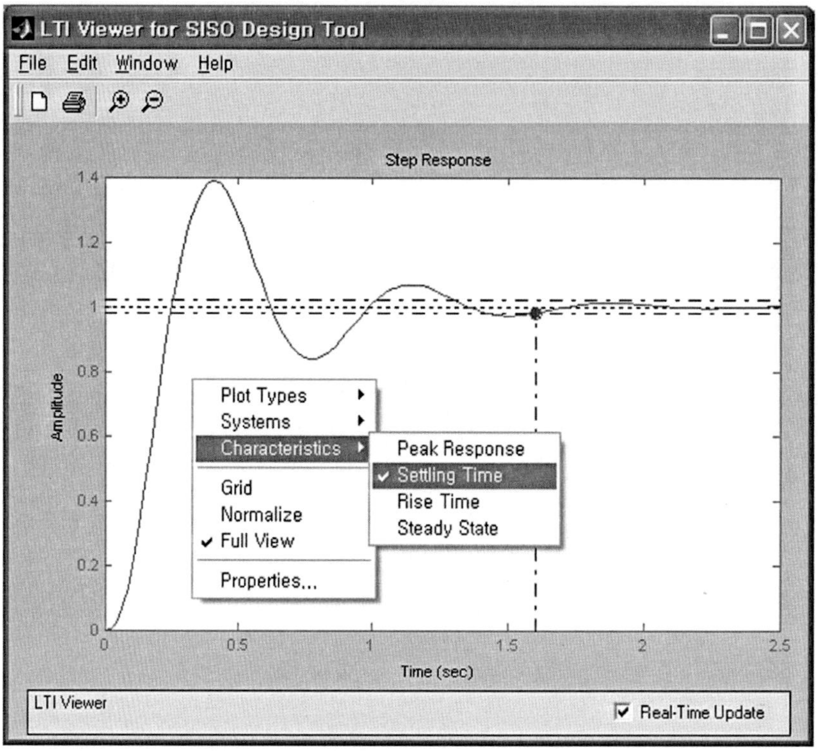

▲ 그림 B.22 [예제 7.5]에서 $K_1 = 5$인 경우의 계단 응답

LTI Viewer에 의한 출력 파형(그림 B.22)은 SISO Design Tool과 연동되어 있으므로, 이것을 사용하여 설계를 반복하면 LTI Viewer의 출력 파형은 사용된 보상기의 종류에 자동적으로 바뀌게 되어 편리하게 설계를 진행할 수 있다.

2.2 보드선도를 이용한 보상기의 설계

이미 제7장에서 설명한 바와 같이 보드선도를 이용함으로써 이득여유, 위상여유 및 대역폭 등을 보드 선도 상에서 쉽게 조정할 수 있기 때문에 대단히 편리하다.

• 보상기의 이득 조정

앞의 2.1절에서 정상상태 오차의 조건으로부터 보상기의 이득으로서 $K_1 = 5$를 얻었으며, 이 경우의 SISO Design Tool의 화면이 [그림 B.16]으로 주어진다. 이때 만약 보상기의 이득을 좀 더 조정하여 위상여유의 설계사양을 만족시킬 수 있는지의 여부를 다음과 같이

확인하여 본다.[12]

1. 마우스의 화살표를 [그림 B.16]의 보드선도의 크기를 나타내는 선분 위에 가져가면, 화살표가 '손가락'모양으로 변한다.
2. 이때 마우스의 왼쪽 버튼을 누르면 '손가락' 모양이 '주먹' 모양을 바뀌게 되므로 이 상태로 보드선도의 잡은 채로 선분을 위로 끌어올린다('drag'한다).
3. 적당한 곳까지 끌어올린 뒤 마우스버튼을 놓는다. 그러면 이득과 폐루프시스템의 극이 새로이 계산되어 화면상에 표시된다.

4번의 결과 얻어진 이득은 [그림 B.16]의 'Current Compensator' 부분의 C(s) 박스에 표시된다. 위의 1~4번의 과정을 거치지 않고 'Current Compensator' 부분의 C(s) 박스에 직접 이득을 입력하는 것도 가능하다.

SISO Design Tool은 그림 상의 어느 곳에서나 'Right-Click'하면 관련되는 메뉴가 나타나므로 이것을 이용하여 보상기를 설계할 수 있다[그림 B.23).

▲ 그림 B.23 보드 선도에서의 Right-Click 메뉴

[그림 B.16]로부터 현 시스템($K_1 G(j\omega)$)의 위상여유는 32.6^o 이므로 설계 사양인 45° 를 만족시키기 위해서 이득 교차 주파수인 $\omega_{gc} = 7.49$ [rad/sec] 근처에서 약 13° 이상 위상

12 물론 보상기의 이득을 증가(또는 감소)시키면 정상상태 오차의 조건은 만족할 수 없게 되나, 진상이나 지상과 같은 보상기를 사용하지 않고 이득만으로 위상여유의 조건이 만족된다면 이것도 하나의 [예제 7.5]에 대한 답이 될 수 있다.

을 앞서게 할 필요가 있다. 이를 위한 진상 보상기의 설계법을 SISO Design Tool을 이용하여 수행하여 보자.

• 진상 보상기의 추가

진상 보상기의 설계를 위해서 우선 [그림 B.16]의 주파수 범위가 10^{-1} 에서 10^{3} 까지로 되어 너무 넓기 때문에 이것을 Right-Click 메뉴 중의 'Zoom In-X'를 사용하면 [그림 B.24]의 화면으로 된다. 여기서 마우스를 이용하여 원하는 범위의 주파수를 마우스의 오른쪽 버튼을 누른 채로 범위를 지정한다(dragging한다,(그림 B.24)). 다음에 진상 보상기를 삽입하기 위해서는 'Right-Click' 메뉴에서 Add Pole/Zero에서 Lead를 클릭(그림 B.25)[13] 하면, 마우스의 커서인 화살표 옆에 'x'가 함께 나타난다. 이때 'x'를 시스템이 가지는 극 중 허수축에 가장 가까운 극의 약간 오른쪽에서 두고 클릭한다([그림 B.16] 또는 [그림 B.25]에서 시스템의 극은 'x'로, 영점은 'o'로 표시되어 있다).

[예제 7.5]의 경우 주어진 시스템은 세 개의 극, 즉 $0, -10$ 및 -20 을 가지는데, 안정한 극 중 허수축에 가장 가까운 것은 -10 이므로 [그림 B.25]에서 -10 근처의 오른쪽에 'x'표시를 놓고 클릭한다. 이렇게 함으로써 [그림 B.26]과 같은 보상기와 출력응답을 얻는다. [예제 7.5]의 경우는 설계사양에 시간응답에 대한 제약은 언급되어 있지 않지만 보상기의 극과 영점을 변화시킴으로써 단위계단 응답의 피크시각과 상승시간 등이 어떻게 변동하는가를 한꺼번에 파악할 수 있기 때문에 대단히 편리하다.

[그림 B.26]으로부터 진상 보상기를 이용한 결과 위상여유가 대략 41° 정도로 증가되었으나, 설계사양인 45° 에는 부족하다. 이것은 보상기의 극과 영점의 위치를 변경하여 조절이 가능하다.

13 근궤적을 이용한 설계는 수행하지 않기 때문에 [그림 B.16]의 View를 클릭하여 근궤적 선도는 제외시키고 보드선도만을 표시하였다.

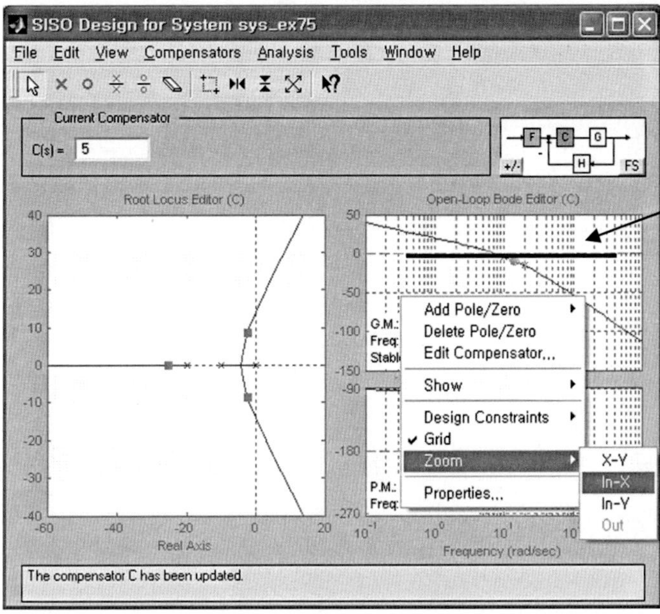

▲ 그림 B.24 보드선도에서 주파수 범위의 재조정(Zooming in x)

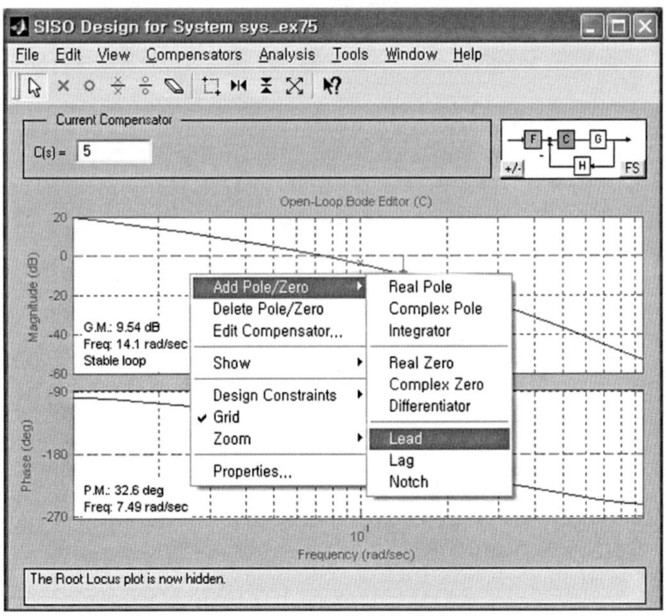

▲ 그림 B.25 Right-Click 메뉴를 이용하여 진상 보상기의 추가

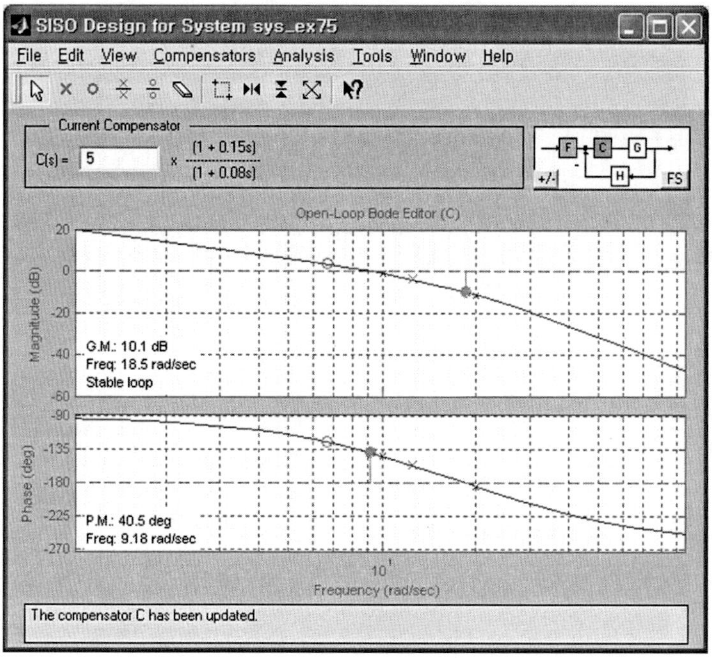

(a) 진상 보상기의 설정

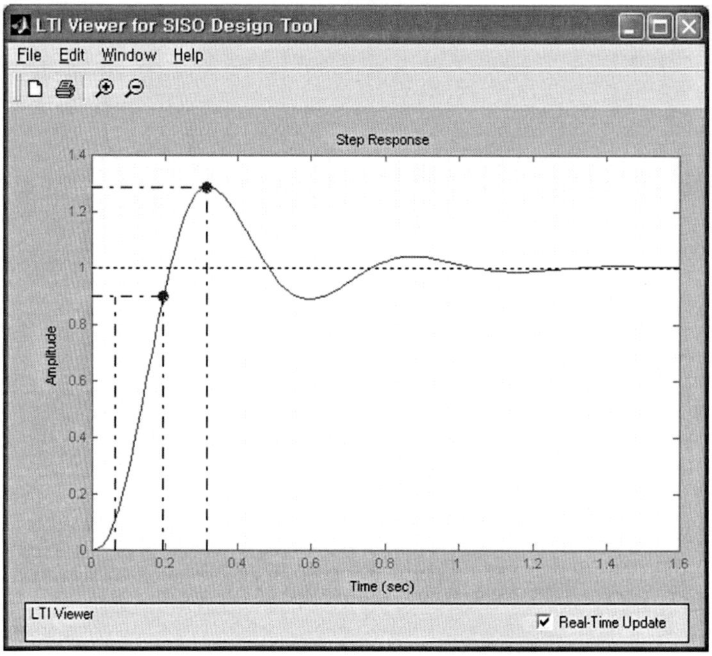

(b) 계단 응답

▲ 그림 B.26 **진상 보상기의 설정과 이 결과 얻어진 계단 응답 파형**

• 보상기의 극과 영점의 이동

주어진 설계사양을 만족시키기 위해서는 [그림 B.26]에서 얻어진 결과를 조절할 필요가 있다. 이를 위해서 먼저 설계된 보상기의 극에 마우스의 커서를 가져가서 이것을 왼쪽 버튼을 누른 채로 좌우로 이동시킨다(grab한다). 이 경우 당연히 극의 이동에 따라 보상기의 영점도 같이 변동되며, 동시에 위상여유 및 계단응답 등의 파형이 전부 동시에 변동하므로 사양이 만족되는 곳에서 마우스 버튼을 놓으면 된다([그림 B.27]). [그림 B.27]에서는 위상여유가 설계사양을 만족하는 45.1^o 로 되어 있음을 확인할 수 있다. 최종적인 보상기는

$$5 \times \frac{(1+0.15s)}{(1+0.058s)}$$

로서 제7장에서 구한 결과와는 약간 다른 값을 가지지만 설계사양을 만족하는 보상기는 유일한 것이 아니라는 점을 고려하면 문제될 것이 없을 것이다. 이 과정은 'Current Compensator' 부분의 박스를 클릭하면 보상기의 편집화면([그림 B.17])이 열리게 되므로 이곳을 이용하여 동일한 과정을 수행할 수도 있다. 또 [그림 B.28]에 최종적인 보상기에 의한 단위계단 응답을 나타내었다. 이로부터 약 23% 의 오버슈터와 0.8 초의 정정시간을 가진다는 사실 등을 확인할 수 있다.

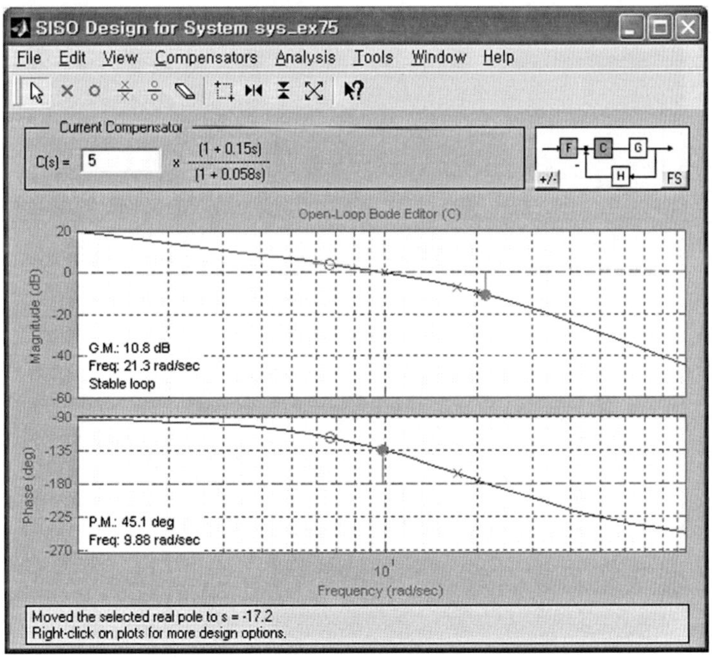

▲ 그림 B.27 grab기능을 이용한 보상기의 극 및 영점 조정

- 그림상의 단위(unit)의 변경

Control System Toolbox는 여러 종류의 그림을 그릴 수 있는 편집기를 제공한다. 예를 들어 보드선도에서 사용하는 주파수 축의 단위로서 [rad/sec]보다 [Hertz]를 선호한다면 SISO Design Tool의 초기화면에서 **Edit**를 클릭하여 **SISO Tool Preference**를 클릭한다. 이 경우 [그림 B.19]의 편집화면이 열리므로 이곳을 이용하여 그림을 위한 각종의 옵션을 변경할 수 있다. 일단 단위 등을 변경하고 나면 관련된 작업이 끝날 때까지 유효하다.

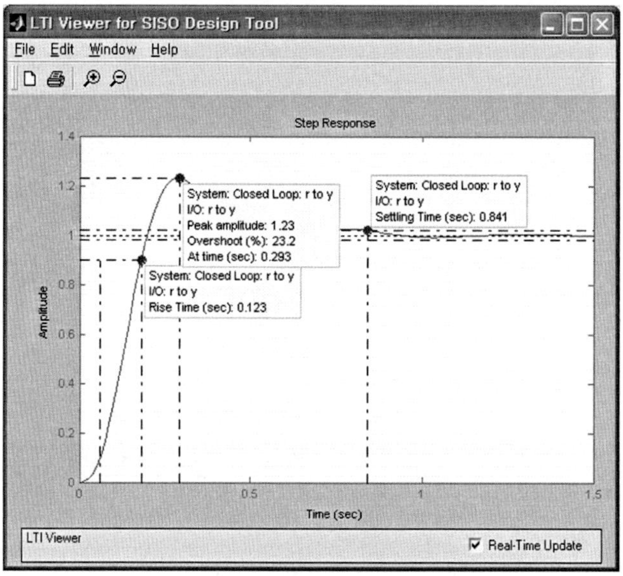

▲ 그림 B.28 **최종적인 보상기에 의한 단위 계단응답**

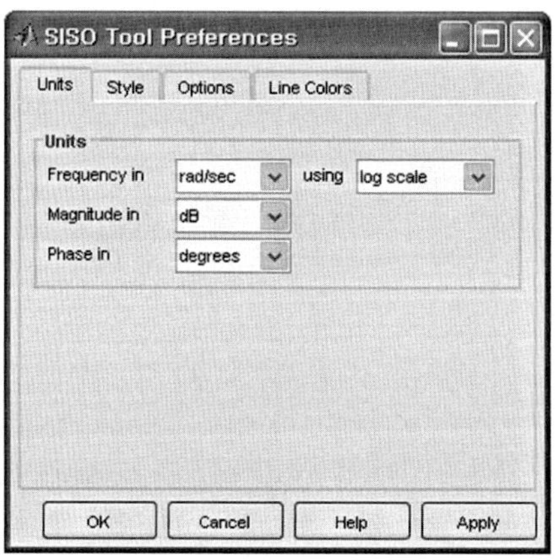

▲ 그림 B.29 SISO Tool의 Preference **편집기**

2.3 보상기와 모델의 Exporting

- 보상기의 저장(Exporting)

만약의 보상기의 설계가 성공적으로 수행되었다면, 다음 단계의 진행을 위해 설계된 보상기의 파라미터 등을 보전하여 두어야 할 것이다. 이것을 SISO Design Tool의 초기 화면([그림 B.16])의 **File** 중의 **Export**를 클릭함으로써 수행할 수 있다. 이 경우 [그림 B.30]의 화면이 열린다.

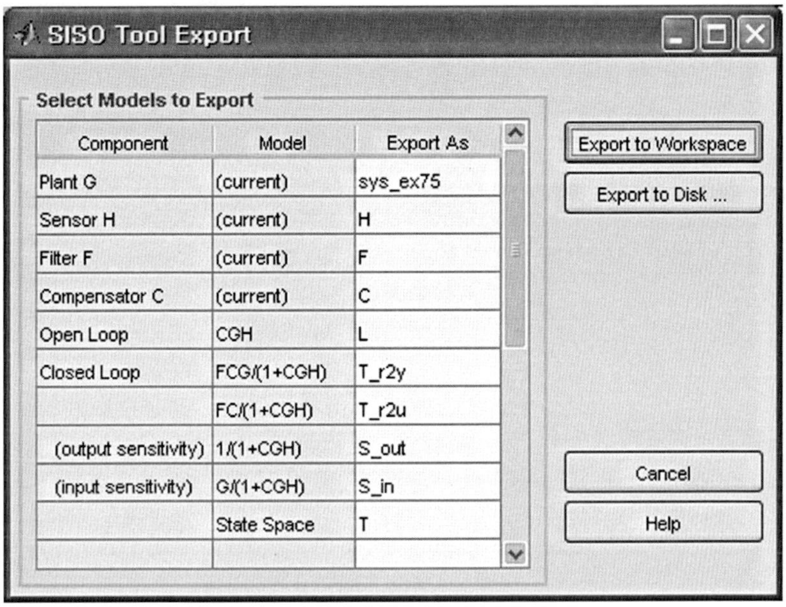

▲ 그림 B.30 SISO Tool의 Export 화면

Export As에 들어있는 변수들은 이전에 사용되었던 이름(예를 들어, sys_ex75 등)이거나 혹은 기본 값(default)의 이름(예를 들어, C, F, H 등)을 가지고 있다. 현재의 보상기를 MATLAB의 workspace에 가져가기 위해서는

1. Component List 중의 **C**를 선정한다. 만약 보상기의 이름을 바꾸고 싶다면 **Export As** 밑의 **C**를 더블클릭한다. 그러면 **C**에 새로운 이름을 넣을 수 있는 빈칸이 생기므로 이곳을 이용한다.
2. 이 작업이 끝났다면 [그림 B.30]의 **Export to Workspace** 버튼을 클릭한다.

위 결과, 보상기의 데이터를 가지고 있는 변수 C는 MATLAB의 workspace 상에 존재하

게 된다. 이것은 MATLAB 화면에서

```
>> who
```

를 실행하면 C라는 이름의 변수가 있음을 확인할 수 있다. 또 MATLAB 화면상에서

```
>> C
```

를 실행하면 보상기의 데이터는 **zpk** 형식으로 들어 있음을 확인할 수 있다.

또한 보상기를 MATLAB의 workspace가 아닌 disk상에 보존하기 위해서는 [그림 B.30]의 **Export to Disk**를 클릭한다. 그러면 [그림 B.31]의 화면이 열리므로 여기에 적당한 이름과 경로를 지정하여 저장을 수행하면 된다.

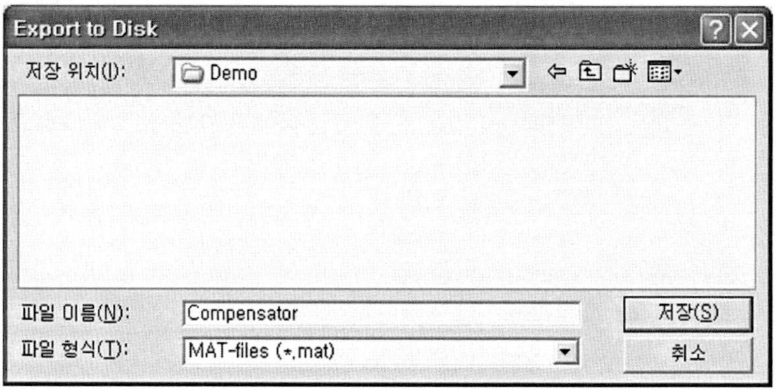

▲ 그림 B.31 **보상기 데이터의 저장**

- 현재의 설계 진행과정을 저장 및 호출

앞서 언급한 바와 같이 보상기의 설계는 계속적인 반복 작업이 필요하다. 이러한 반복과정의 도중에 현재의 상태를 저장하고자 한다면 SISO Design Tool의 **Compensators**의 **Store/Retrieve**를 클릭한다. 그러면 [그림 B.32]의 화면이 나타나므로 여기에 적절한 이름을 부여하여 저장한다. 기본 값으로 sys_ex75_1이 나타나는데 이것은 [예제 7.5]의 시스템인 sys_ex75와 관련하여 첫 번째 보상기의 설계가 수행되고 있다는 의미이다. 설계를 두 번째 되풀이하고 난 뒤는 sys_ex75_2가 기본 값으로 나타난다. 물론 이것을 다른 적당한 이름을 붙여 저장할 수도 있다.

설계 중의 몇 번째 과정을 다시 회복하고자 하는 경우는 [그림 B.32]에서 원하는 단계를 마우스로 클릭한 뒤 **Retrieve** 버튼을 누르면, SISO Design Tool은 자동적으로 선정한 단

계의 상황으로 가져간다. 이 경우 원하는 단계의 보상기를 더블클릭하여 이름을 변경한 뒤, 이것을 SISO Design Tool의 화면으로 불러들이는 것도 가능하다. 또 불필요한 단계는 마우스로 클릭한 뒤 **Delete** 버튼을 누름으로써 소거할 수 있다.

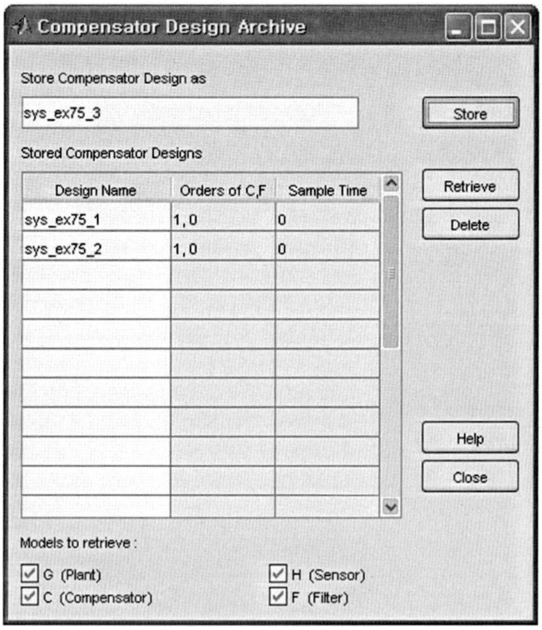

▲ 그림 B.32 **보상기의 저장(store)과 회수(retrieve)를 위한 화면**

2.4 지상 보상기의 설계

제7장의 [예제 7.7]을 가지고 지상 보상기의 설계를 sisotool을 이용하여 수행하여 보자. 설계과정은 진상 보상기의 그것과 거의 동일하므로 여기에는 결과로 나타나는 화면만을 제시하기로 한다.

[예제 7.7]

다음으로 주어진 시스템에 대하여, 1) 위상여유가 45°, 2) 시스템의 속도 오차상수가 20 으로 되도록 하는 보상기를 설계하여 보자.

$$G(s)=\frac{1}{s(s+2)}$$

(해) 정상상태 오차조건을 만족하는 이득은 $K_1 = 40$ 이므로 $K_1 G(j\omega)$ 을 주어진 제어 대상으로 간주하여 SISO Design Tool을 기동시킨다(그림 B.33). 다음에 이득 값을 변화시키지 않으면서 위상여유의 조건을 만족시키기 위해서는 저주파 영역에서 위상을 지연시켜야 하므로, 지상 보상기의 추가가 필요하다. 따라서 [그림 B.33]에서 Right-Click 메뉴를 이용하여 지상 보상기를 추가한다(그림 B.34). 이때 지상 보상기의 극을 허수축에 가까운 안정한 극의 오른쪽에 보상기의 극을 배치한다(그림 B.35). 그림에서 보다시피 위상여유가 21.2^o 로 되어 목표인 45° 에는 아직 많이 모자란다. 다음에 [그림 B.35]에서 보상기의 극을 마우스로 grab하여 위상여유가 만족될 수 있도록 왼쪽으로 이동시킨다(그림 B.36).

이 결과 위상여유는 45.2^o 로 되어 설계사양을 만족하고 있음을 알 수 있으며, 따라서 최종적인 보상기는 다음 식으로 주어지며, 이에 따른 계단응답이 [그림 B.37]에 나타나 있다.

$$40 \times \frac{(1+4.1s)}{(1+46s)}$$

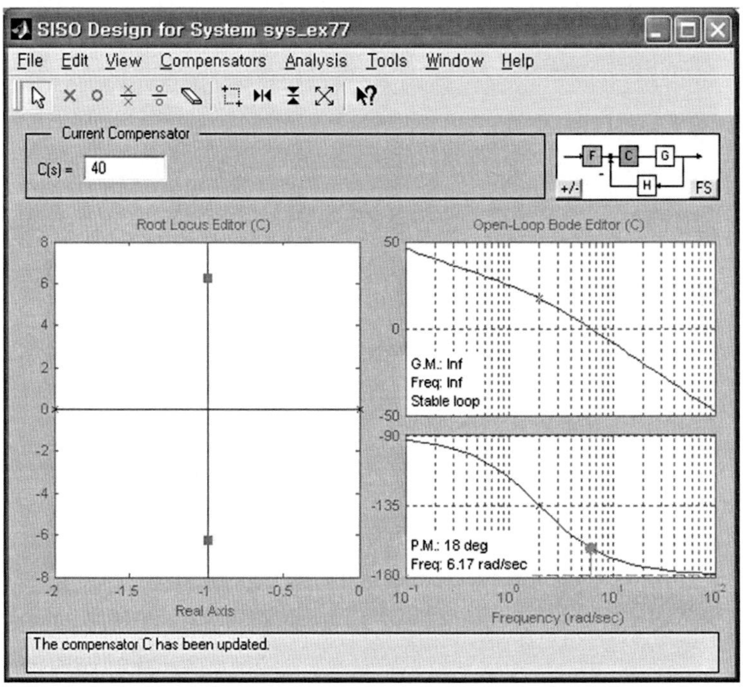

▲ 그림 B.33 [예제 7.7]을 이용한 sisotool의 초기 화면

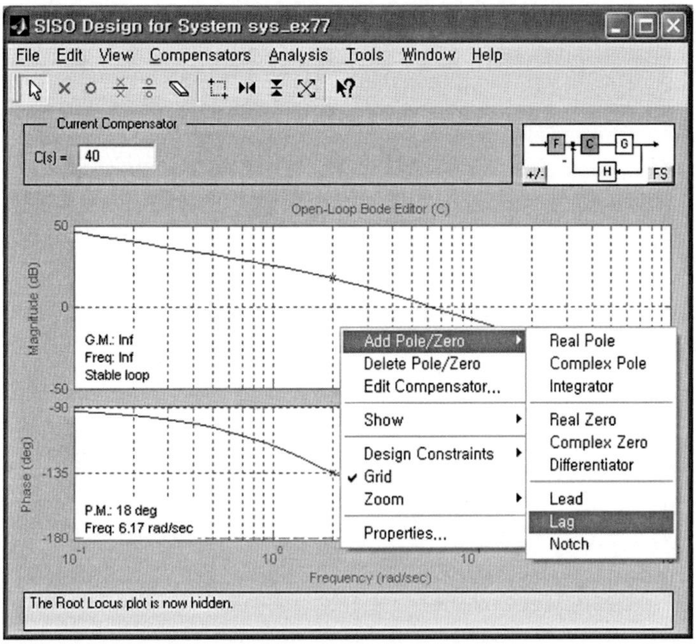

▲ 그림 B.34 지상 보상기의 추가를 위한 화면

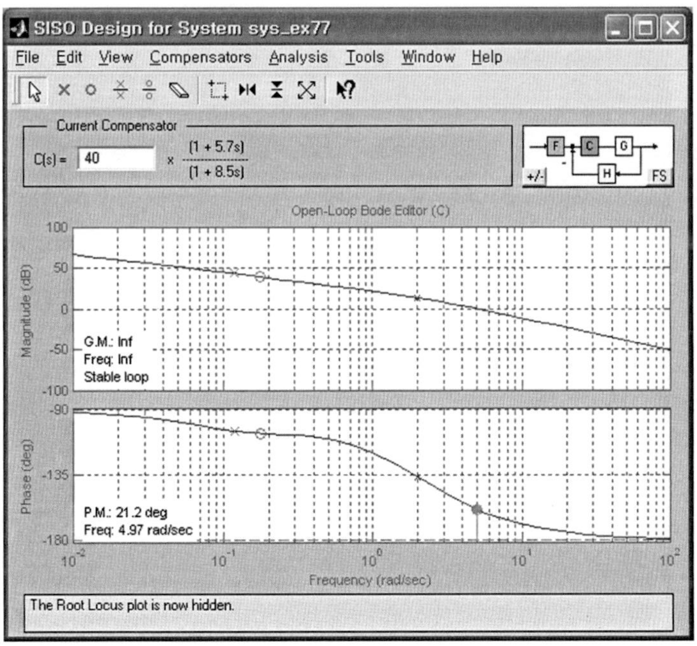

▲ 그림 B.35 보상기의 극과 영점을 제어대상의 극의 오른쪽에 배치한 화면

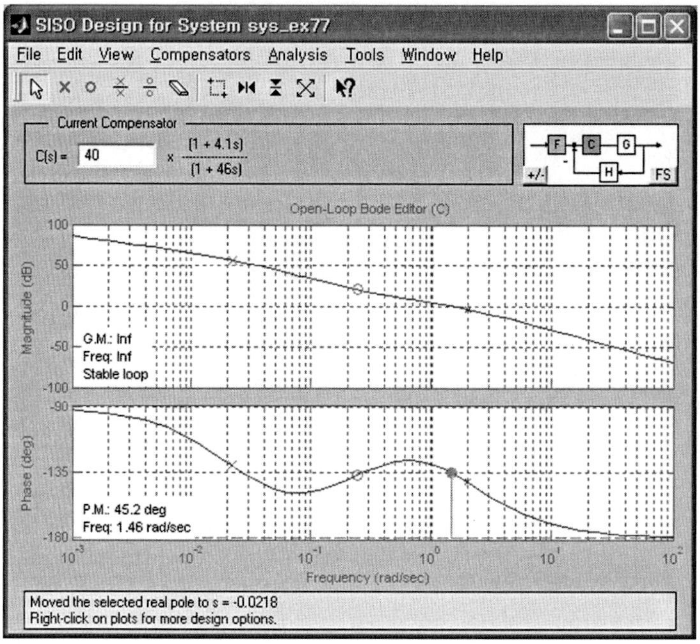

▲ 그림 B.36 보상기의 극과 영점을 이동한 결과

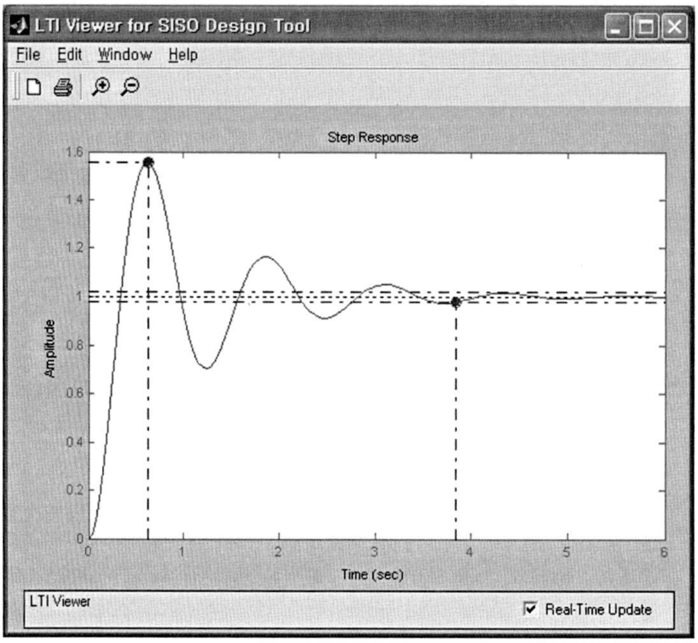

▲ 그림 B.37 [그림 B.36]의 보상기에 의한 폐루프의 계단응답

부록 C MATLAB Symbolic Math Toolbox의 사용법

Symbolic Math Toolbox가 제공하는 수식의 상징적 표현 방식(Symbolic representation)을 이용하면 수식을 표현되어 있는 그대로 MATLAB의 명령 Window 화면에 입력함으로써 계산을 수행할 수 있기 때문에 대단히 편리하다. 특히 본서의 제2장과 제3장에서 취급한 푸리에 변환과 라플라스 변환 등의 계산결과를 특별한 사전준비 없이 바로 얻을 수 있기 때문에, 수작업으로 수행한 계산 결과의 확인 등에 사용한다면 편리할 것이다. 여기서는 본서에서 취급한 정도의 계산을 할 수 있을 정도의 사용법을 간단하게 설명한다.

1 수식의 표현

먼저 Symbolic Math Toolbox와 관련한 help의 사용에 대하여 간단히 설명한다. 일반적으로 명령 Window상에서

```
help function
```

을 입력하면 'function'과 관련된 help가 화면에 나타나게 된다. 그러나 Symbolic Math Toolbox에 사용되는 상당수의 명령어는 일반적인 MATLAB의 명령어와 중복(overload)되는 것이 많기 때문에 명령 Window 화면에서 help가 필요한 함수가 Symbolic Math Toolbox에서 나온 것이라는 것을 다음과 같이 명기하여 줄 필요가 있다. 즉,

```
help sym/function
```

이다. 예를 들어 미분과 관련되는 'diff'의 많은 사용법 중에서 Symbolic Math Toolbox와 관련된 help를 보고자 한다면

```
help sym/diff
```

로 입력하여야 한다.

또한 MATLAB은 Symbolic Math Toolbox와 관련된 데모 프로그램을 제공하기 때문에 이것을 실행하면 많은 정보를 얻을 수 있다.

1.1 상징적 개체 정의 및 사용법

Symbolic Math Toolbox를 사용한 수식계산을 실행하기 위해서는 우선 '상징적 개체(symbolic object)'라고 불리는 데이터 형식을 미리 정의해 두어야 하는 점이 일반적인 MATLAB 명령어의 사용법과 다른 점이다. 예를 들어 지수함수 $f(t)=e^{-2t}$의 계산을 $t=2$에서 수행하기 위해서는 MATLAB 명령어 'exp(-2*2)'를 실행하면 가능하지만, 만약 함수 $f(t)$의 라플라스 변환을 구하고자 한다면 시간 t의 함수인 f를 상징적 개체로 정의하여 두고 이것에 라플라스 변환을 적용시켜야 한다는 것이다.

이와 같이 변수(또는 함수)를 표현하는 상징적 개체를 미리 정의하고 이 개체로서 함수를 표현할 수 있도록 하는 명령어 'sym'이 제공된다. 이것의 사용법은 다음과 같다. 즉,

```
x = sym('x')
a = sym('alpha')
```

를 실행하면 변수 x가 상징적 개체 x로서, 또 변수 alpha가 역시 상징적 개체 a로서 MATLAB 상에 만들어지게 된다. 예로서 황금률(golden ratio)을 나타내는 다음의 값을 상징적 개체로 정의하여 보자. 즉

$$\rho = \frac{1+\sqrt{5}}{2}$$

```
rho = sym('(1+sqrt(5))/2')
```

를 실행하면 상징적 개체 rho가 정의되고, 앞으로 이것을 이용하여 여러 종류의 계산을 간단히 수행할 수 있다. 예를 들어

```
f = rho^2 -rho - 1
```

을 실행하면

```
f =
    (1/2+1/2*5^(1/2))^2-3/2-1/2*5^(1/2)
```

가 얻어지며 여기에

```
simplify(f)
```

를 실행하면 0(zero)이 얻어짐을 확인할 수 있을 것이다.[1]

또한 2차식 $f = ax^2 + bx + c$ 을 상징적 개체로 정의하기 위해

```
f = sym('a*x^2+b*x+c')
```

을 실행하면 상징적 함수 f 에 상기의 2차식이 배당되게 된다. 이 경우 Symbolic Math Toolbox는 2차식의 a, b, c, x 의 각각의 변수에 대한 개체를 생성하는 것이 아니라 2차식의 형태로 상징적 함수 f 를 생성하는 점에 유의한다. 만약 위 2차식에 관하여 미분이나 적분 등을 수행하기 위해서는 다음과 같이 각각의 변수를 상징적 개체로 지정하여야 할 것이다.

```
a = sym('a')
b = sym('b')
c = sym('c')
x = sym('x')
```

또는 간단히 다음과 같이 할 수도 있다.

```
syms a b c x
```

2 Symbolic 표현과 수식으로의 전환

상징적 표현식에 임의의 값을 대입한 결과를 얻기 위해서는 명령어 'sym'이 가지는 네 가지의 옵션을 이용하면 가능하다. 예를 들어 위에서 정의한 황금률 ρ 의 실제값을 구하기 위해서 다음 명령어 'sym'이 가지는 네 종류의 옵션을 지정하여 실행해 본다면 각각이 가지는 특징을 이해할 수 있을 것이다.

[1] simplify의 사용법은 뒷부분(6절) 참조

```
sym(rho,'f'), sym(rho,'r'), sym(rho,'e') 및 sym(rho,'d')
```

명령어 sym의 효과적인 용도 중의 하나로서 다음과 같은 것이 있다. 즉,

```
A = hilb(3)
```

을 실행하면 다음과 같은 크기 3×3인 힐버트 행렬(Hilbert matrix)이 생성된다.

```
A =
    1.0000    0.5000    0.3333
    0.5000    0.3333    0.2500
    0.3333    0.2500    0.2000
```

여기에 sym을 적용하여

```
A = sym(A)
```

을 실행하면

```
A =
[   1, 1/2, 1/3]
[ 1/2, 1/3, 1/4]
[ 1/3, 1/4, 1/5]
```

로 되어 행렬의 요소, 예를 들어 0.3333의 실제 값인 (1/3)을 정확하게 표현하고 있음을 알 수 있다. sym의 또 다른 옵션이 'real'을 사용하여 상징적 개체에 대한 수학적인 특성을 정의할 수 있다. 예를 들어

```
syms x y real
z = x + i*y
```

를 실행하면 개체 z는 항상 복소수로 정의되므로 다음과 같은 명령어의 적용이 가능하다. 즉,

```
conj(x),  conj(z) 및 expand(z*conj(z))
```

을 실행하면 다음의 결과가 얻어짐을 확인할 수 있을 것이다.

```
x,  x - i*y 및 x^2 +y^2
```

위에서 'conj'는 복소함수의 공역을 얻는 명령어이다. 따라서 상징적 개체 x는 실수이기 때문에 'conj(x) == 1'을 수행하면 "1"이 return 된다.

만약 상징적 개체 x에 대한 실수의 특성을 제거하려면

```
syms x unreal
```

을 실행하면 된다.

3 간단한 예

3.1 함수의 미분

먼저 함수 $f(x)$를 상징적 개체로 정의하고 이것의 미분을 계산하여 보자. 먼저

```
f = sym('f(x)')
```

을 실행하면 함수 $f(x)$가 상징적 개체인 f에 배당된다. 이 함수에 대한 미분은 다음과 같이 정의할 수 있다.

```
syms x h
df = (subs(f,x,x+h)-f)/h
```

를 실행하면 함수 $f(x)$의 변수 x에 관한 미분을 얻을 수 있다.

```
df =
    (f(x+h)-f(x))/h
```

위에서 명령어 'subs(f,x,x+h)'는 상징적 함수 f의 변수(즉, x)를 처음의 x(old one)에서 뒤 편(new one)의 x+h로 교체하라는 것을 의미한다.

3.2 상징적 행렬의 생성

상징적 개체로 이루어진 행렬을 구성하여 그 특징을 살펴보기로 하자.

```
syms a b c
A = [a b c; b c a; c a b]
```

을 실행하면

```
A =
[ a, b, c]
[ b, c, a]
[ c, a, b]
```

이 얻어진다. 위 행렬 A의 각 요소는 상징적 개체로 이루어져 있지만, 행렬과 관련한 MATLAB의 일반적인 법칙은 그대로 적용 가능하다. 즉,

```
sum(A(1, :))
```

을 수행하면 'a+b+c'가 얻어지며, 또

```
sum(A(1,:)) == sum(A( : ,2))
```

은 양변이 동일한 값을 가지기 때문에 위 명령의 실행 결과는 '1'이 return 될 것이다.

또 행렬 A의 임의 요소를 다른 상징적 개체로 교체할 수도 있다. 즉,

```
syms alpha beta
A(2,3) = beta;
A = subs(A,b,alpha)
```

을 실행하면 다음이 얻어진다.

```
A =
[     a, alpha,     c]
[ alpha,     c,  beta]
[     c,     a, alpha]
```

4 Symbolic Math Toolbox를 이용한 계산법

Symbolic Math Toolbox는 기본적인 계산(calculus), 즉 미분, 적분, 극한, 합계 및 테일러 전개 등의 계산을 위한 명령어를 제공하고 있다. 여기서는 본서의 내용에 필요한 것을 중심으로 간략하게 설명한다. 자세한 내용은 Symbolic Math Toolbox가 제공하는 설명서 등을 참조하기 바란다.

4.1 미분

```
syms a x
f = sin(a*x)
df = diff(f)
```

를 실행하여 보자. 이 경우 함수 $f(x)=\sin(ax)$의 미분인 $f'(x)=a\cos(ax)$가 얻어지는 것을 확인할 수 있을 것이다. 또 함수 f를 변수 a에 대하여 미분하기 위해서는

```
dfa = diff(f,a)
```

를 실행하면 된다. 또 함수 f의 2계 미분은 다음과 같다.

```
dfa = diff(f,2),  또는 diff(f,x,2)
```

이 결과 $f''(x)=-a^2\sin(ax)$이 얻어짐을 확인할 수 있다.

```
ans =
      -sin(a*x)*a^2
```

아래 [표 C.1]에 'diff' 명령어의 결과에 대한 몇 가지 예를 표시하였다.

[표 C.1]

함수 f	diff(f)
x^n	x^n*n/x
$\sin(at+b)$	a*cos(a*t+b)
$e^{i\theta}$	i*exp(i*theta)

명령어 'diff'는 상징적 행렬에 대해서도 적용 가능하다. 이때 미분은 행렬 각 요소 하나 하나에 대하여 실행된다. 다음의 예를 보자.

```
syms a x
A = [cos(a*x), sin(a*x); -sin(a*x), cos(a*x)]
dy = diff(A)
```

를 실행하면

```
y =
[ -sin(a*x)*a,  cos(a*x)*a]
[ -cos(a*x)*a, -sin(a*x)*a]
```

로 됨을 확인할 수 있다.

4.2 극한(limits)

잘 알려진 바와 같이 미분은 다음과 같이 정의된다.

$$f'(x)=\lim_{h\to 0}\frac{f(x+h)-f(x)}{h}$$

Symbolic Math Toolbox를 사용하면 함수의 극한을 바로 계산할 수 있다. 다음의 예를 보자.

```
syms h n x
dc = limit((cos(x+h) - cos(x))/h, h, 0)
```

의 결과 '$\mathrm{dc} = -\sin(x)$'로 되어, $\cos(x)$의 미분인 $-\sin(x)$가 얻어졌음을 확인할 수 있다. 또,

$$e^x = \lim_{n\to 0}\left(1+\frac{x}{n}\right)^n$$

의 관계로부터

```
limit((1+x/n)^n,n,inf)
```

을 실행하면 exp(x), 즉 e^x를 얻을 수 있다. 극한과 관련된 내용을 [표 C.2]에 정리하였다

[표 C.2]

수학적인 표현	MATLAB 표현
$\lim_{x\to 0} f(x)$	limit(f)
$\lim_{x\to a} f(x)$	limit(f,a) 또는 limit(f,x,a)
$\lim_{x\to a^-} f(x)$	limit(f,x,a,'left')
$\lim_{x\to a^+} f(x)$	limit(f,x,a,'right')

위 [표 C.2]에서 $x\to a^+$ 또는 $x\to a^-$ 는 각각 변수 x가 a의 오른쪽(즉, a보다 큰 값)에서, x가 a의 왼쪽(즉, a보다 작은 값)에서 각각 a로 향해 수렴하고 있는 것을 의미하고 있다.

4.3 적분

'f'가 상징적 함수라면

```
F = int(f)
```

는 'diff(F) = f'를 만족하는 또 하나의 상징적 함수 F를 생성한다. 즉, int(f)는 'f'의 적분을 수행하는 명령어라는 것을 알 수 있다. 또는

```
F = int(f,v)
```

를 실행하면 함수 'f'를 변수 'v'에 관한 적분이 얻어진다. [표 C.3]에 적분과 관련한 몇 가지 예를 열거하였다.

[표 C.3]

수학적인 표현	MATLAB 표현
$\int x^n dx = \frac{x^n+1}{n+1}$	int(x^n) 또는 int(x^n,x)
$\int_0^{\pi/2} \sin(2x)dx = 1$	int(sin(2*x),0,pi/2) 또는 int(sin(2*x),x,0,pi/2)
$g=\cos(at+b),\ \int g(t)dt = \{\sin(at+b)\}/a$	g=cos(a*t+b), int(g) 또는 int(g,t)

상한과 하한이 주어지는 적분 역시 가능하다. 즉, 명령어

```
int(f,a,b),  또는 int(f,v,a,b)
```

의 수식 표현은 다음과 같다.

$$\int_a^b f(x)dx \quad \text{및} \quad \int_a^b f(v)dv$$

[표 C.4]에 적분과 관련된 몇 가지 예를 나열하였다.

[표 C.4]

함수 f	상한(b)과 하한(a)	int(f,a,b)
x^7	0, 1	1/8
$1/x$	1, 2	log(2)
$\log(x)\sqrt{x}$	0, 1	−4/9
e^{-x^2}	0, inf	$(1/2)\pi^{(1/2)}$

4.4 합의 계산 및 상징적 함수의 그래프 생성

상징적 개체의 합이 존재한다면 명령어 'symsum'을 이용하여 합계를 계산할 수 있다. 예를 들어

$$1+\frac{1}{2^2}+\frac{1}{3^2}+\cdots$$

은 $\pi^2/6$로 수렴하며, $1+x+x^2+\cdots$은 $1/(1-x)$로 된다(단, $|x|<1$이다). 이러한 관계식을 Symbolic Math Toolbox를 이용하여 확인하여 보자.

```
syms x k
s1 = symsum(1/k^2,1,inf)
s2 = symsum(x^k,k,0,inf)
```

을 실행하면 다음의 결과를 얻는다.

```
s1 = 1/6*pi^2
s2 = -1/(x-1)
```

다음 식으로 주어지는 함수를 이용하여 Symbolic Math Toolbox를 적용한 몇 가지의 예를 만들어 보자.

$$f(x) = \frac{1}{5+4\cos(x)}$$

먼저 위의 함수를 다음과 같이 상징적 함수로 정의한다.

```
syms x
f = 1/(5+4*cos(x))
```

다음에 Symbolic Math Toolbox가 제공하는 명령어 'ezplot(f)'를 이용하여 함수 $f(x)$에 대한 그래프를 작성한다. 즉,

```
ezplot(f,[-6 6])
```

를 실행하면 다음의 그림을 얻는다. 이때 'ezplot'에서 변수 x의 범위)(즉, [−6 6])를 설정하지 않는다면 ezplot는 자동적으로 가장 적절한 범위를 선정하여 그래프로 나타낸다.

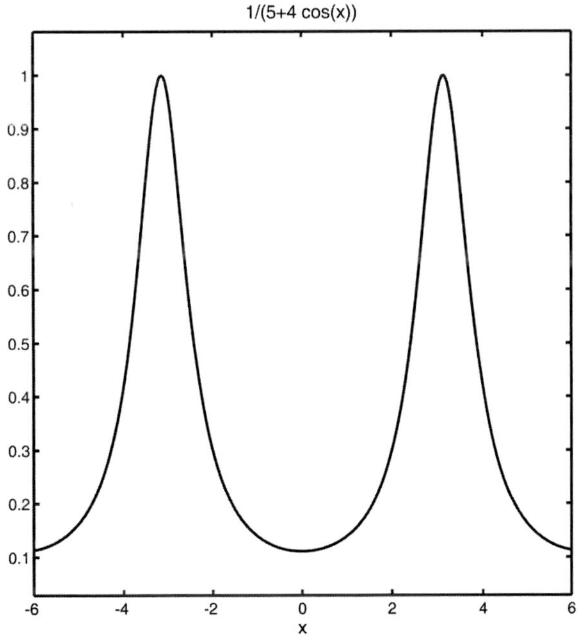

▲ 그림 C.1 함수 $f(x)$의 그림

4.5 테일러급수(Taylor Series)

4.4절에서 사용한 함수

$$f(x)=\frac{1}{5+4\cos(x)}$$

에 대하여 명령어

```
syms x
f = 1/(5+4*cos(x))
T = taylor(f,8)
```

을 실행하면

```
T =

    1/9+2/81*x^2+5/1458*x^4+49/131220*x^6
```

가 얻어지는데, 이것은 다음 식으로 정의되는 함수 $f(x)$ 의 $x=a$ 에서의 테일러급수를 제8차까지 수행한 결과를 나타내고 있다.

$$\sum_{n=0}^{\infty}(x-a)^n \frac{f^n(a)}{n!}$$

위의 명령어 taylor(f,8)은 $a=0$ 인 경우이다. 만약 함수 $g(x)=e^{x\sin(x)}$ 를 $x=2$ 에서 테일러급수 전개하여 처음 12번째 항까지의 합계를 얻고자 하면 다음을 실행하면 된다.

```
syms x
g = exp(x*sin(x))
t = taylor(g,12,2)
```

다음에 Symbolic Math Toolbox의 함수를 이용하여 계산한 테일러 근사값이 실제 값에 어느 정도 근접하고 있는지를 그림을 통하여 알아보자. 즉,

```
xd = 1:0.05:3; yd = double(subs(g,x,xd));
ezplot(t,[1,3]); hold on;
plot(xd, yd)
```

를 실행하면 [그림 C.2]가 얻어진다. 이 그림으로부터 실제 값과 테일러 전개에 의한 근사값 사이에는 거의 차이가 없음을 확인할 수 있다.

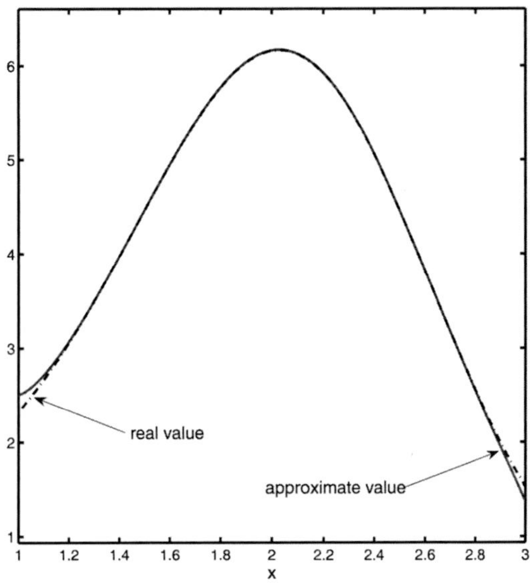

▲ 그림 C.2 **함수 $g(x)=e^{x\sin(x)}$의 실제 값과 테일러 전개에 의한 근사값**

함수 $f(x)$를 $x=0$에서 테일러급수 전개하여 제8차까지의 전개 값인 개체 'T'는 위에서 보다시피 상당히 복잡한 모양을 하고 있다. 이것을 'pretty' 명령어를 수행하면 보기에 편한 형태로 표현 가능하다. 즉,

```
pretty(T)
```

를 실행하면 다음과 같이 8차의 테일러급수 전개된 형식이 화면에 나타난다.[2]

$$(1/9)+(2/81)x^2+(5/1458)x^4+\left(\frac{49}{131220}\right)x^6$$

다음에 함수 $f(x)$의 2계 미분을 구하고 이것을 그래프로 그려 보자. 먼저 2계 미분은

```
f2 = diff(f,2), 혹은 f2 = diff(f,x,2)
```

2 화면상의 표시 방법의 제약으로 인해 위 수식과는 약간 다르게 나타난다.

를 실행하면 다음의 결과가 얻어진다.

```
f2 =
32/(5+4*cos(x))^3*sin(x)^2+4/(5+4*cos(x))^2*cos(x)
```

이 결과를 명령어 'ezplot'를 이용한 그래프를 [그림 C.3]에 표시하였다.

```
ezplot(f2)
axis([-2*pi 2*pi -5 2])
```

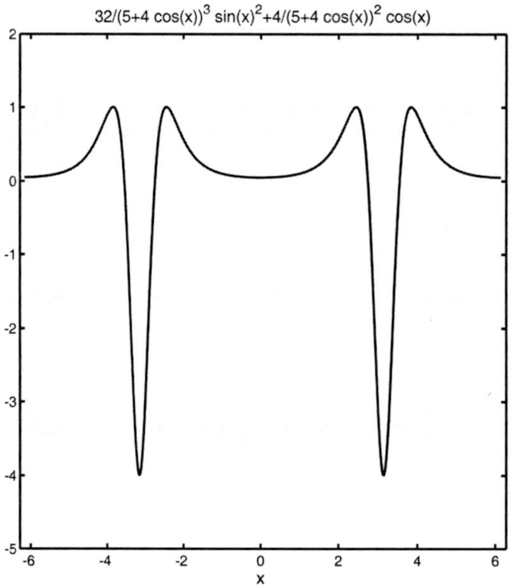

▲ 그림 C.3 함수 $d^2f(x)/dx^2$의 그림

[그림 C.3]으로부터 $f''(x)$는 -4에서 1까지의 범위에 존재하는 것을 알 수 있다. 이것을 확인하여 보기로 하자. $f''(x)$의 최대값과 최소값은 $f'''(x)=0$에서 발생하므로, 먼저 함수 $f(x)$의 3계 미분을 구하여 이 값을 영으로 하는 변수 x를 계산한다.

```
f3 = diff(f2)
pretty(f3)
```

을 실행하면

$$384\frac{[\sin(x)]^3}{(5+4\cos(x))^4}+96\frac{\sin(x)\cos(x)}{(5+4\cos(x))^3}-4\frac{\sin(x)}{(5+4\cos(x))^2}$$

가 얻어지고, 위 함수를 명령어 '**simple**'를 이용하여 $f'''(x)=0$ 을 만족하는 값을 구하기 쉬운 형태로 변환한다.

```
f3 = simple(f3)
pretty(f3)
```

를 실행하면

$$4\frac{\sin(x)(96\sin(x)^2+80\cos(x)+80\cos(x)^2-25)}{(5+4\cos(x))^4}$$

가 얻어진다. 이제 $f'''(x)=0$ 을 명령어 '**solve**'를 이용하여 풀어서 $f''(x)$ 의 최대값과 최소값을 구하여 보자. 즉,

```
z = solve(f3)
format
zr = double(z)
```

을 실행하면 5행1열의 행렬이 얻어지는데, 각 행의 요소는 $f'''(x)=0$ 를 만족하는 값이다.

```
zr =
          0
          0 + 2.4381i
          0 - 2.4381i
     2.4483
    -2.4483
```

이 결과로부터 $x=\pm 2.4483$ 에서 $f''(x)$ 의 최대값은 명령어 '**subs**(f2, x, zr(4,1))'를 실행하면 1.0051로 되어 [그림 C.3]과 일치하는 것을 알 수 있으나, $f''(x)$ 의 최소값은 [그림 C.3]과 일치하지 않는 것을 확인할 수 있을 것이다.[3]

[3] 최소값과 최대값의 결정과 관련된 더 자세한 내용은 Symbolic Math Toolbox의 매뉴얼을 참조하기 바란다.

5 Simplifications과 Substitutions

상징적 표현식을 간략하게 표현할 수 있도록 하는 몇 개의 명령어가 제공되고 있으며 이들은 상징적 표현식의 상호 변환에 많이 사용되고 있다.

상징적 표현으로 자주 사용되는 것으로 다음의 세 종류가 있다.

```
syms x
f = x^3-6*x^2+11*x-6
g = (x-1)*(x-2)*(x-3)
h = x*(x*(x-6)+11)-6
```

위 표현식을 명령어 'pretty'를 사용하여 화면상에 나타내면 각각 다음의 형식으로 표시된다.

$$x^3-6x^2+11x-6,\ (x-1)(x-2)(x-3),\ x((x-6)+11)-6$$

위 세 개의 함수는 모두 x의 3차 다항식으로 표현의 형식은 다르지만 모두 동일한 근을 가진다. 따라서 주어진 상황에 맞게 적절한 형태의 표현식이 사용되어야 할 것이다. Symbolic Math Toolbox에서는 여러 형식의 대수적 표현식에 맞추어 사용할 수 있도록 하나의 표현식을 다른 표현식으로 변환할 수 있는 명령어 – 'collect', 'expand', 'horner', 'factor', 'simplify' 및 'simple' – 를 제공하고 있다.

- collect

'collect(f,x)'를 실행하면 함수 $f(x)$를 변수 x의 다항식으로 전개하여 최고 차수에서 내림차순으로 전개된 형식으로 변환한다. [표 C.5]에 몇 가지의 예를 나타내었다.

[표 C.5]

함수 f	collect(f)의 실행
(x−1)*(x−2)*(x−3)	x^3−6*x^2+11*x−6
x*(x*(x−6)+11)−6	x^3−6*x^2+11*x−6
(1+x)*t+x*t	2*x*t+t

- expand

명령어 'expand(f)'를 실행하면 이름대로 함수 f가 가지는 각 요소의 합으로 분해하여 전개한다. [표 C.6]에 이것의 몇 가지 예를 나타내었다.

[표 C.6]

함수 f	expand(f)
a*(x+y)	a*x+a*y
(x−1)*(x−2)*(x−3)	x^3−6*x^2+11*x−6
x*(x*(x−6)+11)−6	x^3−6*x^2+11*x−6
exp(a+b)	exp(a)+exp(b)
cos(x+y)	cos(x)*cos(y)−sin(x)*sin(y)
cos(3*acos(x))	4*x^3−3*x

- horner

명령어 'horner(f)'를 실행하면 함수 f의 표현식을 Horner 형식, 즉 nested representation의 형태로 전환한다. [표 C.7]에 예를 나타내었다.

[표 C.7]

함수 f	horner(f)
x^3−6*x^2+11*x−6	x*(x*(x−6)+11)−6
1.1+2.2*x+3.3*x^2	11/10+(11/5+33/10*x)*x

- factor

함수 f가 유리수의 계수를 가지는 다항식인 경우에, 명령어 'factor(f)'를 실행한다면 함수 f 자신보다 더 낮은 차수의 다항식의 곱의 형식으로 전개된다. 만약 더 낮은 차수의 다항식의 곱으로 분해되지 않는 경우에는 원래의 값을 그대로 가진다. [표 C.8]에 예를 나타내었다.

[표 C.8]

함수 f	factor (f)
x^3−6*x^2+11*x−6	(x−1)*(x−2)*(x−3)
x^3−6*x^2+11*x−5	x^3−6*x^2+11*x−5
x^6+1	(x^2+1)*(x^4−x^2+1)

• simplify

명령어 'simplify'는 여러 종류의 연산에 적용하여 연산의 결과를 이름대로 간략화 하여 보여 주는 강력한 도구의 하나이다. [표 C.9]에 몇 가지의 예를 제시하였다.

[표 C.9]

함수 *f*	simplify(f)
x*(x*(x-6)+11)-6	x^3-6*x^2+11*x-6
(1-x^2)/(1-x)	x+1
(1/a^3+6/a^2+12/a+8)^(1/3)	((2*a+1)^3/a^3)^(1/3)
log(x*y)	log(x)+log(y)
exp(x)*exp(y)	exp(x+y)
cos(x)^2+sin(x)^2	1

• simple

명령어 'simple'은 계산의 결과로 얻어진 식의 표현을 가장 적은 수의 문자로서 나타낼 수 있도록 하는 목적을 가진 명령어이다. 이 경우, 적은 수의 문자로서 표현된 것이 반드시 'simple'(또는 사용자의 입장에서 알아보기 쉽다)하다고는 할 수 없지만, 실용적으로 만족스러운 것으로 알려져 있다.

명령어 'simple'는 이러한 목적을 달성하기 위하여 내부적으로 위에서 언급한 명령어, 즉 'simplify, collect, factor' 등을 독자적으로 사용하여 가장 간결한 형태의 결과를 제공한다. 명령어 'simple'은 여러 형태의 사용법이 있다. 단순히 'simple(f)'를 실행하면 실제 MATLAB 내부에서 'simple'이 실행되는 과정이 화면에 나타나면서 제일 마지막 행에 그 결과가 출력된다. 예를 들어

```
simple(cos(x)^2+sin(x)^2)
```

를 실행하여 보기 바란다. 이와 같이 화면에 전개되는 간략화 과정은, 사용자로 하여금 결과로 얻어진 간략화된 식이 실제로 목적에 맞는 것인지의 여부를 판단하는데 도움을 준다. 그러나 화면에 전개되는 그러한 과정을 나타나지 않게 하려면

```
f = simple(cos(x)^2+sin(x)^2)
```

를 실행하면 된다.

명령어 'simple'은 때때로 위에서 언급한 명령어 'simplify'의 실행 결과에 적용하여 더욱 간단한 형태의 식을 얻을 수도 있다. 다음 예를 보자.

[표 C.10]

함수 f	simplify(f)	simple(f)
(1/a^3+6/a^2+12/a+8)^(1/3)	((2*a+1)^3/a^3)^(1/3)	(2*a+1)/a
log(x*y)	log(x)+log(y)	log(x*y)

때때로 명령어 'simple'을 두 번 연속적으로 적용하여 또 다른 형태의 간략화 된 형태를 얻는 경우도 있다. 예를 들어

```
syms a
f = (1/a^3+6/a^2+12/a+8)^(1/3);
simple(simple(f))
```

를 실행하면 '1/a+2'가 얻어지는 것을 확인할 수 있을 것이다. 명령어 'simple'은 특히 삼각함수와 관련된 함수의 간략화에 있어 유용하다. [표 C.11]에 몇 가지 예를 나타내었다.

[표 C.11]

함수 f	simple(f)
cos(x)^2+sin(x)^2	1
2*cos(x)^2-sin(x)^2	3*cos(x)^2-1
cos(x)^2-sin(x)^2	cos(2*x)
cos(x)+(-sin(x)^2)^(1/2)	cos(x)+i*sin(x)
cos(x)+i*sin(x)	exp(i*x)
cos(3*acos(x))	4*x^3-3*x

지금까지 설명한 것 외에도 Symbolic Math Toolbox는 일반적인 수식 계산을 편리하게 실행할 수 있도록 하는 수많은 함수와 방법을 제공하고 있다. 더 자세한 설명은 MATLAB에서 제공하는 매뉴얼을 참고하기 바란다.

부록 D 기타사항

1 복소임피던스의 이해

캐퍼시터와 인덕터 등을 가지는 간단한 전기회로의 해석에 있어서, 회로가 가지는 각 루프에 대한 미분 방정식을 작성하는 과정에서 나타나는 미분과 적분을 라플라스 변환의 특징을 이용하여 변환하면, 회로의 해석을 미분 방정식의 관점이 아닌 대수방정식의 관점에서 해결할 수 있기 때문에 대단히 편리하다. 따라서 저항, 캐퍼시터 및 인덕터를 각각의 라플라스 변환으로 단순히 대체함으로써 쉽게 회로 해석을 수행할 수 있다. 이하 각각의 요소에 대한 라플라스 변환법에 대하여 설명한다.

(1) 저항

크기 R인 저항의 양단에 걸리는 전압을 $v_R(t)$, 흐르는 전류를 $i_R(t)$로 두었을 때 옴(Ohm)의 법칙에 따라 다음의 관계식이 성립한다.

$$v_R(t) = R \cdot i_R(t)$$

위 식을 라플라스 변환하면

$$V_R(s) = R \cdot I_R(s) \tag{D.1}$$

로 되며, 이것을 [그림 D.1]과 같이 저항 요소의 임피던스로 사용한다.

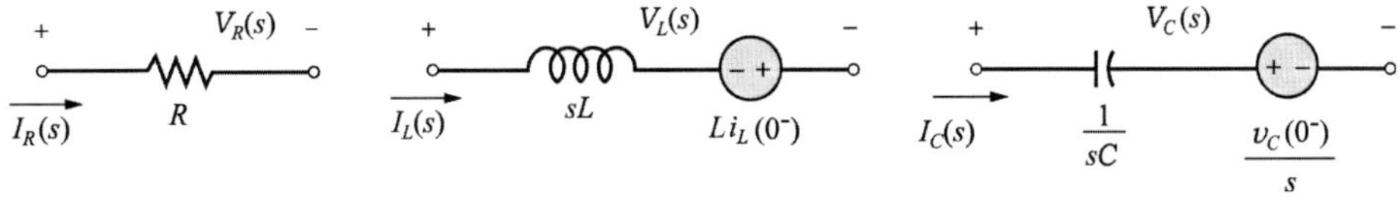

(a) 저항 (b) 인덕터 (c) 캐퍼시터의 표시

▲ 그림 D.1 키르히호프(Kirchhoff)의 전압 법칙

(2) 인덕터

[그림 D.2(a)]와 같이 초기전류 $i_L(0^-)$를 가지는 인덕터의 양단에 인가되는 전압과 전류 사이에는

$$v_L(t) = L\frac{di_L(t)}{dt}$$

의 관계가 성립하며, 위 식의 양변을 라플라스 변환하면 다음 관계식을 얻는다.

$$\begin{aligned} V_L(s) &= L\left[sI_L(s) - i_L(0^-)\right] \\ &= LsI_L(s) - Li_L(0^-) \\ &= Ls\left[I_L(s) - \frac{i_L(0^-)}{s}\right] \end{aligned} \tag{D.2}$$

위 식의 첫 번째 행의 관계는 [그림 D.2(b)]에, 세 번째 행의 관계를 [그림 D.2(c)]에 각각 표시하였다.

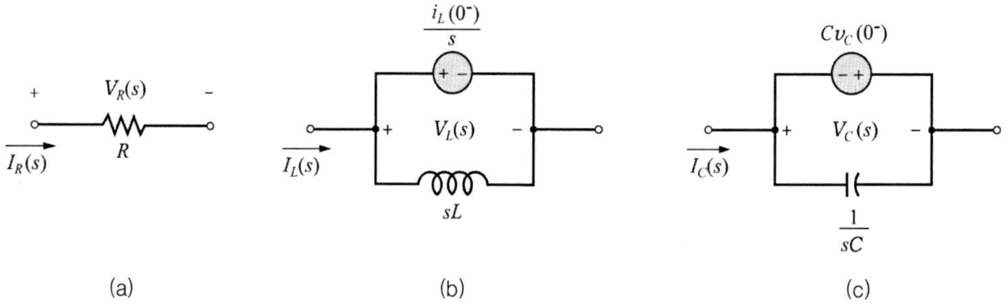

▲ 그림 D.2 **인덕터**

(3) 캐퍼시터

[그림 D.3(a)]와 같이 초기전압 $v_C(0^-)$를 가지는 캐퍼시터 양단의 전압과 전류 사이에는 다음 식이 성립한다.

$$i_C(t) = C\frac{dv_C(t)}{dt}$$

위 식의 양변을 라플라스 변환하면

$$I_C(s) = C\left[sV(s) - v_C(0^-)\right] \tag{D.3}$$

로 되며 이것을 다시 정리하면 다음의 관계식을 얻는다.

$$V_C(s) = \frac{1}{Cs} I_C(s) + \frac{v_C(0^-)}{s} \tag{D.4}$$

$$= \frac{1}{Cs}\left[I_C(s) + Cv_C(0^-)\right]$$

여기서 $V_C(s)$는 충전되어 있는 캐퍼시터 양단에 걸리는 전압이며, $I_C(s)/(Cs)$는 충전 없이 동일한 캐퍼시터의 양단에 걸려있는 전압을 각각 의미한다. 따라서 충전되어 있는 캐퍼시터는 $v_C(0^-)/s$의 크기를 가지는 전압원과 충전되어 있지 않는 캐퍼시터가 직결로 연결되어 있는 것으로 볼 수 있다. 이러한 관계를 [그림 D.3]의 (a), (b), (c)에 각각 표시하였다.

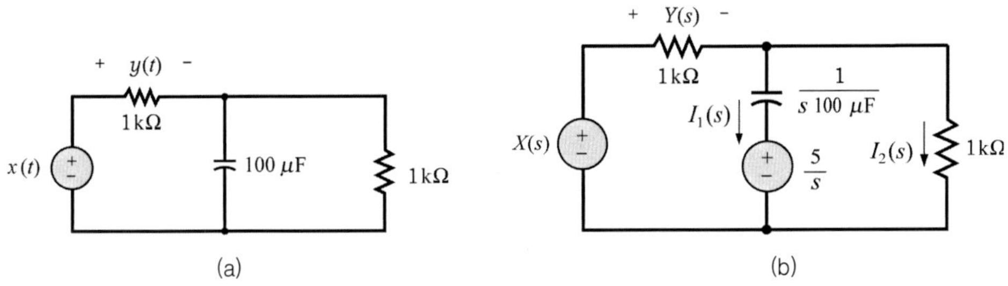

▲ 그림 D.3 캐퍼시터

R, L 및 C를 포함하는 전기회로의 해석에서, R의 경우는 [그림 D.1], L의 경우는 [그림 D.2(a)], 및 C의 경우에는 [그림 D.3(b)]로 대치하여 사용하며 편리하다.

다음의 예제는 이러한 관계를 이용하여 전기회로의 해석을 수행한 것이다.

[예제 D.1]

[그림 D.4]으로 주어진 간단한 전기회로에 대하여 $1\,k\Omega$의 저항에 걸리는 전압 $y(t)$를 계산하여 보자. 단 입력전압으로 $x(t) = 3e^{-10t}$, $(t \geq 0)$이 인가되며, 캐퍼시터는 초기 전압으로 $t = 0^-$에서 $5\,[V]$를 가지는 것으로 한다.

(해) 변환된 회로의 [그림 D.4(b)]에 키르히호프의 법칙을 적용하면 다음의 식이 얻어진다.

$$Y(s) = 1000\left[I_1(s) + I_2(s)\right]$$

$$X(s)= Y(s)+ \frac{1}{s \cdot 10^{-4}} I_1(s)+ \frac{5}{s}$$

$$X(s)= Y(s)+1000 I_2(s)$$

위 식으로부터 전류 $I_1(s)$ 과 $I_2(s)$ 를 소거하면

$$Y(s)= X(s)\frac{s+10}{s+20} - \frac{5}{s+20}$$

이 얻어지고, 여기에 $X(s)= 3/(s+10)$ 를 대입하면

$$Y(s)= \frac{-2}{s+20}$$

으로 되며 이것을 라플라스 역변환 하면

$$y(t)= -20e^{-20t},\ (t \geq 0)$$

가 최종적으로 얻어진다.

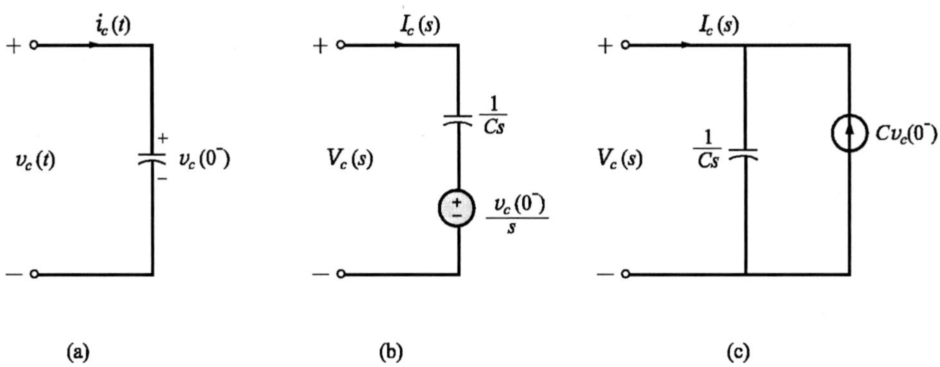

▲ 그림 D.4 [예제 1.1]의 전기회로

상기 예제와 같이 회로의 각 요소에 대하여 변환된 표현법을 사용한다면 회로망 방정식의 해를 간단하게 구할 수 있다. 특히 변환된 표현법 중에서 만일 인덕터나 캐퍼시터의 초기값이 영인 경우에는 약간의 주의가 필요하다. 즉, [그림 D.2(c)] 또는 [그림 D.3(c)]와 같이 전압법칙을 적용하는 경우에는 초기값 부분을 단락(short)시켜야 하며, [그림 D.2(b)] 또는 [그림 D.3(b)]와 같이 전류법칙을 적용하는 경우에는 초기값 부분을 개방(open)시켜야 한다는 것이다.

2 MATLAB을 이용한 컨볼류션의 이해

MATLAB의 그래픽 기능을 이용하면 컨볼류션의 과정을 쉽게 표현할 수 있다. 여기서는 이 기능을 이용하여 신호 $x(t) = \sin(\pi t) \cdot (1(t) - 1(t-1))$ 와 $h(t) = 1.5 \cdot (1(t) - 1(t-1.5))$ 의 컨볼류션 $y(t) = x(t) * h(t)$ 을 수행하는 프로그램을 소개한다.

```
%Convolution을 이해하기 위한 M-파일
%
figure(1) % Create figure window and make visible on screen
x=inline('1.5*sin(pi*t).*(t>=0&t<1)');
h=inline('1.5*(t>=0&t<1.5)-(t>=2&t<2.5)');
dtau=0.005;tau=-1:dtau:4;
ti=0;tvec=-0.25:0.1:3.75;
y=NaN*zeros(1,length(tvec)); % Pre-allocate memory
for t=tvec,
   ti=ti+1; % Time index
   xh= x(t-tau).*h(tau); lxh=length(xh);
   y(ti)=sum(xh.*dtau); % Trapezoidal approximation of convolution integral
   subplot(2,1,1),plot(tau,h(tau),'k-',tau,x(t-tau),'k---',t,0,'ok');
   axis([tau(1) tau(end) -2.0 2.5]);
   patch([tau(1:end-1);tau(1:end-1);tau(2:end);tau(2:end)],...
      [zeros(1,lxh-1);xh(1:end-1);xh(2:end);zeros(1,lxh-1)],...
      [.8 .8 .8],'edgecolor','none');
   xlabel('\tau'); legend('h(\tau)','x(t-\tau)','t','h(\tau)x(t-\tau)',3);
   c=get(gca,'children');set(gca,'children',[c(2);c(3);c(4);c(1)]);
   subplot(2,1,2),plot(tvec,y,'k',tvec(ti),y(ti),'ok');
   xlabel('t'); ylabel('y(t)=\int h(\tau)x(t-\tau) d\tau');
   axis([tau(1) tau(end) -1.0 2.0]); grid;
   drawnow;
end
```

각 시각마다 프로그램은 신호 $h(\tau)$ 와 $x(t-\tau)$ 을 그리고 두 신호의 곱 $h(\tau)x(t-\tau)$ 의 적분을 위한 영역(즉, 출력 $y(t)$)을 회색으로 표시하고 있다. 다음 그림은 시각 $t = 0.75$, 2.25 및 2.85 에서의 컨볼류션 상태를 보여 주고 있다. 이러한 그림으로부터 컨볼류션 적분의 영역이 어떻게 시간의 흐름에 따라 변해 가는가를 잘 보여 주고 있다.

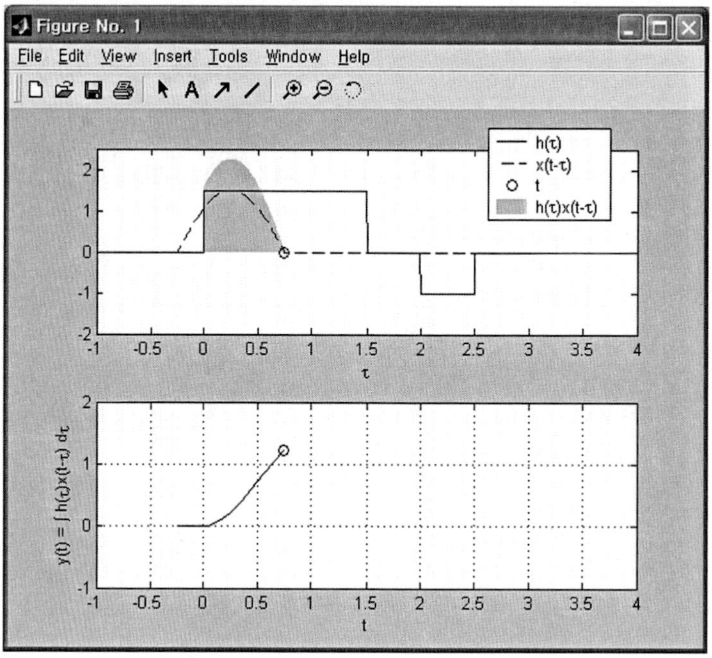

▲ 그림 D.5 $t = 0.75$ 에서의 컨볼류션 상태

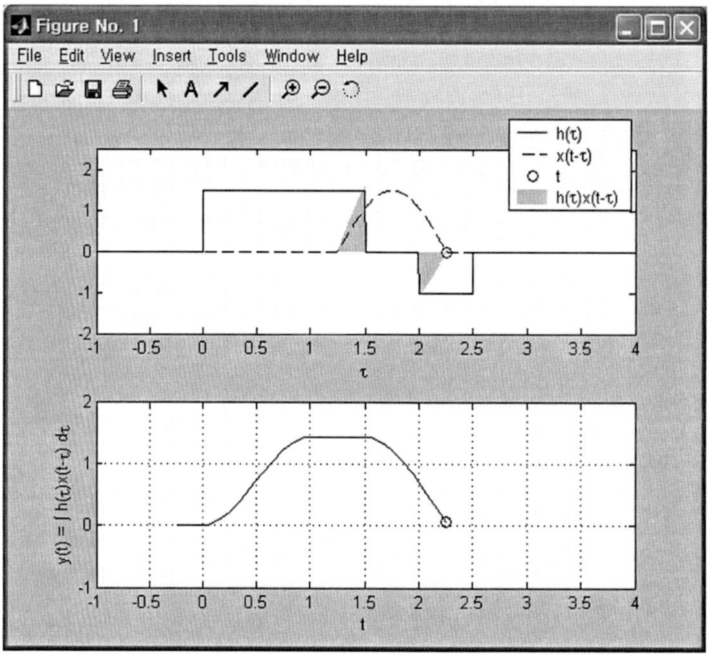

▲ 그림 D.6 $t = 2.25$ 에서의 컨볼류션 상태

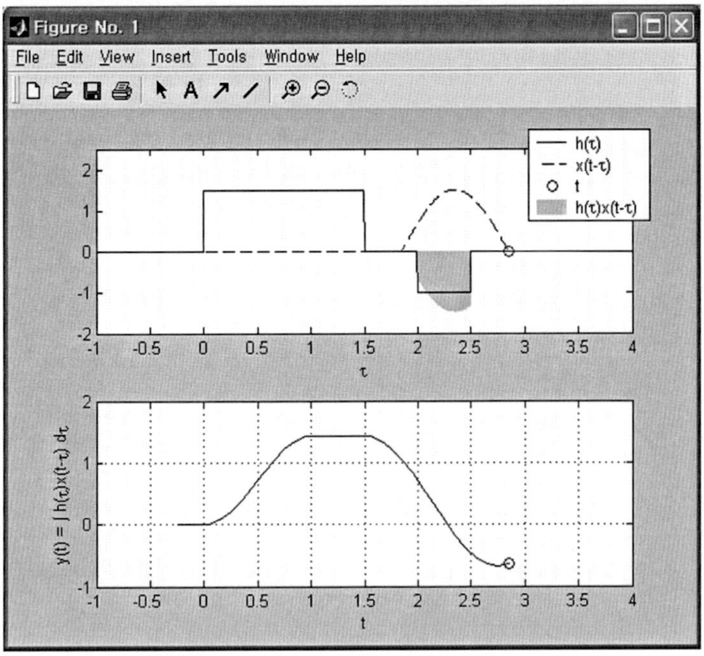

▲ 그림 D.7 $t=2.85$ 에서의 컨볼류션 상태

찾아보기

저자약력

최연욱(崔然旭)

1978 한양대학교 전자공학과(공학사)

1980 한양대학교 대학원 전자공학과(공학석사)

1990 일본 京都大學 대학원 전기공학과(공학박사, 제어공학 전공)

현재 부경대학교 전기제어공학부 교수(제어계측공학 전공)

Home page http://wook.nablue.net

정가 29,000원

신호와 제어

2006년 3월 3일 초 판 인쇄
2009년 2월 19일 개정판 인쇄
2010년 2월 20일 수정개정판 발행

저 자 : 최 연 욱
발행자 : 우 명 찬 · 송 준
발행처 : 홍릉과학출판사
주 소 : ㊀142-885 서울시 강북구 인수동 455-60
등 록 : 1976년 10월 21일 제5-66호
전 화 : 999－2274~5, 996－8341, 903－7037
팩 스 : 905-6729
ISBN : 978-89-7283-736-7

저자와의 협의하에 인지생략

hongpub@hongpub.co.kr
www.hongpub.co.kr